中文版

Premiere Pro 2021 完全自学教程

刘西　编著

人 民 邮 电 出 版 社
北 京

图书在版编目（CIP）数据

中文版Premiere Pro 2021完全自学教程 / 刘西编著
. -- 北京 : 人民邮电出版社, 2021.10
ISBN 978-7-115-56834-2

Ⅰ. ①中… Ⅱ. ①刘… Ⅲ. ①视频编辑软件－教材
Ⅳ. ①TN94

中国版本图书馆CIP数据核字(2021)第138568号

内 容 提 要

Premiere Pro 2021 是一款视频编辑软件，它功能强大，易于掌握，为制作视频作品提供了完整的创作环境。该软件在视频编辑领域的应用十分广泛，是进行视频编辑工作的利器。这是一本全面介绍中文版 Premiere Pro 2021 基本功能及实际应用的书，是完全针对零基础读者开发的入门级应备参考书。

本书共 17 章，前 12 章每章分别介绍一个技术板块的内容，讲解详细，实例丰富，全面而深入地阐述了视频编辑的基础知识、视频特效制作、字幕和音频处理，以及视频输出等技术。后 5 章为综合案例，向读者展示了如何运用 Premiere 制作出精美的视频作品，让读者学以致用。

本书附带学习资源，内容包括本书所有案例的素材文件、实例文件，以及 PPT 教学课件和在线教学视频，具体获取方法请参看本书前言。

本书结构清晰，内容全面，图文并茂，指导性强。无论是在视频编辑方面具有一定经验的专业人士，还是对视频编辑感兴趣的初学者，都可以在本书中找到适合自己的内容。

◆ 编　　著　刘　西
　责任编辑　张丹丹
　责任印制　马振武

◆ 人民邮电出版社出版发行　　北京市丰台区成寿寺路 11 号
　邮编　100164　　电子邮件　315@ptpress.com.cn
　网址　https://www.ptpress.com.cn
　北京宝隆世纪印刷有限公司印刷

◆ 开本：880×1092　1/16
　印张：20
　字数：710 千字　　　　2021 年 10 月第 1 版
　印数：1 – 3 500 册　　　2021 年 10 月北京第 1 次印刷

定价：109.90 元

读者服务热线：(010) 81055410　印装质量热线：(010) 81055316
反盗版热线：(010) 81055315
广告经营许可证：京东市监广登字 20170147 号

前 言

Premiere Pro 2021是由Adobe公司推出的一款视频编辑软件，有较好的兼容性，可以与Adobe公司推出的其他软件相互协作，目前这款软件被广泛应用于各类视频的剪辑制作中。

本书是初学者自学Premiere Pro 2021的应备参考书。全书从实用角度出发，全面、系统地讲解了中文版Premiere Pro 2021的功能，基本上涵盖了Premiere Pro 2021的全部常用工具、面板、对话框和菜单命令。本书在介绍软件功能的同时，还精心安排了非常具有针对性的新手练习、高手进阶练习和综合案例。本书全部实例都配有在线教学视频，详细演示了实例的制作过程。

本书的结构与内容

本书共17章，从视频编辑基础知识讲起，先介绍软件的工作区、功能面板和菜单命令，然后讲解软件的功能与操作方法，包含编辑素材、添加过渡效果、添加视频效果、添加运动效果、创建字幕和图形、编辑音频、调色及导出影片等，最后用5个具有代表性的综合案例帮助读者全面掌握软件的使用技巧和具体应用，做到学用结合。

本书的版面结构说明

本书设计了“新手练习”“高手进阶”“技巧与提示”“知识窗”“综合案例”等项目，简要介绍如下。

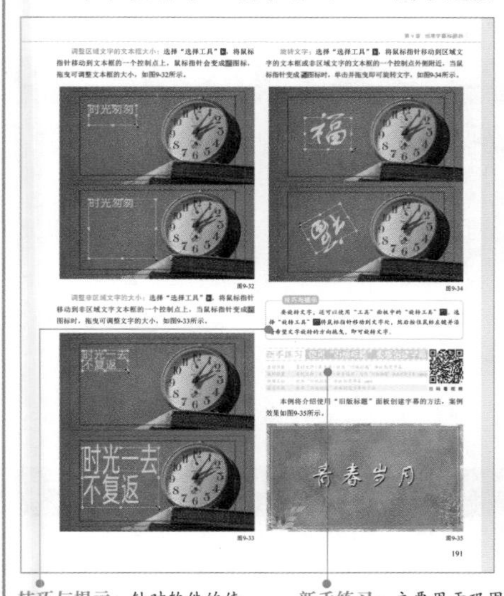

技巧与提示：针对软件的使用技巧及实际操作过程中的难点进行提示。

新手练习：主要用于巩固软件的基本功能，强化读者对技术的理解。

高手进阶：主要用于练习软件的一些有难度的功能，并且结合实际应用来增强读者学以致用的能力。

知识窗：针对软件的技术性知识点进行详解，让读者深入了解软件的各项技术。

综合案例：针对软件的各项重要技术及软件的应用领域安排实际项目案例进行综合练习。

其他说明

本书附带学习资源，内容包括本书所有案例的素材文件、实例文件，以及PPT教学课件和在线教学视频。扫描“资源获取”二维码，关注“数艺设”的微信公众号，即可得到资源文件获取方式。如需资源获取技术支持，请致函szys@ptpress.com.cn。在学习的过程中，如果遇到问题，欢迎您与我们交流，客服邮箱：press@iread360.com。

资源获取

编者

2021年2月

资源与支持

本书由“数艺设”出品，“数艺设”社区平台（www.shuyishe.com）为您提供后续服务。

配套资源

书中案例的素材文件和实例文件
PPT教学课件
在线教学视频

资源获取请扫码

“数艺设”社区平台，为艺术设计从业者提供专业的教育产品。

与我们联系

我们的联系邮箱是 szys@ptpress.com.cn。如果您对本书有任何疑问或建议，请您发邮件给我们，并请在邮件标题中注明本书书名及 ISBN，以便我们更高效地做出反馈。

如果您有兴趣出版图书、录制教学课程，或者参与技术审校等工作，可以发邮件给我们。如果学校、培训机构或企业想批量购买本书或“数艺设”出版的其他图书，也可以发邮件联系我们。

如果您在网上发现针对“数艺设”出品图书的各种形式的盗版行为，包括对图书全部或部分内容的非授权传播，请您将怀疑有侵权行为的链接通过邮件发给我们。您的这一举动是对作者权益的保护，也是我们持续为您提供有价值的内容的动力之源。

关于“数艺设”

人民邮电出版社有限公司旗下品牌“数艺设”，专注于专业艺术设计类图书出版，为艺术设计从业者提供专业的图书、视频电子书、课程等教育产品。出版领域涉及平面、三维、影视、摄影与后期等数字艺术门类，字体设计、品牌设计、色彩设计等设计理论与应用门类，UI 设计、电商设计、新媒体设计、游戏设计、交互设计、原型设计等互联网设计门类，环艺设计手绘、插画设计手绘、工业设计手绘等设计手绘门类。更多服务请访问“数艺设”社区平台 www.shuyishe.com。我们将提供及时、准确、专业的学习服务。

目 录

中文版

Premiere Pro 2021 完全自学教程

第1章

视频编辑的基础知识

在生活中人们会接触到来自各种播放器及视频平台的视频作品，创作者需要根据不同播放器和视频平台的需求，对视频作品做相应的尺寸和格式设置。例如，在电视和网络视频平台上看到的视频作品大多是横屏视频，而随着手机的普及，越来越多的短视频平台则更倾向于竖屏视频。本章作为本书的首章，将会介绍一些视频和视频编辑的基础知识，包括视频编辑前期工作，Premiere软件的基础知识、常用参数和音视频格式等。

学习要点

1.1 视频编辑前期工作

在进行视频制作之前，应该充分做好前期工作。根据不同的编辑需求，前期工作大致可分为编写脚本和收集素材两个部分。

1.1.1 编写脚本

在构思一部视频作品前，首先要对最终的成品有一个大概的定位，明确视频的主题是什么、如何去展现主题，这就需要有一个脚本。大到影视剧拍摄，小到个人视频作品创作，脚本都是必不可少的。即使没有剧情，只是广告展示或教学科普视频，都需要有一个脚本。如何合理安排素材顺序，更好地展示主题内容，使视频能够达到传播展示的目的是在视频编辑前期要考虑清楚的。图1-1所示为视频脚本。

图1-1

1.1.2 收集素材

一个完整的视频作品是由各种素材组成的，包括视频、音频、图像、图形、文字、特效等。用Premiere所做的只是将这些素材整合在一起，做成一个连贯的整体。部分素材是可以用Premiere制作的，如图形、文字、特效等，其余的视频、音频、图像等则需要通过外部设备进行采集。

音视频素材可以直接从已有的视频作品中提取，也可以用专用设备拍摄录制。从现有视频作品中提取素材时，需要特别注重版权问题，尤其是带有商业目的的视频制作。因此自行拍摄录制是获取素材最稳妥的方法，自行拍摄录制需要准备相应的设备，并考虑好场地、角色、录制手法等，如图1-2所示。

图1-2

根据脚本的内容将素材收集齐备后，可将这些素材保存到磁盘指定的文件夹中，方便导入Premiere，然后便可以开始编辑工作了。

1.2 认识Premiere

在使用Premiere之前需要对Premiere有一个简单的认识，了解Premiere的应用领域及其工作方式，以便更好地使用Premiere。

1.2.1 Premiere的应用领域

Premiere拥有创建视频作品所需的所有工具，适合不同的设计领域。无论是编辑一段简单的MV或Vlog，还是编辑复杂的电影、电视剧、纪录片等，Premiere都可以满足需求。事实上，理解Premiere的最好方式是把它看作一套完整的视频制作设备。在传统的线性剪辑中需要满满一屋子的录像带和特效设备才能做到的事，现在只用Premiere就能做到，如图1-3所示。

图1-3

下面列出的是Premiere的部分应用领域。

- 电视栏目包装。
- 影视后期制作。
- 广告宣传片。
- 科普教学演示视频。
- 自媒体短视频。

1.2.2 Premiere的工作方式

要理解Premiere的视频制作过程，就需要对线性编辑和非线性编辑有所了解。在传统线性编辑中，所有作品元素都需要被传送到录像带中。在编辑过程中，需要按顺序来录制视频，中间不可以插入镜头或删除镜头，否则后续的所有内容都需要重录。传统的线性编辑非常耗时，效率低，对工作人员的要求也很严苛。

非线性编辑是一种组合和编辑多个视频素材的方式。它使用户在编辑过程中在任意时刻均能随机访问所有素材。非线性编辑技术融入了计算机和多媒体这两个先进领域的前端技术，集录像、编辑、特效、动画、字幕、同步、切换、调音、播出等多种功能于一体，改变了人们剪辑素材的传统观念，克服了传统编辑设备的缺点，提高了视频编辑的效率。

Premiere就是非线性编辑的代表软件，Premiere改良了传统编辑过程中耗时的制作过程，用非线性编辑的方式，可以轻松改变视频素材的顺序，随意插入或删除素材，还可以实现快进、慢放、倒放等改变时间的操作。在用Premiere编辑视频的过程中，可以很方便地加入音乐、图形图像、文字等元素，也可以加入很多音频效果、视频效果、转场效果，还可以给视频调色、加滤镜等。Adobe旗下的产品大多可以联合使用，例如，可以将项目导入Adobe After Effects来辅助制作特效，也可以导入Adobe Audition制作更多音频效果，还可以通过Adobe Media Encoder来渲染和导出视频，如图1-4所示。

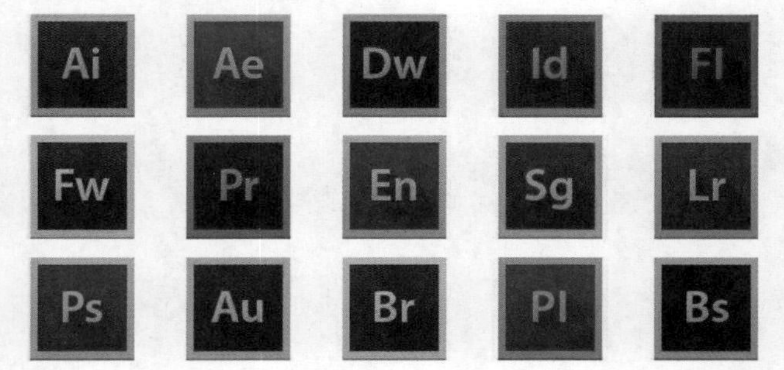

图1-4

1.3 Premiere的工作流程

要使用Premiere编辑视频，需要学习如何在“时间轴”面板中放置素材、在“源”监视器中编辑素材、应用切换效果，以及添加视频效果和音频效果，比较复杂的添加效果环节放在后续章节中讲解。本节主要讲解用Premiere新建项目、新建序列、导入素材、编辑素材、导出影片的简单编辑流程。

1.3.1 新建项目

运用Premiere Pro 2021进行视频编辑时，首先要建立Premiere项目。新建Premiere项目文件有两种方式：一种是在“主页”窗口中新建项目文件，另一种是在进入工作区后使用“文件”菜单新建项目文件。

第1种：启动Premiere Pro 2021应用程序后，在打开的“主页”窗口中单击“新建项目”按钮[新建项目]，如图1-5所示，即可打开“新建项目”对话框进行新建项目设置，如图1-6所示。

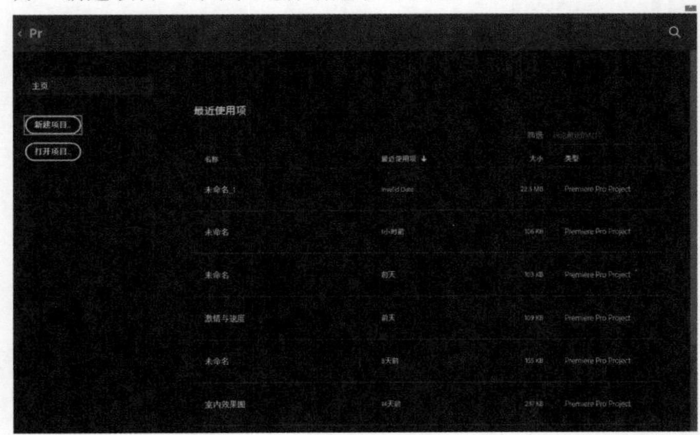

图1-5

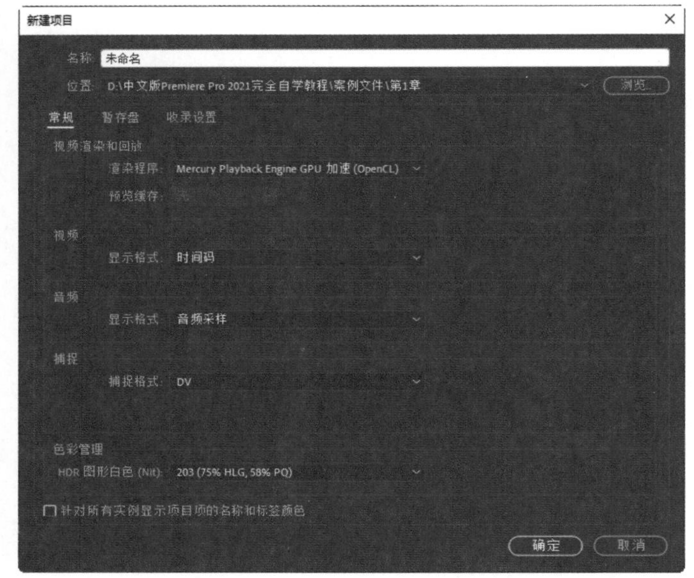

图1-6

第2种：在进入Premiere Pro 2021工作区后，可以选择“文件→新建→项目”命令创建新的项目文件，如图1-7所示。

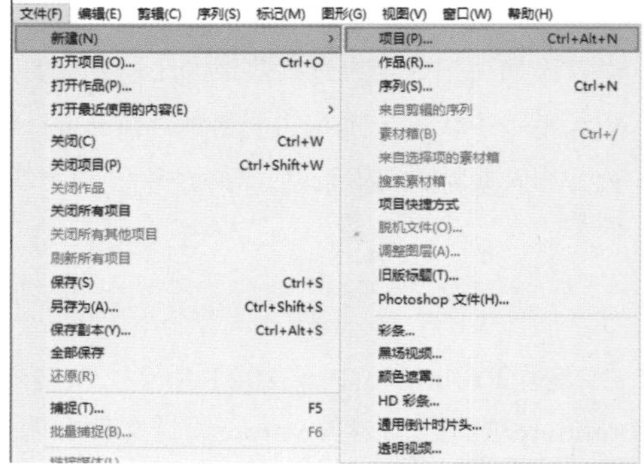

图1-7

在“新建项目”对话框中单击“位置”选项后面的“浏览”按钮，可以打开“请选择新项目的目标路径”对话框设置保存项目的路径，如图1-8所示。

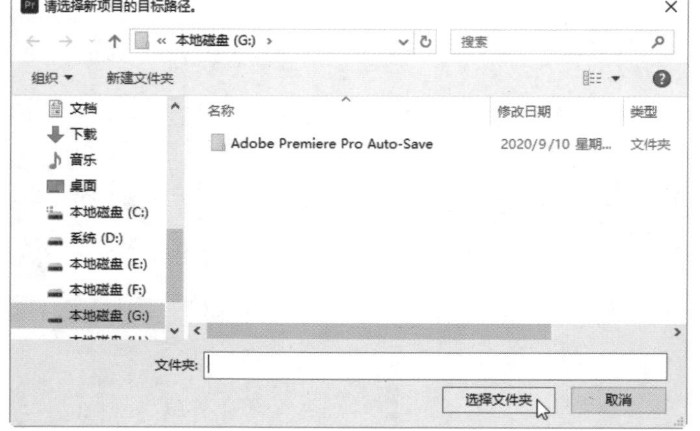

图1-8

技巧与提示

在“新建项目”对话框中选择“常规”“暂存盘”或“收录设置”选项卡，可以对其中的参数进行相应设置。在“新建项目”对话框中完成各项设置后，单击“确定”按钮，即可创建新的项目，并进入Premiere Pro 2021工作区。

1.3.2 新建序列

在序列中对素材进行编辑是视频编辑的重要环节。建立好项目后，就需要创建序列，随后即可导入素材，在序列中组接素材，并对素材进行编辑。

选择“文件→新建→序列”命令，打开“新建序列”对话框，在下方文本框中输入序列的名称，如图1-9所示。单击“确定”按钮即可在“时间轴”面板中新建一个序列，如图1-10所示。

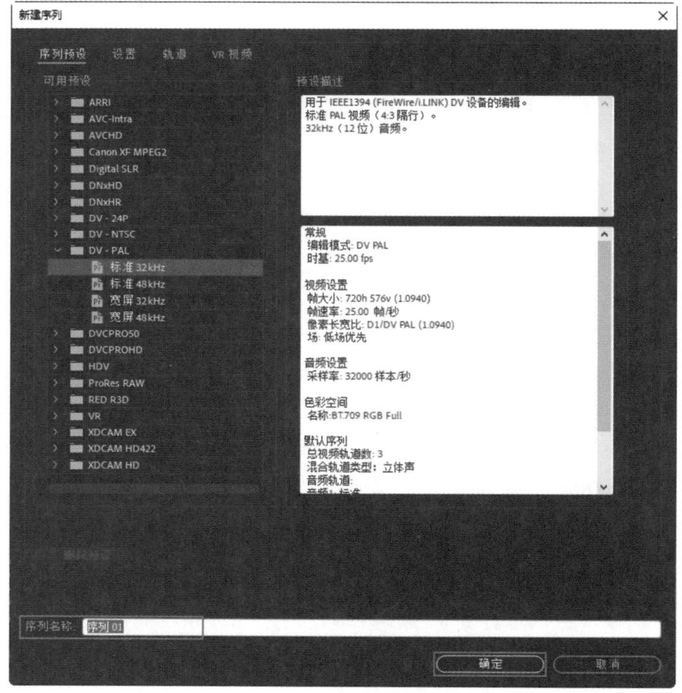

图1-9

图1-10

技巧与提示

将“项目”面板中的素材拖曳至“时间轴”面板中，也可以创建一个以素材名命名的序列。

序列预设

在“新建序列”对话框中选择“序列预设”选项卡，在“可用预设”列表框中可以选用所需的序列预设。Premiere为NTSC和PAL电视制式提供了DV（数字视频）格式预设。

如果DV项目中的视频不准备用于宽银幕格式（宽高比为16∶9），可以选择“标准48kHz”选项。该预设将声音品质指定为48 kHz，用于匹配源影片素材的声音品质。

DV-24P预设文件夹用于以每秒24帧的帧速率拍摄且画幅大小是720×480的逐行扫描影片（松下和佳能制造的摄像机在此模式下拍摄）。如果有第三方视频采集卡，可以看到其他预设，专门用于辅助采集卡工作。

如果使用DV影片，则无须更改默认设置。

序列常规设置

在“新建序列”对话框中选择“设置”选项卡，在该选项卡中可以设置序列的常规参数，如图1-11所示。

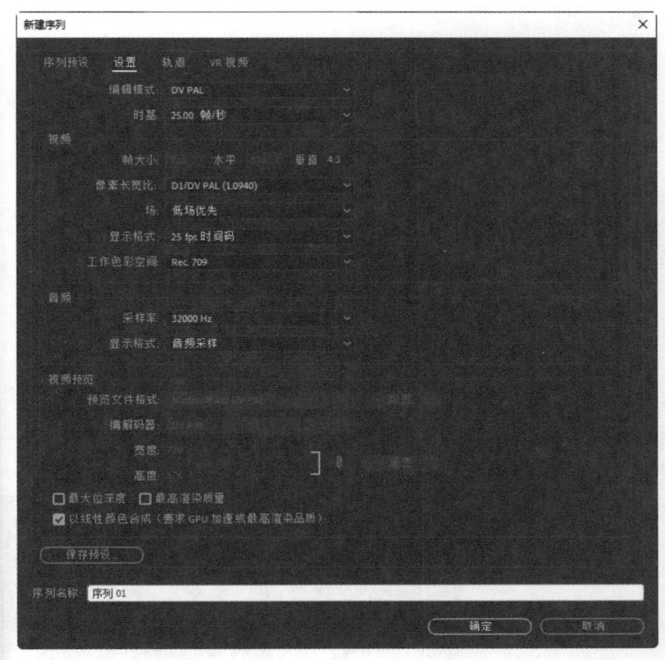

图1-11

编辑模式：用于设置“时间轴”面板的播放方法和压缩编码方式，选择DV预设，编辑模式将被自动设置为DV NTSC或DV PAL，如果不想选择预设，那么可以从“编辑模式”下拉列表中选择一种编辑模式，选项如图1-12所示。

图1-12

时基：也就是时间基准，在计算编辑精度时，“时基”选项决定了Premiere如何划分每秒的视频帧。

帧大小：即项目的画面大小，第一个数字代表画面宽度，第二个数字代表画面高度，以像素为单位。如果选择了DV预设，则画面大小被设置为DV默认值（720×480）。

像素长宽比：可以匹配图像像素的形状（即图像中一个像素的宽与高的比值），如图1-13所示。

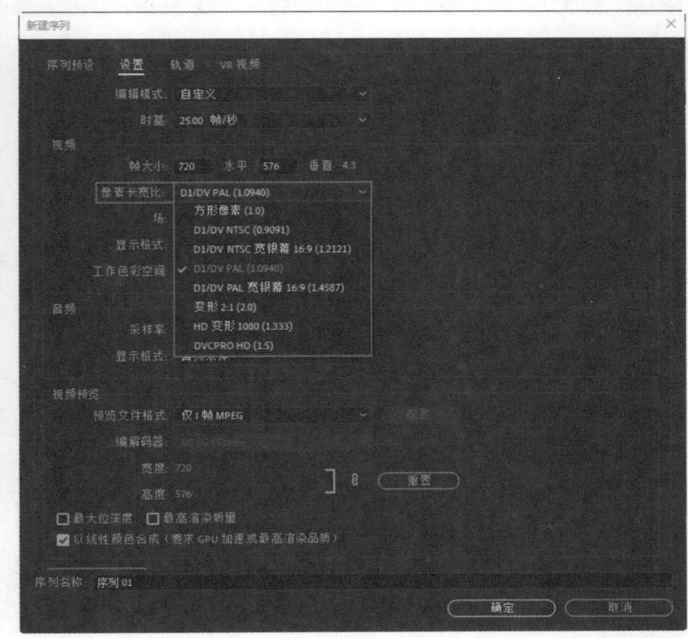

图1-13

场：在项目将要被导出到录像带中时，就要用到场。

采样率：决定了音频品质，该值越高，提供的音质就越好。

视频预览：用于指定使用Premiere时如何预览视频。

序列轨道设置

在“新建序列”对话框中选择“轨道”选项卡，在该选项卡中可以设置“时间轴”面板中的视频和音频轨道数，也可以选择是否创建子混合轨道和数字轨道，如图1-14所示。在“视频”选项组中，可以重新对序列的视频轨道数量进行设置；在“音频”选项组的“主”下拉列表中，可以选择主音轨的类型，如图1-15所示。

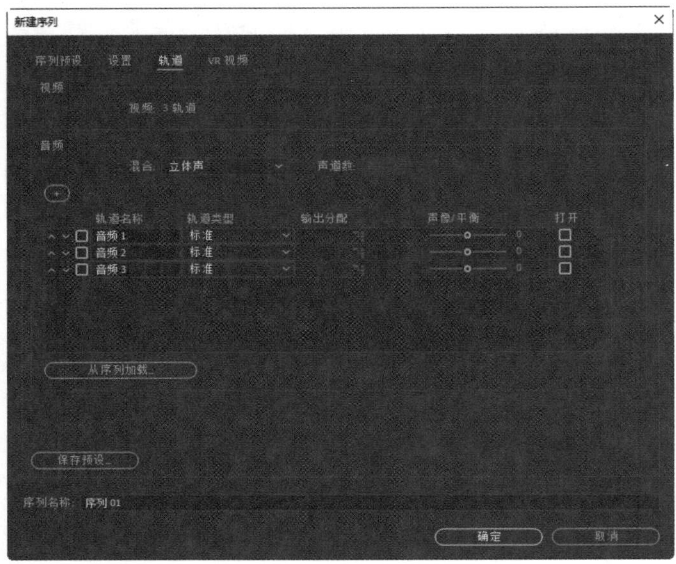

图1-14

图1-15

1.3.3 导入素材

使用Premiere进行视频编辑时，需要将所需素材导入“项目”面板中。在Premiere中除了可以导入常规素材外，还可以导入静帧序列素材、项目文件等。

导入常规素材

启动Premiere Pro 2021应用程序，新建一个项目。然后可以通过如下3种方式导入素材。

第1种：选择“文件→导入”命令。

第2种：在“项目”面板的空白处双击。

第3种：在“项目”面板的空白处单击鼠标右键，在弹出的菜单中选择“导入”命令，如图1-16所示。

图1-16

在打开的“导入”对话框中选择素材存放的位置，然后选择要导入的素材，单击“打开”按钮，如图1-17所示。将选择的素材导入“项目”面板中的效果如图1-18所示。

图1-17

图1-18

导入静帧序列素材

静帧序列素材是指按照名称中的编号顺序排列的一组格式相同的静态图片，每张图片的内容之间有着时间延续上的关系。

选择“文件→导入”命令，在打开的“导入”对话框中选择素材存放的位置，然后选择静帧序列中的第一张图片，再勾选“图像序列”复选框，单击“打开”按钮，如图1-19所示。将静帧序列导入“项目”面板中的效果如图1-20所示。

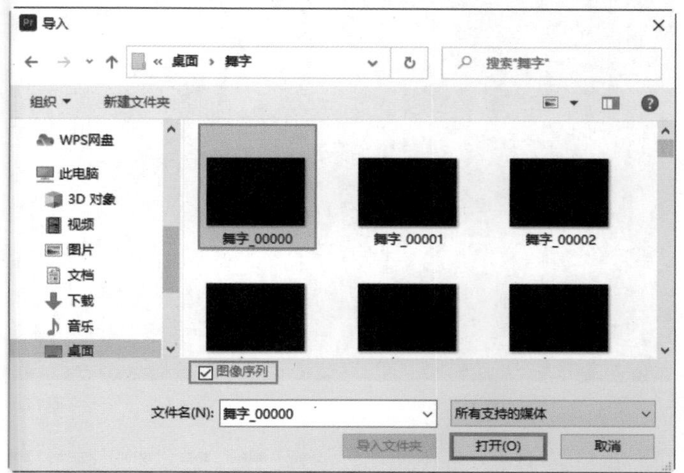

图1-19

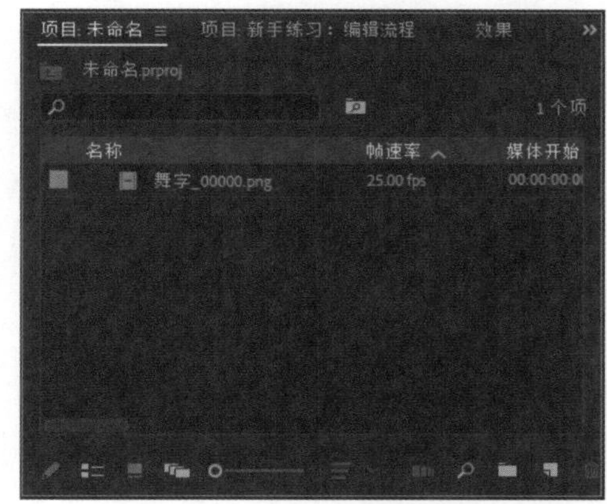

图1-20

导入项目

Premiere Pro 2021不仅能导入各种媒体素材，还可以在一个项目文件中以素材形式导入另一个项目文件。

选择“文件→导入”命令，在打开的“导入”对话框中选择要导入的项目文件，如图1-21所示。在“导入项目”对话框中选择项目导入类型并单击“确定”按钮，如图1-22所示。

图1-21

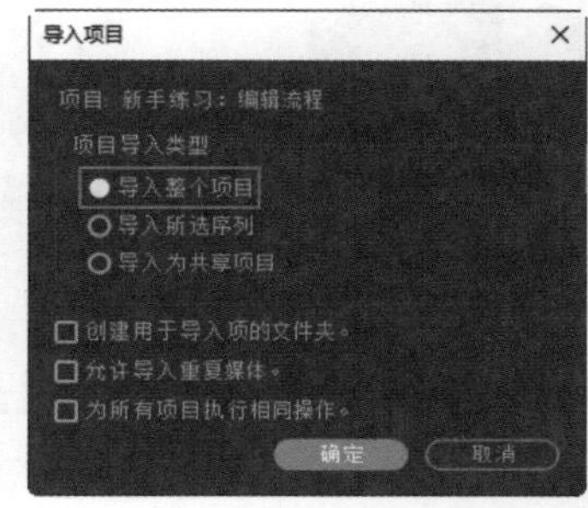

图1-22

将选择的项目导入“项目”面板中时，会将导入的项目包含的所有素材和序列同时导入，如图1-23所示。

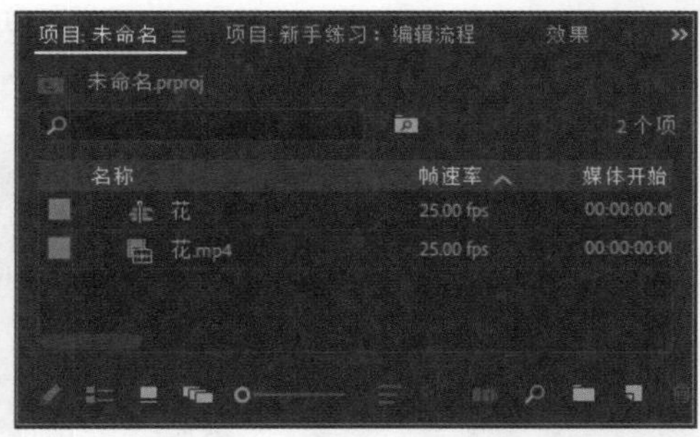

图1-23

1.3.4 编辑素材

在编辑视频序列的过程中，可以对素材的长度、播放速度等属性进行编辑，还可以添加视频过渡效果，使素材间的连接更加和谐自然，添加视频效果，使视觉效果更加丰富多彩。在后续的章节中将依次为大家讲解编辑素材的各种方法。

1.3.5 导出影片

导出影片是将编辑好的项目文件以视频格式输出，导出影片时需要根据实际需要为影片选择一种压缩格式。在后续章节中，将为大家重点讲解导出影片的知识和方法。

新手练习 编辑流程

扫码看视频

素材位置　素材文件\第1章\编辑流程
实例位置　实例文件\第1章\新手练习：编辑流程.prproj
视频名称　编辑流程.mp4
技术掌握　了解Premiere的编辑流程

在Premiere中可以做各种视频编辑操作，本例将带大家学习简单的剪裁视频的方法，了解编辑视频的基本流程，本例最终效果如图1-24所示。

图1-24

01 单击计算机屏幕左下角的“开始”菜单按钮，然后找到并单击“Adobe Premiere Pro 2021”命令，启动Premiere Pro 2021，在出现的“主页”窗口中单击“新建项目”按钮，如图1-25所示。

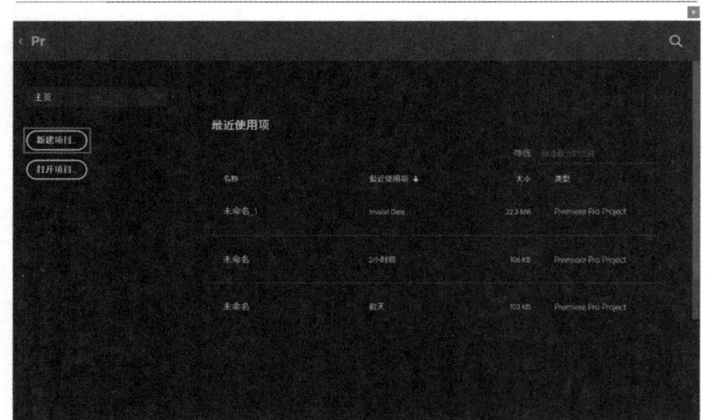

图1-25

技巧与提示

进入Premiere Pro 2021的工作区后，可以选择“文件→新建→项目”命令创建新项目。

02 在打开的“新建项目”对话框中输入项目的名称，设置项目的位置，然后单击“确定”按钮新建一个项目，如图1-26所示。

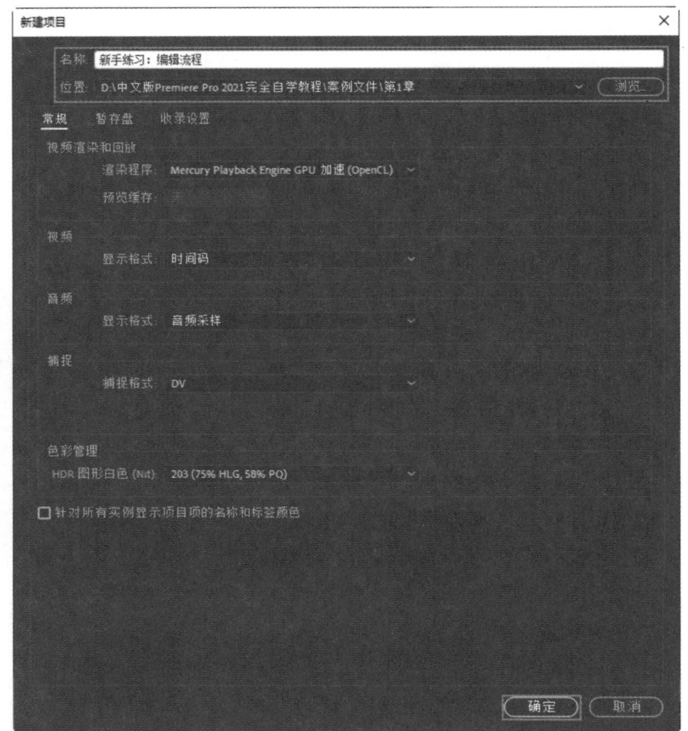

图1-26

03 进入工作区后，选择“文件→导入”命令，如图1-27所示。

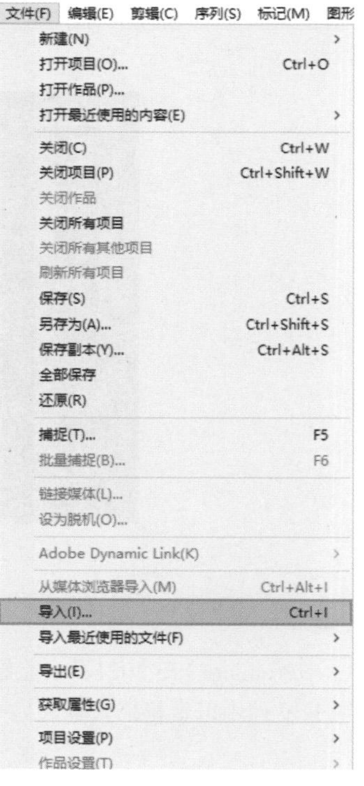

图1-27

04 在打开的“导入”对话框中选择要导入的素材，单击“打开”按钮，如图1-28所示，将素材导入“项目”面板中，如图1-29所示。

图1-28

图1-29

05 在“项目”面板中选中素材，拖曳至“时间轴”面板中，松开鼠标左键，即可自动创建一个以素材名称命名的序列，如图1-30所示。

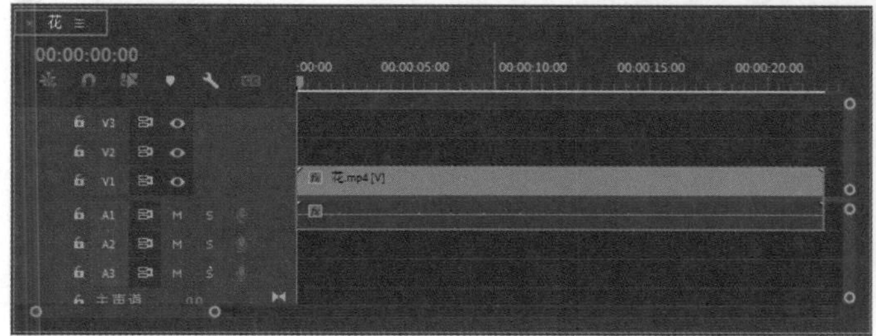

图1-30

06 将时间指示器移动到想要裁切的位置，在“工具”面板中选择“剃刀工具”，在时间指示器位置单击即可裁切视频，如图1-31所示。

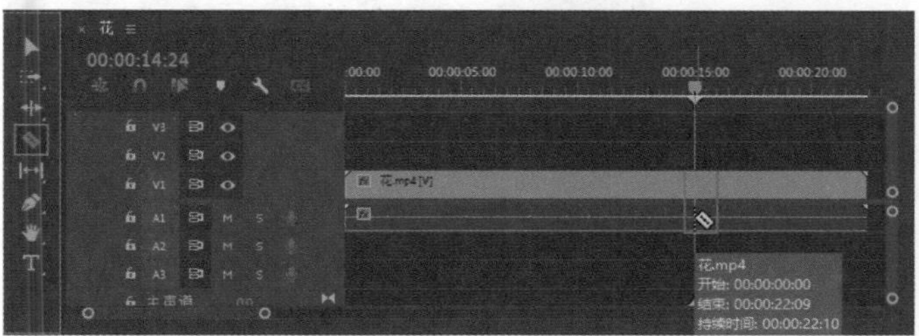

图1-31

07 在“工具”面板中选择“选择工具”，选中裁切后的后半段素材，如图1-32所示。按Delete键删除该段素材，如图1-33所示。

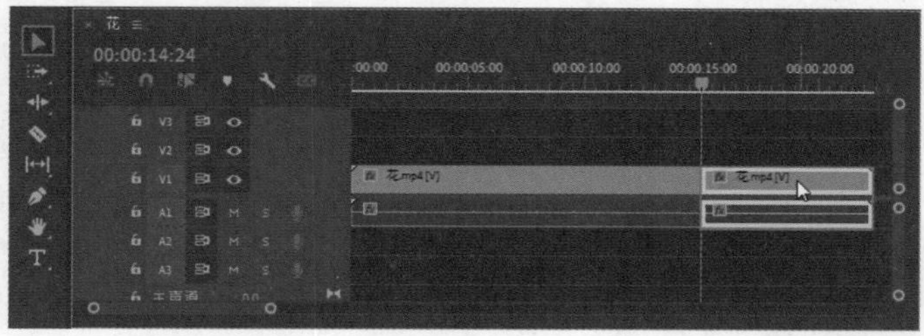

图1-32

图1-33

08 在“节目”监视器面板中单击“播放-停止切换”按钮可以浏览视频效果，如图1-34所示。

图1-34

09 选择“文件→导出→媒体”命令，如图1-35所示。

图1-35

10 在打开的“导出设置”对话框中设置“格式”为H.264，单击“输出名称”后面的蓝色字，可以设置输出的视频名称和存储位置，设置完成后，单击“导出”按钮，如图1-36所示示。此时会弹出一个“编码”对话框，等待进度条走完，即可导出视频，如图1-37所示。

图1-36

图1-37

11 找到导出的视频的位置，用视频播放器即可播放编辑后的视频，如图1-38所示。

图1-38

1.4 Premiere新建序列参数

在分析一个视频素材时，通常需要选中这个视频，单击鼠标右键，在弹出的菜单中选择“属性”命令，打开“属性”对话框，在“详细信息”选项卡中查看视频的具体信息，如图1-39所示。从中可以获取视频的时长、帧大小、比特率、帧速率和音频的详细信息。

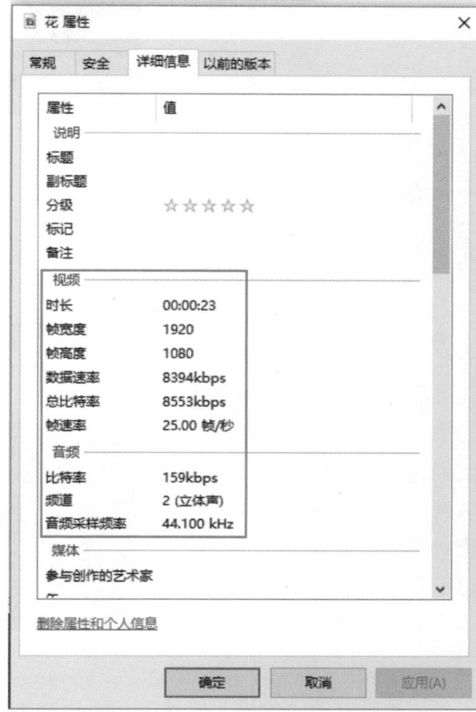

图1-39

在学习用Premiere编辑视频时，常常要对这些参数进行设置，以准确地设置视频规格。在Premiere中新建序列时需要设置的参数如图1-40所示。其中编辑模式、时基、帧大小、像素长宽比、场、显示格式、采样率等参数都需要明确其概念，然后才能根据视频需求进行设置。

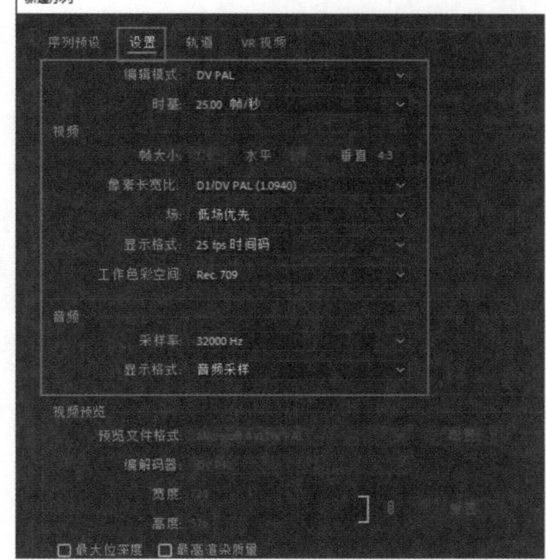

图1-40

1.4.1 编辑模式

在Premiere的编辑模式选项中，根据不同品牌的录像设备设置了多种压缩编码方式，用户可以根据采集视频的设备来选择合适的编辑模式，也可以选择“自定义”，创建想要的序列设置，如图1-41所示。

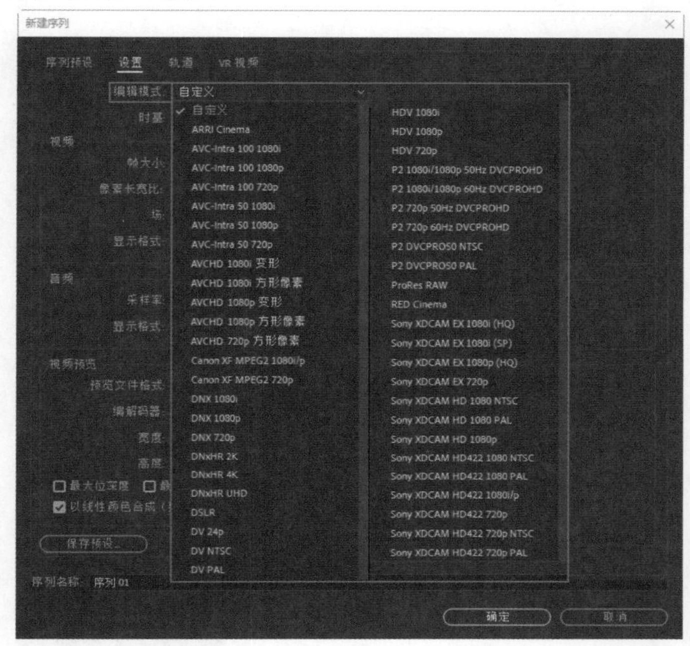

图1-41

在“编辑模式”下拉列表中，选项大多以“摄影机品牌+参数设置”的形式命名，例如，AVC-Intra 100 1080i中的AVC-Intra代表日本松下公司的摄影机型号，100代表每秒播放的场数是100，1080代表画面的横向像素数是1080，i代表扫描方式是隔行扫描。

NTSC/PAL

NTSC、PAL代表电视的制式，由于世界上各个国家为电视影像制定的标准不同，其制式也有一定的区别。制式的区别主要表现在帧速率、分辨率、信号带宽等方面。

NTSC（National Television System Committee）主要被美国、加拿大等大部分西半球国家和日本、韩国等国家采用。

- 帧频：30。
- 行/帧：525。
- 亮度带宽：4.2。
- 色度带宽：1.3（I），0.6（Q）。
- 声音载波：4.5。

PAL（Phase Alternation Line）主要被英国、中国、澳大利亚、新西兰等国家采用。根据其中的细节可以进一步划分成G、I、D等制式，中国采用的是PAL-D。

- 帧频：25。
- 行/帧：625。
- 亮度带宽：6.0。
- 色度带宽：1.3（U），0.6（V）。
- 声音载波：6.5。

DV/HDV

DV、HDV是多家摄影设备厂商联合制定的数码视频格式。

DV是由索尼、松下、JVC、夏普、东芝和佳能等多家著名家电巨擘联合制定的一种数码视频格式。

HDV是由佳能、夏普、索尼、JVC四大厂商推出的一种使用在数码摄像机上的高清标准。采用这一标准的数码摄像机能以720线的逐行扫描方式或1080线隔行扫描方式进行拍摄。

1.4.2 时基

“时基”指的是视频的帧速率，即视频每秒钟包含的画面帧数，如图1-42所示。在Premiere中帧速率是非常重要的，它决定了视频的流畅度。通常，序列的帧速率要与视频素材的帧速率相匹配。

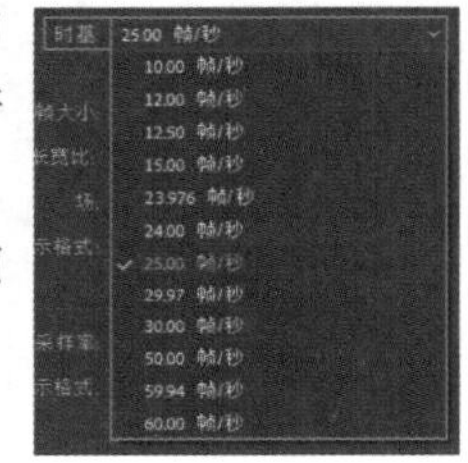

图1-42

随着影视行业技术的不断提高，不少导演尝试更高的帧速率，从而带给观者更好的视觉体验。李安导演的电影《比利·林恩的中场战事》首次尝试120帧/秒的拍摄方式，使每一个普通的镜头都能带来强悍的视觉效果，如图1-43所示。

图1-43

1.4.3 帧大小

人们在生活中看到的视频都是由一系列连续的静态图像组成的，单位时间内的静态图像就称为“帧”。

“帧大小”指的是以像素为单位的帧的尺寸。大多数情况下，序列的帧大小应与源素材的帧大小保持一致，帧大小决定了序列画面的宽度和高度，如图1-44所示。

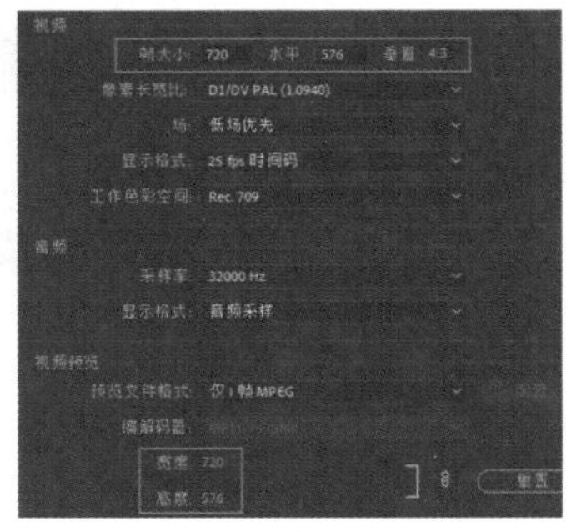

图1-44

> **技巧与提示**
>
> 序列的最大“帧大小”是10240×8192。

1.4.4 像素长宽比

像素是构成图像的基本单位，图像由许多的像素以行和列的形式排列而成。画面包含的像素越多，文件越大，图像品质越好。在Premiere中，编辑模式不同，匹配的像素长宽比也不同，如图1-45所示。

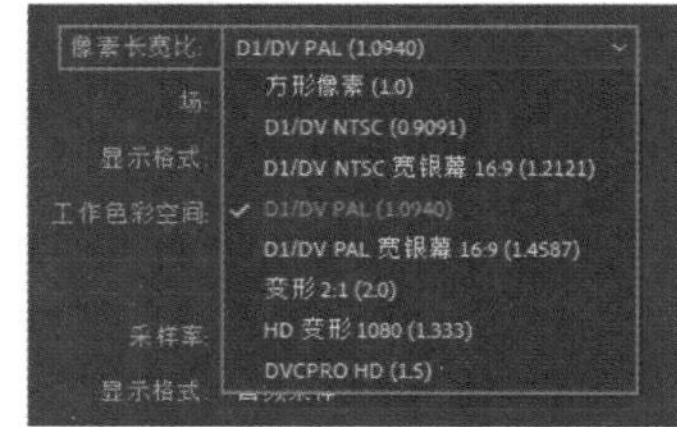

图1-45

如果设置的“像素长宽比”和源素材的像素长宽比不同，则渲染出的视频会发生变形，将图像放大到极限时，就可以看到单个的像素块。如果像素长宽比是1：2，即长为1个像素，宽为2个像素，像素块为长方形。如果像素长宽比是1：1，像素块为正方形。由于一些播放设备自身的像素长宽比不是1：1，这时就需要修改像素长宽比的数值。设置“像素长宽比”为“方形像素（1.0）”与设置“像素长宽比”为“D1/DV/PLA宽银幕16：9（1.4587）”的效果对比如图1-46所示。

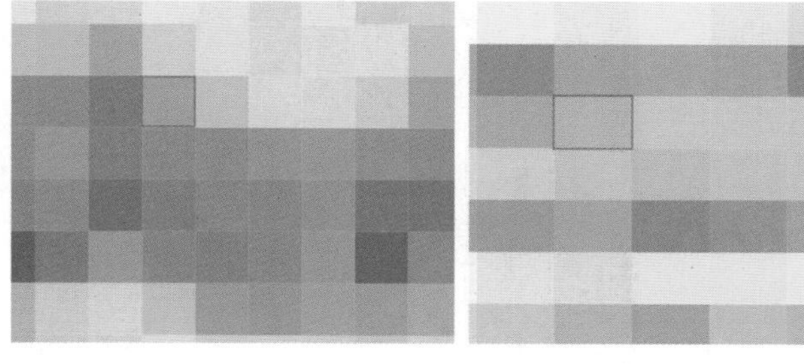

图1-46

新手练习 将像素长宽比转换回方形像素

素材位置　素材文件\第1章\将像素长宽比转换回方形像素
实例位置　实例文件\第1章\新手练习：将像素长宽比转换回方形像素.prproj
视频名称　将像素长宽比转换回方形像素.mp4
技术掌握　将像素长宽比转换回方形像素的方法

扫码看视频

在Premiere中，使用“解释素材”命令可以将像素长宽比转换回方形像素，以校正变形素材，本案例效果对比如图1-47所示。

图1-47

01 单击计算机屏幕左下角的“开始”菜单按钮，然后找到并单击“Adobe Premiere Pro 2021”命令，启动Premiere Pro 2021，在出现的“主页”窗口中单击“新建项目”按钮，如图1-48所示。

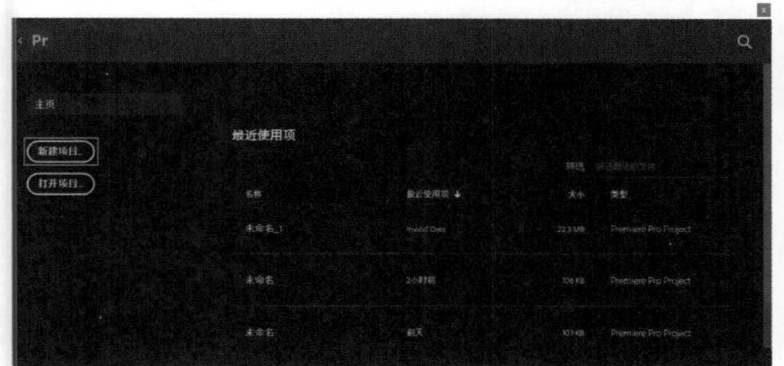

图1-48

02 在打开的“新建项目”对话框中输入项目的名称，设置项目的位置，然后单击“确定”按钮新建一个项目，如图1-49所示。

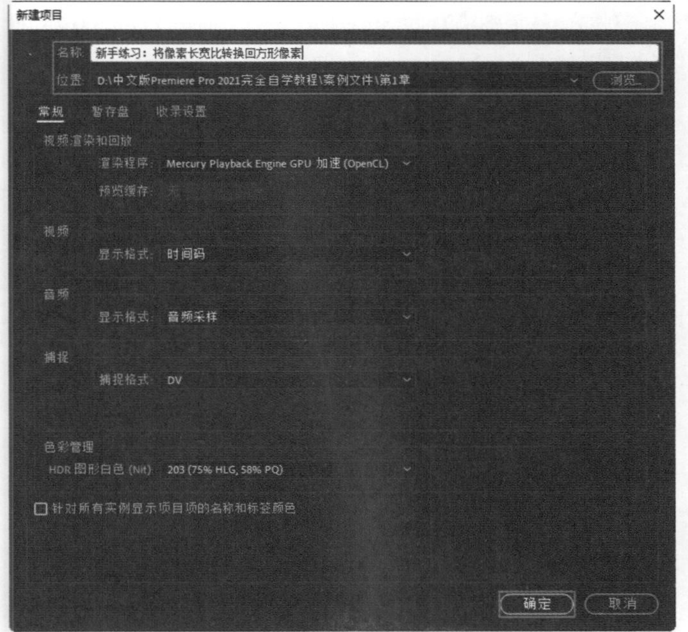

图1-49

03 进入Premiere Pro 2021工作区，在“项目”面板空白处双击，在打开的“导入”对话框中选择要导入的素材，单击“打开”按钮，如图1-50所示，将素材导入“项目”面板中，如图1-51所示。

图1-50

图1-51

04 双击该素材，在“源”监视器面板中将其打开，预览素材原始效果，如图1-52所示。

图1-52

05 在“项目”面板选中该素材，单击鼠标右键，然后从弹出的菜单中选择“修改→解释素材”命令，如图1-53所示。

图1-53

06 在弹出的“修改剪辑”对话框的“像素长宽比”选项组中选择“符合”单选钮，然后在下拉列表中选择“方形像素（1.0）”选项，单击“确定”按钮，如图1-54所示。

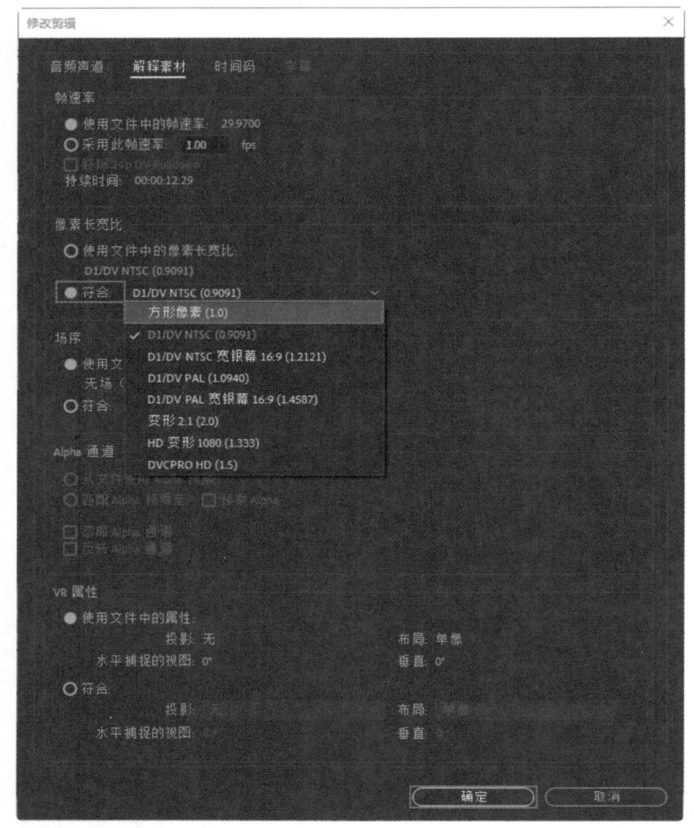

图1-54

07 此时“项目”面板中的素材的像素长宽比已被转换为方形像素，双击该素材，在“源”监视器面板中将其打开，预览修改像素长宽比后的效果，如图1-55所示。

图1-55

1.4.5 场

“场”指定帧的场序，视频素材分为交错式和非交错式。交错视频的每一帧由两个场构成，称为“场1”和“场2”，也称为“奇场”和“偶场”，在Premiere中称为“高场”和“低场”，如图1-56所示。这些场依顺序显示在NTSC或PAL制式的监视器上，产生高质量的平滑图像。场以水平分隔的方式保存帧的内容，在显示时先显示第1个场的交错间隔内容，然后再显示第2个场来填充第1个场留下的缝隙，这个过程称作“隔行扫描”。

图1-56

现代新型摄像机能一次渲染整个视频帧，因此无须隔行扫描。每个视频帧都是逐行绘制的，从第1行到第2行，再到第3行，依此类推。此过程称作“逐行扫描”。某些使用逐行扫描技术进行录制的摄像机能以每秒24帧的帧速率录制，并且能生成比隔行扫描品质更高的图像。

知识窗

在早期电视播放技术中，视频工程师发明了一种制作图像的扫描技术，即对视频显示器内部的荧光屏每次发射一行电子束，为防止扫描到底部之前顶部的行消失，工程师们将视频帧分成两组扫描行：偶数行和奇数行。每次扫描（称作视频场）都会向屏幕下方前进1/60秒。在第1次扫描时，视频屏幕的奇数行从右向左绘制（第1、第3、第5行等），第2次扫描偶数行。因为扫描得太快，所以肉眼看不到闪烁。此过程即称作隔行扫描。因为每个视频场都显示1/60秒，所以一个视频帧会每1/30秒出现一次，因此视频帧速率是每秒30帧。视频录制设备就是这样设计的，即以每1/60秒一次的速率创建隔行扫描域。

1.4.6 显示格式

Premiere可以显示多种时间码格式，通常采用的是以帧数为最小单位的时间码格式。更改“显示格式”选项并不会改变剪辑或序列的帧速率，只会改变其时间码的显示方式。

在视频编辑中，通常用时间码来识别和记录视频数据流中的每一帧，从一段视频的起始帧到终止帧，其间的每一帧都有一个唯一的时间码地址。根据电影与电视工程师协会（Society of Motion Picture and Television Engineers，SMPTE）使用的时间码标准，其格式是“小时:分钟:秒:帧”。例如，一段长度为00:02:31:23的视频片段的播放时间为2分钟31秒23帧，如果以每秒30帧的速率播放，则播放时间约为2分钟31.8秒。

例如，显示格式为“25fps时间码”的时间码为00:00:23:00的素材转换为“英尺+帧16mm”的显示格式后时间码为14+15，转换为“英尺+帧35mm”的显示格式后时间码为35+15，转换为“画框”的显示格式后时间码为575，如图1-57所示。

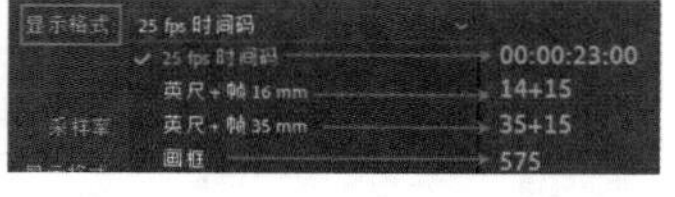

图1-57

知识窗

电影、录像和电视工业中使用的不同帧速率各有其对应的SMPTE标准。由于技术的原因，NTSC制式实际使用的帧率是29.97 fps而不是30 fps，因此在时间码与实际播放时间之间有0.1%的误差。为了解决这个误差问题，人们设计出了丢帧格式，即在播放时每分钟要丢2帧（实际上是有两帧不显示而不是被从文件中删除），这样可以保证时间码与实际播放时间一致。与丢帧格式对应的是不丢帧格式，它忽略时间码与实际播放时间之间的误差，如图1-58所示。

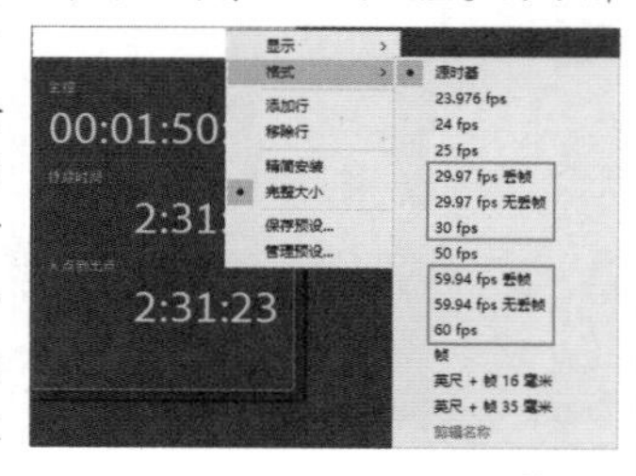

图1-58

音频显示格式有“音频采样”和“毫秒”两个选项，默认情况下，时间以帧单位显示，但在编辑音频时，可以单击“时间轴”面板中的序列名称旁的■按钮，在弹出的菜单中选择“显示音频时间单位”。例如，以时间码显示的时长为00:02:31:22的音频素材转换为“音频采样”的显示格式后时间码为00:02:31:40931，转换为“毫秒”的显示格式后时间码为00:02:31.928，如图1-59所示。

图1-59

1.4.7 采样率

音频的“采样率”是指录音设备在一秒钟内对声音信号的采样次数，采样频率越高声音就越真实越自然。高采样率的音频需要更大的磁盘空间和更多的处理，如果设置与源音频不同的采样率，不但需要额外的处理时间，而且会影响品质。Premiere支持5种采样率，如图1-60所示。

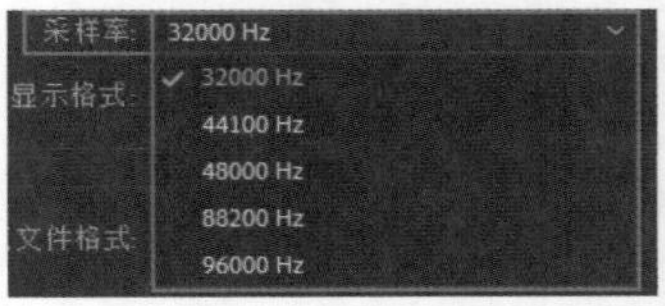

图1-60

32000Hz：miniDV数码视频camcorder、DAT（LP mode）所用采样率。

44100Hz：音频CD，也常用于MPEG-1音频（VCD、SVCD、MP3）所用采样率。

48000Hz：miniDV、数字电视、DVD、DAT电影和专业音频所用的数字声音所用采样率。

88200Hz：是为了方便CD标准数倍数字音频转换而被迫制定的采样频率，用于符合CD标准采样率整数倍的母带处理。

96000Hz：DVD-Audio、一些PCMDVD音轨、BD-ROM（蓝光盘）音轨和HD-DVD（高清晰度DVD）音轨所用采样率。

1.4.8 预览文件格式

“预览文件格式”允许用户选择一种文件格式，它可以在渲染时间比较短和文件体积比较小的情况下提供最佳的预览效果。自定义模式下的预览文件格式选项如图1-61所示。而对于某些编辑模式，只提供了一种文件格式。

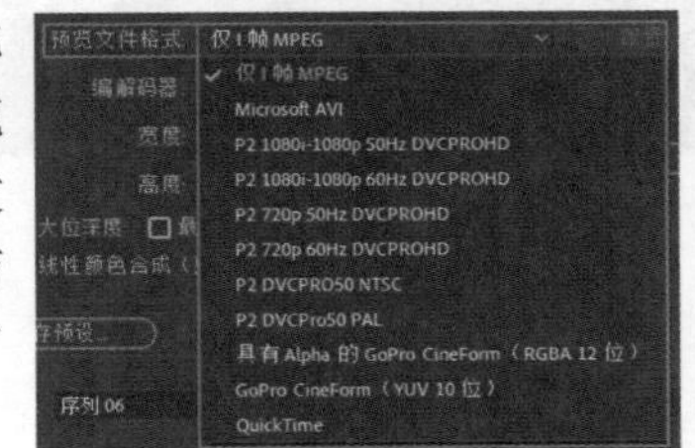

图1-61

1.4.9 编解码器

“编解码器”指定用于为序列创建预览文件的编解码器，如图1-62所示。未压缩的UYVY 422 8位编解码器和V210 10位YUV编解码器分别匹配SD-SDI和HD-SDI视频的规范（仅限Windows）。如果用户打算监视或输出为其中一种格式，请从这些编解码器中选择一个。要访问其中任一格式，请首先选择“自定义”编辑模式。

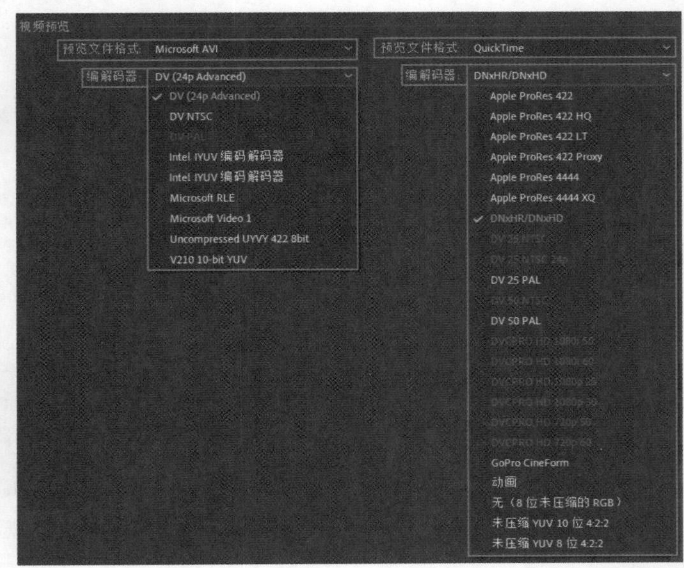

图1-62

1.4.10 最大位深度

“最大位深度”使颜色位深度最大化，以包含按顺序回放的视频。如果选定的压缩程序仅提供了一个位深度选项，此设置通常不可用。当准备用于8 bpc颜色回放的序列时，例如，Web或某些演示软件使用“自定义”编辑模式时，也可以指定8位（256 色）调色板。如果用户的项目包含由Adobe Photoshop等程序或高清摄像机生成的高位深度资源，请勾选“最大位深度”。然后，Premiere会使用这些资源中的所有颜色信息来处理效果或生成预览文件。

1.4.11 最高渲染质量

当从大体积格式缩放到小体积格式，或从高清晰度缩放到标准清晰度格式时，“最高渲染质量”可使所渲染剪辑和序列中的运动质量达到最佳效果。勾选此选项通常会使移动资源的渲染效果更加锐化，与默认的标准质量相比，最高质量的渲染需要更多的时间，并且使用更大的RAM。此选项仅适用于具有足够RAM的系统，对于所需RAM极小的系统，建议不要使用“最高渲染质量”选项。“最高渲染质量”通常会使高度压缩的图像或包含压缩失真的图像锐化，因此效果更糟。

第2章

Premiere Pro 2021 的工作区

在学习用Premiere Pro 2021进行视频编辑之前，首先需要认识其工作区，对各个部分的功能有一个大概的了解，以在后期的学习中可以快速找到需要使用的功能及其所在的位置。本章主要介绍Premiere Pro 2021的工作区，内容包括不同模式下的工作区、工作区的调整方法等，帮助读者快速熟悉Premiere的工作区。

学习要点

2.1 启动Premiere Pro 2021

Premiere Pro 2021的启动方法同其他应用程序一样，安装好Premiere Pro 2021后，可以通过以下两种方法来启动Premiere Pro 2021。

方法一：双击桌面上的Premiere Pro 2021快捷图标，启动Premiere Pro 2021。

方法二：在“开始”菜单中找到并单击“Adobe Premiere Pro 2021”命令，启动Premiere Pro 2021。

程序启动后，将出现“主页”窗口，如果是首次打开Adobe Premiere Pro 2021，只需要单击“主页”窗口中的“新建项目”按钮即可创建项目。如果不是首次打开，“主页”窗口上会显示用户最近使用过的项目文件，以名称列表的形式显示在“最近使用项”一栏中，用户只需单击所要打开的项目文件的名称，就可以快速地打开该项目文件并进行编辑。也可以单击“打开项目”按钮，找到要打开的项目文件，打开之前保存的项目，如图2-1所示。

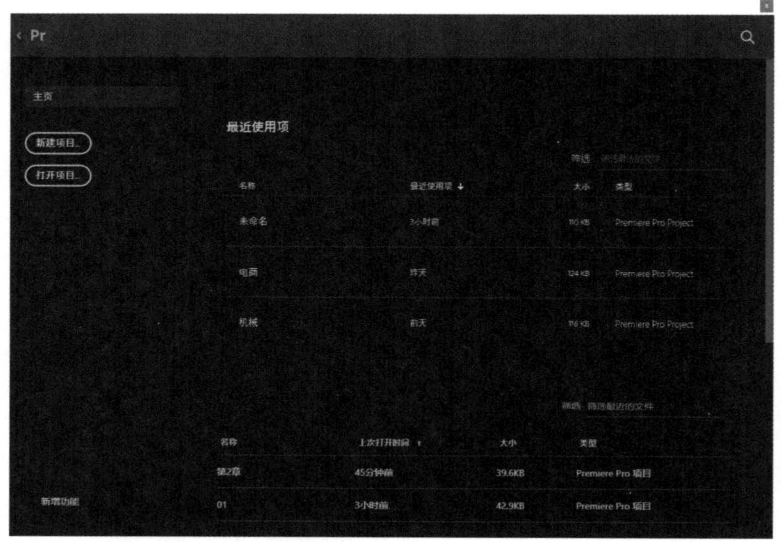

图2-1

新建项目：单击此按钮，可以创建一个新的项目文件进行视频编辑。

打开项目：单击此按钮，可以打开一个计算机中已有的项目文件。

当用户要开始一项新的编辑工作时，需要先单击“新建项目”按钮，建立一个新的项目。此时会弹出“新建项目”对话框，如图2-2所示。在“新建项目”对话框中可以设置项目存放的位置和项目的名称、音视频的显示格式、捕捉格式。设置好之后，单击“确定”按钮，即可进入Premiere Pro 2021的工作区。

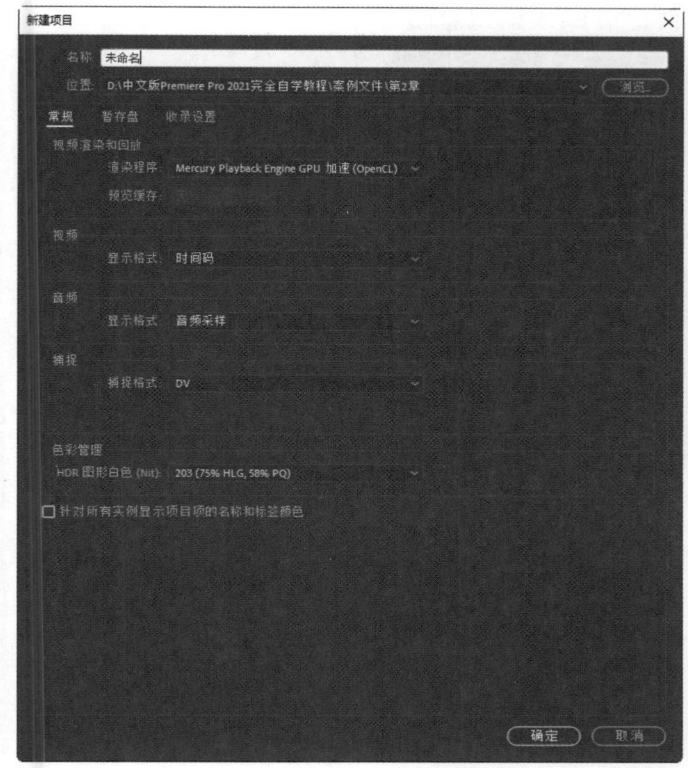

图2-2

2.2 认识Premiere Pro 2021的工作区

Premiere Pro 2021的工作区有多种模式可供选择，用户可以根据自身的编辑需求或操作侧重点来选择合适的工作区模式。最常用的工作区模式是“编辑”模式，其他模式的工作区都是在“编辑”模式工作区的基础上增加或减少了个别面板。

2.2.1 “学习”模式工作区

要切换工作区模式，只需在工作区模式栏单击相应的工作区模式名称即可，如图2-3所示。

图2-3

启动Premiere Pro 2021之后，如果是首次打开软件，默认的工作区是“学习”模式工作区，工作区的左边会有一个“Learn”面板，如图2-4所示。

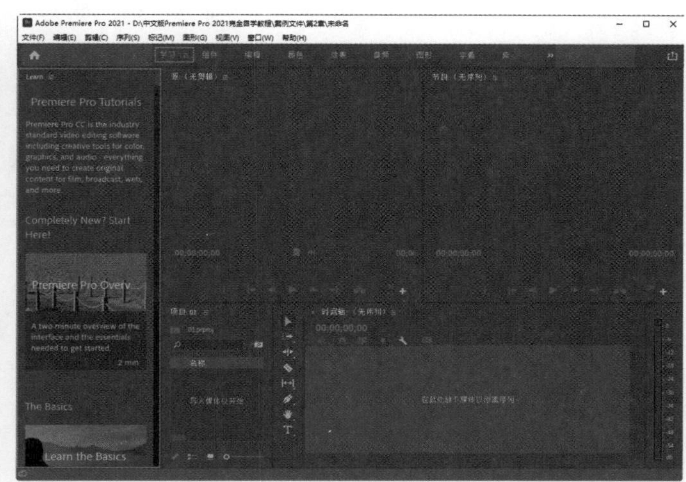

图2-4

2.2.2 “编辑”模式工作区

在日常的视频编辑中，“编辑”模式是最常用的Premiere工作区模式，“编辑”模式的工作区中包含了Premiere工作区的8大组成部分，如图2-5所示。其他模式工作区可以看作在此工作区的基础上增加或减少个别面板后的工作区，例如，“学习”模式工作区是在“编辑”模式工作区的基础上在左侧增加了“Learn”面板。

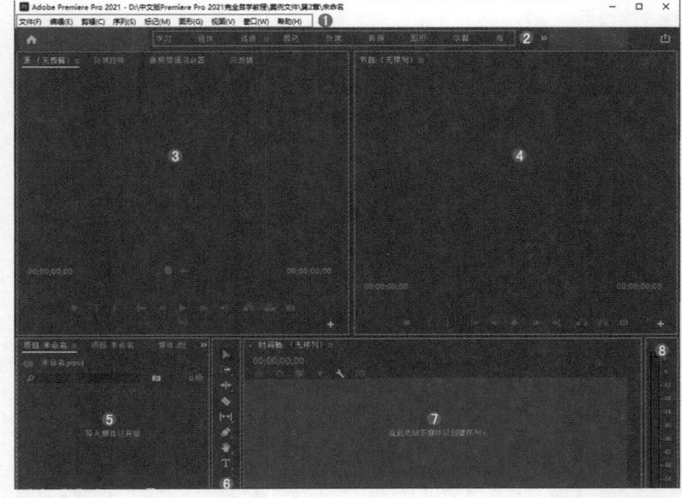

图2-5

①菜单栏　②工作区模式栏

③“源”监视器面板　④“节目”监视器面板

⑤“项目”面板　⑥“工具”面板

⑦“时间轴”面板　⑧“音频仪表”面板

2.2.3 “组件”模式工作区

“组件”模式工作区中没有“源”监视器面板，放大了“项目”面板，如图2-6所示。“组件”模式工作区比较适用于视频素材非常多的情况，突出的“项目”面板使用户可以更方便地找到想要的素材。

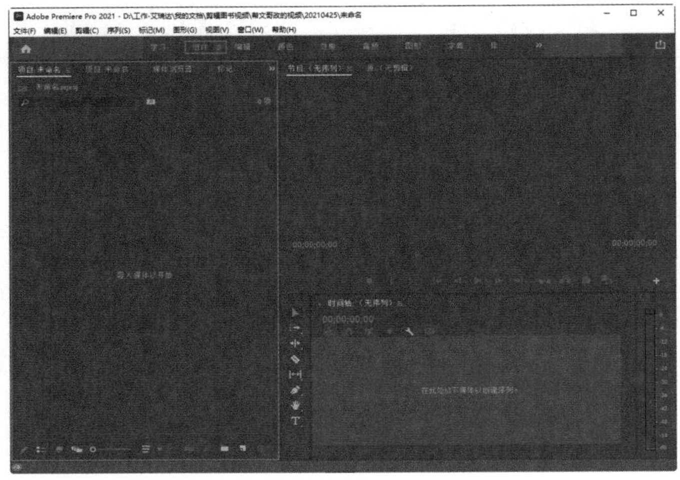

图2-6

2.2.4 “颜色”模式工作区

“颜色”模式工作区是在“编辑”工作区的基础上增加了“Lumetri范围”“Lumetri颜色”面板，如图2-7所示。“颜色”模式工作区比较适用于视频编辑后期对视频进行调色的阶段。

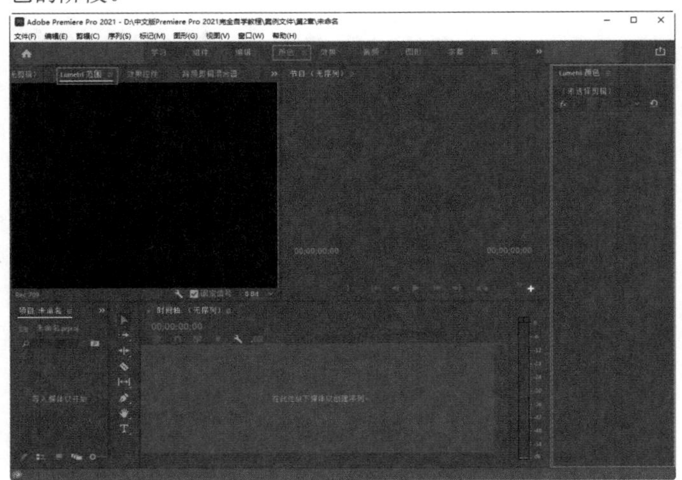

图2-7

2.2.5 “效果”模式工作区

“效果”模式工作区是在“编辑”工作区的基础上在右侧增加了“基本图形”面板，左侧以“效果控件”面板为主，如图2-8所示。“效果”模式工作区比较适用于视频编辑后期为视频添加特效的阶段。

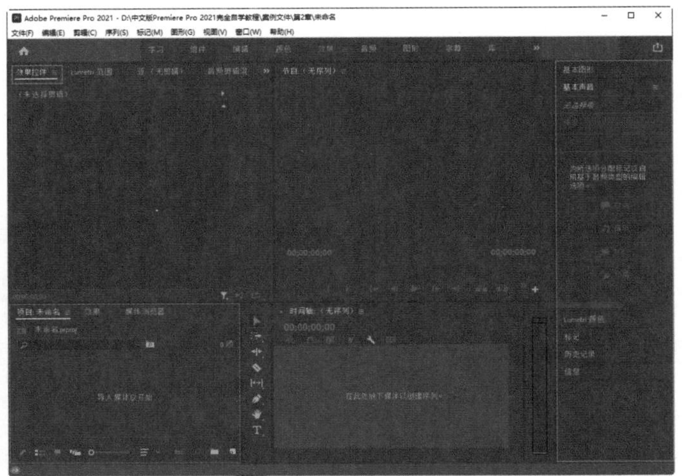

图2-8

2.2.6 “音频”模式工作区

“音频”模式工作区是在“编辑”模式工作区的基础上在右侧增加了“基本声音”面板，同时放大了左侧的“项目”面板，并将中间的“源”监视器面板切换为“音频剪辑混合器”面板，如图2-9所示。“音频”模式工作区比较适用于编辑音频的阶段。

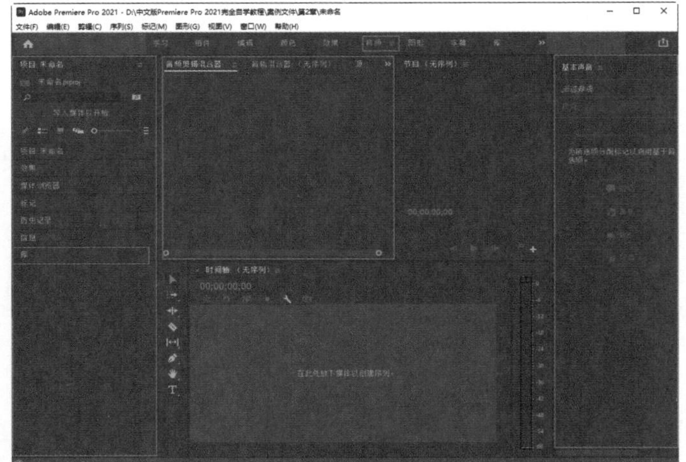

图2-9

2.2.7 “图形”模式工作区

“图形”模式工作区是在“编辑”模式工作区的基础上在右侧增加了“基本图形”面板，如图2-10所示。“图形”模式工作区比较适用于为视频绘制图形和给图形添加效果的阶段。

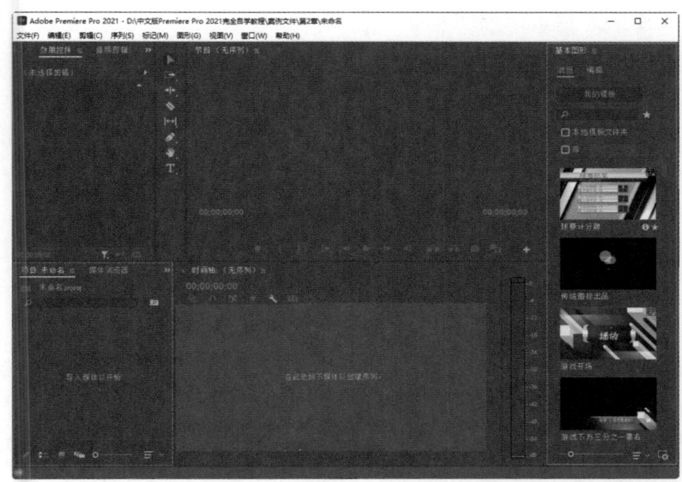

图2-10

2.2.8 “字幕”模式工作区

“字幕”模式工作区是在“编辑”模式工作区的基础上在左侧增加了“文本”面板，在右侧增加了“基本图形”面板，如图2-11所示。“字幕”模式工作区适用于为视频添加字幕的阶段。

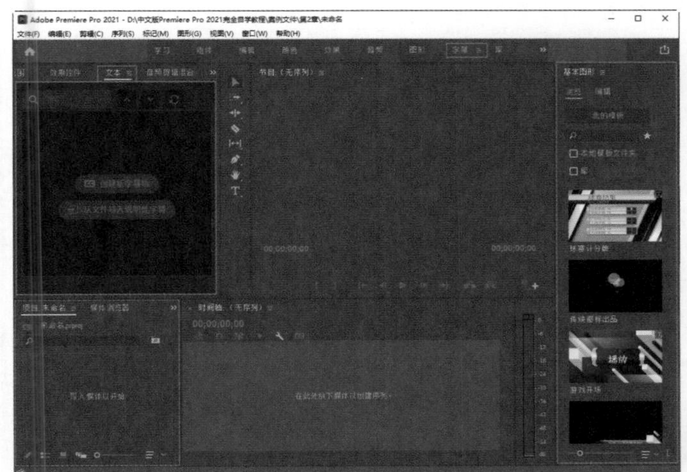

图2-11

2.2.9 “库”模式工作区

“库”模式工作区在用户有Creative Cloud账户的情况下才能正常使用，“库”模式工作区是在“编辑”模式工作区的基础上在右侧增加了“库”面板，放大了左侧的“项目”面板，同时减少了“源”监视器面板，如图2-12所示。“库”模式工作区适合用户在Creative Cloud Libraries中有视频编辑所需的素材时使用，可以快速地调取素材。

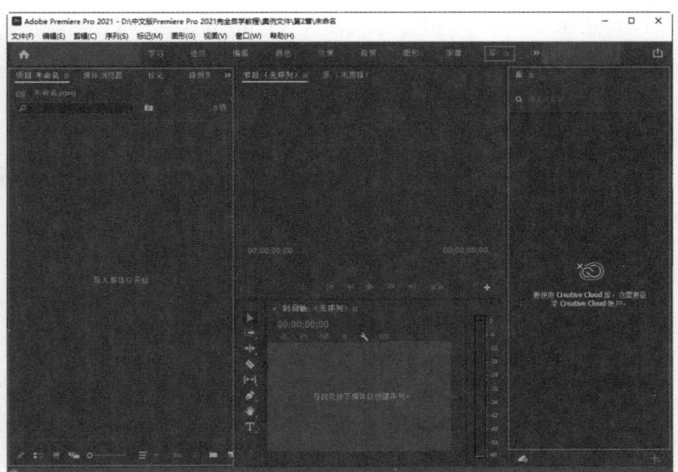

图2-12

2.2.10 工作区模式栏中的其他功能

工作区模式栏的最左边有一个Home按钮，如图2-13所示，单击该按钮可以打开“主页”对话框，方便重新打开或新建项目。

图2-13

工作区模式栏的最右边有一个“溢出菜单”按钮，单击该按钮会弹出下拉菜单，如图2-14所示。

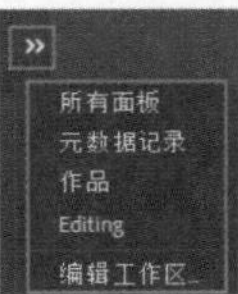

图2-14

单击菜单中的“所有面板”，Premiere工作区会将所有的面板都调取出来，如图2-15所示。由于空间有限，无法完全展示的面板都会在工作区的右侧折叠显示，想要展开某一个面板，单击其名称即可。

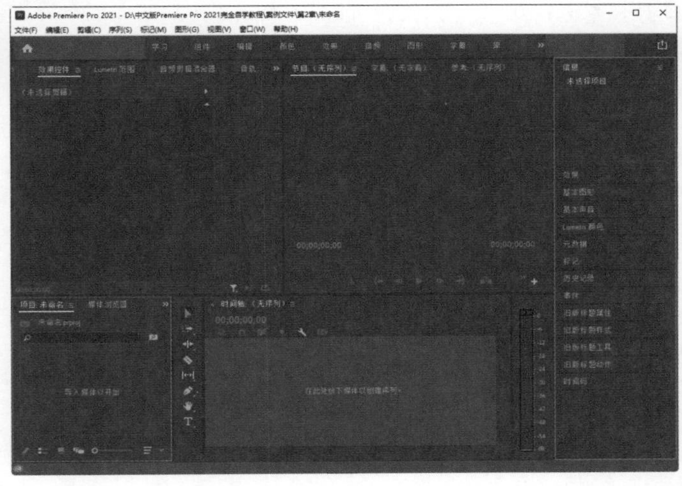

图2-15

单击菜单中的“元数据记录”，Premiere工作区右侧会增加“元数据”面板，如图2-16所示。“元数据记录”模式下的工作区更适用于查看视频素材的详细信息。

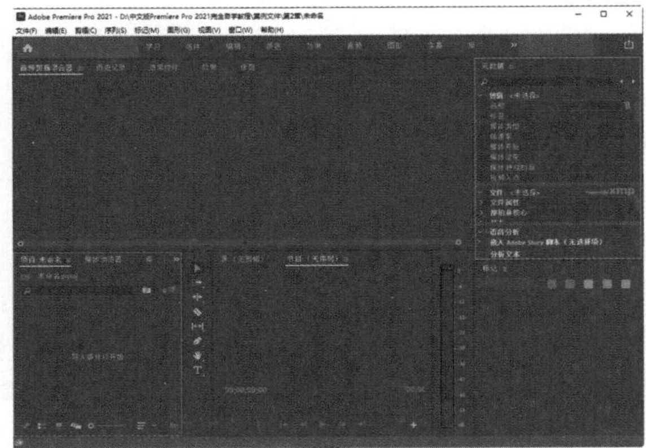

图2-16

单击菜单中的“作品”，Premiere工作区的左侧会增加“作品”面板，如图2-17所示。“作品”模式下的工作区更适用于编辑大型或复杂的工作流。

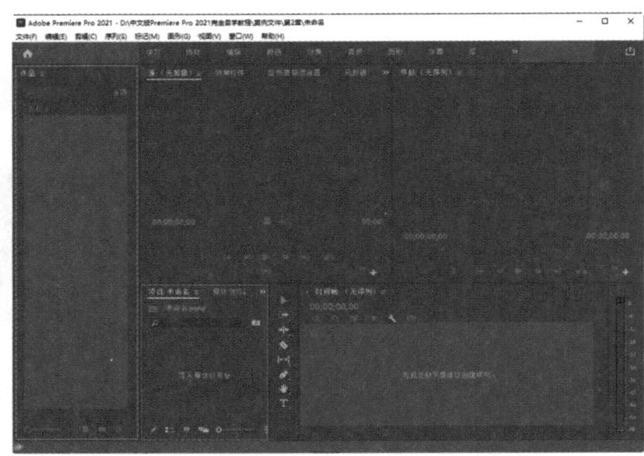

图2-17

单击菜单中的“Editing”，Premiere工作区将不再属于任何工作区模式，在此工作区内可随意调整自己想要的面板布局，如图2-18所示。

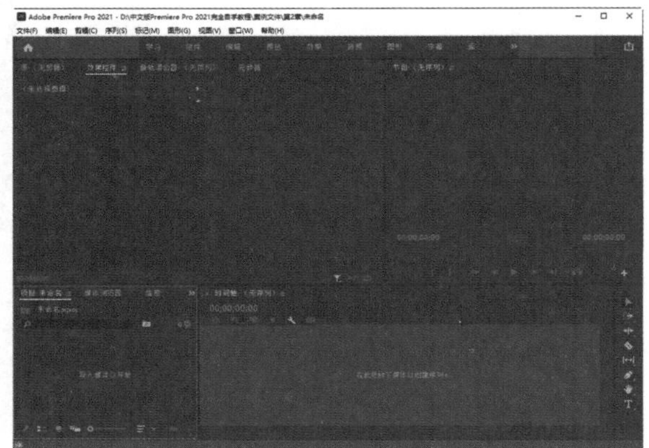

图2-18

单击菜单中的“编辑工作区”，会弹出一个“编辑工作区”对话框，可以通过拖曳名称来调整模式名称在工作区模式栏中显示的顺序，更改完成后单击“确定”按钮即可，如图2-19所示。

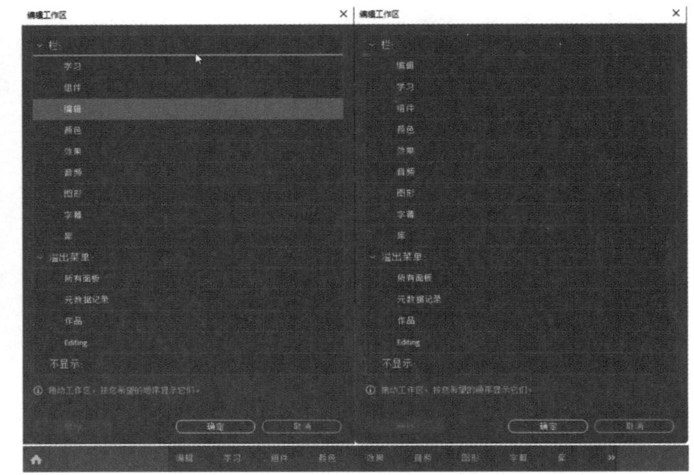

图2-19

技巧与提示

视频制作涵盖了多个方面的任务，要完成一个作品，可能需要采集视频、编辑视频、编辑音频，以及创建字幕、创建图形、添加效果和调色等，Premiere 可以以不同的工作区模式帮助组织这些任务所需的面板。

新手练习 调整Premiere Pro 2021的工作区

素材位置 素材文件\第2章\调整 Premiere Pro 2021 的工作区

实例位置 实例文件\第2章\新手练习：调整 Premiere Pro 2021 的工作区 .prproj

视频名称 调整 Premiere Pro 2021 的工作区 .mp4

技术掌握 调整面板的大小、创建浮动面板、将面板编组、打开/关闭面板

扫码看视频

认识了Premiere Pro 2021不同模式的工作区之后，用户可以根据编辑视频时的需求来切换不同模式的工作区，除此之外，还可以根据操作习惯等做更灵活的调整。本案例将讲解调整工作区中的面板的大小、创建浮动面板、将面板编组、打开/关闭面板的方法，案例素材如图2-20所示。

图2-20

调整面板的大小

想要调整某个面板的大小，可以拖曳面板之间的分隔线或交界处的角点，从而改变面板的宽度和高度，调整面板的大小。

01 打开本书配套资源中的“实例文件\第2章\新手练习：调整Premiere Pro 2021的工作区.prproj”文件，如图2-21所示。

图2-21

02 将鼠标指针移动到“工具”面板和“时间轴”面板之间，当鼠标指针变为■图标后，向右拖曳面板间的边界，改变“工具”面板和“时间轴”面板的大小，如图2-22所示。

图2-22

03 如果既想横向调整面板的大小又想纵向调整面板的大小，可以将鼠标指针放在面板交界处的角点上，当鼠标指针变为■图标后，拖曳鼠标，即可同时横向和纵向调整面板的大小，如图2-23所示。

图2-23

创建浮动面板

在面板标题处单击鼠标右键，或者单击面板标题旁的■按钮，在弹出的菜单中选择“浮动面板”命令，可以将当前的面板创建为浮动面板。

01 在“节目”监视器面板标题处单击鼠标右键，或者单击面板标题旁的■按钮，在弹出的菜单中选择“浮动面板”命令，如图2-24所示。

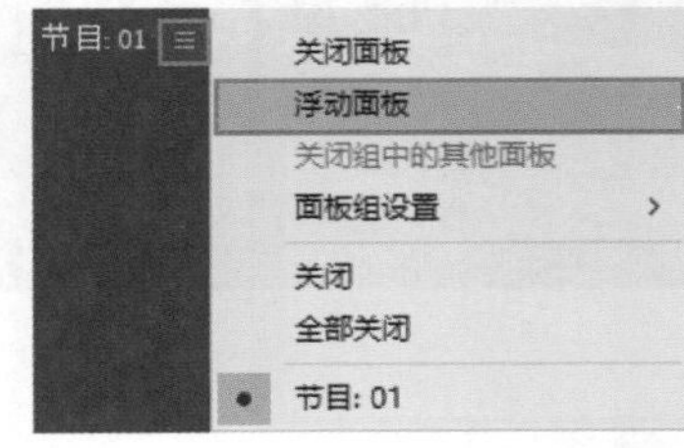

图2-24

02 如果想要调整浮动面板的大小，可以将鼠标指针置于面板的某一角点上，当鼠标指针变为双向箭头时，拖曳此角点即可，如图2-25所示。

03 如果想要将浮动面板放回工作区中，可以将鼠标指针放在浮动面板顶部，当鼠标指针变为■图标后，拖曳浮动面板到合适的位置，当出现紫色梯形条时松开鼠标左键，如图2-26所示。即可将浮动面板重新放回工作区中，紫色梯形条的位置即为要放置浮动面板的位置。

图2-25

图2-26

将面板编组

拖曳某个面板，可以将其与其他面板编组。在目标面板的标题或边界处的紫色条出现后释放鼠标左键，即可将其与目标面板编组。

01 将鼠标放在“效果控件”面板的标题上，拖曳“效果控件”面板到“节目”监视器面板中，在“节目”监视器面板的标题处出现紫色横条时，松开鼠标左键，即可将“效果控件”面板与“节目”监视器面板编组，如图2-27所示。

图2-27

02 拖曳“效果控件”面板到“节目”监视器面板的右方，可以改变“效果控件”面板和“节目”监视器面板的位置，如图2-28所示。

图2-28

技巧与提示

在对面板进行编组的过程中，如果不小心放错了位置，想要还原为最初的面板状态，可以选择“窗口→工作区→重置为保存的布局”命令，即可恢复为最初的面板状态，如图2-29所示。

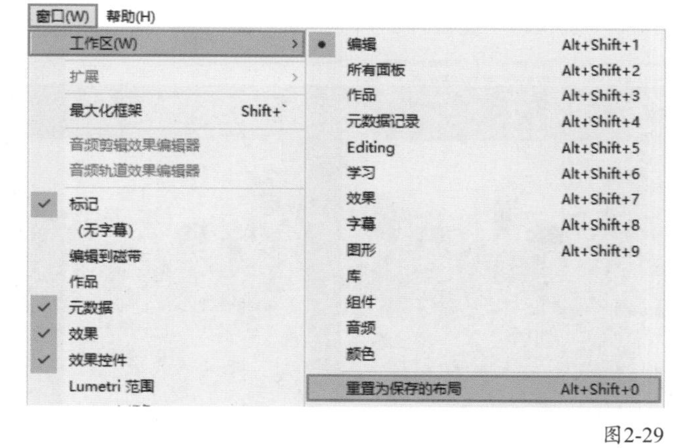

图2-29

打开/关闭面板

在没有主动关闭某个面板的情况下，Premiere 的工作区显示的是系统默认的面板。如果想手动关闭某个面板，可以在面板标题处单击鼠标右键，或者单击面板标题旁的■按钮，在弹出的菜单中选择“关闭面板”命令。如果想重新打开被关闭的面板，可以在“窗口”菜单中将其打开。

01 在“节目”监视器面板标题处单击鼠标右键，或单击标题右方的■按钮，在弹出的菜单中选择“关闭面板”命令，即可将“节目”监视器面板关闭，如图2-30所示。

图2-30

02 单击“窗口”菜单，在菜单中可以看到“节目监视器”命令前方没有✓标记，如图2-31所示，表示该面板已被关闭。单击“节目监视器”命令，可以再次打开该面板。

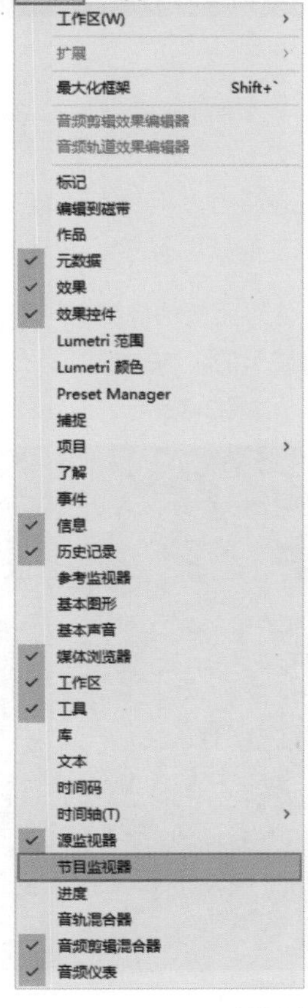

图2-31

技巧与提示

如果既想要将自己调整好面板布局的工作区保存下来，又想以后还可以恢复成系统默认的工作区，可以选择“窗口→工作区→另存为新工作区”命令，在对话框中为新工作区命名，然后单击“确定”按钮，如图2-32所示。以后无论何时想使用此工作区，只需在“窗口→工作区”菜单中单击其名称即可。

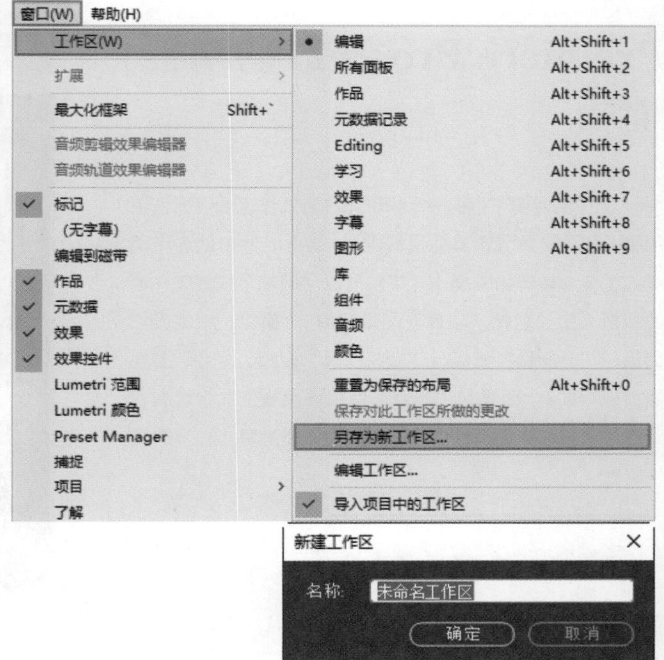

图2-32

如果想要将自己调整好面板布局的工作区保存下来，可以选择“窗口→工作区→保存对此工作区所做的更改”命令，保存此配置，如图2-33所示。

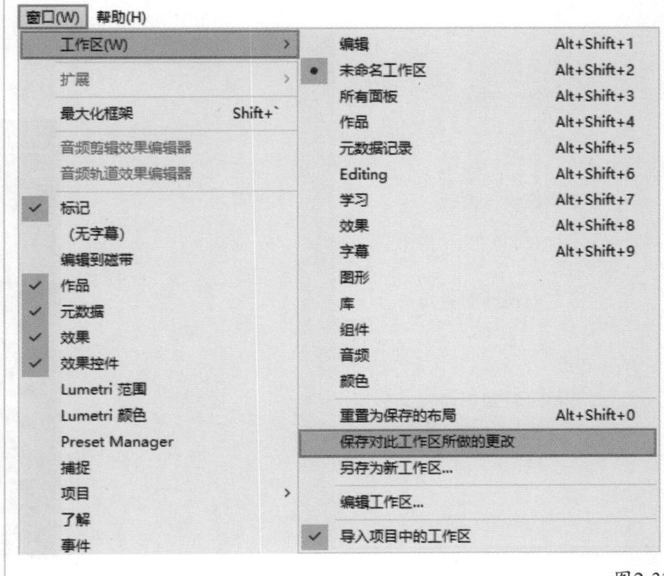

图2-33

第3章

Premiere Pro 2021的功能面板

上一章讲解了Premiere Pro 2021的工作区和调整面板的相关操作。本章来具体讲解Premiere Pro 2021的各个面板的主要功能和相关操作。讲解时以“编辑”模式工作区的面板为主，包括“项目”面板组的7个面板、“工具”面板、“时间轴”面板、“音频仪表”面板、“源”监视器面板组的4个面板、“节目”监视器面板，其余没有介绍到的面板将在后面具体的案例中做详细讲解。

学习要点

3.1 “项目”面板组

“项目”面板组位于Premiere工作区的左下角，包含7个面板，分别是“项目”面板、“媒体浏览器”面板、“库”面板、“信息”面板、“效果”面板、“标记”面板和“历史记录”面板，如图3-1所示。

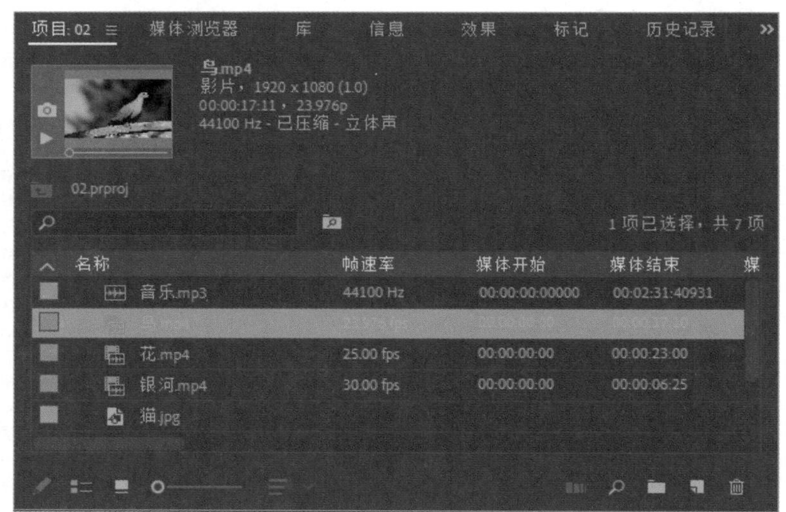

图3-1

3.1.1 “项目”面板

Premiere的“项目”面板可以用于导入和新建各类型视频素材，包括图片、视频、音频、文字和项目文件等，如图3-2所示。

“项目”面板的底部有一排工具，左边的工具是用来调整项目面板中素材的显示的，右边的工具是用来新建素材和对素材进行删除、编组等操作的，如图3-3所示。

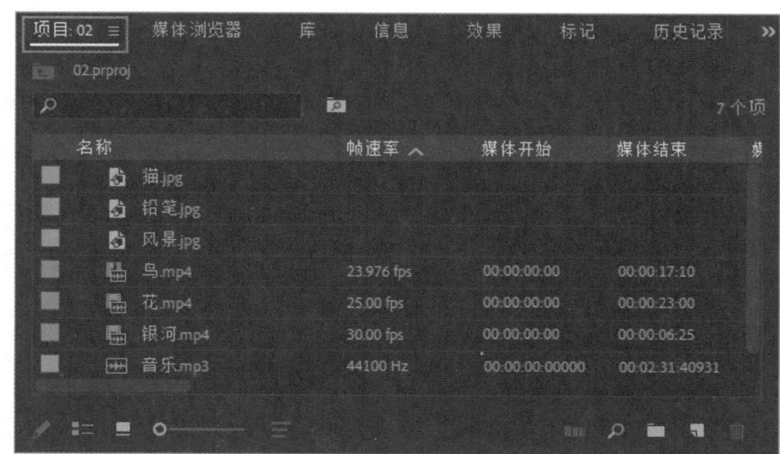

图3-2

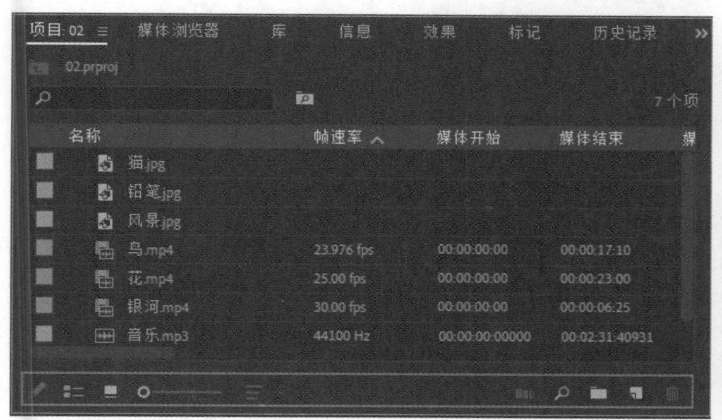

图3-3

新手练习 “项目”面板的操作

素材位置 素材文件\第3章\“项目”面板的操作
实例位置 实例文件\第3章\新手练习：“项目”面板的操作.prproj
视频名称 “项目”面板的操作.mp4
技术掌握 认识Premiere Pro 2021的“项目”面板的功能及操作

扫码看视频

本案例将带大家认识Premiere Pro 2021的“项目”面板的功能及操作，本案例素材如图3-4所示。

图3-4

01 打开Premiere Pro 2021应用程序，在“主页”窗口中单击“新建项目”按钮，如图3-5所示。

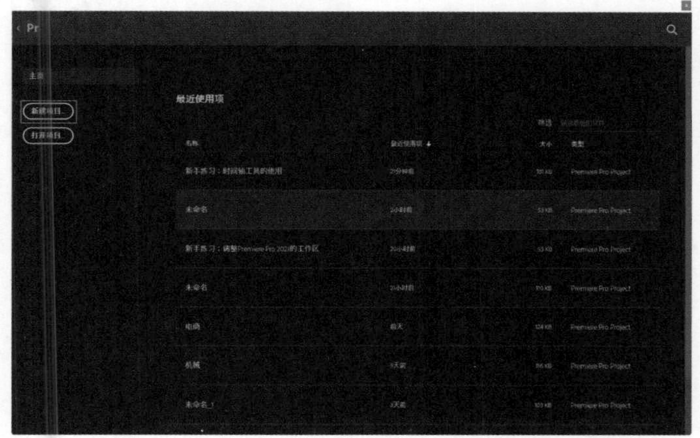

图3-5

02 打开“新建项目”对话框，设置项目的名称和存储位置，单击“确定”按钮，如图3-6所示。

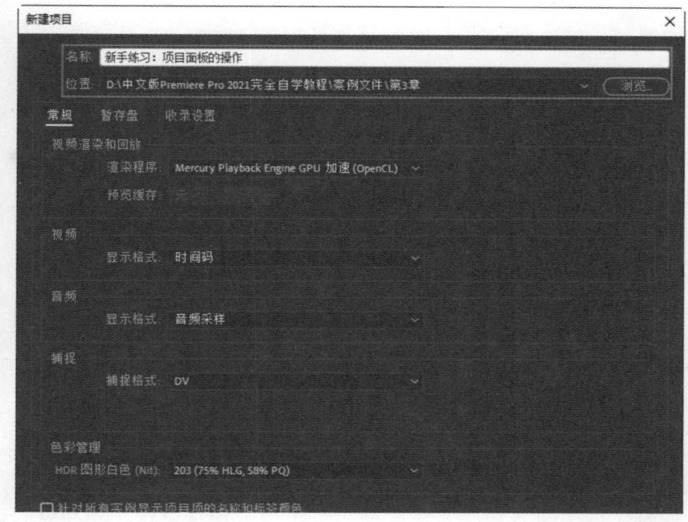

图3-6

03 在“项目”面板的空白处双击，打开“导入”对话框，找到并选择素材，单击“打开”按钮，如图3-7所示。将素材导入“项目”面板，如图3-8所示。

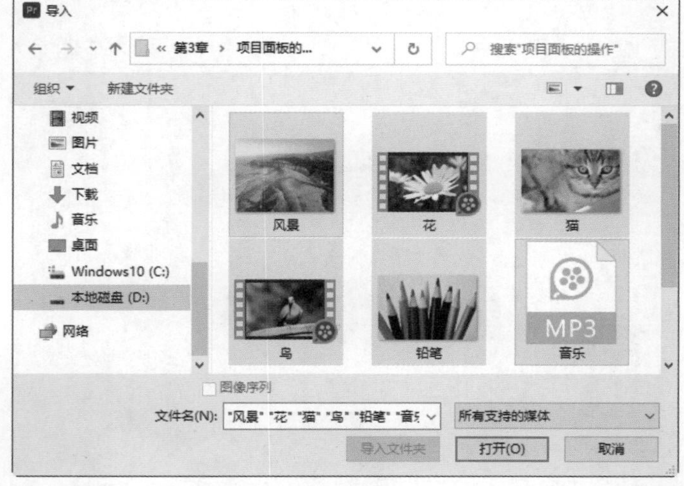

图3-7

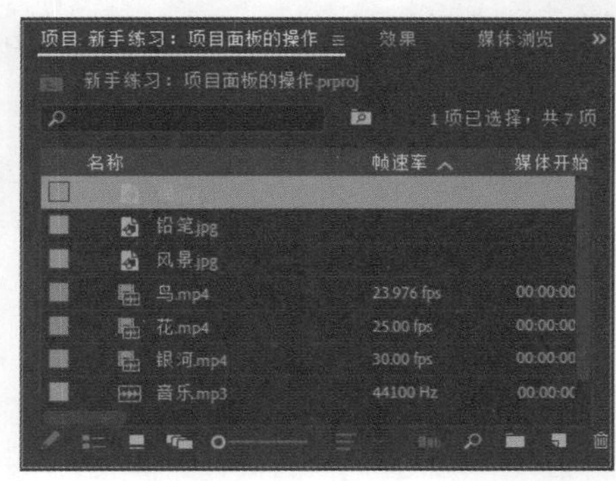

图3-8

项目可写只读工具

单击“项目”面板下方的“项目可写”按钮，会弹出提示对话框，如图3-9所示。单击“是”按钮，会使项目文件变为只读模式，成为不可编辑的状态。单击“项目只读”按钮即可恢复为可编辑状态。

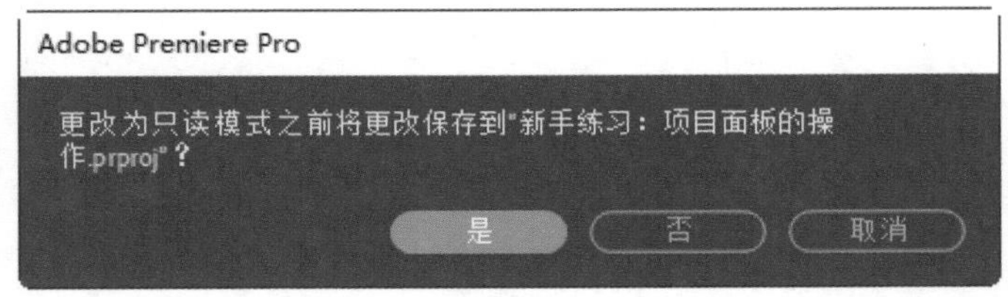

图3-9

列表/图标视图工具

单击“项目”面板下方的“列表视图”按钮，“项目”面板中的素材将以列表形式显示，单击“图标视图”按钮，“项目”面板中的素材将以缩览图形式显示，如图3-10所示。

图3-10

调整图标和缩览图的大小

拖曳“项目”面板底部的滑块，可以对“项目”面板中的素材图标和缩览图大小进行调整，如图3-11所示。

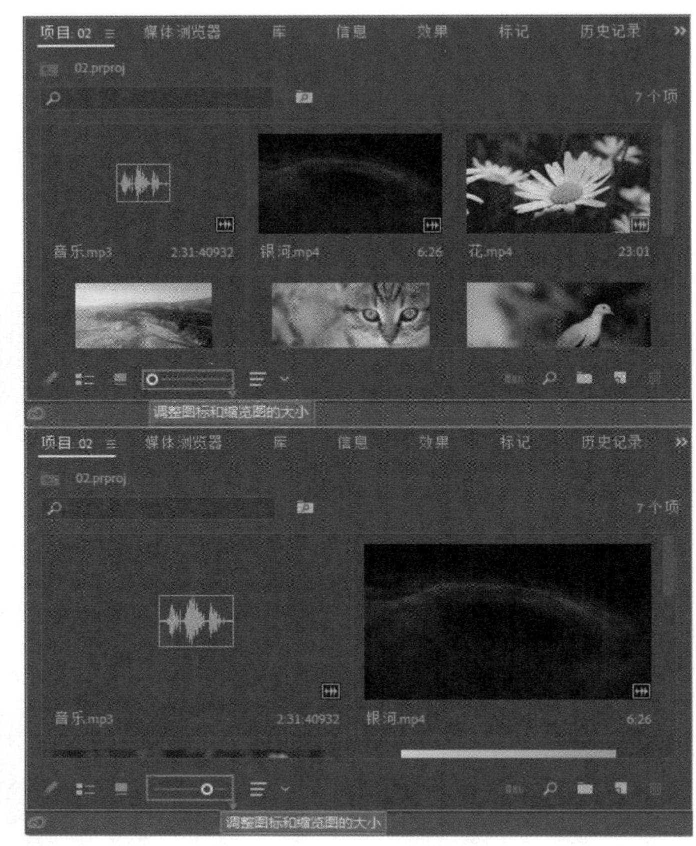

图3-11

排序图标工具

单击“排序图标”按钮，会弹出一个菜单，用户可以选择想要的素材的排序方式，如图3-12所示。

图3-12

自动匹配序列工具

（1）选择“文件→新建→序列”命令，打开“新建序列”对话框，单击“确定”按钮新建一个默认序列，如图3-13所示。

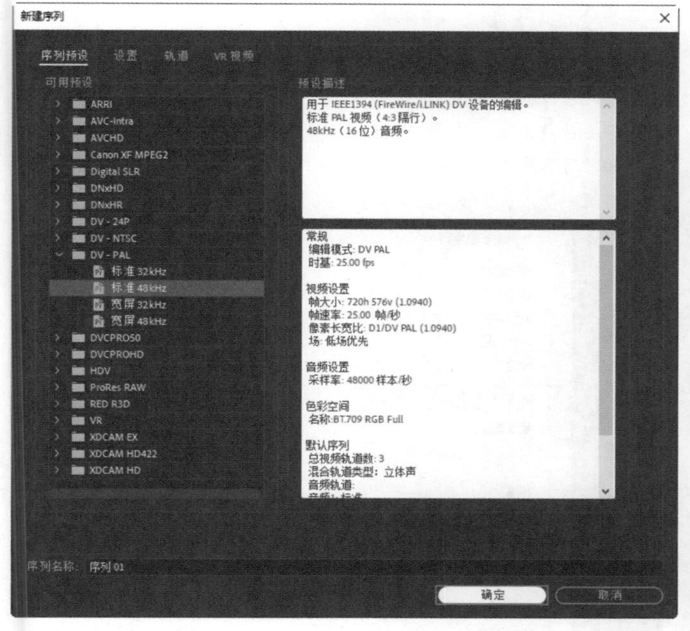

图3-13

（2）选中“项目”面板中的多个素材，单击“自动匹配序列”按钮■，如图3-14所示。

（3）在弹出的“序列自动化”对话框中，可以根据需求更改选项，也可以保持默认设置，单击“确定”按钮［确定］，如图3-15所示。

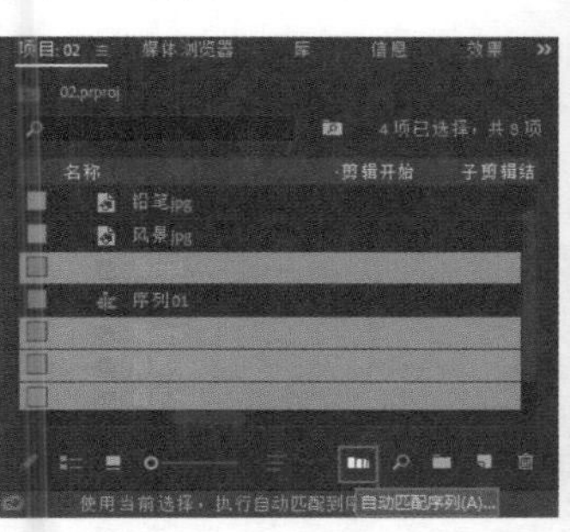

图3-14

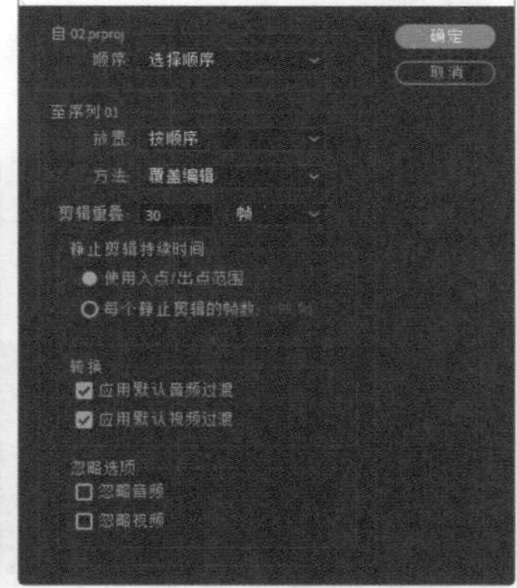

图3-15

（4）此时选中的多个素材就会按顺序自动排列到“时间轴”面板中，如图3-16所示。

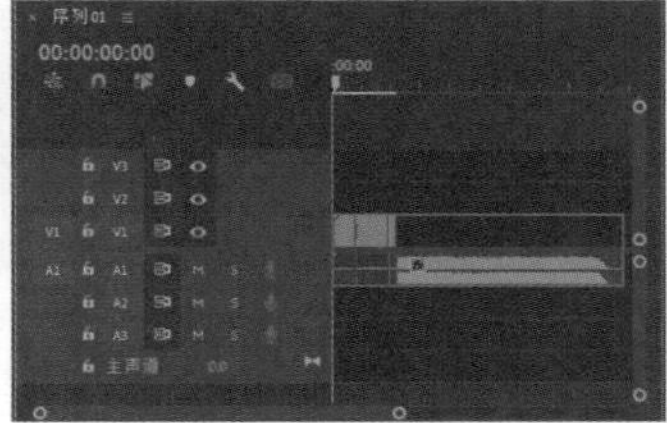

图3-16

查找工具

单击“项目”面板下方的“查找”按钮■，会弹出“查找”对话框，用户可根据所需，选择合适的“列”和“运算符”的查找依据，然后单击“查找”按钮［查找］，可以在众多素材中找到目标素材，如图3-17所示。

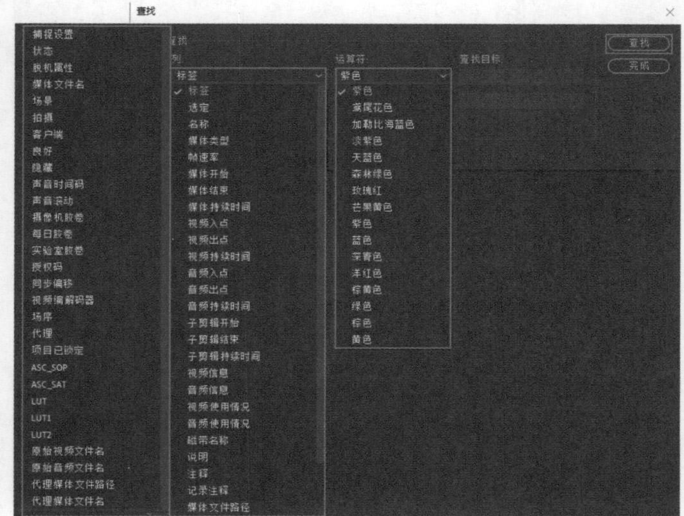

图3-17

“项目”面板的上方有一个搜索框，在已知素材名称的情况下，在搜索框中输入素材名称也可以快速找到该素材。单击搜索框旁边的“从查询创建新的搜索素材箱”按钮■，可以为刚查找到的素材新建一个素材箱，如图3-18所示。

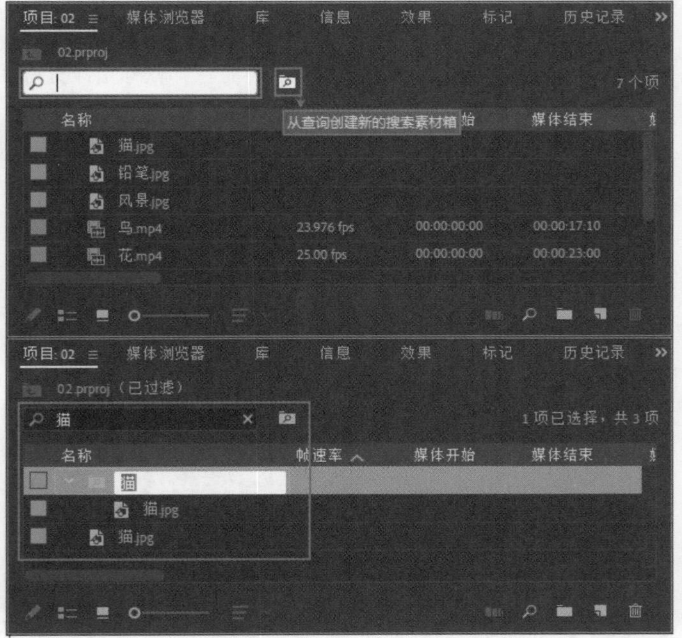

图3-18

新建素材箱工具

（1）单击“新建素材箱”按钮■，如图3-19所示。

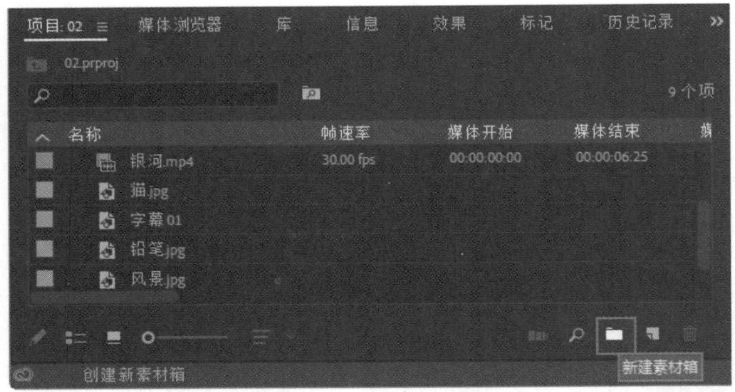

图3-19

（2）对新建的素材箱进行命名，然后按Enter键确认，如图3-20所示。

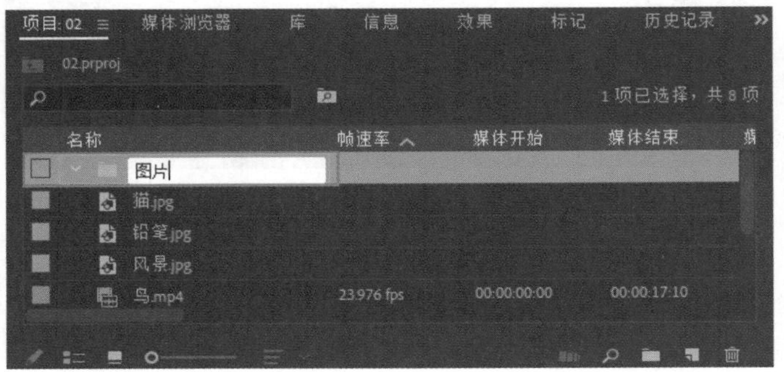

图3-20

（3）新建素材箱之后，可以按住Shift键依次单击相同类型的素材，并将其拖曳到新建的素材箱图标上，当鼠标指针变为■图标时松开鼠标左键，即可将多个素材放入新建的素材箱中，如图3-21所示。

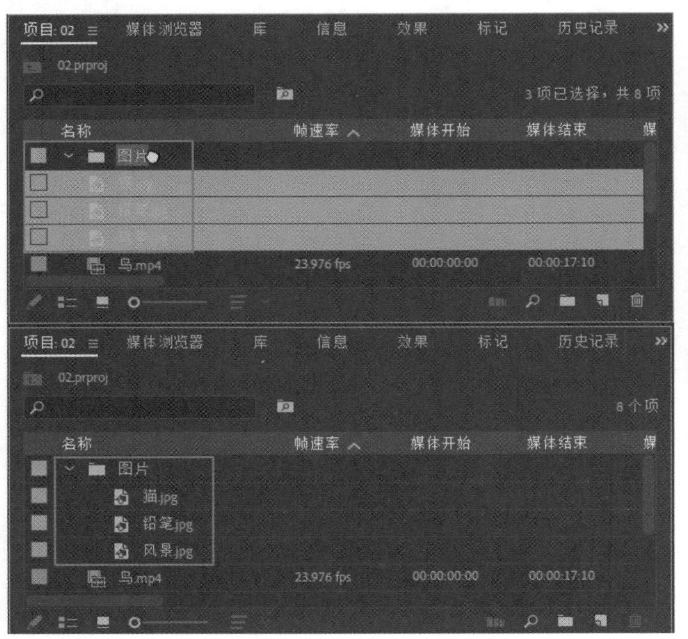

图3-21

技巧与提示

如果素材箱中有多个同类型的文件，可以对素材箱中的素材进行统一管理和修改。例如，要统一素材持续时间，可全选素材箱中的素材，单击鼠标右键，选择“速度/持续时间”命令，如图3-22所示。在弹出的“剪辑速度/持续时间”对话框中，可以对素材的速度和持续时间进行统一修改，如图3-23所示。

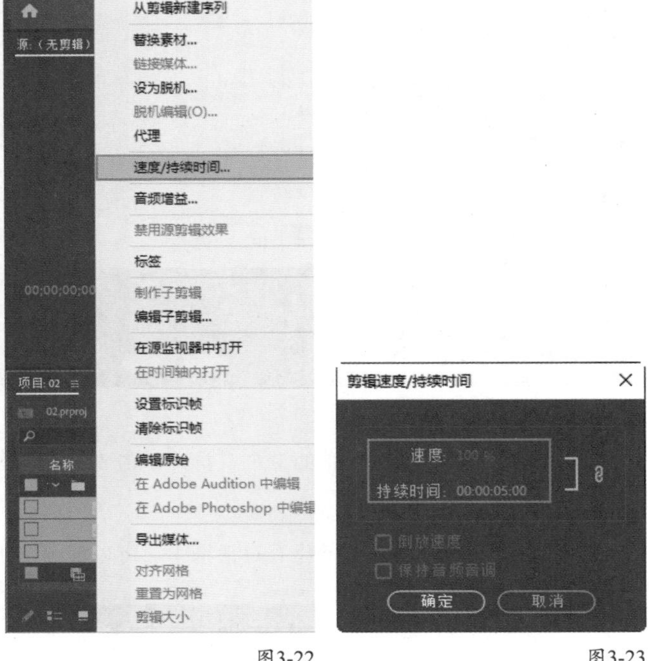

图3-22　　图3-23

新建项工具

（1）单击“新建项”按钮■，如图3-24所示。

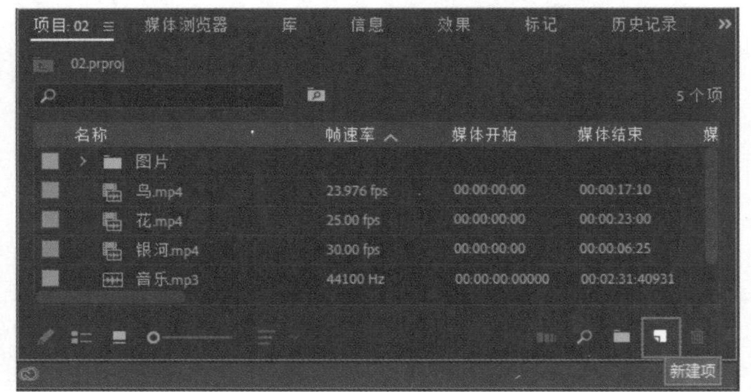

图3-24

（2）在弹出的菜单中选择要创建的元素，可以创建序列、已共享项目、脱机文件、调整图层、彩条、黑场视频、颜色遮罩、HD彩条、通用倒计时片头和透明视频，如图3-25所示。

（3）例如，选择新建“调整图层”，如图3-26所示。

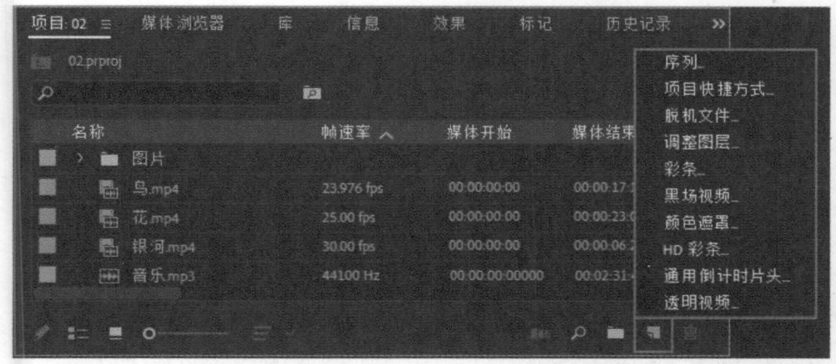

图3-25

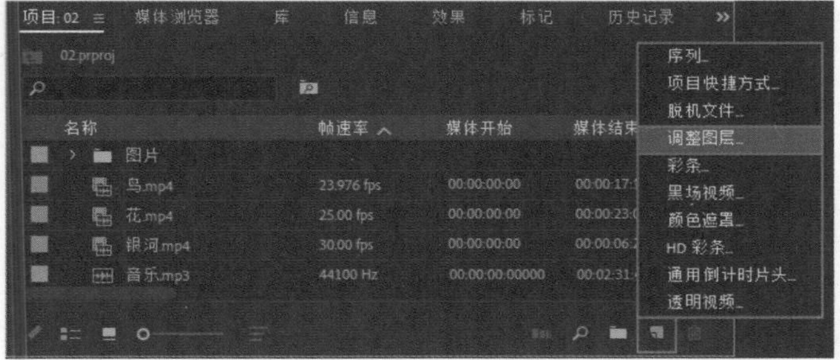

图3-26

（4）在弹出的“调整图层”对话框中设置视频的宽度和高度，单击“确定”按钮，如图3-27所示。

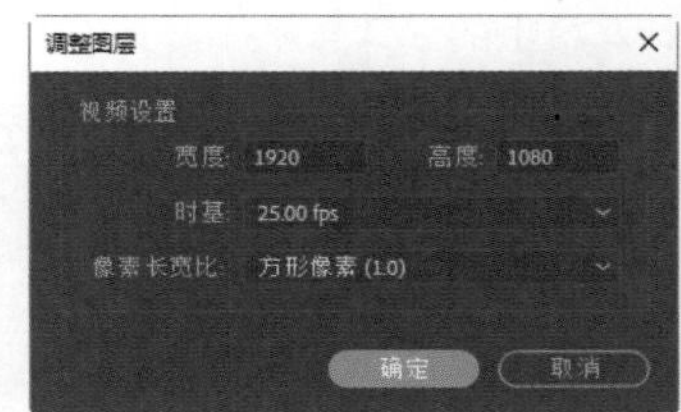

图3-27

（5）创建的“调整图层”项将显示在“项目”面板中，如图3-28所示。

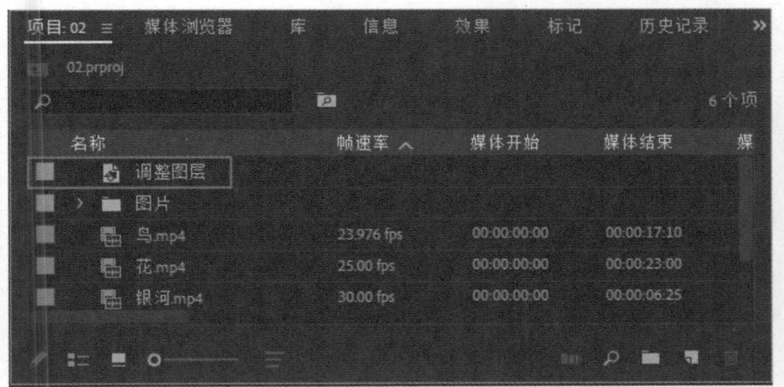

图3-28

清除工具

选中想要删除的素材，单击“清除”按钮，即可将选中的素材删除，如图3-29所示。

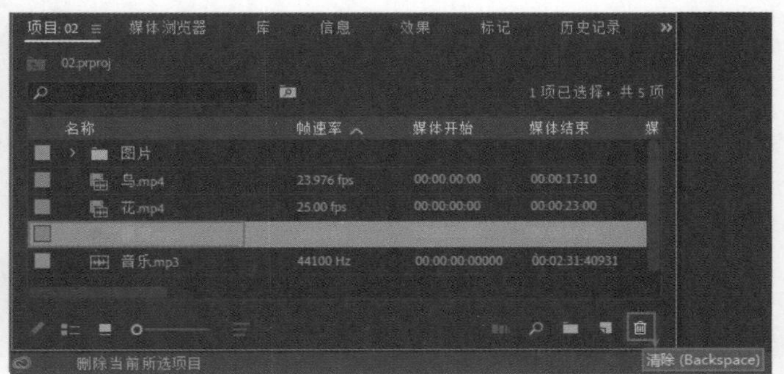

图3-29

添加显示的元数据

（1）在列表视图状态下的“项目”面板中可以看到素材的基本信息，如果想要增加显示的数据，可以在“项目”面板的名称栏单击鼠标右键，在弹出的菜单中选择“元数据显示”命令，如图3-30所示。

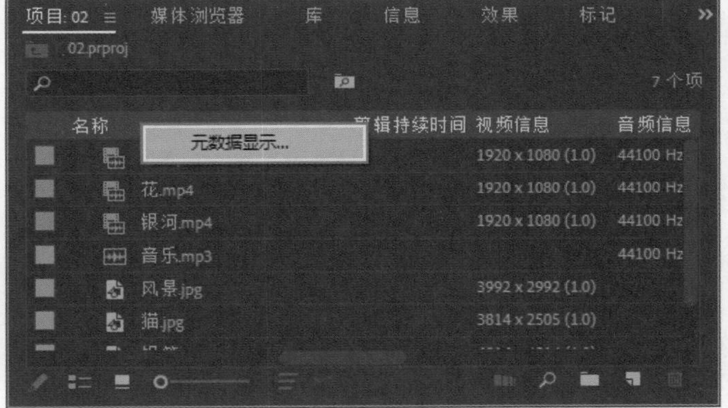

图3-30

（2）在“元数据显示”对话框中设置需要添加显示的素材信息，例如，展开“基本”选项组，勾选“修改日期”复选框，然后单击“确定”按钮，如图3-31所示。

图3-31

（3）向右拖曳项目面板下方的水平滚动条，可以查看添加在后面的“修改日期”信息，如图3-32所示。

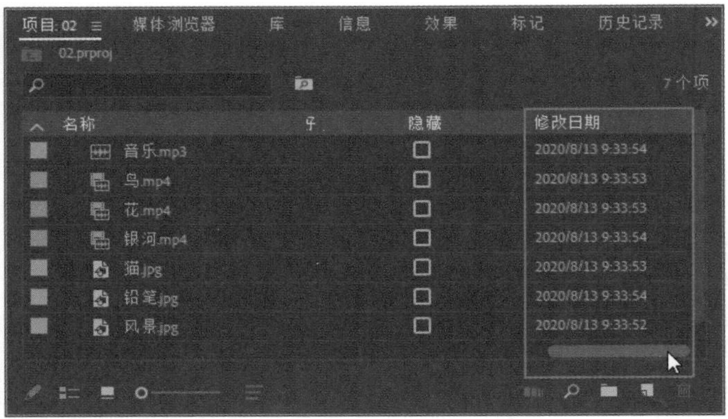

图3-32

技巧与提示

在英文输入法的状态下，按~键，可将当前面板放大，通过拖曳下方的水平滚动条，可以看到每个素材的详细信息，如图3-33所示。如果要缩小当前面板，再次按~键即可。

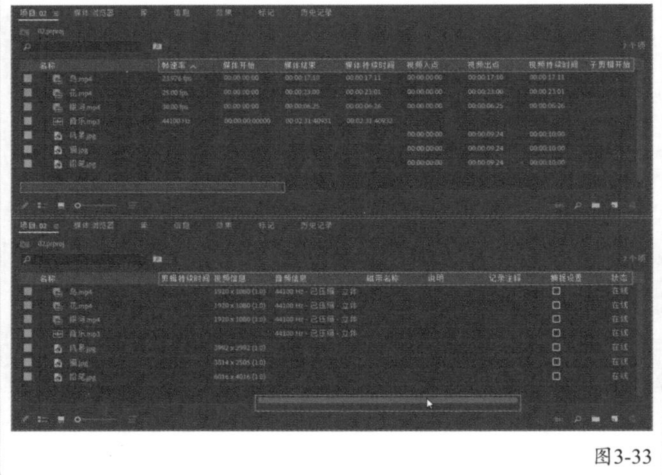

图3-33

添加预览区域

（1）如果想要在“项目”面板中显示素材的预览信息，可以在“项目”面板标题处单击鼠标右键，或单击标题右方的■按钮，在弹出的菜单中选择“预览区域”命令，如图3-34所示。

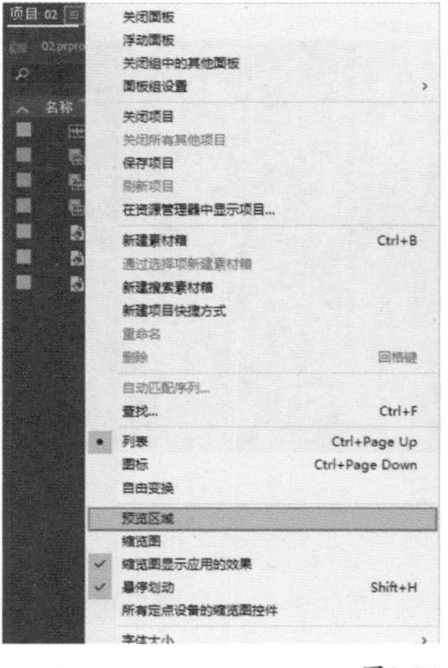

图3-34

（2）显示素材预览信息的“项目”面板如图3-35所示。想要节省空间，隐藏“项目”面板的预览区域，只需在“项目”面板标题处单击鼠标右键，或单击标题右方的■按钮，在弹出的菜单中再次选择“预览区域”命令即可。

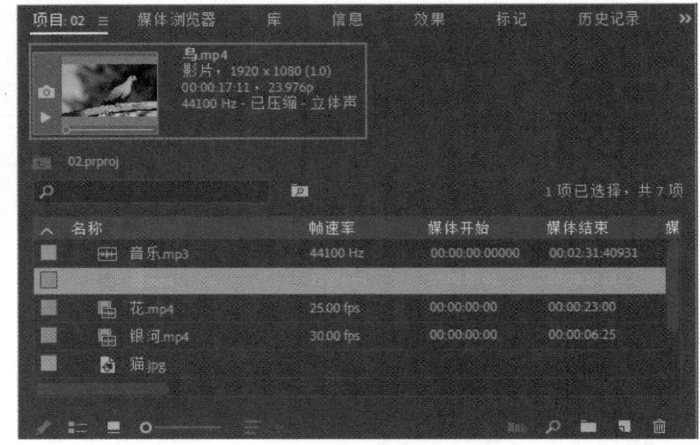

图3-35

3.1.2 “媒体浏览器”面板

“媒体浏览器”面板与软件所在的计算机相互关联，等同于计算机上的“计算机”，其中的“收藏夹”“本地驱动器”“网络驱动器”都与当前计算机的一致，如图3-36所示。

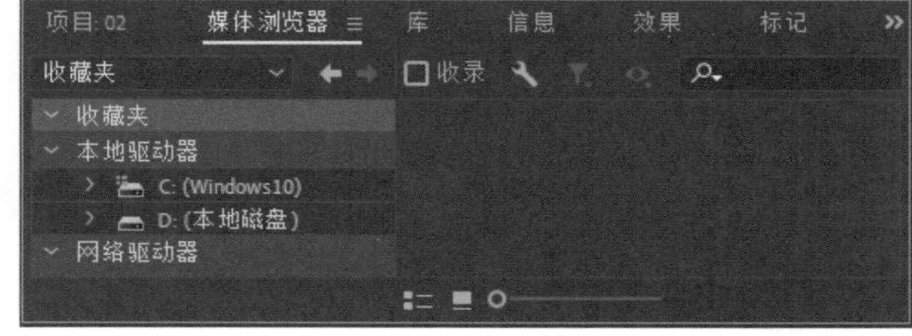

图3-36

在已知素材文件的存储位置的情况下，“媒体浏览器”面板可以方便用户找到计算机中的素材文件，并且用户可以直接在素材上单击鼠标右键，在弹出的菜单中可以选择“导入”“在源监视器中打开”“在资源管理器中显示”等命令，如图3-37所示。

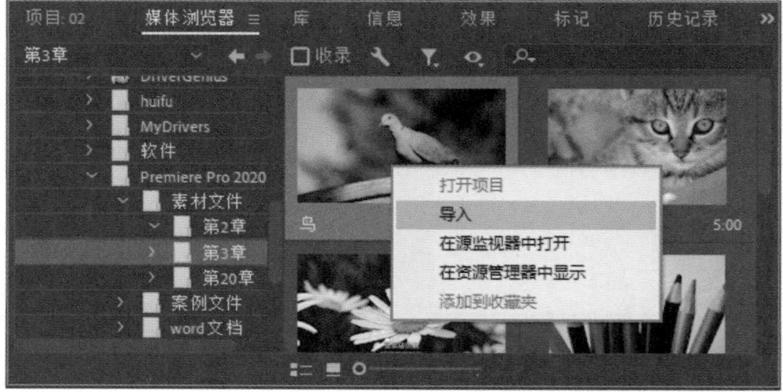

图3-37

“媒体浏览器”面板中与“项目”面板中的相同的工具用法也相同，其他几个不同的工具是媒体浏览器面板独有的，如图3-38所示。

图3-38

上一步/前进工具

单击“上一步”按钮可以后退一步，单击“前进”按钮可以前进一步，如图3-39所示。

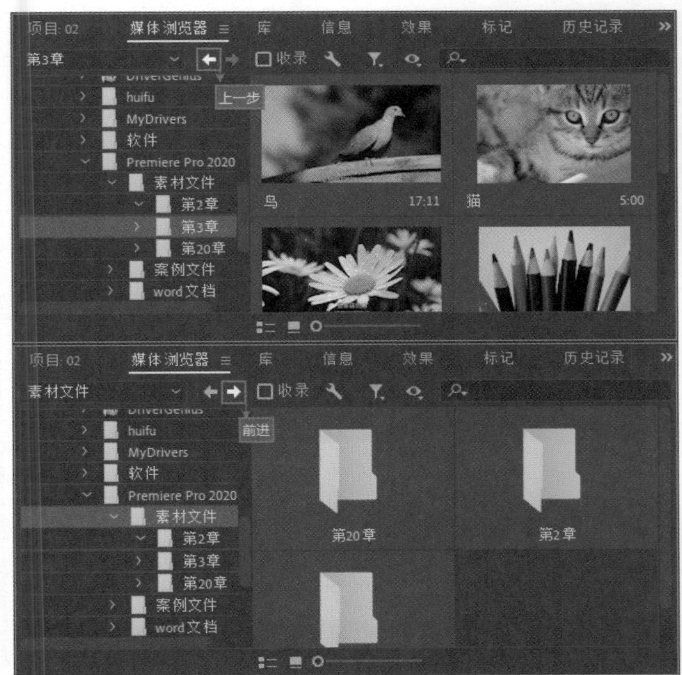

图3-39

收录设置

收录设置是在编辑项目时快速规范素材格式的一种简便方法。例如，用户想要使用磁盘中某些素材文件并在项目中进行编辑，但又不想影响到源素材，就可以使用收录设置。收录设置需要与Adobe Media Encoder联合使用。

若计算机上已安装Adobe Media Encoder，勾选“收录”复选框，或单击旁边的“收录设置”按钮，都会弹出“项目设置”对话框，将“收录”设置为“复制”，将“预设”设置为默认选项，将“主要目标”设置为“与项目相同”，如图3-40所示。单击“确定”按钮，素材就会被自动从源文件中复制到当前项目素材箱下，从而使编辑操作不影响源素材。保证源素材不受到损害，这也是编辑视频时需要养成的好习惯。

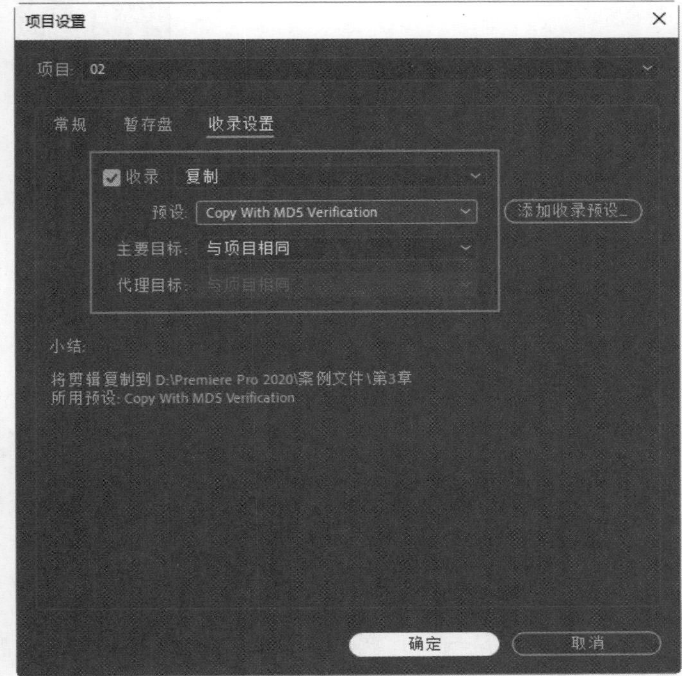

图3-40

文件类型已显示

单击“文件类型已显示”按钮，会弹出文件类型菜单，有非常多的文件类型可供选择，默认是显示所有文件，如图3-41所示。

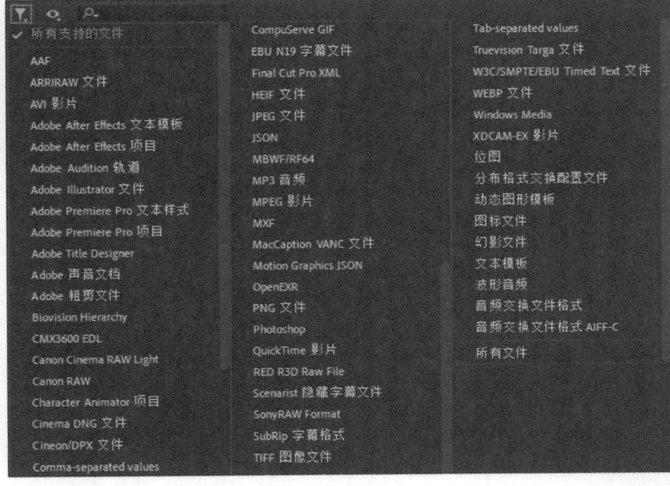

图3-41

目录查看器

单击“目录查看器”按钮，会弹出目录菜单，若没有其他项目目录，则大部分目录处于不可选状态，默认是显示文件目录，如图3-42所示。

图3-42

3.1.3 “库”面板

“库”面板需要用户有Creative Cloud账户才可使用，若没有也不影响视频编辑工作，可以将“库”面板关闭，以节省工作区空间，如图3-43所示。

图3-43

3.1.4 “信息”面板

“信息”面板提供了素材、效果和“时间轴”面板中空白间隙的重要信息。要查看信息，需要单击一段素材、切换效果或“时间轴”面板中的空白间隙。“信息”面板将显示它的大小、持续时间及起点和终点，如图3-44所示。

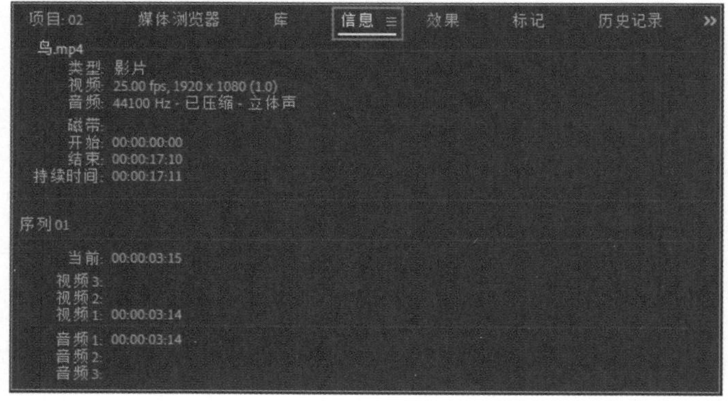

图3-44

> **技巧与提示**
>
> 在编辑过程中，“信息”面板会显示“时间轴”面板中所编辑素材的入点和出点，非常实用。

3.1.5 “效果”面板

使用“效果”面板可以快速应用多种预设效果、音频效果、音频过渡、视频效果和视频过渡，如图3-45所示。要应用某一种特效也非常简单，只需将其拖曳到“时间轴”面板中的素材上即可，然后可以在“效果控件”面板中修改具体参数来编辑效果。

图3-45

每一个效果素材箱中都包含了多种类型的效果，例如，展开“预设”素材箱，里面包含了“模糊”“画中画”“马赛克”“扭曲”“卷积内核”等效果类型，如图3-46所示。

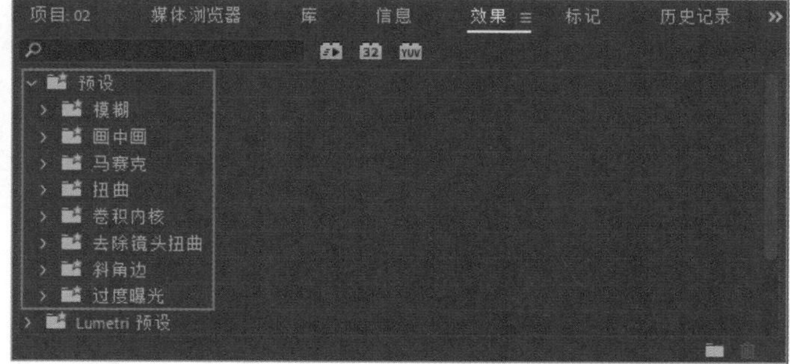

图3-46

不同类型的效果素材箱中又包含了同类型的几个不同效果，例如，展开“模糊”素材箱，里面又包含了“快速模糊入点”“快速模糊出点”两个特效，如图3-47所示。

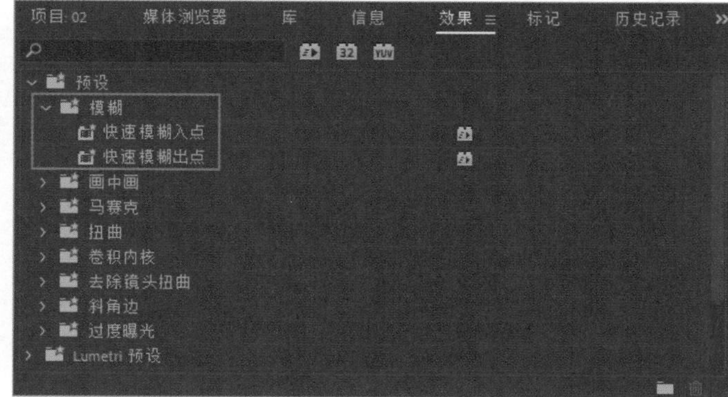

图3-47

一些效果的后面会带一个“加速效果”图标，表示这些效果在支持的显卡中可以使用加速效果，如果无“加速效果”图标，则表示无法使用，如图3-48所示。

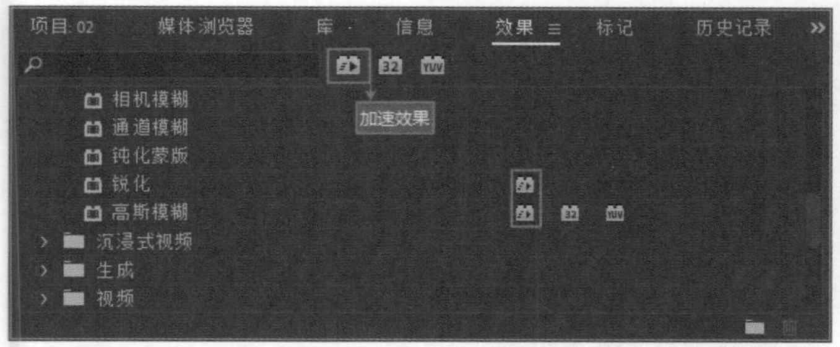

图3-48

一些效果的后面会带一个“32位颜色”图标，表示这些效果是32位颜色的效果，可以提高颜色分辨率，使渐变更平滑，如图3-49所示。

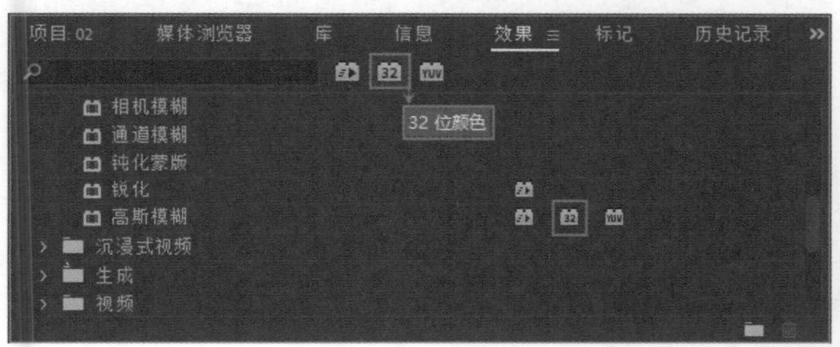

图3-49

一些效果的后面会带一个“YUV效果”图标，表示这些效果可以直接处理YUV值，像素不会转换为RGB，不会产生不必要的变色，如图3-50所示。

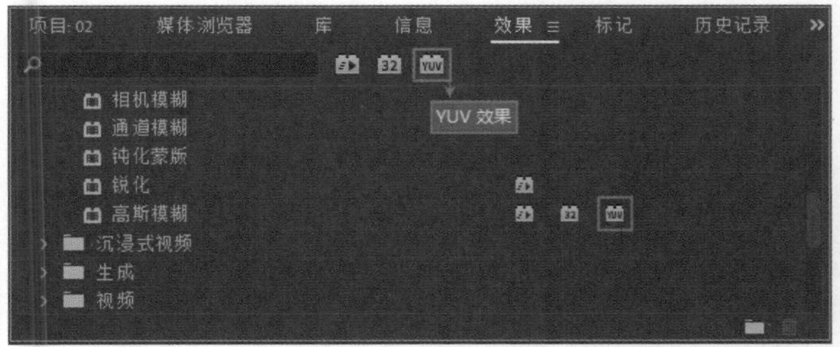

图3-50

3.1.6 “标记”面板

在“时间轴”面板的序列有标记的情况下，打开“标记”面板，可以单击上方的标记颜色，“标记”面板就会显示该颜色的标记信息，不选颜色显示的就是全部的标记信息。每一条标记信息都可以双击编辑，可以设置名称、入点、出点和备注，如图3-51所示。

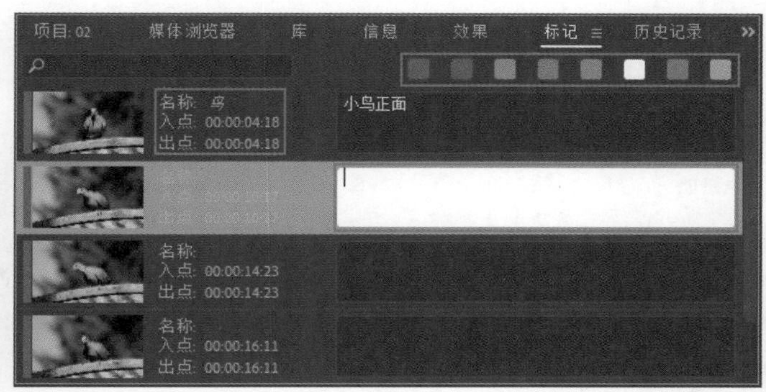

图3-51

3.1.7 “历史记录”面板

使用Premiere的“历史记录”面板可以无限制地执行撤销操作。进行编辑工作时，“历史记录”面板会记录操作步骤，如果需要撤销具体的步骤，只需在“历史记录”面板找到对应的步骤，选中它并单击“删除可重做的步骤”按钮即可，如图3-52所示。

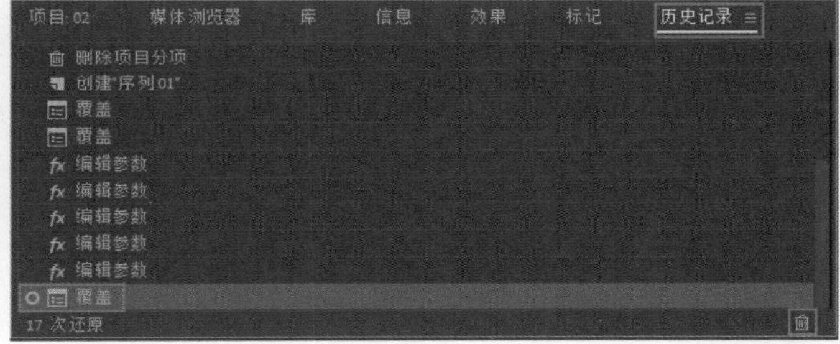

图3-52

需要注意的是，如果删除中间的步骤，那么它后面所有的步骤都会被删除。如果想在面板中清除所有历史记录，可以单击面板名称旁边的按钮，在弹出的菜单中选择“清除历史记录”命令，如图3-53所示。

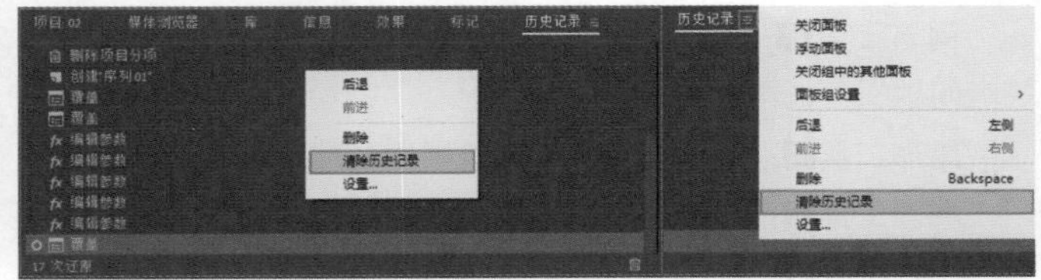

图3-53

3.2 “工具”面板

Premiere“工具”面板中的工具主要用于在“时间轴”面板中编辑素材，被选中状态下的工具会变成蓝色，没有被选中的显示为灰色，如图3-54所示。

图3-54

工具的右下角带有小三角符号表示这是一个工具组，组内隐藏了多个不同的工具，在这个工具上长按鼠标左键即可显示隐藏的工具，如图3-55所示。

图3-55

选择工具：该工具用于对素材进行选择、移动，并可以调节素材关键帧、为素材设置入点和出点。

向前选择轨道工具：选择此工具，可选择序列中位于鼠标指针右侧的所有剪辑。

向后选择轨道工具：选择此工具，可选择序列中位于鼠标指针左侧的所有剪辑。

波纹编辑工具：使用该工具，可以拖曳素材的出点以改变素材的长度，而相邻素材的长度不变，项目片段的总长度改变。

滚动编辑工具：选择此工具，可在"时间轴"面板中的两个剪辑之间滚动编辑点，"滚动编辑工具"可修剪一个剪辑的入点和另一个剪辑的出点，同时保持两个剪辑的组合持续时间不变。

比率拉伸工具：选择此工具，可通过加快"时间轴"面板中某剪辑的回放速度缩短该剪辑，或通过减慢回放速度延长该剪辑，此工具会改变速度和持续时间，但不会改变剪辑的入点和出点。

剃刀工具：选择此工具，可在"时间轴"面板中的剪辑中进行一次或多次切割操作。

外滑工具：选择此工具，可同时更改"时间轴"面板中某剪辑的入点和出点，并保持入点和出点之间的时间间隔不变。

内滑工具：选择此工具，可将"时间轴"面板中的某个剪辑向左或向右移动，同时修剪其周围的两个剪辑，3个剪辑的组合持续时间及该组在"时间轴"面板中的位置将保持不变。

钢笔工具：选择此工具，可设置或选择关键帧，或调整"时间轴"面板中的连接线。

矩形工具：选择此工具，可绘制矩形形状。

椭圆工具：选择此工具，可绘制椭圆形状。

手形工具：选择此工具，可向左或向右移动"时间轴"面板的显示区域，可以在显示区域内的任意位置向左或向右拖曳。

缩放工具：选择此工具，可放大或缩小"时间轴"面板的查看区域，单击查看区域将以1为增量进行放大。

文字工具：选择此工具，可以在屏幕上直接输入横排文字。

垂直文字工具：选择此工具，可以在屏幕上直接输入竖排文字。

3.3 "时间轴"面板

"时间轴"面板是视频编辑的主要操作区，它提供了组成项目的视频序列、特效、字幕和切换效果的临时图形总览。"时间轴"面板并非仅用于查看，它也是可交互的。将视频、音频、图形和字幕等视频素材从项目面板中拖曳到"时间轴"面板中即可构建视频序列，如图3-56所示。

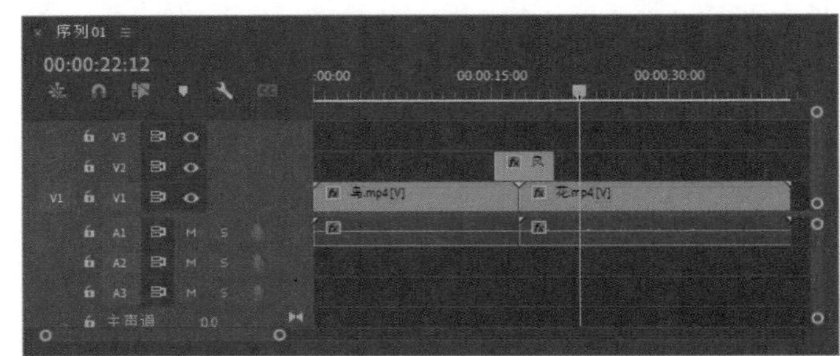

图3-56

3.3.1 时间控件

时间指示器

"时间轴"面板上的蓝色标签下面带一条竖直线的工具叫作"时间指示器"，在播放视频时，时间指示器会随着播放时间滑动，拖曳时间指示器可以预览指针所在时间的帧画面，单击标尺上的某个位置可以将时间指示器快速移动到该位置，如图3-57所示。

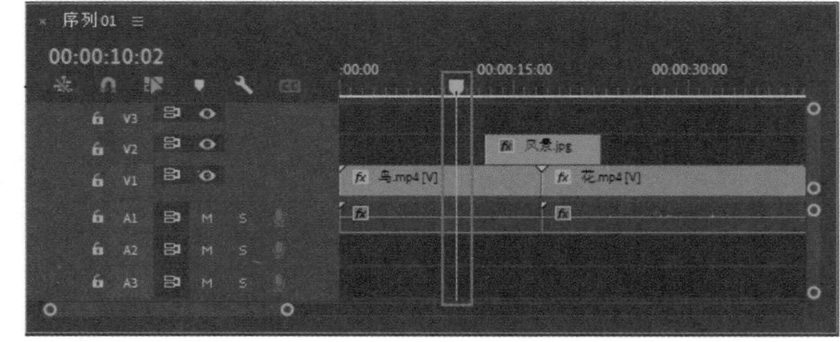

图3-57

在"时间轴"面板中进行的一切操作都是以时间为基准的，"时间轴"面板的上方有一排带有刻度的时间码，并且"时间轴"面板的左上角会显示当前时间指示器所在位置的时间码，双击时间码可以更改时间，输入一个时间并按Enter键，即可将时间指示器移动到指定位置，向左或向右拖曳时间码，可以使时间指示器随着时间左右移动，如图3-58所示。

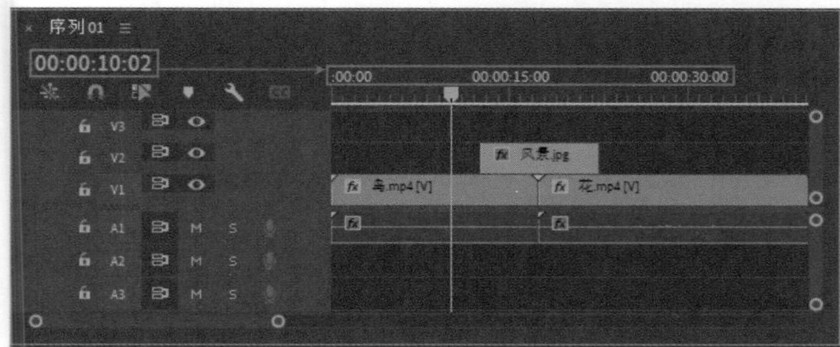

图3-58

时间标尺

“时间轴”面板中的时间标尺是时间间隔的可视化显示，它将时间间隔转换为每秒包含的帧数，对应于项目的帧速率。标尺上出现的数字之间的实际刻度数取决于当前的缩放级别，用户可以拖曳显示区域或缩放滑块进行调整，如图3-59所示。

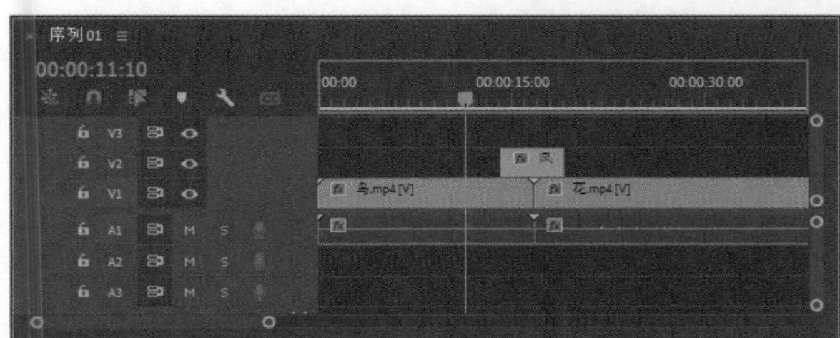

图3-59

技巧与提示

默认情况下，“时间轴”面板标尺以每秒包含的帧数来显示时间间隔。如果正在编辑音频，可以将标尺更改为以“毫秒”或“音频采样”的形式显示音频单位。要切换音频单位，可以在“时间轴”面板菜单中选择“显示音频时间单位”命令，也可以执行“文件→项目设置→常规”菜单命令，在弹出的“项目设置”对话框的音频显示格式下拉列表中进行选择。

3.3.2 时间轴工具

“时间轴”面板左上方有一排针对序列的设置工具，包括“将序列作为嵌套或个别剪辑插入并覆盖”“对齐”“链接选择项”“添加标记”“时间轴显示设置”“字幕轨道选项”，如图3-60所示。

图3-60

新手练习 时间轴工具的使用

素材位置 素材文件\第3章\时间轴工具的使用
实例位置 实例文件\第3章\新手练习：时间轴工具的使用.prproj
视频名称 时间轴工具的使用.mp4
技术掌握 “时间轴”面板工具的使用

扫码看视频

本案例将带大家认识Premiere Pro 2021的“时间轴”面板工具的功能及操作，本案例素材如图3-61所示。

图3-61

01 打开本书配套资源中的“实例文件\第3章\新手练习：时间轴工具的使用.prproj”文件，如图3-62所示。

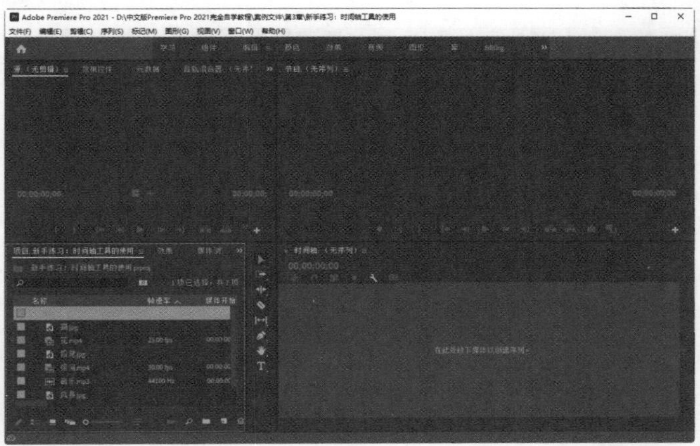

图3-62

02 选择“文件→新建→序列”命令，打开“新建序列”对话框，单击“确定”按钮 新建一个默认序列，如图3-63所示。

图3-63

03 将“项目”面板中的“鸟.mp4”“花.mp4”视频素材拖曳到“时间轴”面板的V1轨道中，在弹出的“剪辑不匹配警告”对话框中单击“更改序列设置”按钮 ，如图3-64所示。

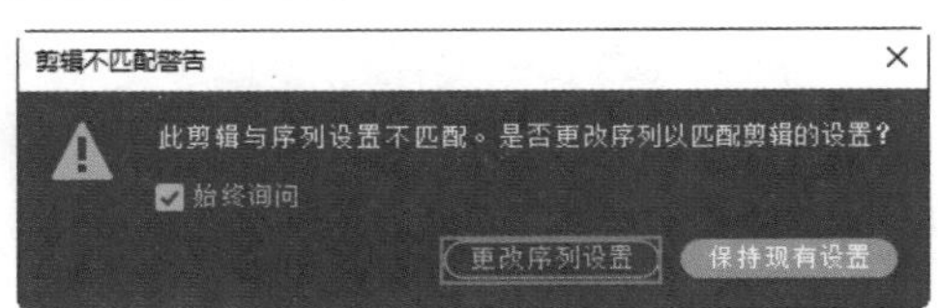

图3-64

04 将“项目”面板中的“风景.jpg”图片素材拖曳到“时间轴”面板的V2轨道中，如图3-65所示。

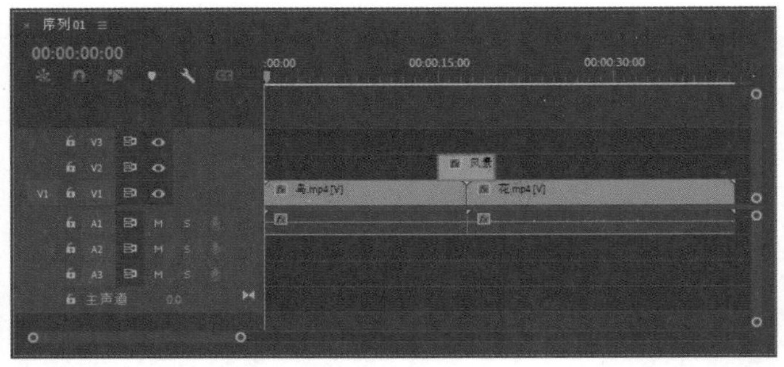

图3-65

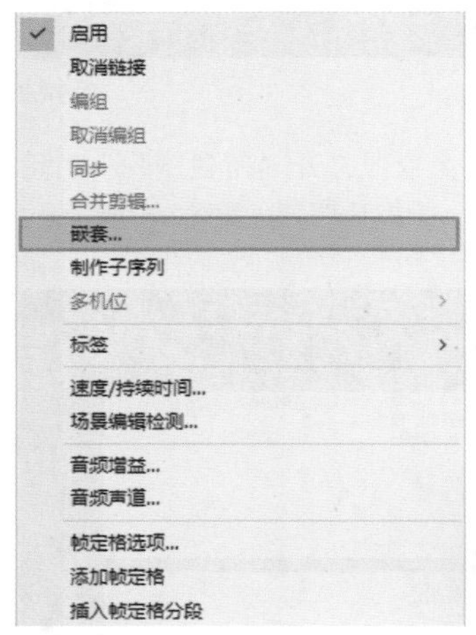

05 全选“时间轴”面板中的素材，单击鼠标右键，在弹出的菜单中选择“嵌套”命令，如图3-66所示。此时会弹出“嵌套序列名称”对话框，设置嵌套名称，单击“确定”按钮，如图3-67所示。嵌套后的序列如图3-68所示。

图3-66　图3-67

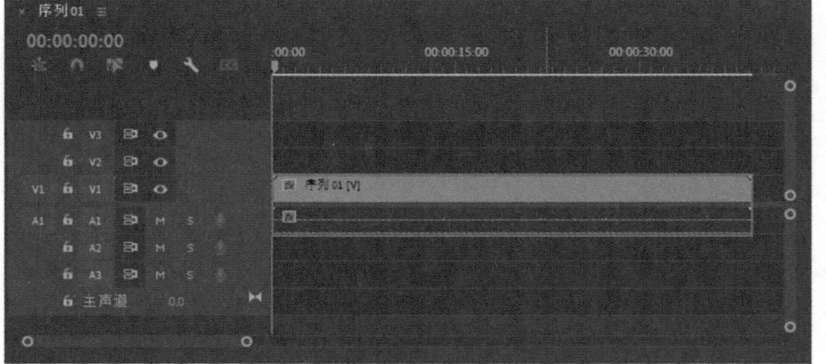

图3-68

将序列作为嵌套或个别剪辑插入并覆盖工具

“时间轴”面板中的“将序列作为嵌套或个别剪辑插入并覆盖”工具图标为蓝色的时为开启的状态，此时将序列拖曳到“时间轴”面板中，显示的是一个绿色的整体的序列素材。若将该工具关闭，则图标变为灰色的，此时将序列拖曳到“时间轴”面板中，显示的是组成这个序列的所有素材，如图3-69所示。

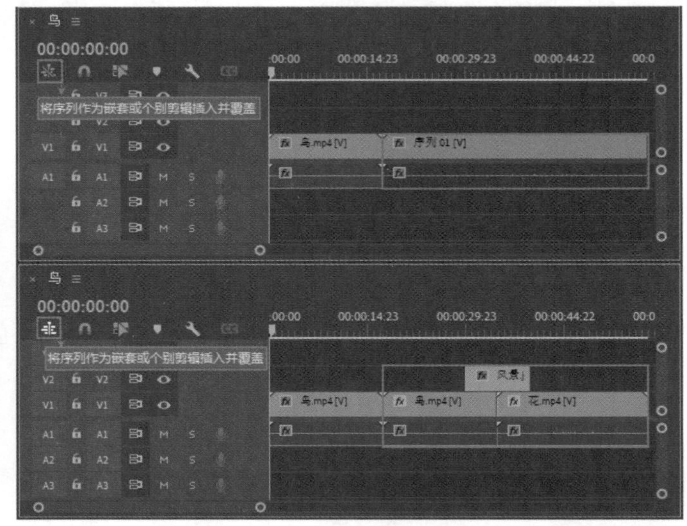

图3-69

对齐工具

“时间轴”面板中的“对齐”工具图标为蓝色的时是开启状态，此时将素材拖曳到“时间轴”面板中，素材会自动吸附到前段素材的后面，中间不会产生间隙。当“对齐”工具是关闭状态时，则图标变为灰色的，此时将素材拖曳到“时间轴”面板中就很容易不小心覆盖掉前面的部分素材，或没有紧挨住前面的素材，放大时间线后两段素材中间会有空隙，如图3-70所示。

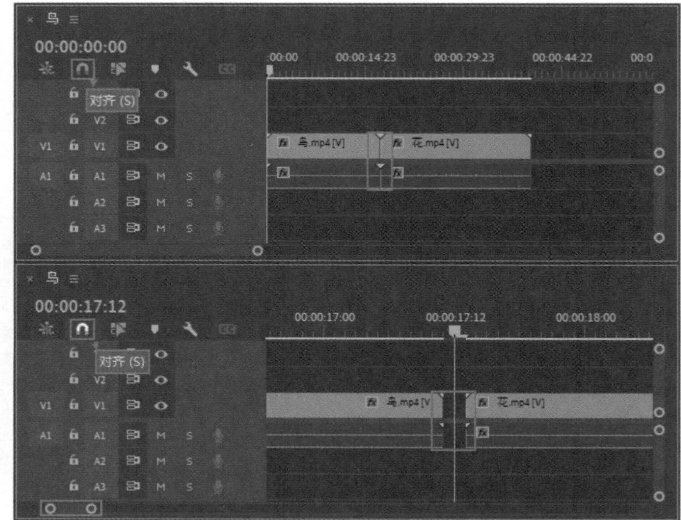

图3-70

链接选择项工具

“时间轴”面板中的“链接选择项”工具图标为蓝色的时是开启状态，此时“时间轴”面板中的素材是音视频链接成的一个整体，选中素材并移动时，音视频会同时移动。当“链接选择项”工具是关闭状态时，则图标变为灰色的，此时的素材是音视频分离的两个素材，编辑其中一个，另一个不会受影响，如图3-71所示。

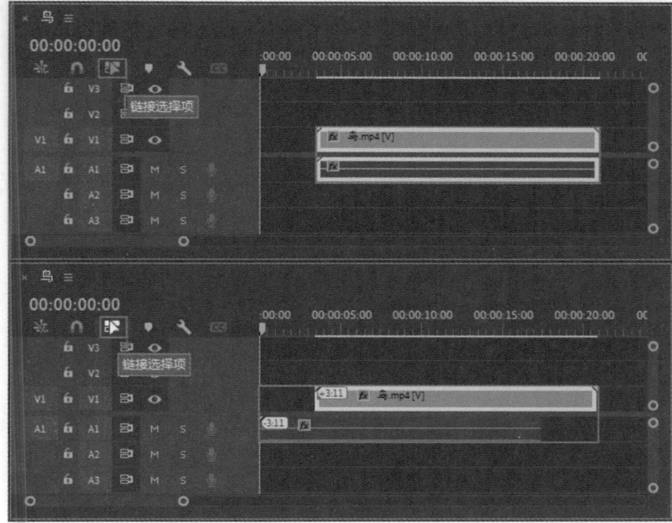

图3-71

添加标记工具

单击“添加标记”工具，可以在时间指示器所在的位置上方做标记，如图3-72所示。

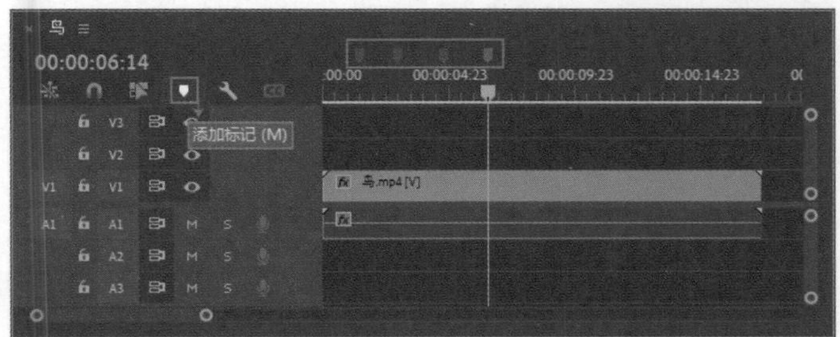

图3-72

单击做好的标记可以快速并准确地到达所标记的位置，在标记上双击会弹出“标记”对话框，可以在其中设置标记的名称、持续时间和颜色等，如图3-73所示。

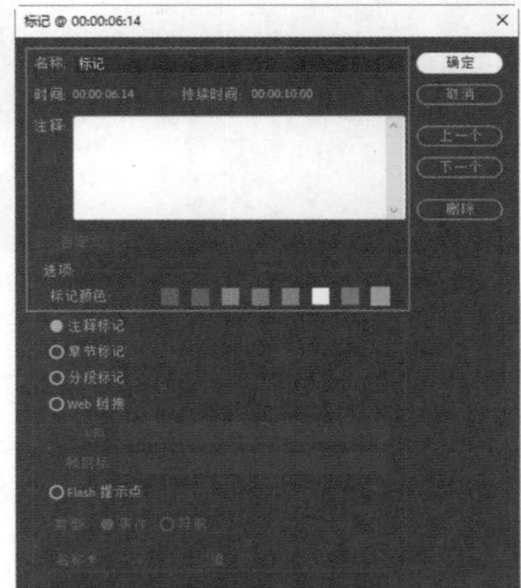

图3-73

在“标记”对话框中修改名称并调整了持续时间和颜色之后，“时间轴”面板中的标记图标会变成一个标记区间色条，如图3-74所示。

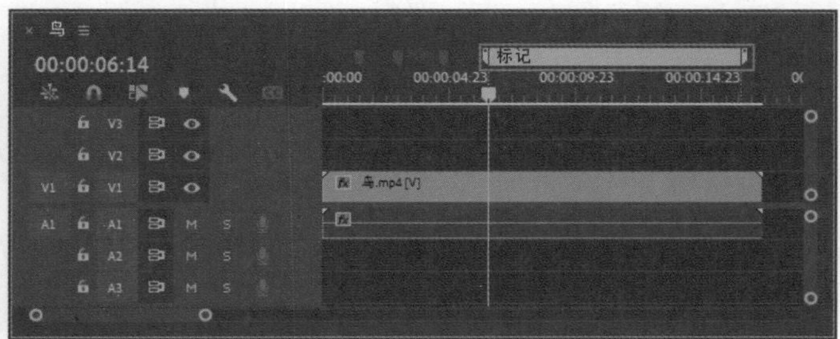

图3-74

时间轴显示设置工具

单击“时间轴显示设置”工具，会出现下拉菜单，当前“时间轴”面板中显示的内容在菜单中显示为前面带“√”的蓝色字选项。当前“时间轴”面板中没有显示的内容在菜单中是灰色字选项，如果需要显示某一项内容，直接单击它即可，如图3-75所示。

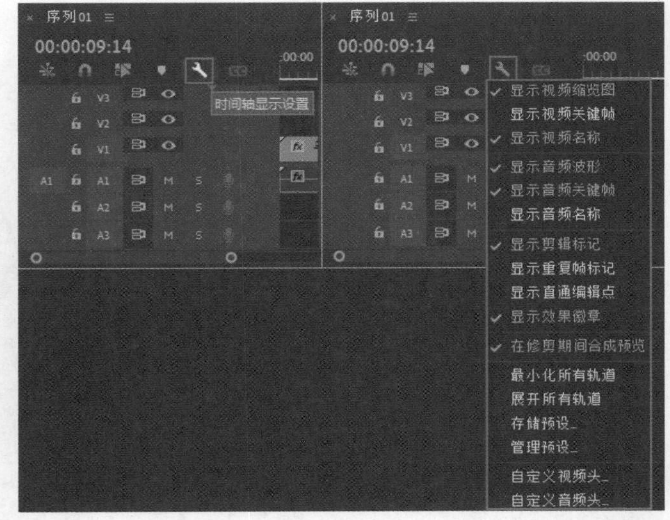

图3-75

字幕轨道选项工具

在“文本”面板单击“创建新字幕轨”按钮，“时间轴”面板中的“字幕轨道选项”工具将处于可选状态。单击“字幕轨道选项”工具，会出现下拉菜单，在其中可选择显示或隐藏相应的字幕轨道内容，如图3-76所示。

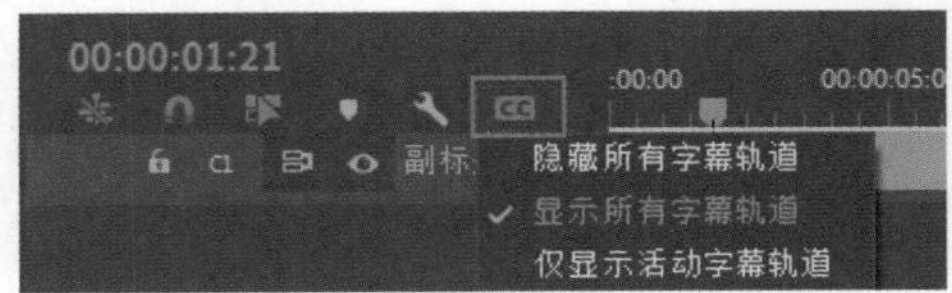

图3-76

3.3.3 视频轨道

在“时间轴”面板中，上半部分以V开头的轨道都是视频轨道，视频轨道可以编辑视频、图形、图片、字幕和效果，如图3-77所示。

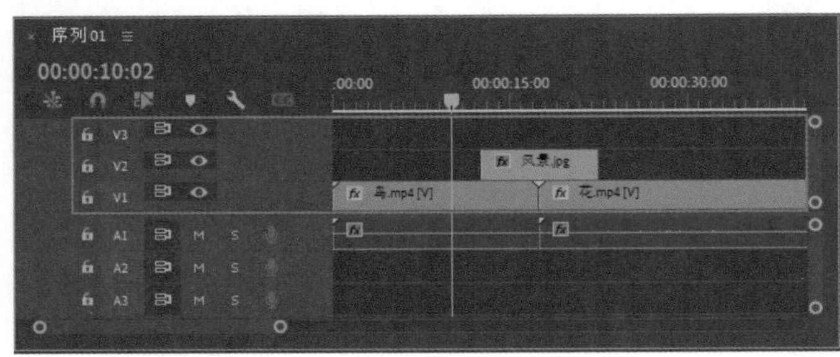

图3-77

切换轨道锁定工具

单击“切换轨道锁定”工具可以将当前轨道锁定，当图标为灰色时是解锁状态，当图标为蓝色时是锁定状态，锁定状态的轨道会出现斜杠，表示该轨道不可编辑，如图3-78所示。

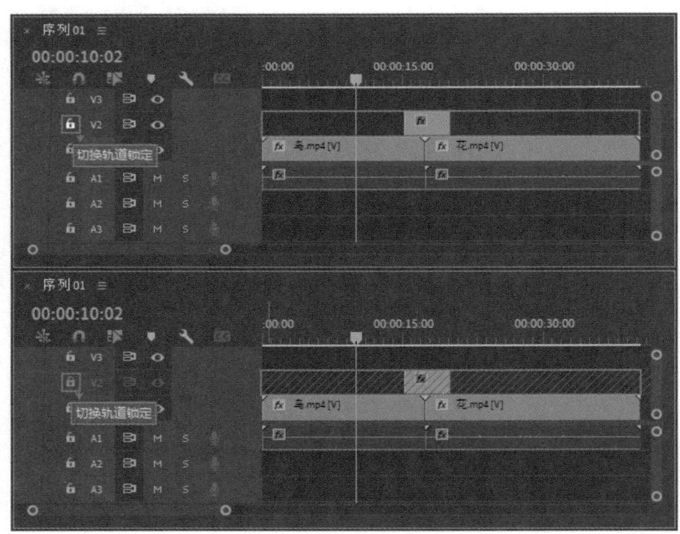

图3-78

以此轨道为目标切换轨道工具

“以此轨道为目标切换轨道”工具为开启状态时带有蓝色底色，为未开启状态时没有底色。在复制粘贴素材时，会默认粘贴在“以此轨道为目标切换轨道”工具为开启状态的轨道上，因此在需要粘贴到其他轨道上时，可以开启目标轨道的“以此轨道为目标切换轨道”工具来实现，如图3-79所示。

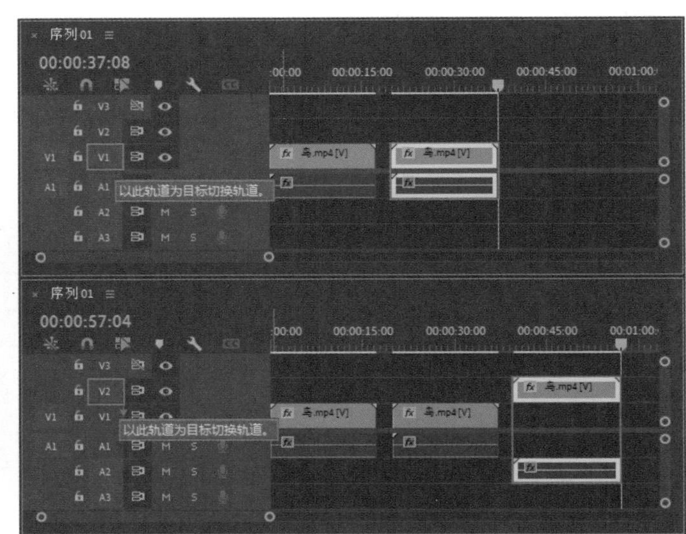

图3-79

切换同步锁定工具

当“时间轴”面板有多条轨道时，单击个别轨道的“切换同步锁定”工具，可以使被同步锁定的轨道不受其他轨道波纹编辑的影响。锁定状态的“切换同步锁定”工具图标为，与轨道锁定不同的是，这些被同步锁定的轨道还可以被单独编辑，如图3-80所示。

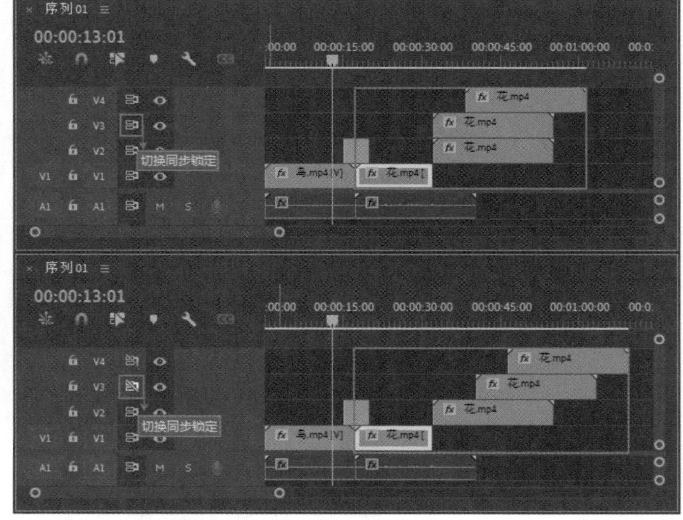

图3-80

切换轨道输出工具

单击“切换轨道输出”工具可以在预览作品时隐藏轨道中的内容，隐藏状态的图标为，单击此图标可以使轨道的内容可见，如图3-81所示。

图3-81

折叠-展开轨道

要查看一个轨道的所有可用选项，在“时间轴”面板第0帧前面的空白处双击即可。如果未在轨道中放置素材，可以将轨道保持为折叠模式，从而不会占用太大的屏幕空间。如果展开了一个轨道，要将其折叠，只需再次双击第0帧前面的空白处即可。

3.3.4 音频轨道

在“时间轴”面板中，下半部分以A开头的轨道都是音频轨道，音频轨道可以编辑录音、音效、音乐，还可以录制声音，如图3-82所示。音频轨道与视频轨道相同的工具作用也相同。

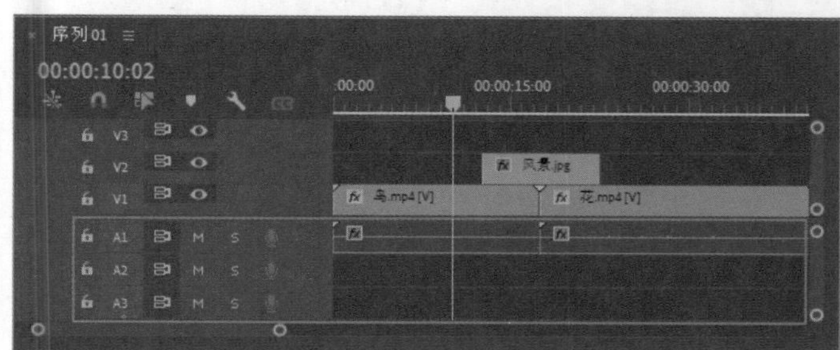

图3-82

技巧与提示

如果将一个包含音频的视频素材拖曳到一个视频轨道中，其中的音频会被自动放置在对应的音频轨道中。也可以直接将音频素材拖曳到音频轨道中。当播放项目时，也会播放视频和对应的音频。

静音轨道工具

单击“静音轨道”工具可以打开或关闭音频轨道声音，图标没有底色时是正常状态，带有浅绿色底色时是静音状态，如图3-83所示。

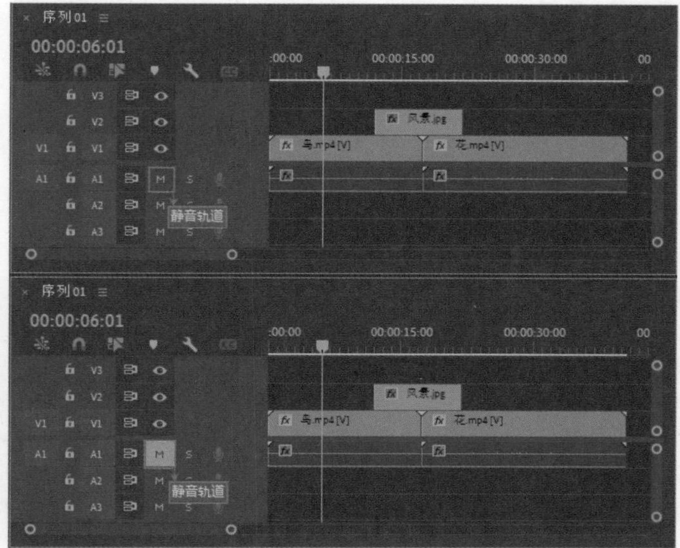

图3-83

独奏轨道工具

单击“独奏轨道”工具可以在有多条音频轨道的情况下只播放当前轨道的声音，图标没有底色时是正常状态，带有黄色底色时是独奏状态，如图3-84所示。

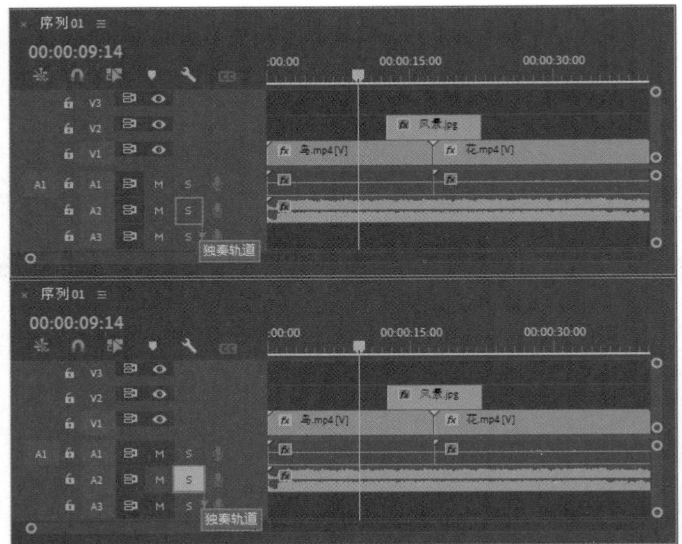

图3-84

画外音录制工具

在有录音设备的情况下，单击音频轨道前方的“画外音录制”按钮可以录制画外音，此时“节目”监视器中会有倒计时提示，要结束录制需单击“节目”监视器上的“播放-停止切换”按钮。“画外音录制”按钮变成红蓝两色时是录制状态，开始录制后轨道上不会显示内容，结束录制后轨道上会出现录制内容，如图3-85所示。

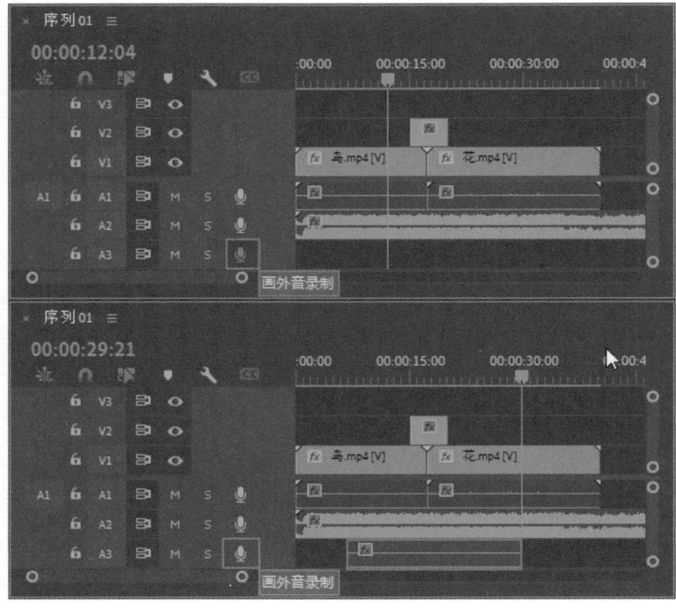

图3-85

技巧与提示

注意录制画外音时需要在空的音频轨道上录制，否则录制的画外音会覆盖轨道上原有的音频。

3.3.5 缩放时间轴区域

在编辑视频的过程中，为了方便编辑整体和细节，经常需要手动调整时间线的时间间隔大小和轨道的高度。

调整时间线的时间间隔

拖曳“时间轴”面板下方滚动条可以更改“时间轴”面板中的显示区域，拖曳两端的滑块可以改变时间线的时间间隔，如图3-86所示。缩小显示序列可以编辑整体，放大显示序列可以编辑细节。

图3-86

调整轨道高度

拖曳“时间轴”面板右侧的滑块可以调整轨道的高度，如图3-87所示。缩小显示轨道可以编辑多条轨道内容，放大显示轨道可以编辑单条轨道的细节内容。

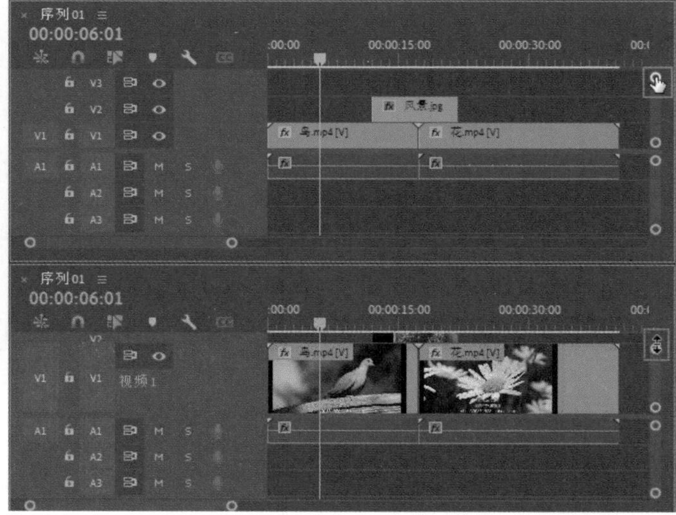

图3-87

3.3.6 “时间轴”面板设置

在“时间轴”面板标题处单击鼠标右键，或单击标题右方的■按钮，会弹出一个菜单，其中前面带✔图标的选项为“时间轴”面板显示的内容，如需增加或减少某一项的显示，只需单击该选项即可，如图3-88所示。

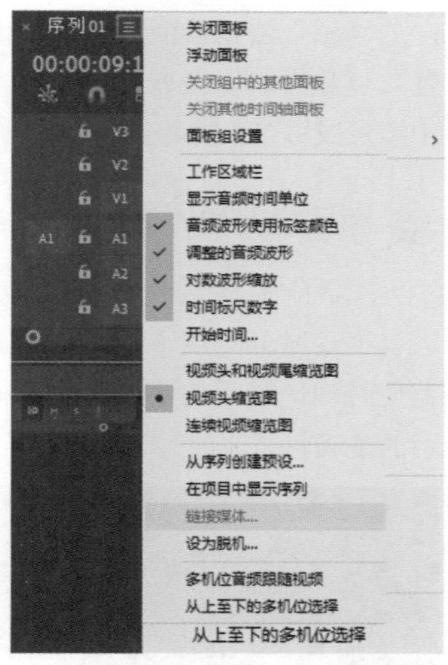

图3-88

3.3.7 轨道命令

使用“时间轴”面板时可能需要添加、删除音频或视频轨道，或为某轨道重新命名。本小节将学习重命名轨道、添加轨道和删除轨道的方法。

重命名轨道

想要为某个轨道重新命名，需先在该轨道控件处双击，将轨道展开，接着单击鼠标右键，在弹出的菜单中选择“重命名”命令，如图3-89所示。然后在出现的文本框中输入轨道名称，按Enter键即可为该轨道重新命名，如图3-90所示。

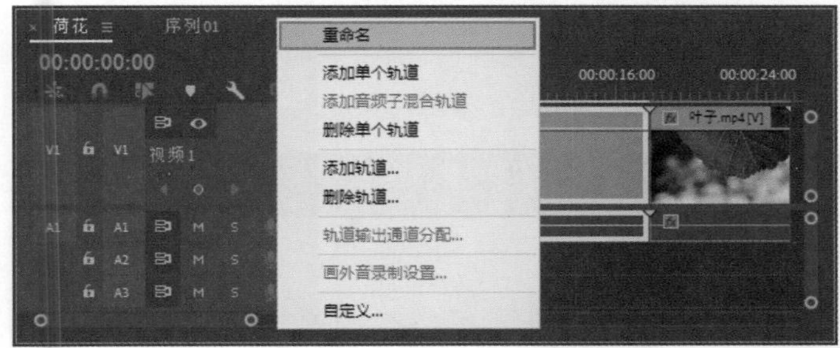

图3-89

图3-90

添加轨道

想要添加轨道，选择“序列→添加轨道”菜单命令，或者在轨道名称处单击鼠标右键，在弹出的菜单中选择“添加轨道”命令，用这两种方法都会打开“添加轨道”对话框，在该对话框中可以选择要创建的轨道类型和轨道放置的位置，如图3-91所示。

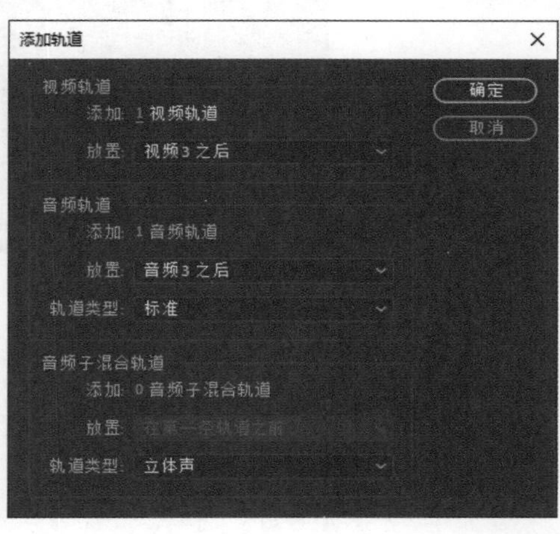

图3-91

> **技巧与提示**
>
> 将“项目”面板中的素材直接拖曳到“时间轴”面板想要添加轨道的位置，会自动在“时间轴”面板上添加一个轨道。

删除轨道

删除一个轨道之前，需要决定删除一个目标轨道还是空轨道。如果要删除一个目标轨道，需选择“序列→删除轨道”菜单命令，或者单击鼠标右键，在弹出的菜单中选择“删除轨道”命令，用这两种方法都会打开“删除轨道”对话框，在该对话框中可以选择删除空轨道、目标轨道还是音频子混合轨道，如图3-92所示。

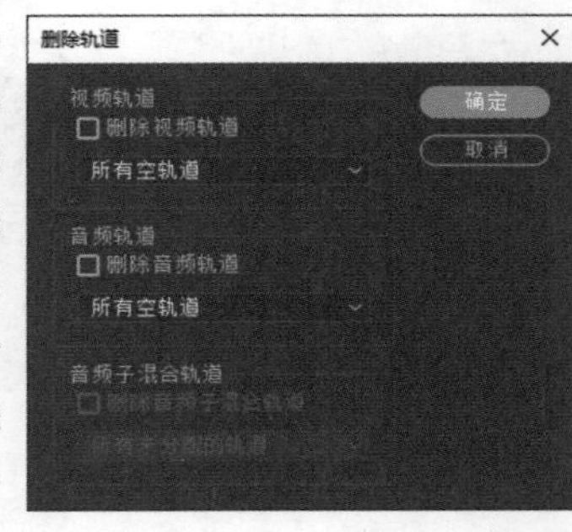

图3-92

3.4 “音频仪表”面板

“音频仪表”面板在Premiere工作区的右下角，当音频轨道中有音频素材时，在预览或播放序列的过程中，音频仪表中就会有彩色的色条。在“音频仪表”面板下方有两个独奏按钮■，左边的是“独奏 左侧 声道”按钮，右边的是“独奏 右侧 声道”按钮，单击其中一个就会只播放那个声道的声音。在色条中，绿色和黄色代表音量正常，橙色和红色代表音量过高，在剪辑中音频仪表中出现红色时，应当适当降低音频音量，如图3-93所示。

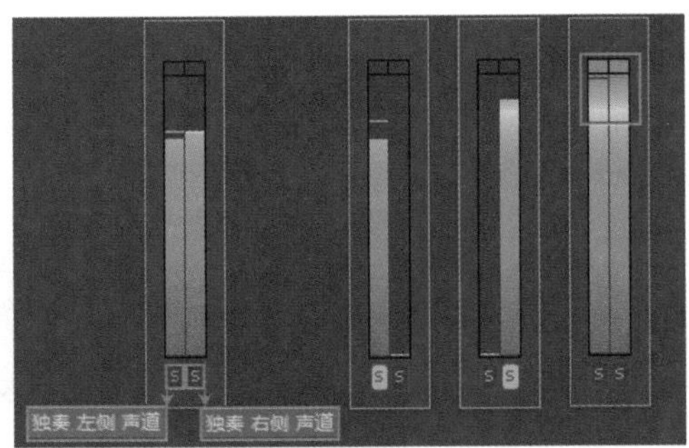

图3-93

3.5 “源”监视器面板组

“源”监视器面板组包含了4个面板，分别是“源”监视器面板、“效果控件”面板、“音频剪辑混合器”面板和“元数据”面板，如图3-94所示。

图3-94

3.5.1 “源”监视器面板

“源”监视器面板可以用于预览各种素材，也可以用于设置入点和出点来截取素材片段，还可以用于在“时间轴”面板中插入或覆盖素材等，是辅助剪辑视频的非常重要的面板。

源监视器的时间显示

“源”监视器中的时间指示器变成了一个蓝色的小标记，可以拖曳时间刻度下的滑块来调整时间线的时间间隔。左边的蓝色时间码显示的是时间指示器所在的时间，右边的时间码显示的是素材整体的时长，如图3-95所示。

图3-95

源监视器的画面显示

“源”监视器面板下方的“选择缩放级别”代表当前显示画面的大小，默认是“适合”，展开它的下拉菜单，可以选择想要的显示画面的百分比，如图3-96所示。

图3-96

“源”监视器面板下方的“选择回放分辨率”代表当前预览显示画面的分辨率，默认是1/2，展开它的下拉菜单，可以选择想要的预览显示画面的分辨率，其中“完整”是最高分辨率，如图3-97所示。

图3-97

仅拖动视/音频工具

“源”监视器面板下方的“仅拖动视频”按钮■用于将当前素材的视频部分拖曳到“时间轴”面板中，把鼠标指针靠近“仅拖动视频”按钮■，鼠标指针会变成抓手图标■，按住鼠标左键，鼠标指针会变成握拳图标■，向“时间轴”面板中拖曳，松开鼠标左键即可将视频放入视频轨道，如图3-98所示。

图3-98

“源”监视器面板下方的“仅拖动音频”按钮■用于将当前素材的音频部分拖曳到“时间轴”面板中，把鼠标指针靠近“仅拖动音频”按钮■，鼠标指针会变成抓手图标■，按住鼠标左键，鼠标指针会变成握拳图标■，向“时间轴”面板中拖曳，松开鼠标左键即可将音频放入音频轨道，如图3-99所示。

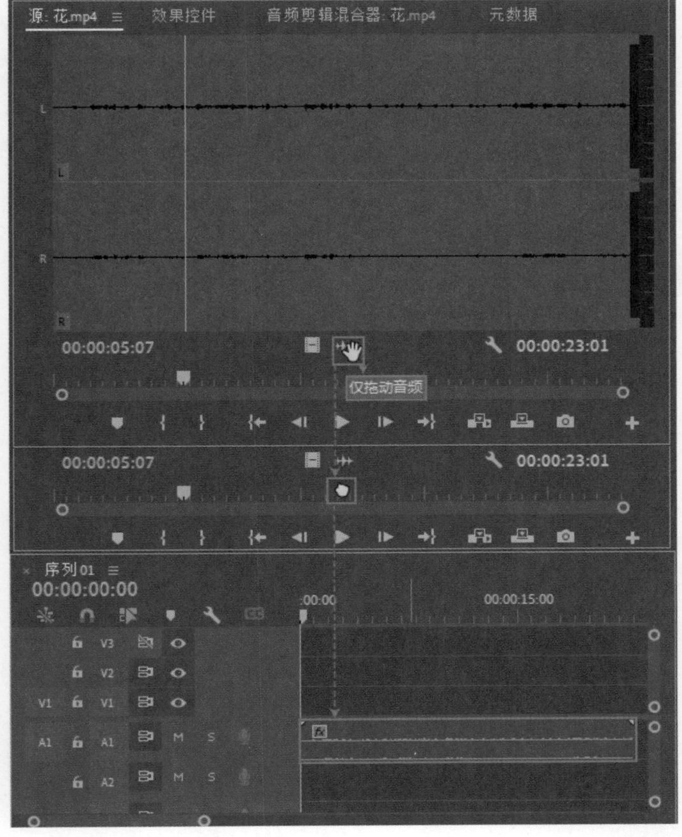

图3-99

设置工具

单击“源”监视器面板下方的“设置”按钮，会弹出菜单，其中前面带图标的选项为“源”监视器面板显示的内容，如需增加或减少某一项的显示，只需单击该选项即可，如图3-100所示。

图3-100

添加标记工具

“源”监视器面板中的“添加标记”工具的用法与“时间轴”面板中的“添加标记”工具相同，单击该工具会在时间指示器的位置添加一个标记。在“源”监视器面板中给素材添加标记，把该素材放入“时间轴”面板后，素材的标记会在轨道内部显示，如图3-101所示。

图3-101

标记入/出点工具

单击“标记入点”按钮，可以在“源”监视器时间线上设置要选取的素材片段的开始时间，如图3-102所示。

图3-102

单击“标记出点”按钮，可以在“源”监视器时间线上设置要选取的素材片段的结束时间，如图3-103所示。

图3-103

转到入/出点工具

单击“转到入点”按钮，可以使时间指示器快速并精准地跳转到素材片段的入点位置，如图3-104所示。

单击“转到出点”按钮，可以使时间指示器快速并精准地跳转到素材片段的出点位置，如图3-105所示。

图3-104

图3-105

后退/前进一帧工具

单击“后退一帧（左侧）”按钮◀，可以精准地将时间指示器向左移动一帧，如图3-106所示。

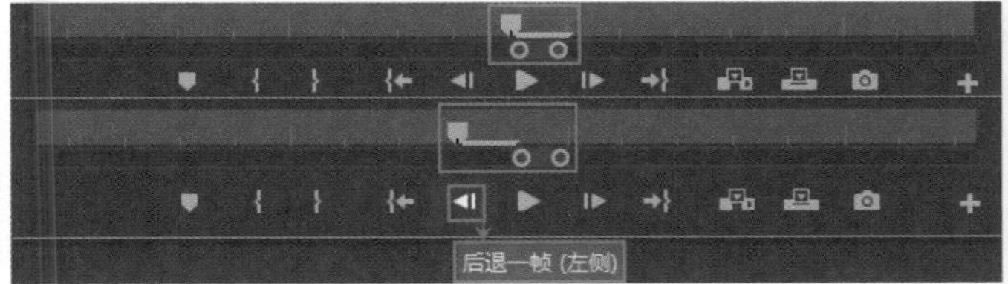

图3-106

单击“前进一帧（右侧）”按钮▶，可以精准地将时间指示器向右移动一帧，如图3-107所示。

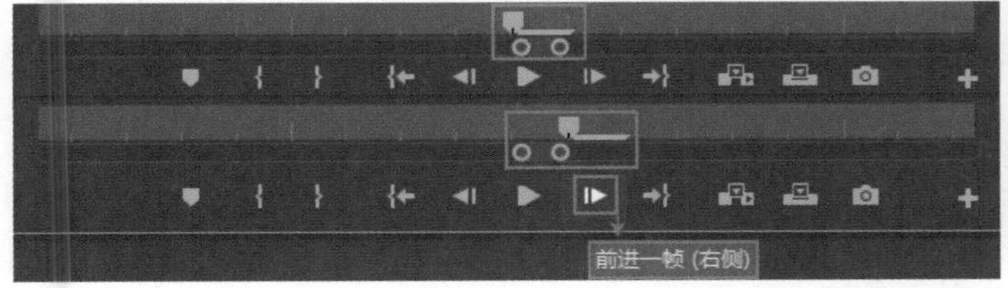

图3-107

播放-停止切换工具

单击“播放-停止切换”按钮▶，可以播放在“源”监视器面板中打开的素材，在第一次单击“播放-停止切换”按钮▶之后，按钮图标会切换为■，单击“播放-停止切换”按钮■，可以停止播放素材，如图3-108所示。

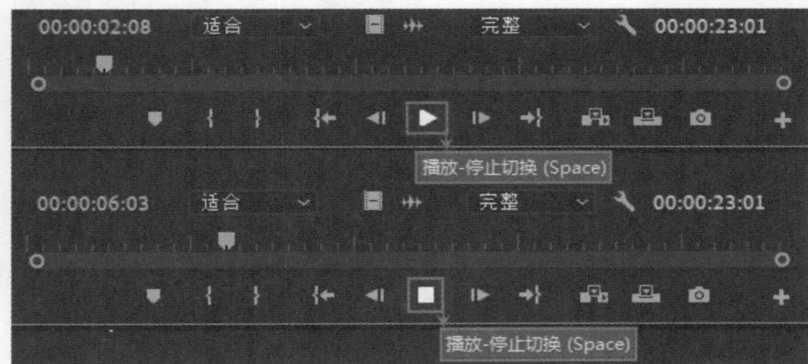

图3-108

插入/覆盖工具

单击“插入”按钮▣，可以将“源”监视器中的素材或设置好入点和出点的片段插入到“时间轴”面板中时间指示器所在的位置左侧。若原本“时间轴”面板中有素材，并且时间指示器处在素材中间，则新插入的素材会把原素材分隔开，如图3-109所示。

图3-109

单击“覆盖”按钮，可以将“源”监视器面板中的素材或设置好入点和出点的片段覆盖到“时间轴”面板中时间指示器所在的位置右侧，若原本“时间轴”面板中有素材，并且时间指示器处在素材中间，则新覆盖的素材会把原素材时间指示器右侧时间等长的素材替换掉，如图3-110所示。

图3-110

导出帧工具

单击“导出帧”按钮，可以将“源”监视器面板中时间指示器所在位置的素材画面截取并导出为图片，在弹出的“导出帧”对话框中可以更改图片的名称、格式和存储位置，如图3-111所示。

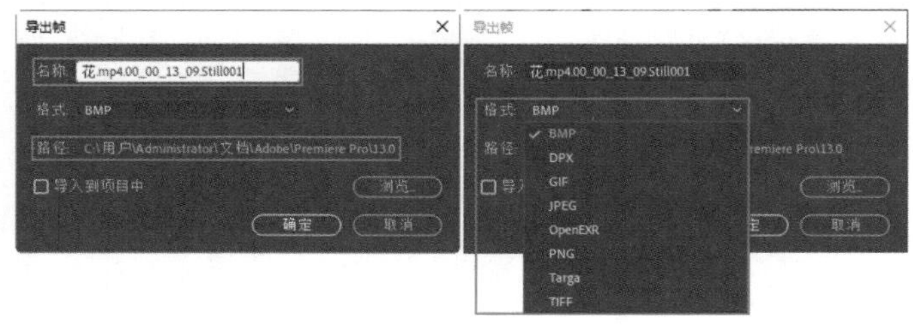

图3-111

若勾选“导入到项目中”复选框，单击“确定”按钮，导出的图片不仅会被保存在存储位置，还会作为图片素材被直接导入当前项目的“项目”面板中，如图3-112所示。

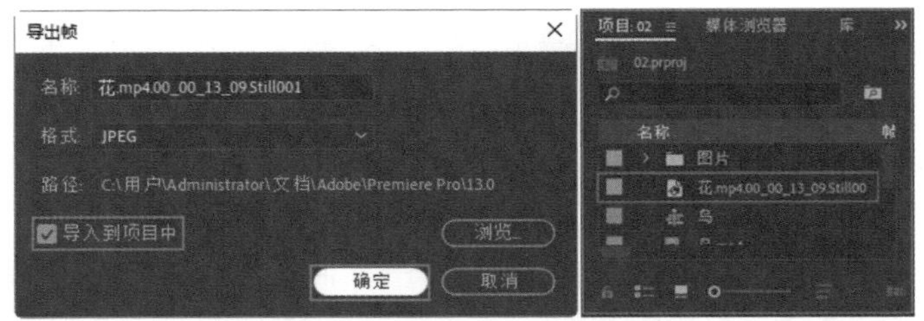

图3-112

按钮编辑器工具

单击“按钮编辑器”按钮，会弹出“按钮编辑器”对话框，其中包含“源”监视器面板的所有工具，如图3-113所示。其中红框标出的按钮是未在“源”监视器面板中显示的工具。

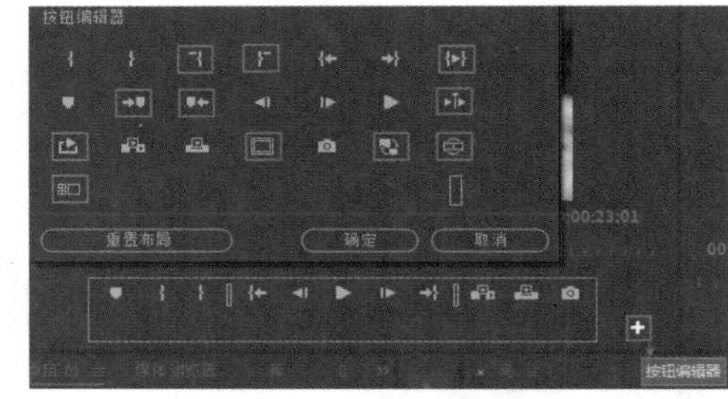

图3-113

清除入点工具：选择此工具，可以将时间线的入点清除。

清除出点工具：选择此工具，可以将时间线的出点清除。

从入点到出点播放视频工具：选择此工具，可以只播放入点到出点范围内的音视频片段。

转到下一标记工具：选择此工具，可以快速切换到下一个标记点。

转到上一标记工具：选择此工具，可以快速切换到上一个标记点。

播放邻近区域工具：选择此工具，可以播放以时间指示器所在位置为中点的前后邻近范围内的音视频。

循环播放工具：开启此工具后，再使用“播放-停止切换”工具播放视频，可以使视频循环播放。

安全边距工具：选择此工具，可以在视频预览区域显示安全边距框。

切换代理工具：选择此工具，可以联合Adobe Media Encoder软件对大尺寸素材进行剪辑，改善预览播放卡顿现象。

切换VR视频显示工具：选择此工具，可以在监视器中用鼠标拖曳窗口到不同的位置来查看VR视频素材。

切换多机位视图工具：选择此工具，可以分屏显示多机位视频素材。

空格工具：选择此工具，可以在两个工具按钮之间增加间隔。

如果想要在“源”监视器面板中添加某个工具，如切换代理工具，需将其选中，按住鼠标左键拖曳，鼠标指针会变为图标，将其拖曳到“源”监视器面板的工具栏中，此时鼠标指针会变为图标，松开鼠标左键，单击“按钮编辑器”对话框中的“确定”按钮即可将该工具添加到工具栏中，如图3-114所示。

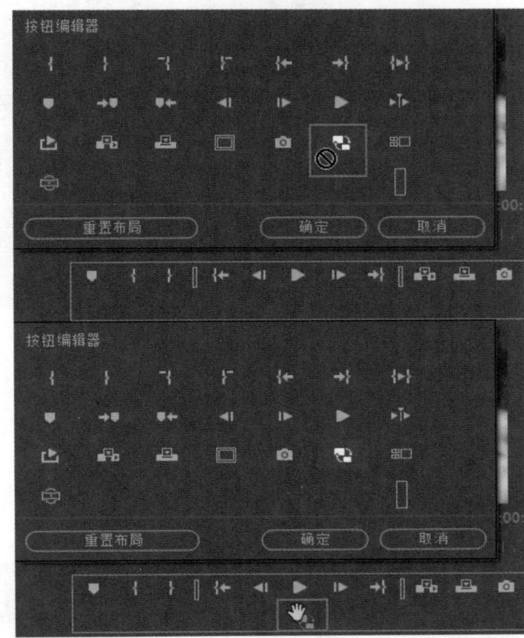

图3-114

如果想要恢复成系统默认的工具栏，需先单击“按钮编辑器”对话框中的“重置布局”按钮，如图3-115所示，再单击“确定”按钮。

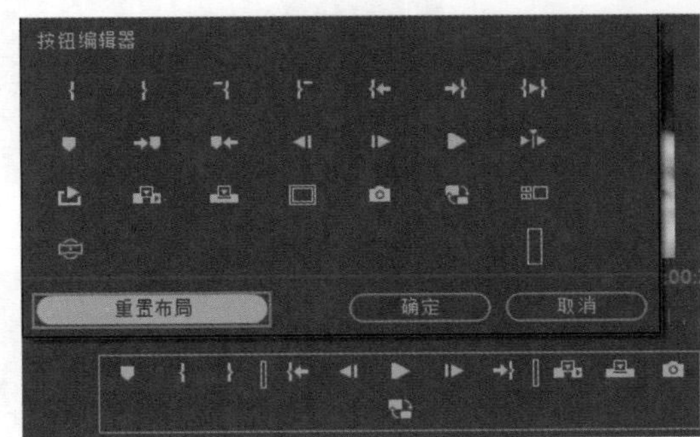

图3-115

技巧与提示

在“源”监视器面板的任意位置单击鼠标右键，会弹出菜单，在菜单中有部分选项与“源”监视器面板的工具功能相同，如“插入”“覆盖”等。其余选项可根据操作习惯选择，例如，比较常用的有“清除入点和出点”“清除所有标记”等，如图3-116所示。

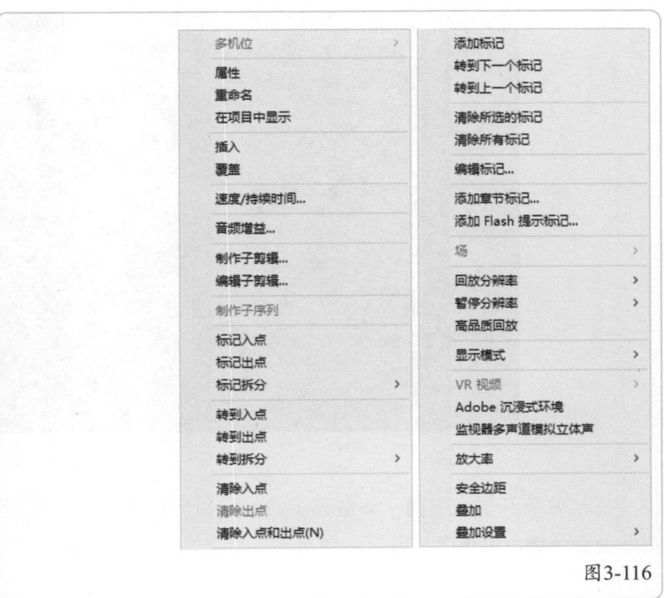

图3-116

3.5.2　“效果控件”面板

使用“效果控件”面板可以精确调整音频和视频的参数。选中“时间轴”面板中的任意一个素材，打开“效果控件”面板，“效果控件”面板分为“视频效果”和“音频效果”两个部分，在未添加其他效果的情况下，在默认的“视频效果”中可以调整运动、不透明度和时间重映射等参数，在默认的“音频效果”中可以调整音量、声道音量和声像器等参数，如图3-117所示。

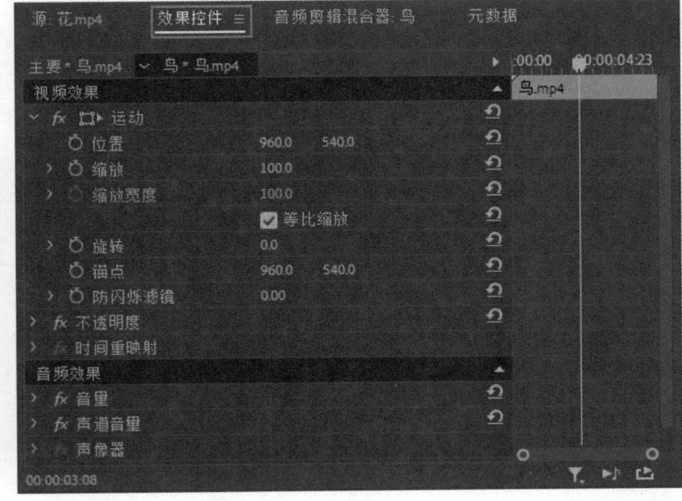

图3-117

如果需要给视频或音频添加其他的效果，需配合“效果”面板来使用，例如，给视频素材添加“垂直翻转”效果，新添加的效果会在“效果控件”面板原有的“视频效果”下显示，如图3-118所示。如需删除添加的效果，可以选中该效果名称，按Backspace键删除即可。

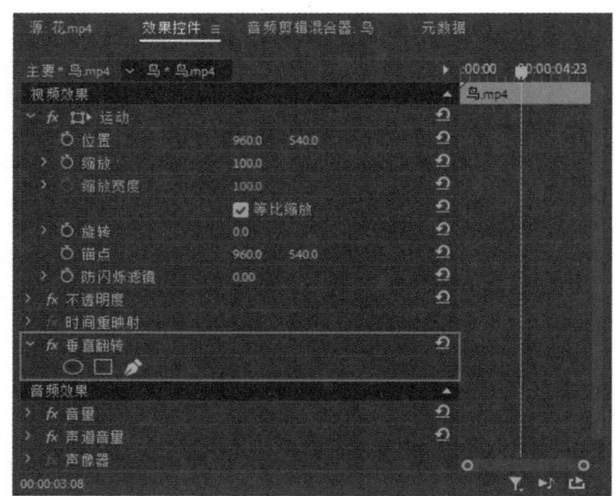

图3-118

切换效果开关工具：单击该工具，可以隐藏该效果，此时图标会变为，单击即可显示效果。

切换动画工具：单击该工具，可以在时间指示器所在位置添加关键帧，添加关键帧后的图标会变为。

添加/移除关键帧工具：切换动画工具为开启状态，即图标为时，单击可在时间指示器所在位置添加关键帧，此时图标会变为，单击可将关键帧删除。

转到上一关键帧工具：有多个关键帧时单击该按钮，可使时间指示器快速转到上一个关键帧的位置。

转到下一关键帧工具：有多个关键帧时单击该按钮，可使时间指示器快速转到下一个关键帧的位置。

重置参数工具：单击该工具，可以将修改过的参数重置为最初的默认设置。

创建椭圆形蒙版工具：使用该工具，可以在“节目”监视器的视频画面上直接绘制椭圆形蒙版。

创建4点多边形蒙版工具：使用该工具，可以在“节目”监视器的视频画面上直接绘制4点多边形蒙版。

自由绘制贝塞尔曲线工具：使用该工具，可以在“节目”监视器的视频画面上直接绘制任意形状的蒙版。

过滤属性工具：使用该工具，可以选择显示需要显示的属性类型。

仅播放该剪辑的音频工具：单击该工具，可以只播放素材的音频（画面是静止的），此时图标变为，单击可停止播放。

切换音频循环回放工具：单击该工具，图标会变为，此时若单击“播放-停止切换”按钮，即可循环播放视频，单击“仅播放该剪辑的音频”按钮，即可循环播放音频。

3.5.3 “音频剪辑混合器”面板

“音频剪辑混合器”面板可以用于调整音频的音量、改变音频的声道等。当“时间轴”面板中没有音频素材，或未播放音频素材时，“音频剪辑混合器”面板如图3-119所示。

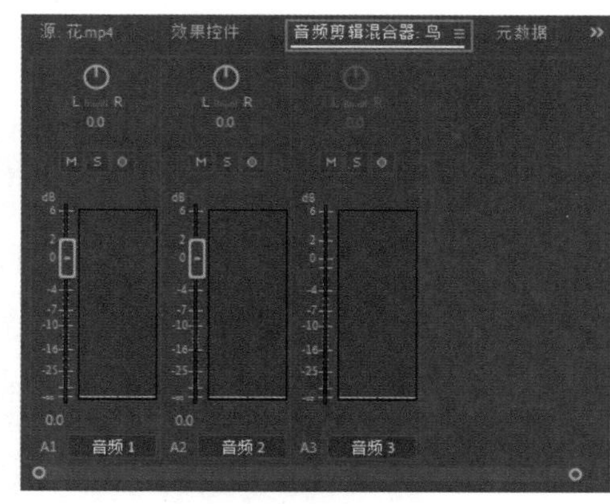

图3-119

如果“时间轴”面板的A1和A2轨道中有音频素材，在播放时，“音频剪辑混合器”面板中对应的A1和A2音频仪表就会显示彩色色条，如图3-120所示。其中“静音轨道”工具、“独奏轨道”工具的用法与“时间轴”面板的相同。“写关键帧”工具与前面提到的“添加/移除关键帧”工具的用法与功能相同。

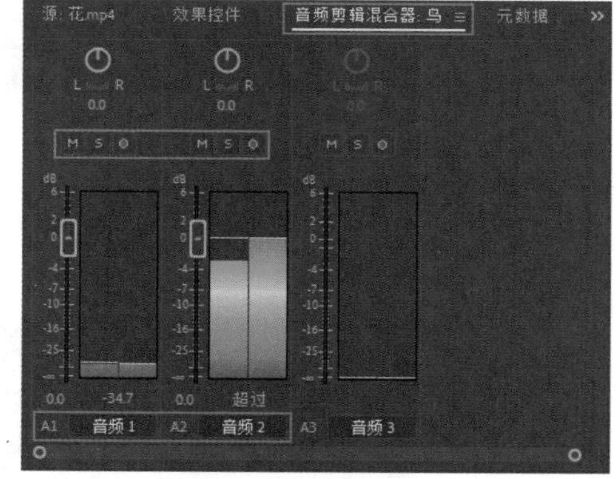

图3-120

将鼠标指针放在声道图标上，鼠标指针会变为图标，按住鼠标左键，左右拖曳可以改变该音频的声道，如图3-121所示。

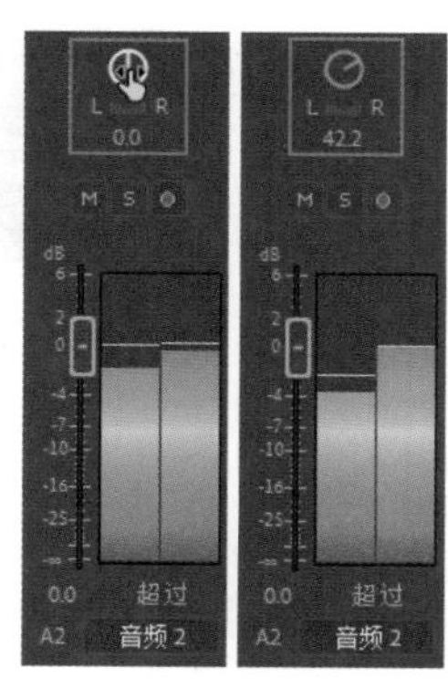

图3-121

上下调节音频仪表上的音量滑块可以改变该音频的音量，音频仪表下方显示“超过”意为该音频音量过高，可适当降低音量，如图3-122所示。

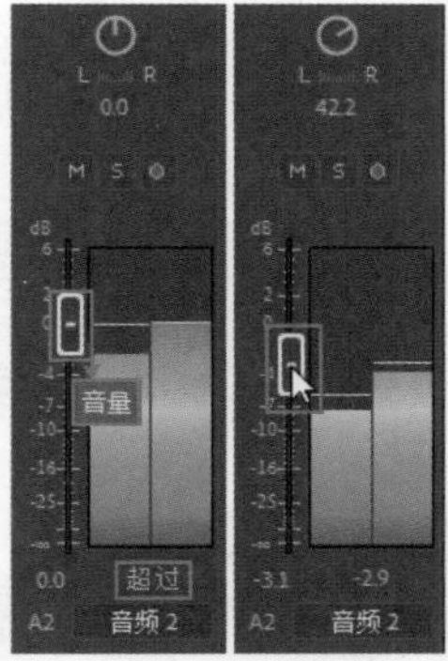

图3-122

技巧与提示

Premiere提供了各种不同的音频轨道：标准音频轨道、子混合轨道、主音轨和5.1轨道。标准音频轨道用于WAV和AIFF素材。子混合轨道用来为轨道的子集创建效果，而不是为所有轨道创建效果，使用Premiere调音台可以将音频放到主音轨和子混合轨道中。5.1轨道是一种特殊轨道，仅用于立体声音频。

3.5.4 “元数据”面板

“元数据”面板包含了比“信息”面板更加丰富的数据内容，如图3-123所示。

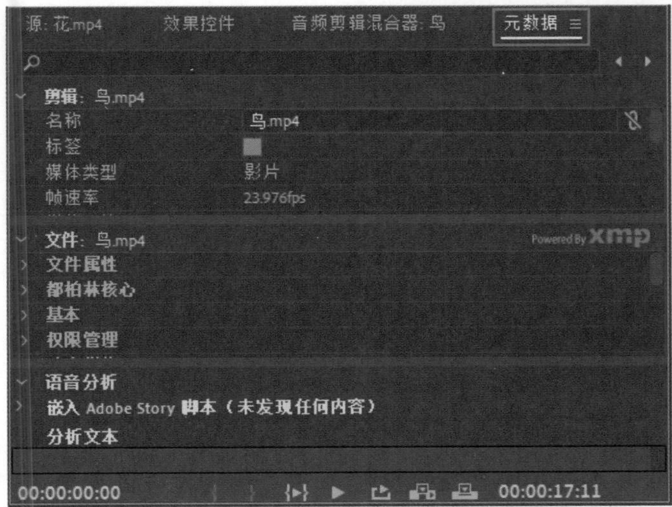

图3-123

3.6 “节目”监视器面板

“节目”监视器面板用于预览和播放“时间轴”面板中的视频素材的编辑结果，是非常重要的面板，因此它和“时间轴”面板一样是整体独立的一个面板，如图3-124所示。

图3-124

“节目”监视器面板的工具布局和“源”监视器面板的相似，相同的工具功能和用法也相同，不同之处是“节目”监视器面板没有“源”监视器面板的“仅拖动视频”工具和“仅拖动音频”工具，多了“提升”工具、“提取”工具和“比较视图”工具等，如图3-125所示。

图3-125

3.6.1 提升/提取工具

在序列有入点和出点的情况下，单击“提升”按钮，可以将序列中入点和出点间的所有轨道上的素材剪切掉，同时保留原位置的间隙，如图3-126所示。

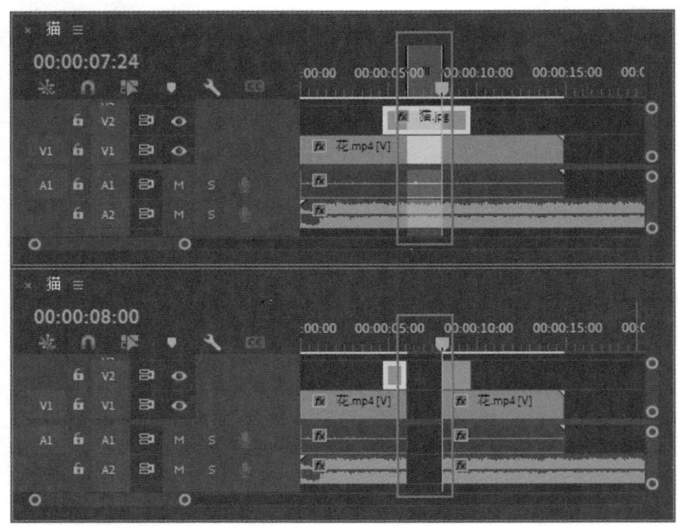

图3-126

在序列有入点和出点的情况下，单击“提取”按钮，可以将序列中入点和出点间的所有轨道上的素材剪切掉，同时删除原位置的间隙，如图3-127所示。

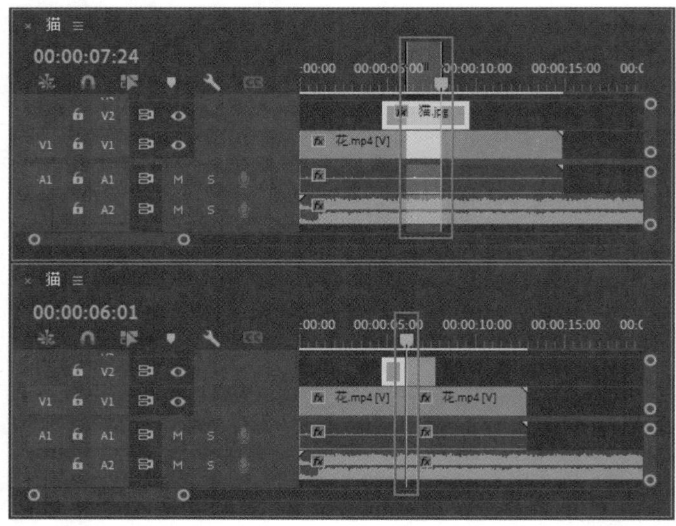

图3-127

3.6.2 比较视图工具

单击“节目”监视器面板下方的“比较视图”按钮，在“节目”监视器面板中会显示出“参考”和“当前”两个视图。“参考”视图为整个序列素材的画面，在“参考”视图下方有一个进度滑块，拖曳滑块可浏览整个序列的画面内容。“当前”视图为时间指示器所在位置的画面，画面随着时间指示器位置的变化而改变，如图3-128所示。

图3-128

单击“参考”视图下方的“转到上一个编辑点”按钮，可以使上方进度滑块快速跳转到上一个编辑点，若素材未经编辑，则会跳转到素材的开头或结尾帧；单击“参考”视图下方的“转到下一个编辑点”按钮，可以使上方进度滑块快速跳转到下一个编辑点，若素材未经编辑，则会跳转到素材的开头或结尾帧，如图3-129所示。

图3-129

单击“镜头或帧比较”按钮，可以对比查看为素材添加效果之前与之后的区别，如图3-130所示。

图3-130

单击“换边”按钮，可以互换“参考”和“当前”两个视图的位置，如图3-131所示。

图3-131

单击“并排”按钮，对比的两个视图并排显示；单击“垂直拆分”按钮，对比的两个视图会左右排列，各显示一半画面；单击“水平拆分”按钮，对比的两个视图会上下排列，各显示一半画面，如图3-132所示。

图3-132

图3-132（续）

3.6.3 设置工具

单击“节目”监视器面板下方的“设置”按钮，会弹出设置菜单，其中前面带图标的选项为“节目”监视器面板显示的内容，如需增加或减少某一项的显示，只需单击该选项即可，如图3-133所示。

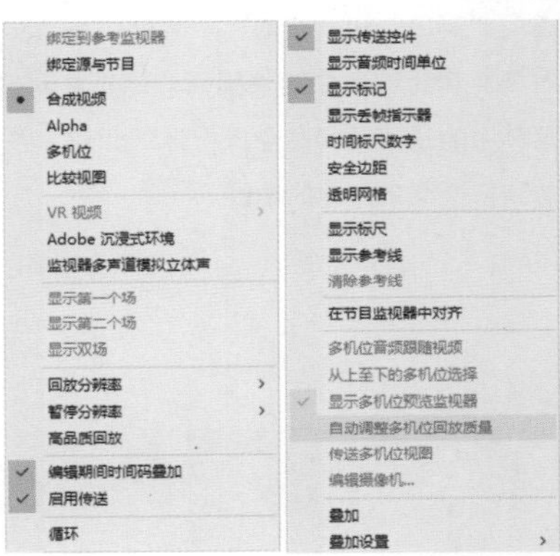

图3-133

3.6.4 按钮编辑器工具

单击“按钮编辑器”按钮，会弹出“按钮编辑器”对话框，其中包含“节目”监视器面板的所有工具，其中与“源”监视器面板相同的工具用法与功能也相同，红框标出的工具是未在“节目”监视器面板中显示的工具，如图3-134所示。

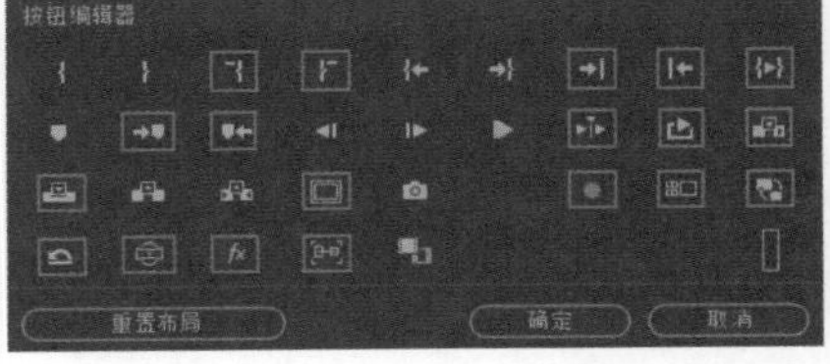

图3-134

多机位录制开/关工具：选择此工具，可对多机位切换剪辑画面进行录制。

还原剪裁会话工具：选择此工具，可在使用“修剪编辑”功能编辑素材后还原素材。

全局FX静音工具：选择此工具，可以将序列中添加的特效关闭，以减少播放预览过程中的卡顿现象。

在节目监视器中对齐工具：选择此工具，在“节目”监视器中有多个字幕或图形时，移动其中一个，会出现其与其他字幕或图形的对齐参考线。

资源获取验证码：01670

第4章

Premiere Pro 2021的菜单命令

Premiere Pro 2021主要包含了9组菜单，分别是“文件”“编辑”“剪辑”“序列”“标记”“图形”“视图”“窗口”和“帮助”。菜单中左侧文字为命令名称，右侧文字为该命令的快捷键。本章将对这9组菜单及每组菜单中的子菜单和命令进行详细介绍，并通过表格的形式总结每个菜单命令的功能。

学习要点

4.1 “文件”菜单

“文件”菜单中的命令主要负责打开、存储、导入及输出等操作，如图4-1所示。

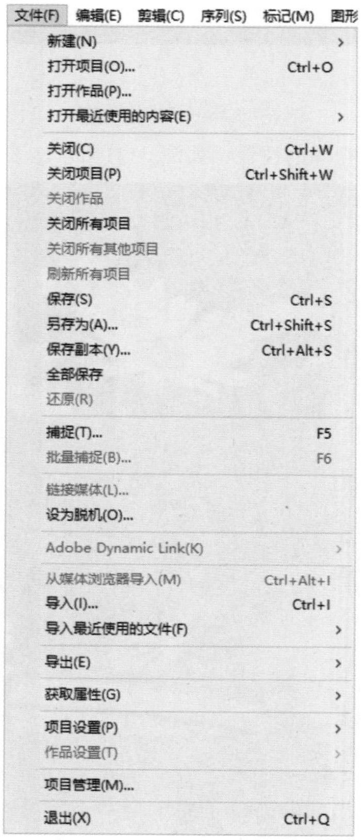

文件(F) 编辑(E) 剪辑(C) 序列(S) 标记(M) 图形

新建(N) >
打开项目(O)... Ctrl+O
打开作品(P)...
打开最近使用的内容(E) >
关闭(C) Ctrl+W
关闭项目(P) Ctrl+Shift+W
关闭作品
关闭所有项目
关闭所有其他项目
刷新所有项目
保存(S) Ctrl+S
另存为(A)... Ctrl+Shift+S
保存副本(Y)... Ctrl+Alt+S
全部保存
还原(R)
捕捉(T)... F5
批量捕捉(B)... F6
链接媒体(L)...
设为脱机(O)...
Adobe Dynamic Link(K) >
从媒体浏览器导入(M) Ctrl+Alt+I
导入(I)... Ctrl+I
导入最近使用的文件(F) >
导出(E) >
获取属性(G) >
项目设置(P) >
作品设置(T) >
项目管理(M)...
退出(X) Ctrl+Q

图4-1

表4-1 “文件”菜单中的命令

命令	说明
新建	创建新的项目文件和项目内使用的素材文件
打开项目	打开一个Premiere项目文件
打开作品	打开一个作品文件
打开最近使用的内容	打开一个最近使用的Premiere项目
关闭	关闭当前所选中的面板
关闭项目	关闭当前操作的项目
关闭作品	关闭当前操作的作品
关闭所有项目	关闭所有打开的项目
关闭所有其他项目	关闭除当前操作的项目之外的项目
刷新所有项目	刷新所有打开的项目
保存	将项目文件保存到磁盘中
另存为	可以更改当前项目名称并保存或另存到新的存储位置

续表

命令	说明
保存副本	创建一份项目的副本
全部保存	在对多个项目进行编辑时，可保存所有项目
还原	将项目恢复到之前保存的版本
捕捉	从外部连接的音视频设备中采集音视频素材
批量捕捉	通过视频设备进行多段视频的采集
链接媒体	可用于查找脱机文件
设为脱机	将当前文件设置为脱机文件
Adobe Dynamic Link	使用该命令可以将Premiere与After Effects更加有机地结合起来
从媒体浏览器导入	将在“媒体浏览器”面板中选中的文件导入项目
导入	导入视频素材、音频素材或图形
导入最近使用的文件	将最近使用的文件导入Premiere中
导出	根据“导出设置”对话框中的设置将视频导出到存储位置
获取属性	可以查看指定文件或当前选择的文件的详细信息
项目设置	可以设置项目的常规参数、暂存位置、收录参数
作品设置	可以设置作品的相关参数
项目管理	可将当前项目的所有用到的素材文件和工程文件都收纳保存到一个素材箱中
退出	退出Premiere

4.1.1 新建

“文件”菜单还包含用于新建视频素材和素材箱的命令，例如，可以使用“文件→新建”子菜单中的命令新建序列、字幕、黑场视频等，部分功能与“项目”面板的“新建项”相同，如图4-2所示。

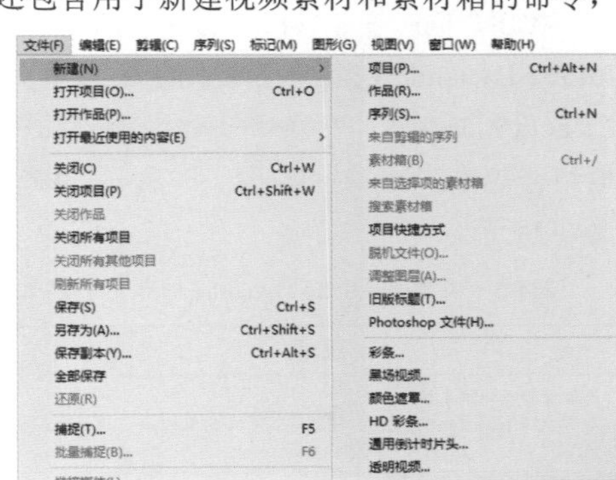

图4-2

表4-2 “文件→新建”子菜单中的命令

命令	说明
新建→项目	可以创建一个新的项目文件
新建→作品	可以创建一个新的作品文件
新建→序列	为当前项目创建一个新的序列
新建→来自剪辑的序列	选中“项目”面板中的素材，使用该命令，将会在“时间轴”面板中新建一个以该素材名字命名的新序列，该素材会被自动导入新序列中
新建→素材箱	在“项目”面板中创建一个新的素材箱

续表

命令	说明
新建→来自选择项的素材箱	可以根据当前选择的素材创建一个素材箱
新建→搜索素材箱	可以创建一个用于放置搜索内容的素材箱，搜索到的素材会被自动收纳到该素材箱中
新建→项目快捷方式	可以创建一个当前项目的快捷素材箱
新建→脱机文件	在“项目”面板中创建一个脱机文件素材
新建→调整图层	在“项目”面板中创建一个调整图层素材
新建→旧版标题	在“项目”面板中创建一个字幕素材，并打开“字幕”面板
新建→Photoshop文件	新建与项目尺寸相同的空白Photoshop文件
新建→彩条	在“项目”面板中创建一个彩条素材
新建→黑场视频	在“项目”面板中创建一个黑场视频素材
新建→颜色遮罩	在“项目”面板中创建一个彩色蒙版素材
新建→HD彩条	在“项目”面板中创建一个HD彩条素材
新建→通用倒计时片头	在“项目”面板中创建一个通用的倒计时片头素材
新建→透明视频	在“项目”面板中创建一个透明的视频素材

新手练习 新建彩条素材

扫码看视频

素材位置 无
实例位置 实例文件\第4章\新手练习：新建彩条素材.prproj
视频名称 新建彩条素材.mp4
技术掌握 新建彩条素材的方法

在Premiere中可以创建预设的视频素材，本例创建的彩条效果如图4-3所示。

图4-3

01 单击计算机屏幕左下角的“开始”菜单按钮，然后找到并单击“Adobe Premiere Pro 2021”命令，启动Premiere Pro 2021，在出现的“主页”窗口中单击“新建项目”按钮，如图4-4所示。

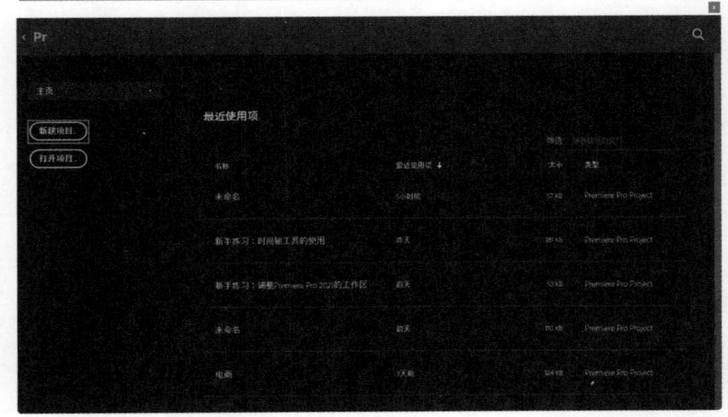

图4-4

02 在打开的“新建项目”对话框中输入项目的名称和存储位置，然后单击“确定”按钮 确定 新建一个项目，如图4-5所示。

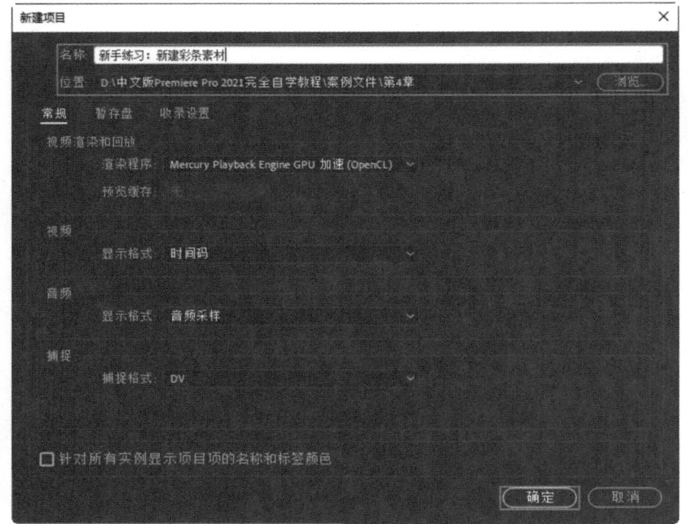

图4-5

03 进入Premiere Pro 2021的工作区后，选择“文件→新建→彩条”命令，如图4-6所示。

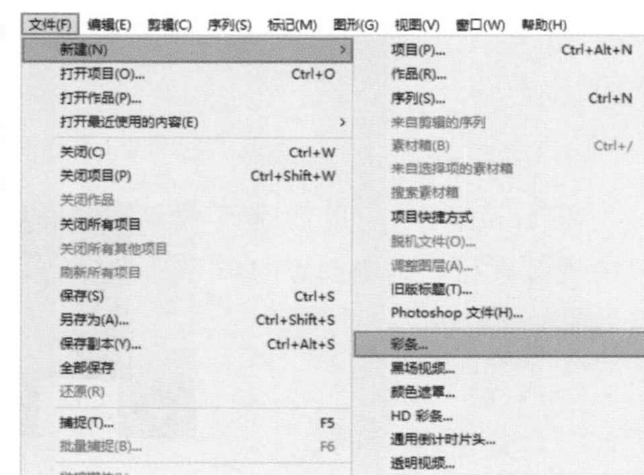

图4-6

04 在打开的“新建彩条”对话框中设置视频的宽度和高度，然后单击“确定”按钮 确定，如图4-7所示。

05 新建的彩条素材会被放置在“项目”面板中，如图4-8所示。

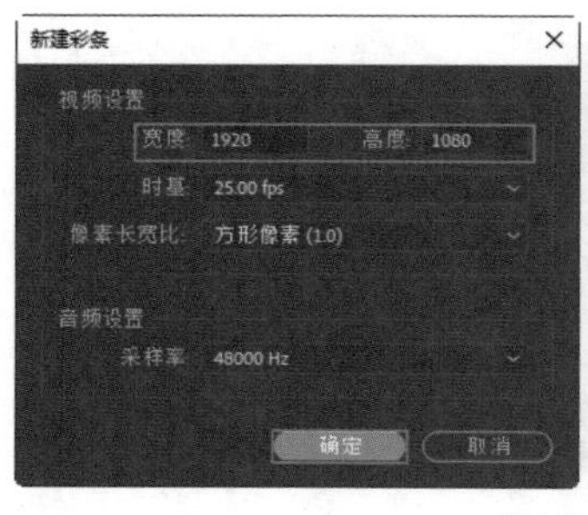

图4-7

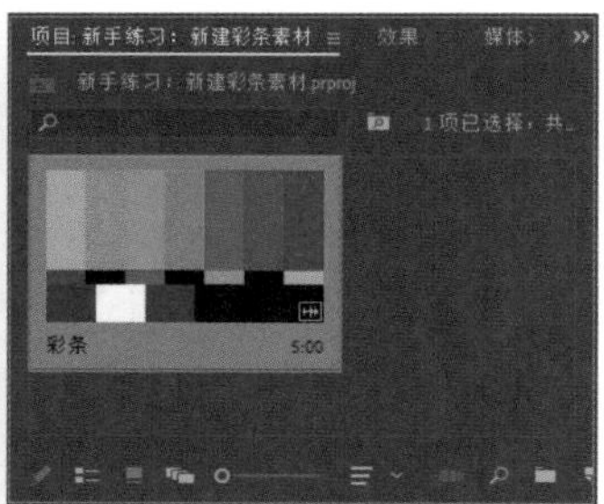

图4-8

06 选中彩条素材，将其拖曳到“时间轴”面板中，会自动新建一个以素材名称命名的序列，如图4-9所示。

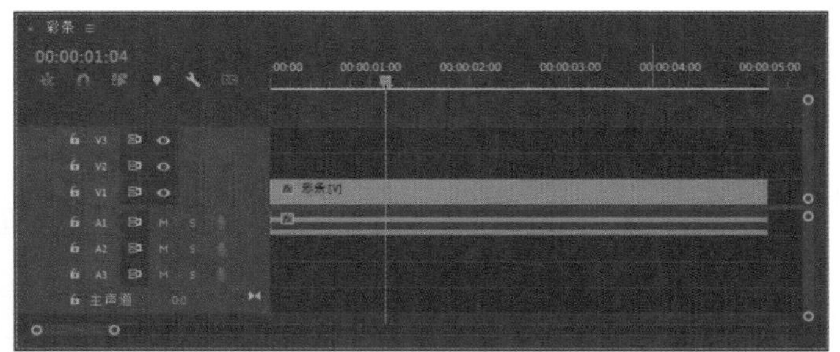

图4-9

07 在“节目”监视器面板中单击“播放-停止切换”按钮▶预览彩条素材，效果如图4-10所示。

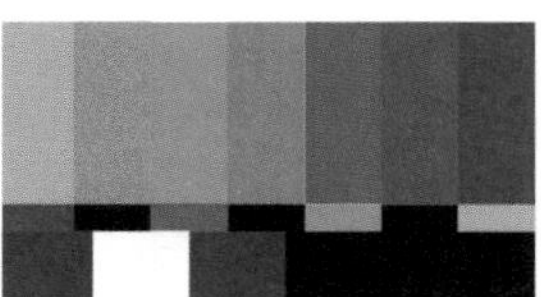

图4-10

4.1.2 打开最近使用的内容

当用户不是首次使用Premiere创建项目时，“打开最近使用的内容”子菜单会将近期用Premiere创建过的项目罗列出来，单击想要打开的项目名称，即可打开该项目，如图4-11所示。

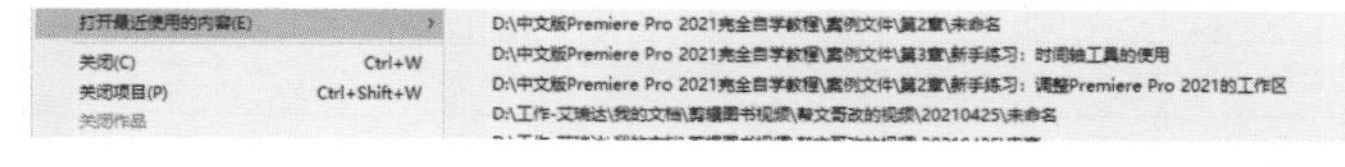

图4-11

4.1.3 Adobe Dynamic Link

在用户同时安装有Premiere与After Effects的情况下，使用Adobe Dynamic Link子菜单中的命令，可以将Premiere与After Effects更加有机地结合起来，如图4-12所示。

图4-12

表4-3 “文件→Adobe Dynamic Link”子菜单中的命令

命令	说明
Adobe Dynamic Link→替换为After Effects合成图像	将选中的素材替换为After Effects合成图像
Adobe Dynamic Link→新建After Effects合成图像	新建一个After Effects合成图像
Adobe Dynamic Link→导入After Effects合成图像	导入After Effects合成图像

4.1.4 导入最近使用的文件

当用户不是首次使用Premiere创建项目，并且之前导入过素材时，“导入最近使用的文件”子菜单会将近期用Premiere导入过的素材文件罗列出来，单击想要再次导入的素材名称，即可导入该素材，如图4-13所示。

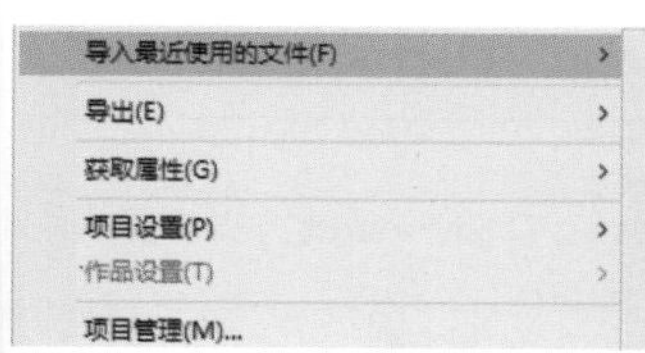

图4-13

4.1.5 导出

当用户完成当前项目的编辑后，使用“导出”子菜单中的命令，可以将“时间轴”面板中编辑好的项目设置为适当的格式并导出到想要的存储位置，如图4-14所示。

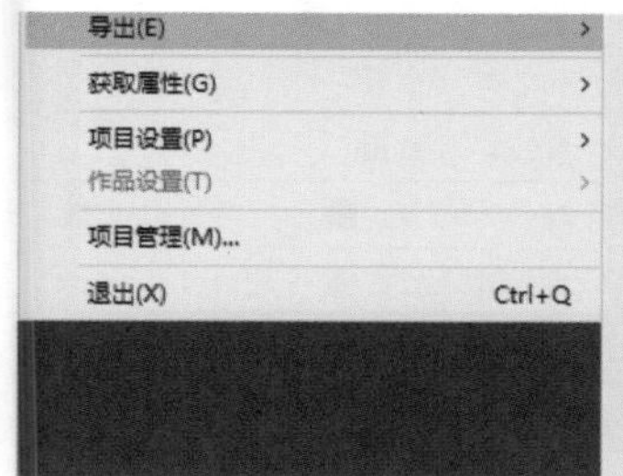

图4-14

表4-4 “文件→导出”子菜单中的命令

命令	说明
导出→媒体	选择此命令会弹出“导出设置”对话框，可设置视频的导出格式和位置并导出视频
导出→动态图形模板	可将视频导出成MOGRT格式的动态图形模板
导出→磁带（DV/HDV）	将序列导出到DV/HDV录像带中
导出→磁带（串行设备）	将序列导出到串行设备录像带中
导出→EDL	导出到Edit Decision List（编辑决策表）中
导出→OMF	导出为OMF格式的文件
导出→标记	将标记作为XMP元数据保存在导出的文件中
导出→将选择项导出为Premiere项目	将选择项导出为Premiere项目
导出→AAF	将项目导出为Advanced Authoring Format（高级制作格式）以用于其他应用程序
导出→Avid Log Exchange	导出为ALE格式的文件
导出→Final Cut Pro XML	导出为XML格式的文件

4.1.6 获取属性

使用“获取属性”子菜单中的命令，可以查看计算机上指定文件的详细信息，也可以查看当前项目素材箱中选中的某一素材文件的详细信息，如图4-15所示。

获取属性(G)　项目设置(P)　文件(F)...　选择(S)...　Ctrl+Shift+H

图4-15

表4-5 “文件→获取属性”子菜单中的命令

命令	说明
获取属性→文件	提供计算机中指定文件的详细信息
获取属性→选择	提供“项目”面板中当前选择的文件的详细信息

4.1.7 项目设置

使用“项目设置”子菜单中的命令，可以设置项目的常规参数、暂存位置、收录参数等，如图4-16所示。

项目设置(P)　作品设置(T)　项目管理(M)...　常规(G)...　暂存盘(S)...　收录设置(I)...

图4-16

表4-6 “文件→项目设置”子菜单中的命令

命令	说明
项目设置→常规	设置项目的渲染程序，音视频显示格式和捕捉格式等内容
项目设置→暂存盘	设置项目各种素材的暂存位置
项目设置→收录设置	设置项目的收录预设等内容

4.2 “编辑”菜单

Premiere的“编辑”菜单包含可以在整个程序中使用的标准编辑命令，如复制、剪切和粘贴等，如图4-17所示。

编辑(E)　剪辑(C)　序列(S)　标记(M)　图形(G)　视图(V)
撤消(U)　Ctrl+Z
重做(R)　Ctrl+Shift+Z
剪切(T)　Ctrl+X
复制(Y)　Ctrl+C
粘贴(P)　Ctrl+V
粘贴插入(I)　Ctrl+Shift+V
粘贴属性(B)...　Ctrl+Alt+V
删除属性(R)...
清除(E)　回格键
波纹删除(T)　Shift+删除
重复(C)　Ctrl+Shift+/
全选(A)　Ctrl+A
选择所有匹配项
取消全选(D)　Ctrl+Shift+A
查找(F)...　Ctrl+F
查找下一个(N)
标签(L)
移除未使用资源(R)
合并重复项(C)
生成媒体的源剪辑(G)
重新关联源剪辑(R)...
编辑原始(O)　Ctrl+E
在 Adobe Audition 中编辑
在 Adobe Photoshop 中编辑(H)
快捷键(K)...　Ctrl+Alt+K
首选项(N)

图4-17

表4-7 “编辑”菜单中的命令

命令	说明
撤销	撤销上一步的操作
重做	恢复上一步的操作
剪切	将选定的内容放置到剪贴板中，用于粘贴
复制	将选定的内容复制到剪贴板中
粘贴	将剪贴板中的内容粘贴到目标位置
粘贴插入	将剪贴板中的内容插入粘贴到指定区域
粘贴属性	将一段素材的属性参数复制到另一段素材中
删除属性	将素材上后添加的属性全部删除或选择一部分进行删除
清除	从“项目”或“时间轴”面板中删除选定的素材
波纹删除	删除“时间轴”面板中素材之间的空白区域，使素材之间不留间隙
重复	在“项目”面板中复制选定文件，并自动命名
全选	在“项目”面板中选择所有素材文件
选择所有匹配项	选择所有匹配剪辑
取消全选	在“项目”面板中取消选择全部素材文件
查找	自由查找项目中的素材文件
查找下一个	按字符或文件名对素材文件进行查找
标签	可以选择项目中素材的标签颜色
移除未使用资源	可以移除项目中未在“时间轴”面板中使用的素材资源
合并重复项	将“项目”面板中多个重复的素材合并为一个素材
生成媒体的源剪辑	可以生成一个剪辑素材保存在“项目”面板
重新关联源剪辑	可以重新关联到原始剪辑素材
编辑原始	此命令可以启动原始应用程序，对“项目”面板或“时间轴”面板轨道上的素材进行编辑
在Adobe Audition中编辑	将音频素材文件放在Audition中进行编辑
在Adobe Photoshop中编辑	将图片素材文件放在Photoshop中进行编辑
快捷键	查看或修改各个指令的快捷键
首选项	可以进行自定义偏好设置

4.2.1 标签

“标签”子菜单中的命令可以用于更改“时间轴”面板素材标签的显示颜色，如图4-18所示。

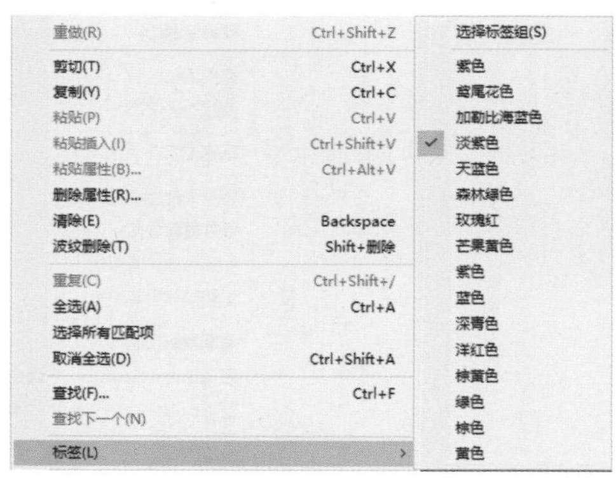

图4-18

表4-8 “编辑→标签”子菜单中的命令

命令	说明
标签→选择标签组	若同一个素材的音视频文件是取消链接的状态，选择此命令可同时选中音视频的标签
标签→紫色	将选中的素材标签显示颜色改为紫色
标签→鸢尾花色	将选中的素材标签显示颜色改为鸢尾花色
标签→加勒比海蓝色	将选中的素材标签显示颜色改为加勒比海蓝色
标签→淡紫色	将选中的素材标签显示颜色改为淡紫色
标签→天蓝色	将选中的素材标签显示颜色改为天蓝色
标签→森林绿色	将选中的素材标签显示颜色改为森林绿色
标签→玫瑰红	将选中的素材标签显示颜色改为玫瑰红
标签→杧果黄色	将选中的素材标签显示颜色改为杧果黄色
标签→紫色	将选中的素材标签显示颜色改为紫色
标签→蓝色	将选中的素材标签显示颜色改为蓝色
标签→深青色	将选中的素材标签显示颜色改为深青色
标签→洋红色	将选中的素材标签显示颜色改为洋红色
标签→棕黄色	将选中的素材标签显示颜色改为棕黄色
标签→绿色	将选中的素材标签显示颜色改为绿色
标签→棕色	将选中的素材标签显示颜色改为棕色
标签→黄色	将选中的素材标签显示颜色改为黄色

技巧与提示

“标签”子菜单中显示的颜色是未经设置时系统默认的颜色，如需设置自定义标签，可以通过“编辑→首选项→标签”命令来更改标签的名称和颜色，如图4-19所示。

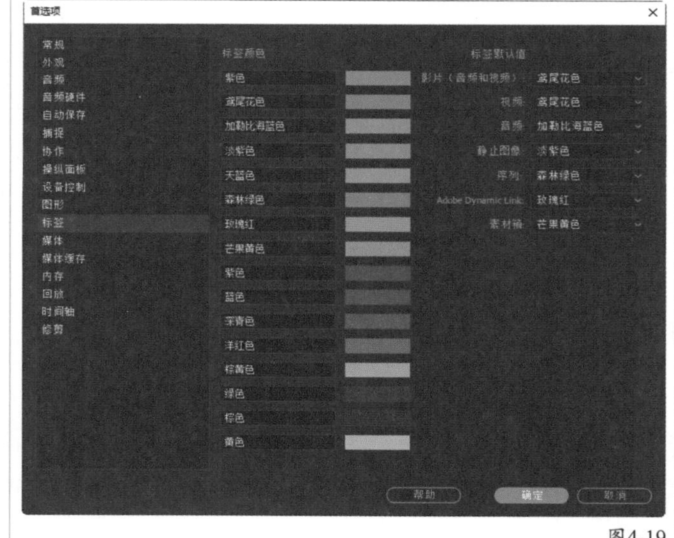

图4-19

4.2.2 在Adobe Audition中编辑

在安装有Adobe Audition的情况下，使用“在Adobe Audition中编辑”子菜单中的命令可以将Premiere项目中的音频素材或序列音频导入Adobe Audition中编辑，如图4-20所示。

在 Adobe Audition 中编辑　>　剪辑(C)
在 Adobe Photoshop 中编辑(H)　序列(S)...

图4-20

表4-9 “编辑→在Adobe Audition中编辑”子菜单中的命令

命令	说明
在Adobe Audition中编辑→剪辑	将选中的音频素材转到Adobe Audition中编辑
在Adobe Audition中编辑→序列	将序列中的音频转到Adobe Audition中编辑

4.2.3 首选项

使用“首选项”子菜单中的命令，可以对Premiere软件的一系列内容进行设置，使Premiere更符合用户的使用习惯，如图4-21所示。

全选(A)　Ctrl+A
选择所有匹配项
取消全选(D)　Ctrl+Shift+A
查找(F)...　Ctrl+F
查找下一个(N)
标签(L)　>
移除未使用资源(R)
合并重复项(C)
生成媒体的源剪辑(G)
重新关联源剪辑(R)...
编辑原始(O)　Ctrl+E
在 Adobe Audition 中编辑　>
在 Adobe Photoshop 中编辑(H)
快捷键(K)...　Ctrl+Alt+K
首选项(N)　>
常规(G)...
外观(P)...
音频(A)...
音频硬件(H)...
自动保存(U)...
捕捉(C)...
协作(C)...
操纵面板(O)...
设备控制(D)...
图形...
标签...
媒体(E)...
媒体缓存...
内存(Y)...
回放(P)...
时间轴...
修剪(R)...

图4-21

表4-10 “编辑→首选项”子菜单中的命令

命令	说明
首选项→常规	用于设置项目的启动和打开显示等内容
首选项→外观	用于设置界面的亮度和颜色等内容
首选项→音频	用于设置音频轨道的显示等内容
首选项→音频硬件	用于设置音频的输入和输出设备等内容
首选项→自动保存	用于设置项目自动保存时间等内容
首选项→捕捉	用于设置视频捕捉错误提示等内容
首选项→协作	用于设置团队项目共享提醒等内容
首选项→操纵面板	用于添加或编辑设备类型
首选项→设备控制	用于设置设备控制等内容
首选项→图形	用于设置文本引擎等内容
首选项→标签	用于设置标签的颜色和名称等内容
首选项→媒体	用于设置媒体时基、时间码、导入设置等内容
首选项→媒体缓存	用于设置缓存位置和缓存管理等内容
首选项→内存	用于设置内存空间和优化渲染等内容
首选项→回放	用于设置回放预卷/过卷时间和前进/后退帧数等内容
首选项→时间轴	用于设置“时间轴”面板音视频剪辑的设置等内容
首选项→修剪	用于设置修剪偏移和波纹修剪等内容

新手练习 调整界面颜色

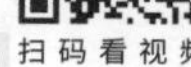
扫码看视频

素材位置　无
实例位置　实例文件\第 4 章\新手练习：调整界面颜色.prproj
视频名称　调整界面颜色.mp4
技术掌握　调整 Premiere 界面颜色的方法

用Premiere“编辑→首选项”子菜单中的命令可以对软件进行各种设置，本例讲解调整Premiere界面颜色的方法，案例效果对比如图4-22所示。

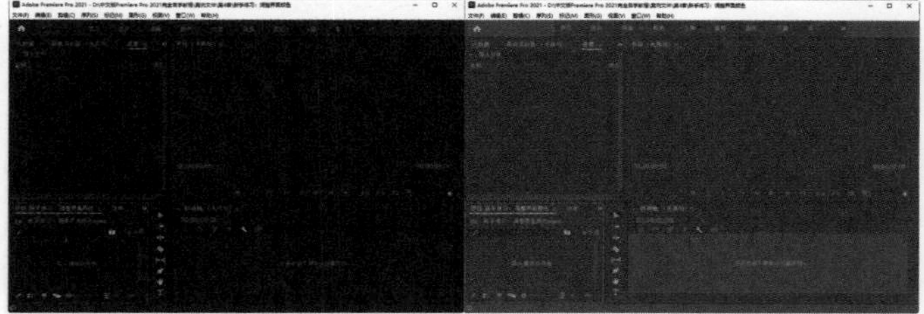

图4-22

01 单击计算机屏幕左下角的“开始”菜单按钮田，然后找到并单击“Adobe Premiere Pro 2021”命令，启动Premiere Pro 2021，新建一个项目，如图4-23所示。

图4-23

02 选择“编辑→首选项→外观”命令，如图4-24所示。

03 打开“首选项”对话框，系统默认的界面“亮度”是最暗的，“交互控件”与“焦点指示器”亮度是中等的，如图4-25所示。

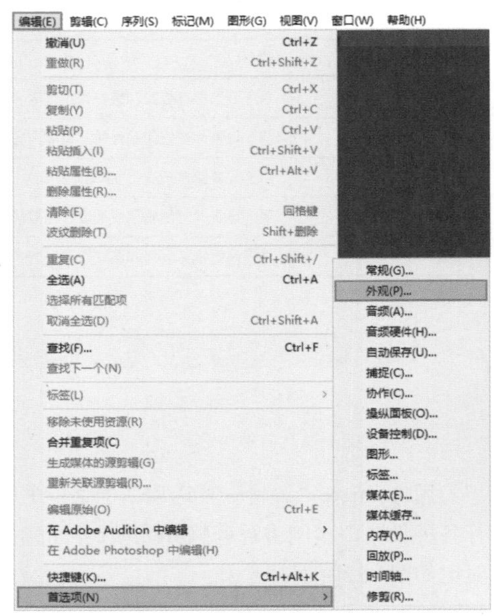

图4-24

图4-25

04 将“亮度”“交互控件”“焦点指示器”下面的滑块均拖曳到最右端，单击“确定”按钮，如图4-26所示。

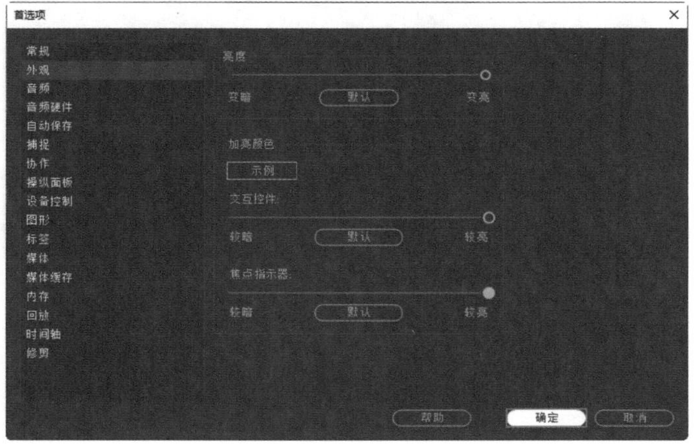

图4-26

05 修改过后的界面效果如图4-27所示。

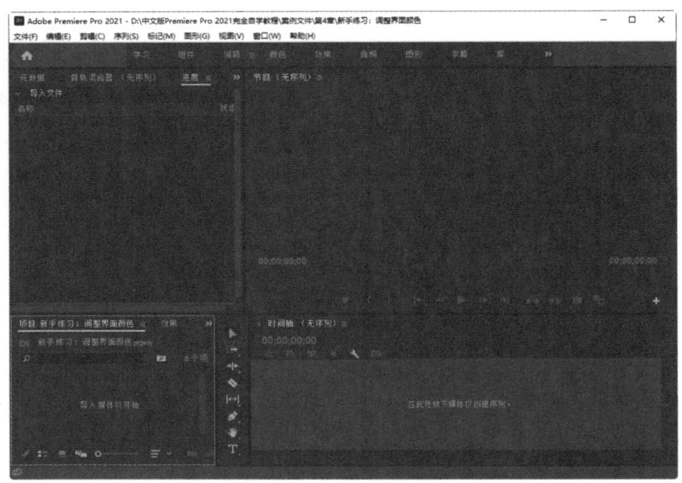

图4-27

4.3 “剪辑”菜单

“剪辑”菜单中的命令主要用于对“时间轴”面板的素材的参数及效果进行修改，如图4-28所示。

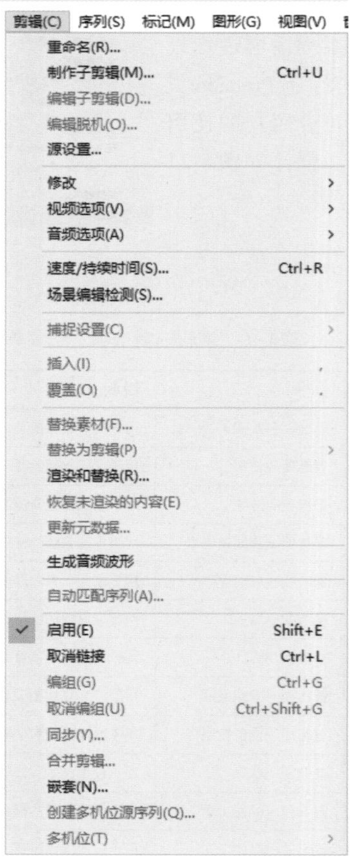

图4-28

表4-11 “剪辑”菜单中的命令

命令	说明
重命名	为素材重新命名
制作子剪辑	在“源”监视器面板中通过添加入点和出点制作子剪辑
编辑子剪辑	对源素材的剪辑副本进行编辑
编辑脱机	对脱机素材进行编辑
源设置	对源素材进行设置
修改	对源素材的音频声道、视频参数及时间码进行修改
视频选项	可以修改视频素材属性
音频选项	可以修改音频素材属性
速度/持续时间	设置素材的长度及播放速度
场景编辑检测	可分析素材、自动检测场景中的变化，并在适当的位置添加剪切
捕捉设置	设置采集视频时的控制参数
插入	将一段素材按照需要插入到另一段素材中
覆盖	将一段素材覆盖到另一段素材上，相交的部分被覆盖，其余部分不变
替换素材	用新的素材替换“时间轴”面板中现有的素材
替换为剪辑	用选定的剪辑生成新的素材并且替换掉原始素材
渲染和替换	在处理大型序列时使用此命令可以减少系统资源的使用，以启用平滑播放
恢复未渲染的内容	恢复为原始剪辑
更新元数据	可以对“项目”面板中的素材进行更新
生成音频波形	生成音频的波形
自动匹配序列	该命令可以使“时间轴”面板自动匹配素材
启用	启用的素材最终会被渲染，未启用的则不能被渲染
链接	可以将视频素材和音频素材链接到一起
编组	在“时间轴”面板中将两个或两个以上的素材编成一组，方便整体操作
取消编组	将已经编组的文件分离成单独的素材文件
同步	设置素材的开始和结束的时间，使素材的长度同步
合并剪辑	可以将同步的素材文件合并成一个单独的文件
嵌套	选择“时间轴”面板中的素材，使用该命令能够生成新的序列
创建多机位源序列	创建一个多机位的源序列
多机位	可以选择开启或关闭多机位模式，以及切换机位显示

4.3.1 修改

“修改”子菜单中的命令可用于对源素材的音频声道、视频参数及时间码进行修改，如图4-29所示。

图4-29

表4-12 “剪辑→修改”子菜单中的命令

命令	说明
修改→音频声道	用于设置“项目”面板或“时间轴”面板中选中的音频素材声道
修改→解释素材	用于设置“项目”面板中选中的素材的参数
修改→时间码	用于设置“项目”面板中选中的素材的时间码

4.3.2 视频选项

“视频选项”子菜单中的命令可以用于设置帧定格，也可以用于修改视频素材的属性，如图4-30所示。

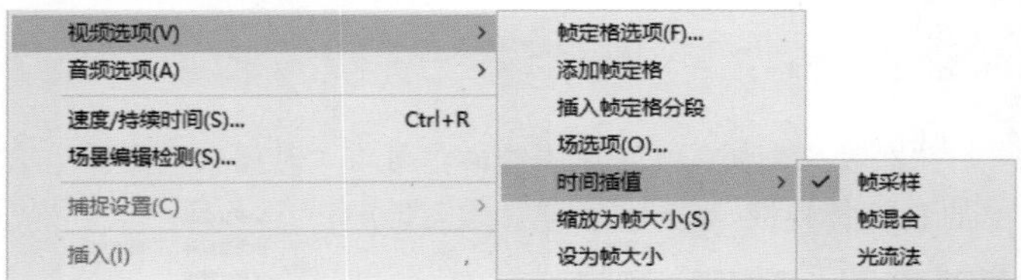

图4-30

表4-13 “剪辑→视频选项”子菜单中的命令

命令	说明
视频选项→帧定格选项	设置帧定格的位置和滤镜
视频选项→添加帧定格	在时间指示器位置添加帧定格
视频选项→插入帧定格分段	在时间指示器位置插入一段帧定格画面素材
视频选项→场选项	设置素材的交换场序和处理选项
视频选项→时间插值	为更改过速度和持续时间的视频素材设置时间插值
视频选项→缩放为帧大小	将选中的素材缩放到所在序列的尺寸
视频选项→设为帧大小	将选中的素材缩放到刚好填充满序列横向的像素尺寸

知识窗

“剪辑→视频选项→时间插值”菜单中，“帧采样”是指在调整视频的播放速度后，慢放需要增加的帧数会复制现有的帧，快进需要减少的帧数会从视频中抽掉部分前后类似的帧，因此视频会显得不够流畅；“光流法”是指Premiere会根据空缺帧的上下帧来推断像素移动的轨迹，从而生成新的帧，因此渲染比较消耗内存；“帧混合”是帧采样和光流法的折中方法，它能够混合上下帧形成一个新的帧，这种方法适合稍微静态的视频，动态的视频会产生虚影。

4.3.3 音频选项

“音频选项”子菜单中的命令可以用于设置音频素材的音量、声道，也可以提取原素材的音频文件，如图4-31所示。

图4-31

表4-14 “剪辑→音频选项”子菜单中的命令

命令	说明
音频选项→音频增益	用来调整音频素材的音量
音频选项→拆分为单声道	将音频的声道直接转换为单声道
音频选项→提取音频	可提取“项目”面板中视频素材的音频，将其以同名音频素材的形式导入“项目”面板中

4.3.4 捕捉设置

“捕捉设置”子菜单中的命令在外部连接了捕捉设备的情况下可以进行相关设置，没有连接外部捕捉设备时，命令呈灰色不可选状态。

4.3.5 替换为剪辑

“替换为剪辑”子菜单中的命令可将“时间轴”面板中选中的素材替换成指定来源的素材，如图4-32所示。

图4-32

表4-15 “剪辑→替换为剪辑”子菜单中的命令

命令	说明
替换为剪辑→从源监视器	将“时间轴”面板中选中的素材片段替换为“源”监视器面板中的等长素材
替换为剪辑→从源监视器，匹配帧	将“时间轴”面板中选中的素材片段替换为“源”监视器面板中设置好入点的等长素材
替换为剪辑→从素材箱	将“时间轴”面板中选中的素材片段替换成素材箱中选定素材的等长素材

4.3.6 多机位

当“时间轴”面板中的序列开启了多机位模式后，用“多机位”子菜单中的命令可以设置“节目”监视器多机位显示模式的相关参数，如图4-33所示。

图4-33

表4-16 “剪辑→多机位”子菜单中的命令

命令	说明
多机位→启用	选中多机位嵌套序列，选择此命令可以在“节目”监视器面板中开启多机位显示
多机位→拼合	选择此命令可以将多机位的视频内容拼合为当前编辑的机位内容
多机位→相机1	选择此命令可以切换为机位1
多机位→相机2	选择此命令可以切换为机位2

高手进阶 时间重映射

素材位置　素材文件\第4章\时间重映射
实例位置　实例文件\第4章\高手进阶：时间重映射.prproj
视频名称　时间重映射.mp4
技术掌握　设置“速度/持续时间”的方法

扫码看视频

在Premiere中，通过使用“时间重映射→速度”命令可以对视频进行慢放、快放、倒放等操作，本案例效果如图4-34所示。

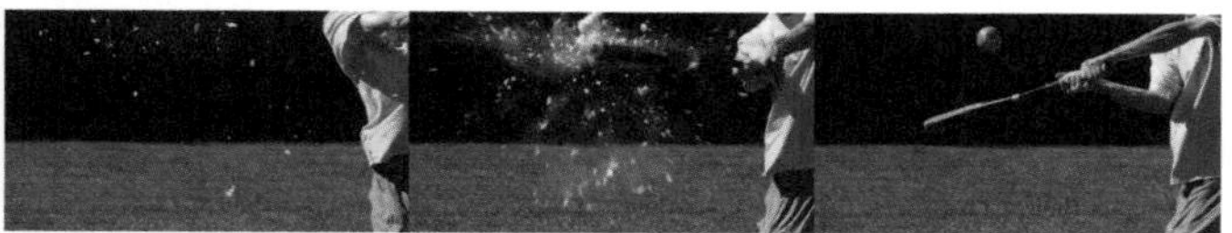

图4-34

01 单击计算机屏幕左下角的“开始”菜单按钮，然后找到并单击“Adobe Premiere Pro 2021”命令，启动Premiere Pro 2021，在出现的“主页”窗口中单击“新建项目”按钮，如图4-35所示。

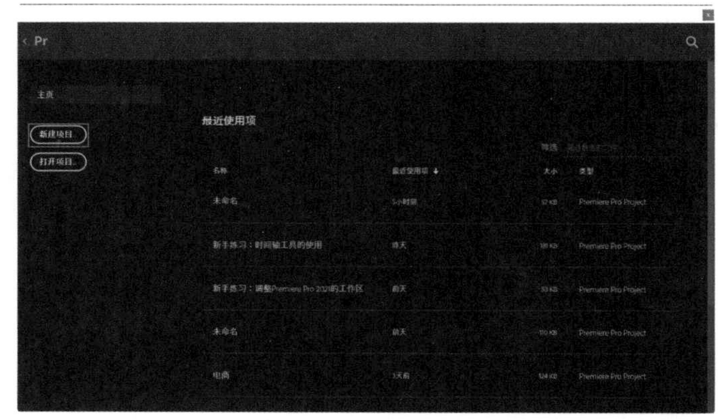

图4-35

02 在打开的“新建项目”对话框中输入项目的名称，设置项目的位置，然后单击“确定”按钮新建一个项目，如图4-36所示。

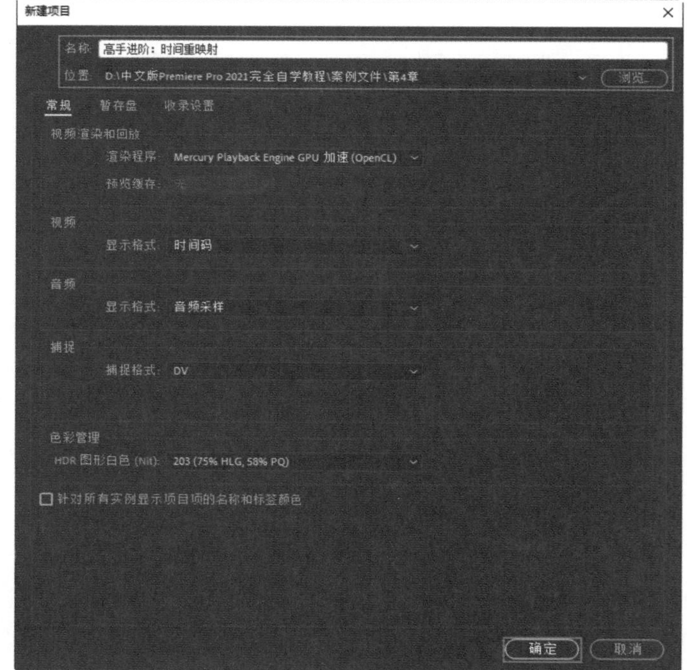

图4-36

03 进入Premiere Pro 2021工作区，在“项目”面板空白处双击，在打开的“导入”对话框中选择要导入的素材，单击“打开”按钮，如图4-37所示，将素材导入“项目”面板中，如图4-38所示。

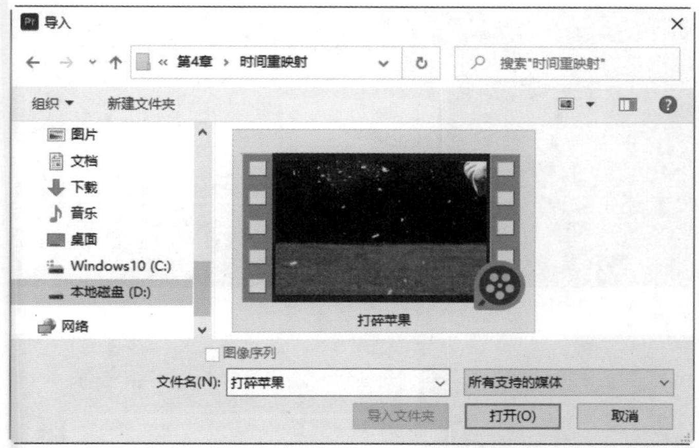
图4-37

图4-38

04 选中该素材，将其拖曳到“时间轴”面板中，会自动创建一个以素材名称命名的序列，如图4-39所示。

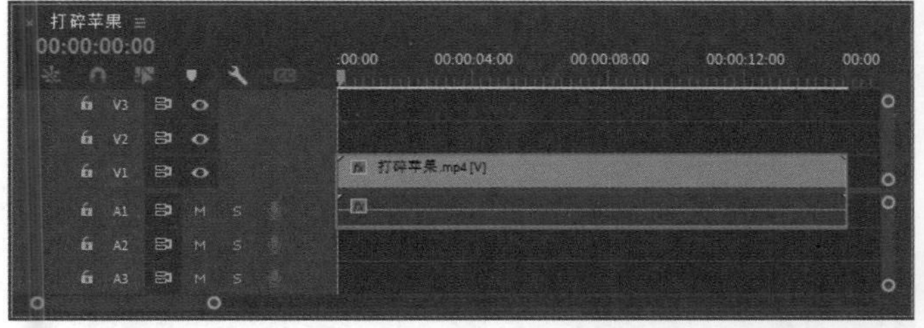
图4-39

05 在“时间轴”面板中选中该素材，选择“剪辑→速度/持续时间”命令，如图4-40所示。

06 打开“剪辑速度/持续时间”对话框，设置“速度”为200%，单击“确定”按钮，如图4-41所示。

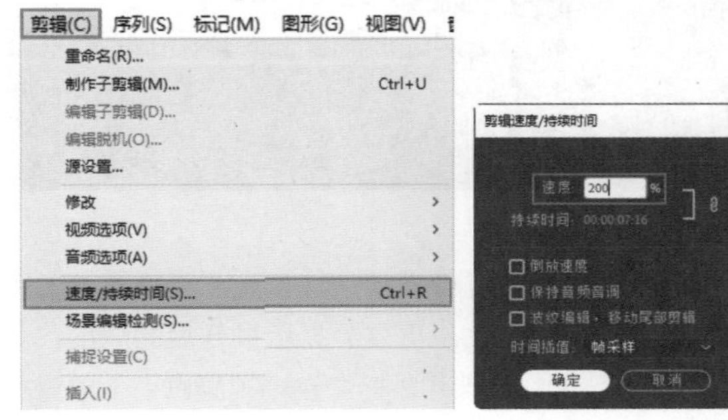
图4-40　　图4-41

07 修改“速度”后的素材在“时间轴”面板中会显示黄色底色的fx图标，且长度变为原本的1/2，如图4-42所示。

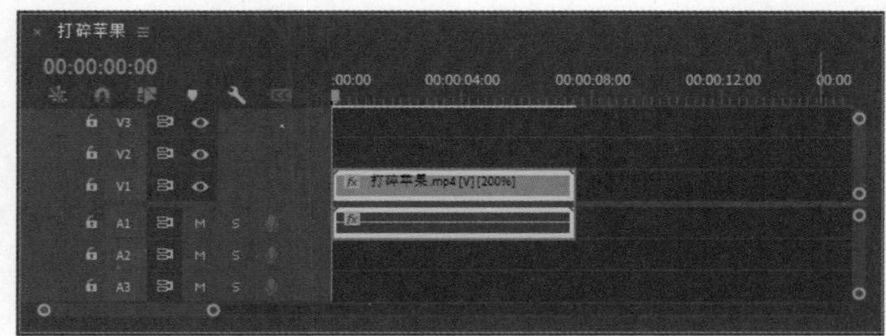
图4-42

08 在“节目”监视器面板单击“播放-停止切换”按钮，预览修改后的效果，会发现视频播放速度变快，如图4-43所示。

图4-43

09 在“时间轴”面板中的素材上单击鼠标右键，在弹出的菜单中选择“速度/持续时间”命令，如图4-44所示。用此方法同样可以打开“剪辑速度/持续时间”对话框。

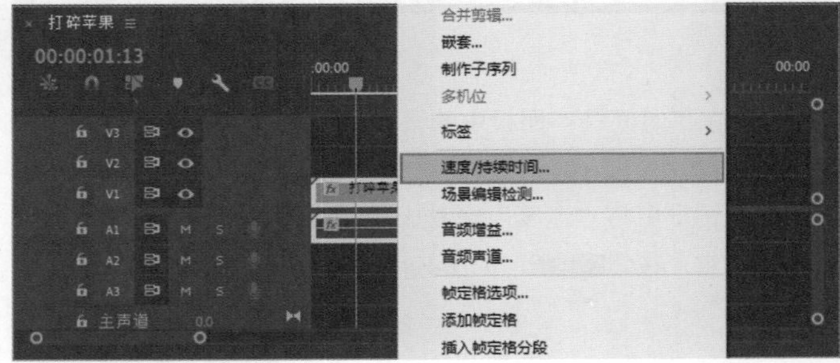
图4-44

10 在打开的“剪辑速度/持续时间”对话框中，勾选“倒放速度”复选框，单击“确定”按钮，如图4-45所示。

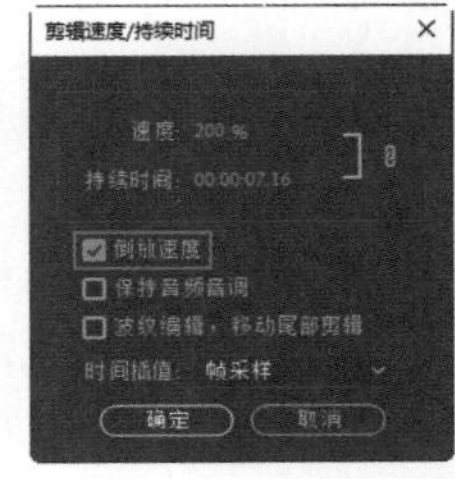
图4-45

11 在“时间轴”面板中，勾选“倒放速度”后的素材的音频部分上会显示红色的线，如图4-46所示。通常在剪辑过程中如果不需要将音频倒放，则需要取消音视频链接，单独为视频修改“速度/持续时间”，本案例的素材是静音的，因此不受影响。

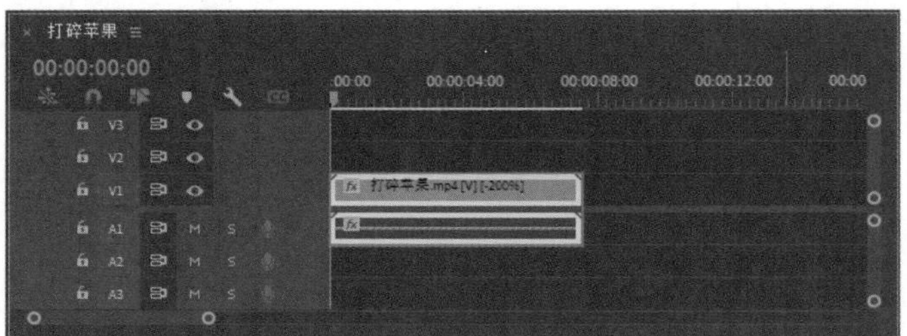

图4-46

12 在“节目”监视器面板单击“播放-停止切换”按钮▶，预览视频倒放效果，会发现视频有些卡顿，如图4-47所示。

图4-47

13 再次在“时间轴”面板中的素材上单击鼠标右键，在弹出的菜单中选择“速度/持续时间”命令，在打开的“剪辑速度/持续时间”对话框中将“速度”恢复成100%，单击“确定”按钮确定，如图4-48所示。

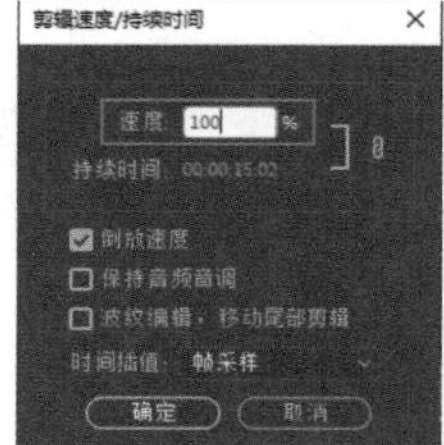

图4-48

14 在“时间轴”面板中，通过拖曳右侧的滑块，将V1轨道调高，然后在黄色底色的fx图标上单击鼠标右键，在弹出的菜单中选择“时间重映射→速度”命令，如图4-49所示。速度状态下的素材如图4-50所示。

图4-49

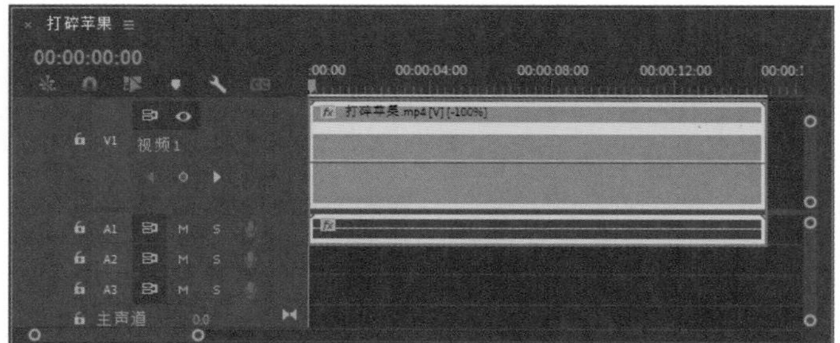

图4-50

15 将时间指示器移动到00:00:00:00处，单击V1轨道前面的“添加-移除关键帧”按钮，为该时间位置添加一个关键帧，如图4-51所示。将时间指示器移动到00:00:12:20处，单击V1轨道前面的“添加-移除关键帧”按钮，为该时间位置添加一个关键帧，如图4-52所示。

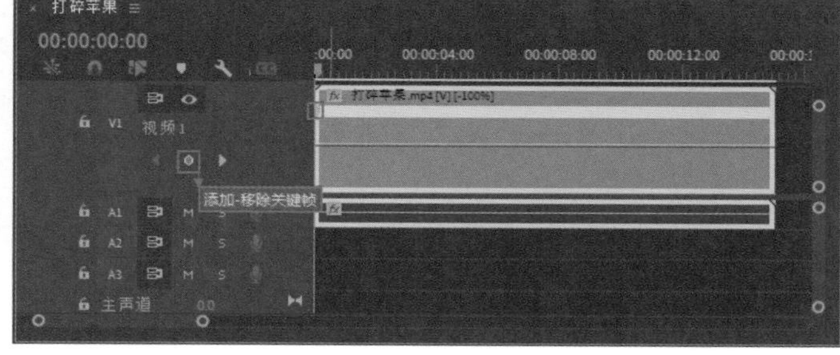

图4-51

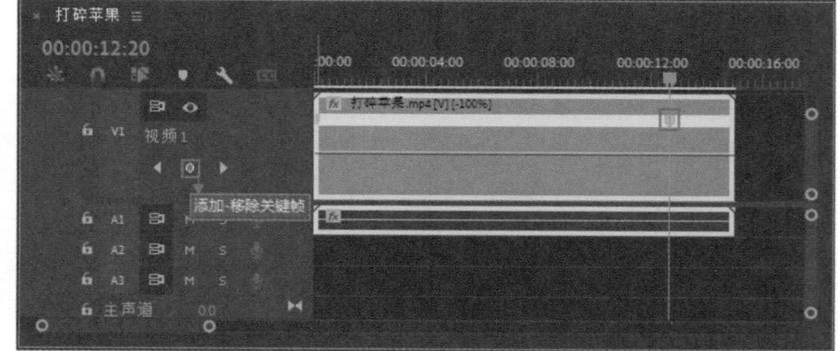

图4-52

16 将鼠标指针靠近中间横线，鼠标指针会变为图标，如图4-53所示。向上拖曳，下方会显示提升后的速度，如图4-54所示。提升至300%后松开鼠标左键，视频轨道上的素材会自动缩短，如图4-55所示。

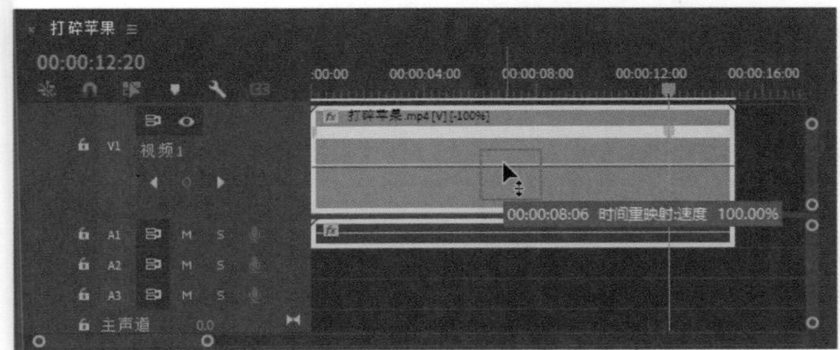

图4-53

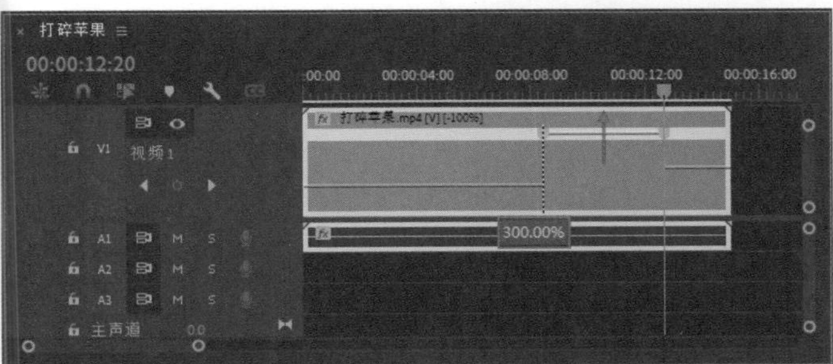

图4-54

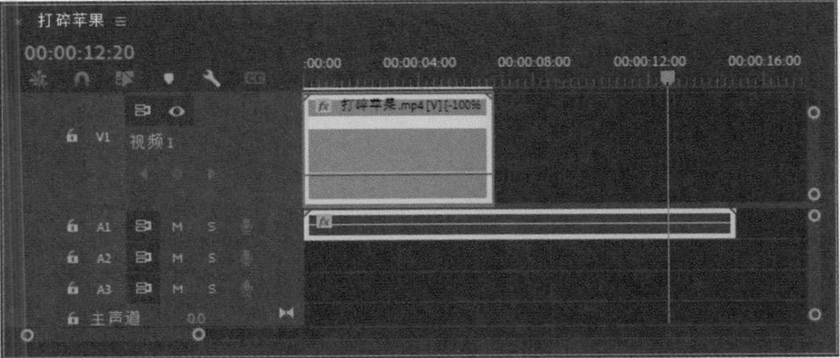

图4-55

技巧与提示

将中间横线提升，两个关键帧之间的距离会缩短，速度变快；将中间横线拉低，两个关键帧之间的距离会拉长，速度变慢。

17 将时间指示器移动到视频素材结束位置，选择“剃刀工具”，在音频的时间指示器位置单击，如图4-56所示。选择“选择工具”，选中后半段音频素材，按Delete键删除，如图4-57所示。

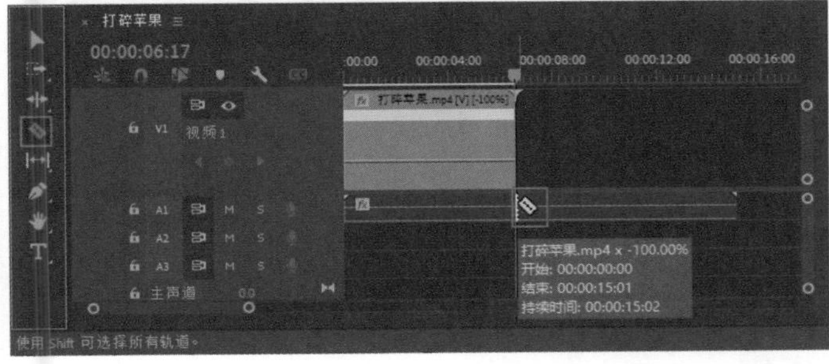

图4-56

图4-57

18 在“节目”监视器面板中单击“播放-停止切换”按钮，预览案例效果，如图4-58所示。

图4-58

4.4　“序列”菜单

“序列”菜单中的命令主要用于对“时间轴”面板的项目片段进行编辑、管理、设置属性等操作，如图4-59所示。

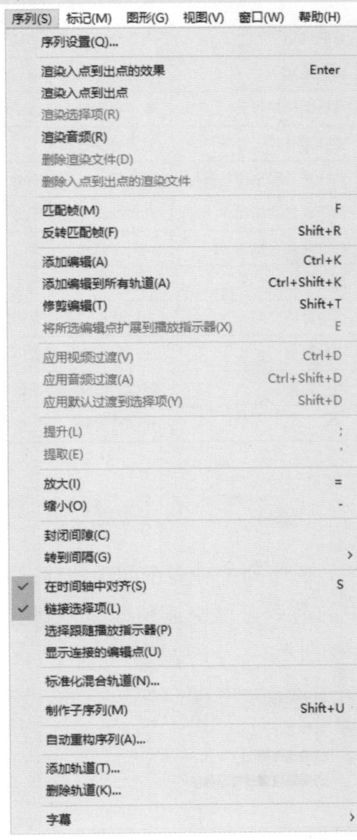

图4-59

表4-17 “序列”菜单中的命令

命令	说明
序列设置	设置序列的参数
渲染入点到出点的效果	渲染或预览指定的入点到出点间的素材
渲染入点到出点	渲染或预览整个序列
渲染选择项	渲染选择的素材片段
渲染音频	只对音频轨道上的声音素材进行渲染
删除渲染文件	删除当前项目的渲染文件
删除入点到出点的渲染文件	删除入点到出点的渲染文件
匹配帧	为素材匹配帧
反转匹配帧	将“源”监视器面板中加载的视频素材在“时间轴”面板中倒放
添加编辑	为素材添加编辑
添加编辑到所有轨道	为所有的素材添加编辑
修剪编辑	为素材修改编辑
将所选编辑点扩展到播放指示器	将所选编辑点扩展到播放指示器所处的位置
应用视频过渡	在两段素材之间添加默认的视频切换效果
应用音频过渡	在两段音频素材之间添加默认的音频切换效果
应用默认过渡到选择项	将默认的过渡效果应用到所选的素材上
提升	移除“节目”监视器面板中设置的入点到出点之间的帧，但保留间隙
提取	移除“节目”监视器面板中设置的入点到出点之间的帧，并删除间隙
放大	放大时间间隔，方便对单个剪辑进行处理
缩小	缩小时间间隔，方便观察更多的剪辑素材
封闭间隙	可以快速将“时间轴”面板中所有间隙删除
转到间隔	在序列中有多个间隙时可以快速转到上/下一段间隙
在时间轴中对齐	在“时间轴”面板中让素材自动吸附到边缘
链接选择项	设置链接选择项
选择跟随播放指示器	当打开“Lumetri颜色”面板时会自动开启
显示连接的编辑点	选择此命令可显示出连接在一起的素材的编辑点
标准化混合轨道	统一主音轨的音量
制作子序列	制作子序列
自动重构序列	可以智能识别序列中的动作，并针对不同的长宽比重构序列。
添加轨道	在“时间轴”面板中添加新的视频或音频轨道
删除轨道	删除“时间轴”面板中的视频或音频轨道
字幕	在“时间轴”面板中添加或设置字幕轨道

4.4.1 转到间隔

在序列中有多个间隙的情况下，选择“转到间隔”子菜单中的命令可以快速精准地转到前/后一段间隙进行编辑，如图4-60所示。

转到间隔(G) >
对齐(S) S
链接选择项(L)
选择跟随播放指示器(P)
序列中下一段(N) Shift+;
序列中上一段(P) Ctrl+Shift+;
轨道中下一段(T)
轨道中上一段(R)

图4-60

表4-18 “序列→转到间隔”子菜单中的命令

命令	说明
转到间隔→序列中下一段	在音视频间隙起始位置相同的情况下，转到序列中下一段间隙的开始位置
转到间隔→序列中上一段	在音视频间隙起始位置相同的情况下，转到序列中上一段间隙的开始位置
转到间隔→轨道中下一段	在音视频间隙起始位置不同的情况下，转到轨道中下一段间隙的开始位置
转到间隔→轨道中上一段	在音视频间隙起始位置不同的情况下，转到轨道中上一段间隙的开始位置

4.4.2 字幕

通过“字幕”子菜单可以进行添加字幕轨道、在指定位置添加字幕、显示或隐藏字幕轨道、跳转字幕区段等操作，如图4-61所示。

标准化混合轨道(N)...
制作子序列(M) Shift+U
自动重构序列(A)...
添加轨道(T)...
删除轨道(K)...
字幕 >
添加新字幕轨道...
在播放指示器处添加字幕
隐藏所有字幕轨道
显示所有字幕轨道
仅显示活动字幕轨道
转到下一个字幕区段
转到上一个字幕区段

图4-61

表4-19 “序列→字幕”子菜单中的命令

命令	说明
字幕→添加新字幕轨道	可以在“时间轴”面板添加新的字幕轨道
字幕→在播放指示器处添加字幕	可以在播放指示器所处的位置添加字幕
字幕→隐藏所有字幕轨道	可以隐藏“时间轴”面板的所有字幕轨道
字幕→显示所有字幕轨道	可以显示“时间轴”面板的所有字幕轨道
字幕→仅显示活动字幕轨道	可以只显示“时间轴”面板的活动字幕轨道
字幕→转到下一个字幕区段	可以从当前字幕区段跳转到下一个字幕区段
字幕→转到上一个字幕区段	可以从当前字幕区段跳转到上一个字幕区段

技巧与提示

“序列”菜单中的“字幕”子菜单功能如果与Premiere Pro 2021版本新增“字幕”模式工作区中的“文本”面板、“时间轴”面板中的“字幕轨道选项”工具配合使用，可提高字幕编辑的工作效率，如图4-62所示。

图4-62

4.5 “标记”菜单

“标记”菜单中的命令主要用于对“时间轴”面板中的素材标记和监视器面板中的素材标记进行编辑处理，如图4-63所示。

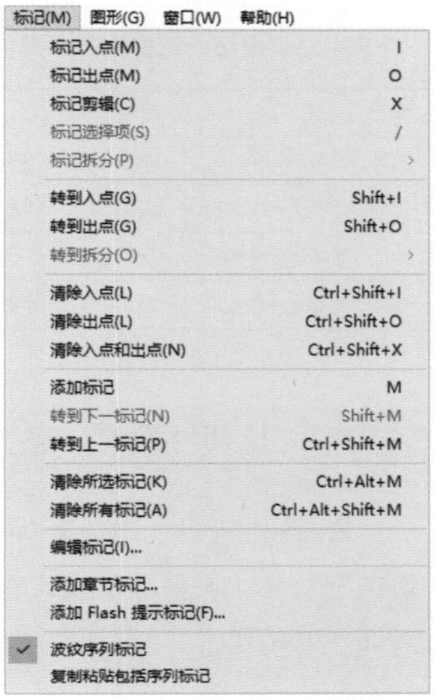

图4-63

表4-20 “标记”菜单中的命令

命令	说明
标记入点	在时间指示器位置设置入点
标记出点	在时间指示器位置设置出点
标记剪辑	为时间指示器所在素材的开始和结束位置设置入点和出点
标记选择项	为选中素材的开始和结束位置设置入点和出点
标记拆分	标记分割的部分
转到入点	使时间指示器跳转到入点位置
转到出点	使时间指示器跳转到出点位置
转到拆分	使时间指示器跳转到分割的位置
清除入点	将设置好的入点清除
清除出点	将设置好的出点清除
清除入点和出点	将设置好的入点和出点同时清除
添加标记	在时间指示器位置添加标记
转到下一标记	使时间指示器跳转到下一个标记的位置
转到上一标记	使时间指示器跳转到上一个标记的位置
清除所选标记	清除当前选择的标记
清除所有标记	清除所有“时间轴”面板中的标记
编辑标记	可以修改标记名称和持续时间等
添加章节标记	在时间指示器位置添加一个章节标记
添加Flash提示标记	在时间指示器位置添加一个Flash提示标记
波纹序列标记	使用该命令，在“时间轴”面板中进行裁切或修剪时，让标记波纹上行或下行
复制粘贴包括序列标记	在该命令开启状态下，复制粘贴素材时可以同时复制粘贴素材上的标记

4.6 “图形”菜单

Premiere的“图形”菜单提供了用于创建图形和排布图层内容等的命令，如图4-64所示。

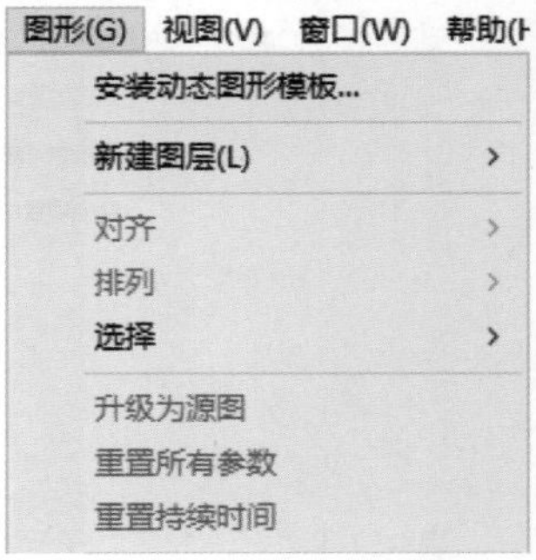

图4-64

表4-21 “图形”菜单中的命令

命令	说明
安装动态图形模板	安装MOGRT格式的模板
新建图层	新建图层类型的文件
对齐	将新建的图层文件对齐
排列	对图层内容进行排序
选择	可切换选择图形或图层
升级为源图	将添加在“时间轴”面板的动态图形作为独立的视频素材保存在“项目”面板中
重置所有参数	将所有参数重置为默认参数
重置持续时间	将持续时间重置为默认大小
导出为动态图形模板	可以将图形导出为动态图形模板
替换项目中的字体	可替换项目中的字体

4.6.1 新建图层

使用“新建图层”子菜单中的命令，可在序列中创建一个文字或图形的图层素材，如图4-65所示。

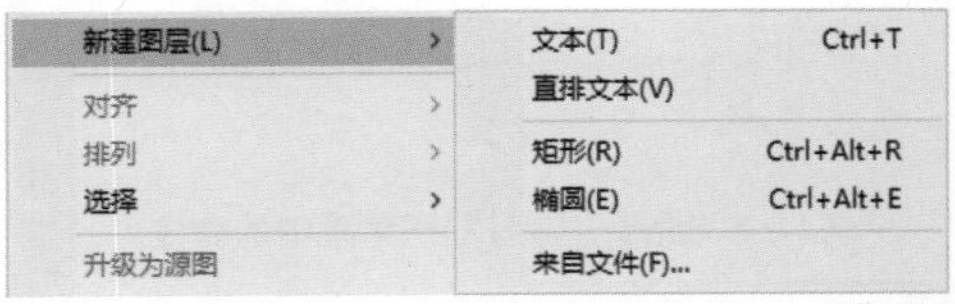

图4-65

表4-22 “图形→新建图层”子菜单中的命令

命令	说明
新建图层→文本	新建一个横排文本图层
新建图层→直排文本	新建一个竖排文本图层
新建图层→矩形	新建一个矩形图层
新建图层→椭圆	新建一个椭圆形图层
新建图层→来自文件	可从计算机中导入图形素材

4.6.2 对齐

使用“对齐”子菜单中的命令可以对同一个图层素材内的文字或图形按照需要的方式进行排列，如图4-66所示。

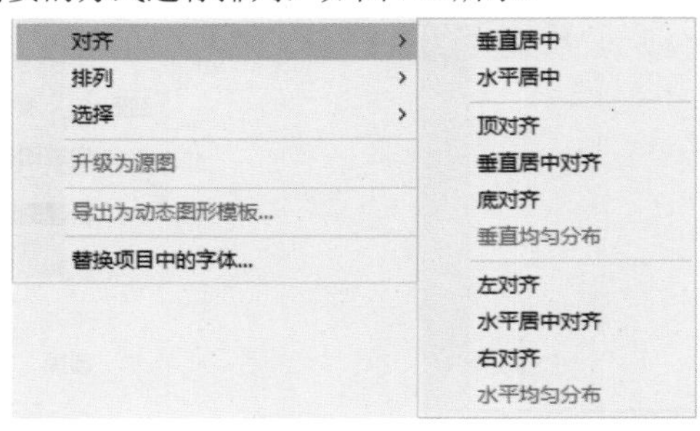

图4-66

表4-23“图形→对齐”子菜单中的命令

命令	说明
对齐→垂直居中	使图层中的两个或以上图形竖直居中分布
对齐→水平居中	使图层中的两个或以上图形水平居中分布
对齐→顶对齐	使图层中的两个或以上图形靠上边缘对齐
对齐→垂直居中对齐	使图层中的两个或以上图形竖直居中对齐
对齐→底对齐	使图层中的两个或以上图形靠下边缘对齐
对齐→垂直均匀分布	使图层中的两个或以上图形竖直均匀分布
对齐→左对齐	使图层中的两个或以上图形靠左边缘对齐
对齐→水平居中对齐	使图层中的两个或以上图形水平居中对齐
对齐→右对齐	使图层中的两个或以上图形靠右边缘对齐
对齐→水平均匀分布	使图层中的两个或以上图形水平均匀分布

4.6.3 排列

在图层素材中有多个文字或图形时，使用“排列”子菜单中的命令可以对选中的文字或图形按照需要的方式进行层级排序，如图4-67所示。

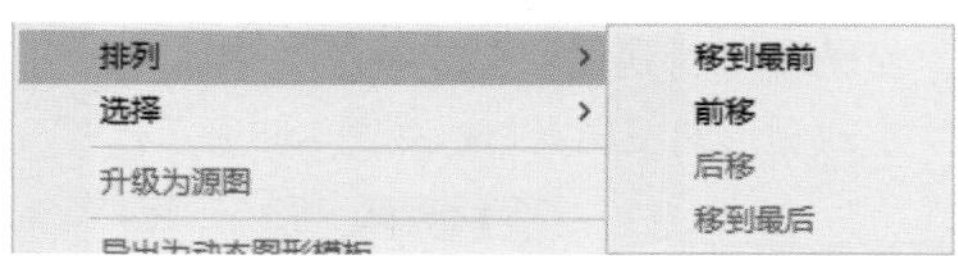

图4-67

表4-24“图形→排列”子菜单中的命令

命令	说明
排列→移到最前	将所选文字或图形移至最上层
排列→前移	将所选文字或图形向上移动一层
排列→后移	将所选文字或图形向下移动一层
排列→移到最后	将所选文字或图形移至最下层

4.6.4 选择

在有多个图层素材或图层中有多个文字或图形时，使用“选择”子菜单中的命令，可切换选择目标文字或图形，如图4-68所示。

图4-68

表4-25“图形→选择”子菜单中的命令

命令	说明
选择→选择下一个图形	切换选择下一个图形
选择→选择上一个图形	切换选择上一个图形
选择→选择下一个图层	切换选择下一个图层
选择→选择上一个图层	切换选择上一个图层

4.7 “视图”菜单

Premiere的“视图”菜单中的命令用于设置预览播放视频时的分辨率、画面显示模式和放大率，以及参考线等内容，如图4-69所示。

图4-69

表4-26“视图”菜单中的命令

命令	说明
回放分辨率	设置预览播放视频时的画面分辨率
暂停分辨率	设置暂停后的定格画面分辨率
高品质回放	将预览播放视频时的画面分辨率设置为最高品质
显示模式	设置“节目”监视器画面的显示模式
放大率	设置画面的放大比例
显示标尺	在“节目”监视器面板中显示标尺
显示参考线	在“节目”监视器面板中显示参考线
锁定参考线	将设置好的参考线锁定，使其成为不可编辑状态
添加参考线	在“节目”监视器面板中添加参考线
清除参考线	将“节目”监视器面板上所有的参考线清除
在节目监视器中对齐	在“节目”监视器中有多个字幕或图形时，移动其中一个，会出现其与其他字幕或图形的对齐参考线
参考线模板	可以显示安全边距和设置参考线模板

4.7.1 回放分辨率

使用“回放分辨率”子菜单中的命令可以设置预览播放视频时的画面分辨率，如图4-70所示。

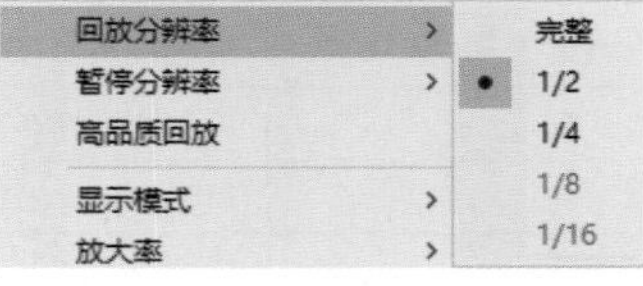

图4-70

表4-27 “视图→回放分辨率”子菜单中的命令

命令	说明
回放分辨率→完整	设置回放时画面的分辨率为最高分辨率
回放分辨率→1/2	设置回放时画面的分辨率是原分辨率的1/2
回放分辨率→1/4	设置回放时画面的分辨率是原分辨率的1/4
回放分辨率→1/8	设置回放时画面的分辨率是原分辨率的1/8
回放分辨率→1/16	设置回放时画面的分辨率是原分辨率的1/16

4.7.2 暂停分辨率

使用“暂停分辨率”子菜单中的命令可以设置暂停后的定格画面分辨率，如图4-71所示。

图4-71

表4-28 “视图→暂停分辨率”子菜单中的命令

命令	说明
暂停分辨率→完整	设置暂停时的画面分辨率为最高分辨率
暂停分辨率→1/2	设置暂停时画面的分辨率是原分辨率的1/2
暂停分辨率→1/4	设置暂停时画面的分辨率是原分辨率的1/4
暂停分辨率→1/8	设置暂停时画面的分辨率是原分辨率的1/8
暂停分辨率→1/16	设置暂停时画面的分辨率是原分辨率的1/16

4.7.3 显示模式

使用“显示模式”子菜单中的命令可以设置“节目”监视器面板中画面的显示模式，如图4-72所示。

图4-72

表4-29 “视图→显示模式”子菜单中的命令

命令	说明
显示模式→合成视频	开启“节目”监视器面板的合成视频视图模式
显示模式→Alpha	开启“节目”监视器面板的Alpha视图模式
显示模式→多机位	开启“节目”监视器面板的多机位视图模式
显示模式→音频波形	开启“节目”监视器面板的音频波形视图模式
显示模式→比较视图	开启“节目”监视器面板的比较视图模式

4.7.4 放大率

使用“放大率”子菜单中的命令可以设置“节目”监视器面板中画面的放大比例，用于观察细节，如图4-73所示。

图4-73

表4-30 “视图→放大率”子菜单中的命令

命令	说明
放大率→适合	将“节目”监视器面板中的视频预览画面大小与“节目”监视器面板大小相匹配
放大率→10%	将“节目”监视器面板中的视频预览画面大小设置为10%
放大率→25%	将“节目”监视器面板中的视频预览画面大小设置为25%
放大率→50%	将“节目”监视器面板中的视频预览画面大小设置为50%
放大率→75%	将“节目”监视器面板中的视频预览画面大小设置为75%
放大率→100%	将“节目”监视器面板中的视频预览画面大小设置为100%
放大率→150%	将“节目”监视器面板中的视频预览画面大小设置为150%
放大率→200%	将“节目”监视器面板中的视频预览画面大小设置为200%
放大率→400%	将“节目”监视器面板中的视频预览画面大小设置为400%

4.7.5 参考线模板

使用“参考线模板”子菜单中的命令可在“节目”监视器面板显示安全边距框和设置参考线模板，如图4-74所示。

图4-74

表4-31 “视图→参考线模板”子菜单中的命令

命令	说明
参考线模板→安全边距	在“节目”监视器面板中显示安全边距框
参考线模板→将参考线保存为模板	将“节目”监视器面板中的参考线设置保存成模板，方便多次使用
参考线模板→管理参考线	管理保存的参考线模板

4.8 “窗口”菜单

使用“窗口”菜单中的命令可以打开Premiere的各个面板，在菜单中选择想要打开的面板名称，即可以打开此面板，如图4-75所示。

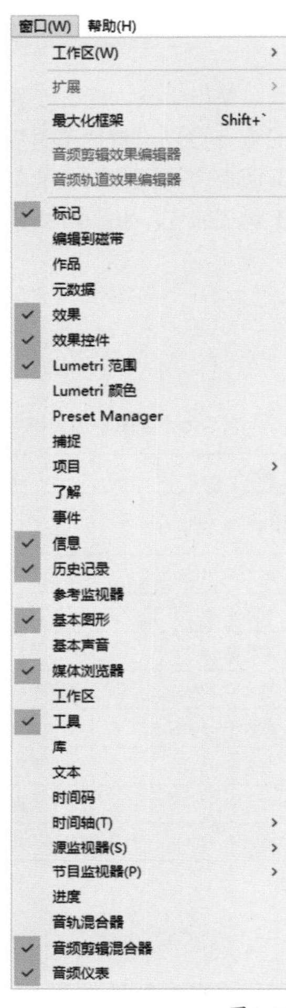

图4-75

表4-32“窗口”菜单中的命令

命令	说明
工作区	用于切换不同模式的工作区界面
扩展	用于显示Premiere中安装的各个插件
最大化框架	用于将选中的面板最大化
音频剪辑效果编辑器	用于监控剪辑音量与声像
音频轨道效果编辑器	用于对序列中的音轨进行混合和调整
标记	用于显示“标记”面板，该面板用于对“时间轴”面板中的素材的标记进行设置
编辑到磁带	用于显示“编辑到磁带”面板，可将项目导出到磁带中
作品	用于显示“作品”面板，该面板用于显示作品文件
元数据	用于显示“元数据”面板，该面板用于显示素材文件的详细信息
效果	用于显示“效果”面板，该面板集合了音频效果、音频过渡、视频效果、视频过渡和预设效果，可以很方便地为“时间轴”面板中的素材添加特效
效果控件	用于显示“效果控件”面板，该面板用于设置添加在素材上的效果的参数
Lumetri范围	用于显示“Lumetri范围”面板，该面板用于显示颜色范围
Lumetri颜色	用于显示“Lumetri颜色”面板，该面板用于对视频画面进行调色

续表

命令	说明
捕捉	用于显示“捕捉”面板，该面板用于对视频捕捉进行相关的设置
字幕	用于显示“字幕”面板，该面板用于对字幕进行编辑
项目	用于对Premiere打开的多个项目进行切换
了解	用于显示“学习”面板，该面板用于学习Premiere的基本操作教程
事件	用于显示“事件”面板，用于记录项目编辑过程中的事件
信息	用于显示“信息”面板，该面板中显示的是当前所选素材的文件名、类型、时长等信息
历史记录	用于显示“历史记录”面板，该面板记录了从建立项目以来进行的所有操作
参考监视器	用于显示“参考”监视器面板，该面板用于对编辑的图像进行实时的监控
基本图形	用于显示“基本图形”面板，该面板用于查看和设置图形信息
基本声音	用于显示“基本声音”面板，该面板用于查看和设置音频信息
媒体浏览器	用于显示“媒体浏览器”面板，该面板用于浏览计算机磁盘中存储的文件
工作区	用于显示工作区模式栏，其中包含了Premiere系统默认设置的几种工作区布局
工具	用于显示“工具”面板，该面板中包含了一些在进行视频编辑操作时常用的工具
库	用于显示“库”面板，需有Creative Cloud账户才可用
时间码	用于显示“时间码”窗口，该窗口用于显示时间指示器所在时间、视频总时长、出入点持续时间
时间轴	用于显示“时间轴”面板，该面板用于编辑项目序列的各种素材
源监视器	用于显示“源”监视器面板，该面板用于简单剪辑和预览各种素材文件
节目监视器	用于显示“节目”监视器面板，该面板用于对编辑的视频画面进行实时预览
进度	用于显示“进度”面板，实时查看导入文件的进度状态
音轨混合器	用于显示“音轨混合器”面板，该面板用于多轨音频的混合设置
音轨剪辑混合器	用于显示“音轨剪辑混合器”面板，该面板用于调整音频音量、改变音频声道等
音频仪表	用于显示“音频仪表”面板，该面板用于对音频素材的主声道进行点评显示

4.8.1 工作区

“工作区”子菜单中的命令可以用于切换不同类型的工作区模式，并且可以对工作区进行设置和编辑，如图4-76所示。

图4-76

表4-33 “窗口→工作区”子菜单中的命令

命令	说明
工作区→编辑	打开编辑模式下的工作区
工作区→所有面板	将所有的面板显示在界面中
工作区→作品	打开作品模式下的工作区
工作区→元数据记录	打开元数据模式下的工作区
工作区→Editing	打开可自由编辑面板布局的工作区
工作区→学习	打开学习模式下的工作区
工作区→效果	打开效果模式下的工作区
工作区→字幕	打开字幕模式下的工作区
工作区→图形	打开图形模式下的工作区
工作区→库	打开库模式下的工作区
工作区→组件	打开组件模式下的工作区
工作区→音频	打开音频模式下的工作区
工作区→颜色	打开颜色模式下的工作区
工作区→重置为保存的布局	切换到已保存的工作区布局，未保存则切换到系统默认的工作区布局
工作区→保存对此工作区所做的更改	保存对当前的工作区所做的更改
工作区→另存为新工作区	将当前做过更改的工作区另存为新的工作区
工作区→编辑工作区	编辑工作区模式栏中的名称顺序
工作区→导入项目中的工作区	导入项目中所包含的工作区布局

4.8.2 扩展

当Premiere中安装有其他插件时，“扩展”子菜单会罗列出插件的名称，没有安装插件时，扩展显示为灰色不可选状态。

4.8.3 项目

当用Premiere打开多个项目之后，“项目”子菜单会罗列出已打开的项目名称，若只打开了当前的项目，则子菜单中只有当前的项目名称，如图4-77所示。

图4-77

4.8.4 时间轴

当在“时间轴”面板中打开了项目中的多个序列时，“时间轴”子菜单会罗列出每个序列的名称，单击想要打开的序列名称，“时间轴”面板即会切换显示该序列，相应的“节目”监视器面板也会切换显示该序列，如图4-78所示。

图4-78

4.8.5 源监视器

当用“源”监视器面板打开了多个素材之后，“源监视器”子菜单会罗列出已打开的每个素材名称，单击想要查看的素材名称，“源”监视器面板即会切换显示该素材，如图4-79所示。

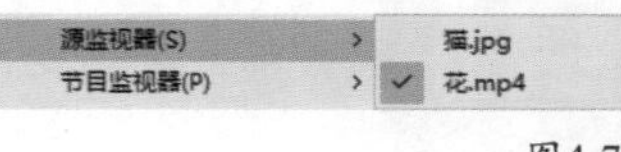

图4-79

4.8.6 节目监视器

当在“时间轴”面板打开了项目中的多个序列时，“节目监视器”子菜单会罗列出每个序列的名称，单击想要打开的序列名称，“节目”监视器面板即会切换显示该序列，相应的“时间轴”面板也会切换显示该序列，如图4-80所示。

图4-80

4.9 “帮助”菜单

Premiere的“帮助”菜单提供了程序的帮助命令及支持中心、产品改进计划等命令，如图4-81所示。

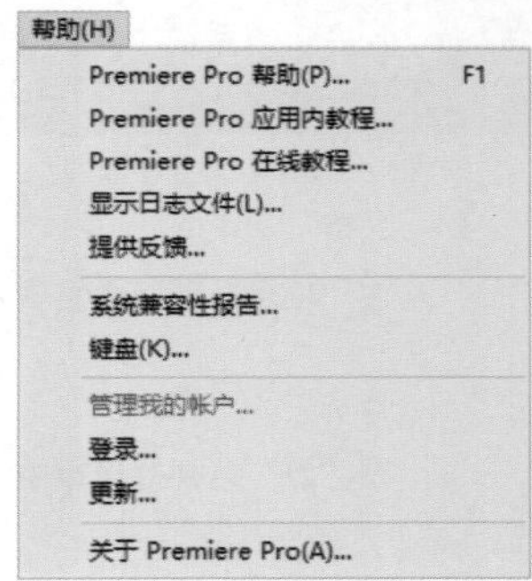

图4-81

表4-34 “帮助”菜单中的命令

命令	说明
Premiere Pro帮助	打开Adobe Premiere Pro学习和支持网页
Premiere Pro应用内教程	打开Premiere Pro教程网页
Premiere Pro在线教程	切换到学习模式的工作区布局，打开“学习”面板
显示日志文件	打开日志文件储存位置
提供反馈	打开Premiere Pro建议反馈网页
系统兼容性报告	打开“系统兼容性报告”对话框
键盘	打开Premiere Pro中的键盘快捷键网页
管理我的账户	打开Adobe账户管理窗口
登录	打开Adobe账户登录窗口
更新	打开软件更新窗口
关于Premiere Pro	打开软件详细信息介绍窗口

第5章

编辑素材

在开始创作视频之前，应该熟悉一下素材的管理和编辑技术。将素材从“项目”面板中拖曳到“时间轴”面板中之前，用户可以对素材进行更为高效便捷的管理和编辑操作，也可以通过在“源”监视器面板中编辑素材的入点和出点来更有效地工作。将素材从“项目”面板中拖曳到“时间轴”面板中之后，用户可以对素材进行精细的编辑操作。本章将介绍用Premiere进行素材管理和编辑的操作，包括在“项目”面板、“源”监视器面板、“时间轴”面板中编辑素材，以及使用辅助编辑工具编辑素材等内容。

学习要点

5.1 在“项目”面板中编辑素材

将素材导入“项目”面板之后，Premiere提供了很多管理素材的功能，在前面的第3章中已经讲过“项目”面板中各个按钮的功能及操作，本节主要讲解查看素材、管理素材、备份素材、素材脱机和联机方面的内容。

5.1.1 查看素材

在Premiere中，要了解导入的素材的属性，可以按照以下两种方法来完成。

第1种：在“项目”面板中的素材上单击鼠标右键，在弹出的菜单中选择“属性”命令，如图5-1所示。在打开的“属性”面板中即可查看该素材的基本属性，如文件路径、类型、大小、帧速率等，如图5-2所示。

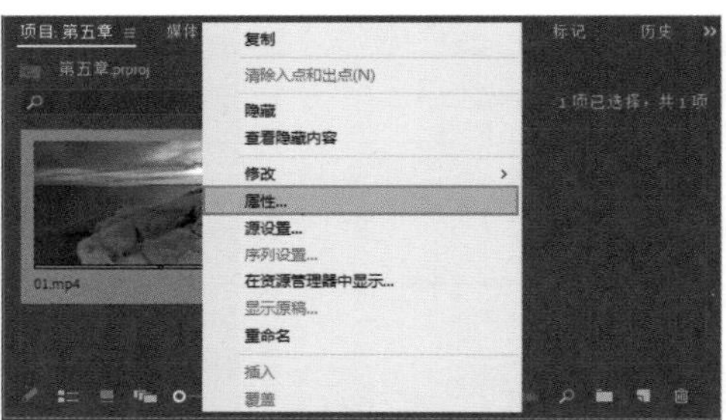

图5-1

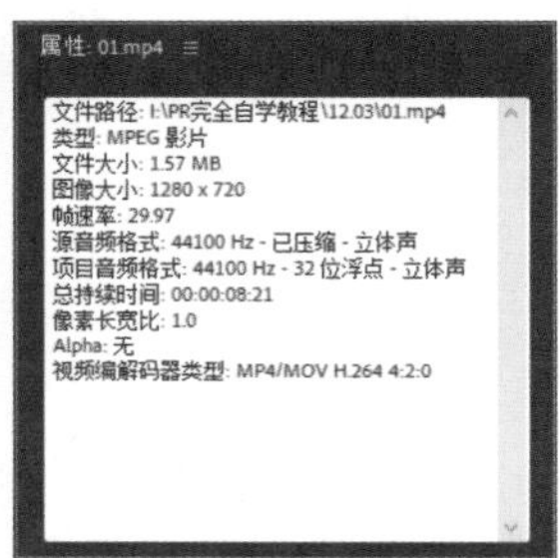

图5-2

第2种：单击“项目”面板底部的“列表视图”按钮，将显示模式设置为列表，然后向右拖曳“项目”面板下方的滚动条，即可查看素材的帧速率、类型、视频信息、音频信息和状态等，如图5-3所示。

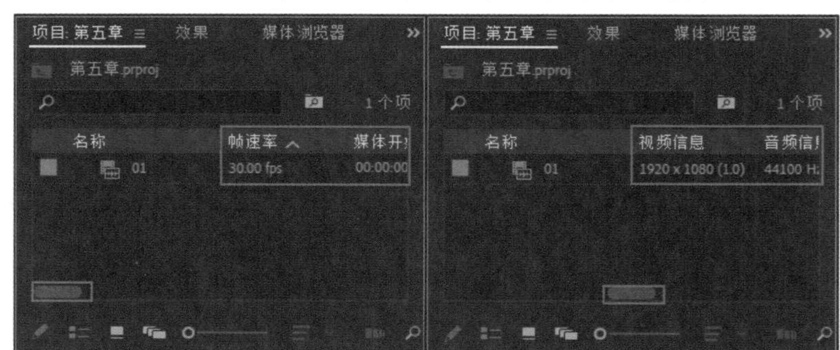

图5-3

5.1.2 管理素材

在前面的第3章中，讲到了在“项目”面板中通过新建素材箱来管理素材和删除不需要的素材的方法。Premiere 还提供了一种减小项目文件大小和删除无关素材的便捷方法，即通过“项目管理”命令来管理素材。

项目管理通过创建新的工作修整版本来节省磁盘空间，它通过删除未使用文件及入点前和出点后的额外帧来实现这一点。项目管理提供了两种选项，即创建一个新的修整项目和将项目文件复制到一个新位置。

要使用项目管理，可以选择“文件→项目管理”菜单命令，打开“项目管理器”对话框，如图5-4所示。

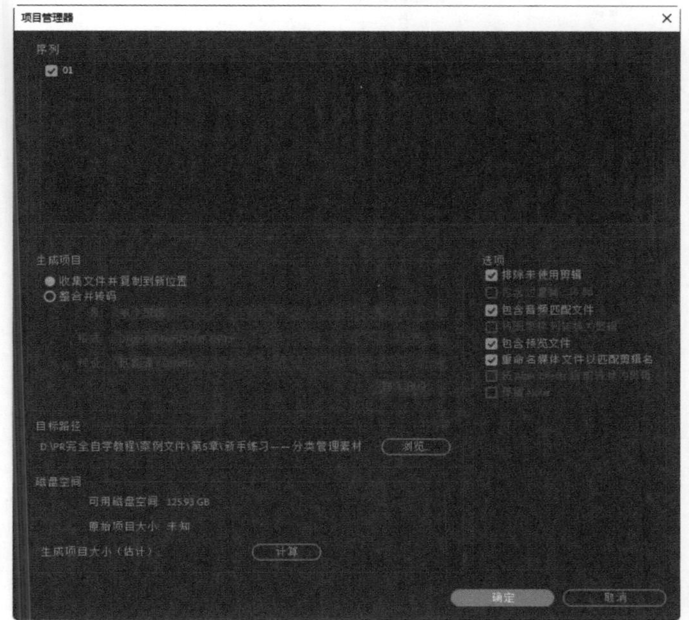

图5-4

收集文件并复制到新位置：此选项用于将所有或部分项目文件复制到一个新位置。

整合并转码：此选项用于创建一个新的修整项目。

目标路径：此选项用于为包含修整项目材料的项目素材箱指定一个位置，单击“浏览”按钮，可以指定新的位置。

磁盘空间：此选项将原始项目的文件大小与新的修整项目进行比较，单击“计算”按钮，可更新文件大小。

排除未使用剪辑：此选项将从项目中删除从未使用过的素材。

包含过渡帧：此选项用于选择项目素材的入点前和出点后的额外帧数。

包含音频匹配文件：此选项用于在项目中保存匹配的音频文件，如果勾选此选项，项目将会占用更小的硬盘空间，但是Premiere必须在项目中匹配文件，这会导致花费较多时间，只有选择“收集文件并复制到新位置”选项之后，才能勾选此选项。

将图像序列转换为剪辑：此选项可以将图像序列转换为剪辑。

包含预览文件：此选项用于使项目中包含渲染素材的预览文件，如果勾选此选项，则会创建一个更小的项目，但是需要重新渲染效果以查看项目中的效果，只有选择“收集文件并复制到新位置”选项之后，才能勾选此选项。

重命名媒体文件以匹配剪辑名：如果重命名“项目”面板中的素材，此选项可以确保在项目中保留这些新名称。如果重命名一个素材，然后将其状态设置为脱机，则原始的文件名将会保留。

将After Effects合成转换为剪辑：此选项可将After Effects合成转换为剪辑。

保留Alpha：此选项可保留透明通道。

技巧与提示

选择“编辑→移除未使用资源”菜单命令，可以只删除项目中未使用的素材。

5.1.3 备份素材

有时需要备份素材，以实现用同样的素材做不同的剪辑。选中要复制的素材，选择“编辑→重复”菜单命令，如图5-5所示。复制出的素材将会出现在“项目”面板中，其名称为原始素材名称之后加上“复制”两个字和顺序编号，如图5-6所示。

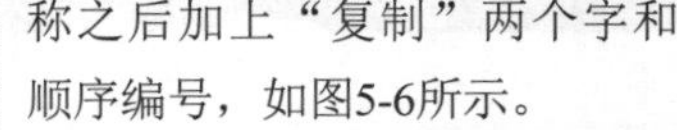

图5-5

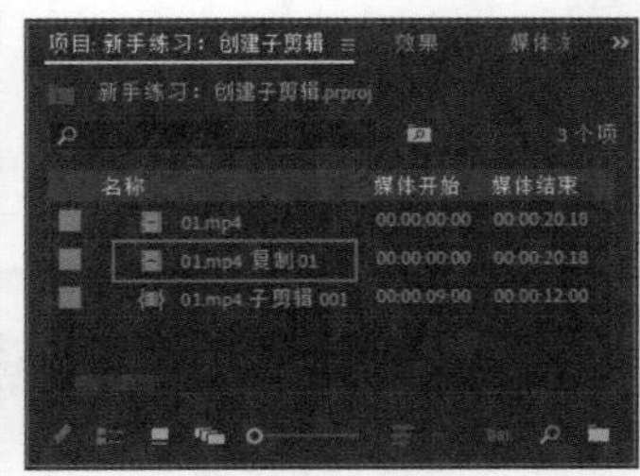

图5-6

选中刚复制出的素材，选择“剪辑→重命名”菜单命令，如图5-7所示，或者在该素材上单击鼠标右键，在弹出的菜单中选择“重命名”命令，即可对素材进行重命名，如图5-8所示。

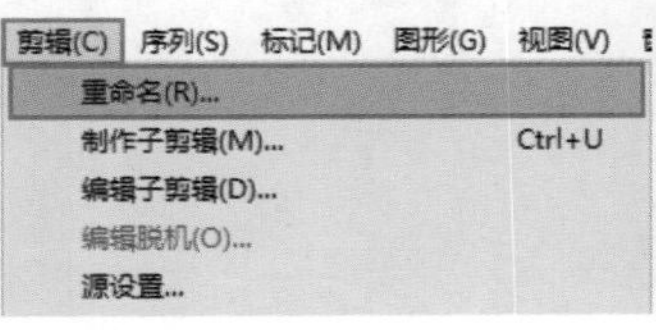

图5-7

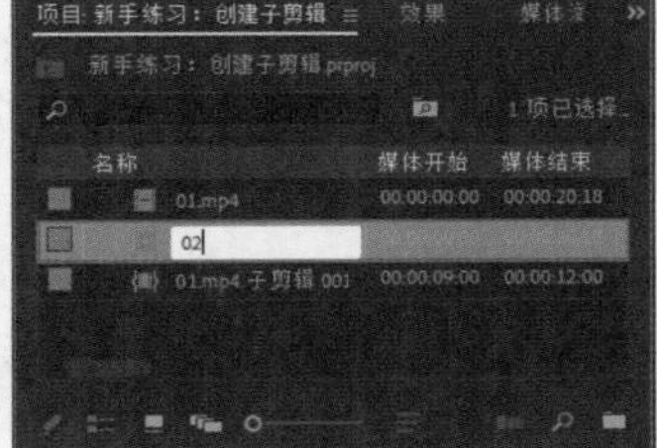

图5-8

技巧与提示

在“项目”面板中按住Ctrl键将素材拖曳到面板中最后一个项目的下面，然后释放鼠标左键和Ctrl键，也可以复制素材。如果想要从“项目”面板或“时间轴”面板中删除素材，可以选中它并按Backspace键，或者选择“编辑→剪切”命令（选择“剪切”命令会将素材放在剪贴板中，这样可以方便将其再次放入Premiere中），也可以在这个素材上单击鼠标右键并选择“编辑→剪切”或“编辑→清除”命令，将其删除。

5.1.4 素材脱机和联机

处理素材时，如果原始磁盘中的素材的位置或名称发生变化，将会出现素材脱机的现象，Premiere将删除“项目”面板中从素材到原始磁盘文件的链接。另外，用户也可以通过删除此链接，对素材进行脱机修改。当素材脱机，打开项目时，Premiere将不再尝试访问素材。在素材脱机之后，可以查找媒体并将其重新链接到磁盘。

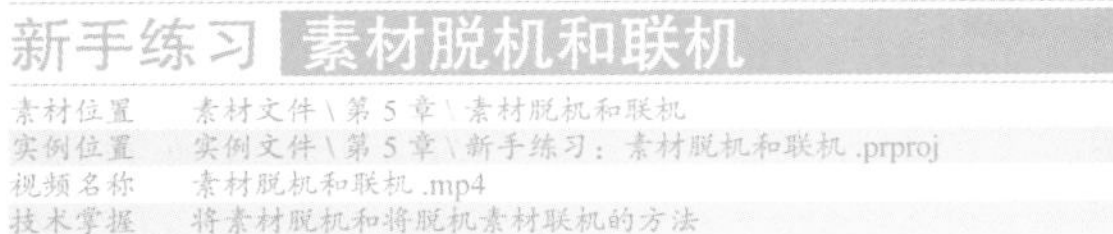

新手练习 素材脱机和联机

素材位置　素材文件\第5章\素材脱机和联机
实例位置　实例文件\第5章\新手练习：素材脱机和联机.prproj
视频名称　素材脱机和联机.mp4
技术掌握　将素材脱机和将脱机素材联机的方法

扫码看视频

本案例讲解将素材脱机和联机的方法，案例效果如图5-9所示。

图5-9

01 打开Premiere Pro 2021应用程序，选择“文件→新建→项目”菜单命令，打开“新建项目”对话框，设置项目名称和存储位置，单击“确定”按钮，新建一个项目，如图5-10所示。

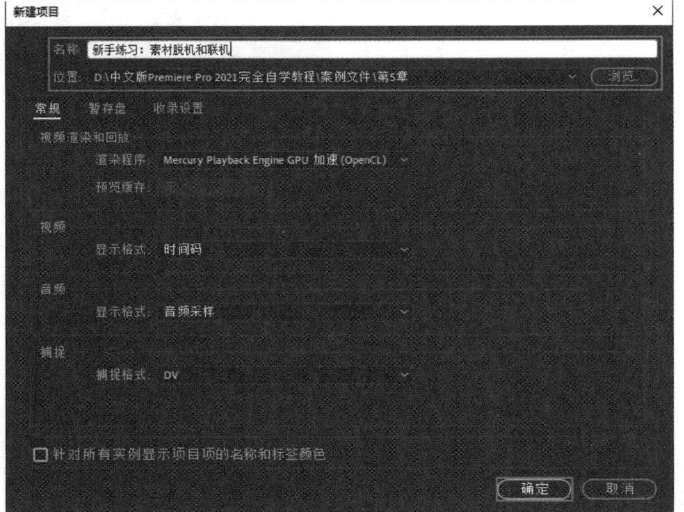

图5-10

02 选择“文件→导入”菜单命令，打开“导入”对话框，选择“04.mp4”“05.mp4”素材，单击“打开”按钮，如图5-11所示，将素材导入“项目”面板中，如图5-12所示。

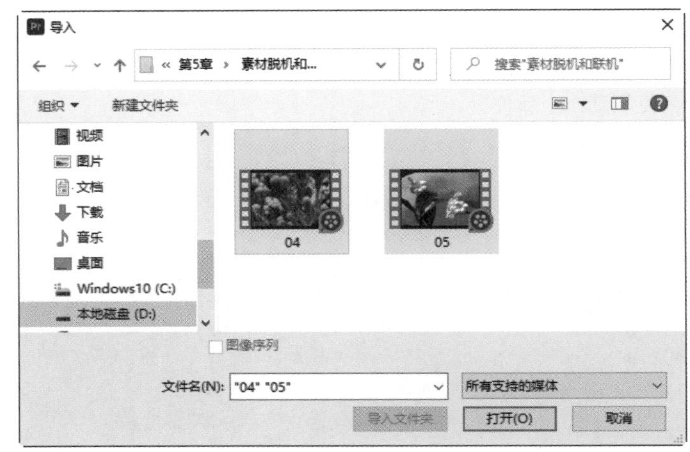

图5-11

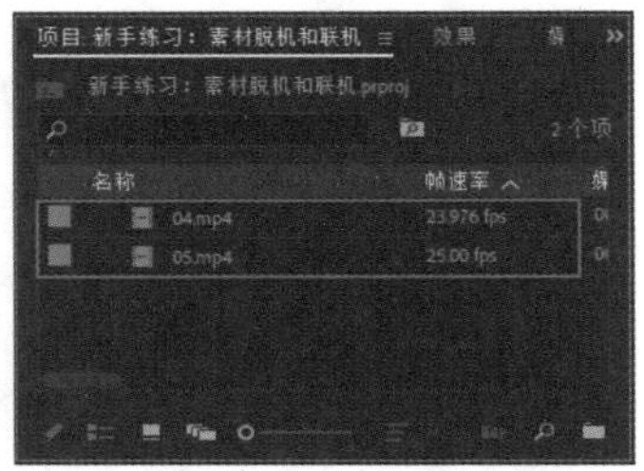

图5-12

03 选中“04.mp4”素材，单击鼠标右键，在弹出的菜单中选择“设为脱机”命令，如图5-13所示。

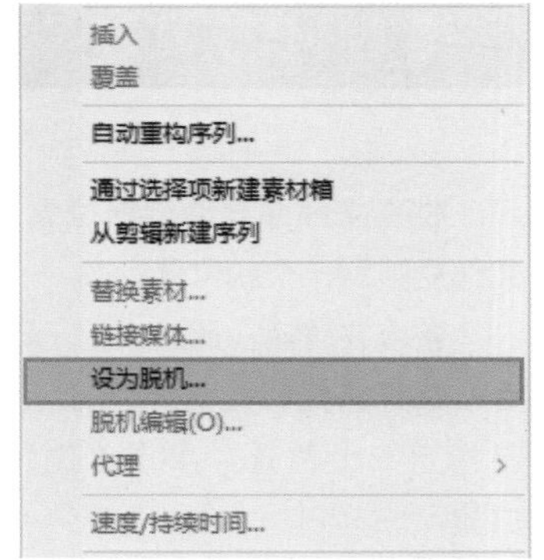

图5-13

04 在打开的“设为脱机”对话框中可以设置是否从磁盘中删除原始文件，然后单击“确定”按钮即可，如图5-14所示。脱机素材在“项目”面板中将显示为问号图标，如图5-15所示。

图5-14

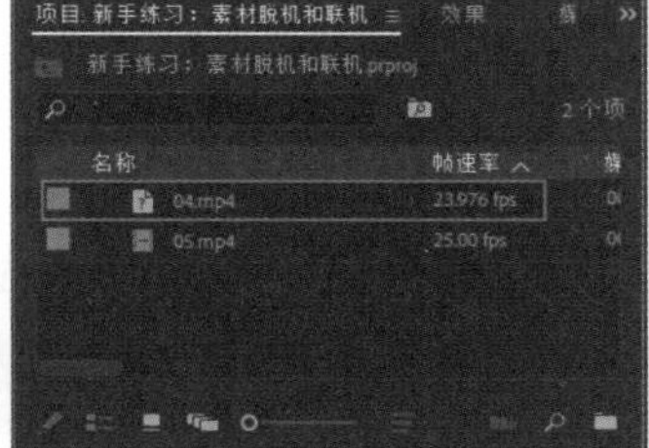

图5-15

05 如果需要将脱机文件链接到另一个文件，可以在“项目”面板中选中脱机文件，单击鼠标右键，在弹出的菜单中选择“链接媒体”命令，如图5-16所示。

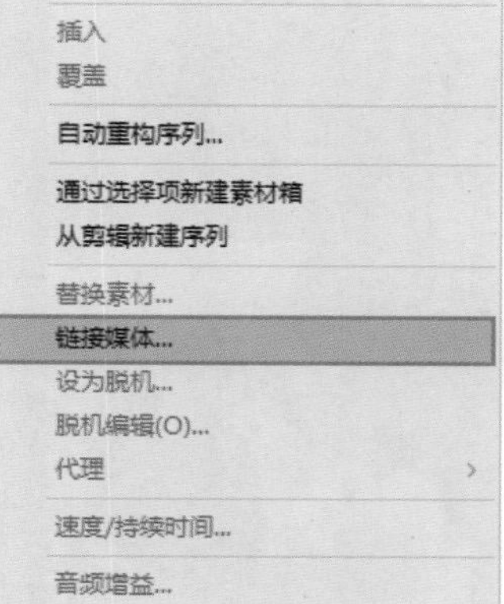

图5-16

06 在“链接媒体”对话框中选中要链接的素材，单击“查找”按钮，如图5-17所示。在“查找文件”对话框中选择要链接的文件，单击“确定”按钮，如图5-18所示。

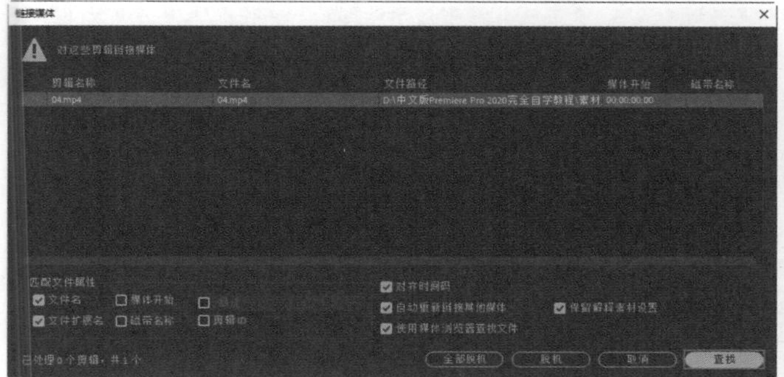

图5-17

图5-18

07 将脱机文件链接到指定的文件后，“项目”面板如图5-19所示。

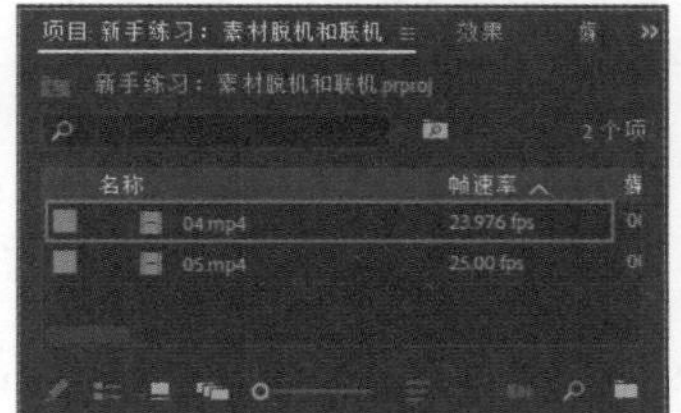

图5-19

技巧与提示

若多个脱机文件在同一磁盘文件夹中，选择“项目→链接媒体”命令，在“链接媒体”对话框中选中一个素材，单击“查找”按钮，在“查找文件”对话框中选择要链接的素材，即可批量将其他的脱机素材联机。

5.2 在“源”监视器面板中编辑素材

在大多数情况下，编辑时需要在屏幕上一直打开“源”监视器面板和“节目”监视器面板，以便同时查看源素材和剪辑后的素材。

5.2.1 监视器面板

“源”监视器和“节目”监视器不仅可以用于在工作时预览作品，还可以用于精确编辑素材。可以在将素材放入视频序列之前使用“源”监视器面板修整这些素材，“源”监视器面板如图5-20所示。

图5-20

可以使用“节目”监视器面板编辑已经放置在“时间轴”面板轨道上的素材，“节目”监视器面板如图5-21所示。

图5-21

选择“序列→修剪编辑”命令，在“节目”监视器面板中可以进行素材微调编辑，以便更精确地设置入点和出点，如图5-22所示。

图5-22

“源”监视器和“节目”监视器都允许查看安全区域。监视器安全框显示动作和字幕所在的安全区域。这些框指示的图像区域在监视器视图区域内是安全的，包括那些可能被扫描过的图像区域。因为电视屏幕不同于视频制作监视器和计算机屏幕，无法显示照相机实际拍摄到的完整视频帧，所以安全区域是很重要的。

要查看监视器面板中的安全框标记，可以从监视器面板菜单中选择“安全边距”命令，或单击监视器的“安全边距”按钮。当安全区域边界显示在监视器中时，内部安全区域就是字幕安全区域，而外部安全区域则是动作安全区域，如图5-23所示。

图5-23

5.2.2 查看素材的帧

在“源”监视器面板中可以精确地查找素材片段的每一帧，在“源”监视器面板中可以进行如下一些操作。

在“源”监视器面板中的时间码上单击，将其激活，变为可编辑状态，输入需要跳转到的准确的时间，如图5-24所示。然后按Enter键确认，即可精确地定位到指定的帧，如图5-25所示。

图5-24

图5-25

- 单击“前进一帧”按钮，可以使画面向前移动一帧。如果在按住Shift键的同时单击该按钮，可以使画面向前移动5帧。
- 单击“后退一帧”按钮，可以使画面向后移动一帧。如果在按住Shift键的同时单击该按钮，可以使画面向后移动5帧。
- 可以直接拖曳当前时间指示器到要查看的位置。

5.2.3 在“源”监视器面板中选择素材

在“源”监视器面板中打开了多个素材后，可以轻松切换素材。使用“源”监视器面板查看素材时，该素材的名字会显示在“源”监视器面板顶部的选项卡中。如果想切换为某个素材，只需单击标题旁的按钮，在弹出的菜单中选择要切换为的素材名称即可，如图5-26所示。

图5-26

5.2.4 在“源”监视器面板中修整素材

在将素材放到“时间轴”面板的某个视频序列中时，可能需要先在“源”监视器面板中修整它们，如设置素材的入点和出点等。由于采集的素材长度总是大于所需的素材长度，所以在将素材放入“时间轴”面板之前修整它，可以节省在“时间轴”面板中拖曳素材边缘所花费的时间。

新手练习　在“源”监视器面板中设置入点和出点

素材位置　素材文件 \ 第 5 章 \ 在“源”监视器面板中设置入点和出点
实例位置　实例文件 \ 第 5 章 \ 新手练习：在“源”监视器面板中设置入点和出点 .prproj
视频名称　在“源”监视器面板中设置入点和出点 .mp4
技术掌握　在“源”监视器面板中设置素材入点和出点的方法

扫码看视频

本例介绍的是在“源”监视器面板中设置素材入点和出点的操作，案例效果如图5-27所示。

图5-27

01 打开Premiere Pro 2021应用程序，选择“文件→新建→项目”菜单命令，打开“新建项目”对话框，设置项目名称和存储位置，单击“确定”按钮，新建一个项目，如图5-28所示。

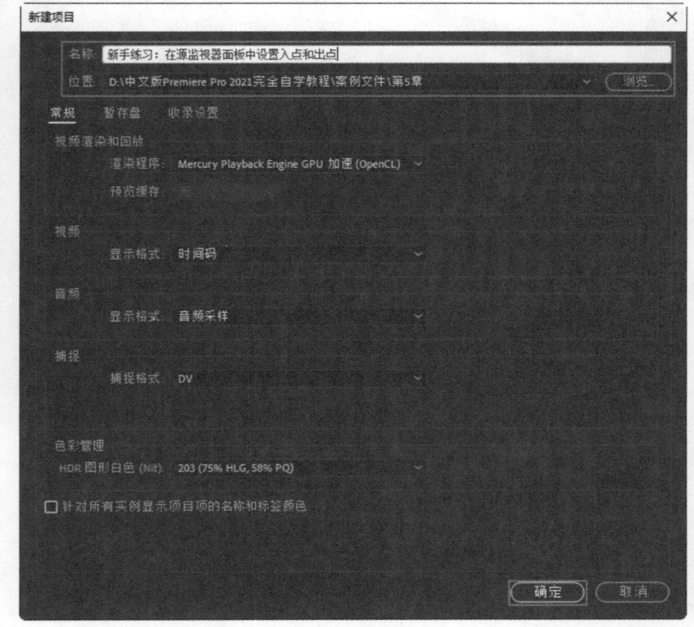

图5-28

02 选择“文件→导入”菜单命令，打开“导入”对话框，选择“05.mp4”素材，单击“打开”按钮，如图5-29所示，将素材导入“项目”面板中，如图5-30所示。

图5-29

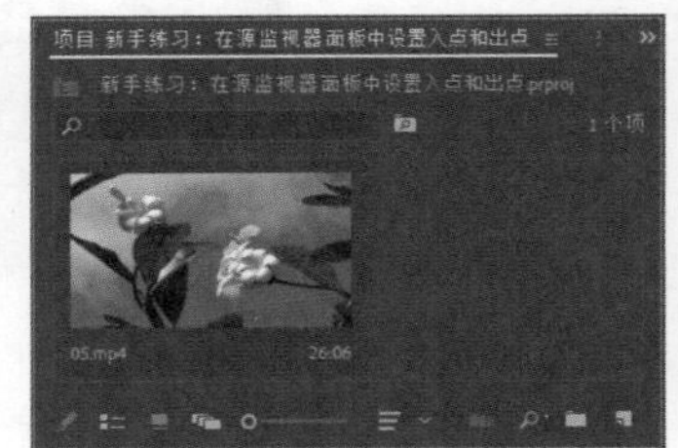

图5-30

03 双击“05.mp4”素材，在“源”监视器面板中显示该素材，如图5-31所示。

图5-31

04 将时间指示器移到需要设置为入点的位置，然后单击“标记入点”按钮，如图5-32所示，或者选择“标记→标记入点”菜单命令，即可为素材设置入点。将时间指示器从入点位置移开，可看到入点处的左大括号标记，如图5-33所示。

图5-32

图5-33

05 将时间指示器移到需要设置为出点的位置，然后单击“标记出点”按钮，如图5-34所示，或者选择“标记→标记出点”菜单命令，即可为素材设置出点，将时间指示器从出点位置移开，可看到出点处的右大括号标记，如图5-35所示。

图5-34

图5-35

技巧与提示

要精确设置入点和出点的帧，可以先将时间指示器拖曳到大概的位置，然后单击“前进一帧”按钮或“后退一帧”按钮，一次一帧地慢慢向前或向后移动。

06 在设置入点和出点之后，就可以通过拖曳大括号图标来更改入点和出点的位置。设置入点和出点后，注意“源”监视器面板右边的时间码，该时间码所指示的时间是从入点到出点的持续时间，如图5-36所示。

图5-36

07 单击“源”监视器面板右下方的“按钮编辑器”按钮，将“从入点到出点播放视频”按钮从弹出的面板中拖曳到“源”监视器面板下方的工具栏中，如图5-37所示。

图5-37

08 在“源”监视器面板中单击添加的“从入点到出点播放视频”按钮，可以在“源”监视器面板中预览素材入点和出点之间的视频，如图5-38所示。

图5-38

技巧与提示

在“源”监视器面板中为素材设置了入点和出点后，可以单击“插入”按钮或“覆盖”按钮，将范围内的素材插入或覆盖到“时间轴”面板的时间指示器位置。如果没有为素材设置入点和出点，则插入或覆盖的是完整素材，详细说明可回顾3.5节的“插入/覆盖工具”的相关内容。

5.2.5 给素材添加标记

如果想返回素材中的某个特定帧，可以设置一个标记作为参考点。在“源”监视器面板中，选择“标记→添加标记”命令，或单击“添加标记”按钮，即可添加未编号标记，如图5-39所示。

图5-39

要跳转到某个标记，可以选择“标记→转到下一个标记”或“标记→转到上一个标记”菜单命令，如图5-40所示。

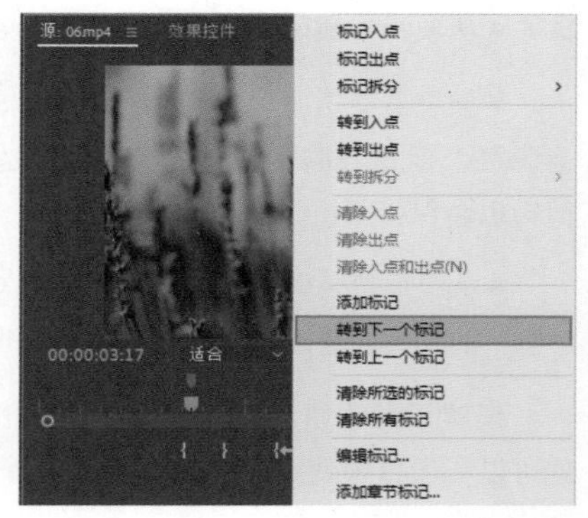

图5-40

要清除当前标记，可以选择“标记→清除所选的标记”菜单命令，如图5-41所示。用户可以根据需要选择其他清除标记的命令。选择“标记→清除所有标记”菜单命令，可将所有标记清除。

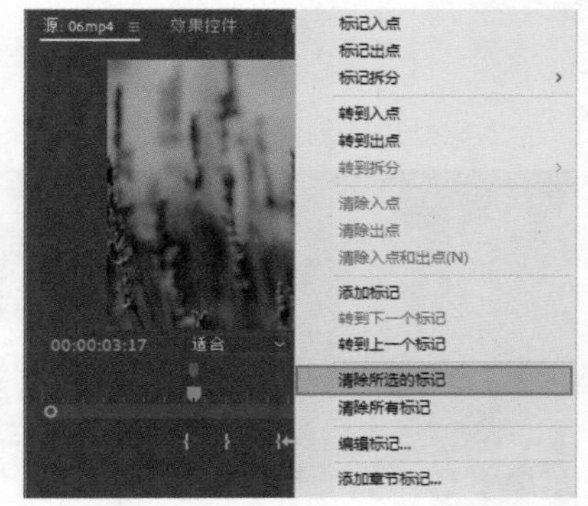

图5-41

5.2.6 主剪辑和子剪辑

如果正在处理一个较长的视频项目，有效地组织视频和音频素材有助于提高工作效率。Premiere提供了大量用于素材管理的功能，用户可以在主剪辑中创建子剪辑和重命名素材。

当首次导入素材时，它就会作为“项目”面板中的主剪辑。主剪辑是硬盘文件在当前项目中的导入文件，可以在“项目”面板中重命名和删除主剪辑，而不会影响到原始的硬盘文件。

子剪辑是主剪辑经过编辑的片段版本，独立于主剪辑。例如，如果采集一个较长的访谈素材，可以将不同的主题分解为多个子剪辑，并在“项目”面板中快速访问它们。编辑时，处理更短的素材比在“时间轴”面板中处理长素材的效率更高。如果从项目中删除主剪辑，它的子剪辑仍会保留在项目中。

由于子剪辑是主剪辑的子对象，并且它们可以同时服务于一个项目，所以必须理解它们与源素材之间的关系。

- 如果一个主剪辑脱机，或者从“项目”面板中将其删除，这样并未从磁盘中将素材文件删除，子剪辑仍然是联机的。
- 如果一个素材的磁盘位置被更改了或被从原始磁盘中删除了，则主剪辑和子剪辑都会脱机。

● 从项目中删除子剪辑，不会影响到主剪辑。

● 如果子剪辑脱机，则它在“时间轴”面板序列中的实例也会脱机，但是其副本将会保持联机状态。基于主剪辑的其他子剪辑也会保持联机。

● 如果重新采集一个子剪辑，那么它会变为主剪辑。子剪辑在序列中的实例会链接到新的子剪辑而不再被链接到旧的子剪辑。

理解了源素材、主剪辑、子剪辑和实例之间的关系之后，就可以在项目中使用子剪辑了。

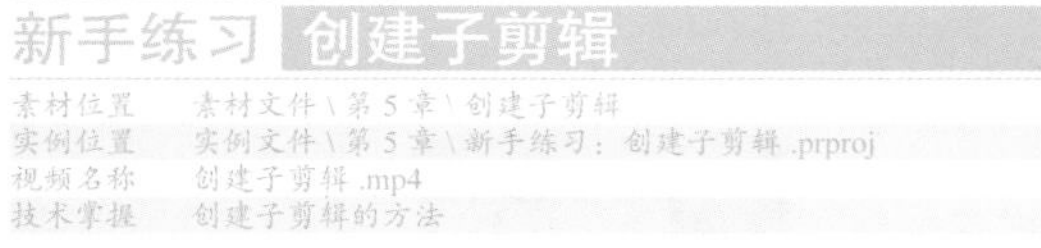

新手练习 创建子剪辑

素材位置　素材文件\第5章\创建子剪辑
实例位置　实例文件\第5章\新手练习：创建子剪辑.prproj
视频名称　创建子剪辑.mp4
技术掌握　创建子剪辑的方法

扫码看视频

本案例讲解创建子剪辑的方法，案例效果如图5-42所示。

图5-42

01 打开Premiere Pro 2021应用程序，选择“文件→新建→项目”菜单命令，打开“新建项目”对话框，设置项目名称和存储位置，单击“确定”按钮，新建一个项目，如图5-43所示。

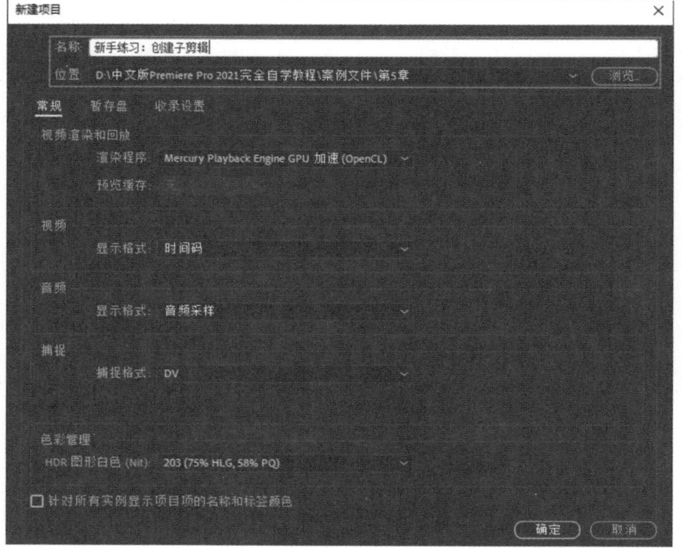

图5-43

02 选择“文件→导入”菜单命令，打开“导入”对话框，选择“01.mp4”素材，单击“打开”按钮，如图5-44所示。将素材导入“项目”面板中，如图5-45所示。

图5-44

图5-45

03 双击素材“01.mp4”，或者将该剪辑从“项目”面板中拖曳到“源”监视器面板中，将素材在“源”监视器中打开，如图5-46所示。

图5-46

04 将“源”监视器面板的时间指示器移动到想要设为入点的帧上，单击“标记入点”按钮，如图5-47所示。然后将时间指示器移动想要设为出点的帧上，单击“标记出点”按钮，如图5-48所示。

图5-47

图5-48

05 在“源”监视器面板空白处单击鼠标右键，在弹出的菜单中选择“制作子剪辑”命令，如图5-49所示，打开“制作子剪辑”对话框，为子剪辑输入一个名称，如图5-50所示。

图5-49

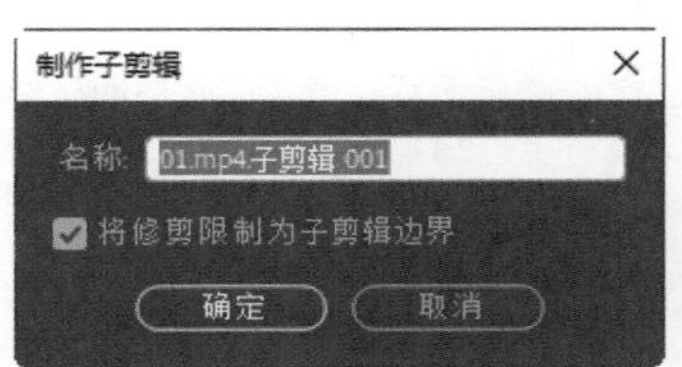

图5-50

06 单击“确定”按钮，即可在“项目”面板中创建一个新的子剪辑，如图5-51所示。

07 切换至列表视图，可查看该子剪辑的“媒体开始”“媒体结束”时间，如图5-52所示。

图5-51

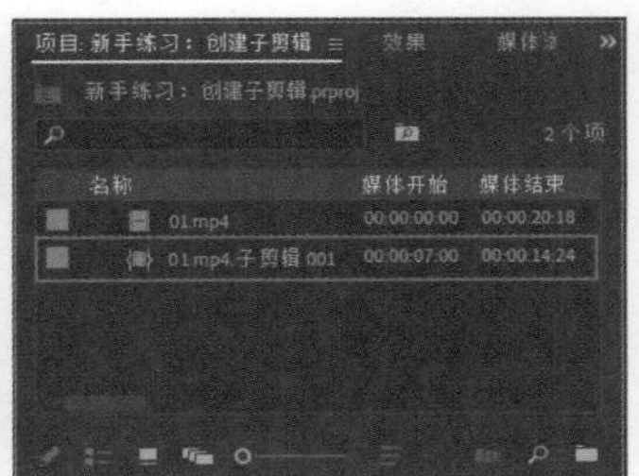

图5-52

08 选中该子剪辑，选择“剪辑→编辑子剪辑”菜单命令，如图5-53所示。打开“编辑子剪辑”对话框，可以重新设置素材的“开始”时间和“结束”时间，如图5-54所示。

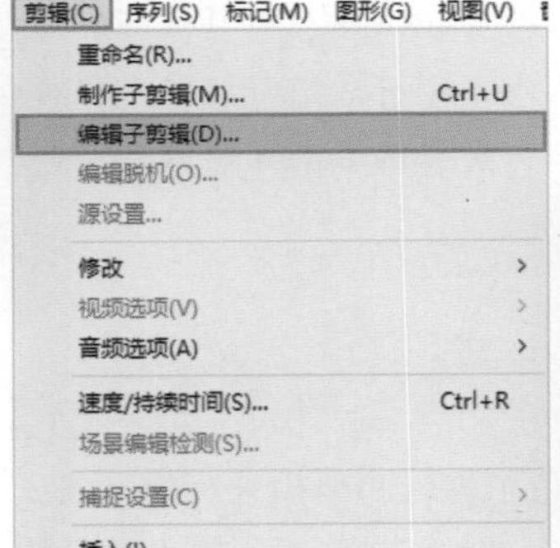

图5-53

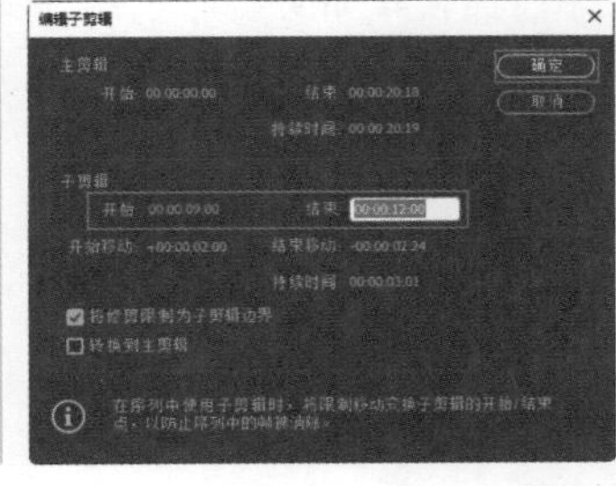

图5-54

09 单击“确定”按钮即可完成子剪辑入点和出点的编辑，在“项目”面板中将显示编辑后的“媒体开始”“媒体结束”时间，如图5-55所示。

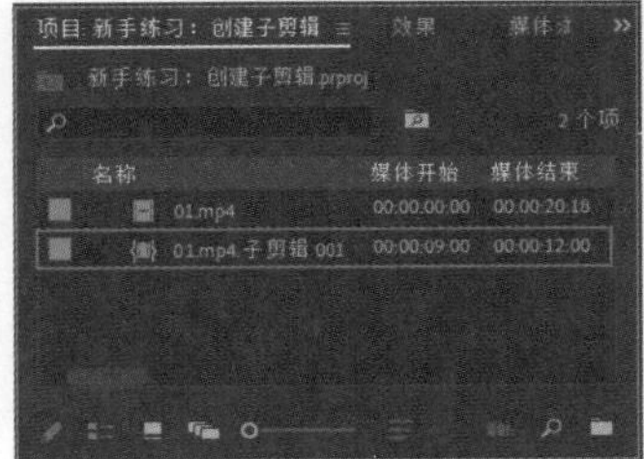

图5-55

知识窗

如果想要将子剪辑转换为主剪辑，选择“剪辑→编辑子剪辑”菜单命令，在弹出的“编辑子剪辑”对话框中勾选“转换到主剪辑”选项，然后单击“确定”按钮即可，如图5-56所示。将子剪辑转换为主剪辑后，其在“项目”面板中的图标将变为主剪辑图标，如图5-57所示。

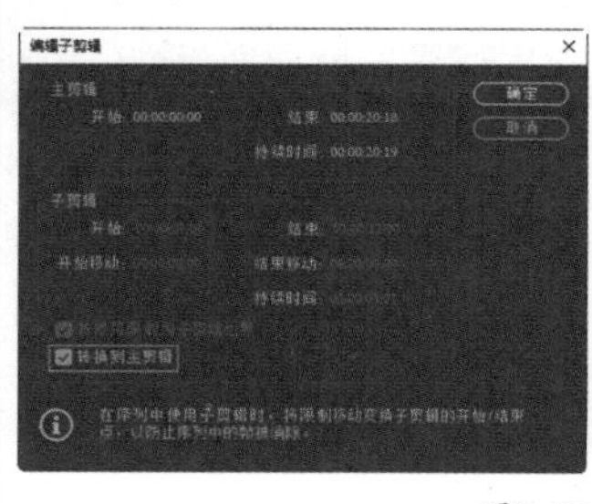

图5-56

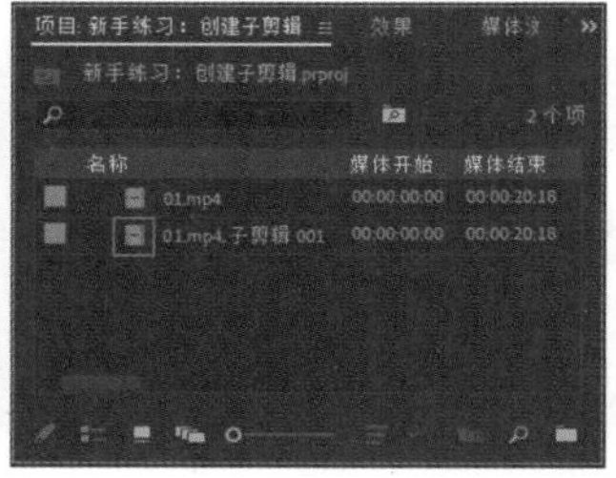

图5-57

5.3 在“时间轴”面板中编辑素材

“时间轴”面板是Premiere中功能最丰富的一个面板。它不但提供了素材、转场和效果的图形化概览，还提供了管理项目的实际框架。可以使用“时间轴”面板编辑和导出视频，控制透明度和音量，还可以为音频和视频特效添加关键帧。充分利用“时间轴”面板功能，可以提高使用Premiere的工作效率。在前面的第3章中已经讲解了“时间轴”面板包含的按钮、图标、滑块和控件，本节将讲解在“时间轴”面板中编辑素材的内容，包括如何使用“时间轴”面板、如何使用序列、编辑素材常用工具及设置入点和出点等。

5.3.1 在序列中编辑素材

Premiere提供了两个主要用于编辑和编排素材的区域：监视器面板和“时间轴”面板。“时间轴”面板提供项目的可视化概览，用户可以从创建一个粗糙的剪辑开始，只需将素材从“项目”面板中拖曳到“时间轴”面板中，就可以开始编辑素材。

创建序列

新建Premiere项目后，“时间轴”面板是空的不可编辑状态，需在有序列的状态下，才可在“时间轴”面板中编辑素材，创建序列的方法有以下4种。

第1种：选择“文件→新建→序列”菜单命令，打开“新建序列”对话框，如图5-58所示。设置序列相关参数，单击“确定”按钮，即可创建一个新序列。

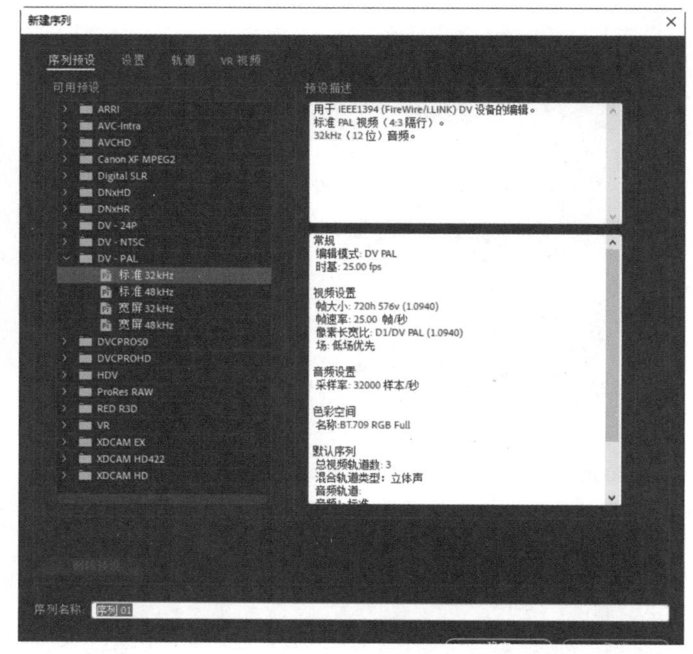

图5-58

第2种：单击“项目面板”下方的“新建项”按钮，在弹出的菜单中选择“序列”选项，如图5-59所示，打开“新建序列”对话框，设置序列相关参数，单击“确定”按钮，即可创建一个新序列。

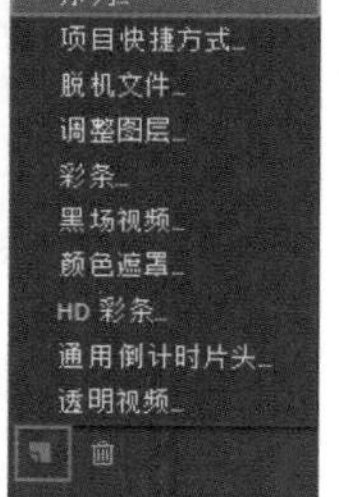

图5-59

第3种：在“项目”面板中选中素材，然后单击鼠标右键，在弹出的菜单中选择“从剪辑新建序列”，如图5-60所示，即可在“项目”面板中创建一个以素材名称命名的序列。

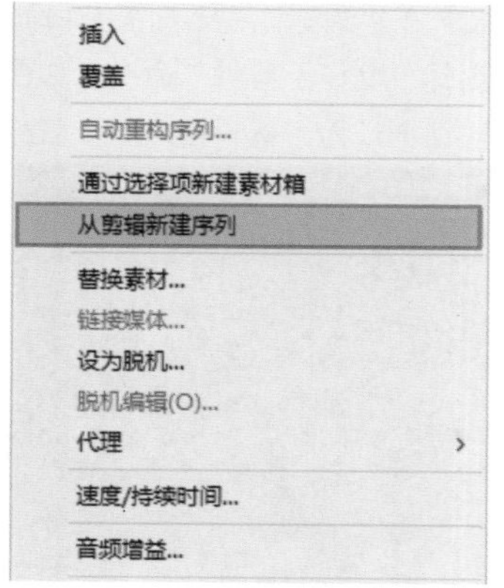

图5-60

第4种：将“项目”面板中的素材拖曳到“时间轴”面板中，会自动创建一个以素材名称命名的序列，如图5-61所示。

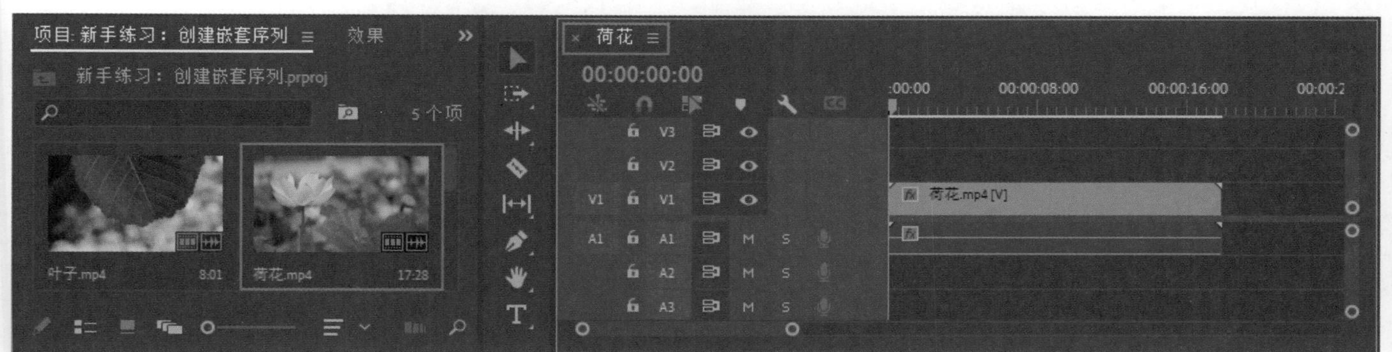

图5-61

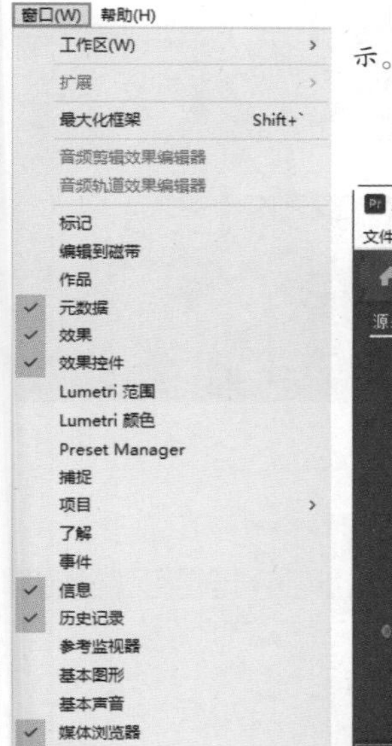

图5-62

如果在屏幕上看不到“时间轴”面板，可选择“窗口→时间轴”菜单命令，将“时间轴”面板打开，如图5-62所示。若“项目”面板中有序列文件，双击序列文件，也可打开“时间轴”面板，如图5-63所示。

图5-63

在Premiere中，序列是放置在“时间轴”面板中用来存放素材片段的。为什么要把“时间轴”面板和其中的序列区分开呢？是因为一个“时间轴”面板中可以放置多个序列，每个序列具有不同的内容属性。每个序列都有一个名称并可以重命名，如图5-64所示。可以使用多个序列将项目分解为小元素，完成对小元素的编辑之后，再将它们组合成一个大的序列导出。还可以将视频从一个序列中复制到另一个序列中，以尝试不同的编辑或转场效果。

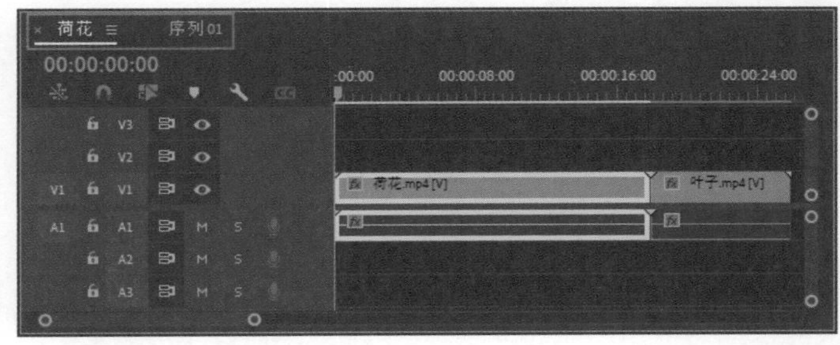

图5-64

技巧与提示

如果将一个Premiere项目导入另一个Premiere项目中，可以在“导入项目”对话框中勾选“创建用于导入项的文件夹”复选框，如图5-65所示。Premiere会在“项目”面板中新建一个以导入的项目名称命名的素材箱，如图5-66所示。要打开该项目中的序列，只需打开素材箱并双击序列图标即可，如图5-67所示。

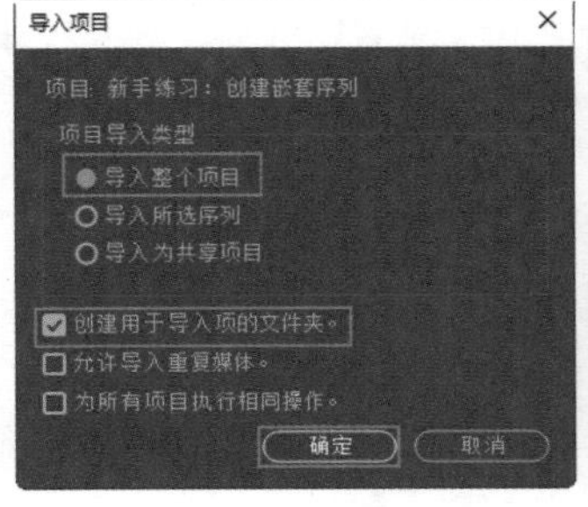

图5-65

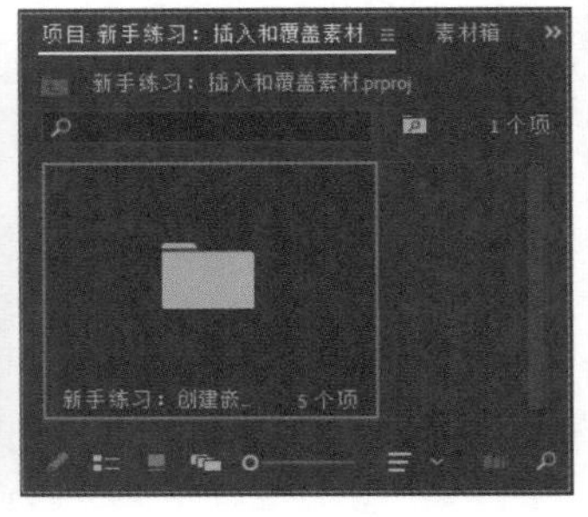

图5-66

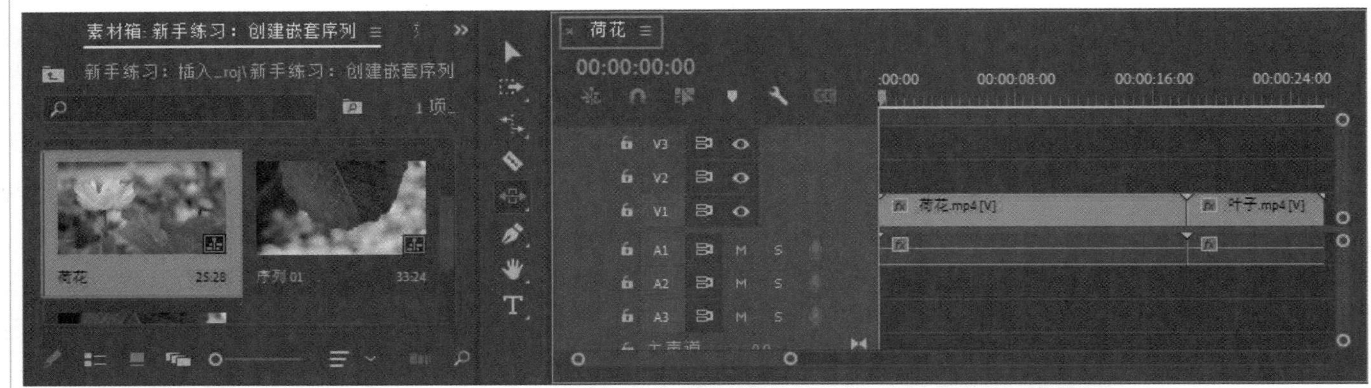

图5-67

在创建多个序列后，用户可以对序列进行如下的操作。

- 在屏幕上放置两个序列之后，可以将一个序列剪切粘贴到另一个序列中，或者编辑一个序列并将其嵌套到另一个序列中。
- 要在“时间轴”面板中从一个序列中移动到另一个序列中，单击序列的选项卡即可。
- 如果想要将一个序列显示为一个独立的面板，单击其选项卡，然后按住Ctrl键，并在将其拖离“时间轴”面板后释放鼠标左键和Ctrl键即可。
- 如果在屏幕上打开了多个序列，选择“窗口→时间轴”菜单命令，然后在展开的子菜单中选择序列名，即可将其激活。

将素材编组

如果需要多次选择相同的素材，则可以将它们放置在一个组中。在创建素材组之后，可以通过单击任意轨道的组内素材选择该组的每个成员。还可以通过选择该组的任意成员并按Delete键来删除该组中的所有素材。

要创建素材组，首先在“时间轴”面板中选择需要编为一组的素材，然后选择“剪辑→编组”菜单命令，或者单击鼠标右键，在弹出的菜单中选择“编组”命令即可，如图5-68所示。

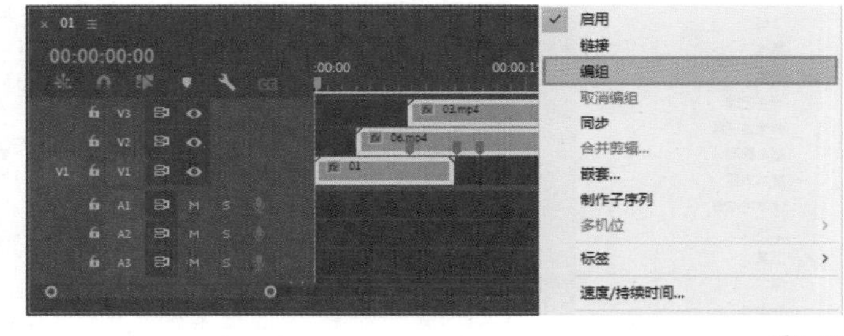

图5-68

将素材编组后，选择其中一个素材时，其他素材也会同时被选中。要取消编组，首先在“时间轴”面板中选择素材组，然后选择“剪辑→取消编组”菜单命令，或者单击鼠标右键，在弹出的菜单中选择“取消编组”命令即可，如图5-69所示。

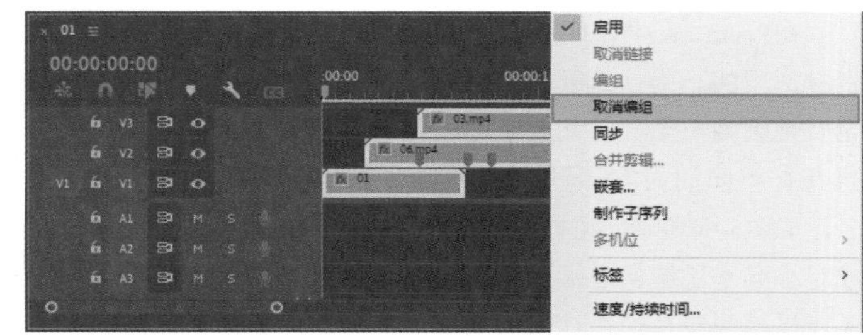

图5-69

嵌套序列

将一个新序列添加到项目中之后，可以在其中添加素材并进行编辑，可以根据需要将其嵌套到另一个序列中。嵌套的一个优点是可以重复使用编辑过的序列，可以将一个序列多次嵌套。每次将一个序列嵌套到另一个序列中时，都可以对其进行修整和为其添加效果。如将一个效果应用到嵌套序列中，Premiere会将该效果应用到序列中的所有素材上。

技巧与提示

注意嵌套序列时需保证其引用的源素材不发生改变，如果更改了源素材，则所嵌套的序列也将被更改。

新手练习 创建嵌套序列

素材位置 素材文件\第 5 章\创建嵌套序列
实例位置 实例文件\第 5 章\新手练习：创建嵌套序列 .prproj
视频名称 创建嵌套序列 .mp4
技术掌握 创建嵌套序列的方法

扫码看视频

本案例讲解创建嵌套序列的方法，案例效果如图5-70所示。

图5-70

01 打开Premiere Pro 2021应用程序，选择“文件→新建→项目”菜单命令，打开“新建项目”对话框，设置项目名称和存储位置，单击“确定”按钮，新建一个项目，如图5-71所示。

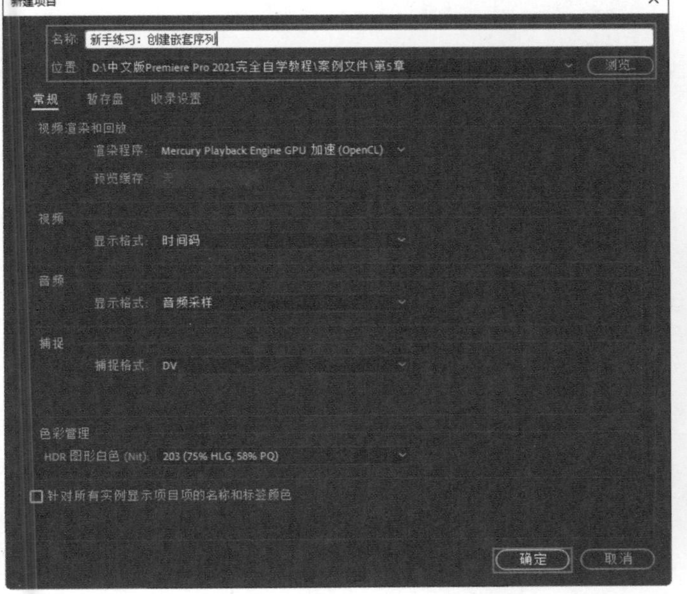

图5-71

02 选择“文件→导入”菜单命令，打开“导入”对话框，选择“荷花.mp4”“叶子.mp4”素材，单击“打开”按钮，如图5-72所示，将素材导入“项目”面板中，如图5-73所示。

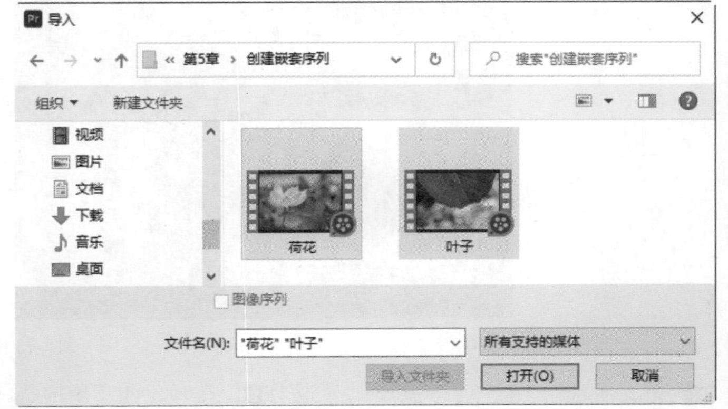

图5-72

图5-73

03 在“项目”面板中选中“荷花.mp4”素材，单击鼠标右键，在弹出的菜单中选择“从剪辑新建序列”，如图5-74所示。此时会在“项目”面板中创建一个以“荷花”命名的序列，并自动在“时间轴”面板中打开，如图5-75所示。

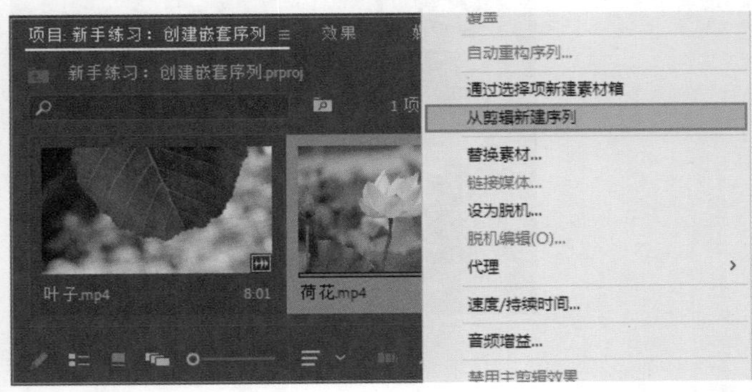

图5-74

图5-75

04 在“项目”面板单击“新建项”按钮，在弹出的菜单中选择“序列”命令，如图5-76所示。在打开的“新建序列”对话框中单击“确定”按钮，会在“项目”面板中创建一个以“序列01”命名的序列，并自动在“时间轴”面板中打开，如图5-77所示。

图5-76

图5-77

05 在“时间轴”面板中选择“荷花”序列，再将“叶子.mp4”素材添加到该序列的视频轨道上，如图5-78所示。

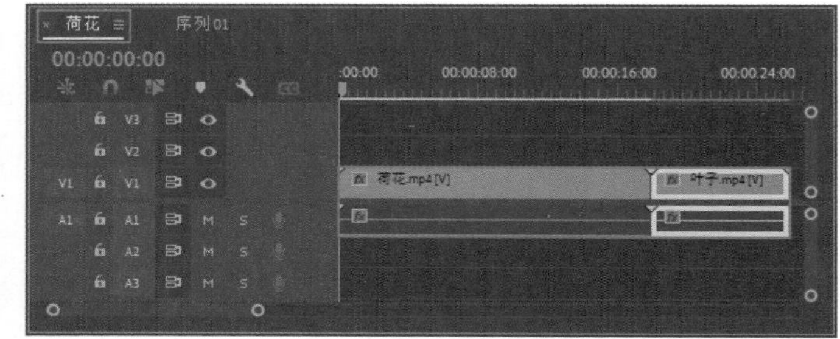

图5-78

06 在“时间轴”面板中选择“序列01”选项卡，将“叶子.mp4”添加到该序列的视频轨道上，在弹出的“剪辑不匹配警告”对话框中单击“更改序列设置”按钮，如图5-79和图5-80所示。

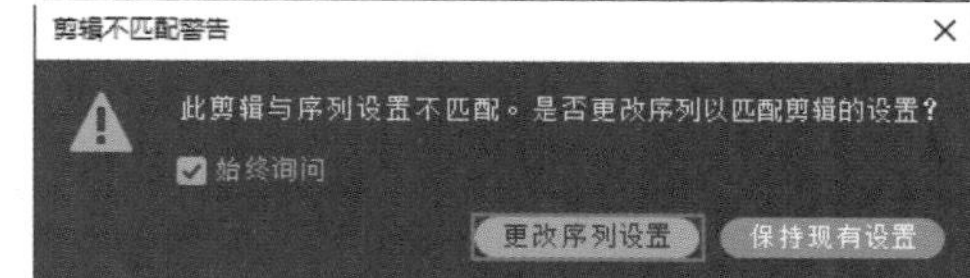

图5-79

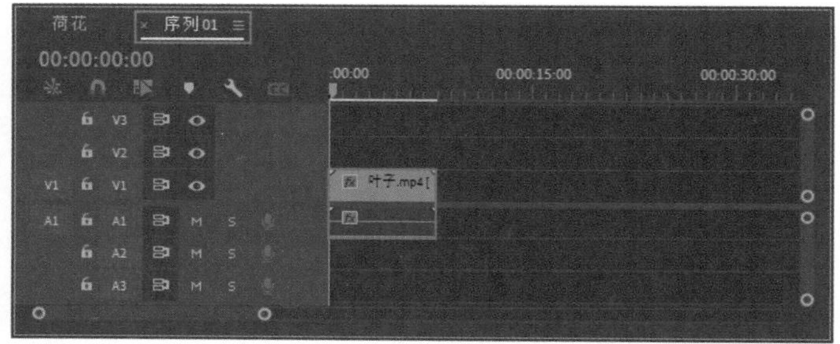

图5-80

07 在“项目”面板中，将“荷花”序列拖曳到“序列01”的视频轨道中，即可将“荷花”序列嵌套到“序列01”中，如图5-81所示。

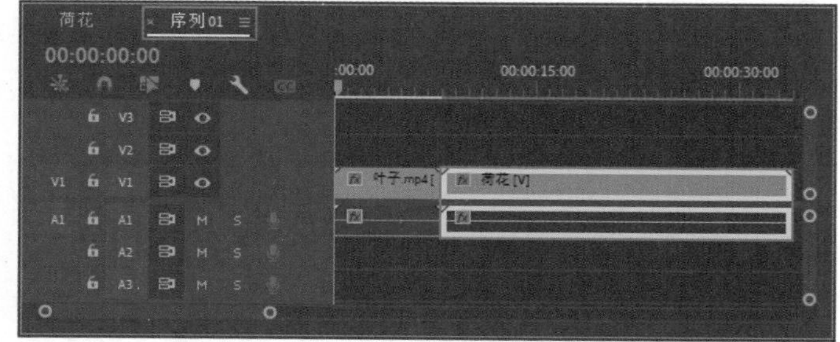

图5-81

08 选择“序列01”中的两个素材，单击鼠标右键，在弹出的菜单中选择“嵌套”命令，如图5-82所示。在弹出的“嵌套序列名称”对话框中设置嵌套名称为“02”，如图5-83所示。

09 单击“确定”按钮即可在“项目”面板中添加一个02序列，如图5-84所示。此时“序列01”中的素材变为绿色的序列素材，如图5-85所示。

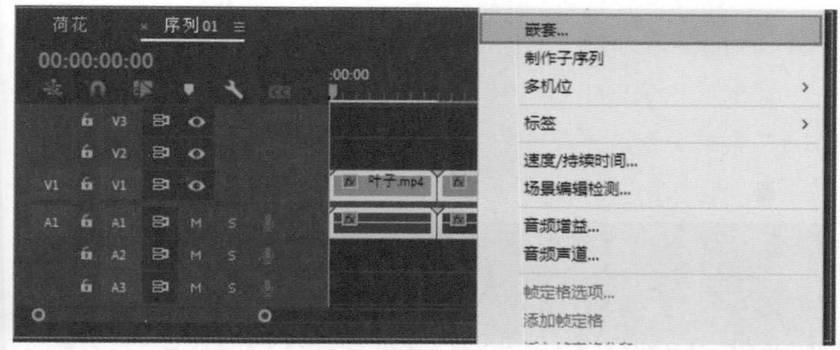

图5-82

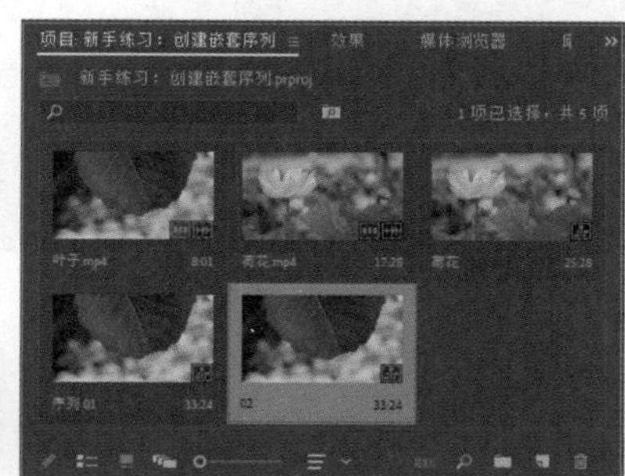

图5-83　图5-84

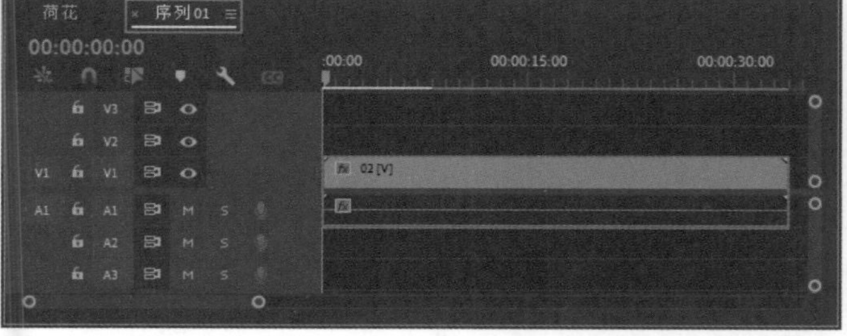

图5-85

技巧与提示

要将序列素材在“源”监视器面板中打开，按住Ctrl键并在“项目”面板或“时间轴”面板中双击该序列即可。要快速返回到嵌套序列的原始序列，在“时间轴”面板中双击嵌套的序列即可。

5.3.2 编辑素材常用工具

在第3章已经讲过了“工具”面板中每种工具的功能，本小节讲解部分编辑素材的常用工具。

选择工具

将素材放置在“时间轴”面板中之后，作为编辑过程的一部分，可能还需要重新布置它们。用户可以选择一次移动一个素材，或者同时移动几个素材，还可以单独移动某个素材的视频或音频。

用“选择工具”▶选中素材之后，就可以通过拖曳来移动它，或者按Delete键从序列中删除它。如果想让该素材吸附在另一个素材的边缘，需要先开启“对齐”功能。

使用“工具”面板中的“选择工具”▶还可以进行以下操作。

- 要选择多个素材，可以按住Shift键单击想要选择的素材，或者通过拖曳创建选取框框选所需素材。
- 如果想选择素材的视频部分而不要音频部分，或者想选择音频部分而不要视频部分，可以按住Alt键并单击视频或音频轨道。
- 选择“选择工具”▶，将鼠标指针靠近素材起始位置，当鼠标指针变为图标时，拖曳鼠标，可改变素材的入点，如图5-86所示。

图5-86

- 选择“选择工具”▶，将鼠标指针靠近素材结束位置，当鼠标指针变为图标时，拖曳鼠标，可改变素材的出点，如图5-87所示。

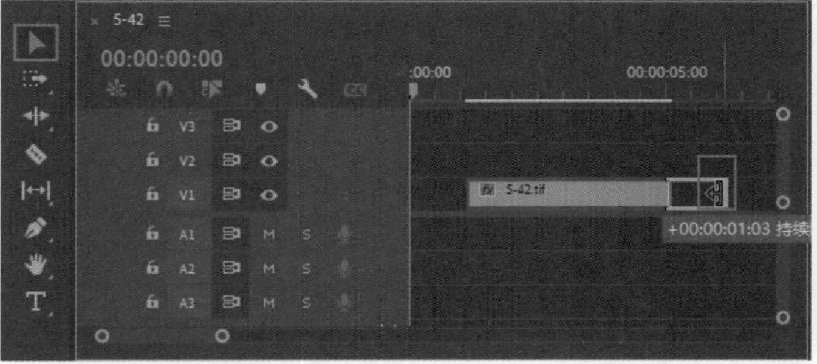

图5-87

选择轨道工具

如果想快速选择某个轨道上的几个素材，或者从某个轨道中删除一些素材，可以使用“工具”面板中的“向前选择轨道工具”和“向后选择轨道工具”。

“向前选择轨道工具”可以选择单击点之后的所有素材，如图5-88所示。“向后选择轨道工具”可以选择单击点之前的所有素材，如图5-89所示。

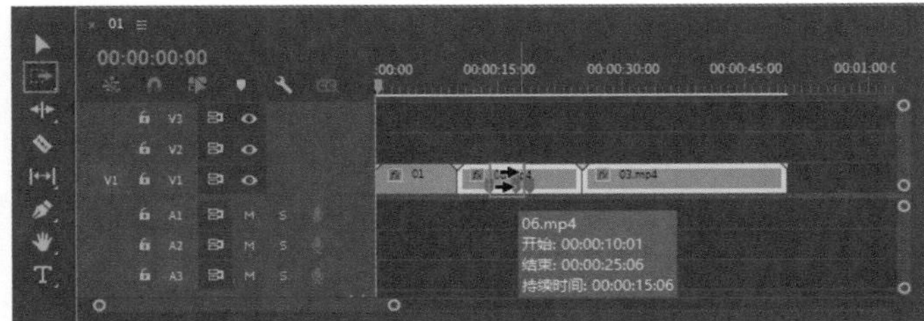

图5-88

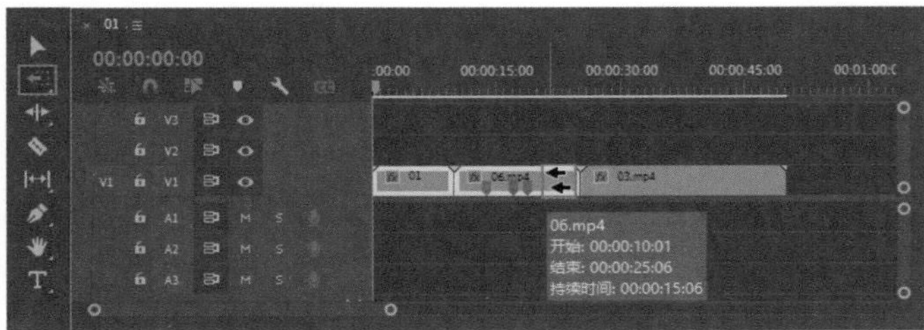

图5-89

剃刀工具

如果想快速创建入点和出点，可以使用“剃刀工具”将素材切割成两段。将当前时间指示器移动到想要切割的帧上，在“工具”面板中选择“剃刀工具”并在时间指示器位置单击，即可切割目标轨道上的素材，如图5-90所示。切割后的效果如图5-91所示。

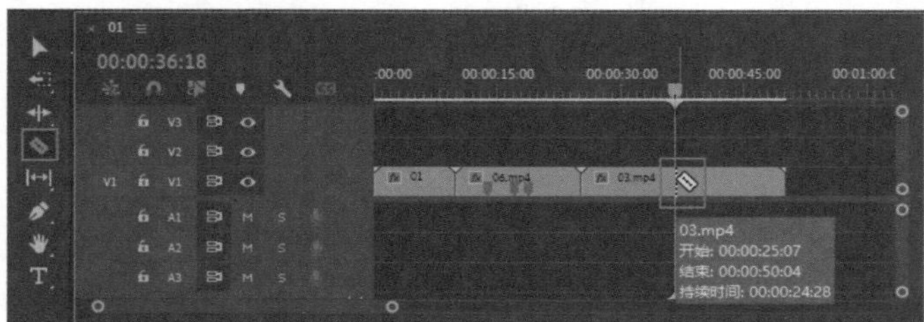

图5-90

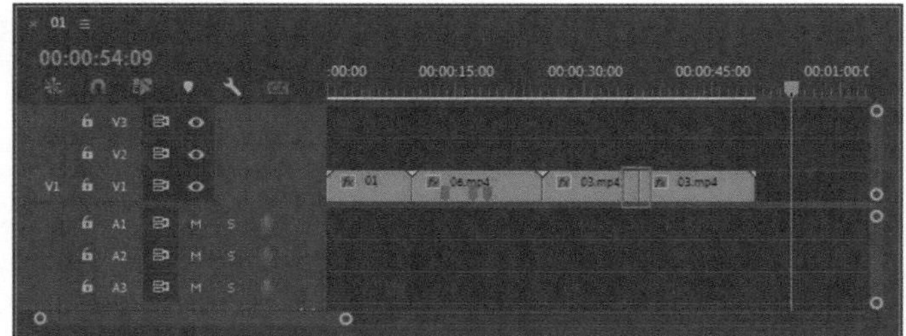

图5-91

5.3.3 设置入点和出点

要在“时间轴”面板中编辑素材的入点和出点，可以使用“节目”监视器面板中的“标记入点”和“标记出点”工具。除“工具”面板中的“选择工具”之外，还可以用“滚动编辑工具”、“波纹编辑工具”、“外滑工具”和“内滑工具”编辑素材的入点和出点。

使用标记入点/出点工具

将时间指示器移动到想要设为入点的位置，选择“标记→标记入点”菜单命令，或者单击“节目”监视器面板中的“标记入点”按钮，即可在“时间轴”面板中为序列标记入点，如图5-92所示。

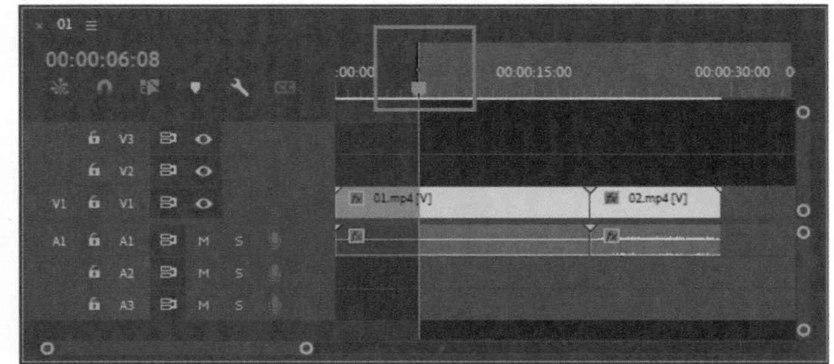

图5-92

将时间指示器移动到想要设为出点的位置，选择“标记→标记出点”菜单命令，或者单击“节目”监视器面板中的“标记出点”按钮，即可在“时间轴”面板中为序列标记出点，如图5-93所示。

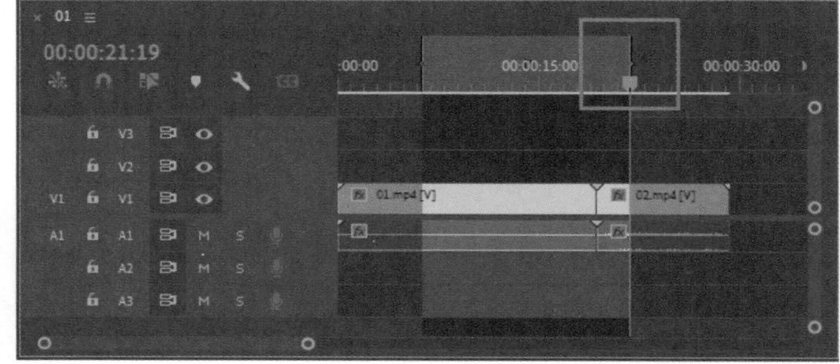

图5-93

在时间标尺上拖曳入点和出点的大括号图标，可以调整入点和出点的位置，如图5-94所示。

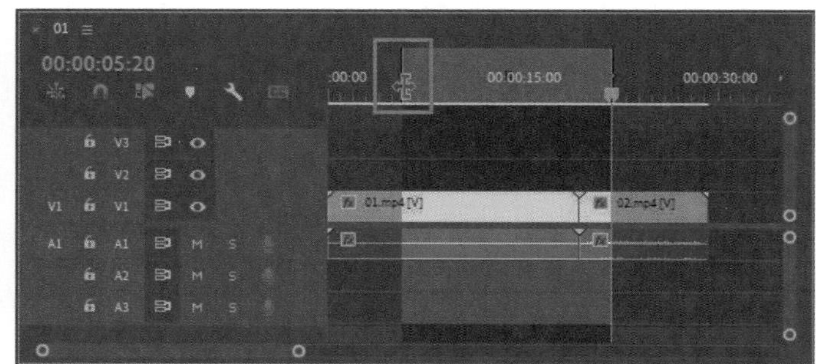

图5-94

设置序列的入点和出点之后，可以使用以下菜单命令清除它们。

- 要同时清除入点和出点，请选择“标记→清除入点和出点”菜单命令。
- 若只清除入点，请选择“标记→清除入点”菜单命令。
- 若只清除出点，请选择“标记→清除出点”菜单命令。

技巧与提示

在“时间轴”面板中为序列设置了入点和出点后，可以单击“节目”监视器面板中的“提升”按钮或“提取”按钮，将范围内的素材清除，详细说明可回顾第3章的“提升/提取工具”的相关内容。

使用滚动编辑工具

选择“滚动编辑工具”并拖曳两个素材的衔接线，可以同时修改两个素材的入点和出点。例如，第一个素材增加5帧，那么就会从下一个素材中减去5帧，因此使用“滚动编辑工具”编辑素材时，不会改变序列的持续时间。

将设置了入点和出点的两个素材依次拖曳到“时间轴”面板的V1轨道中，并使它们连在一起，如图5-95所示。

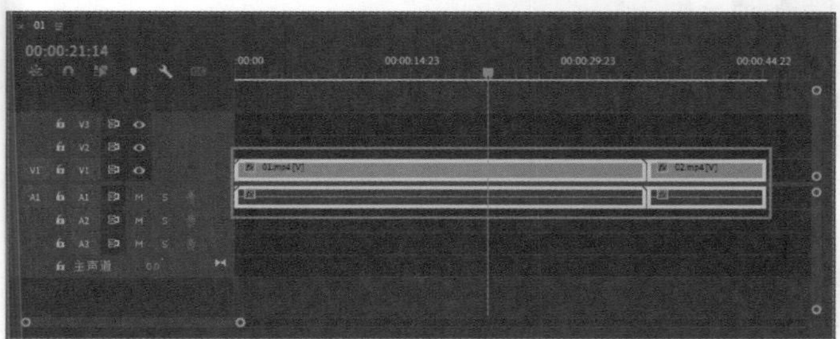

图5-95

选择“滚动编辑工具”，将鼠标指针移动到这两个素材的衔接线处，如图5-96所示。通过向左或向右拖曳衔接线来修整素材。如果向右拖曳，会将第一个素材的出点后移，并后移下一个素材的入点；如果向左拖曳，会将前一个素材的出点前移，并前移下一个素材的入点。

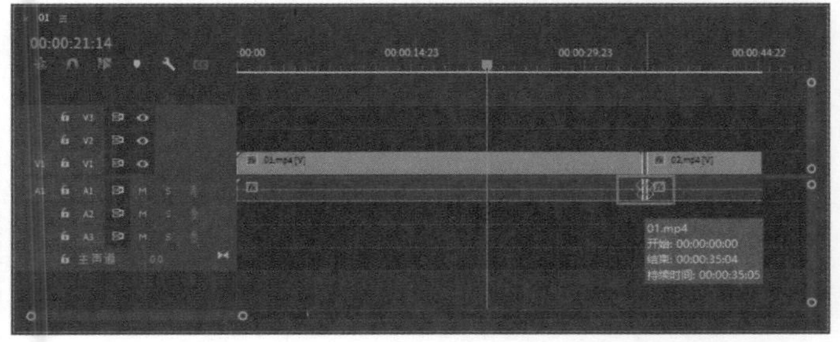

图5-96

使用波纹编辑工具

使用“波纹编辑工具”可以在编辑一个素材时不影响相邻素材。应用波纹编辑与应用滚动编辑正好相反，在拖曳来后移一个素材的出点时，会将下一个素材向右推，并不改变下一个素材的入点，这样就会改变整个序列的持续时间。如果向左拖曳，将素材的出点前移，同样不会改变下一个素材的入点。

选择“波纹编辑工具”，然后将鼠标指针移动到想要修整的素材的出点处，如图5-97所示。

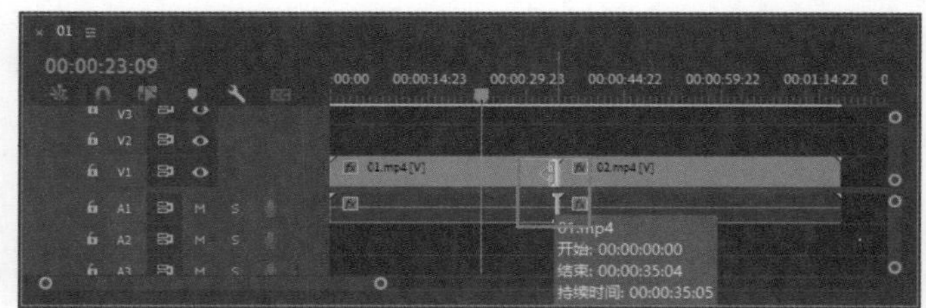

图5-97

向右拖曳可增大素材的时长，向左拖曳可减小素材的时长。相邻的下一个素材的持续时间保持不变，但整个序列的持续时间发生改变，如图5-98和图5-99所示。

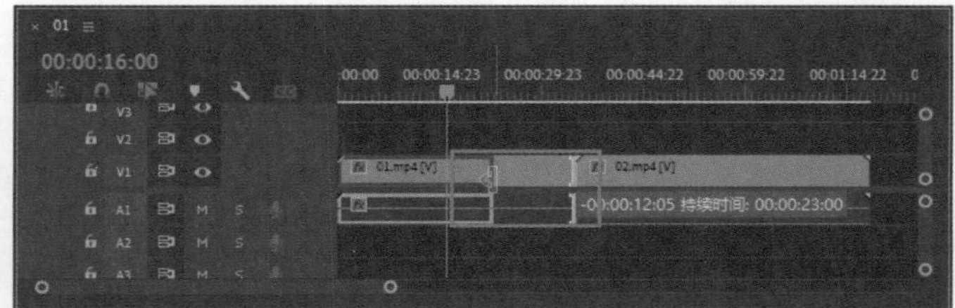

图5-98

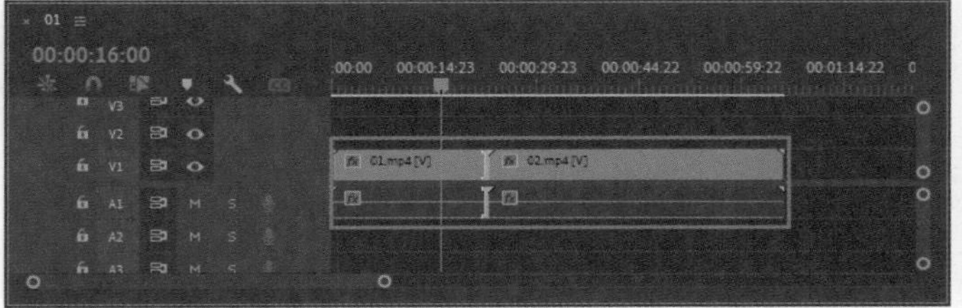

图5-99

使用外滑工具

使用“外滑工具”可以改变夹在另外两个素材之间的素材的入点和出点，而且保持中间素材的原持续时间不变。拖曳素材时，素材左右两边的素材不会改变，序列的持续时间也不会改变。

要改变选中的素材的入点和出点，而不改变序列的持续时间，可选择“外滑工具”，单击两个素材中间的素材并向左或向右拖曳，如图5-100所示。图中将中间的素材向左拖曳，改变了该素材的入点和出点，而整个序列的持续时间没有改变。

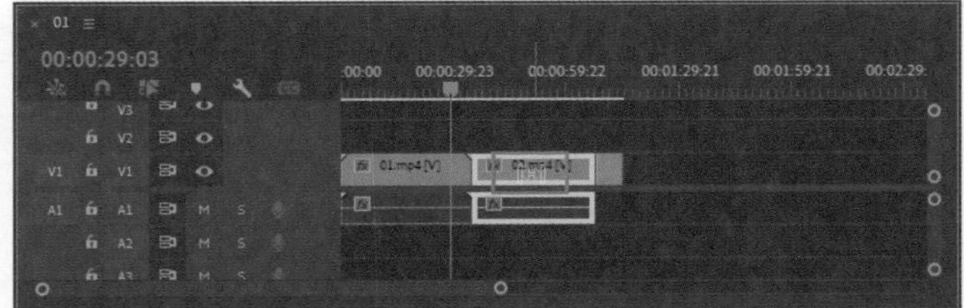

图5-100

技巧与提示

虽然“外滑工具”通常用来编辑两个素材之间的素材，但是即使要编辑的素材不是位于另外两个素材之间，也可以使用外滑工具编辑它的入点和出点。

使用内滑工具

与“外滑工具”类似，“内滑工具”也是用于编辑序列上位于两个素材之间的素材。不过在选择“内滑工具”并进行拖曳的过程中，会保持中间素材的入点和出点不变，而改变相邻素材的持续时间。

进行内滑编辑时，向右拖曳前一个素材的出点，可使下一个素材的入点后移。向左拖曳前一个素材的出点，可使下一个素材的入点前移。这样，所编辑素材的持续时间和整个序列的持续时间没有改变。

选择“内滑工具”，然后拖曳位于两个素材之间的素材来移动它。向左拖曳缩短前一个素材并加长后一个素材，或向右拖曳加长前一个素材并缩短后一个素材，所编辑素材的持续时间和整个序列的持续时间没有改变，如图5-101和图5-102所示。

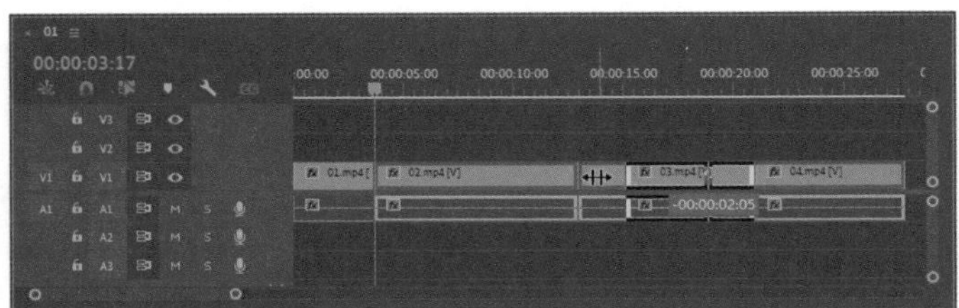

图5-101

图5-102

高手进阶 替换素材

素材位置　素材文件\第5章\替换素材
实例位置　实例文件\第5章\高手进阶：替换素材.prproj
视频名称　替换素材.mp4
技术掌握　替换素材的方法

扫码看视频

在编辑序列的过程中，经常遇到想要更换素材的情况，这时就需要用到Premiere替换素材的操作，本案例讲解替换素材的几种方法，案例效果如图5-103所示。

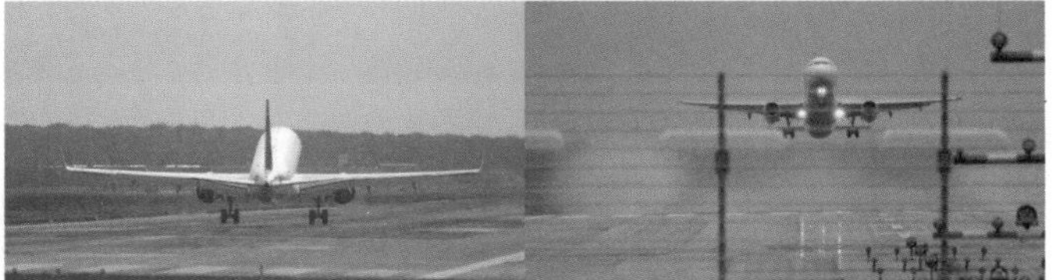

图5-103

图5-103（续）

从源监视器

01 打开Premiere Pro 2021应用程序，选择“文件→新建→项目”菜单命令，打开“新建项目”对话框，设置项目名称和存储位置，单击“确定”按钮，新建一个项目，如图5-104所示。

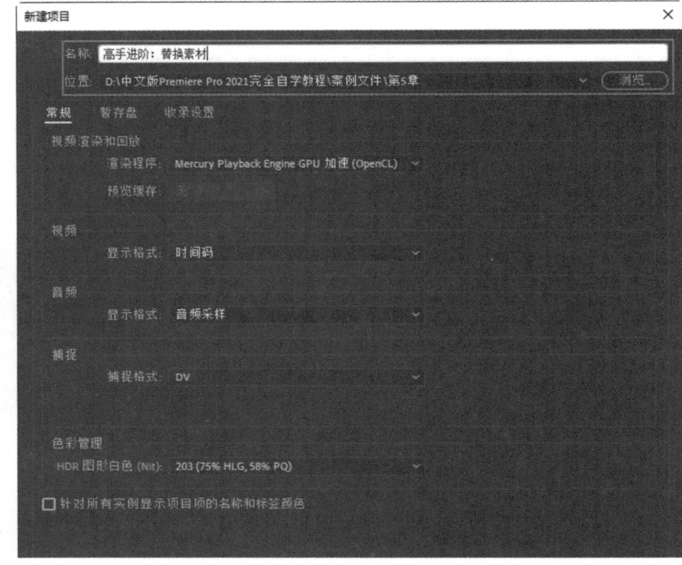

图5-104

02 选择“文件→导入”菜单命令，打开“导入”对话框，找到素材位置，选择“01.mp4”～“05.mp4”素材，单击“打开”按钮，如图5-105所示，将素材导入“项目”面板中，如图5-106所示。

图5-105

图5-106

03 将“项目”面板中的“01.mp4”~“04.mp4”素材选中，拖曳到“时间轴”面板中，会自动创建一个以“01”命名的序列，如图5-107所示。

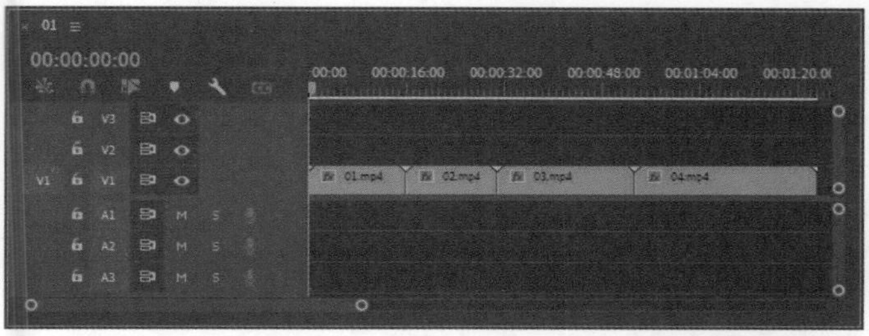

图5-107

04 假设要将“02.mp4”素材替换为“05.mp4”素材，需先双击“项目”面板中的“05.mp4”素材，将其在“源”监视器面板中打开，如图5-108所示。

图5-108

05 然后选中“时间轴”面板中的“02.mp4”素材，如图5-109所示。“02.mp4”素材的画面如图5-110所示。

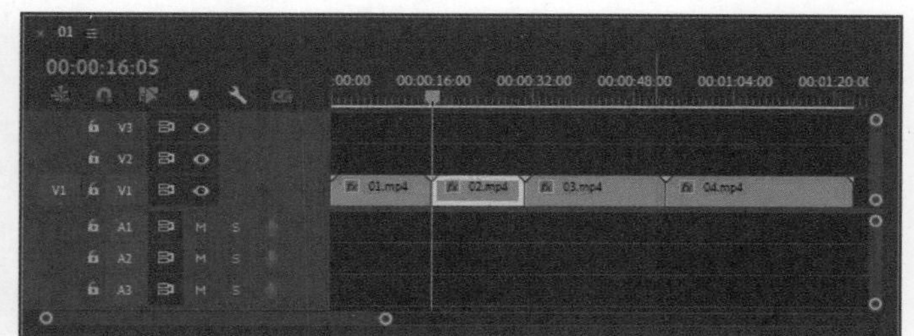

图5-109

图5-110

06 选择“剪辑→替换为剪辑→从源监视器”菜单命令，或者单击鼠标右键，在弹出的菜单中选择“使用剪辑替换→从源监视器”命令，如图5-111所示。

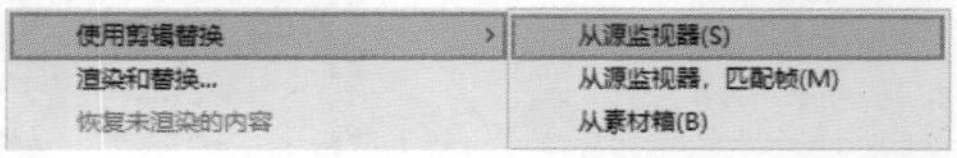

使用剪辑替换 | 从源监视器(S)
渲染和替换... | 从源监视器，匹配帧(M)
恢复未渲染的内容 | 从素材箱(B)

图5-111

07 此时系统会自动从“源”监视器面板中以“05.mp4”素材起始位置为入点，截取和“02.mp4”等长的片段，将“时间轴”面板中的“02.mp4”素材替换掉，如图5-112所示。

图5-112

从源监视器匹配帧

01 按组合键Ctrl+Z撤销上一步，在“源”监视器面板中将时间指示器移动到00:00:04:23的位置，单击“标记入点”按钮，为“05.mp4”素材设置一个入点，如图5-113所示。

图5-113

02 选择“剪辑→替换为剪辑→从源监视器，匹配帧”菜单命令，或者单击鼠标右键，在弹出的菜单中选择“使用剪辑替换→从源监视器，匹配帧”命令，如图5-114所示。

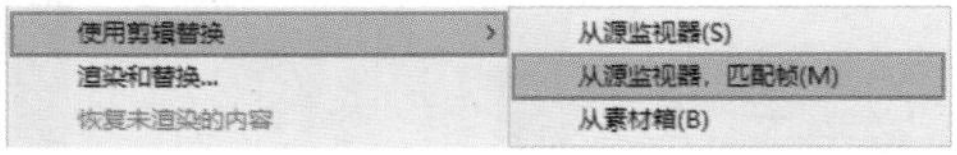

使用剪辑替换 | 从源监视器(S)
渲染和替换... | 从源监视器，匹配帧(M)
恢复未渲染的内容 | 从素材箱(B)

图5-114

03 此时系统会自动从“源”监视器面板中以“05.mp4”素材00:00:04:23的位置为入点，截取和“02.mp4”等长的片段，将“时间轴”面板中的“02.mp4”素材替换掉，如图5-115所示。

图5-115

技巧与提示

在替换素材之前，要确认替换素材的时长大于或等于被替换素材的时长，如果替换素材的时长小于被替换素材，则替换后的“时间轴”面板中的素材上会出现斜纹，表示该部分没有画面内容，是黑屏，如图5-116所示。

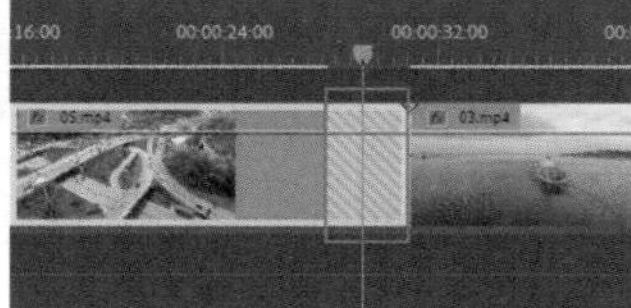

图5-116

从素材箱

01 按组合键Ctrl+Z撤销上一步，在“项目”面板中选中一个素材，如图5-117所示。

图5-117

02 选择“剪辑→替换为剪辑→从素材箱”菜单命令，或者单击鼠标右键，在弹出的菜单中选择“使用剪辑替换→从素材箱”命令，如图5-118所示。

使用剪辑替换 | 从源监视器(S)
渲染和替换... | 从源监视器，匹配帧(M)
恢复未渲染的内容 | 从素材箱(B)

图5-118

03 此时系统会自动从“项目”面板中以选中的素材起始位置为入点，截取和“02.mp4”等长的片段，将“时间轴”面板中的“02.mp4”素材替换掉，如图5-119所示。

图5-119

覆盖替换

01 按组合键Ctrl+Z撤销上一步，在“时间轴”面板中将时间指示器移动到00:00:24:14的位置，单击“节目”监视器面板中的“标记入点”按钮，为序列设置一个入点，如图5-120所示。将时间指示器移动到00:00:37:22的位置，单击“节目”监视器面板中的“标记出点”按钮，为序列设置一个出点，如图5-121所示。

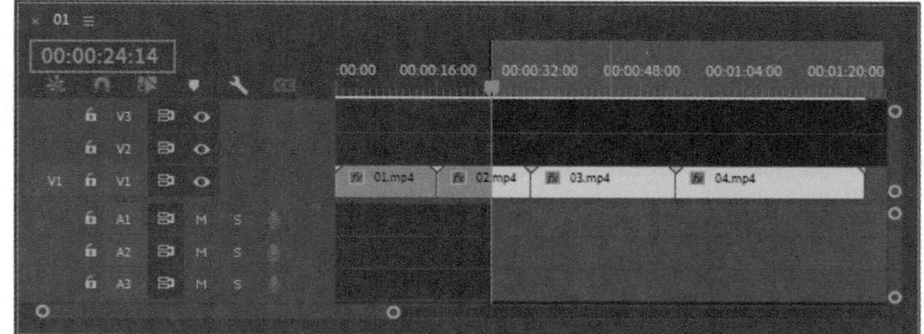

图5-120

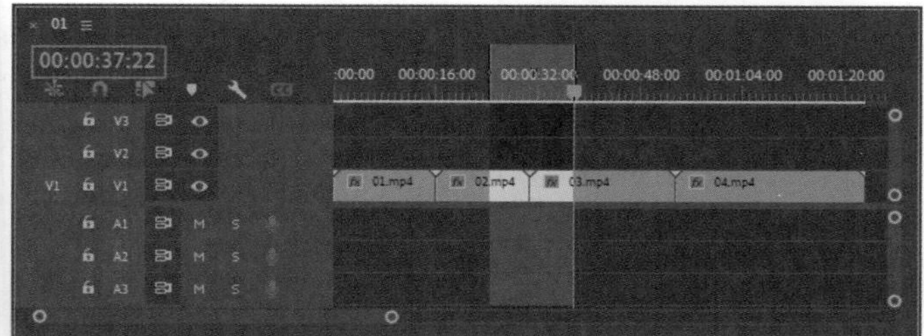
图5-121

02 查看“节目”监视器面板右下角的时间码，此时间为序列中入点到出点的时长，共13秒9帧，如图5-122所示。

图5-122

03 查看“源”监视器面板右下角的时间码，带有入点的“05.mp4”时长共11秒22帧，如图5-123所示。

图5-123

04 若此时单击“源”监视器面板中的“覆盖”按钮，由于替换素材的时长小于被替换素材，会打开“适合剪辑”对话框，选择“忽略源入点”单选钮，单击“确定”按钮，即可将“时间轴”面板中入点到出点范围内的素材替换为“05.mp4”素材，如图5-124和图5-125所示。

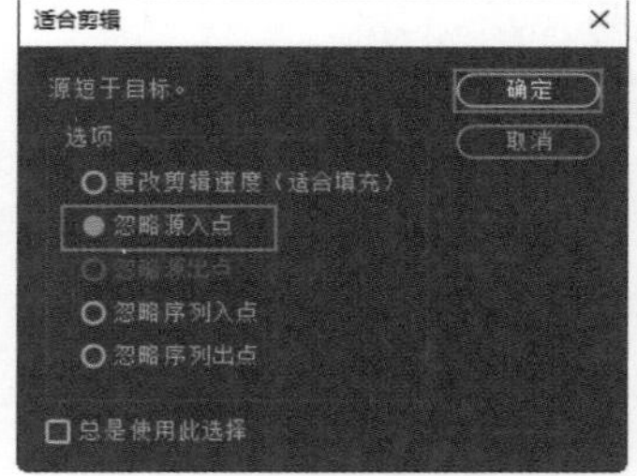

图5-124

图5-125

5.4 使用辅助编辑工具

有时，用户要进行的编辑只是简单地将素材从一个地方复制粘贴到另一个地方。为帮助编辑，可能会解除音频和视频之间的链接。本节将学习几种能够辅助编辑的操作，包括撤销、删除间隙、使用“参考”监视器和多机位监视器。

5.4.1 使用“历史记录”面板撤销操作

俗话说得好，老马也有失前蹄的时候，即使是最优秀的编辑人员，也会有改变主意和出错误的时候。传统的非线性编辑系统允许在将源素材真正录制到节目录像带中之前预览编辑效果。但是，传统的编辑系统提供的撤销级别没有Premiere的“历史记录”面板提供的那样多，如图5-126所示。

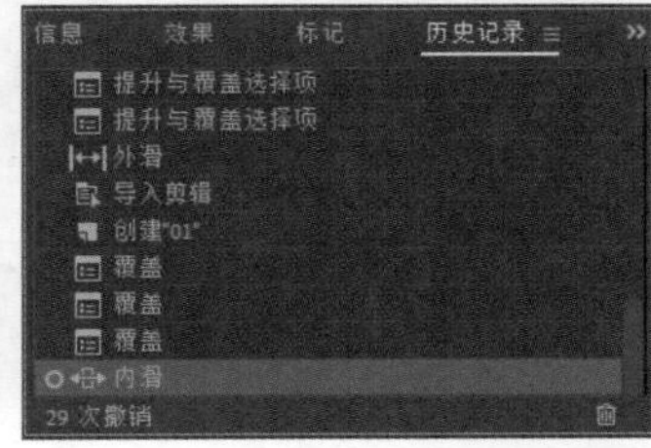

图5-126

“历史记录”面板记录使用Premiere时的每一步操作，每一步操作都分别对应“历史记录”面板上一个单独的条目。如果想返回到以前的某一步，在“历史记录”面板上单击那一步即可。继续工作时，以前记录的步骤（返回到的步骤之后的那些步骤）会消失。

如果屏幕上没有显示“历史记录”面板，可以选择“窗口→历史记录”命令将其打开。要了解“历史记录”面板的工作方式，需打开一个项目，将一些素材拖曳到“时间轴”面板中。在拖曳时，注意观察“历史记录”面板上记录的每一步操作。例如，连续删除“时间轴”面板上的两个素材，观察“历史记录”面板上记录的操作。假设想要使项目恢复到删除第2个素材之前的状态，单击“历史记录”面板上第一个“删除”，项目就可以恢复到做第2次删除操作之前的状态，如图5-127所示。

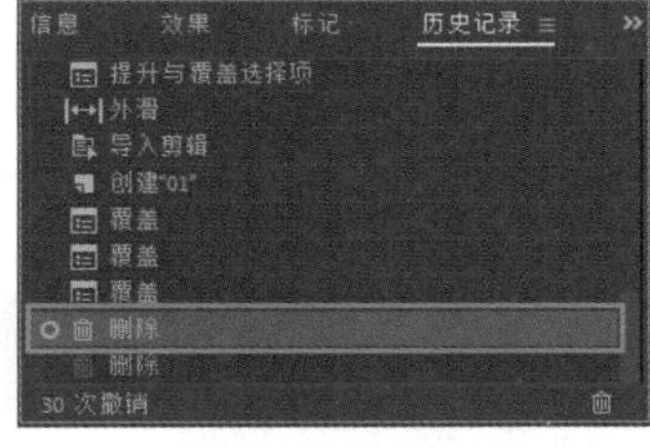

图5-127

5.4.2 删除序列间隙

在编辑过程中，会不可避免地在时间轴中留下间隙。有时由于“时间轴”面板的显示比例较小，会看不出来间隙，但导出影片后就会有黑屏的帧。要删除大的间隙，可以在“时间轴”面板中的序列的间隙处单击鼠标右键，选择“波纹删除”命令，如图5-128所示。

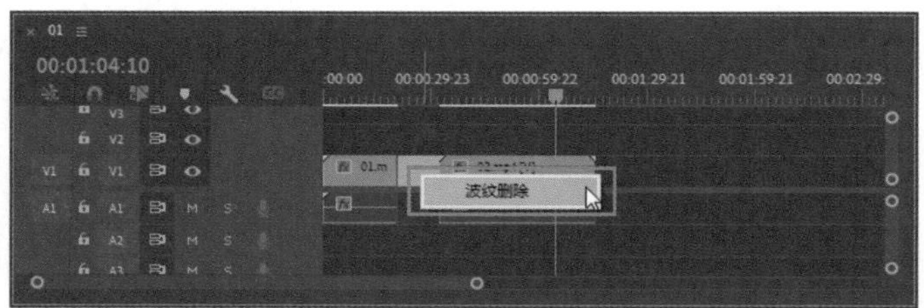

图5-128

若“时间轴”面板中的序列中存在多个间隙，或间隙较小，不易被察觉，可以全选序列上的素材，选择“序列→封闭间隙”命令，封闭所有间隙，如图5-129和图5-130所示。

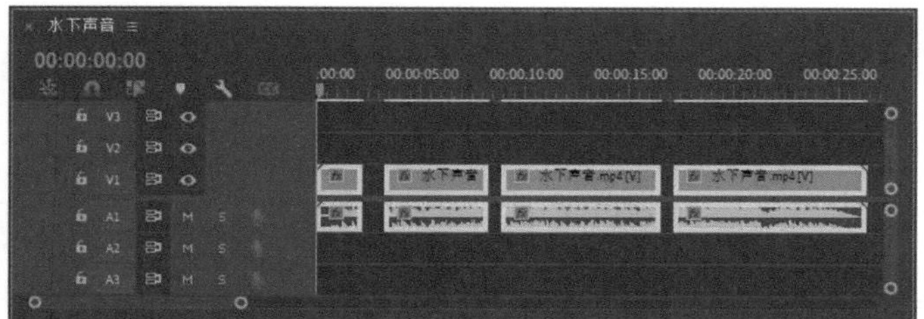

图5-129

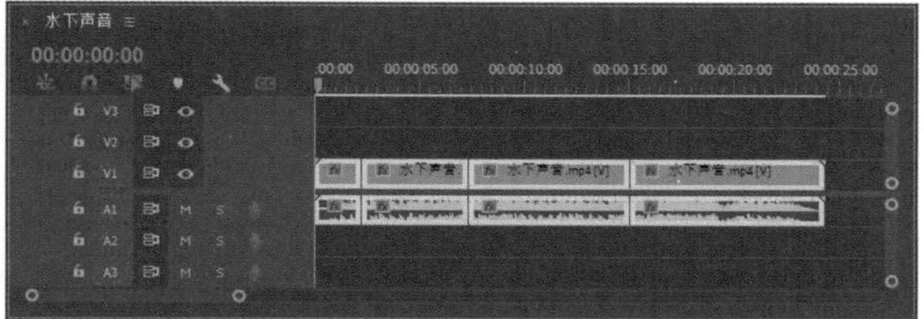

图5-130

5.4.3 使用参考监视器

“参考”监视器是另一种“节目”监视器，它独立于“节目”监视器显示节目。在“节目”监视器中编辑序列前后，需要使用“参考”监视器显示影片，以帮助预览编辑的效果。

要查看“参考”监视器，选择“窗口→参考监视器”命令即可。用户可能会希望将“参考”监视器和“节目”监视器绑定到一起，以使它们显示相同的帧，单击“参考”监视器上的“绑定到节目监视器”按钮即可，再次单击可解除绑定，如图5-131和图5-132所示。

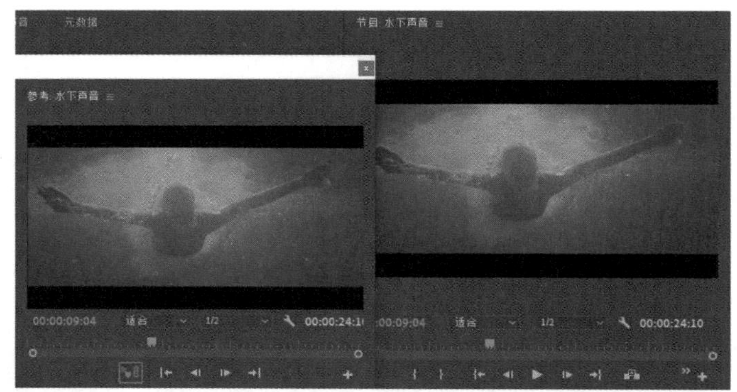

图5-131

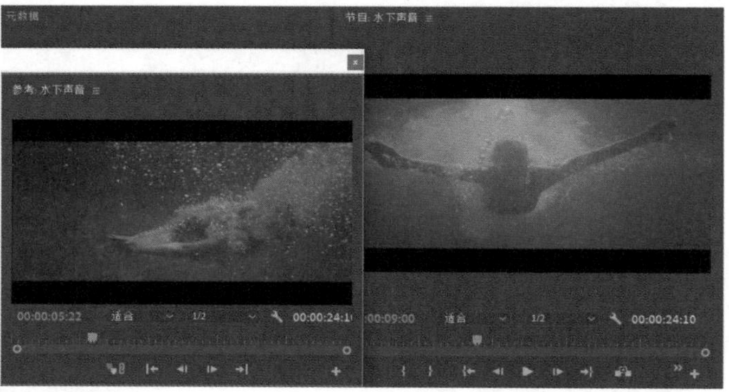

图5-132

5.4.4 使用多机位监视器编辑素材

如果采用了多个机位对音乐会或舞蹈表演这种实况演出进行拍摄，那么将素材按顺序编辑到一起会非常耗时。Premiere中的多机位编辑功能能够模拟导播台来进行工作。

使用Premiere的多机位监视器最多可以同时查看4个视频源，可以快速选择最佳的拍摄机位，将它拍摄的视频录制到视频序列中。随着视频的播放，可以不断从4个同步源中做出选择，进行视频源之间的镜头切换，还可以选择监视和使用来自不同源的音频。

虽然使用多机位监视器进行编辑很简单，但会涉及以下设置：将源素材同步到一个时间轴序列上，将这个源序列嵌入到目标时间轴序列中（录制编辑处），激活多机位编辑，在多机位监视器中进行录制。

完成一次多机位编辑会话后，还可以返回到这个序列中，并且很容易就能够将一个机位拍摄的影片替换成另一个机位拍摄的影片。接下来将详细介绍这些操作过程。

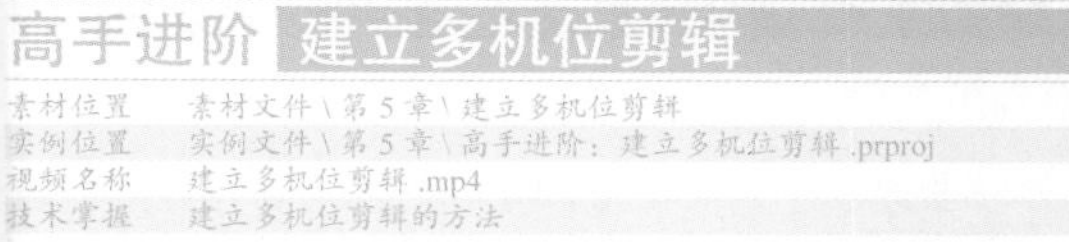

高手进阶　建立多机位剪辑

素材位置　素材文件 \ 第 5 章 \ 建立多机位剪辑
实例位置　实例文件 \ 第 5 章 \ 高手进阶：建立多机位剪辑 .prproj
视频名称　建立多机位剪辑 .mp4
技术掌握　建立多机位剪辑的方法

扫 码 看 视 频

本案例介绍建立多机位剪辑的方法，本案例效果如图5-133所示。

图5-133

01 打开Premiere Pro 2021应用程序，选择“文件→新建→项目”菜单命令，打开“新建项目”对话框，设置项目名称和存储位置，单击“确定”按钮，新建一个项目，如图5-134所示。

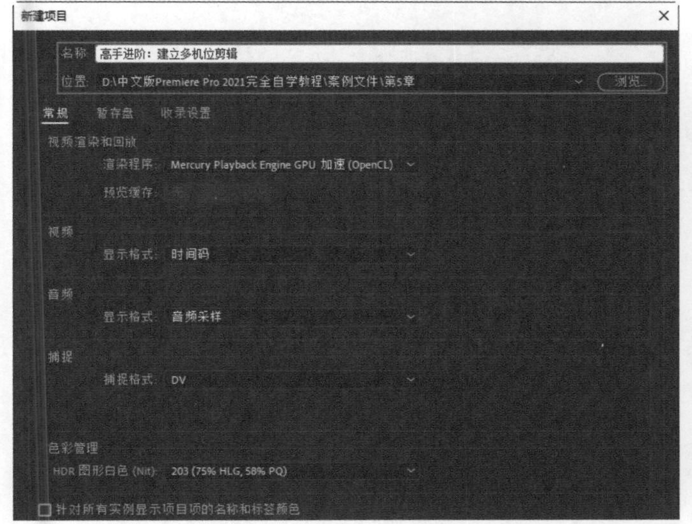

图5-134

02 选择“文件→导入”菜单命令，打开“导入”对话框，找到素材位置，选择“01.mp4”～“04.mp4”素材，单击“打开”按钮，如图5-135所示，将素材导入“项目”面板中，如图5-136所示。

图5-135

图5-136

03 选择“文件→新建→序列”命令，在“新建序列”对话框中设置视频轨道数为4，单击“确定”按钮，新建一个序列，如图5-137所示。

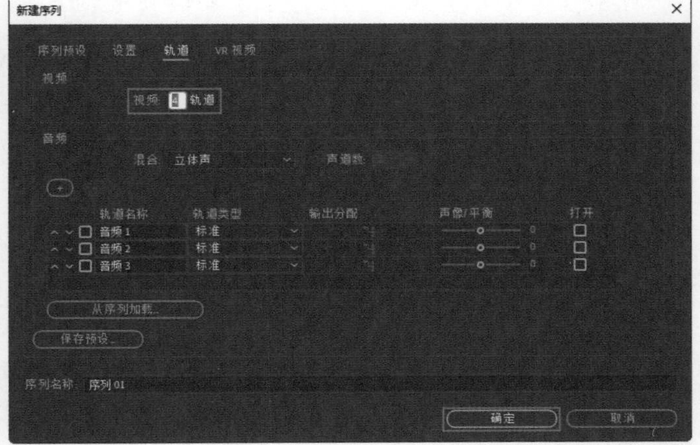

图5-137

04 将“项目”面板中的“01.mp4”～“04.mp4”素材添加到“时间轴”面板中的不同视频轨道上，如图5-138所示。在弹出的“剪辑不匹配”警告对话框中，单击“更改序列设置”按钮，如图5-139所示。

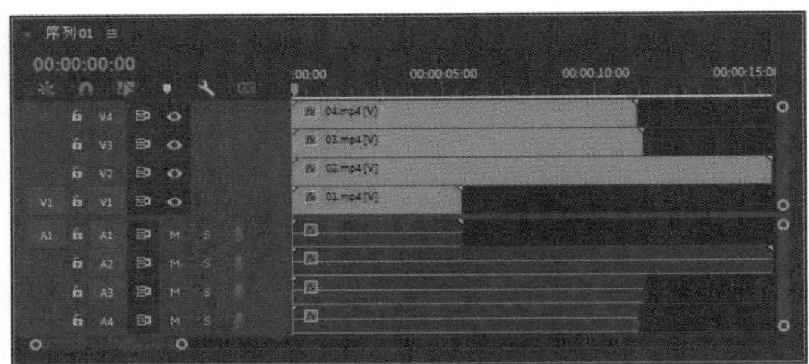

图5-138

图5-139

05 选中“时间轴”面板中的轨道中的4个素材，然后选择“剪辑→同步”命令，在弹出的“同步剪辑”对话框中选择“剪辑开始”选项，然后单击“确定”按钮，即可对齐轨道上的素材，如图5-140所示。

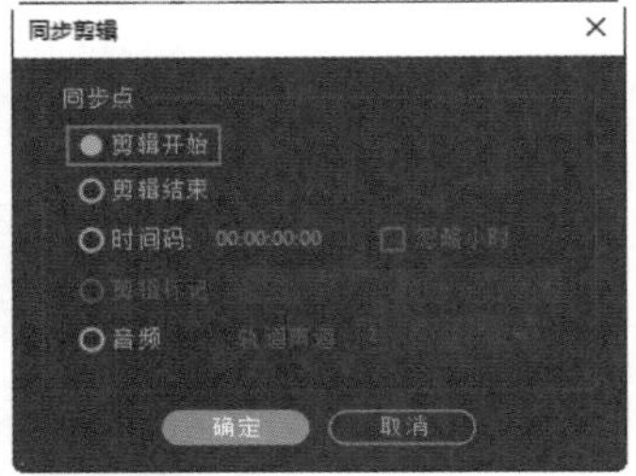

图5-140

技巧与提示

“同步剪辑”对话框中的选项介绍如下。

剪辑开始：选择该选项，可同步素材的入点。

剪辑结束：选择该选项，可同步素材的出点。

时间码：在时间码数值域中拖曳，或者通过键盘输入一个时间码。如果想要进行同步，只使用分、秒和帧就可以了，保持“忽略小时”选项为被勾选状态。

剪辑标记：选择该选项，可同步选中的素材标记。

06 选中“时间轴”面板中的轨道中的4个素材，单击鼠标右键，在弹出的菜单中选择“取消链接”命令，如图5-141所示。选中所有的音频素材，按Delete键将其删除，如图5-142所示。

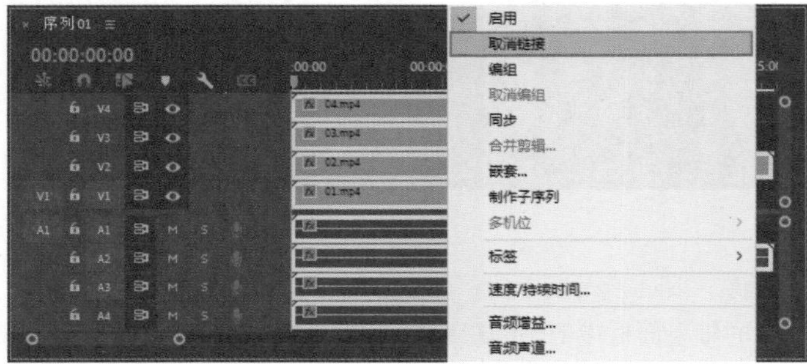

图5-141

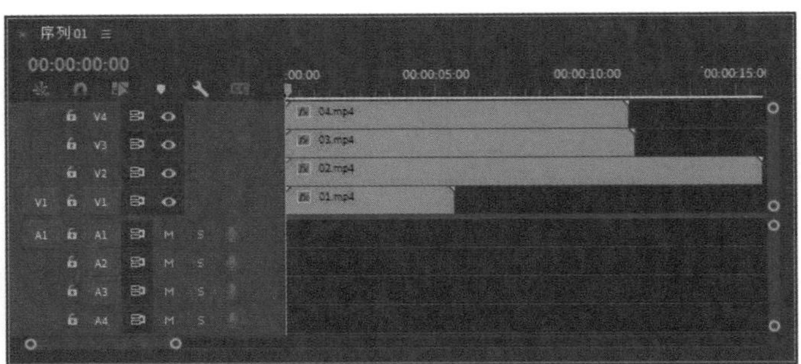

图5-142

07 选择“文件→新建→序列”命令，在弹出的“新建序列”对话框中单击“确定”按钮，创建一个作为目标序列的新序列，用来记录最终编辑结果，如图5-143所示。

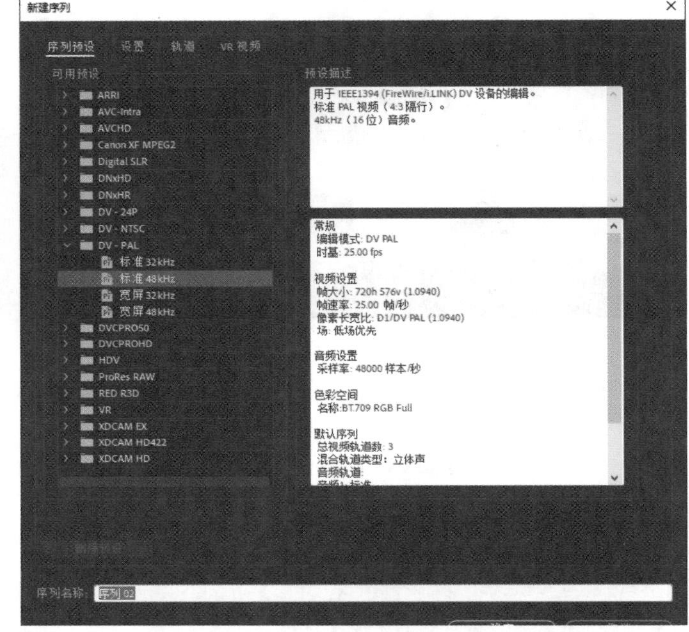

图5-143

08 将“项目”面板中的“序列01”拖曳至“时间轴”面板中的“序列02”中，将源序列嵌入到目标序列中，如图5-144所示。在弹出的“剪辑不匹配警告”对话框中，单击“更改序列设置”按钮，如图5-145所示。

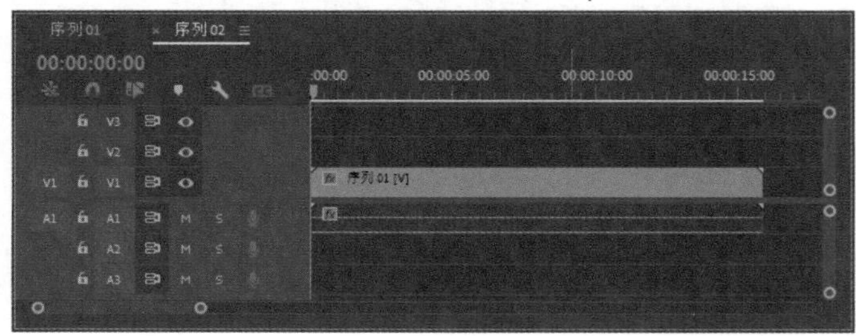

图5-144

图5-145

09 选中“序列01”素材，再选择“剪辑→多机位→启用”命令，即可激活多机位编辑，如图5-146所示。

技巧与提示

只有在“时间轴”面板上选中了嵌入的序列，才能访问“多机位”命令。

图5-146

10 单击“节目”监视器的“按钮编辑器”按钮，在弹出的“按钮编辑器”对话框中选择“切换多机位视图”按钮，将其拖曳至“节目”监视器面板的工具栏中，再单击“按钮编辑器”对话框的“确定”按钮，如图5-147所示。

图5-147

11 单击“节目”监视器面板中的“切换多机位视图”按钮，即可查看多机位视图，如图5-148所示。

图5-148

技巧与提示

在多机位监视器中播放影片时，如果单击机位1、2、3、4，被单击的那个机位的边缘会变为黄色，并且对应的影片会被自动录制到时间轴上。

第6章

使用视频过渡效果

对于有画面运动的素材而言，从一个场景过渡到另一个场景就会产生转场。如果剪辑中两个场景在时间上不是连续的，想要从一个场景逐渐切入另一个场景，只有简单的剪切是不够的。要从艺术上表现时间的推移，就需要主观地为剪辑加入转场效果。Premiere为用户提供了丰富的转场效果，无论是试着从黑夜进入白昼、从白昼进入黑夜、从青年变成老人，还是单纯地想用从一个场景过渡到另一个场景的特效吸引观众， Premiere都可以满足这些需求。本章讲解Premiere的视频过渡效果，包括视频过渡的基础知识和具体的过渡效果概览。

学习要点

- 96页
  了解视频过渡
- 102页
  Premiere过渡效果概览

6.1 了解视频过渡

视频过渡效果通常也叫作“视频过渡”或“视频转场”，作用是让两段素材之间的过渡更加流畅或实现特殊的转场效果，通常将视频过渡效果添加在两段相邻的素材之间。在视频后期制作中，视频过渡效果有着重要的作用，本节讲解premiere视频过渡效果的具体使用方法。

6.1.1 使用视频过渡效果

在使用视频过渡效果时需要用到两个面板，即“效果”面板和“效果控件”面板，如图6-1所示。

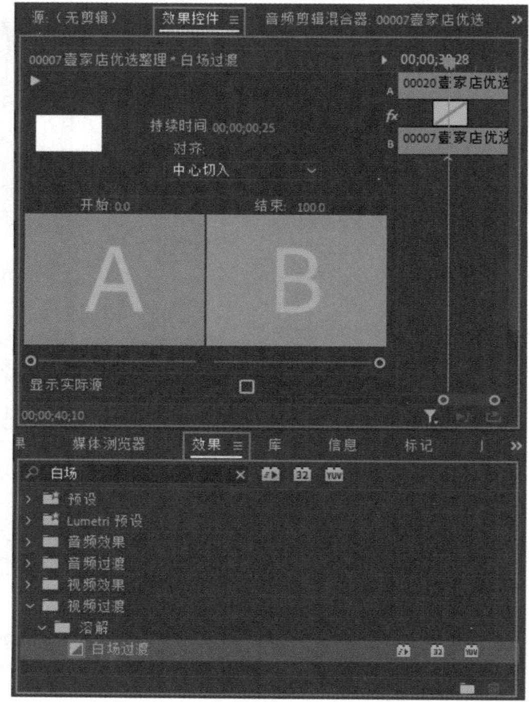

图6-1

“效果”面板中的类别较多，想要快速找到需要的效果，只需要在“效果”面板上方的搜索框中输入效果的名称即可，对应的效果将会在“效果”面板中单独显示出来，便于使用，能节省一定的时间，如图6-2所示。

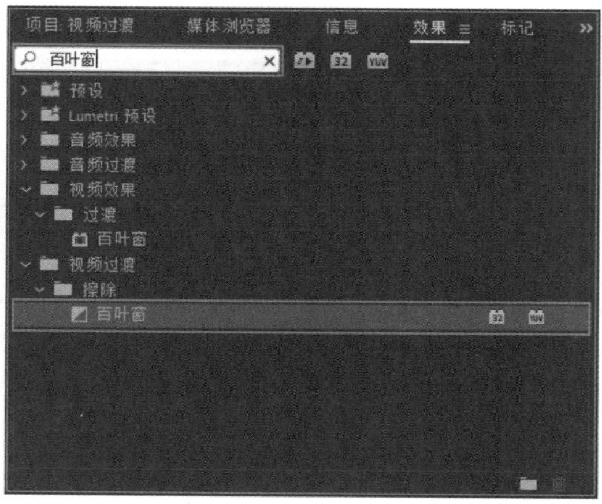

图6-2

新手练习 应用过渡效果

素材位置　素材文件\第6章\应用过渡效果
实例位置　实例文件\第6章\新手练习：应用过渡效果.prproj
视频名称　应用过渡效果.mp4
技术掌握　用Premiere应用视频过渡效果

扫码看视频

本案例讲解用Premiere应用视频过渡效果，本例效果如图6-3所示。

图6-3

01 选择“文件→新建→项目”菜单命令，在Premiere中新建一个项目，如图6-4所示。

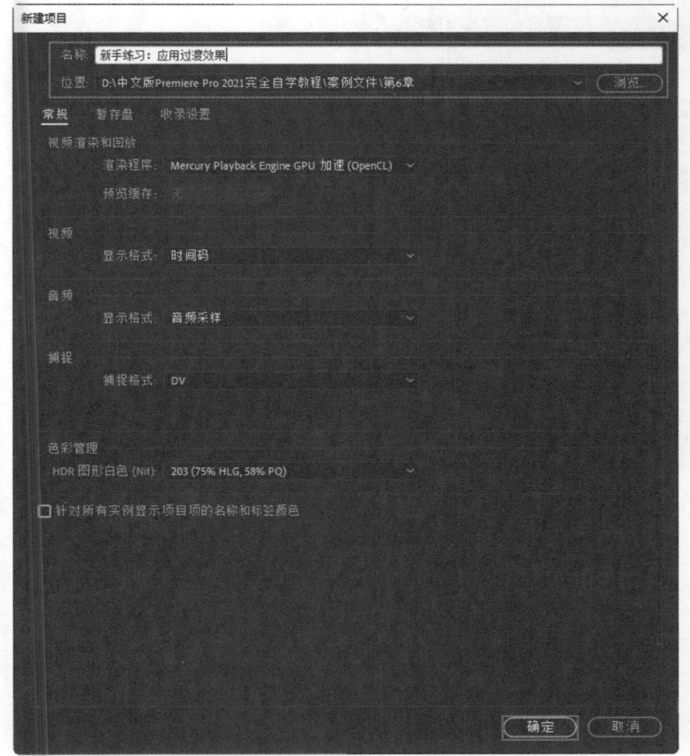

图6-4

02 在“项目”面板的空白处单击鼠标右键，在弹出的菜单中选择“新建项目→序列”命令，随后会弹出“新建序列”对话框，在AVCHD素材箱下选择“1080p→AVCHD 1080p25”选项，设置序列名称为“序列01”，单击“确定”按钮，如图6-5所示。

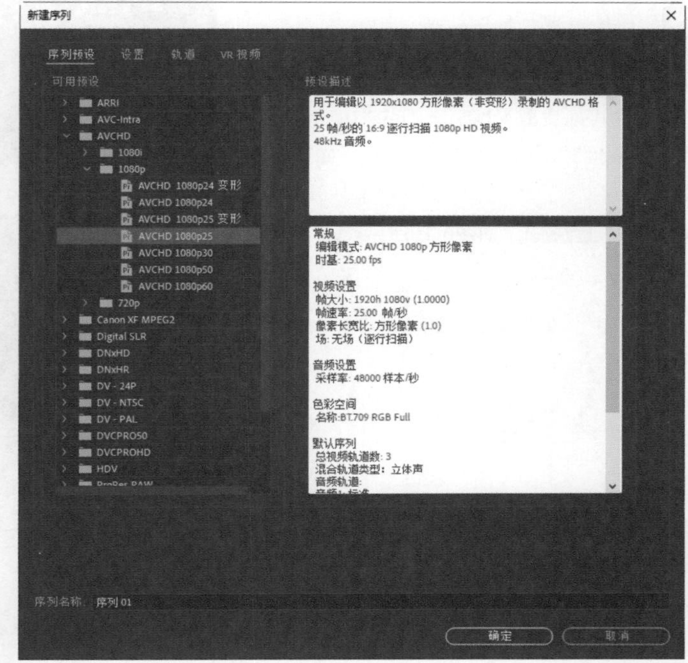

图6-5

03 在“项目”面板空白处双击，打开“导入”对话框，选择需要的素材，单击“打开”按钮，如图6-6所示。

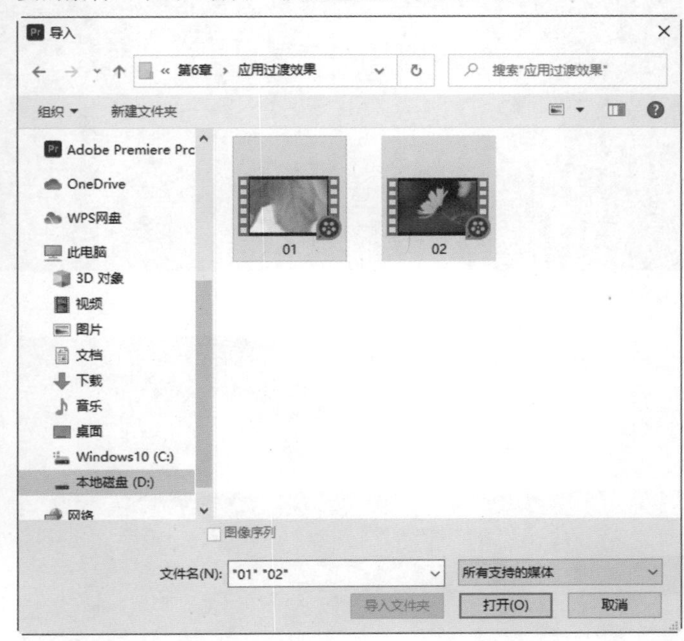

图6-6

04 将导入“项目”面板中的素材选中，拖曳到“时间轴”面板的V1轨道上，如图6-7所示。

05 在“效果”面板中搜索“白场过渡”效果，将其拖曳到V1轨道的“01.mp4”素材的起始位置，如图6-8所示。

06 在“效果”面板中搜索“交叉划像”效果，将其拖曳到V1轨道上的“01.mp4”和“02.mp4”素材连接的位置上，如图6-9所示。在弹出的“过渡”对话框中单击“确定”按钮确定，如图6-10所示。

07 在“节目”监视器面板中单击“播放-停止切换”按钮▶预览过渡效果，如图6-11所示。

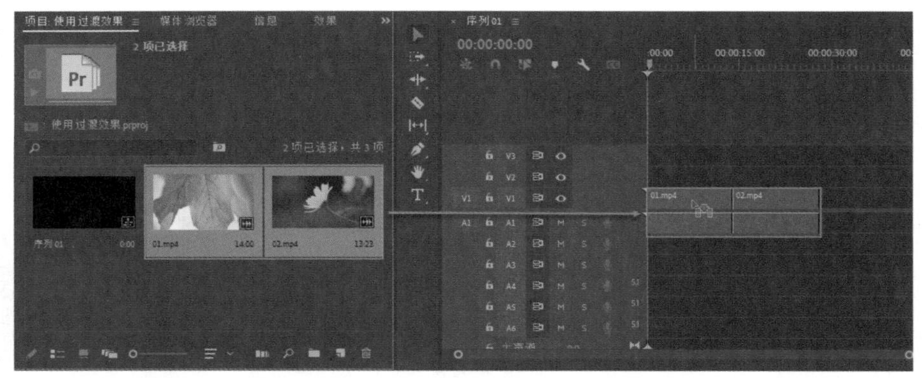

图6-7

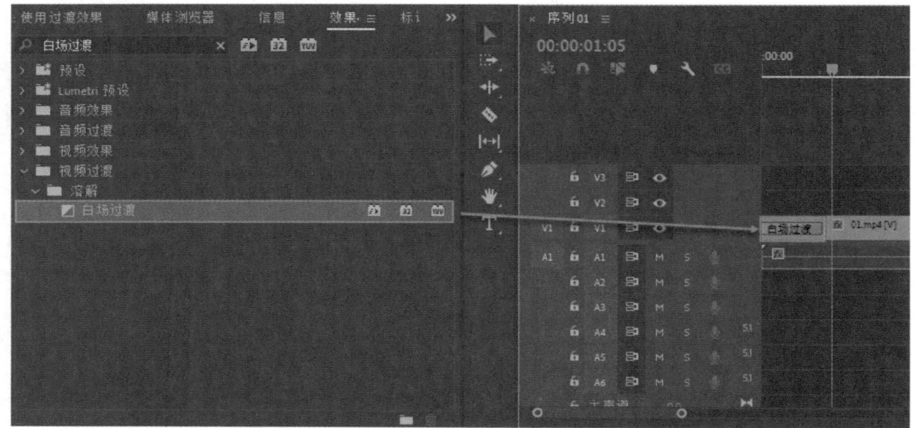

图6-8

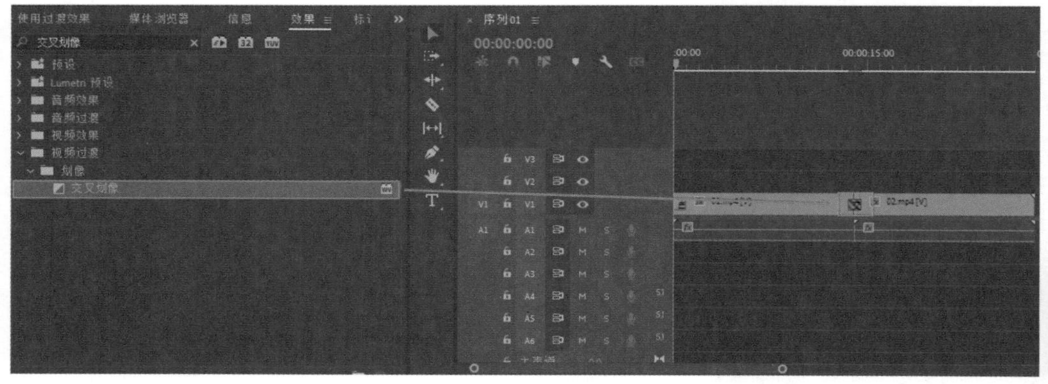

图6-9

图6-10

图6-11

6.1.2 编辑视频过渡效果

应用过渡效果之后，就可以在“时间轴”面板或“效果控件”面板中编辑它。要编辑过渡效果，首先要在“时间轴”面板中选中要编辑的过渡效果，然后打开“效果控件”面板，可以调整效果参数，如“持续时间”“对齐”“显示实际源”“边框宽度”“边框颜色”等，如图6-12所示。在这里需要强调一点，不同的过渡效果的参数也不同。

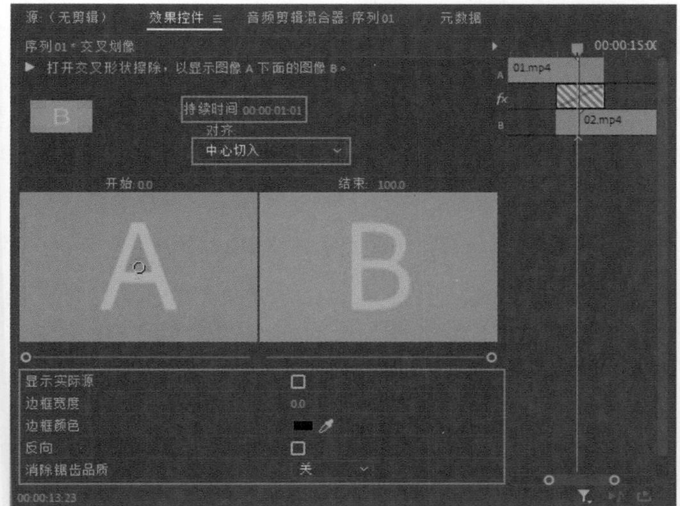

图6-12

更改持续时间

在“时间轴”面板中，通过拖曳过渡效果其中一个边缘，可以增加或减少过渡效果的帧数，如图6-13所示。

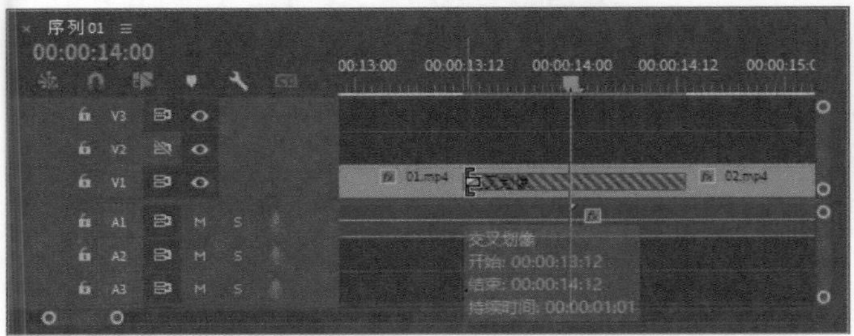

图6-13

要使用“效果控件”面板更改过渡效果的持续时间，首先在“时间轴”面板中选中该过渡效果，然后在“效果控件”面板中的“持续时间”后面输入时间即可，如图6-14所示。

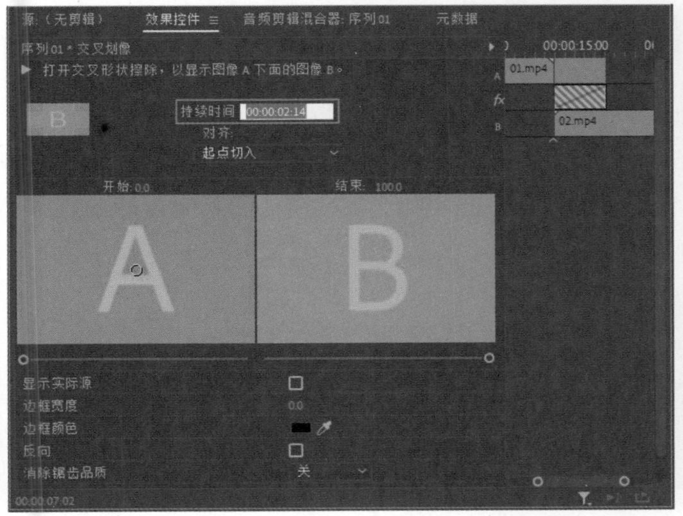

图6-14

更改对齐方式

要使用“时间轴”面板更改过渡效果的对齐方式，可以单击过渡效果将其选中，然后按住鼠标左键向左或向右拖曳它，或者让它居中。向左拖曳，可将过渡效果与前一段素材的结束位置对齐。向右拖曳，可将过渡效果与后一段素材的起始位置对齐。让过渡效果居中对齐时，需要将过渡效果放置在两段素材的中间位置，如图6-15所示。

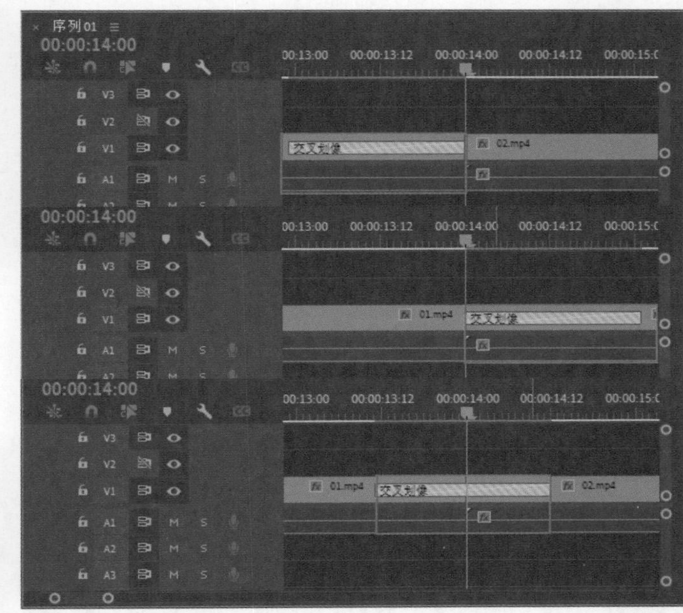

图6-15

要使用“效果”面板更改过渡效果的对齐方式，可以先将“时间轴”面板中的过渡效果选中，然后在“效果控件”面板中勾选“显示实际源”复选框，再从“对齐”下拉列表中选择一种对齐方式，如图6-16所示。

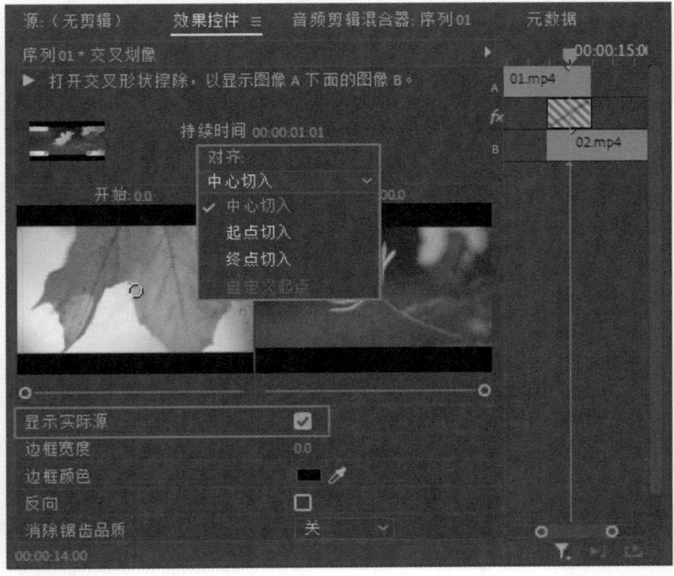

图6-16

更改过渡效果的设置

除了持续时间和对齐方式，许多过渡效果还会包含用于更改效果显示方式的设置选项。

在应用过渡效果之后，可以勾选“效果控件”面板中的“反向”复选框来编辑过渡方向。例如，“交叉划像”效果默认是素材A从中心被十字破开呈现出素材B，勾选“反向”复选框之后，就变为由素材B从4个角向中心汇聚，替代素材A，如图6-17所示。

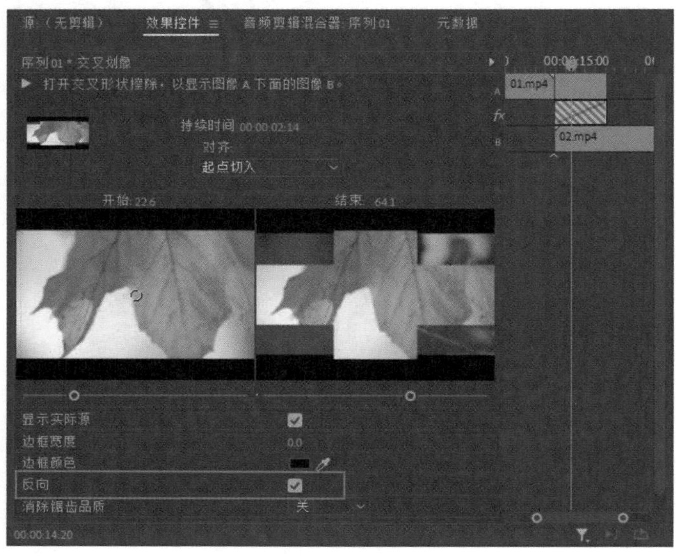

图6-17

要查看过渡效果的预览效果，可以先勾选“显示实际源”复选框，然后拖曳“开始”或“结束”预览图下方的滑块。也可以单击左上角的“播放过渡”按钮▶预览过渡效果，如图6-18所示。

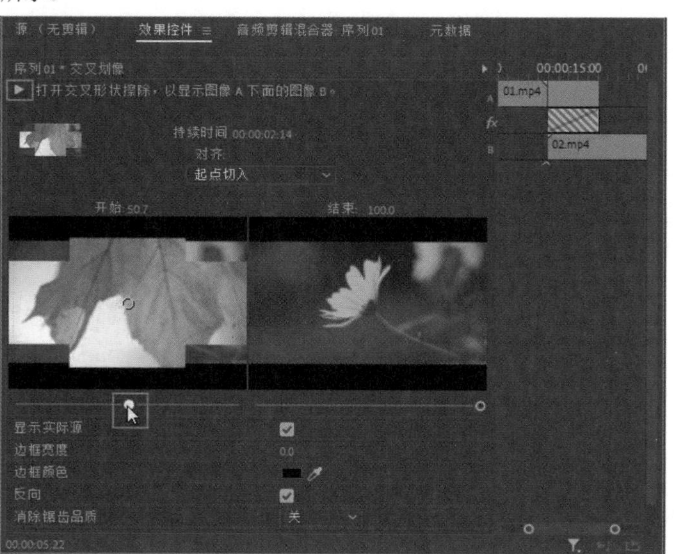

图6-18

替换和删除过渡效果

在应用过渡效果之后，可能会发现它并不理想，这时就需要替换或删除过渡效果。

想要替换过渡效果，只需单击选好的过渡效果，并将它从“效果”面板中拖曳到“时间轴”面板中需要替换的过渡效果上将其覆盖，新的过渡效果就会替换原来的过渡效果。

想要删除过渡效果，只需选中过渡效果并按键盘上的Delete键即可。也可以在过渡效果名称上单击鼠标右键，从弹出的菜单中选择“清除”命令。

应用默认过渡效果

如果要将某个过渡效果设置为默认效果，首先要选中该效果，然后单击鼠标右键，选择“将所选过渡设置为默认过渡”命令，如图6-19所示。

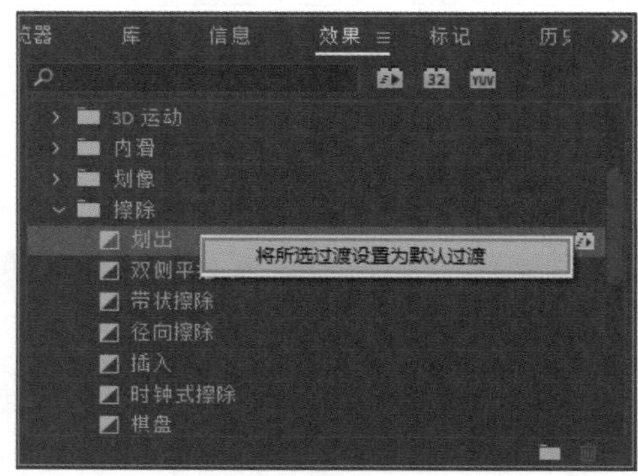

图6-19

要应用默认过渡效果，需要先在“时间轴”面板中选中素材，然后选择“序列→应用默认过渡到选择项”命令，如图6-20所示。

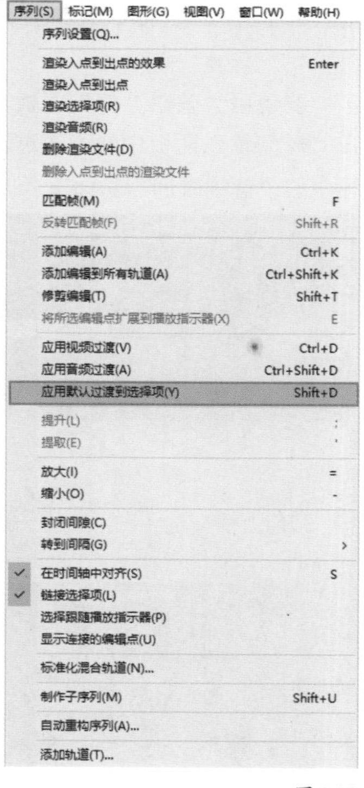

图6-20

新手练习 亲子相册

素材位置　素材文件\第 6 章\亲子相册
实例位置　实例文件\第 6 章\新手练习：亲子相册.prproj
视频名称　亲子相册.mp4
技术掌握　应用默认视频过渡效果制作电子相册

扫码看视频

本案例讲解应用默认视频过渡效果制作电子相册，本例效果如图6-21所示。

图6-21

01 选择“文件→新建→项目”命令，在Premiere中新建一个项目，如图6-22所示。

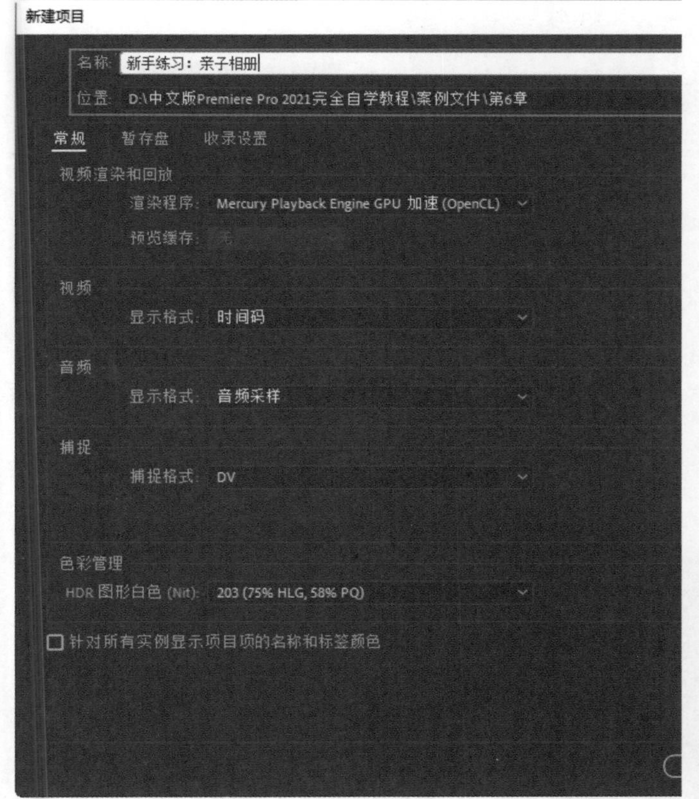

图6-22

02 在“项目”面板的空白处双击，打开“导入”对话框，找到需要导入的素材，单击“打开”按钮打开(O)，如图6-23所示，将素材导入“项目”面板，如图6-24所示。

图6-23

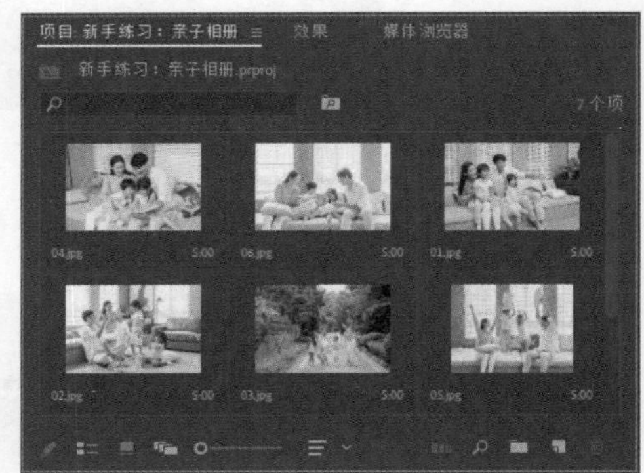

图6-24

03 选中“01.jpg”~“06.jpg”素材，将它们拖曳到“时间轴”面板的V1轨道中，会自动生成一个以最后一个素材名称命名的序列，如图6-25所示。

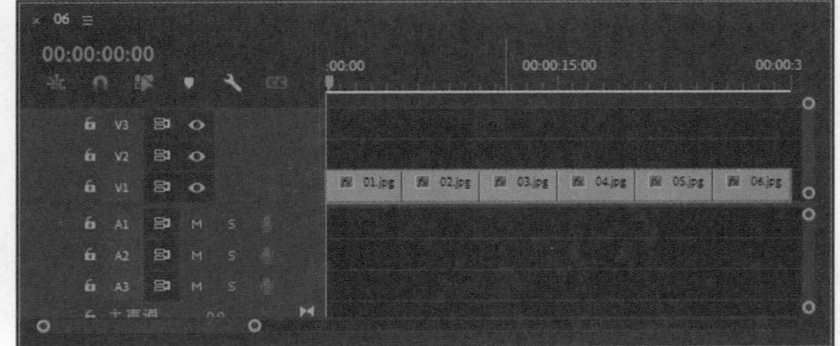

图6-25

04 选中“音乐.mp3”素材，将其拖曳到“时间轴”面板的A1轨道中，如图6-26所示。

图6-26

05 用“效果”面板的搜索框搜索“白场过渡”，选中“白场过渡”效果，单击鼠标右键，选择“将所选过渡设置为默认过渡”命令，如图6-27所示。

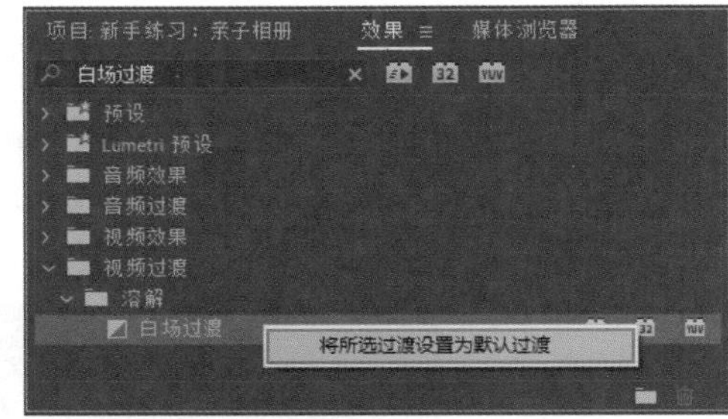

图6-27

06 选中“时间轴”面板中V1轨道的所有素材，按组合键Shift+D，应用默认过渡效果，如图6-28所示。

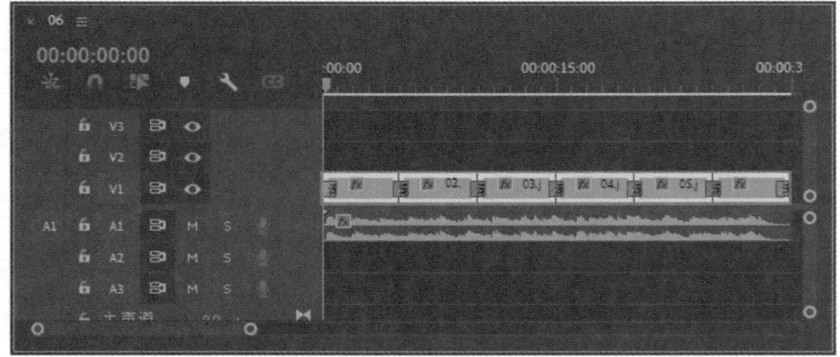

图6-28

07 在“节目”监视器面板中单击“播放-停止切换”按钮▶，预览案例效果，如图6-29所示。

图6-29

6.2 Premiere过渡效果概览

在“效果”面板中，可以单击“视频过渡”素材箱前面的展开按钮▶，显示系统自带的视频过渡效果。Premiere Pro 2021的“视频过渡”素材箱中包含8个不同的过渡类型，分别是“3D运动”“内滑”“划像”“擦除”“沉浸式视频”“溶解”“缩放”“页面剥落”，如图6-30所示。

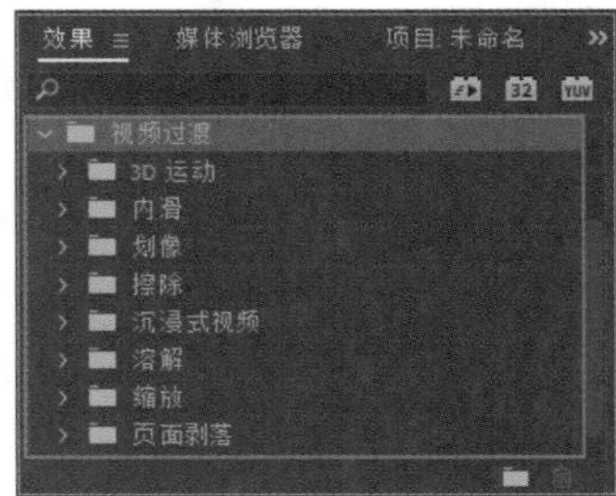

图6-30

6.2.1 3D运动类视频过渡效果

“3D运动”类视频过渡效果可以将相邻的两段素材从二维过渡到三维，该效果组下包括“立方体旋转”“翻转”两种视频过渡效果，如图6-31所示。

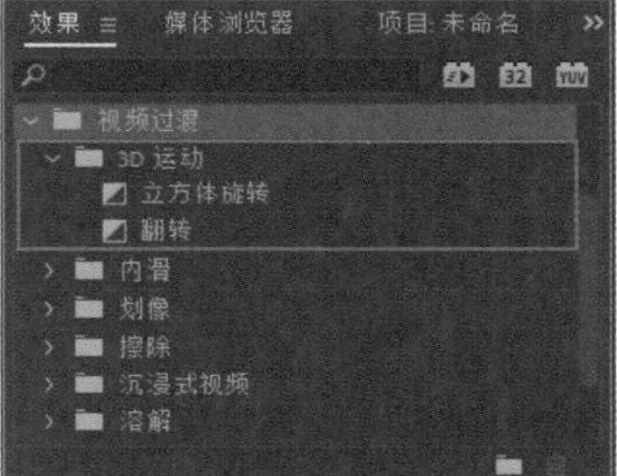

图6-31

立方体旋转

此过渡效果使用旋转的立方体创建从素材A到素材B的过渡效果，如图6-32所示。

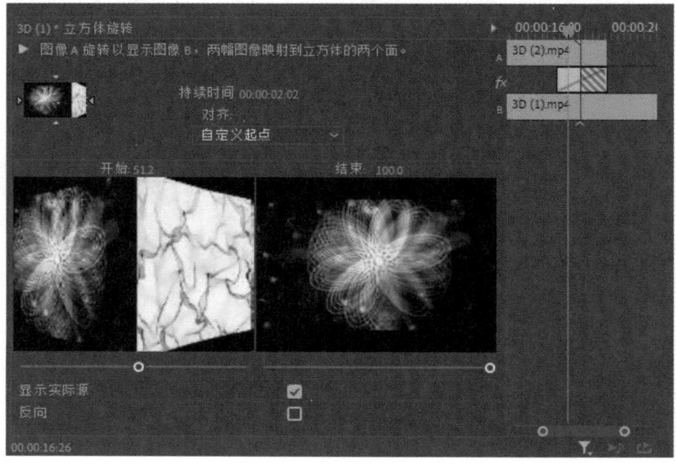

图6-32

翻转

此效果以竖直中心线为轴线，素材A逐渐翻转隐去，素材B逐渐翻转出现，如图6-33所示。

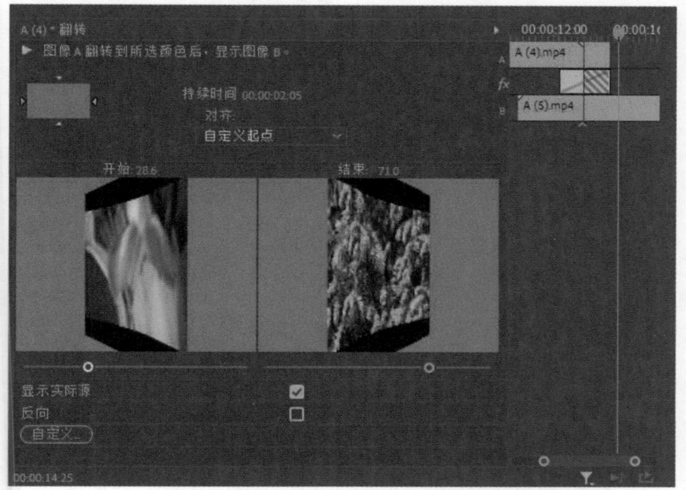

图6-33

6.2.2 内滑类视频过渡效果

“内滑”类过渡效果素材箱中提供了“中心拆分”“内滑”“带状内滑”“急摇”“拆分”“推”6种效果，主要通过画面滑动来实现A、B素材之间的过渡，如图6-34所示。

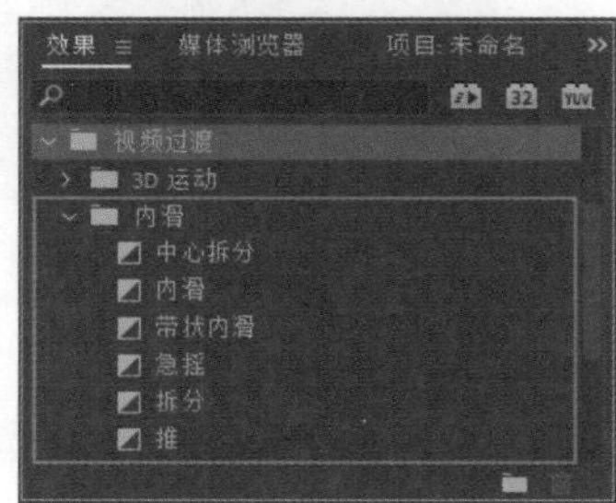

图6-34

中心拆分

此效果可将素材A切分成4部分，分别向画面的4个角移动，直到移出画面，显示出素材B，如图6-35所示。

内滑

此效果将素材B由左向右滑动，直到完全覆盖素材A，如图6-36所示。

带状内滑

此效果将素材B以细长的带状覆盖在素材A上方，并由左右两侧向中间滑动，如图6-37所示。

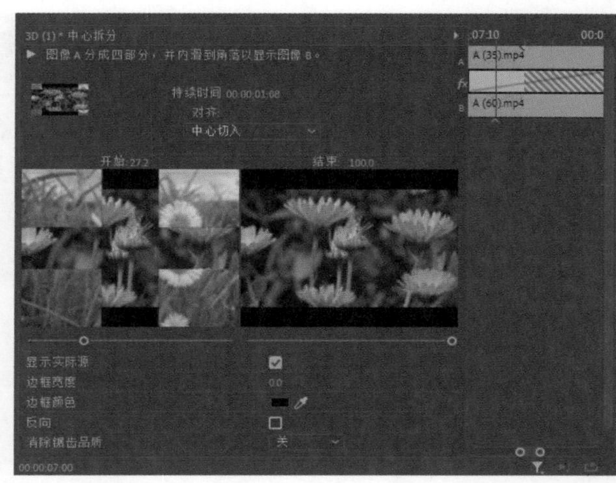

图6-35

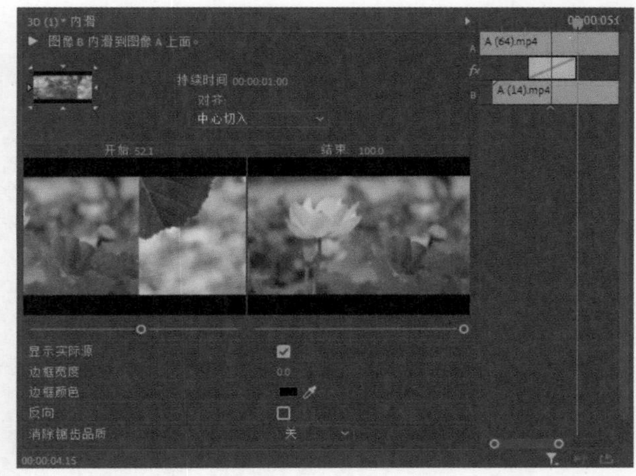

图6-36

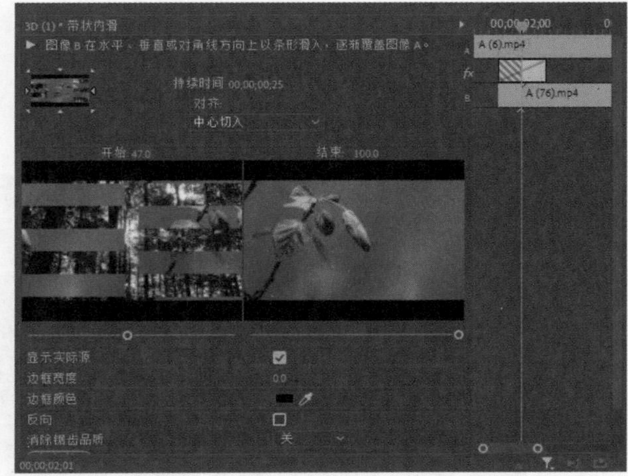

图6-37

急摇

此效果通过急摇镜头的方式，将素材A过渡到素材B，如图6-38所示。

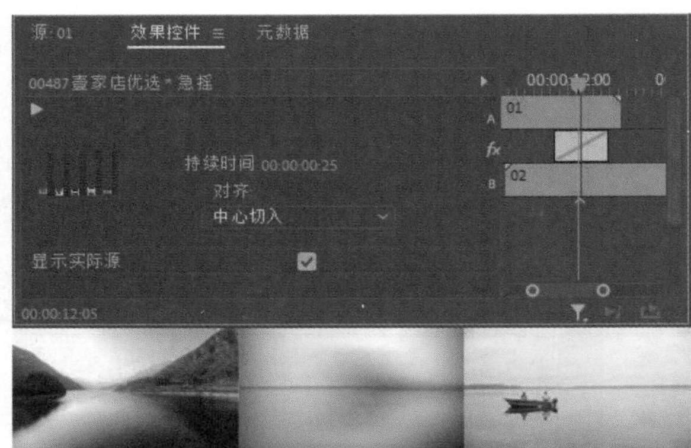

图6-38

拆分

此效果可将素材A从中间分开，向两侧滑动并逐渐显示出素材B，如图6-39所示。

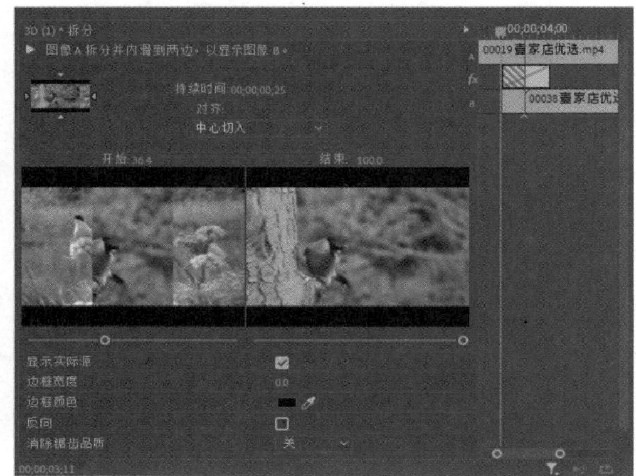

图6-39

推

在此效果中，素材B由左向右进入画面，并推动素材A，直到将素材A推出画面，如图6-40所示。

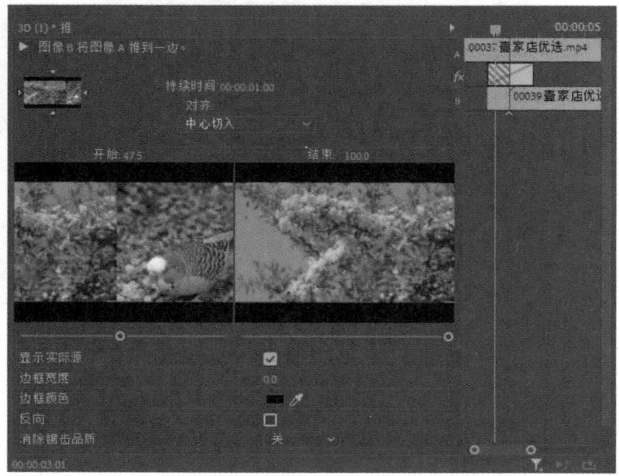

图6-40

6.2.3 划像类视频过渡效果

“划像”类过渡效果可将素材A伸展并逐渐过渡到素材B。其中包括“交叉划像”“圆划像”“盒形划像”“菱形划像”4种效果，如图6-41所示。

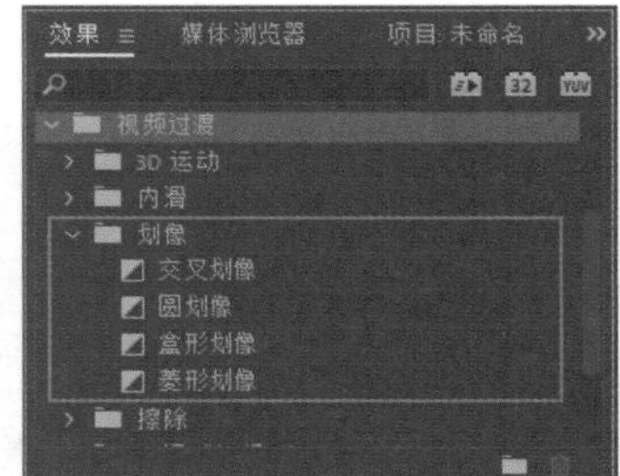

图6-41

交叉划像

在此过渡效果中，素材B逐渐出现在一个十字形中，该十字形会越变越大，直到占据整个画面，如图6-42所示。

图6-42

圆划像

在此过渡效果中，素材B会以圆形的形式逐渐扩大到素材A的上方，直到完全显示，如图6-43所示。

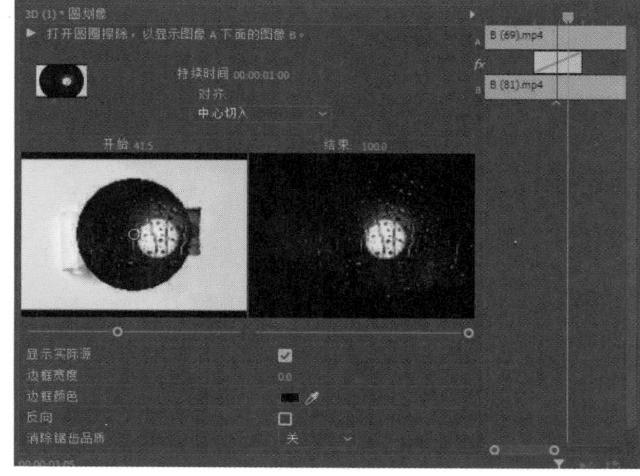

图6-43

盒型划像

在此过渡效果中，素材B逐渐显示在一个慢慢变大的矩形中，该矩形会逐渐占据整个画面，如图6-44所示。

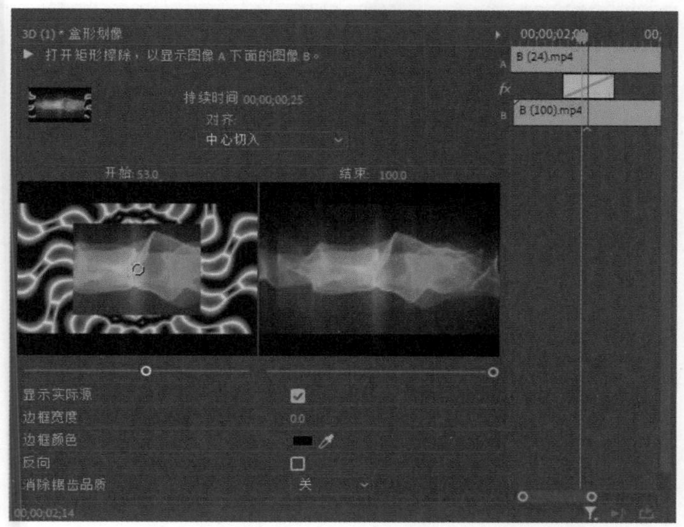

图6-44

菱形划像

在此过渡效果中，素材B逐渐出现在一个菱形中，该菱形将逐渐占据整个画面，如图6-45所示。

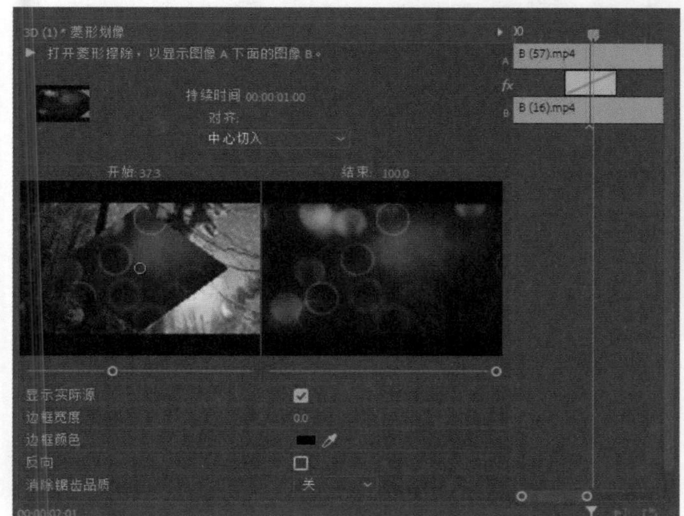

图6-45

6.2.4 擦除类视频过渡效果

“擦除”类视频过渡效果可使两个素材呈现擦拭过渡的画面效果。其中包括“划出”“双侧平推门”“带状擦除”等17种效果，如图6-46所示。

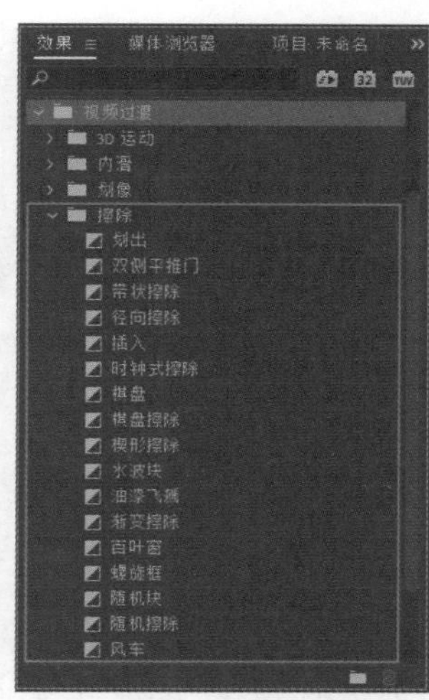

图6-46

划出

在此过渡效果中，素材B从左至右移动，逐渐擦除素材A，直到素材B完全显示，如图6-47所示。

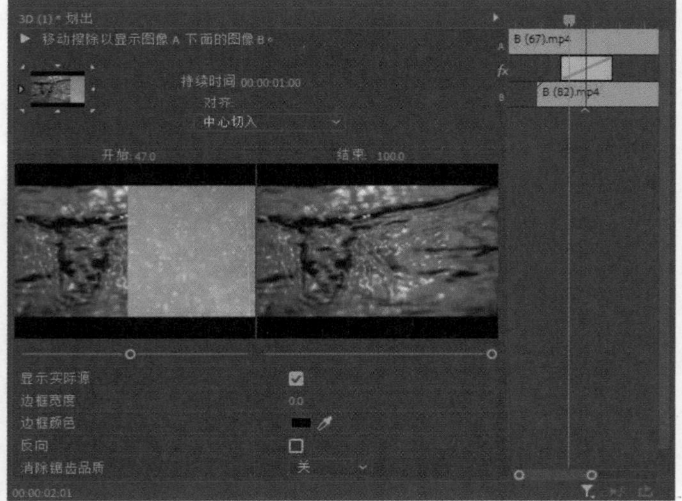

图6-47

双侧平推门

在此过渡效果中，素材B用从中央向外打开的方式从素材A下面显示出来，如图6-48所示。

带状擦除

在此过渡效果中，素材B沿水平、竖直或对角线方向以条状扫除素材A，直到完全显示，如图6-49所示。

径向擦除

在此过渡效果中，素材A以左上角为圆心，顺时针消失，呈现出素材B，如图6-50所示。

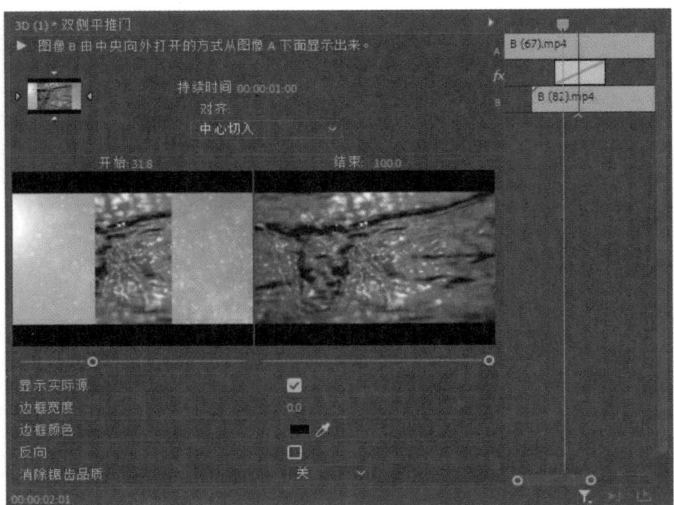

图6-48

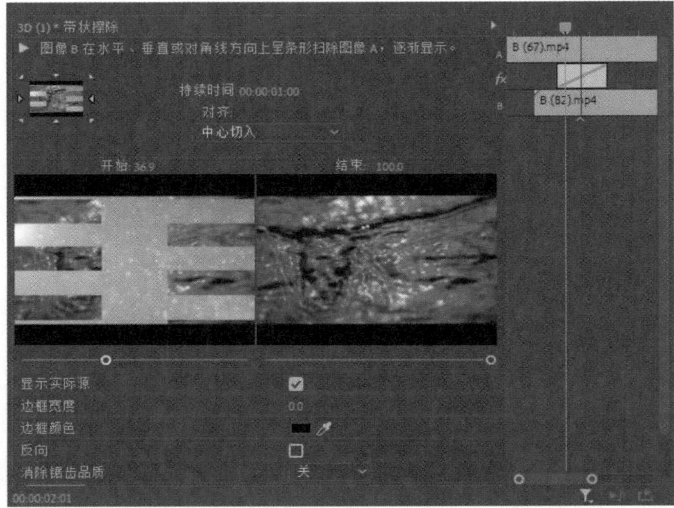

图6-49

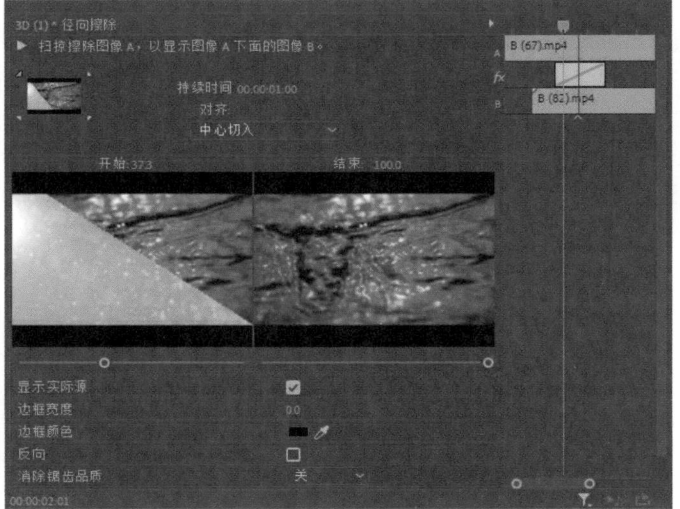

图6-50

插入

在此过渡效果中，素材B沿对角线方向擦除素材A，直到完全显示，如图6-51所示。

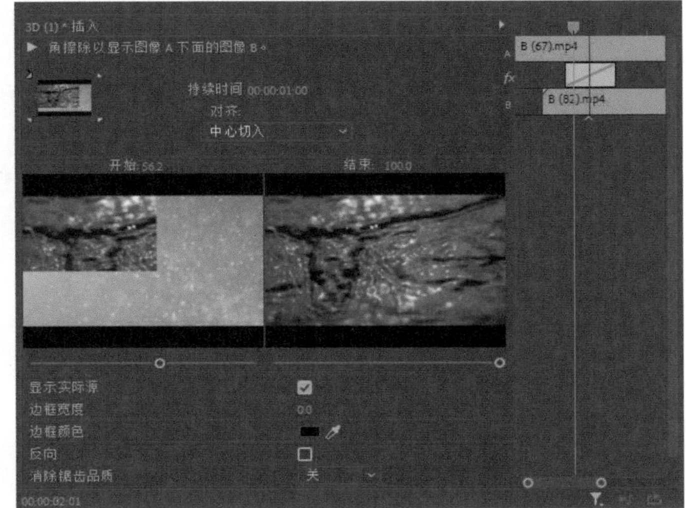

图6-51

时钟式擦除

在此过渡效果中，素材B从中心沿着顺时针方向擦除素材A，直到完全显示，如图6-52所示。

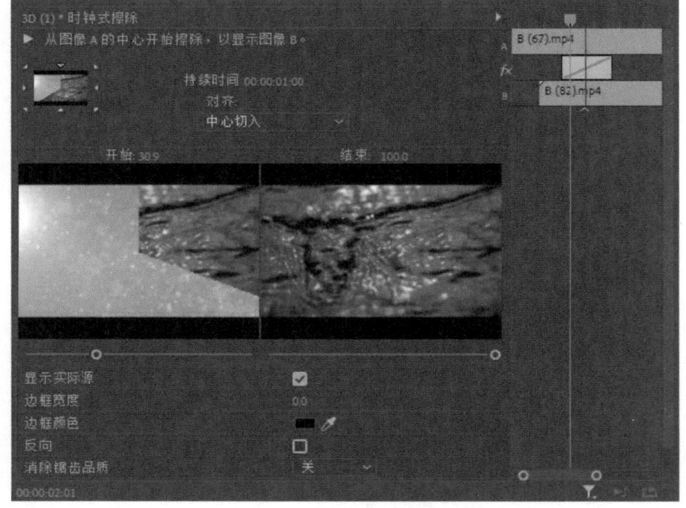

图6-52

棋盘

在此过渡效果中，素材B以棋盘格图案的形式出现，逐渐取代素材A，如图6-53所示。

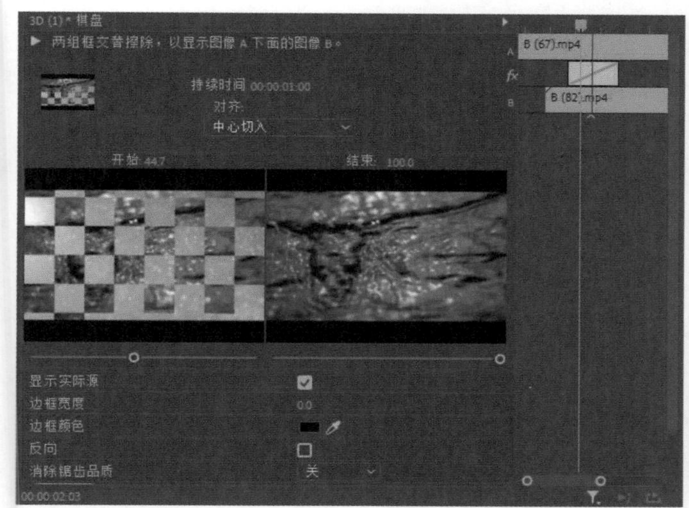

图6-53

棋盘擦除

在此过渡效果中，包含素材B切片的棋盘方块图案逐渐扩展到整个屏幕，如图6-54所示。

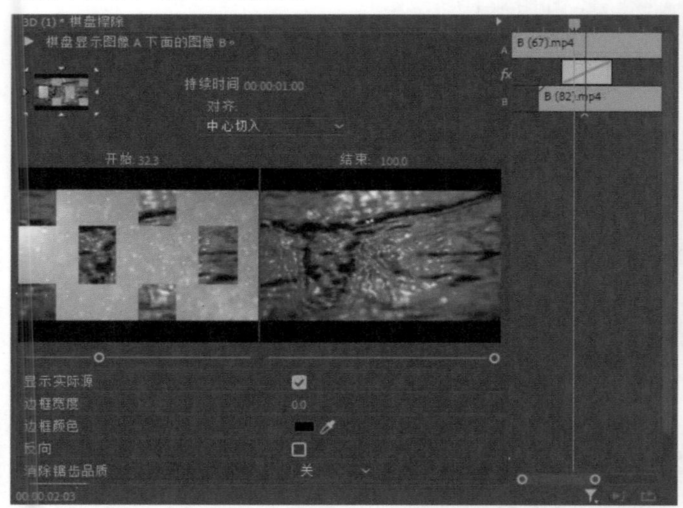

图6-54

楔形擦除

在此过渡效果中，素材A被以扇形的形式逐渐擦除，素材B逐渐显示出来，如图6-55所示。

水波块

在此过渡效果中，将素材A以水波形式沿横向逐渐擦除，直至素材B完全显示出来，如图6-56所示。

油漆飞溅

在此过渡效果中，将素材B以油漆点的形状逐渐显示在素材A的上方，直至占据整个画面，如图6-57所示。

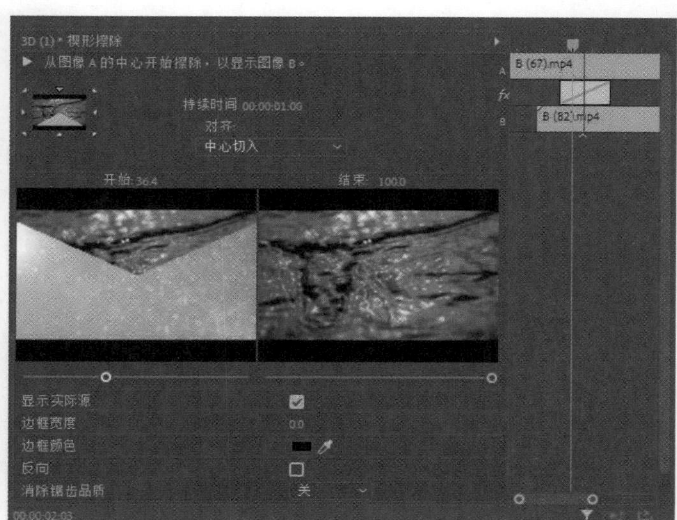

图6-55

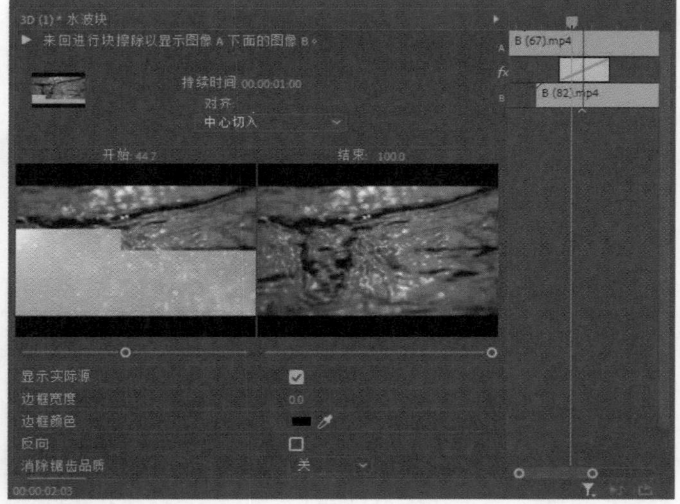

图6-56

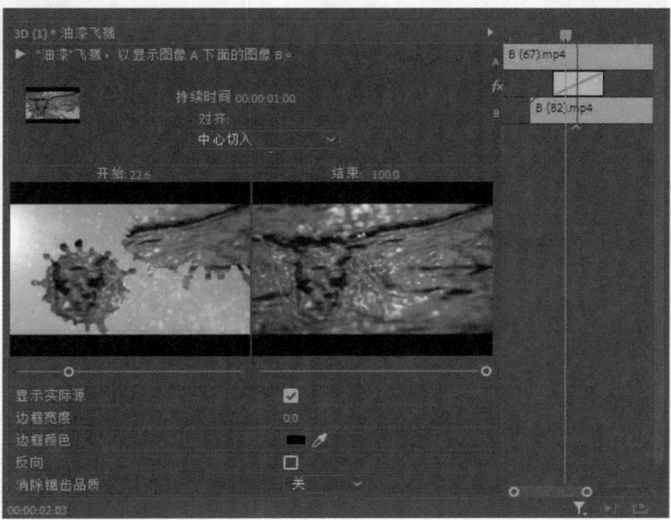

图6-57

渐变擦除

在此过渡效果中，素材A逐渐淡化直至素材B完全出现，如图6-58所示。

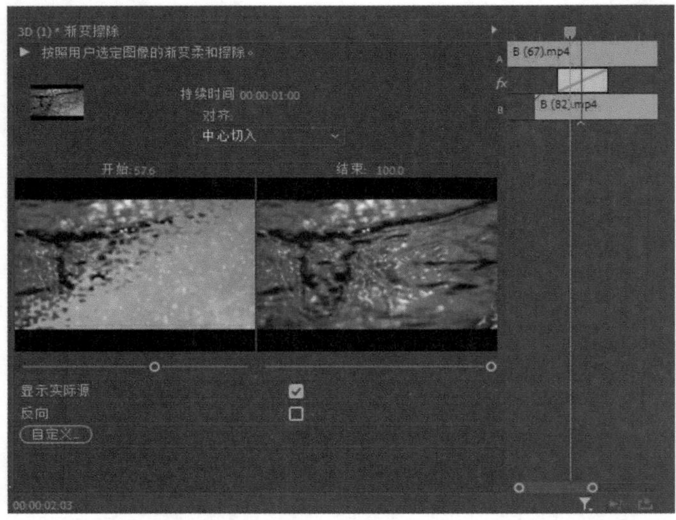

图6-58

百叶窗

在此过渡效果中，素材A按照拉动百叶窗的样式逐渐过渡到素材B，如图6-59所示。

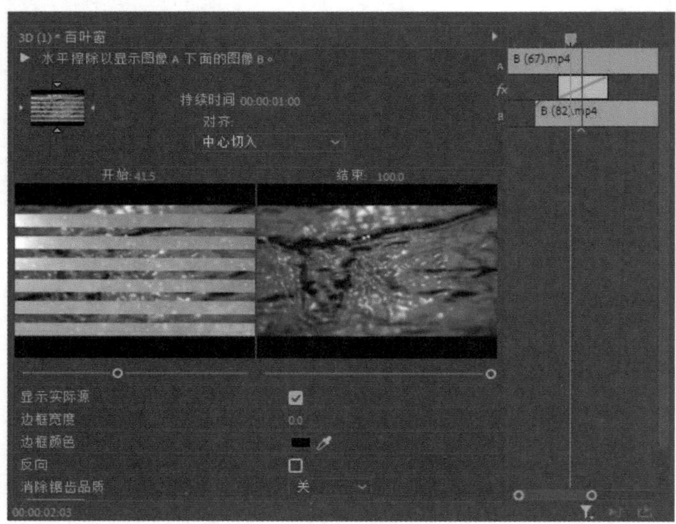

图6-59

螺旋框

在此过渡效果中，素材A按照螺旋框的形状逐渐消失，素材B逐渐出现，如图6-60所示。

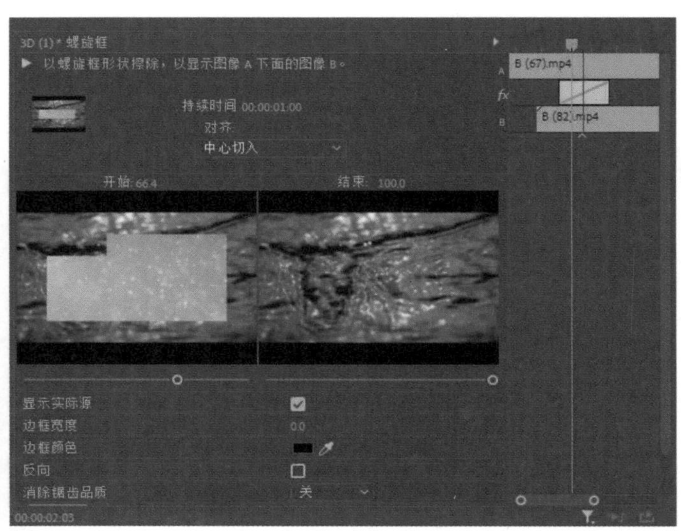

图6-60

随机块

在此过渡效果中，素材B以很多小方块形式逐渐出现在素材A的上方，如图6-61所示。

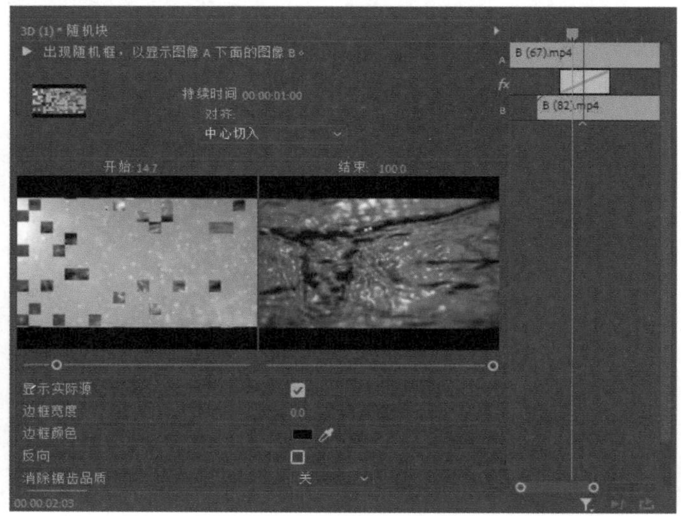

图6-61

随机擦除

在此过渡效果中，用随机的方式以方块的形状对素材A进行擦除，逐渐显示素材B，如图6-62所示。

风车

在此过渡效果中，模拟风车转动的方式擦除素材A，素材B逐渐出现，如图6-63所示。

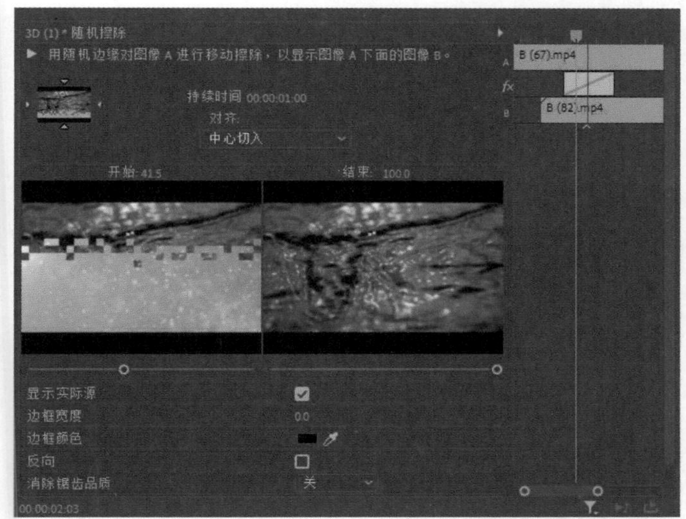

图6-62

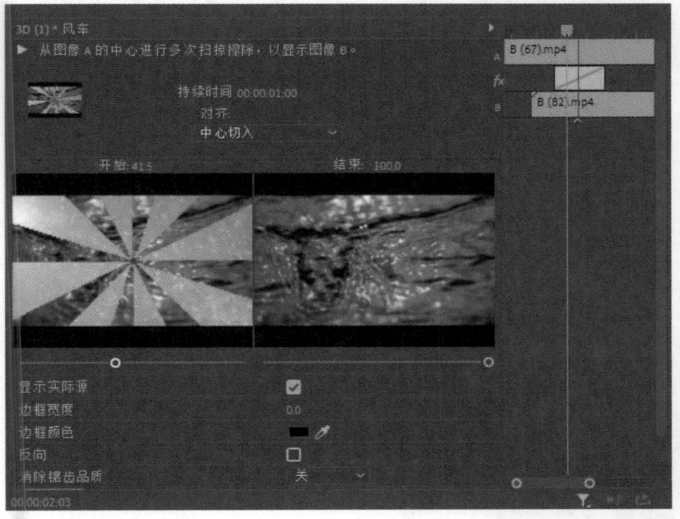

图6-63

6.2.5 沉浸式视频类视频过渡效果

“沉浸式视频”类过渡效果可使两个素材的画面以沉浸的方式过渡。其中包括“VR光圈擦除”“VR光线”“VR渐变擦除”等8种效果，如图6-64所示。需要注意的是，这些过渡效果需要GPU加速，需要使用VR设备进行体验。

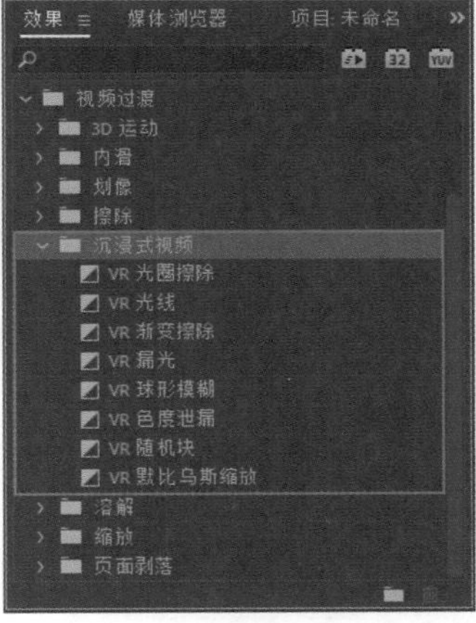

图6-64

“沉浸式视频”类过渡效果在“效果控件”面板中将不再显示素材A与素材B的“开始”和“结束”预览图，因此，为了对比过渡效果，以下讲解“沉浸式视频”类过渡效果的内容使用图6-65所示的素材A与素材B。

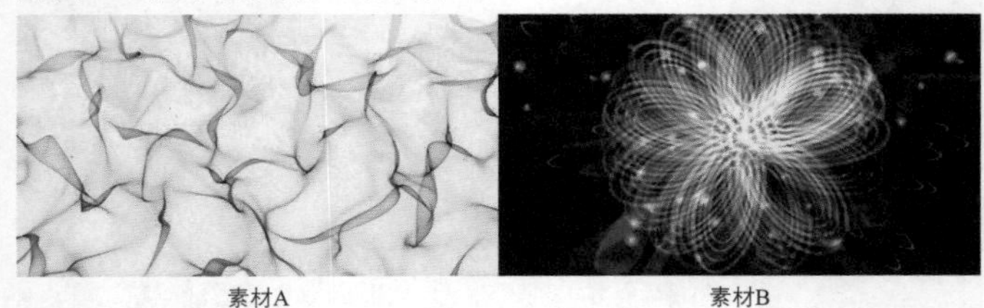

图6-65

VR光圈擦除

在此过渡效果中，素材B逐渐出现在慢慢变大的光圈中，随后该光圈占据整个画面，如图6-66所示。

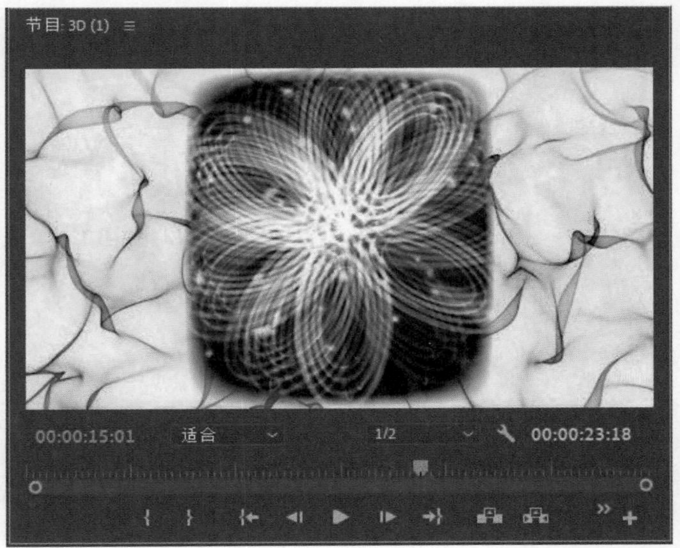

图6-66

VR光线

在此过渡效果中，素材A逐渐变亮，变为强光线，随后素材B在光线中逐渐淡入，如图6-67所示。

VR渐变擦除

在此过渡效果中，素材B逐渐擦过整个屏幕，用户还可以选择作为渐变擦除素材A的图像，还可以设置渐变擦除的羽化值等参数，如图6-68所示。

VR漏光

在此过渡效果中，素材A逐渐变亮，随后素材B在亮光中逐渐淡入，如图6-69所示。

图6-67

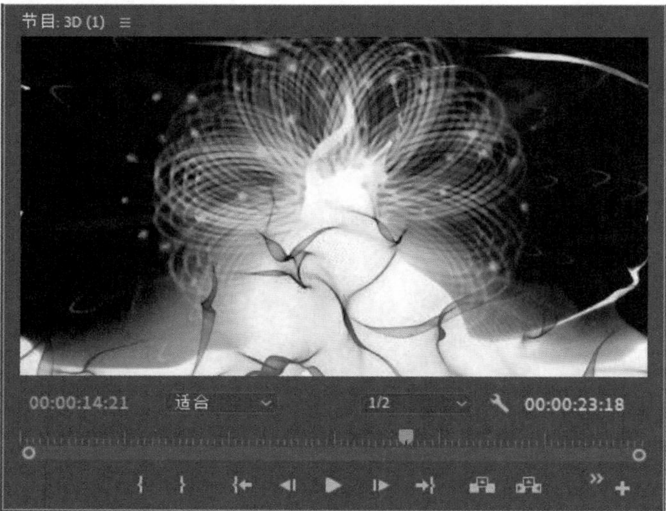

图6-68

图6-69

VR球形模糊

“VR球形模糊”用于在VR沉浸式视频中模拟模糊球状效果。在此过渡效果中，素材A以球形模糊的方式逐渐消失，随后素材B以球形模糊的方式逐渐淡入，如图6-70所示。

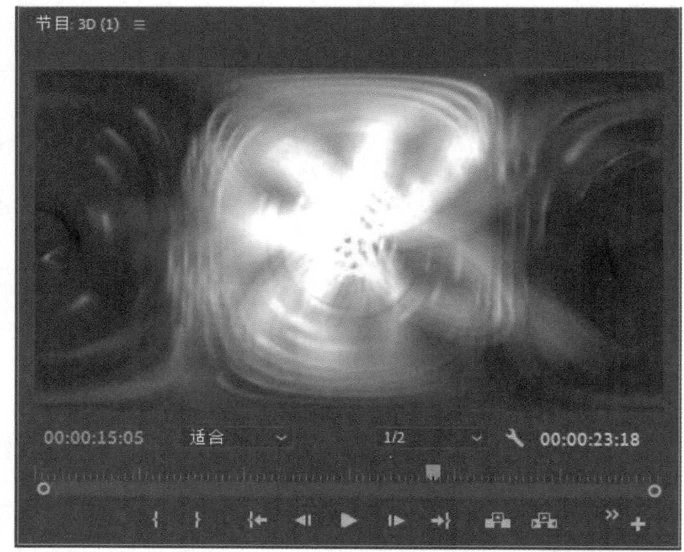

图6-70

VR色度泄漏

在此过渡效果中，素材A以色度泄漏方式逐渐消失，随后素材B逐渐淡入屏幕，如图6-71所示。

图6-71

VR随机块

在此过渡效果中，素材B逐渐在随机出现的小块中显现，用户可以设置块的宽度、高度和羽化值等参数，如图6-72所示。

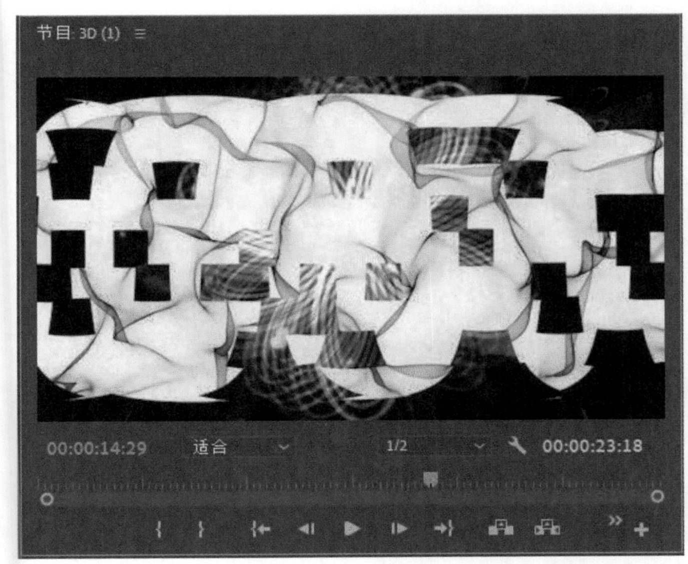

图6-72

VR默比乌斯缩放

在此过渡效果中，素材B以默比乌斯缩放的方式逐渐显现，如图6-73所示。

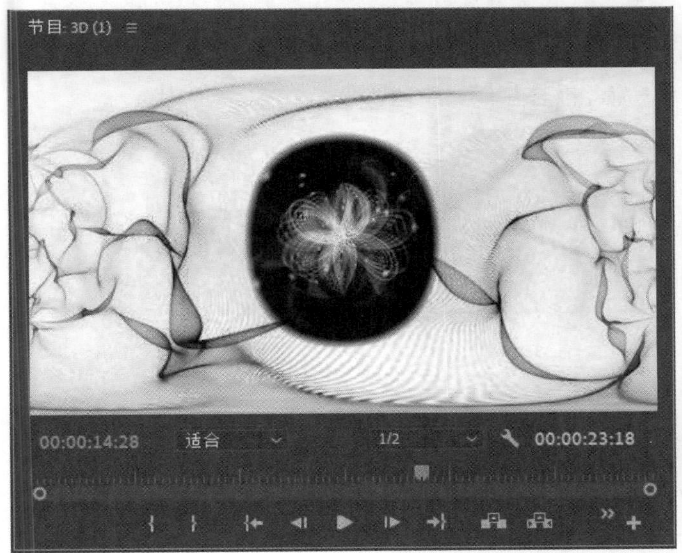

图6-73

6.2.6 溶解类视频过渡效果

“溶解”类视频过渡效果可将画面从素材A逐渐过渡到素材B，过渡效果自然柔和。其中包括“MorphCut”“交叉溶解”“叠加溶解”等7种过渡效果，如图6-74所示。

图6-74

MorphCut

MorphCut只能应用于在静态背景上有演说者头部特写的固定访谈类节目镜头。通过在原声摘要之间平滑跳切，略去不重要的停顿，帮助用户创建更加完美的访谈。

交叉溶解

在此过渡效果中，素材A的结尾部分与素材B的开始部分交叉叠加，直至完全过渡到素材B，如图6-75所示。

图6-75

叠加溶解

在此过渡效果中，素材A的结尾部分与素材B的开始部分相互叠加，并且在过渡的同时会对画面的亮度和色调进行调整，如图6-76所示。

白场过渡

在此过渡效果中，素材A逐渐变为白色，然后由白色过渡到素材B，如图6-77所示。

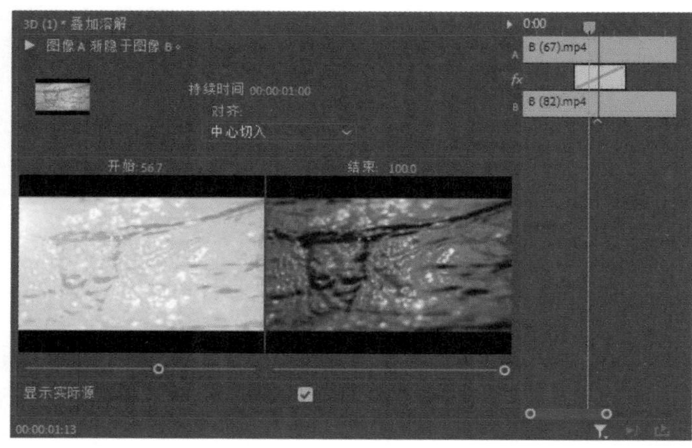

图6-76

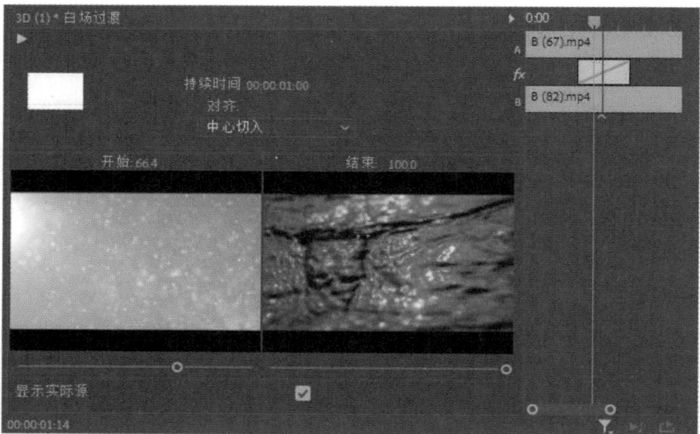

图6-77

胶片溶解

在此过渡效果中，素材A的不透明度会逐渐降低，一直到完全出现素材B为止，如图6-78所示。

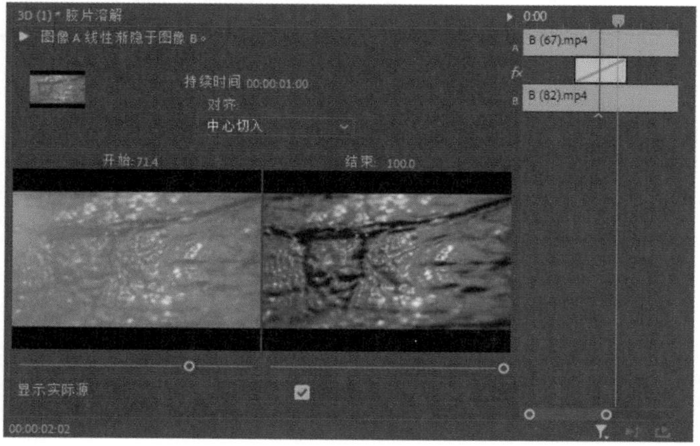

图6-78

非叠加溶解

在此过渡效果中，素材B中比较明亮的部分将直接叠加到素材A的画面中，如图6-79所示。

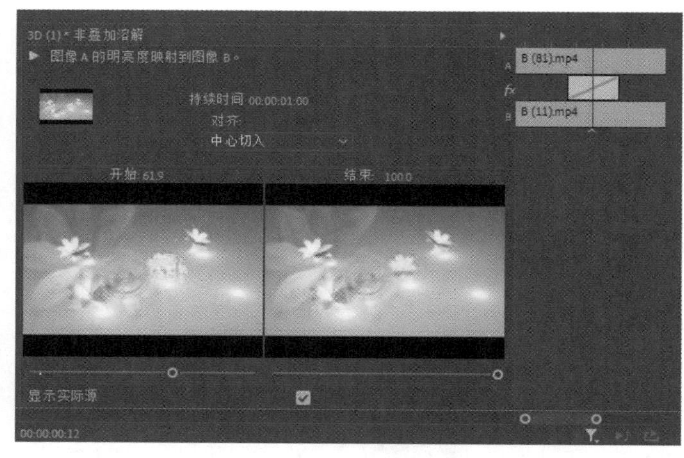

图6-79

黑场过渡

在此过渡效果中，素材A逐渐变为黑色，然后由黑色过渡到素材B，如图6-80所示。

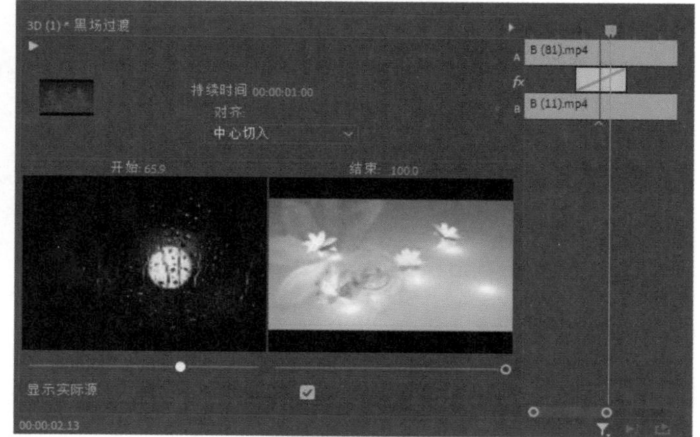

图6-80

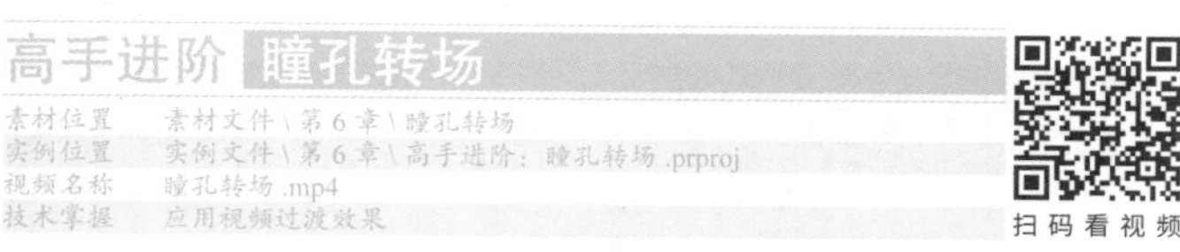

高手进阶 瞳孔转场

素材位置　素材文件\第6章\瞳孔转场
实例位置　实例文件\第6章\高手进阶：瞳孔转场.prproj
视频名称　瞳孔转场.mp4
技术掌握　应用视频过渡效果

扫码看视频

在本实例的制作过程中，会用到“添加帧定格”命令，在“效果控件”面板中设置旋转、缩放等参数，应用“交叉溶解”效果等，案例效果如图6-81所示。

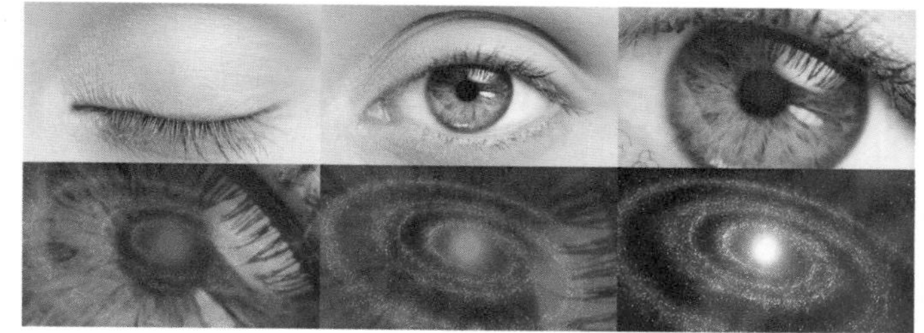

图6-81

01 打开Premiere Pro 2021应用程序，选择“文件→新建→项目”命令，打开“新建项目”对话框，设置项目名称和存储位置，单击“确定”按钮，如图6-82所示。

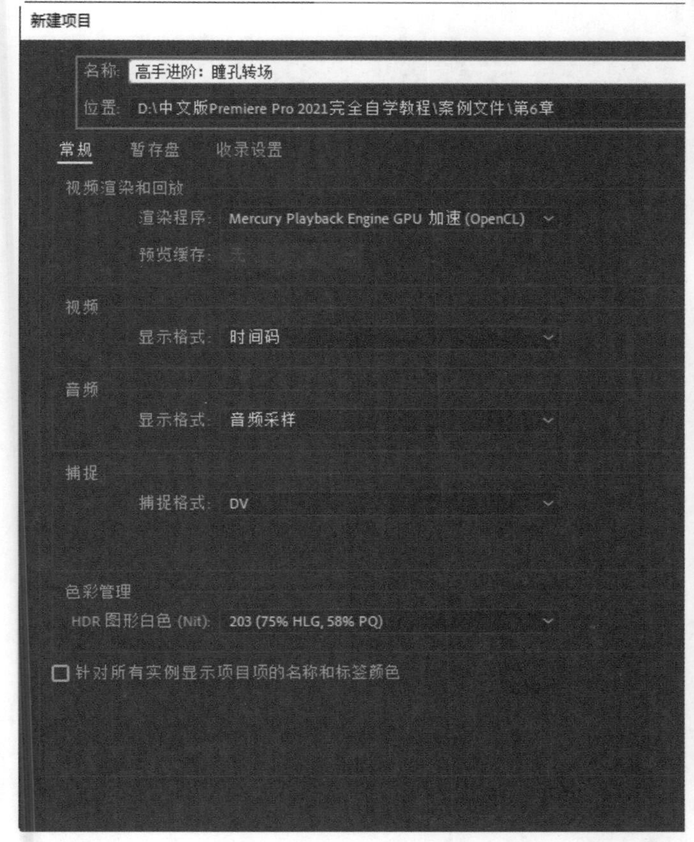

图6-82

02 在“项目”面板的空白处双击，打开“导入”对话框，找到素材位置并选中要导入的素材，单击“打开”按钮，如图6-83所示，将素材导入“项目”面板，如图6-84所示。

03 双击“眼睛.mp4”素材，在“源”监视器面板中将其打开，在00:00:07:10的位置单击“标记入点”按钮，为素材设置入点，如图6-85所示。

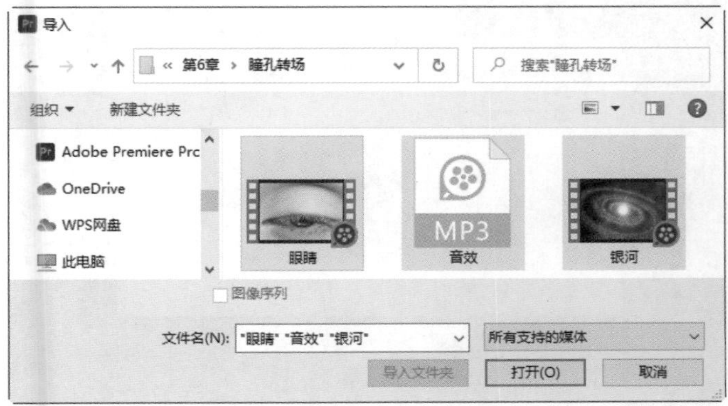

图6-83

图6-84

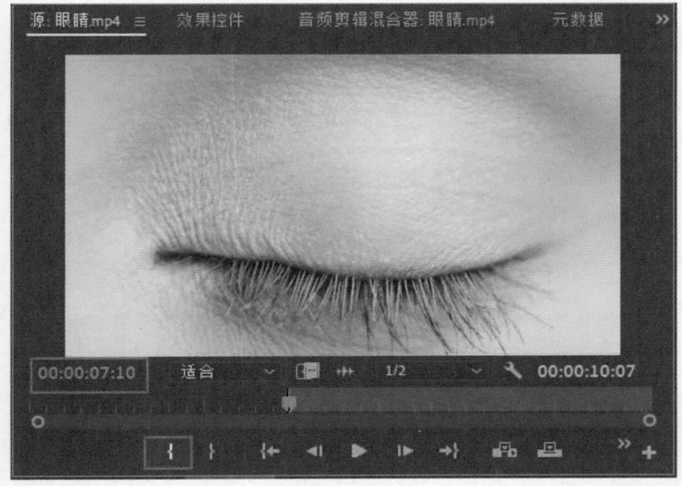

图6-85

04 将鼠标指针靠近“源”监视器面板中的“仅拖动视频”按钮，鼠标指针会变为抓手图标，如图6-86所示。此时拖曳视频到“时间轴”面板的V1轨道中，如图6-87所示。

图6-86

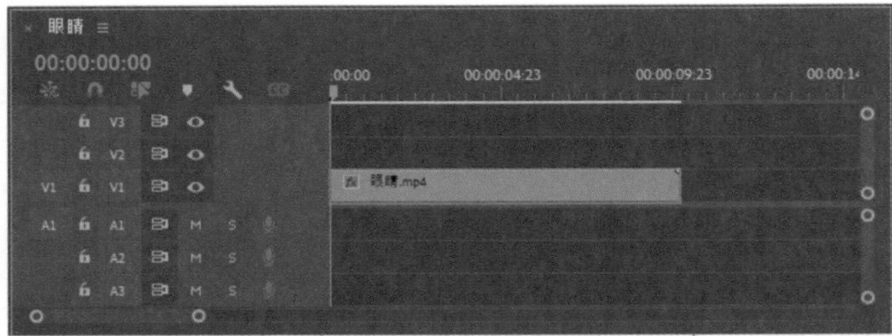

图6-87

05 将时间指示器移动到00:00:05:10的位置，单击鼠标右键，在弹出的菜单中选择“添加帧定格”命令，如图6-88所示。添加帧定格之后的素材会被分割成两段，如图6-89所示。

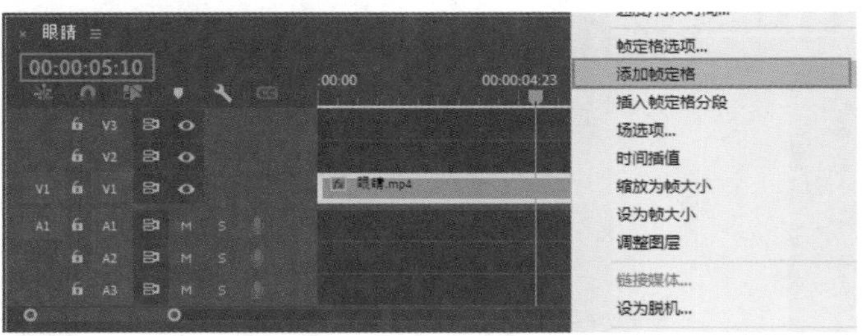

图6-88

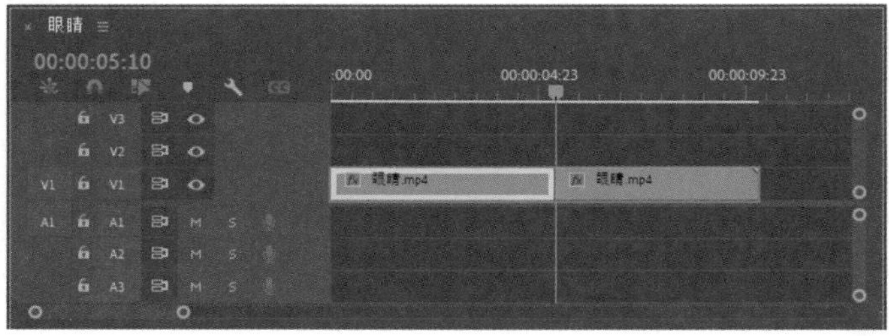

图6-89

06 选中后半段素材，打开“效果控件”面板，在“运动”选项组中单击“锚点”选项前面的“切换动画”按钮，为素材添加关键帧，如图6-90所示。

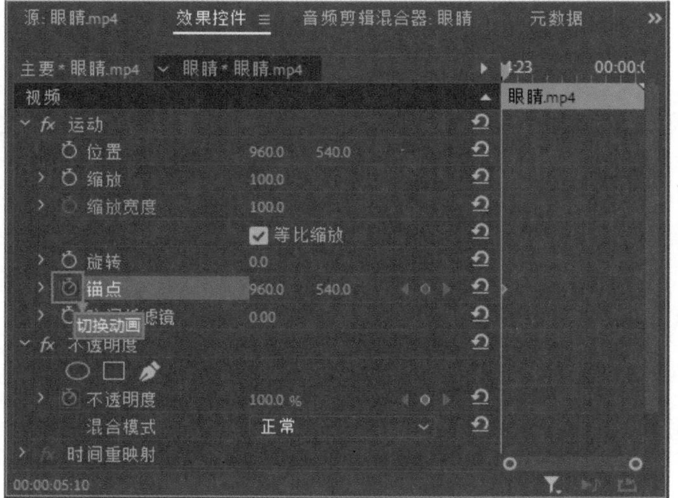

图6-90

07 查看“节目”监视器面板的画面中有没有锚点图标，没有的话，在“效果控件”面板的空白处单击，先取消对“锚点”的选中，然后单击“锚点”文字将其选中，如图6-91所示。有锚点图标的“节目”监视器面板画面如图6-92所示。

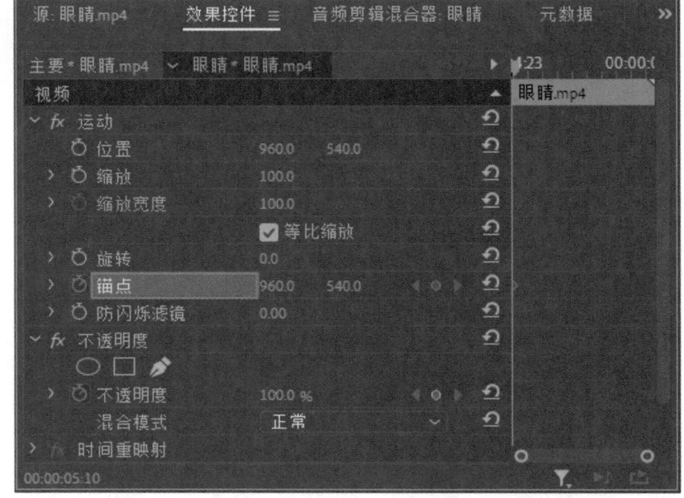

图6-91

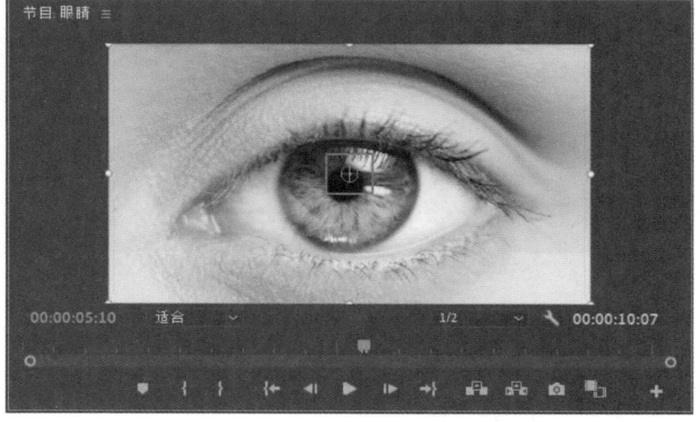

图6-92

08 将鼠标指针靠近锚点图标，鼠标指针会变为图标，拖曳锚点到瞳孔中心位置，如图6-93所示。

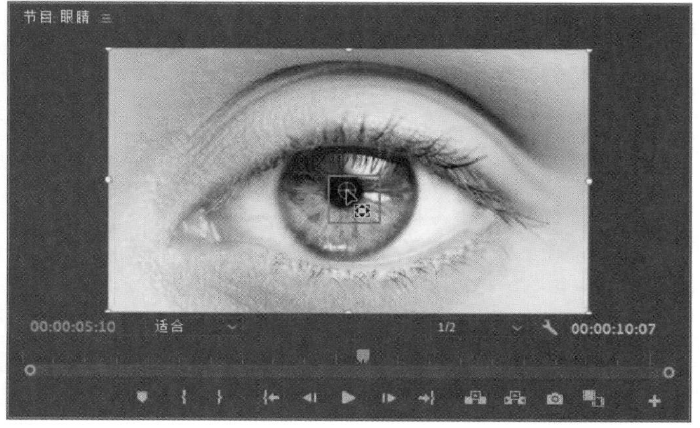

图6-93

09 在“效果控件”面板中，单击“不透明度”选项组中的“创建椭圆形蒙版”按钮■，如图6-94所示。然后在“节目”监视器面板的画面中央单击创建椭圆蒙版，如图6-95所示。

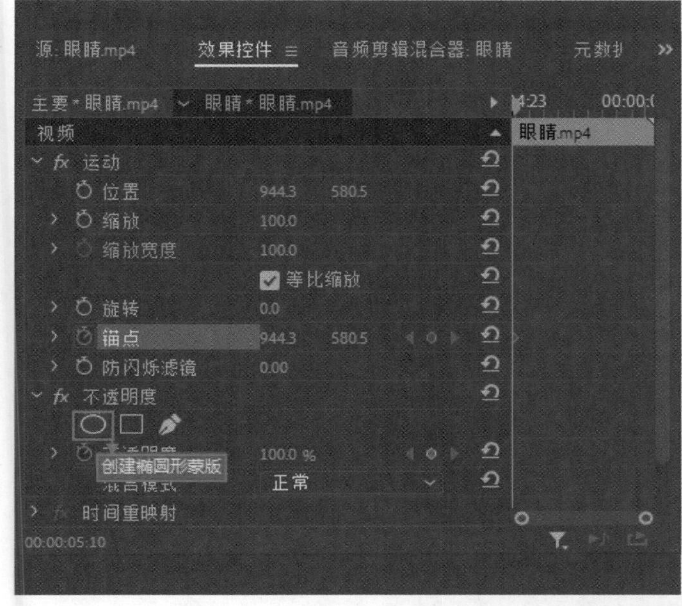

图6-94

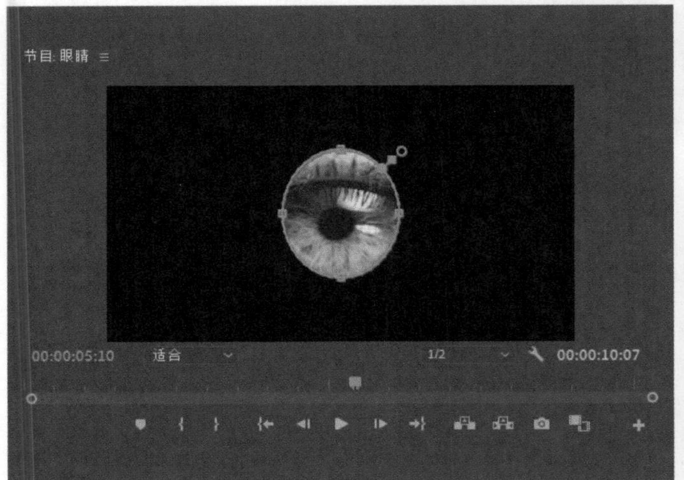

图6-95

10 将鼠标指针靠近蒙版路径，鼠标指针会变为■图标，单击可在蒙版路径上添加锚点，如图6-96所示。为椭圆蒙版路径添加两个锚点，如图6-97所示。

11 将鼠标指针放在锚点上，鼠标指针会变为■图标，此时拖曳锚点，可调整蒙版路径的形状，用此方法将蒙版路径调整到契合瞳孔的形状，如图6-98所示。

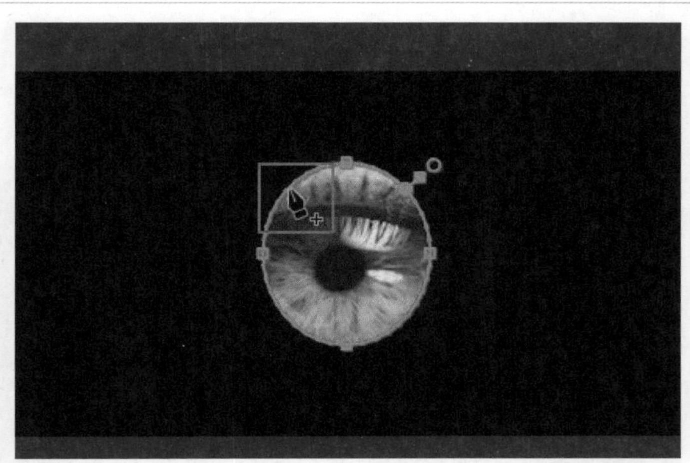

图6-96

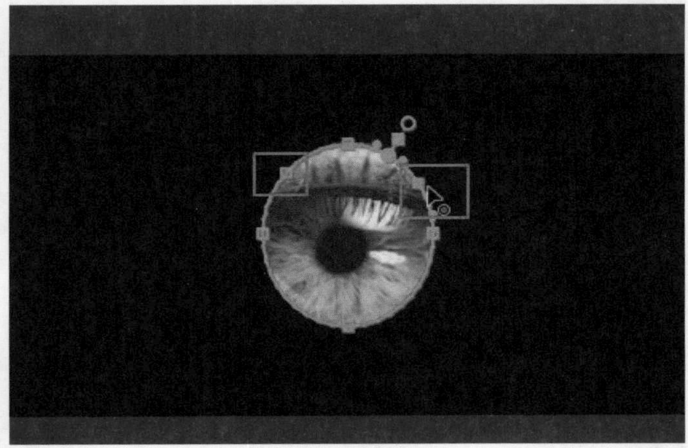

图6-97

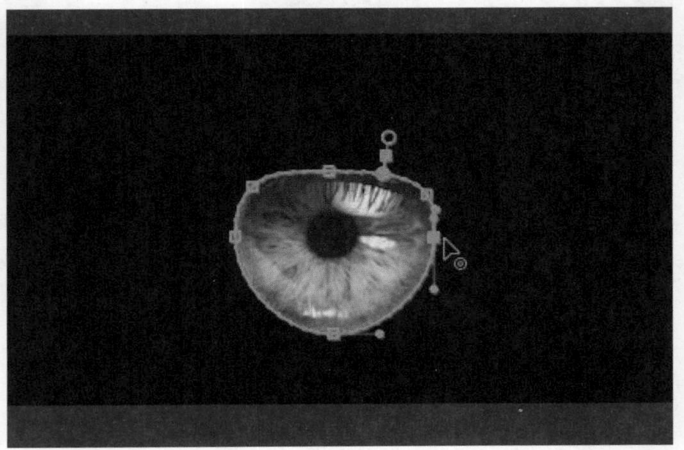

图6-98

12 调整好之后，在“效果控件”面板的“不透明度”选项组下勾选“已反转”复选框，如图6-99所示。反转后的画面如图6-100所示。

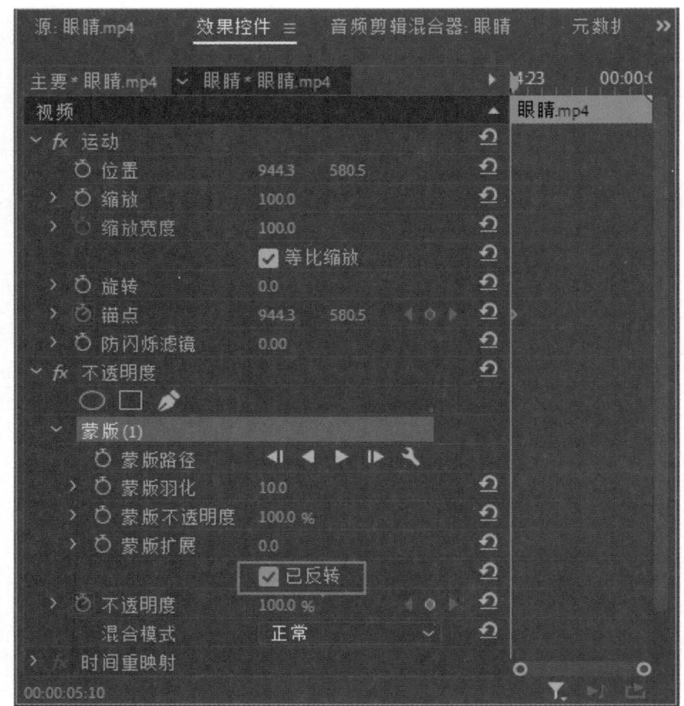

图6-99

图6-100

13 在“效果控件”面板中单击“缩放”和“旋转”前面的“切换动画”按钮，为“缩放”和“旋转”各添加一个关键帧，如图6-101所示。

图6-101

14 在“时间轴”面板中将时间指示器移动到00:00:06:06的位置，如图6-102所示。

图6-102

15 在“效果控件”面板中设置“缩放”为630，“旋转”为70°，如图6-103所示。

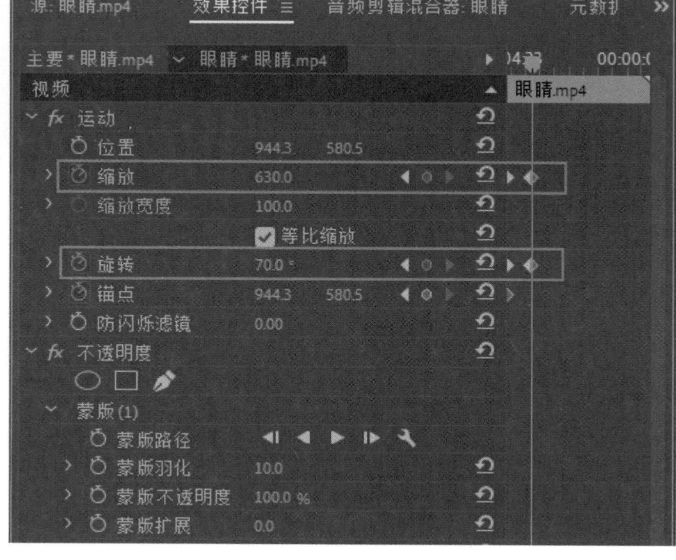

图6-103

16 在“节目”监视器面板中单击“播放-停止切换”按钮▶，预览瞳孔蒙版扩大到全屏的效果，如图6-104所示。

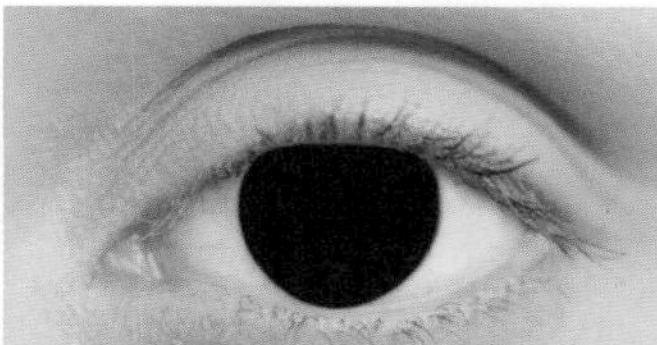

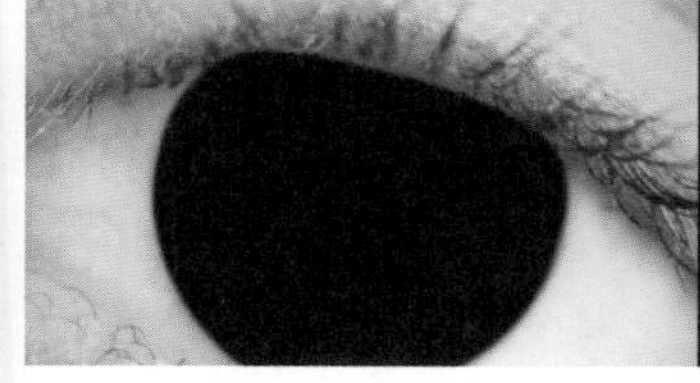

图6-104

17 在“时间轴”面板中选中后半段素材，按住Alt键，将后半段素材向上拖曳，松开鼠标左键即可将其复制到V2轨道中，如图6-105所示。

图6-105

18 选中V1轨道中的后半段素材，将时间指示器移动到00:00:06:06的位置，用“剃刀工具”对素材进行剪裁，如图6-106所示。选中剪裁出的后半部分素材，按Delete键将其删除，如图6-107所示。

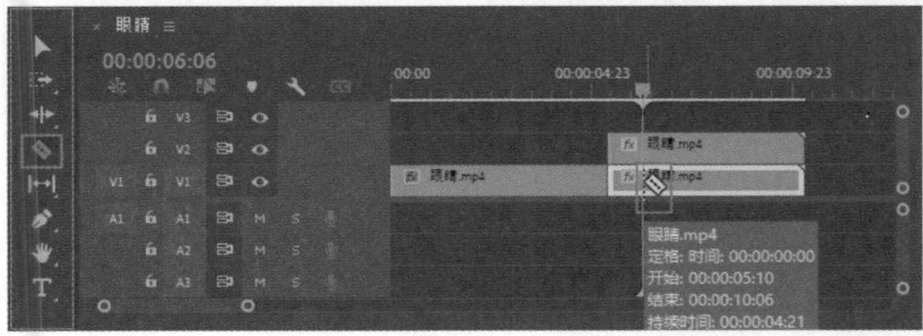

图6-106

图6-107

19 选中剪裁出的前半段素材，如图6-108所示。打开“效果控件”面板。选中“蒙版”选项，按Delete键将其删除，如图6-109所示。删除蒙版后的“节目”监视器面板如图6-110所示。

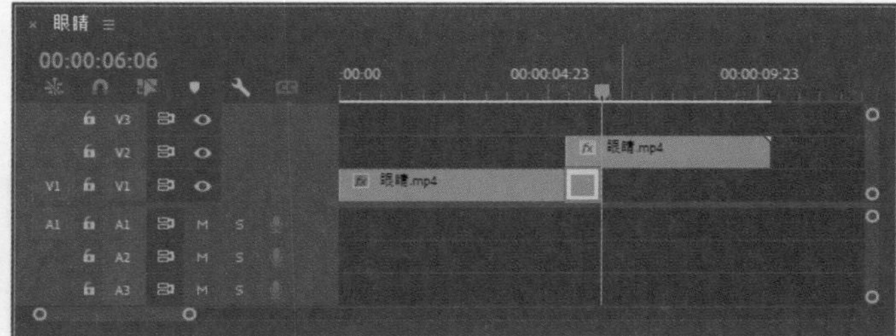

图6-108

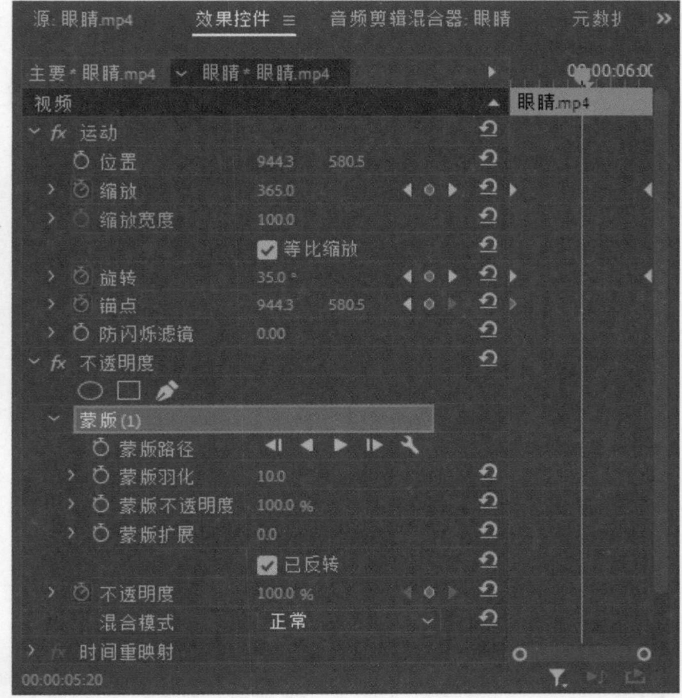

图6-109

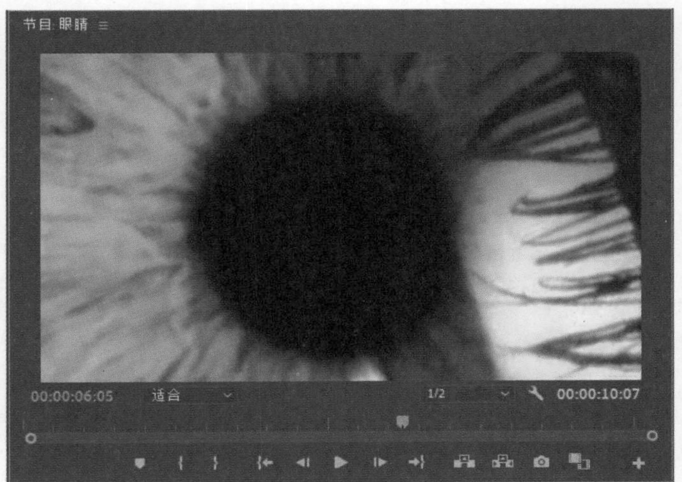

图6-110

20 在“项目”面板中双击“银河.mp4”素材，在“源”监视器面板中将其打开，将鼠标指针靠近“源”监视器面板中的“仅拖动视频”按钮，鼠标指针会变为抓手图标，如图6-111所示。此时拖曳视频到“时间轴”面板的V1轨道中，如图6-112所示。

图6-111

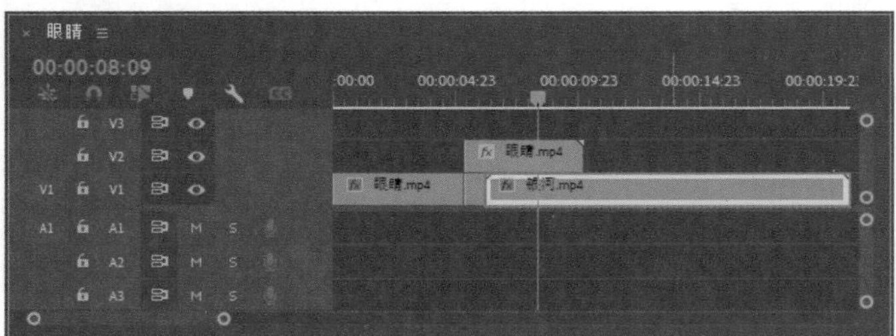

图6-112

21 打开“效果”面板，在搜索框中搜索“交叉溶解”，选中“交叉溶解”效果，如图6-113所示。将其拖曳到“时间轴”面板V1轨道的后两段素材之间，如图6-114所示。

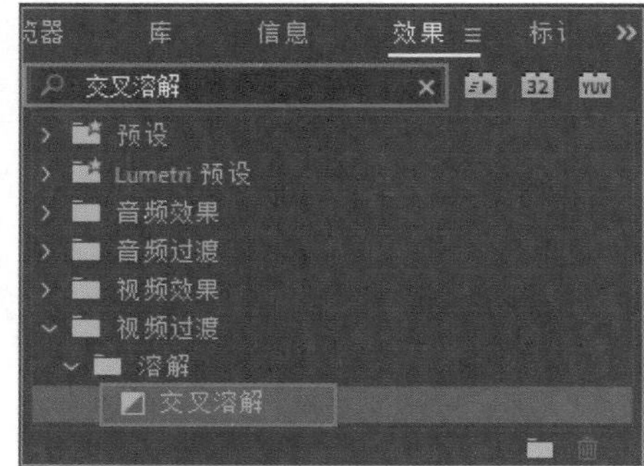

图6-113

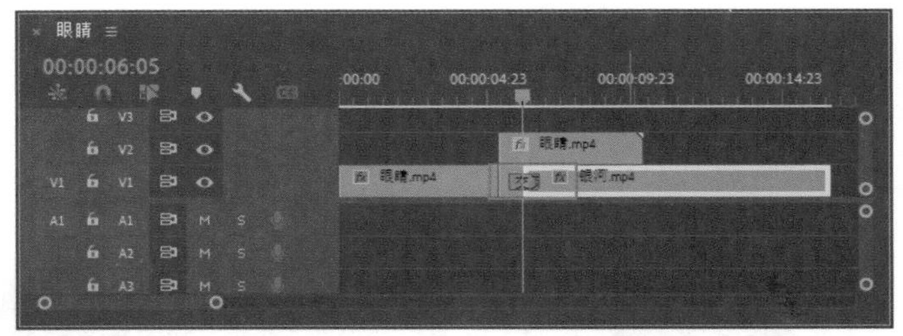

图6-114

22 选中V1轨道的“交叉溶解”效果，打开“效果控件”面板，在右边时间线区域，将鼠标指针靠近过渡效果左边缘，当鼠标指针变为图标时，向左拖曳，如图6-115所示。此时“时间轴”面板中的过渡效果如图6-116所示。

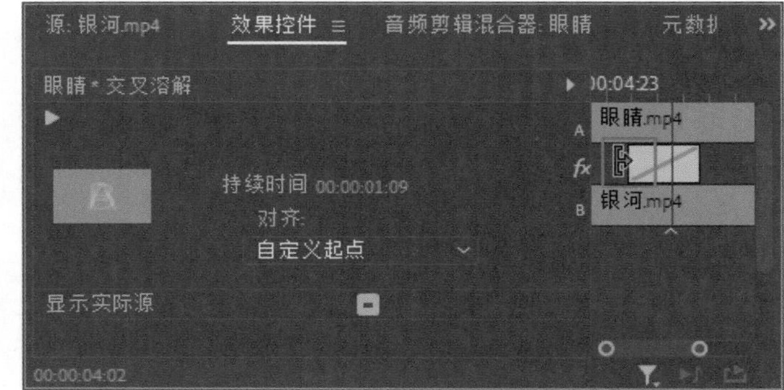

图6-115

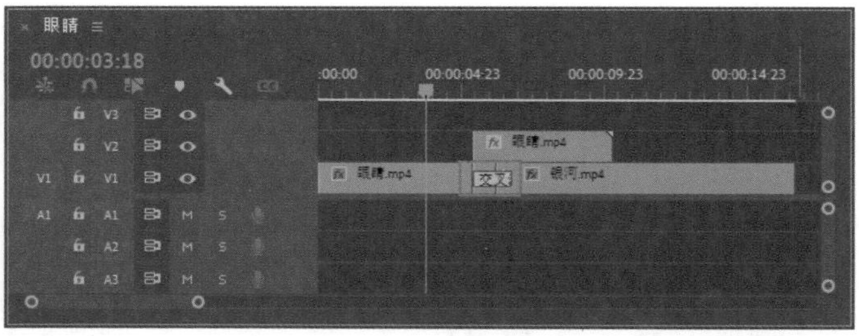

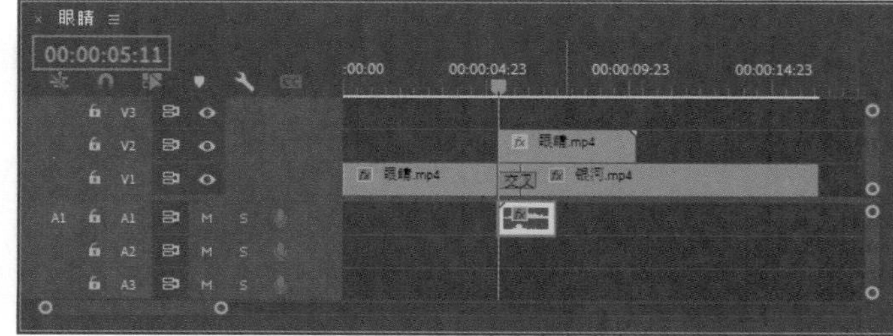

图6-116

23 在“时间轴”面板中将时间指示器移动到00:00:05:11的位置，在“项目”面板中选中“音效.mp3”素材，将其拖曳至“时间轴”面板的A1轨道中，如图6-117所示。

图6-117

24 在“节目”监视器面板中单击“播放-停止切换”按钮，预览案例效果，如图6-118所示。

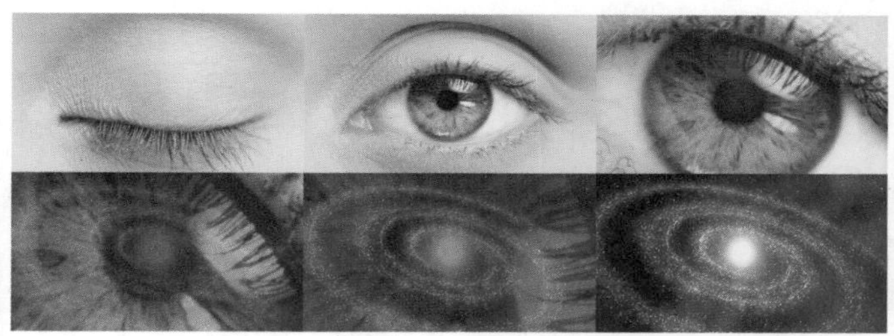

图6-118

6.2.7 缩放类视频过渡效果

“缩放”类视频过渡效果，能够利用素材的放大和缩小来进行转场切换。“缩放”类视频过渡效果只有“交叉缩放”一种效果，如图6-119所示。

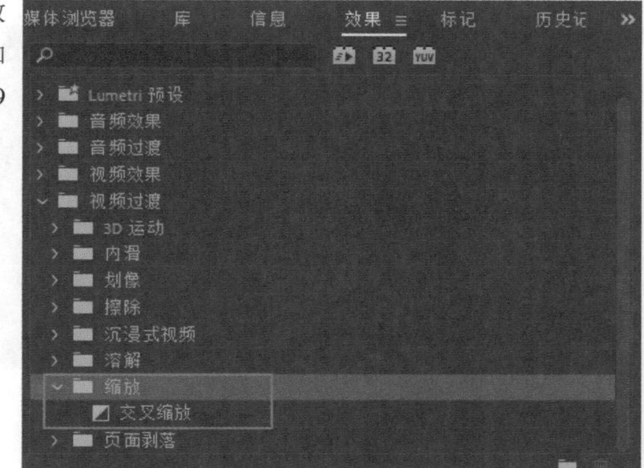

图6-119

此过渡效果将前一个画面逐渐放大，后一个画面逐渐缩小，直到后一个画面呈现原始大小的状态，如图6-120所示。

图6-120

6.2.8 页面剥落类视频过渡效果

“页面剥落”类视频过渡效果一般应用在表现空间和时间的画面中，其中包括“翻页”“页面剥落”两种效果，如图6-121所示。

图6-121

翻页

在此过渡效果中，素材A按照翻书的方式过渡，页面卷起的时候背面呈现透明状态，直到素材B完全显示出来，如图6-122所示。

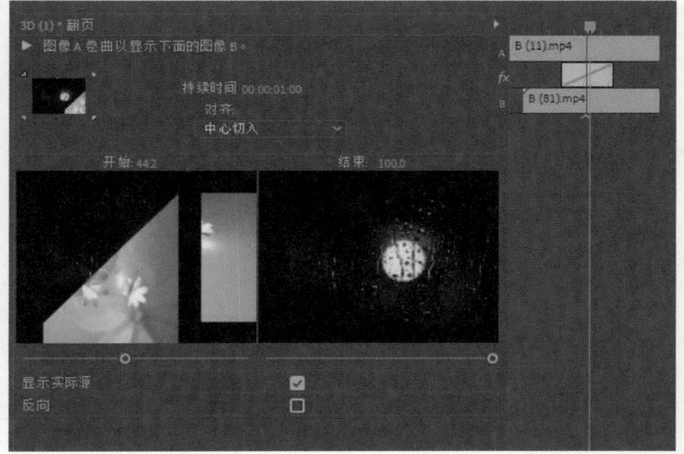

图6-122

页面剥落

在此过渡效果中，素材A按照翻书的方式过渡，页面卷起的时候背面呈现不透明状态，直到素材B完全显示出来，如图6-123所示。

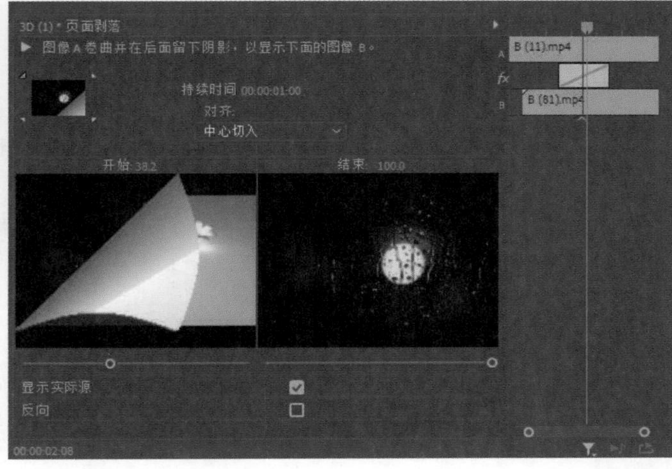

图6-123

第7章

使用视频效果

Premiere的视频效果可以使枯燥的视频作品充满生趣。例如，可以模糊或倾斜图像，给它添加斜角边、阴影和美术效果。一些效果可以修正视频，提高视频质量，一些效果会使视频变得非比寻常，通过修改效果控件，还可以创建丰富的运动效果。若Premiere的视频效果与关键帧配合使用，还可以根据时间节点产生各种变化。本章讲解使用视频效果的方法，包括了解视频效果的基础知识和Premiere视频效果概览。

学习要点

7.1 认识视频效果

视频效果是一些由Premiere封装好的程序，专门用于处理视频画面，并且可以按照指定的要求实现各种视觉效果。Premiere Pro 2021的视频效果集合在“效果”面板中。

7.1.1 视频效果的管理

使用Premiere视频效果时，可以使用“效果”面板的功能选项对其进行辅助管理。

查找效果：在“效果”面板顶部的查找文本框中输入想要查找的效果名称，Premiere将会自动查找指定的效果，如图7-1所示。

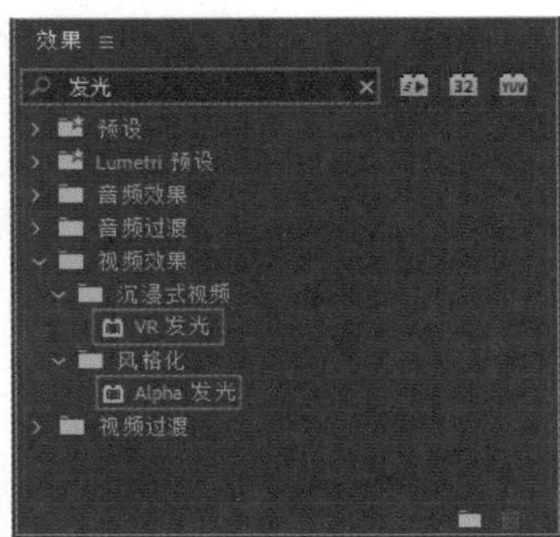

图7-1

新建素材箱：单击“效果”面板底部的“新建自定义素材箱”按钮，可以新建一个素材箱，对效果进行管理。

重命名素材箱：自定义素材箱的名称可以随时修改。选中自定义的素材箱，然后单击素材箱，当素材箱名称处出现文本框时，在文本框中输入想要的名称即可，如图7-2所示。

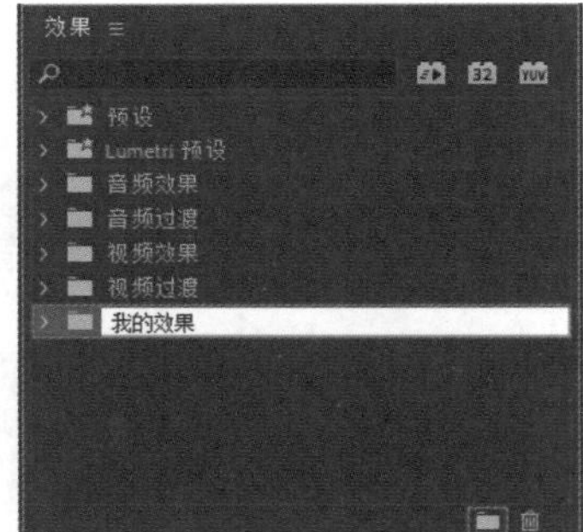

图7-2

删除素材箱：选中自定义素材箱，单击面板底部的“删除自定义项目”按钮，并在出现的“删除项目”对话框中单击“确定”按钮 确定 。

7.1.2 添加视频效果

为素材添加视频效果的操作方法与添加视频过渡的操作方法相似。在“效果”面板中选择一个视频效果，将其拖曳到“时间轴”面板中的素材上，就可以将该视频效果应用到素材上。例如，给素材添加“阈值”视频效果，效果对比如图7-3所示。

图7-3

7.1.3 禁用视频效果

给素材添加视频效果后，如果需要暂时禁用该效果，可以在“效果控件”面板中单击效果前面的“切换效果开关”按钮fx，如图7-4所示。此时，该效果前面的图标将变成禁用图标fx，表示该效果已被禁用，如图7-5所示。

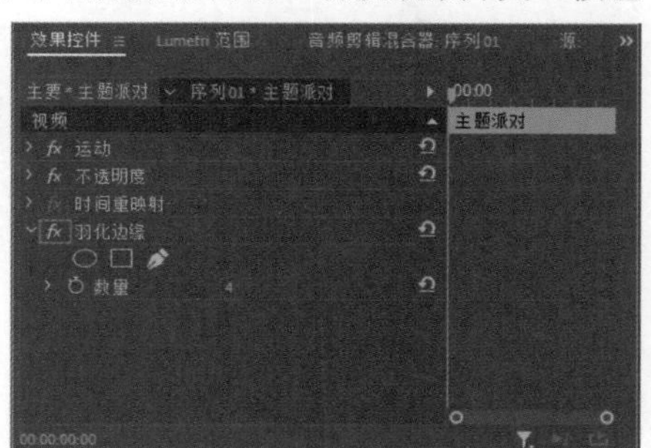
图7-4

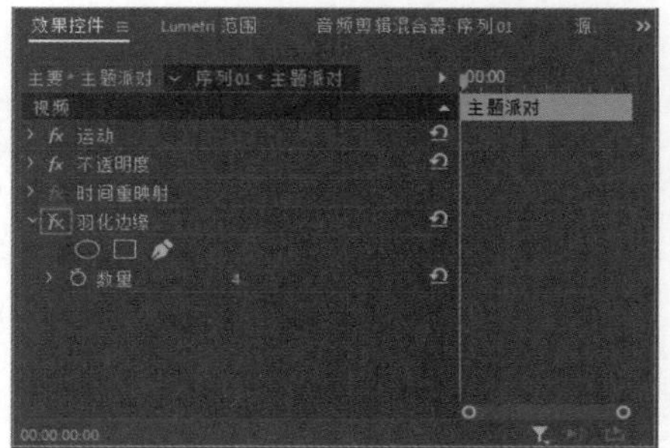
图7-5

技巧与提示

禁用效果后，单击效果前面的“切换效果开关”按钮fx，可以重新启用该效果。

7.1.4 删除视频效果

给素材添加视频效果后，如果需要删除该效果，可以在“效果控件”面板中选中该效果，单击鼠标右键，然后在弹出的菜单中选择“清除”命令，即可将该效果删除，如图7-6所示。

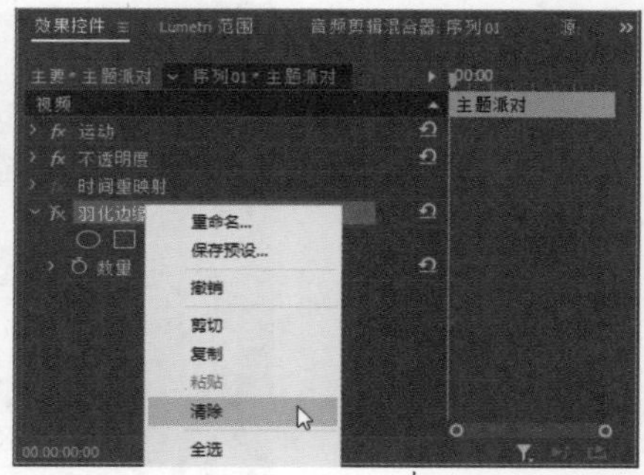
图7-6

如果为某个素材添加了多个视频效果，可以单击“效果控件”面板标题旁的≡按钮，在弹出的菜单中选择“移除效果”命令，如图7-7所示。在打开的“删除属性”对话框中可以勾选多个要删除的视频效果，单击“确定”按钮 确定 即可将其删除，如图7-8所示。

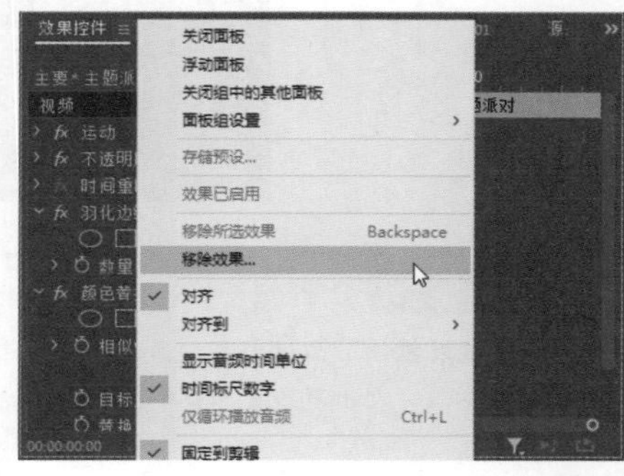
图7-7

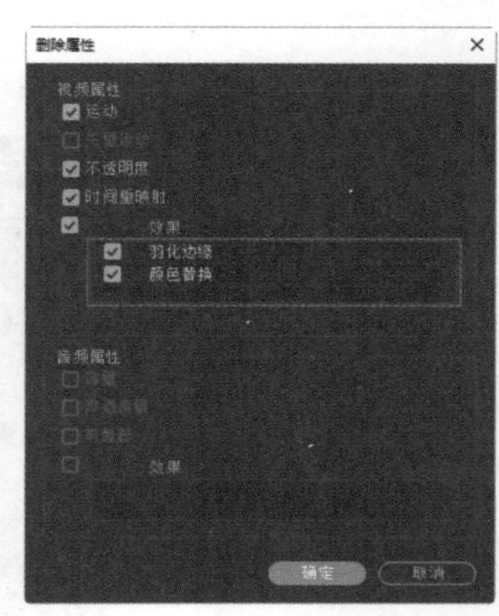
图7-8

技巧与提示

给素材添加视频效果后，在“效果控件”面板中选中该效果，可以按Delete键快速将其删除。

7.1.5 设置视频效果参数

在“时间轴”面板中选中已经添加视频效果的素材，然后在“效果控件”面板中可以看到为素材添加的视频效果。例如，给素材添加了“画笔描边”视频效果后，在“效果控件”面板中就会显示“画笔描边”选项组，如图7-9所示。单击视频效果选项前面的展开按钮，可以展开该效果的参数选项，如图7-10所示。

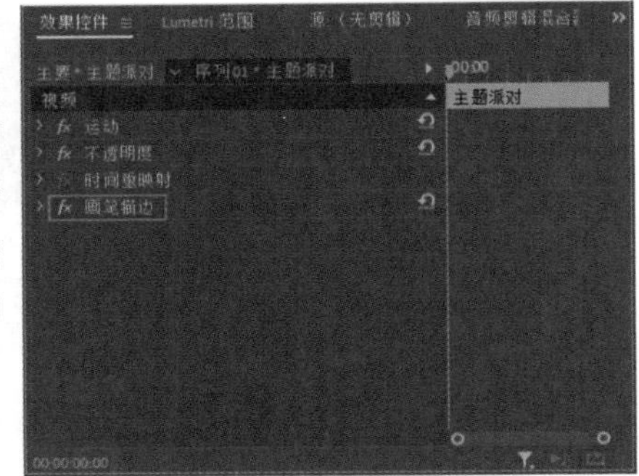

图7-9

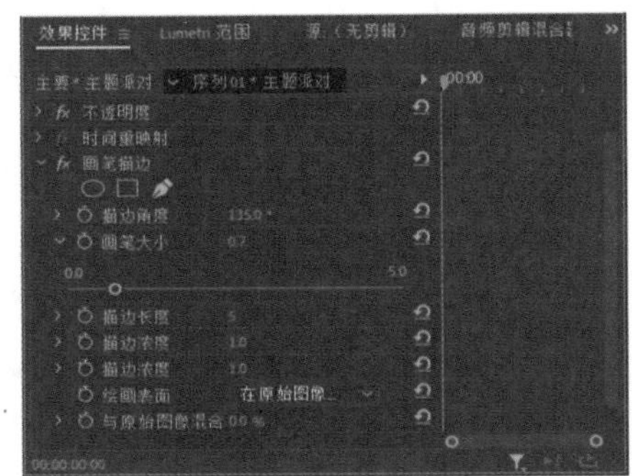

图7-10

技巧与提示

在“效果控件”面板中可以通过在参数上左右拖曳改变数值，也可以单击参数，在出现的文本框中输入精确的参数值来调整效果。

7.1.6 设置效果关键帧

为素材添加视频效果后，在“效果控件”面板中单击“切换动画”按钮，将开启视频效果的动画功能，同时将在当前时间位置创建一个关键帧，如图7-11所示。开启动画功能后，可以通过创建和编辑关键帧对视频效果进行动画设置。在“效果控件”面板中开启动画功能后，将时间指示器移到新的位置，可以单击参数后方的“添加/移除关键帧”按钮，在指定的时间位置添加或删除关键帧。通过修改关键帧的参数，可以编辑当前时间位置的视频效果，如图7-12所示。

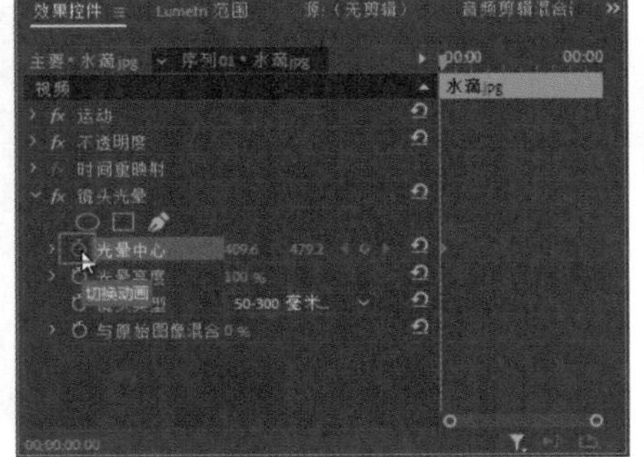

图7-11

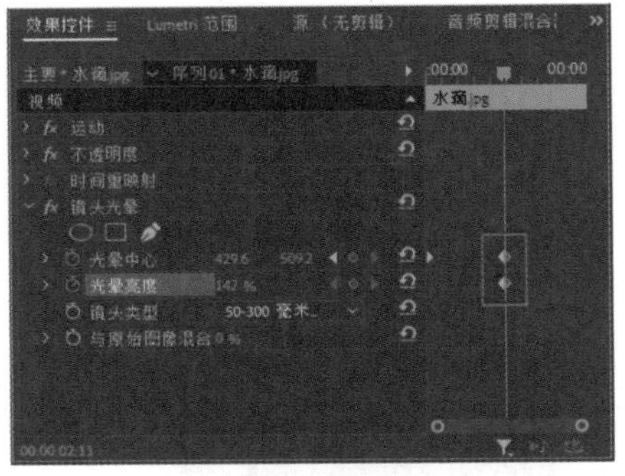

图7-12

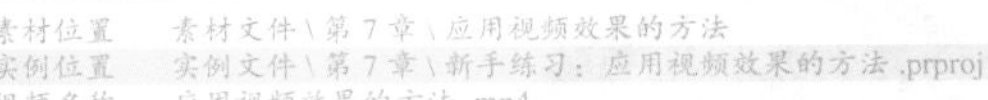

新手练习 应用视频效果的方法

扫码看视频

素材位置 素材文件\第7章\应用视频效果的方法
实例位置 实例文件\第7章\新手练习：应用视频效果的方法.prproj
视频名称 应用视频效果的方法.mp4
技术掌握 应用Premiere视频效果的方法

本案例讲解应用Premiere视频效果的方法，效果如图7-13所示。

图7-13

01 打开Premiere Pro 2021应用程序，选择“文件→新建→项目”命令，在Premiere中新建一个项目，如图7-14所示。

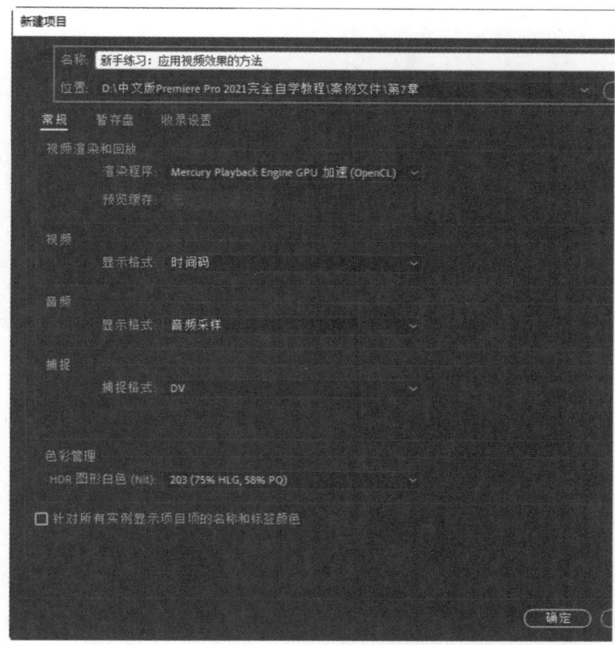

图7-14

02 在“项目”面板的空白处双击，打开“导入”对话框，找到素材位置，选中需要导入的素材，单击“打开”按钮 打开(O) ，如图7-15所示，将素材导入“项目”面板中，如图7-16所示。

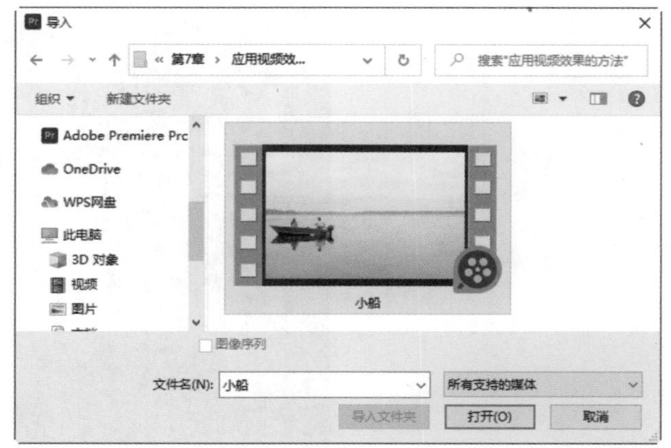

图7-15

图7-16

03 选中“项目”面板中的素材，将其拖曳到“时间轴”面板中，会自动创建一个以素材名称命名的序列，如图7-17所示。

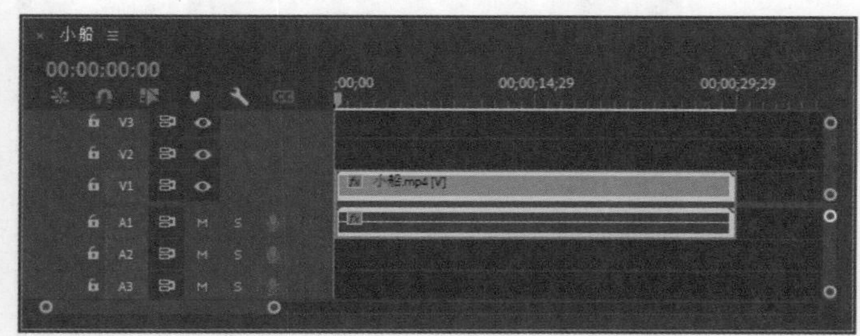

图7-17

04 打开“效果”面板，展开“视频效果”素材箱，选择“颜色校正”类视频效果中的“亮度与对比度”效果，如图7-18所示。将其拖曳到“时间轴”面板中的视频素材上，如图7-19所示。

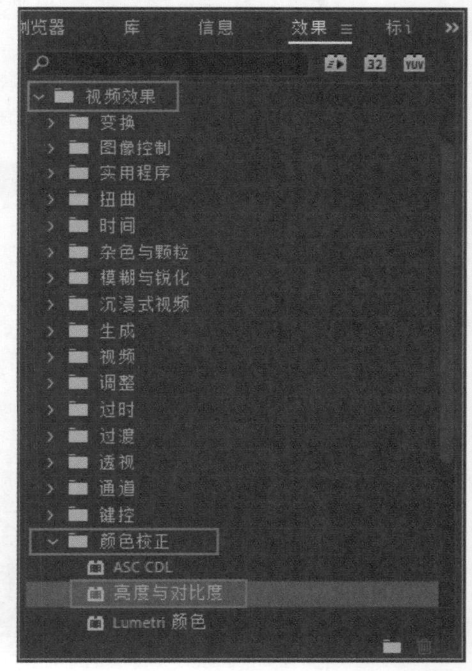

图7-18

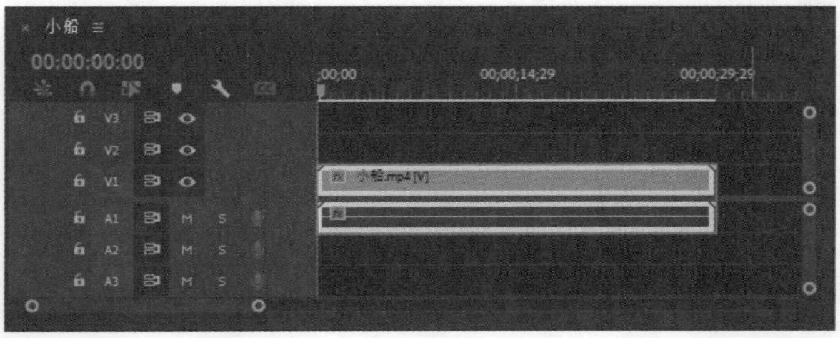

图7-19

05 选中“时间轴”面板中的素材，打开“效果控件”面板，展开“亮度与对比度”选项组，设置“亮度”为-15，“对比度”为25，如图7-20所示。

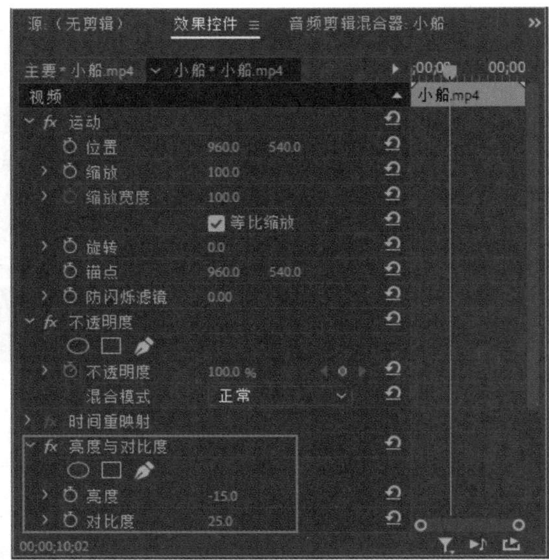

图7-20

06 在“节目”监视器面板中单击“播放-停止切换”按钮▶，预览添加视频效果后的画面效果，如图7-21所示。

图7-21

07 通过单击“效果控件”面板“亮度与对比度”选项组前面的“切换效果开关”按钮fx，对比添加视频效果前后的画面效果，如图7-22所示。

图7-22

图7-22（续）

7.2 Premiere视频效果概览

Premiere Pro 2021的“视频效果”素材箱中包含18种不同类别的视频效果，包括“变换”“扭曲”“生成”“调整”“颜色校正”等。在“效果”面板中，可以单击“视频效果”素材箱前面的展开按钮›，显示全部的视频效果素材箱，如图7-23所示。

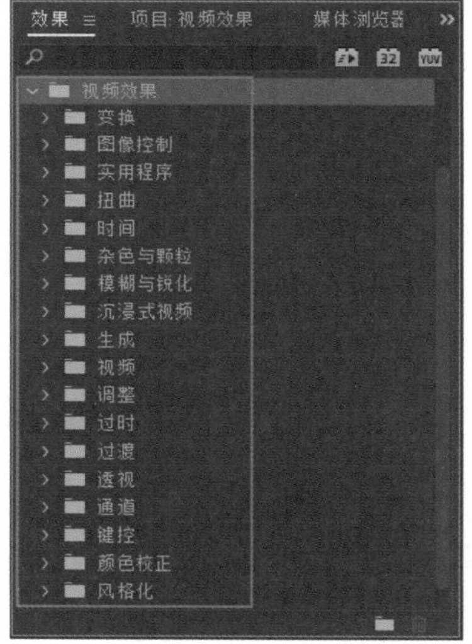

图7-23

7.2.1 变换类视频效果

“变换”类的视频效果可以让素材画面发生变化，其中包括“垂直翻转”“水平翻转”“羽化边缘”“自动重构”和“裁剪”，如图7-24所示。

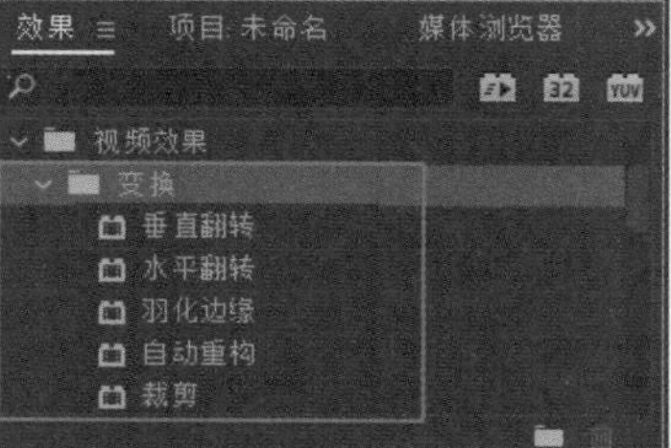

图7-24

垂直翻转

该效果可以将画面沿水平中心线翻转180°，将素材上下颠倒，如图7-25所示。

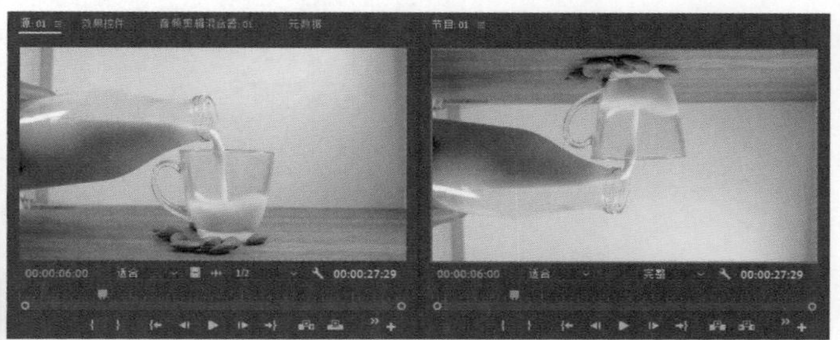

图7-25

水平翻转

该效果可以将画面沿竖直中心线翻转180°，将素材画面左右翻转，如图7-26所示。

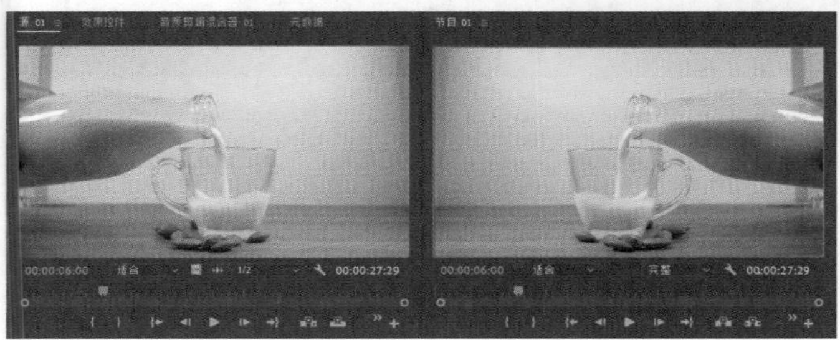

图7-26

羽化边缘

该效果可以对素材的边缘进行羽化模糊处理，在“效果控件”面板中调整羽化数量，可以实现不同的羽化效果，如图7-27和图7-28所示。

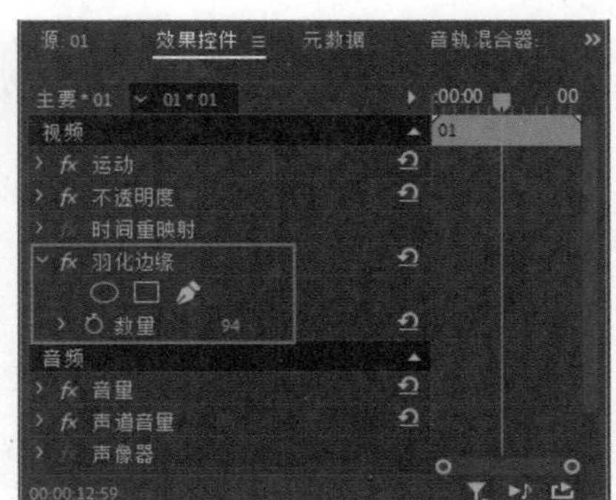

图7-27

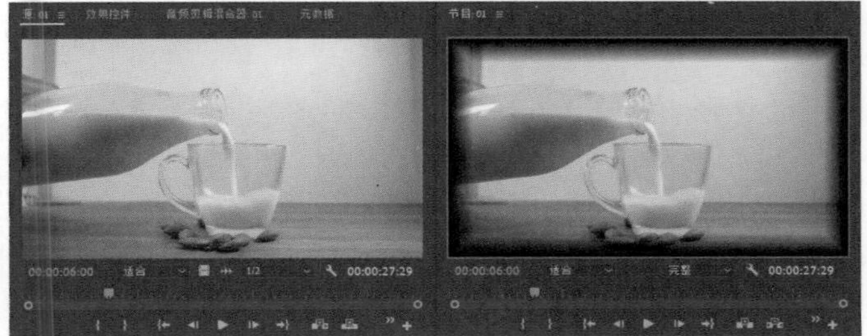

图7-28

自动重构

该效果可以自动调整视频内容与画面之间的比例，单个片段也可以用于整个序列之中。在“效果控件”面板中选择合适的“动作预设”，可以设置“自动重构”效果，如图7-29和图7-30所示。

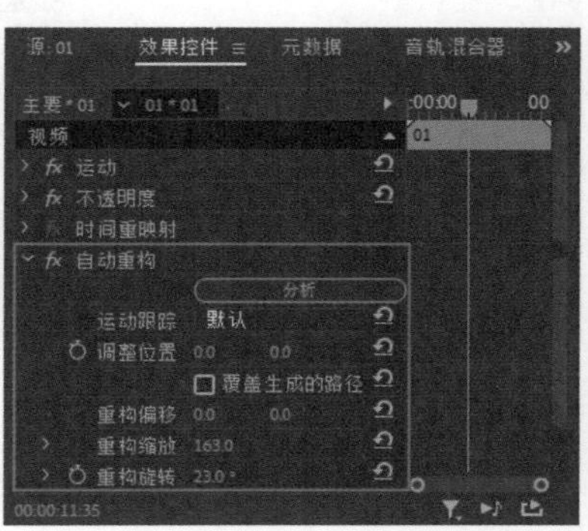

图7-29

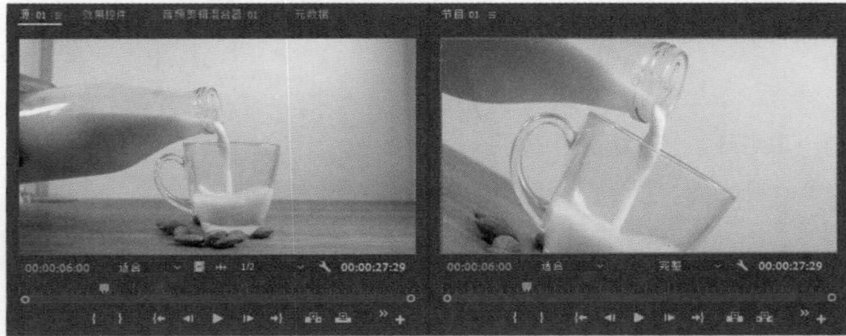

图7-30

在应用效果时，Premiere会生成跟随内容动作的运动关键帧，可选以下3种“动作预设”之一。

减慢动作：适用于摄像机运动很少或没有运动的情况，使用此控件时，结果基本上都是静态的，并且剪辑中只包含极少数关键帧。

默认：适用于大多数内容，“自动重构”效果会跟随动作，但是如果动作速度非常快，则结果可能不会很好。

加快动作：适用于素材中存在大量运动的情况，“自动重构”会确保运动对象始终位于帧范围内，并在剪辑中添加大量关键帧。

裁剪

该效果用于裁剪素材的画面，通过调节“效果控件”面板中的参数，可以从上下左右4个方向裁剪画面，如图7-31和图7-32所示。

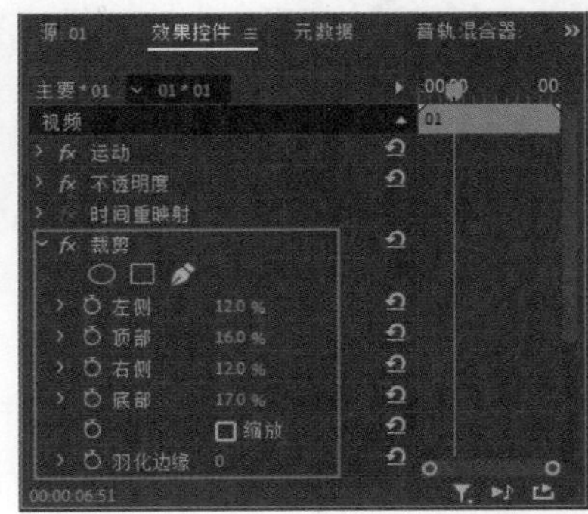

图7-31

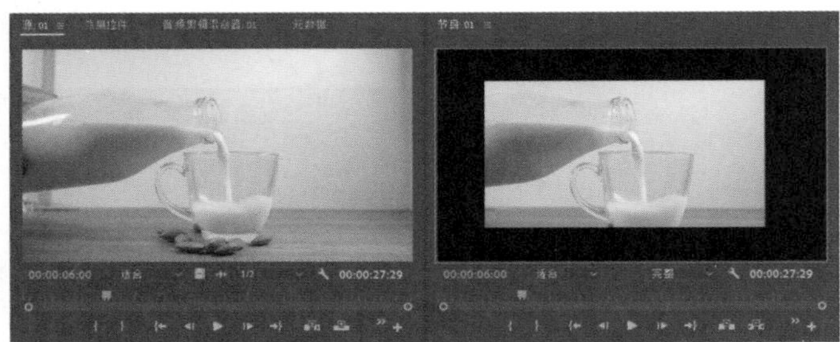

图7-32

7.2.2 图像控制类视频效果

“图像控制”类的视频效果可以让素材颜色发生变化，其中包括“灰度系数校正”“颜色平衡（RGB）”“颜色替换”“颜色过滤”和“黑白”，如图7-33所示。

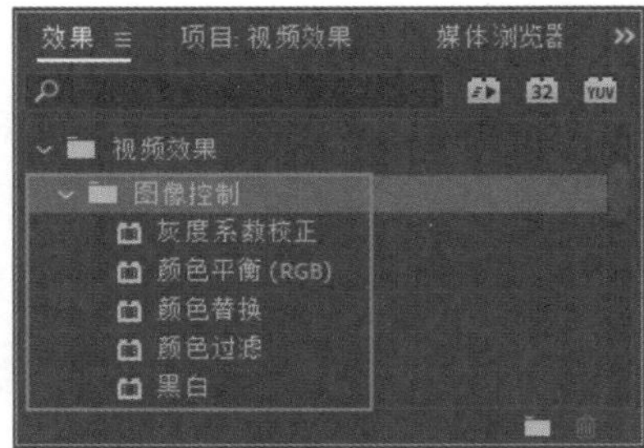

图7-33

灰度系数校正

该效果可以在不改变图像的高亮区域和低亮区域的情况下使图像变亮或变暗，使用此效果时需在“效果控件”面板中调整“灰度系数”，以实现不同的画面效果，如图7-34和图7-35所示。

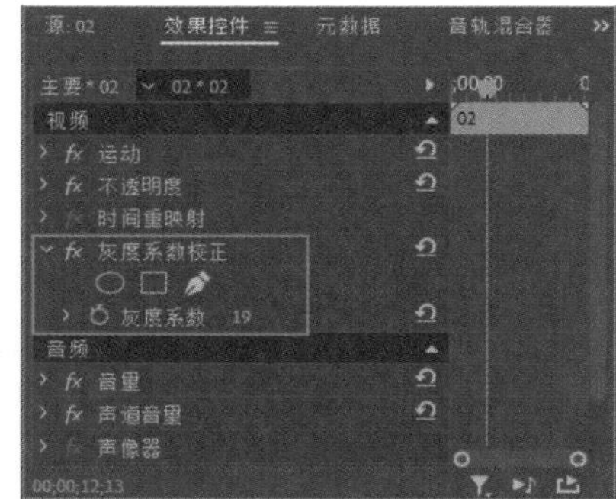

图7-34

图7-35

颜色平衡（RGB）

该效果可以通过调节“效果控件”面板中的“红色”“绿色”“蓝色”参数改变画面的色彩，以达到校色的目的，如图7-36和图7-37所示。

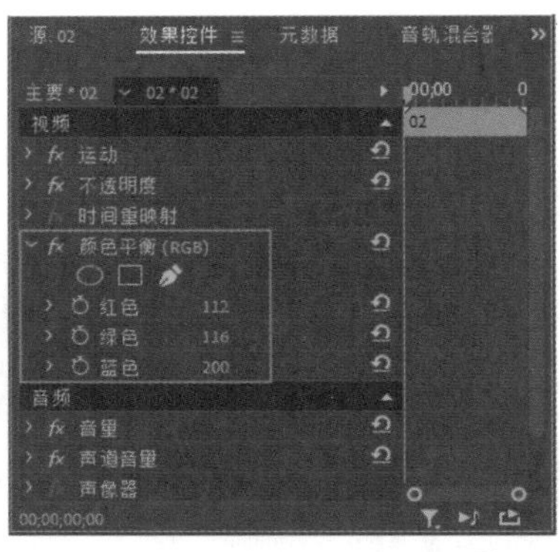

图7-36

图7-37

颜色替换

该效果可以将一种颜色或某一范围内的颜色替换为其他颜色，使用此效果时需在“效果控件”面板中设置“目标颜色”“替换颜色”和“相似性”，以实现不同的换色效果，如图7-38和图7-39所示。

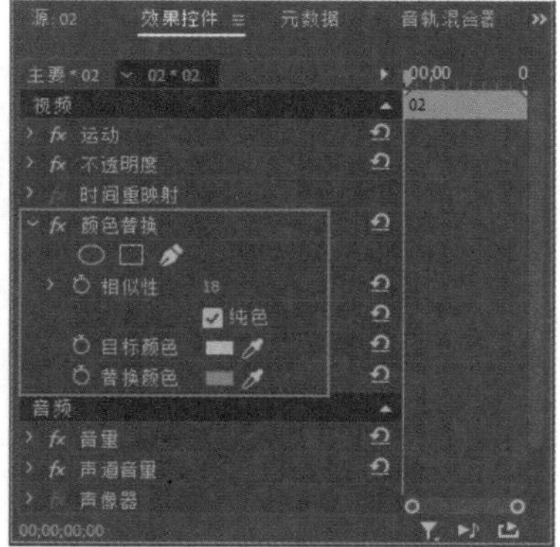

图7-38

图7-39

颜色过滤

该效果可以将图像中指定的单个颜色转换成灰度，在“效果控件”面板中勾选“反相”复选框，可将指定颜色以外的色彩区域转换为灰色，如图7-40和图7-41所示。

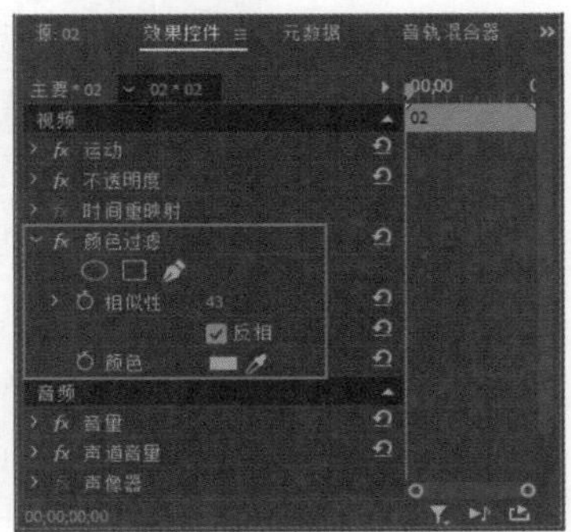

图7-40

图7-41

黑白

该效果可以直接将彩色图像转换成灰度图像，如图7-42所示。

图7-42

7.2.3 实用程序类视频效果

“实用程序”类的视频效果用于对素材进行色彩转换，其中只有“Cineon转换器”效果，如图7-43所示。

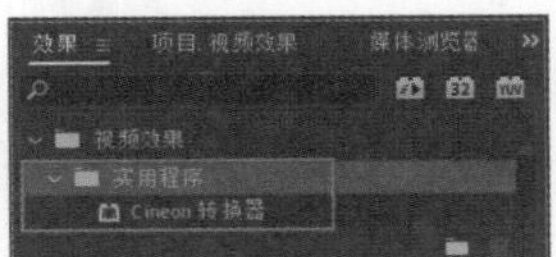

图7-43

使用“Cineon转换器”效果时可在“效果控件”面板中对转换类型进行设置，包括“对数到对数”“对数到线性”“线性到对数”3种。然后再通过对黑场、白场和灰度等参数的设置，对素材的色彩进行转换，如图7-44和图7-45所示。

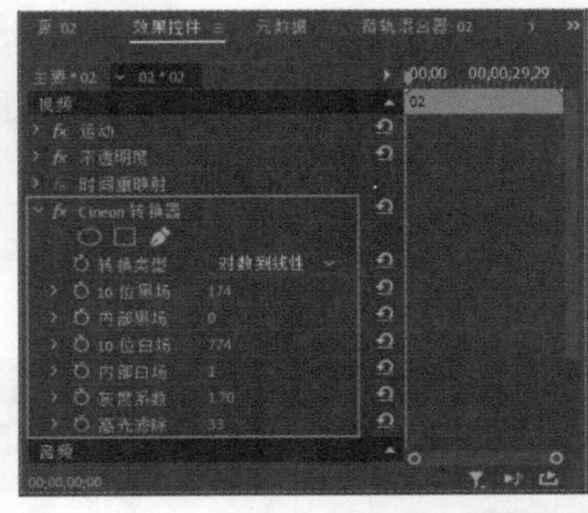

图7-44

图7-45

7.2.4 扭曲类视频效果

“扭曲”类的视频效果可以使素材画面产生扭曲变形，其中包括“偏移”“变形稳定器”“放大”等12种视频效果，如图7-46所示。

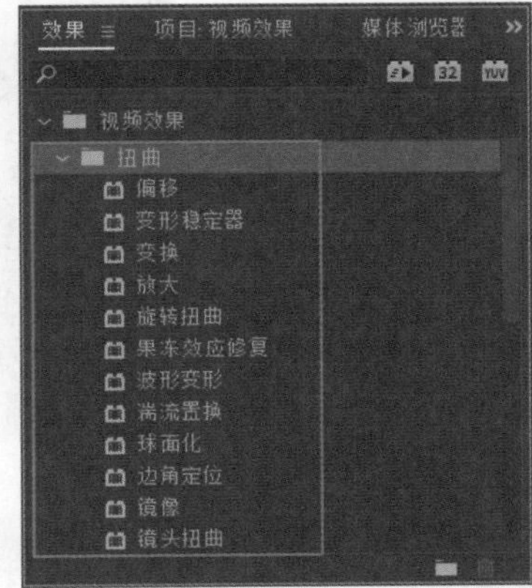

图7-46

偏移

该效果可以在竖直方向和水平方向上移动素材，创建一个平面效应。调整“将中心移位至”参数，可以竖直或水平移动素材。如果想要将偏移后的效果与原始素材混合使用，可以调整“与原始图像混合”参数，如图7-47和图7-48所示。

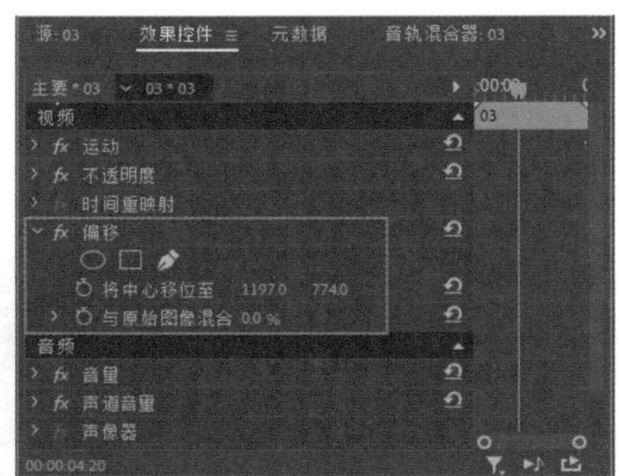

图7-47

图7-48

变形稳定器

该效果可以消除因摄像机移动而导致的画面抖动，将抖动效果变为稳定的平滑拍摄效果，在添加效果之后，会在后台立即开始分析剪辑。当分析完成时，画面会显示正在进行稳定化的消息，如图7-49和图7-50所示。在执行这些步骤期间，用户同时进行其他操作不会影响分析过程。

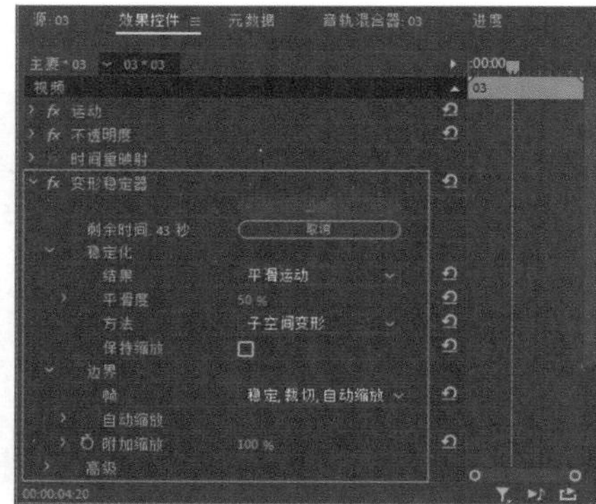

图7-49

图7-50

变换

该效果可以对素材的位置、大小、角度及不透明度等进行调整，如图7-51和图7-52所示。

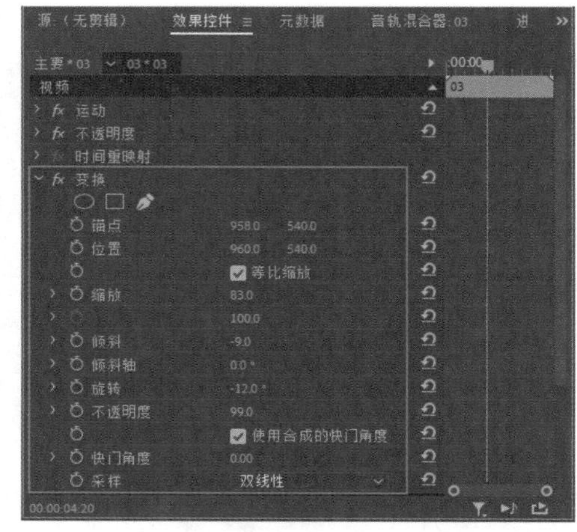

图7-51

图7-52

放大

该效果可以对素材的局部进行放大处理，通过设置“形状”，可以选择圆形放大或正方形放大，如图7-53和图7-54所示。

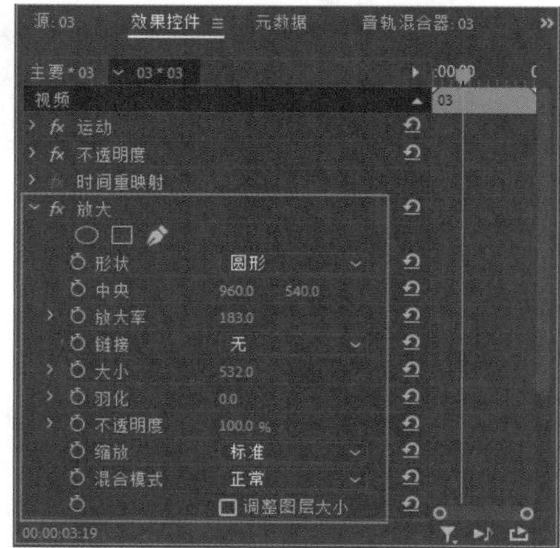

图7-53

图7-54

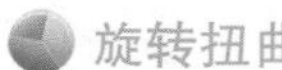

旋转扭曲

使用该效果时可以通过设置效果参数调整扭曲的角度和强度，为图像制作出沿中心轴旋转扭曲的效果，如图7-55和图7-56所示。

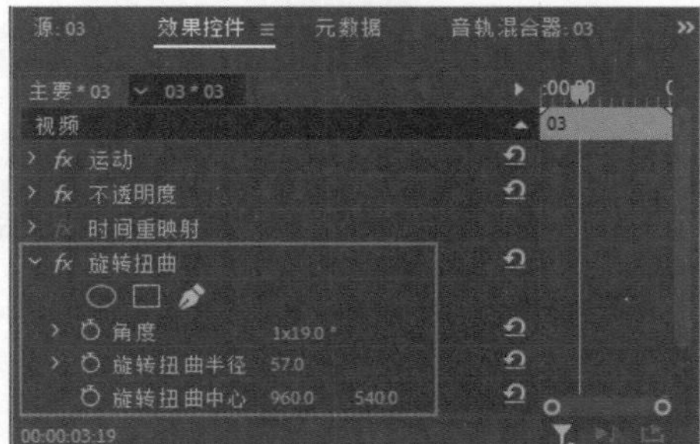

图7-55

图7-56

果冻效应修复

该效果可以消除素材在拍摄时产生的抖动、变形等效果，如图7-57和图7-58所示。

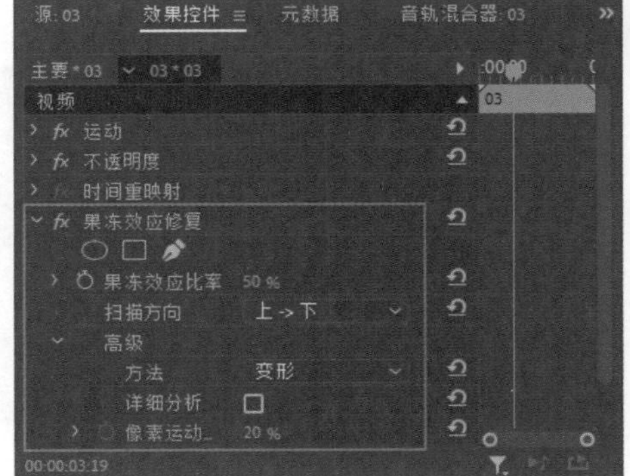

图7-57

图7-58

波形变形

使用该效果时可以设置波形的类型、方向和强度等，制作出水面的波浪效果，如图7-59和图7-60所示。

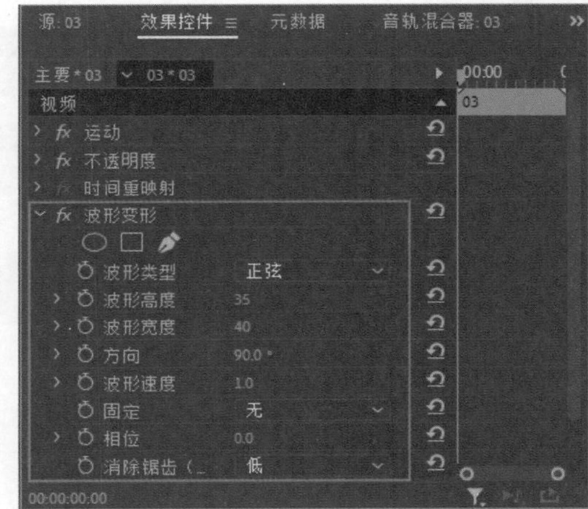

图7-59

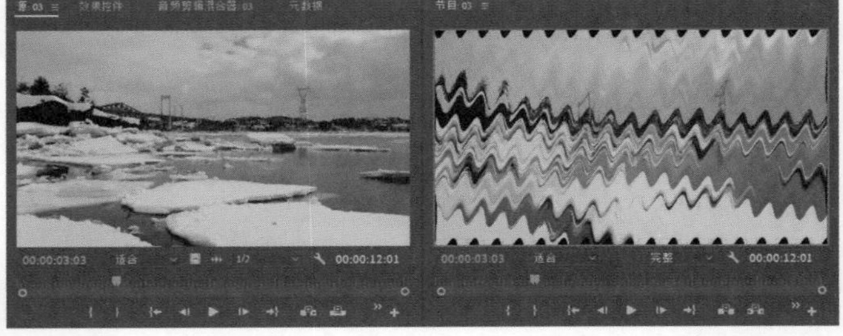

图7-60

湍流置换

该效果可以使素材产生像湍流一样的扭曲变形效果，如图7-61和图7-62所示。

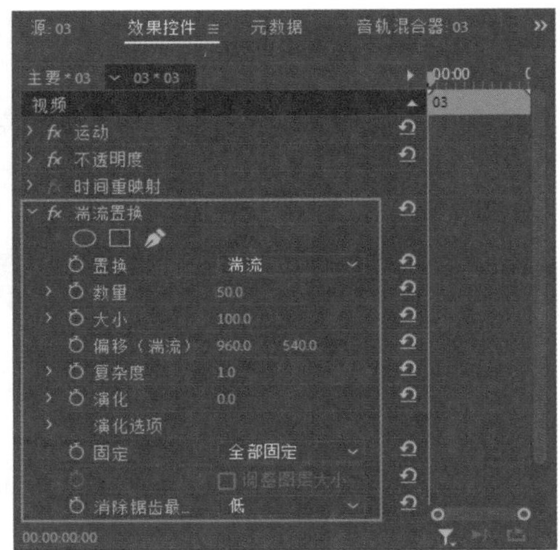

图7-61

图7-62

球面化

该效果可以将平面图像转换成球面图像，如图7-63和图7-64所示。

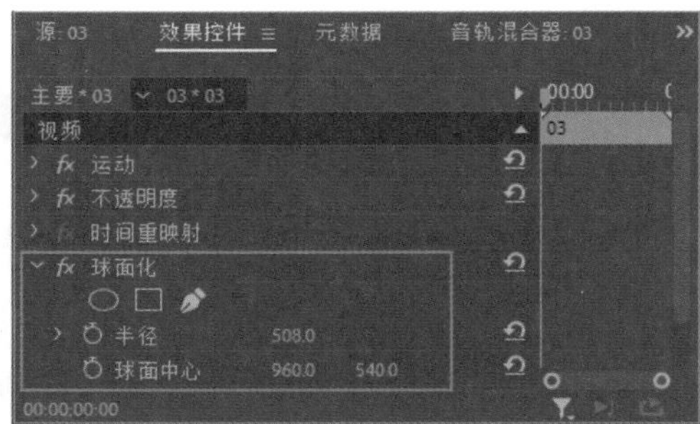

图7-63

图7-64

边角定位

该效果可以使素材的4个角点移动，“效果控件”面板中的4个参数分别代表图像4个角点的坐标，调整坐标参数可以改变素材的位置和透视效果，如图7-65和图7-66所示。

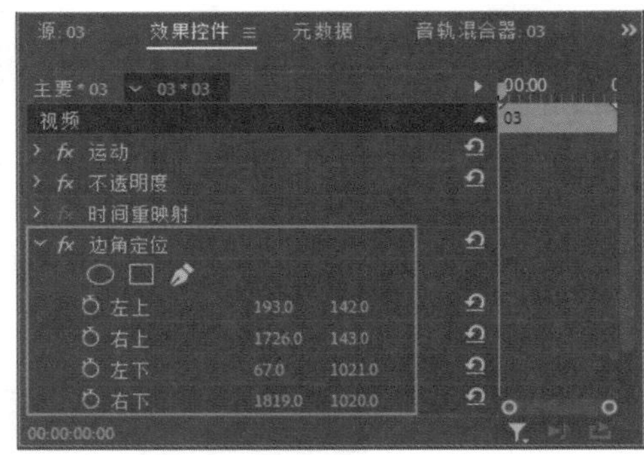

图7-65

图7-66

镜像

该效果可以使素材对称翻转，如图7-67和图7-68所示。

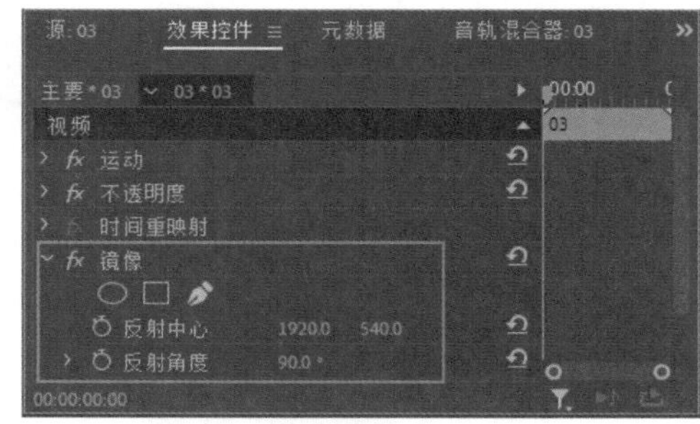

图7-67

图7-68

镜头扭曲

该效果可以使画面沿竖直轴和水平轴扭曲，制作出用变形透视镜观察素材的效果，如图7-69和图7-70所示。

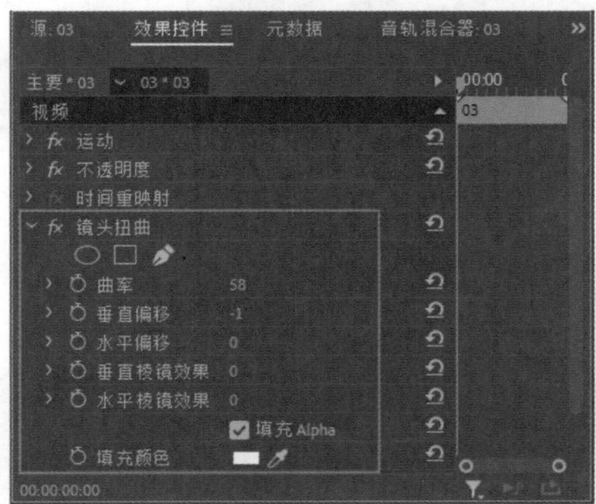

图7-69

图7-70

7.2.5 时间类视频效果

“时间”类的视频效果一共包含两种效果，分别是“残影”和“色调分离时间”，如图7-71所示。

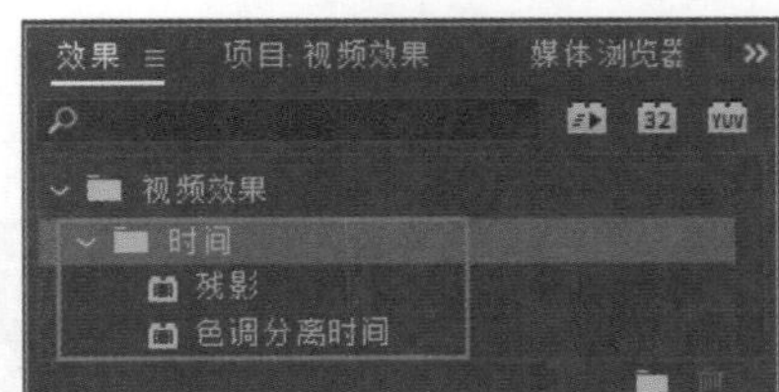

图7-71

残影

该效果可以对画面中不同帧像素进行混合处理，如图7-72和图7-73所示。

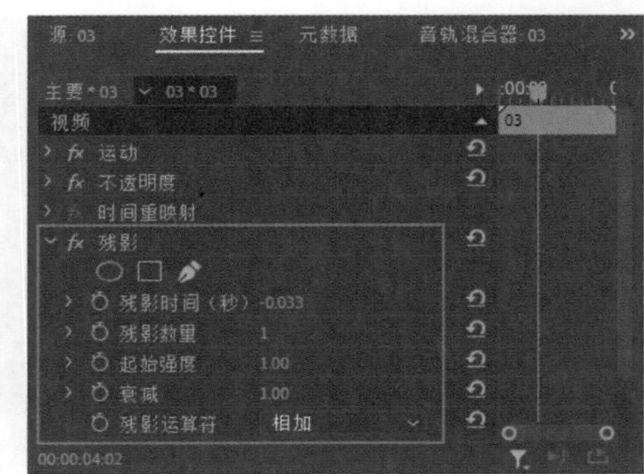

图7-72

图7-73

色调分离时间

使用该效果时可以通过修改帧速率参数设置色调分离的时间，如图7-74和图7-75所示。

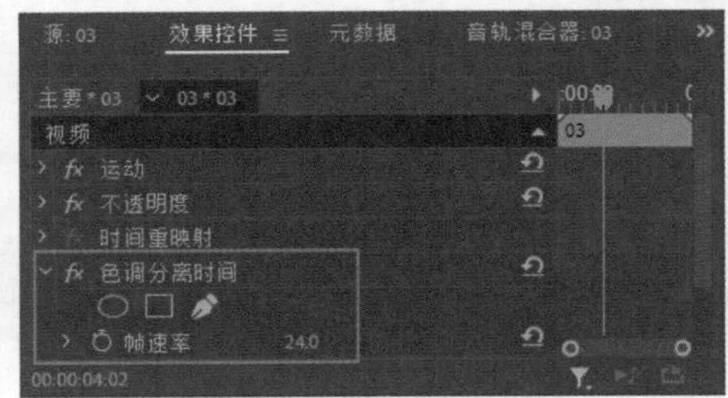

图7-74

图7-75

7.2.6 杂色与颗粒类视频效果

“杂色与颗粒”类的视频效果可以为画面添加杂色与颗粒，制作复古的质感，其中包括“中间值（旧版）”“杂色”“蒙尘与划痕”等6种效果，如图7-76所示。

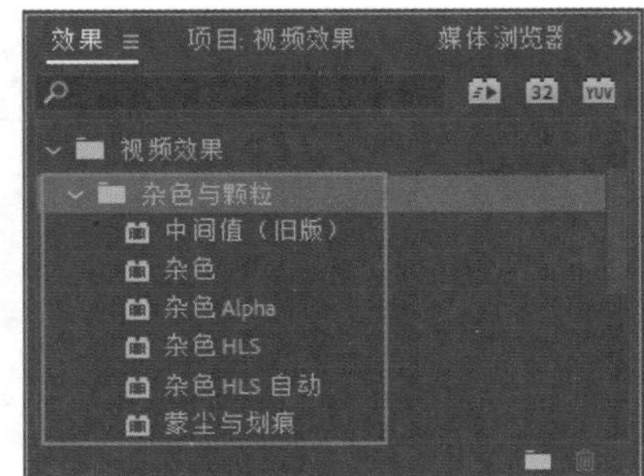

图7-76

中间值（旧版）

该效果可将像素替换为具有指定半径内的邻近像素的中间颜色的像素，常用于制作类似绘画的效果，如图7-77和图7-78所示。

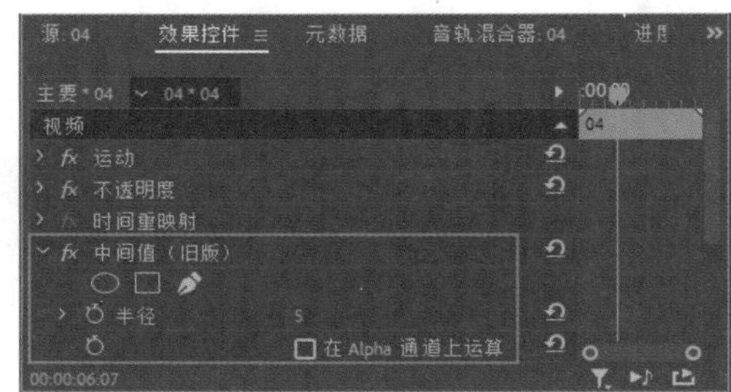

图7-77

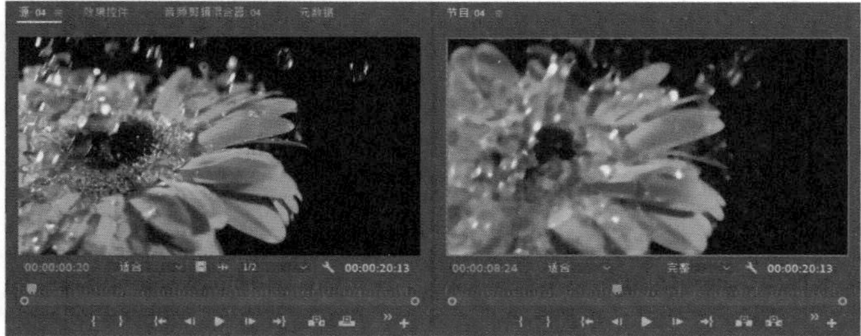

图7-78

杂色

该效果可以为画面添加混杂不纯的杂色颗粒，如图7-79和图7-80所示。

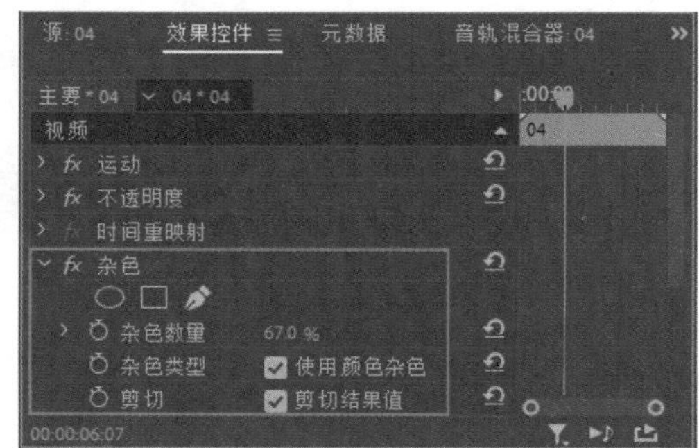

图7-79

图7-80

杂色Alpha

该效果可以使素材产生不同大小的单色颗粒，如图7-81和图7-82所示。

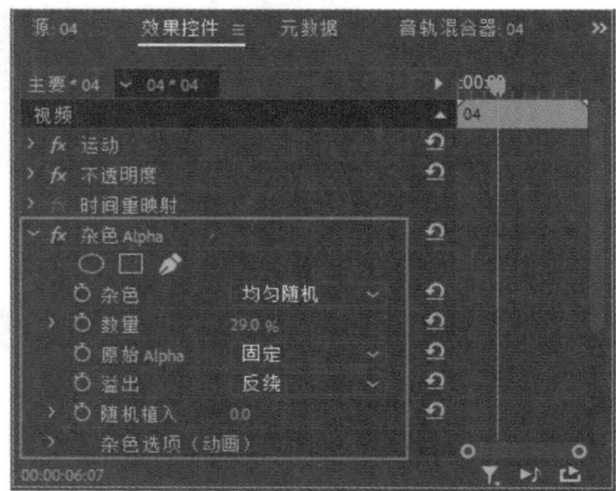

图7-81

图7-82

杂色HLS

使用该效果时可以设置画面中杂色的色相、亮度、饱和度和颗粒大小等参数，如图7-83和图7-84所示。

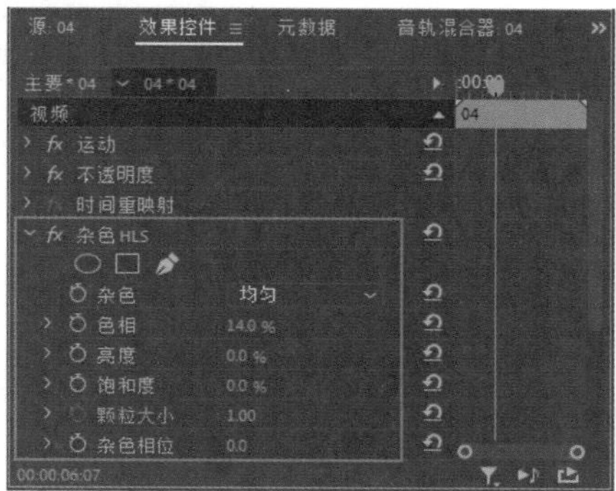

图7-83

图7-84

杂色HLS自动

该效果与“杂色HLS”效果相似，可通过设置参数调整噪波色调，如图7-85和图7-86所示。

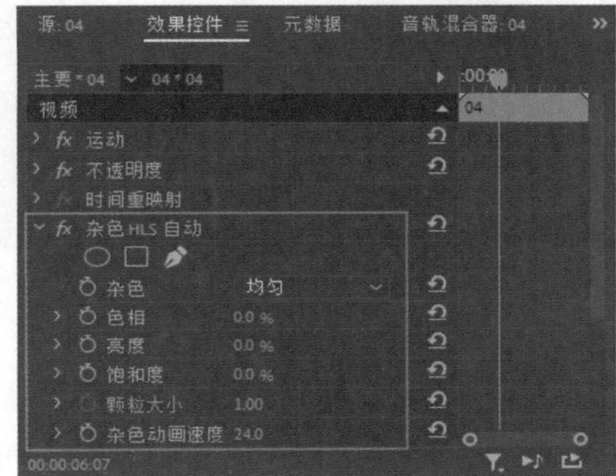

图7-85

图7-86

蒙尘与划痕

使用该效果时可以通过调整数值区分画面中各颜色像素，使层次感更加强烈，如图7-87和图7-88所示。

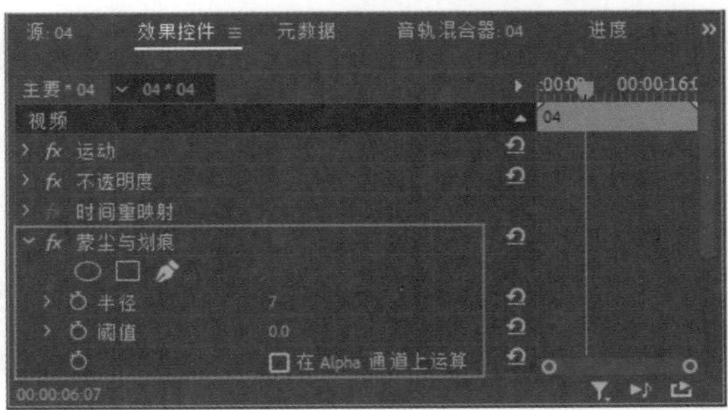

图7-87

图7-88

7.2.7 模糊与锐化类视频效果

“模糊与锐化”类的视频效果可以将素材变得模糊或锐化。其中包含“减少交错闪烁”“复合模糊”“方向模糊”“高斯模糊”等8种视频效果，如图7-89所示。

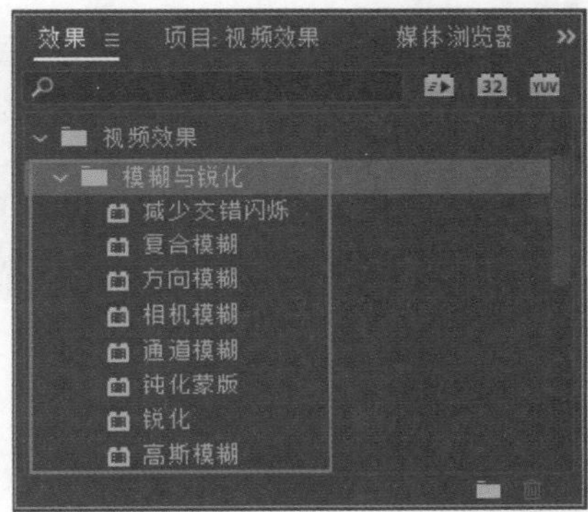

图7-89

减少交错闪烁

使用该效果时可以通过修改“柔和度”参数，减少视频交错闪烁的问题，如图7-90和图7-91所示。

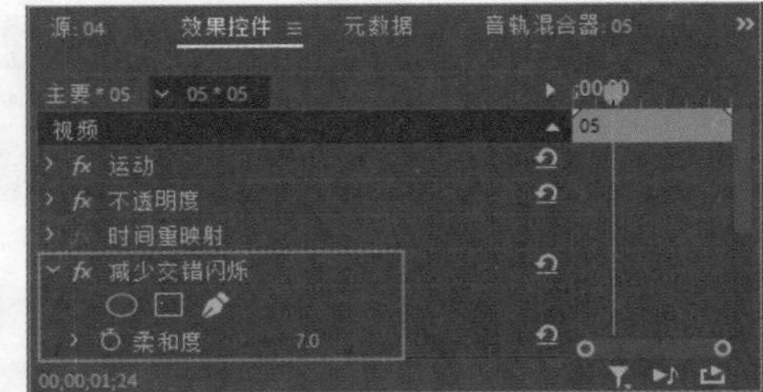

图7-90

图7-91

复合模糊

该效果可以根据选择的轨道自动为画面生成一种模糊的效果，如图7-92和图7-93所示。

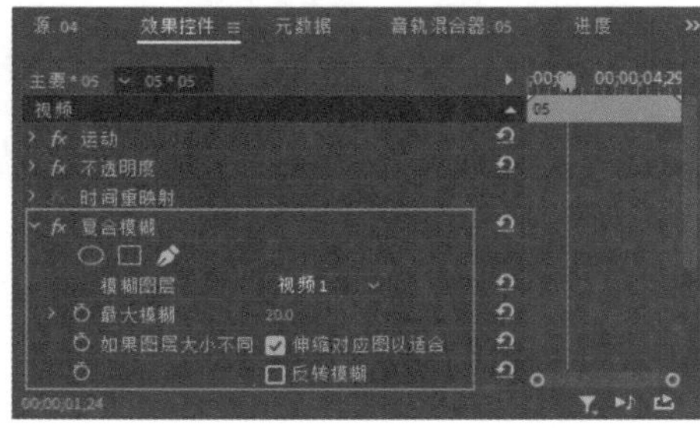

图7-92

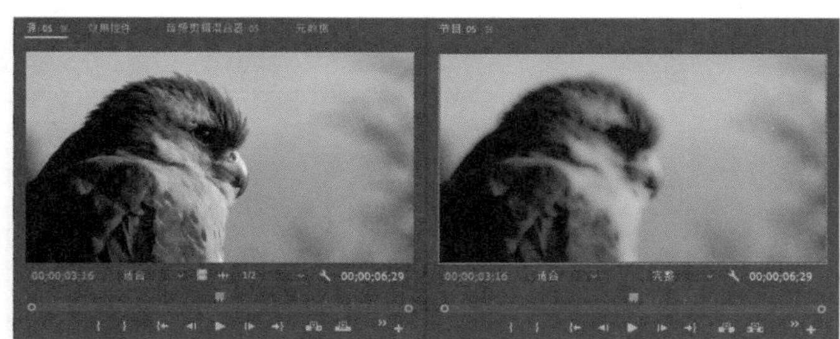

图7-93

方向模糊

该效果可以根据模糊角度和长度对画面进行模糊处理，使画面产生一种运动的效果，如图7-94和图7-95所示。

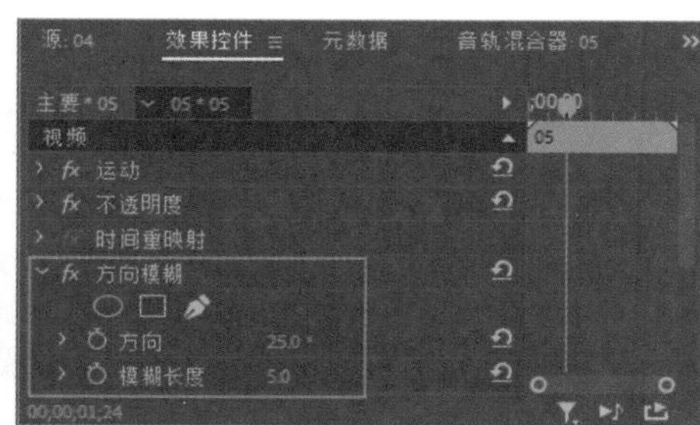

图7-94

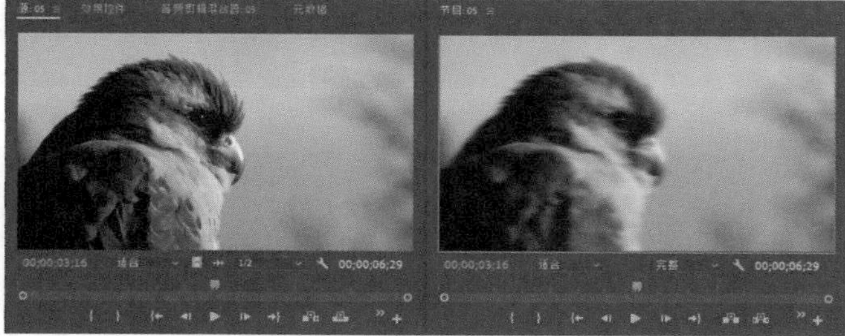

图7-95

相机模糊

该效果可以模拟摄像机在拍摄过程中出现的虚焦现象，如图7-96和图7-97所示。

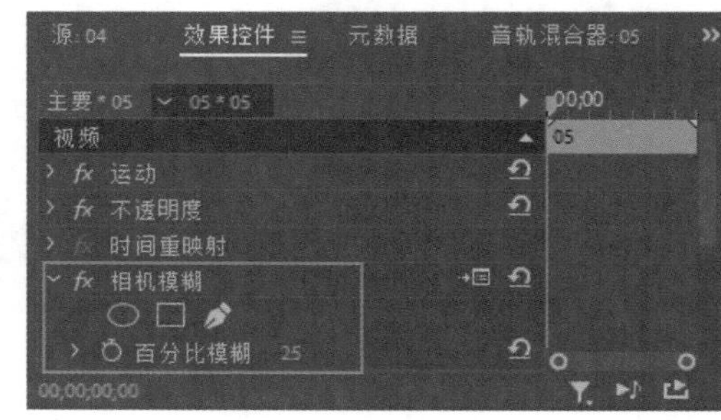

图7-96

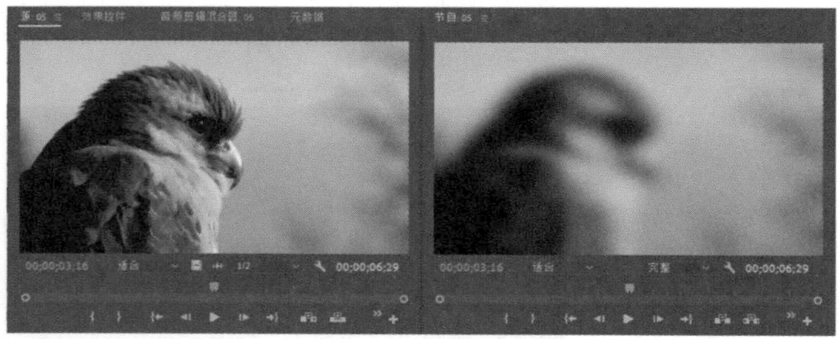

图7-97

通道模糊

该效果可以对素材的不同通道进行模糊，可以对“红色模糊度”“绿色模糊度”“蓝色模糊度”“Alpha模糊度”等参数进行调整，如图7-98和图7-99所示。

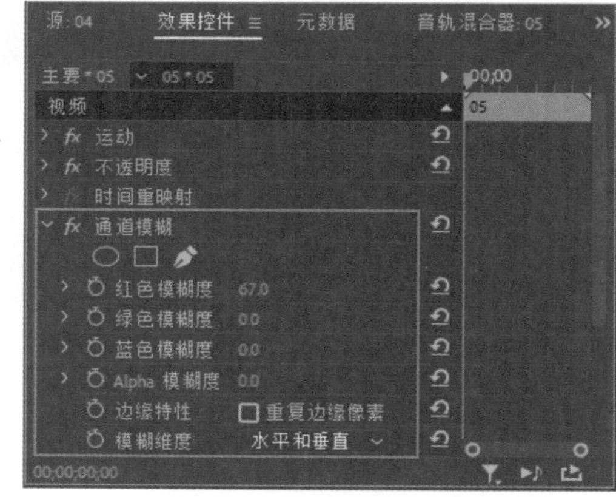

图7-98

图7-99

钝化蒙版

该效果可以在模糊画面的同时调整画面的曝光度和对比度，如图7-100和图7-101所示。

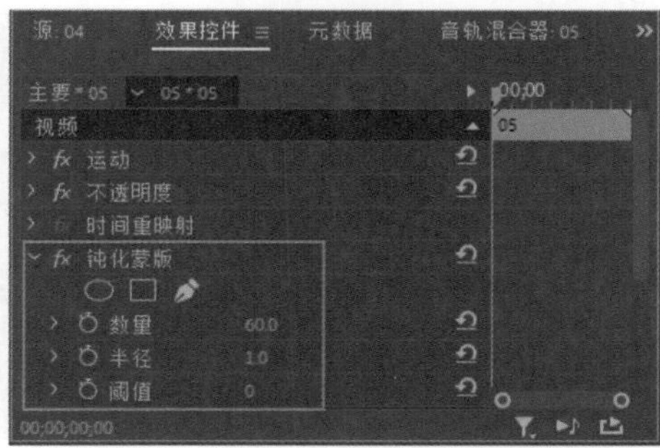

图7-100

图7-101

锐化

使用该效果时可以通过调节“锐化量”参数，提高相邻像素间的对比度，使图像变得更清晰，如图7-102和图7-103所示。

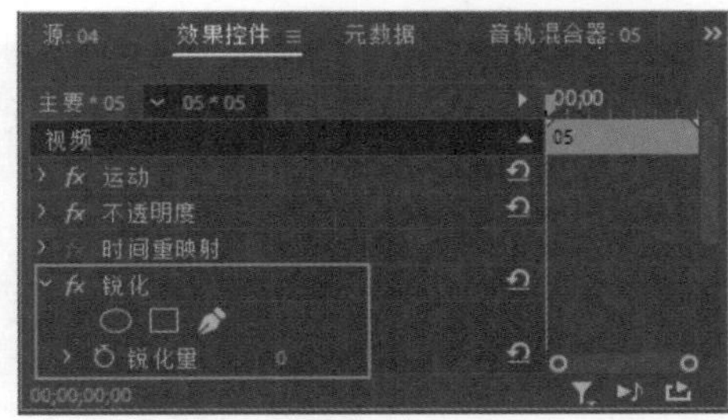

图7-102

图7-103

高斯模糊

该效果可以使画面变得既模糊又平滑，有效减少素材的层次细节，如图7-104和图7-105所示。

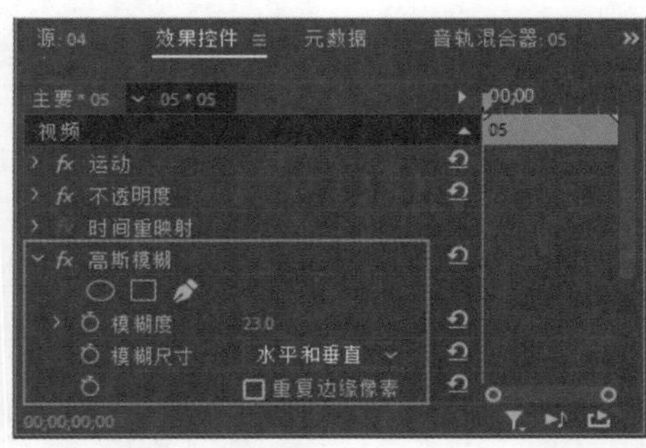

图7-104

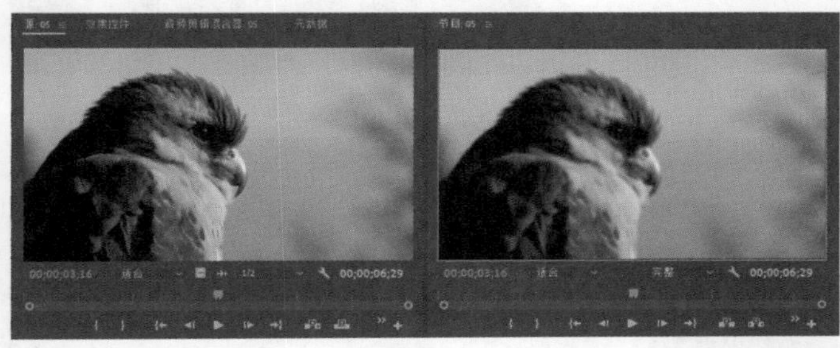

图7-105

7.2.8 沉浸式视频类视频效果

“沉浸式视频”类的视频效果主要用于全景视频和VR视频，普通视频也可以添加，但是不能充分发挥其作用。“沉浸式视频”素材箱中包括“VR分形杂色”“VR发光”“VR平面到球面”等11种效果，如图7-106所示。

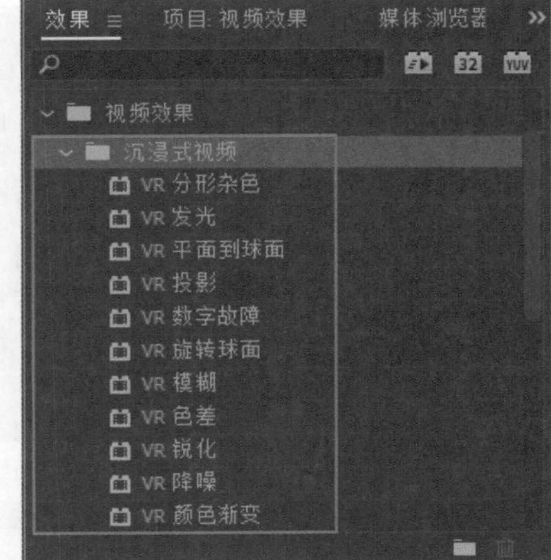

图7-106

VR分形杂色

该效果可以给素材添加杂色效果，可以通过调整“效果控件”面板中杂色的对比度、亮度等参数，设置不同的杂色效果，还可以根据需要设置杂色的混合模式，如图7-107和图7-108所示。

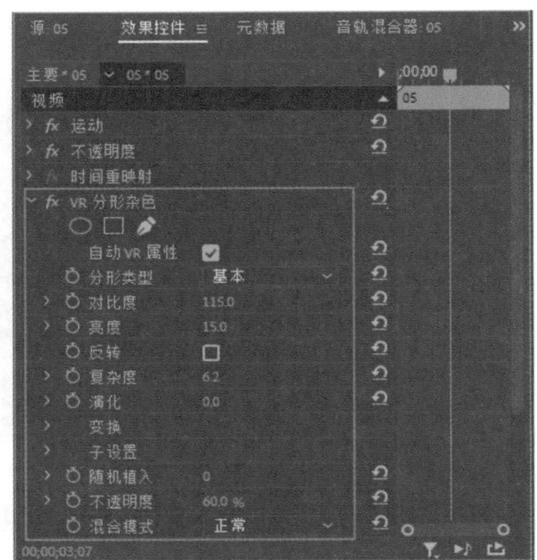

图7-107

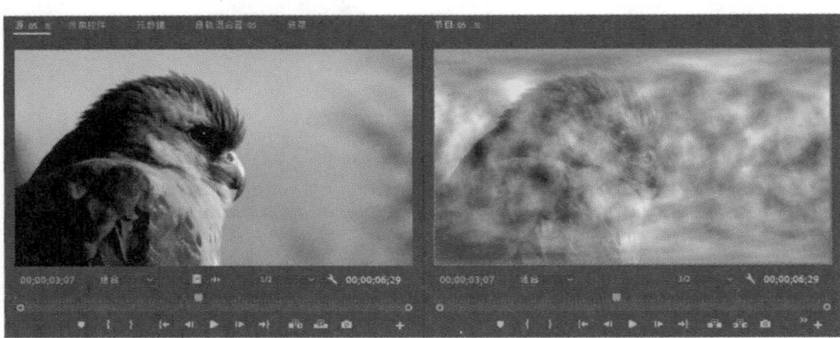
图7-108

VR发光

该效果可以为素材高光位置添加发光效果，如图7-109和图7-110所示。

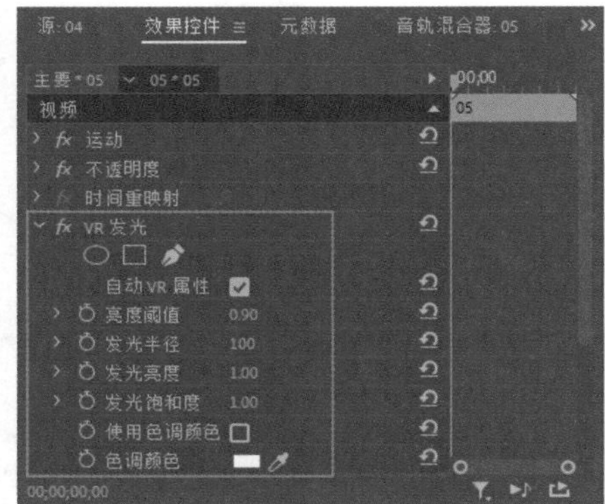

图7-109

图7-110

VR平面到球面

该效果可以将普通视频、图形或文字转换为360°全景效果，产生特别的观感，如图7-111和图7-112所示。

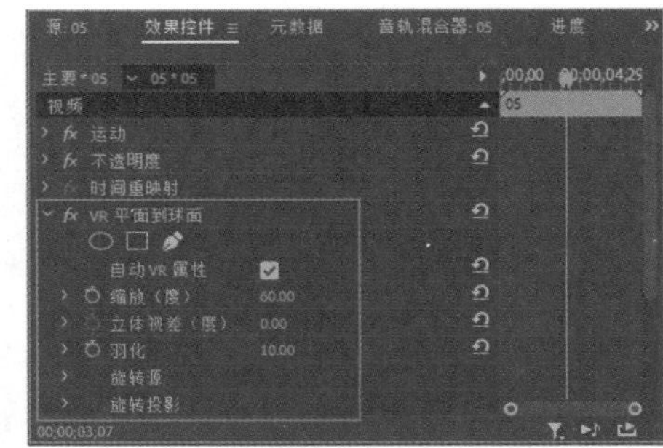

图7-111

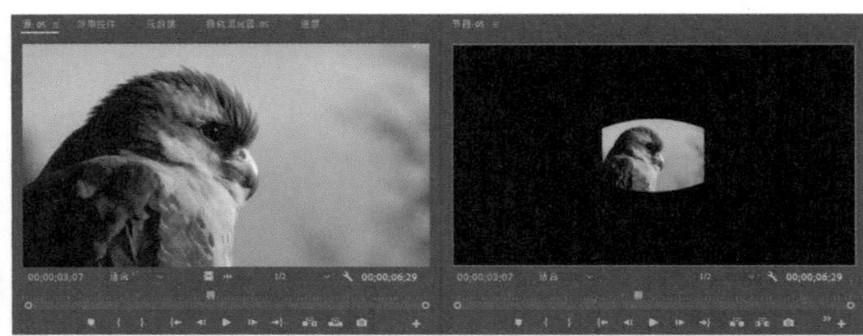
图7-112

VR投影

该效果可以用于实现三轴视频旋转、拉伸以填充帧，也适用于在相同的序列中混合和匹配不同的分辨率和布局，如图7-113和图7-114所示。

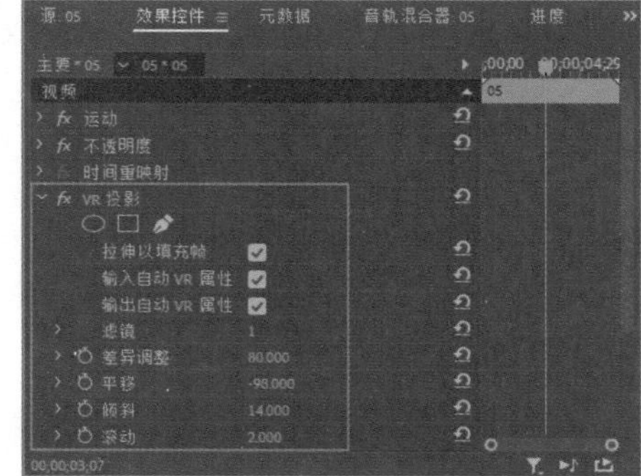

图7-113

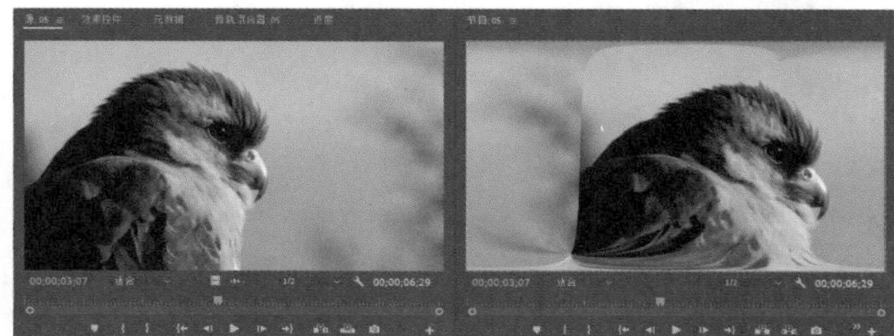
图7-114

VR数字故障

该效果可以模拟电视信号被干扰的效果，配合关键帧动画能做出不错的转场效果，如图7-115和图7-116所示。

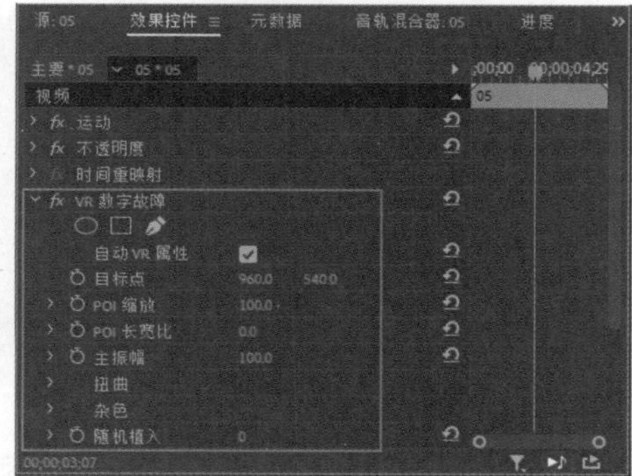

图7-115

图7-116

VR旋转球面

该效果与"VR投影"效果类似，区别是无法调整视频的缩放比例，如图7-117和图7-118所示。

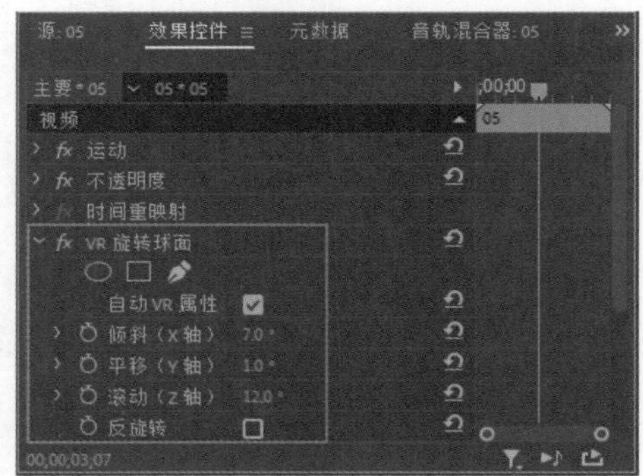

图7-117

图7-118

VR模糊

该效果可以在全景视频中生成无缝的模糊效果，如图7-119和图7-120所示。

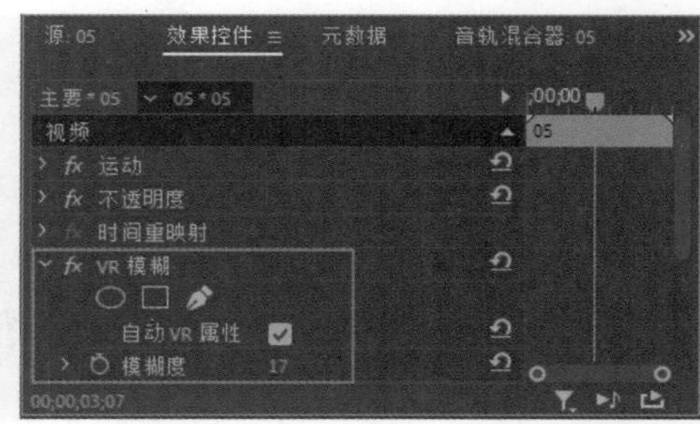

图7-119

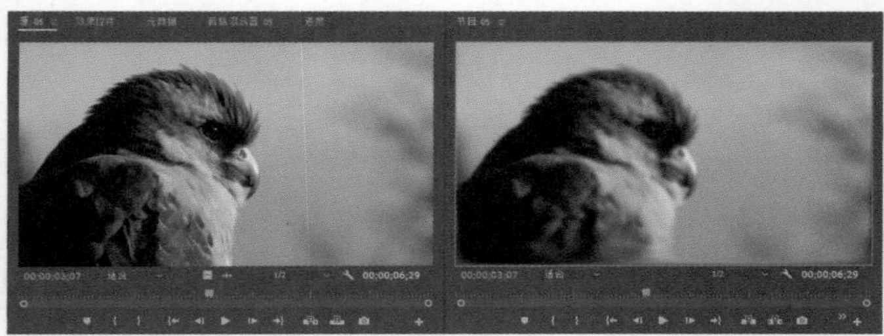

图7-120

VR色差

该效果可以模拟视频色相分离的效果，产生类似数字故障的效果，如图7-121和图7-122所示。

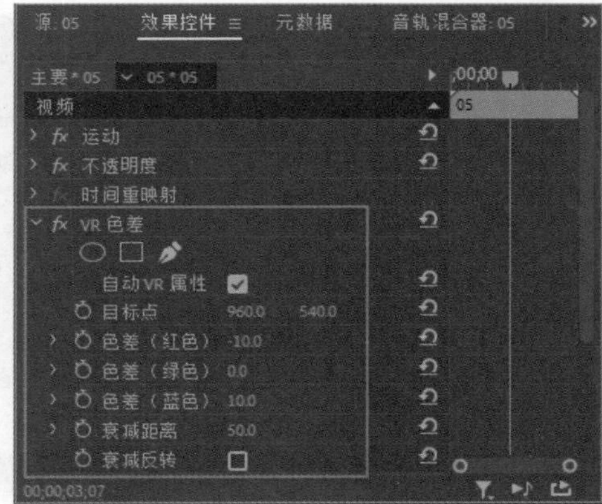

图7-121

图7-122

VR锐化

使用该效果时可以通过调节“锐化量”参数，使图像变得更清晰，如图7-123和图7-124所示。

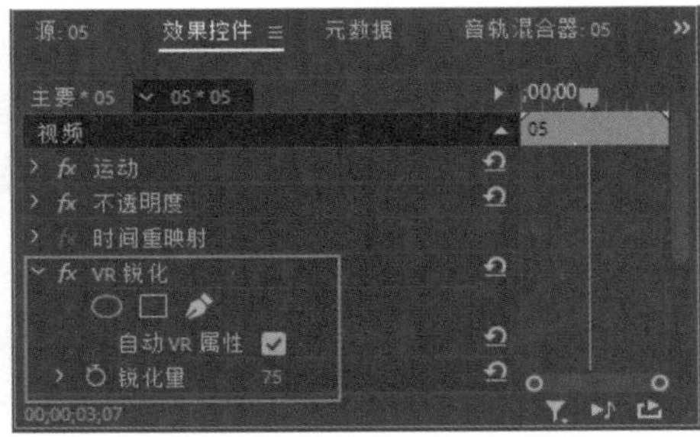

图7-123

图7-124

VR降噪

使用该效果时可以通过设置“杂色类型”和“杂色级别”，使图像变得更平滑，如图7-125和图7-126所示。

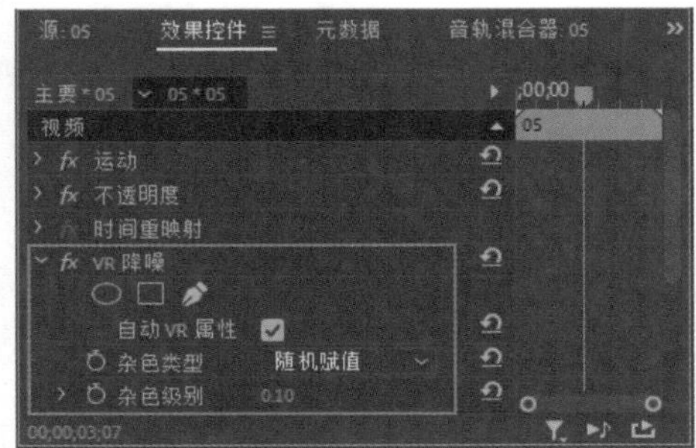

图7-125

图7-126

VR颜色渐变

使用该效果时可以通过调节“效果控件”面板中的参数，为素材添加颜色渐变效果，如图7-127和图7-128所示。

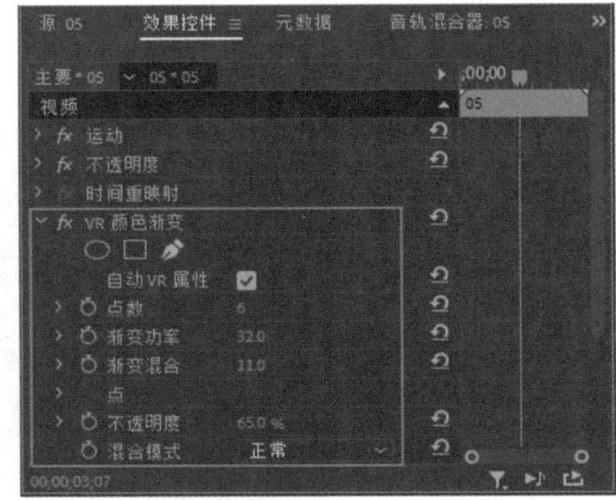

图7-127

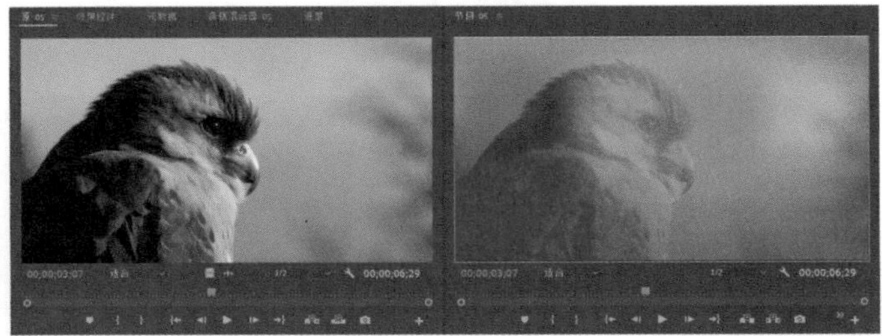

图7-128

7.2.9 生成类视频效果

“生成”类的视频效果可以给素材添加额外的效果元素，如“单元格图案”“四色渐变”“网格”等，如图7-129所示。

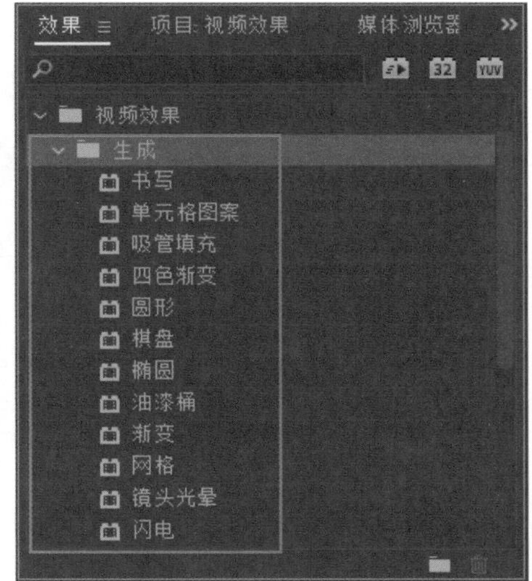

图7-129

书写

该效果可以在素材上制作笔触动画，用户可以通过设置“书写”的位置关键帧和参数，模拟手写动作，如图7-130和图7-131所示。

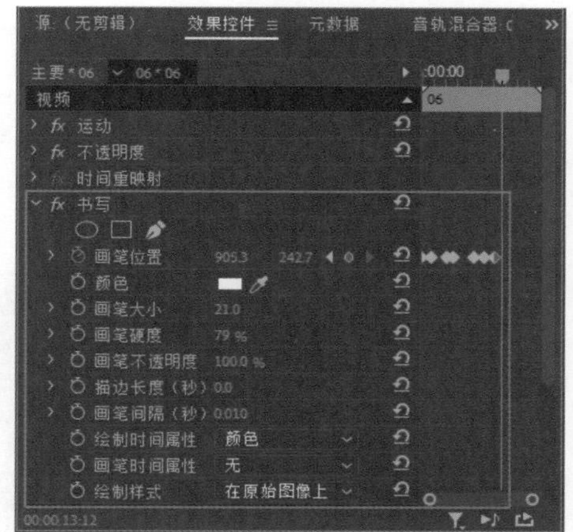

图7-130

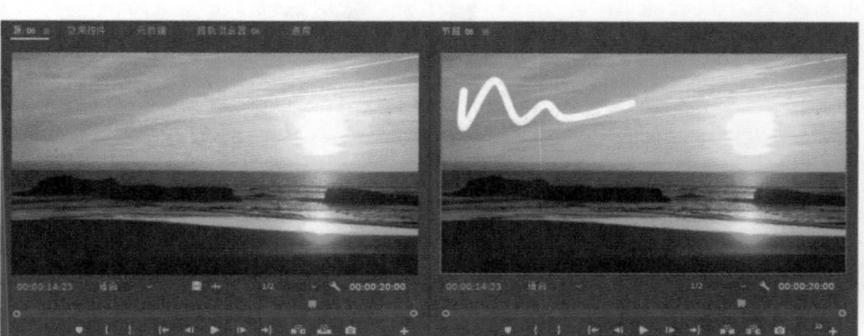

图7-131

单元格图案

该效果用于在画面中创建蜂巢图案，通过调整效果中的参数可以设置图案的类型、大小、偏移等，如图7-132和图7-133所示。

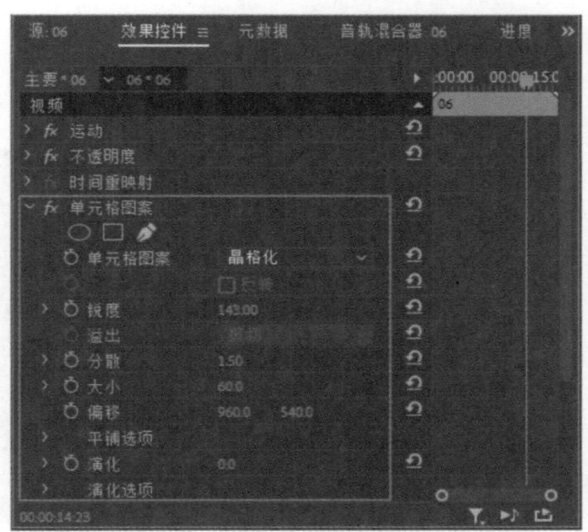

图7-132

图7-133

吸管填充

该效果可以将采样的颜色应用于源剪辑，建议根据需要更改混合模式，如图7-134和图7-135所示。

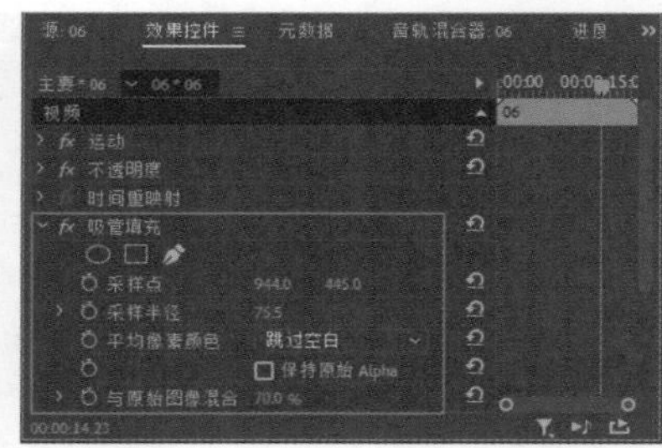

图7-134

图7-135

四色渐变

该效果可在画面上产生四色混合渐变，可根据需要选择合适的混合模式，如图7-136和图7-137所示。

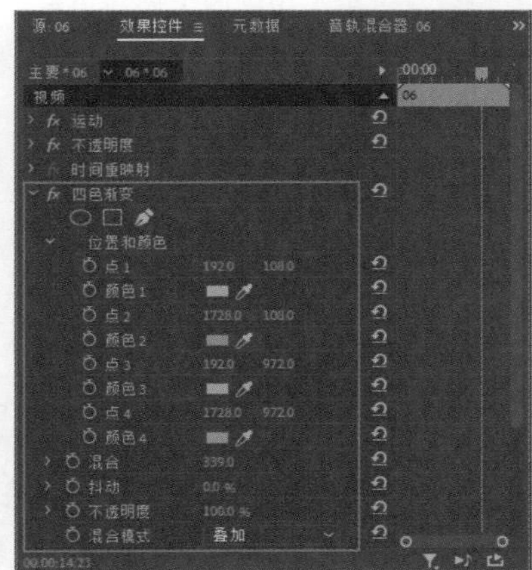

图7-136

图7-137

圆形

该效果可以做出自定义的圆或圆环，可根据需要选择合适的混合模式，如图7-138和图7-139所示。

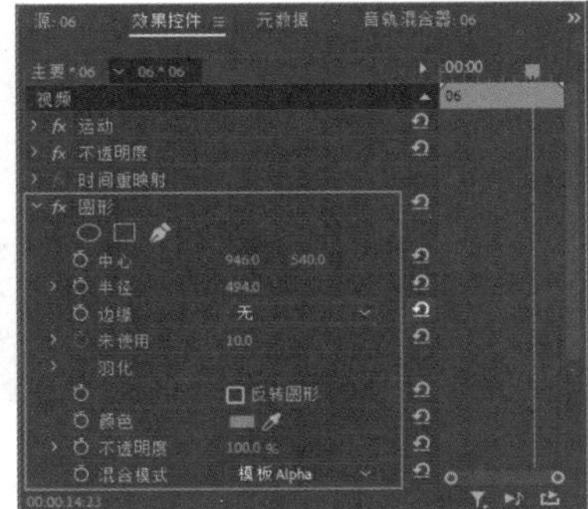

图7-138

图7-139

棋盘

该效果用于在画面中创建棋盘图形，通过调整参数可以控制棋盘的大小、颜色、混合模式等，如图7-140和图7-141所示。

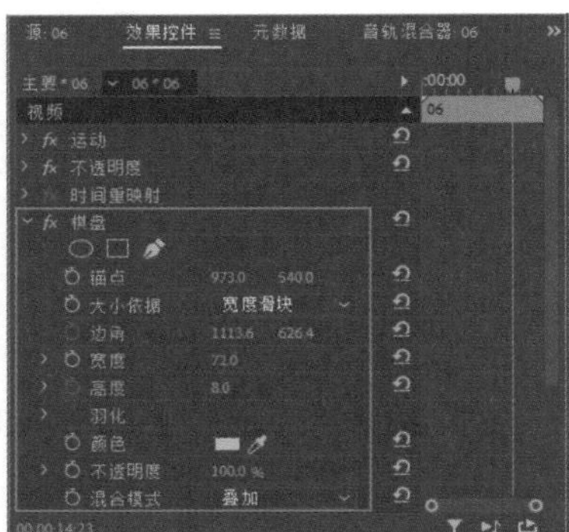

图7-140

图7-141

椭圆

该效果用于在画面中创建一个椭圆环图形，通过设置效果中的参数可以控制圆环的大小、位置和内部与外部的颜色，勾选“在原始图像上合成”复选框，可以对创建的椭圆环与原画面进行合成，如图7-142和图7-143所示。

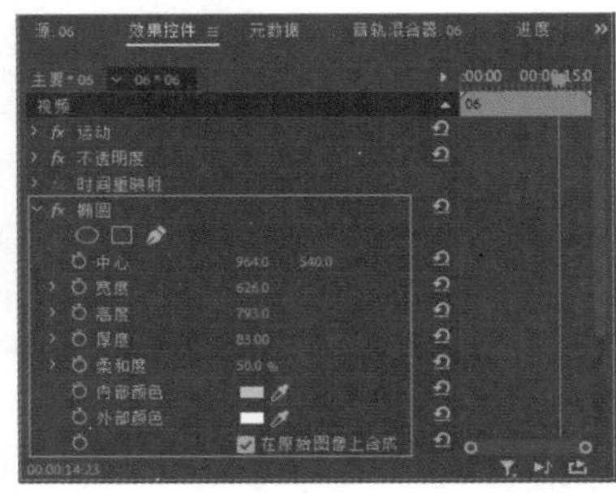

图7-142

图7-143

油漆桶

该效果可以使用一种颜色填充画面中的某个色彩范围，通过设置效果中的参数可以控制填充的颜色和范围，以及填充颜色与原画面的混合模式，如图7-144和图7-145所示。

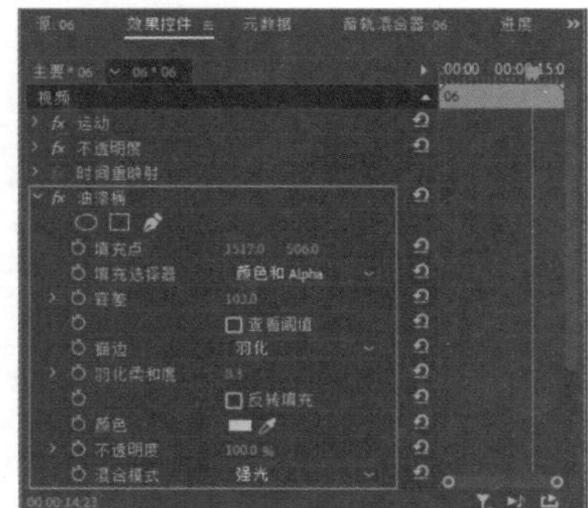

图7-144

图7-145

渐变

该效果用于在画面中创建渐变效果，通过设置效果中的参数可以控制渐变的颜色，并且可以设置渐变与原画面的混合程度，如图7-146和图7-147所示。

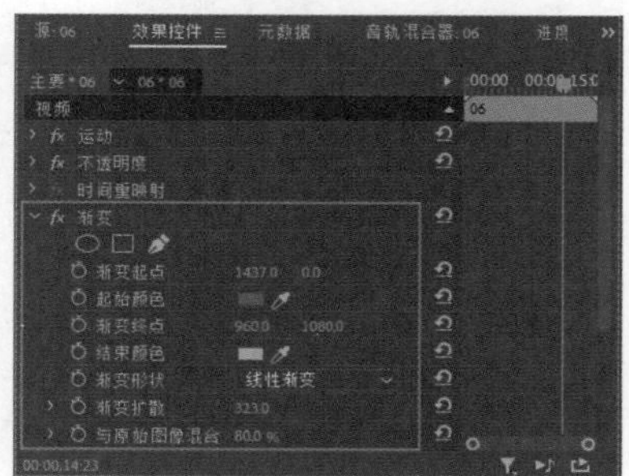

图7-146

图7-147

网格

该效果用于在画面中创建网格效果，通过设置效果中的参数可以控制网格的颜色、边框大小、羽化效果等，并且可以设置网格与原画面的混合模式，如图7-148和图7-149所示。

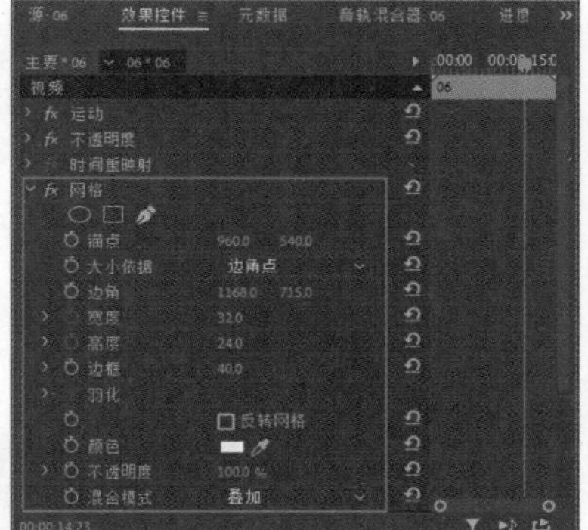

图7-148

图7-149

镜头光晕

该效果用于在画面中创建镜头光晕，模拟强光折射进画面的效果，通过调整效果中的参数可以设置镜头光晕的坐标、亮度和镜头类型等，如图7-150和图7-151所示。

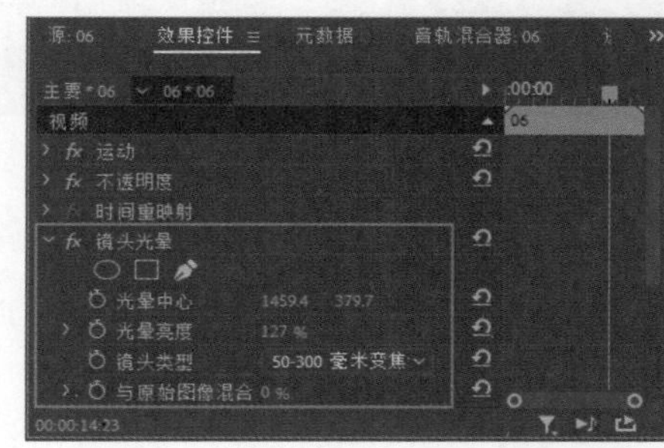

图7-150

图7-151

闪电

该效果用于在画面中创建闪电效果，在“效果控件”面板中可以设置闪电的起始点和结束点及闪电的振幅等参数，如图7-152和图7-153所示。

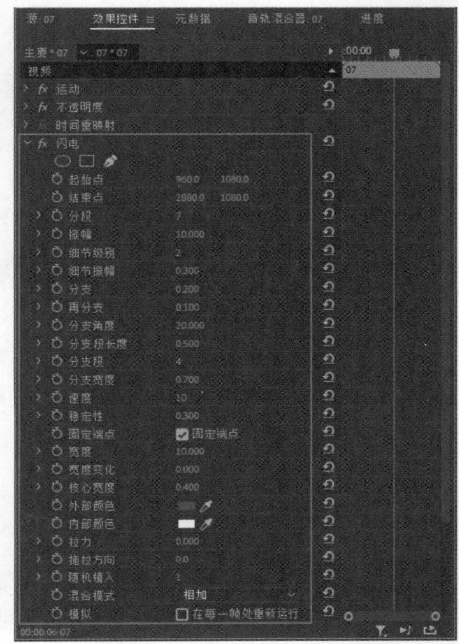

图7-152

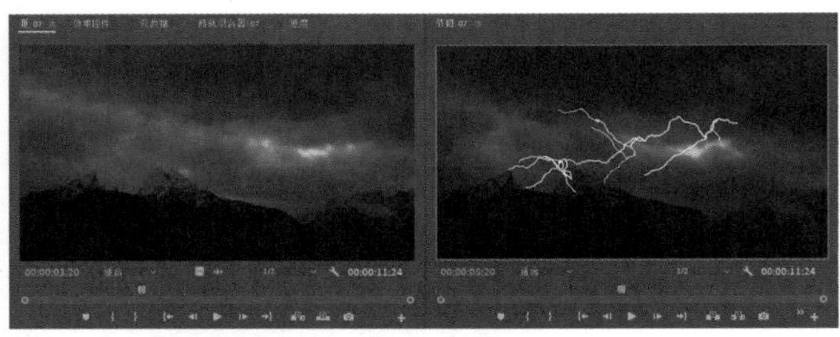

图7-153

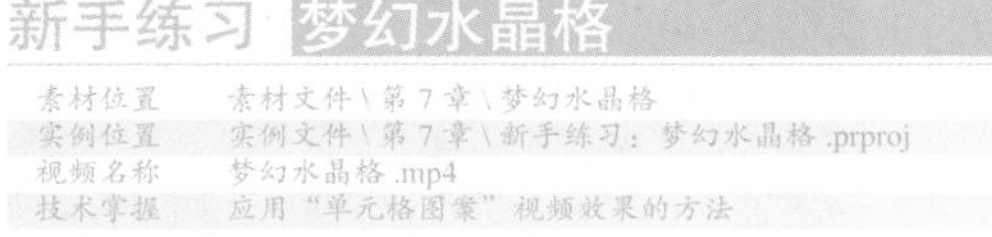

新手练习 梦幻水晶格

扫码看视频

素材位置　素材文件\第7章\梦幻水晶格
实例位置　实例文件\第7章\新手练习：梦幻水晶格.prproj
视频名称　梦幻水晶格.mp4
技术掌握　应用“单元格图案”视频效果的方法

本案例讲解应用Premiere“单元格图案”视频效果的方法，本案例效果如图7-154所示。

图7-154

01 打开Premiere Pro 2021应用程序，选择“文件→新建→项目”命令，在Premiere中新建一个项目，如图7-155所示。

02 在“项目”面板的空白处双击，打开“导入”对话框，找到素材位置，选中需要导入的素材，单击“打开”按钮打开(O)，如图7-156所示，将素材导入“项目”面板中，如图7-157所示。

03 选中“项目”面板中的素材，将其拖曳到“时间轴”面板中，会自动创建一个以素材名称命名的序列，如图7-158所示。

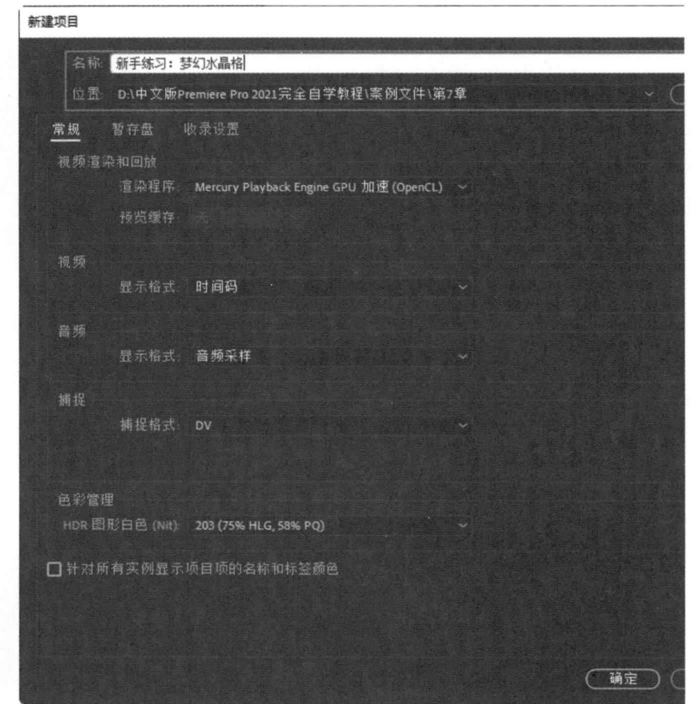

图7-155

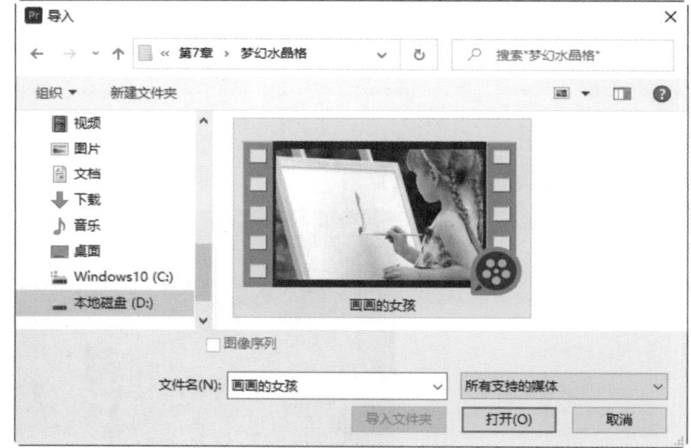

图7-156

图7-157

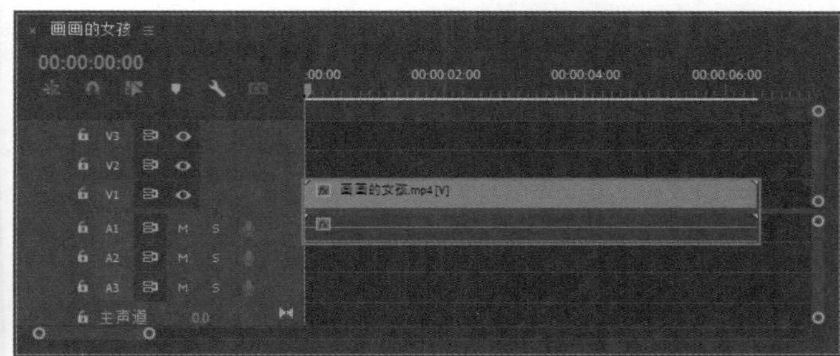

图7-158

04 单击“项目”面板下方的“新建项”按钮，在弹出的菜单中选择“颜色遮罩”命令，如图7-159所示。在弹出的“新建颜色遮罩”对话框中，可修改“视频设置”参数，也可保持默认设置，默认设置即为当前序列的视频设置，单击“确定”按钮，如图7-160所示。

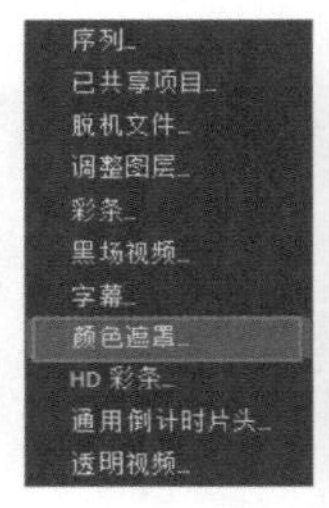

图7-159

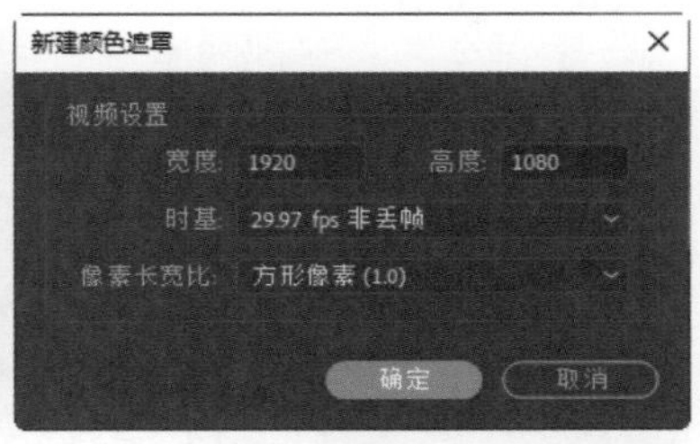

图7-160

05 此时会弹出“拾色器”对话框，将颜色设为纯白色，单击“确定”按钮，如图7-161所示。在弹出的“选择名称”对话框中可设置遮罩名称，单击“确定”按钮，即可新建一个白色遮罩素材，如图7-162所示。

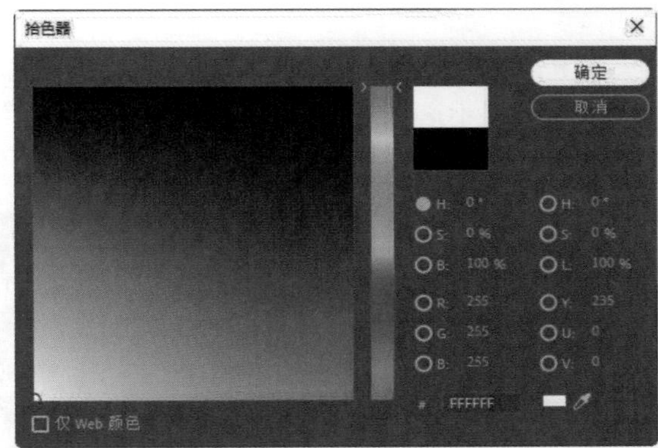

图7-161

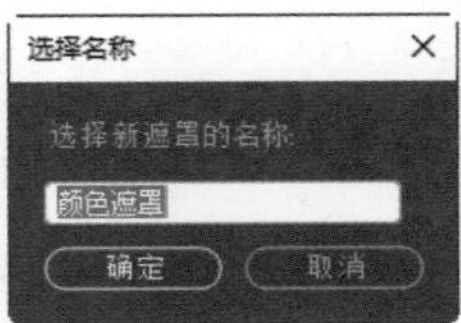

图7-162

06 将新建的颜色遮罩素材拖曳到“时间轴”面板的V2轨道中，拖曳出点，使其和V1轨道素材等长，如图7-163所示。

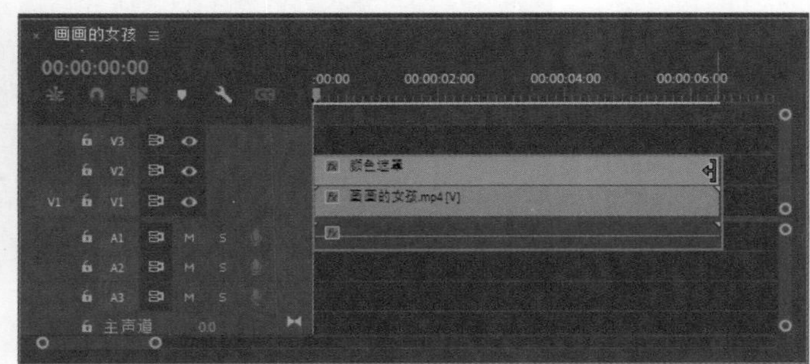

图7-163

07 打开“效果”面板，展开“视频效果”素材箱，选择“生成”类视频效果中的“单元格图案”效果，如图7-164所示。将其拖曳到“时间轴”面板V2轨道的颜色遮罩素材上，此时“节目”监视器面板如图7-165所示。

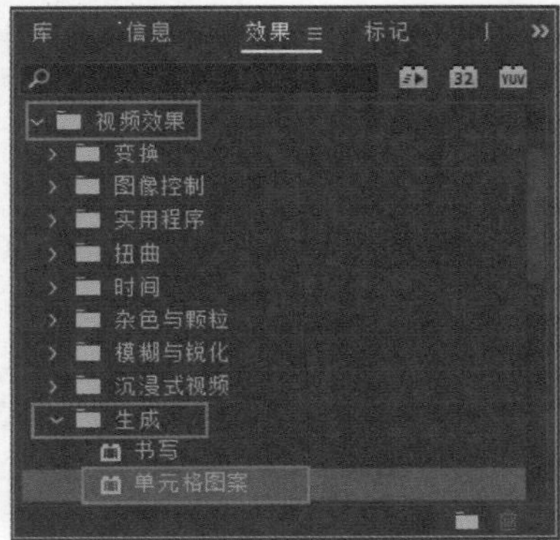

图7-164

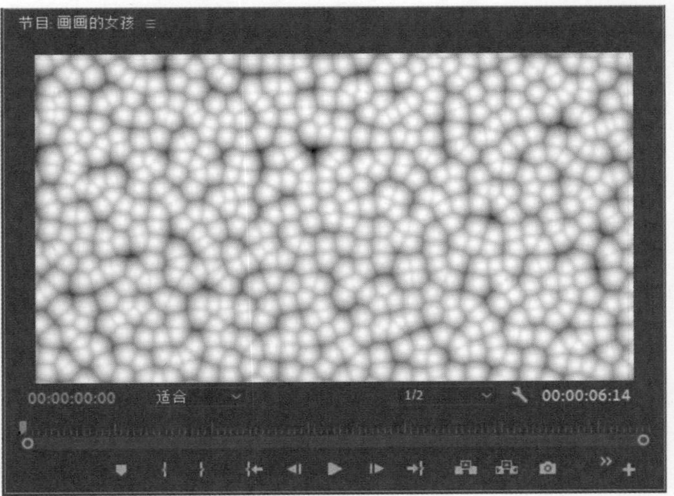

图7-165

08 选中“时间轴”面板中的颜色遮罩素材，打开“效果控件”面板，展开“单元格图案”下拉菜单，选择“印板”选项，如图7-166所示。设置“锐度”为500，“大小”为227，如图7-167所示。

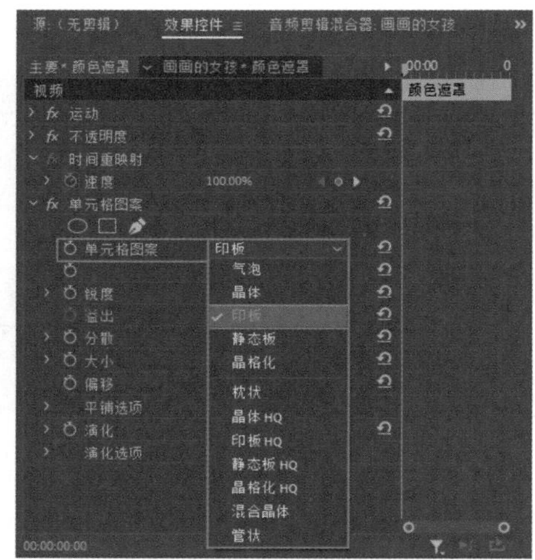

图7-166

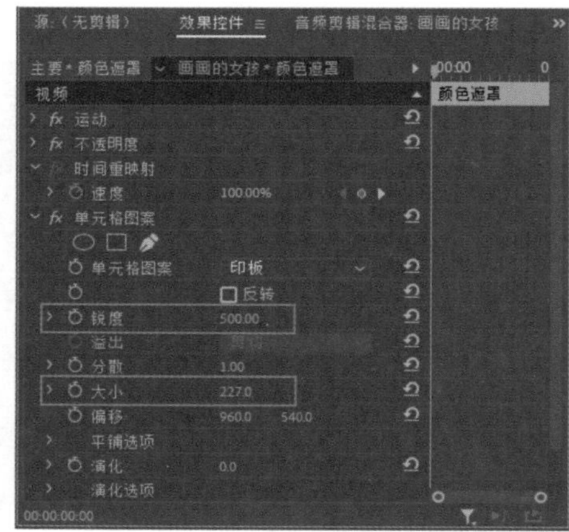

图7-167

09 在“效果控件”面板中将时间指示器移动到00:00:00:00的位置，单击“演化”前面的“切换动画”按钮，在该位置添加一个关键帧，设置“演化”值为 - 200°，如图7-168所示。将时间指示器移动到00:00:06:13的位置，单击“演化”后面的“添加/移除关键帧”按钮，添加一个关键帧，设置“演化”值为200°，如图7-169所示。

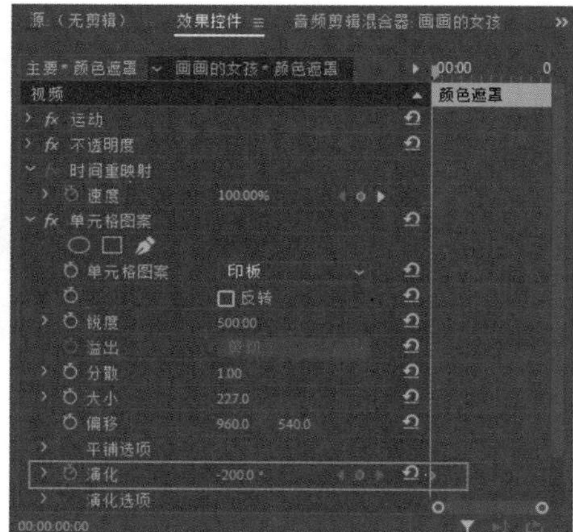

图7-168

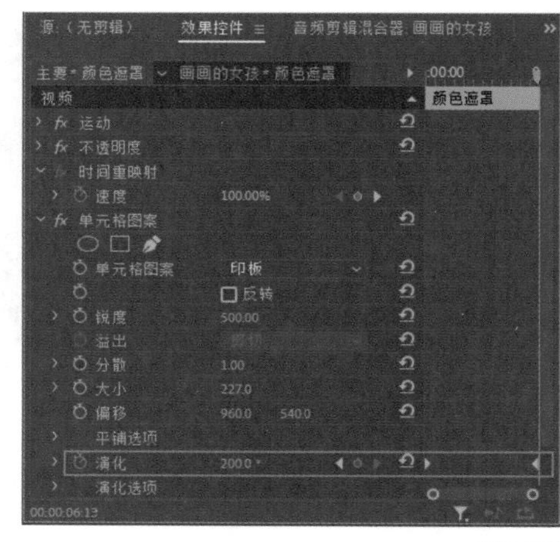

图7-169

10 在“节目”监视器面板中单击“播放-停止切换”按钮，预览设置参数后的画面效果，如图7-170所示。

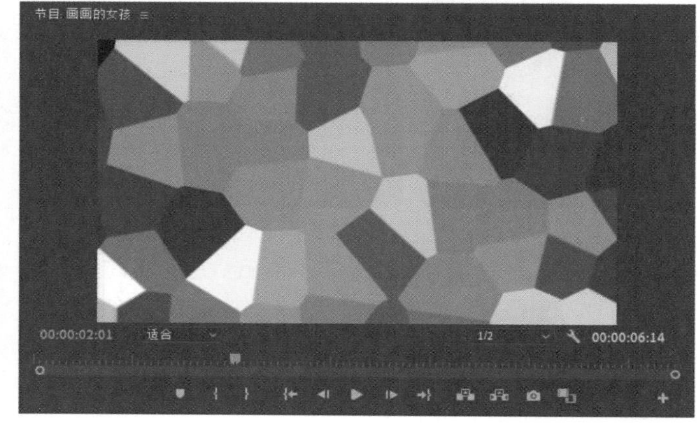

图7-170

11 选中“时间轴”面板中的颜色遮罩素材，打开“效果控件”面板，展开“不透明度”选项组，将“混合模式”设为“叠加”，如图7-171所示。

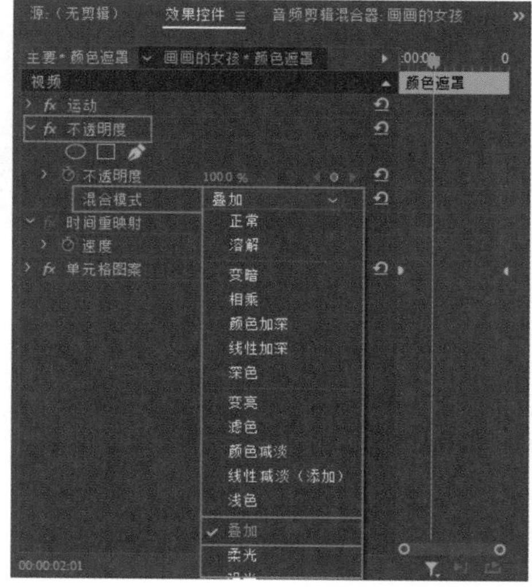

图7-171

12 在“节目”监视器面板中单击“播放-停止切换”按钮▶，预览案例最终效果，如图7-172所示。

图7-172

7.2.10 视频类视频效果

“视频”类的视频效果主要用于简化场景的精确定位及与团队成员和客户之间的合作，包含“SDR遵从情况”“剪辑名称”“时间码”“简单文本”，如图7-173所示。

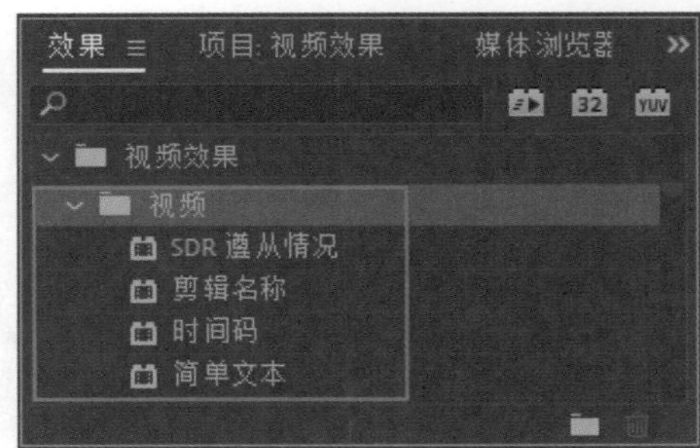

图7-173

SDR遵从情况

该效果可以在将HDR媒体转换为SDR时使用，可以调整亮度、对比度、软阈值等参数，如图7-174和图7-175所示。

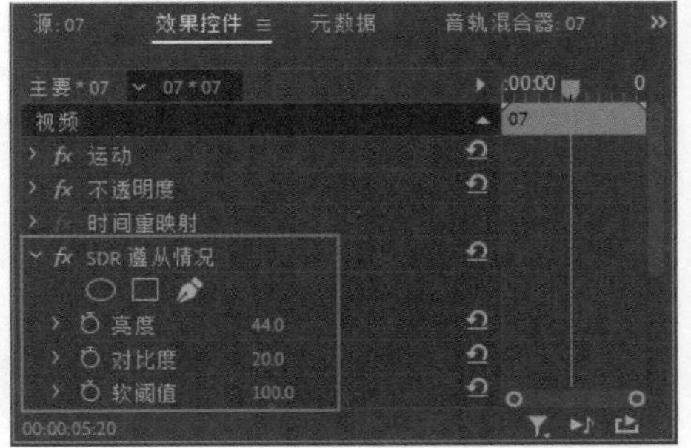

图7-174

图7-175

剪辑名称

该效果可以在画面上实时显示素材的名称，方便从客户或合作者那里得到反馈，如图7-176和图7-177所示。

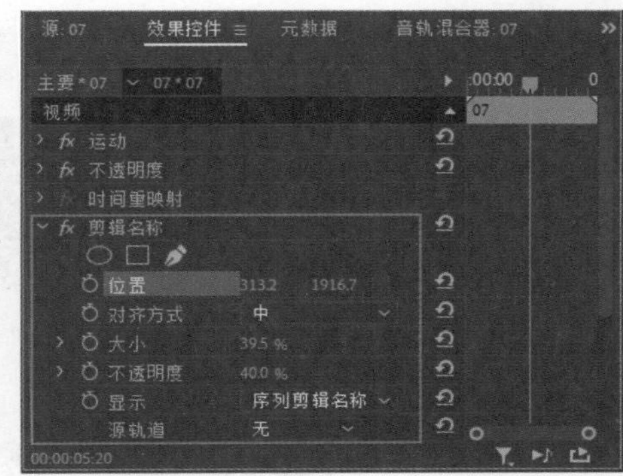

图7-176

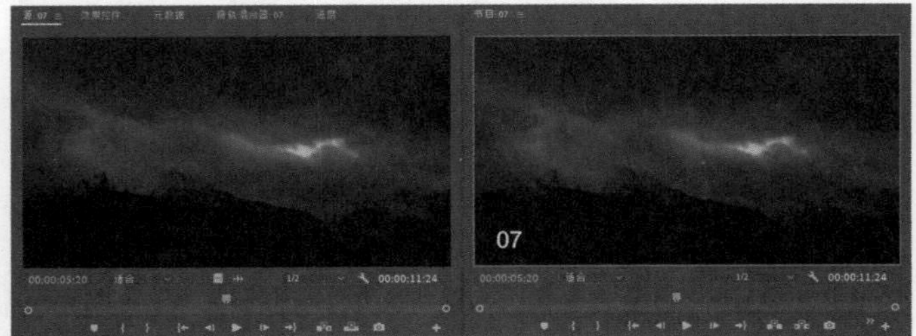

图7-177

时间码

该效果可以在画面上实时显示时间码，可将效果添加到调整图层上，从而为整个序列生成一个可见的时间码，如图7-178和图7-179所示。

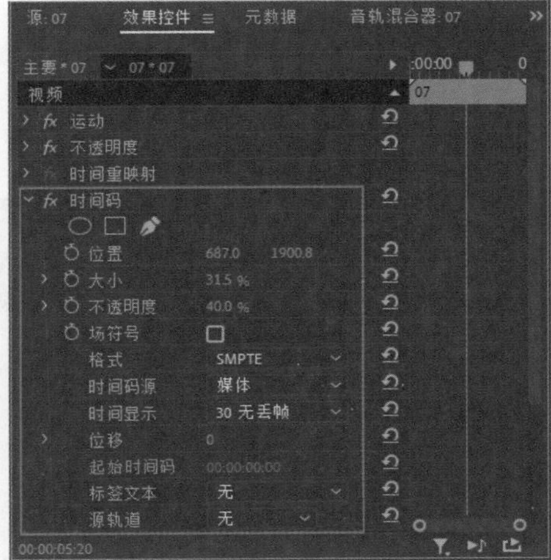

图7-178

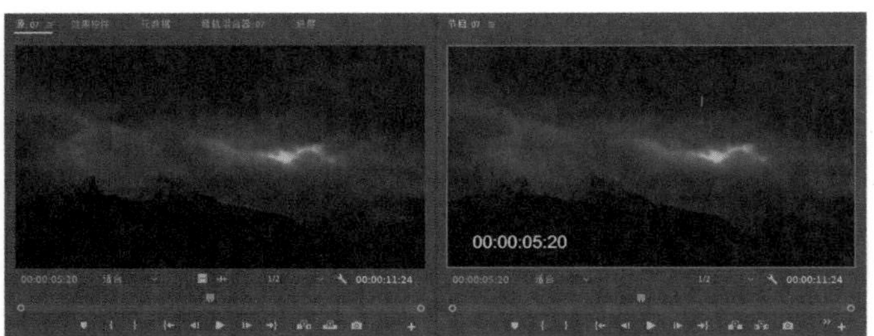

图7-179

简单文本

该效果可以在画面上实时显示简单文本内容，如图7-180和图7-181所示。

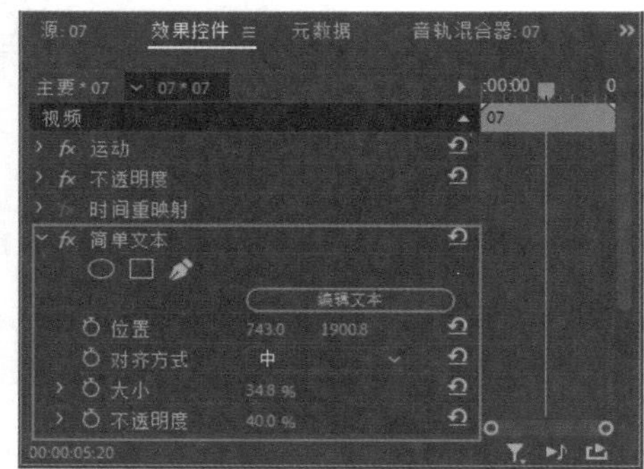

图7-180

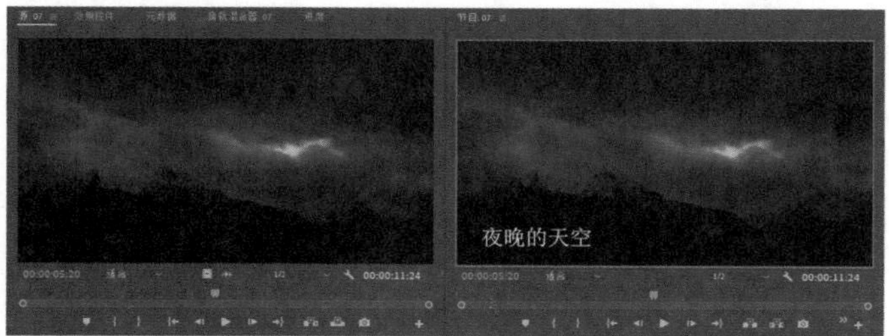

图7-181

7.2.11 调整类视频效果

“调整”类的视频效果主要用于对剪辑进行明暗度调整及添加光照效果，包括“ProcAmp”“光照效果”“卷积内核”“提取”“色阶”，如图7-182所示。

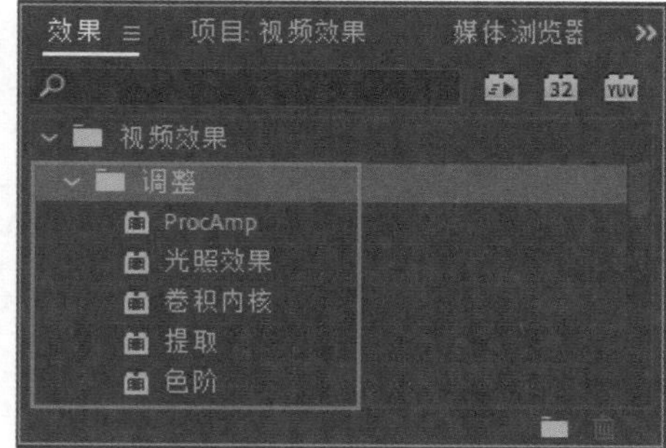

图7-182

ProcAmp

该效果可以模仿标准电视设备上的处理放大器，可同时调整亮度、对比度、色相和饱和度，如图7-183和图7-184所示。

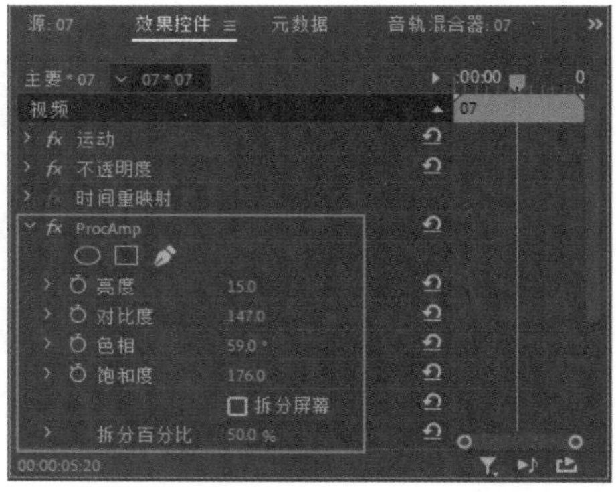

图7-183

图7-184

光照效果

该效果可以添加5种光照效果，如图7-185和图7-186所示。

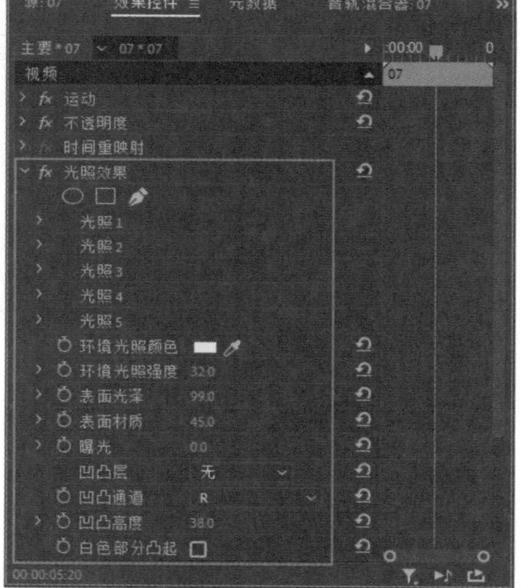

图7-185

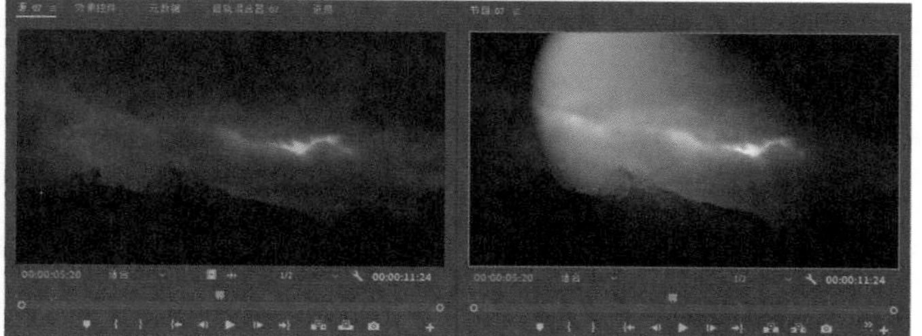

图7-186

卷积内核

该效果可以根据卷积运算来更改剪辑中每个像素的亮度值，如图7-187和图7-188所示。

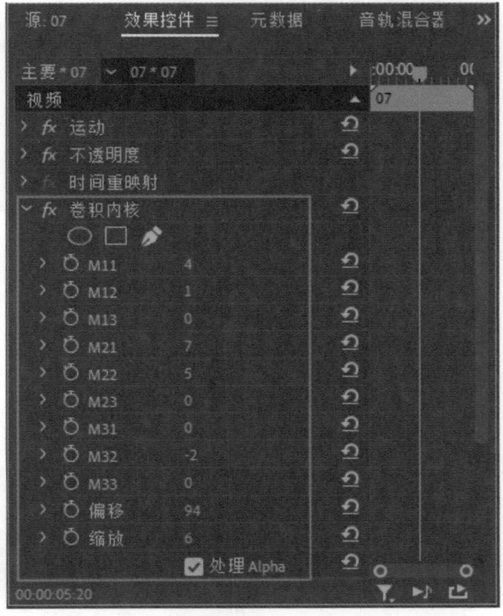

图7-187

图7-188

提取

该效果可以移除颜色，创建灰度图像，如图7-189和图7-190所示。

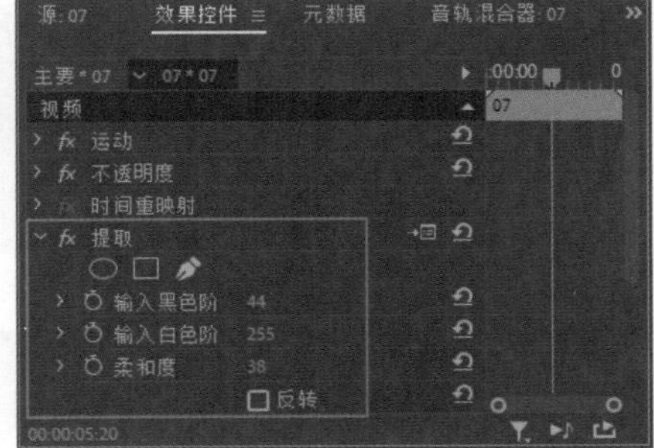

图7-189

图7-190

色阶

该效果可以调整视频的色阶，如图7-191和图7-192所示。

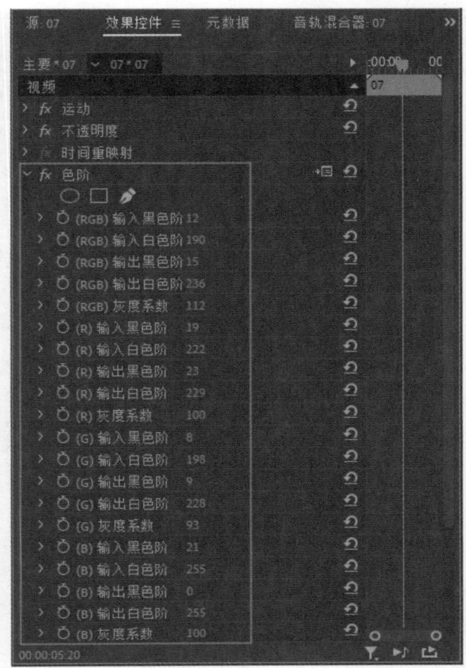

图7-191

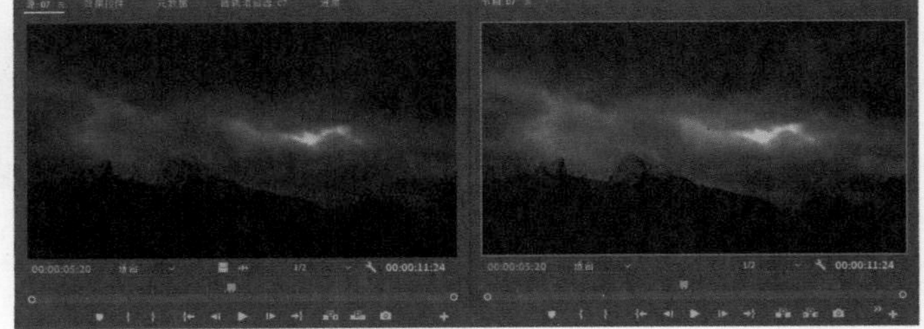

图7-192

7.2.12 过时类视频效果

“过时”类的视频效果主要用于对剪辑进行专业质量的颜色分级和颜色校正，由于此类效果都可以用“Lumetri颜色”等功能来实现，所以放在“过时”素材箱中，如图7-193所示。

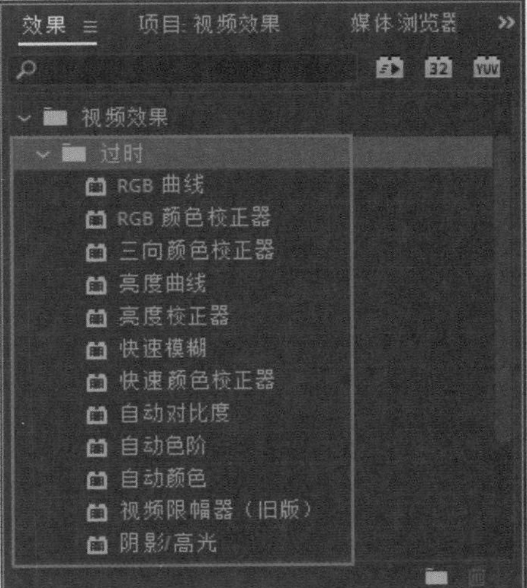

图7-193

RGB曲线

使用该效果时可以调整红、绿、蓝及主要的色彩曲线，它是最传统的调色效果控件，如图7-194和图7-195所示。

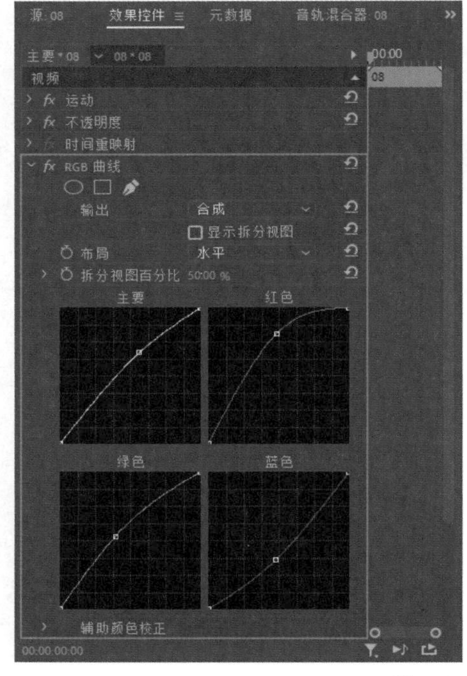

图7-194

图7-195

RGB颜色校正器

使用该效果时可以通过调整灰度系数、基值、增益等参数校正视频颜色，如图7-196和图7-197所示。

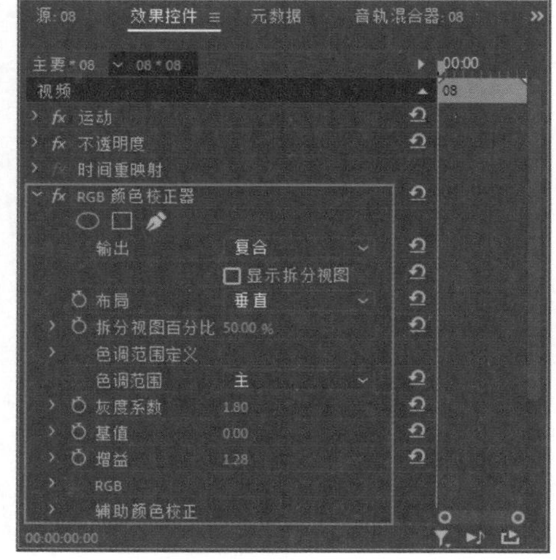

图7-196

图7-197

三向颜色校正器

使用该效果时可以通过色轮调整高光、阴影、中间调的色彩倾向，如图7-198和图7-199所示。

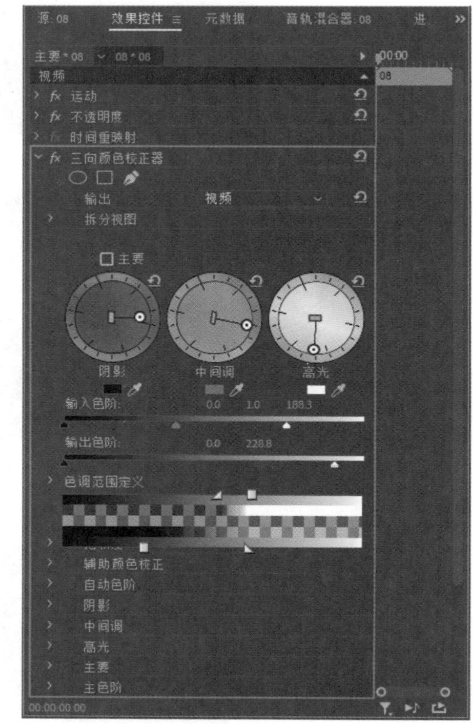

图7-198

图7-199

亮度曲线

使用该效果时可以通过调整亮度曲线改变视频的亮度，如图7-200和图7-201所示。

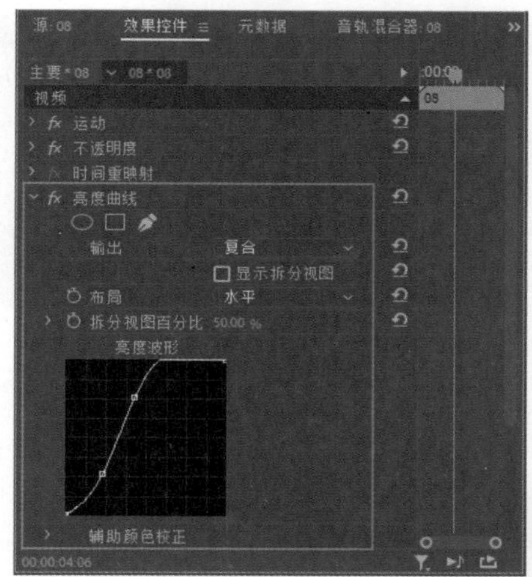

图7-200

图7-201

亮度校正器

该效果可以调整视频的亮度、对比度、灰度系数等，如图7-202和图7-203所示。

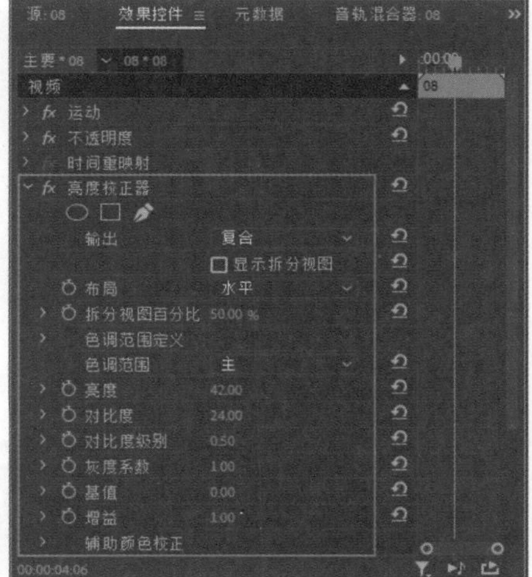

图7-202

图7-203

快速模糊

该效果可以对视频进行快速模糊，如图7-204和图7-205所示。

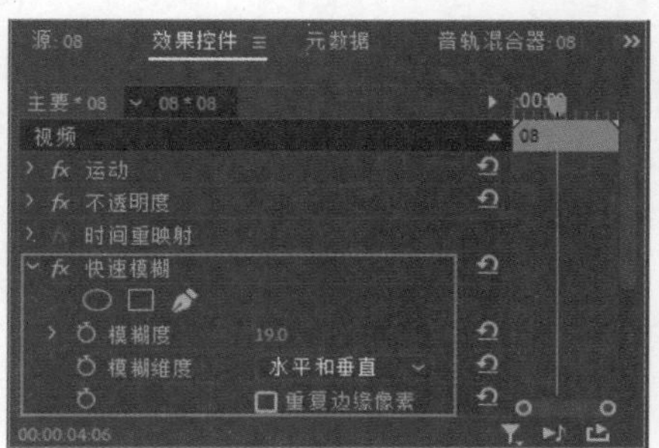

图7-204

图7-205

快速颜色校正器

该效果可以调整素材的白平衡、色相、饱和度、明暗对比度等，如图7-206和图7-207所示。

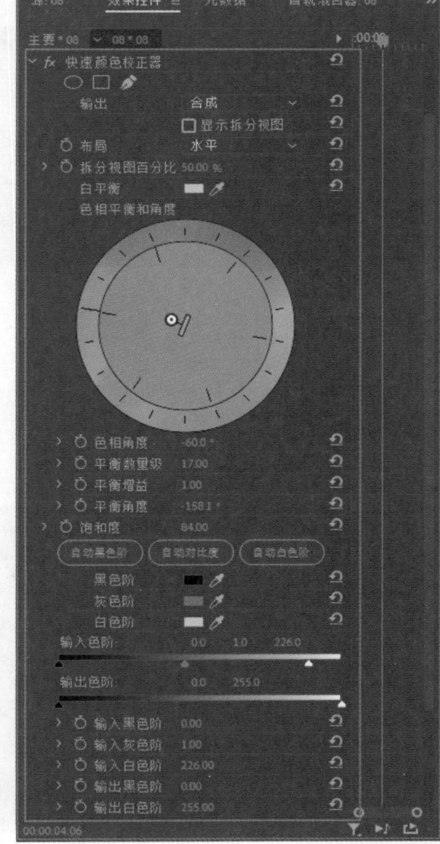

图7-206

图7-207

自动对比度

使用该效果时可以在“效果控件”面板中调节减少黑色和白色像素的百分比，使素材画面更通透，如图7-208和图7-209所示。

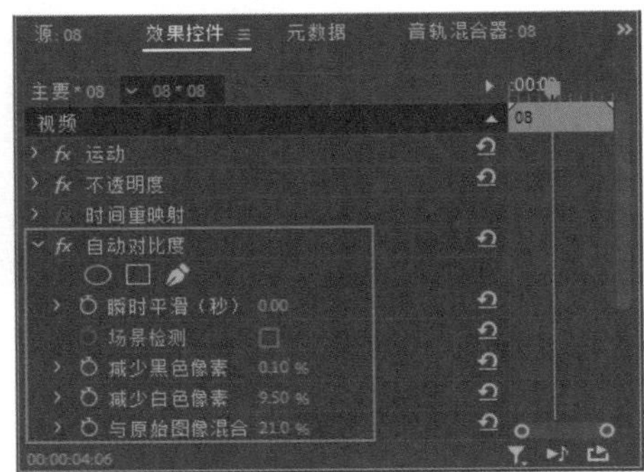

图7-208

图7-209

自动色阶

该效果与“自动对比度”效果相似，可以在“效果控件”面板中调节减少黑色和白色像素的百分比，调整素材图像的色阶，如图7-210和图7-211所示。

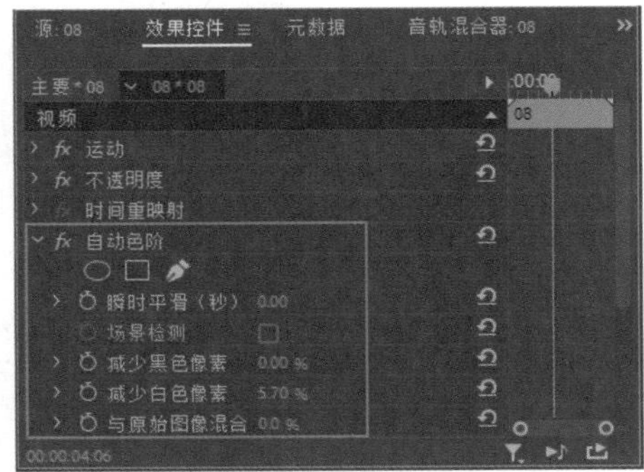

图7-210

图7-211

自动颜色

该效果与“自动对比度”和“自动色阶”效果相似，也可以在“效果控件”面板中调节减少黑色和白色像素的百分比，调整素材图像的色彩，如图7-212和图7-213所示。

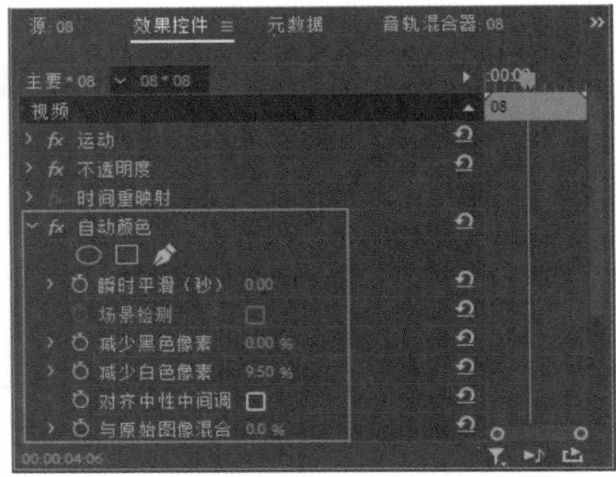

图7-212

图7-213

视频限幅器（旧版）

该效果可以限制视频内容，以符合广播规范，如图7-214和图7-215所示。

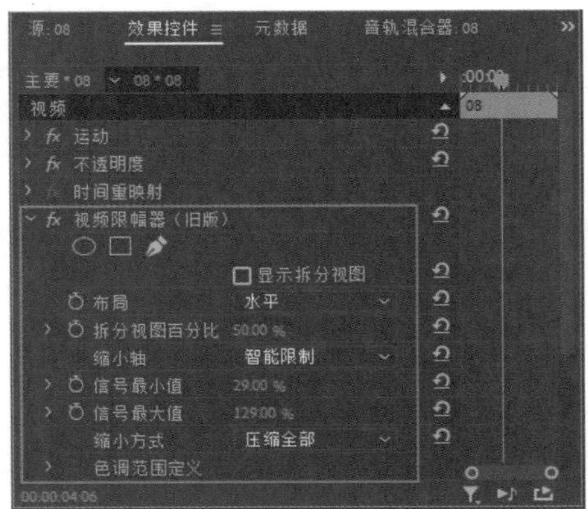

图7-214

图7-215

阴影/高光

使用该效果时可以设置高光和阴影的参数，对画面的阴影和高光区域进行调整，如图7-216和图7-217所示。

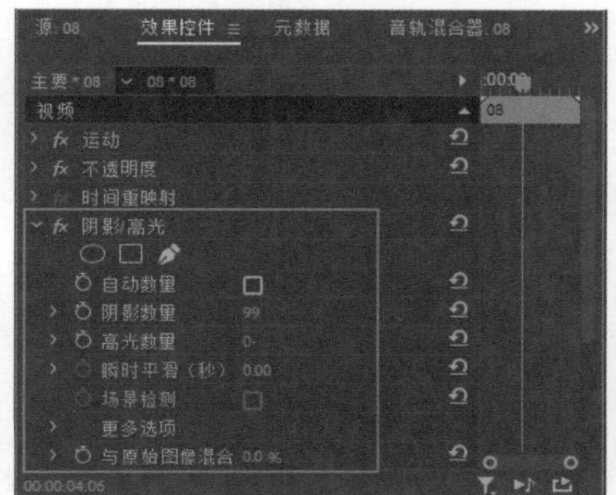

图7-216

图7-217

7.2.13 过渡类视频效果

“过渡”类的视频效果与“视频过渡”效果中对应的过渡效果在表现上相似，不同之处是前者在剪辑自身上进行过渡变化，后者是在前后两个剪辑之间进行过渡变化。“过渡”素材箱包含“块溶解”“径向擦除”“渐变擦除”等5种效果，如图7-218所示。

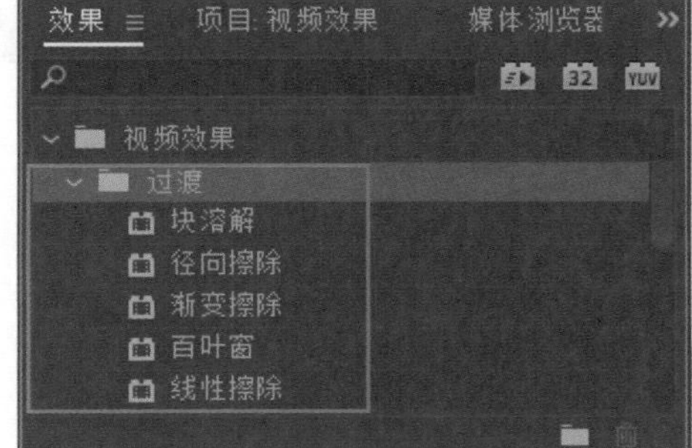

图7-218

块溶解

此效果可以使素材以满屏方块的形式消失或出现，如图7-219和图7-220所示。

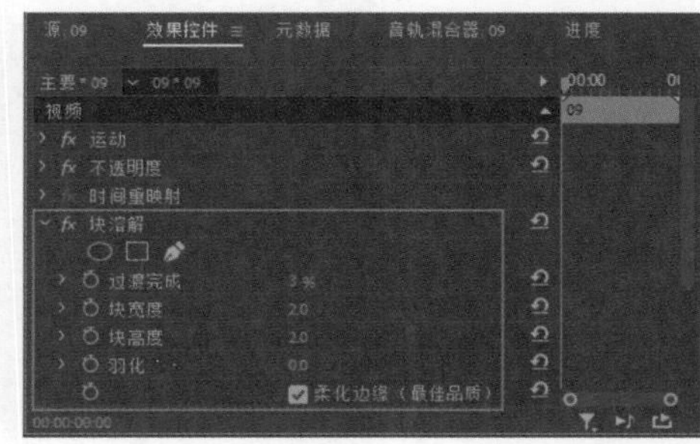

图7-219

图7-220

径向擦除

此效果以素材画面中心为圆心，使画面顺时针或逆时针消失或出现，如图7-221和图7-222所示。

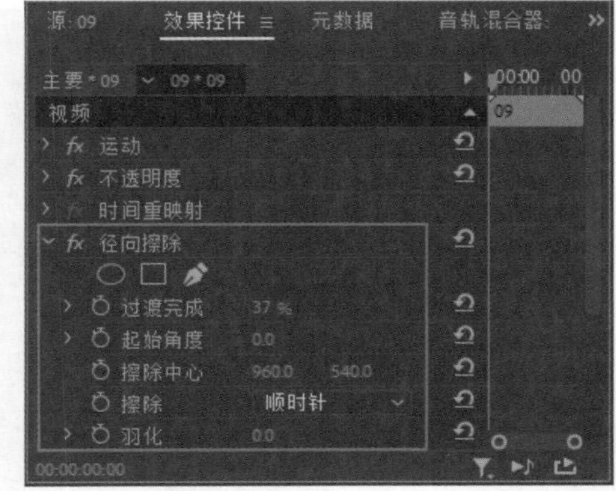

图7-221

图7-222

渐变擦除

此效果可以使素材逐渐淡化消失或出现，如图7-223和图7-224所示。

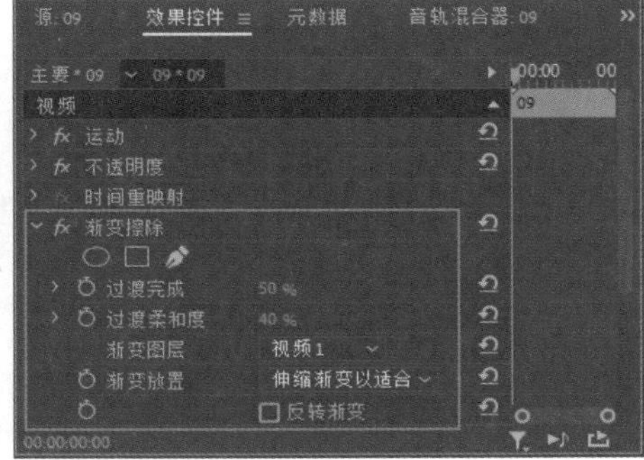

图7-223

图7-224

百叶窗

此效果可以使素材按照拉动百叶窗的样式逐渐消失或出现，如图7-225和图7-226所示。

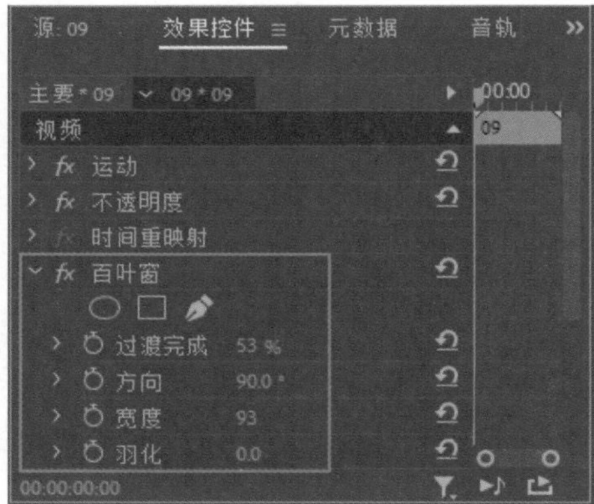

图7-225

图7-226

线性擦除

此效果可以使素材按照设定角度线性消失或出现，如图7-227和图7-228所示。

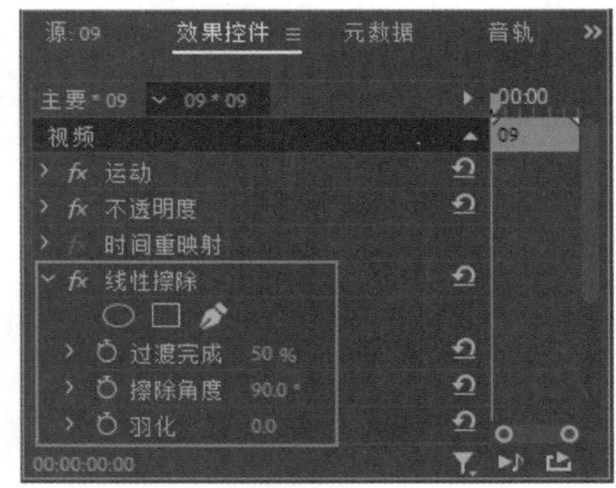

图7-227

图7-228

7.2.14 透视类视频效果

“透视”类的视频效果主要用于为剪辑添加透视效果，其中包括“基本3D”“径向阴影”“投影”等5种效果，如图7-229所示。

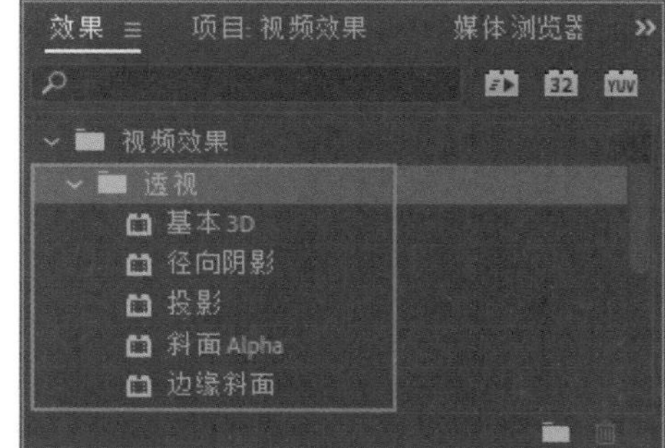

图7-229

基本3D

该效果可以围绕水平和竖直轴旋转图像，并朝靠近或远离的方向移动它。一般可用于创建简单的3D动画效果，如图7-230和图7-231所示。

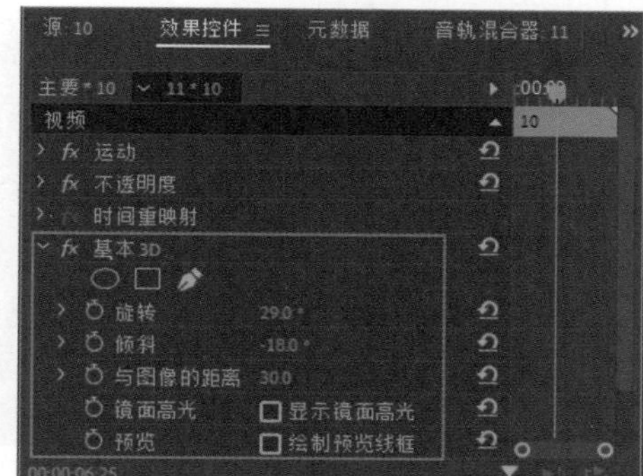

图7-230

图7-231

径向阴影

该效果可以为素材添加阴影，可以改变投影的光源位置和投影距离等，如图7-232和图7-233所示。

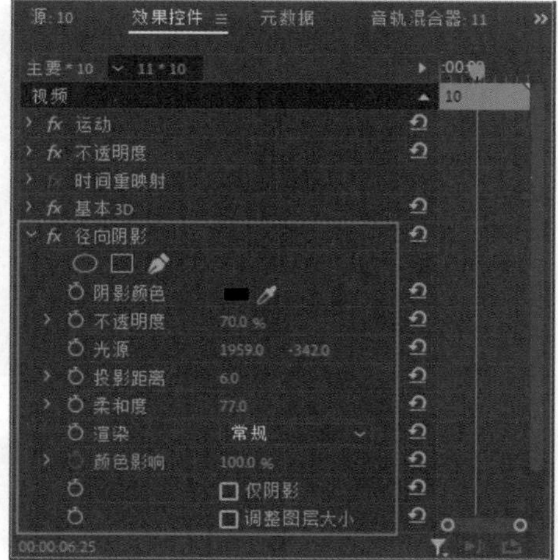

图7-232

图7-233

投影

该效果可以为素材添加投影，与“径向阴影”效果类似，可以改变投影的方向和距离等，如图7-234和图7-235所示。

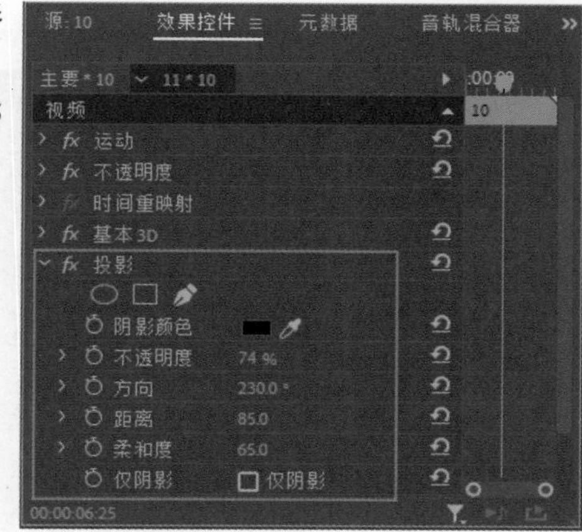

图7-234

图7-235

斜面Alpha

该效果可以将斜面和光影添加到图像的边缘，通常可以使2D元素呈现3D外观，如图7-236和图7-237所示。

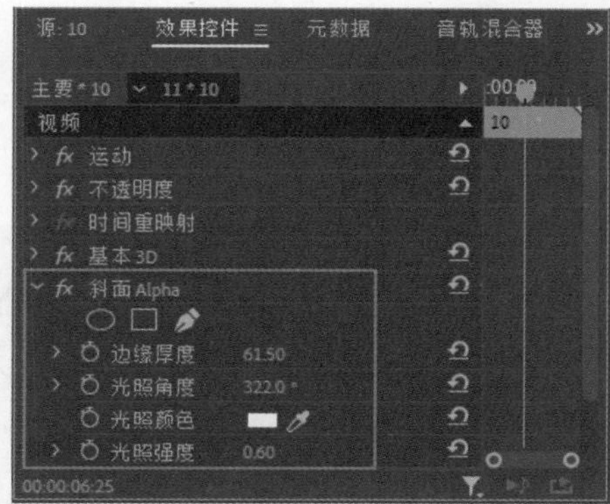

图7-236

图7-237

边缘斜面

该效果可以为图像边缘制造切面和光影的3D外观，如图7-238和图7-239所示。

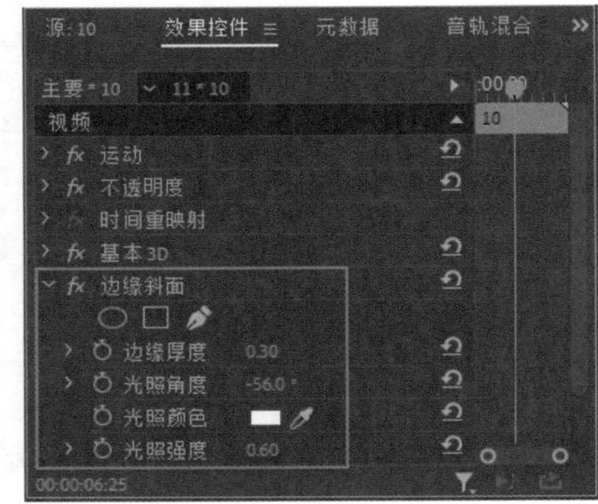

图7-238

图7-239

7.2.15 通道类视频效果

“通道”类的视频效果可以组合两个剪辑，在剪辑上面覆盖颜色，或者调整剪辑的红色、绿色和蓝色通道，其中包括“反转”“复合运算”“混合”等7种效果，如图7-240所示。

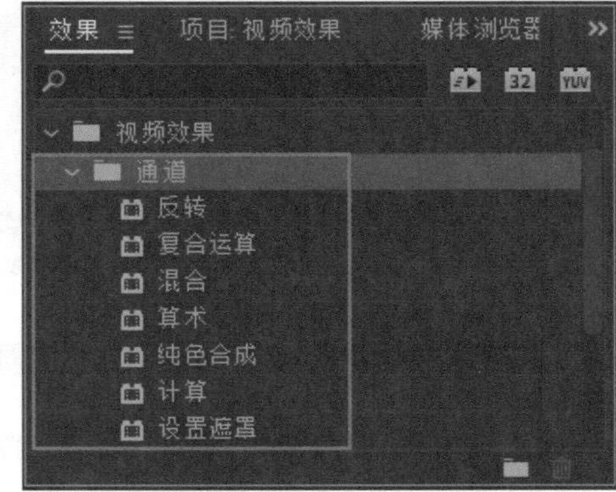

图7-240

反转

该效果可以改变素材画面的色相，通过设置“声道”选项，可以得到不同的色彩效果，如图7-241和图7-242所示。

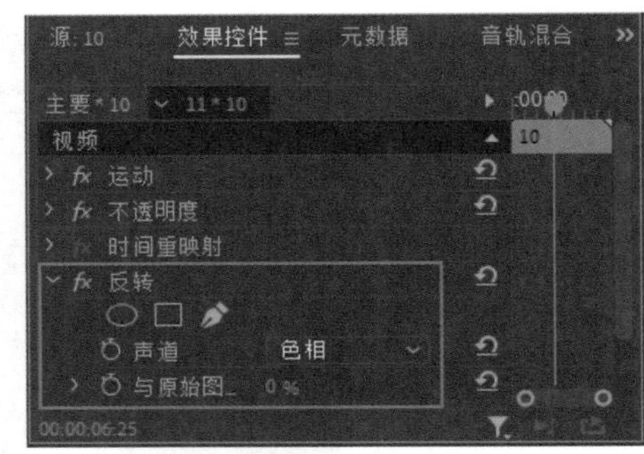

图7-241

图7-242

复合运算

该效果可以对当前轨道上的素材与其他轨道上的素材或自身进行复合运算，从而得到混色结果，如图7-243和图7-244所示。

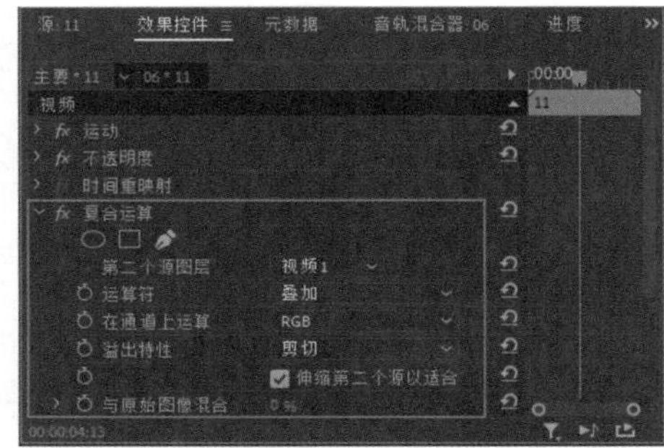

图7-243

图7-244

混合

该效果可以对当前轨道上的素材与其他轨道上的素材或自身进行混合，其中“交叉淡化”模式较为常用，如图7-245和图7-246所示。

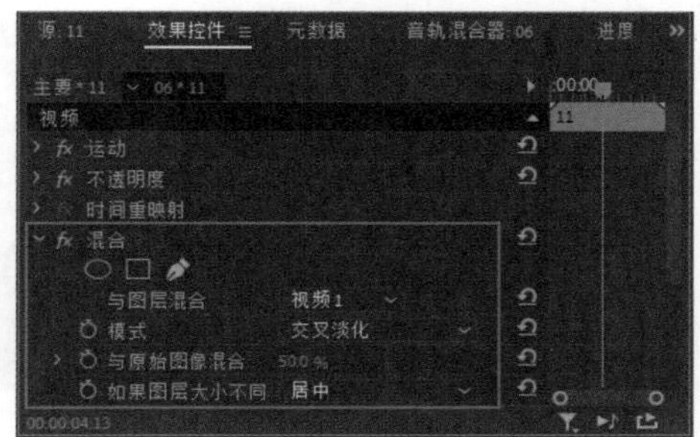

图7-245

图7-246

算术

该效果可以对剪辑的RGB通道进行算术运算，如图7-247和图7-248所示。

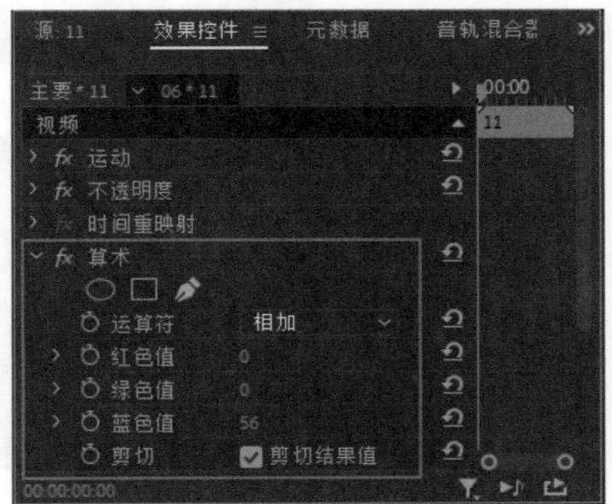

图7-247

图7-248

纯色合成

该效果可以快速创建单色混合，如图7-249和图7-250所示。

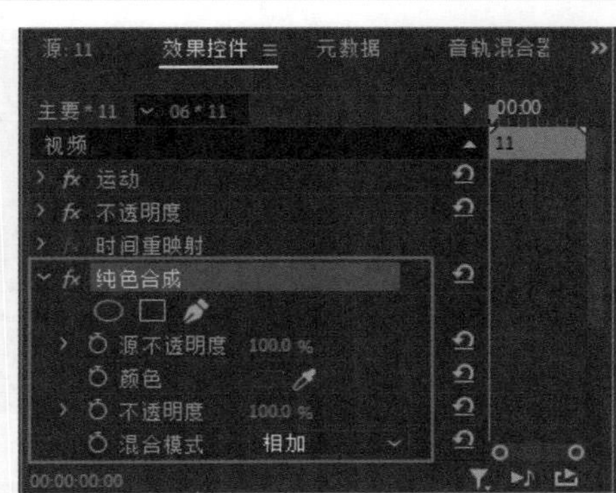

图7-249

图7-250

计算

该效果可以将一个素材的通道与另一个素材的通道混合，如图7-251和图7-252所示。

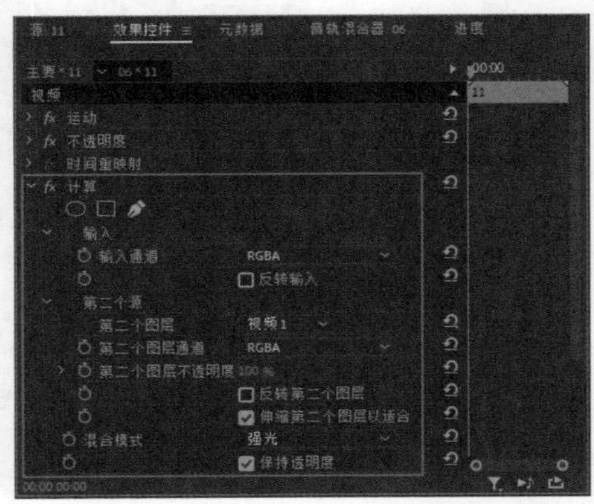

图7-251

图7-252

设置遮罩

该效果可以通过素材的某个通道或其他轨道的素材，来生成自身的Alpha通道，如图7-253和图7-254所示。

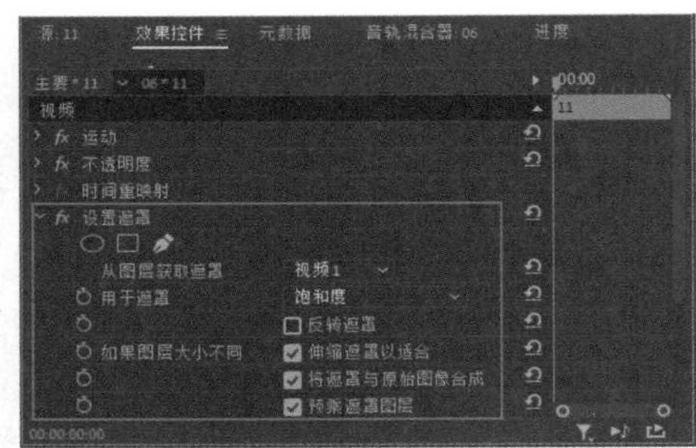

图7-253

图7-254

7.2.16 键控类视频效果

“键控”类的视频效果主要用于视频抠像及合成，其中包括“Alpha调整”“亮度键”“图像遮罩键”等9种效果，如图7-255所示。

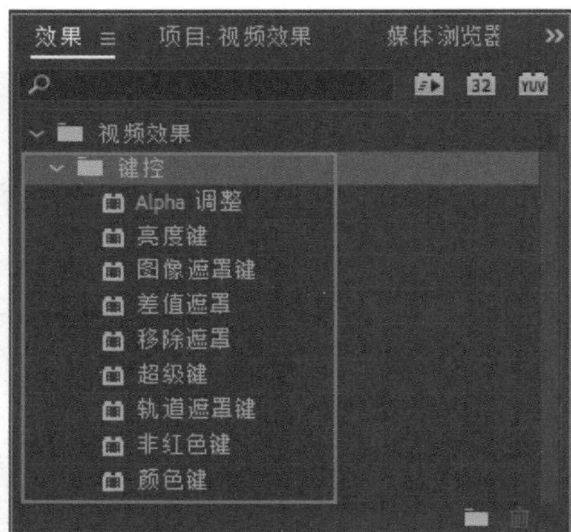

图7-255

Alpha调整

该效果可以用于对剪辑上已有的Alpha通道进行忽略、反转，或者仅作为蒙版使用，如图7-256和图7-257所示。

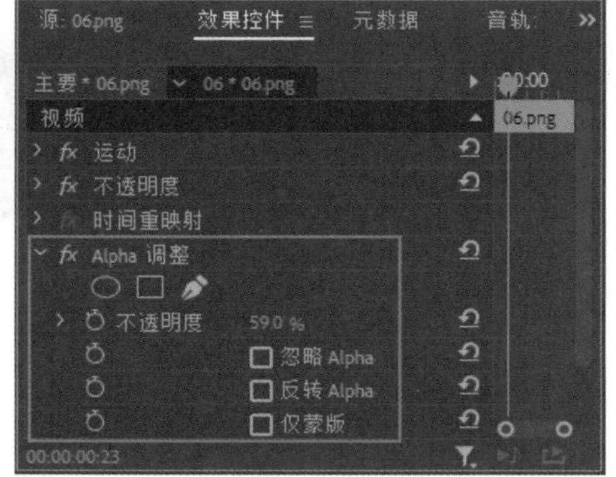

图7-256

图7-257

亮度键

该效果在对明暗对比十分强烈的图像进行画面叠加时非常有用，通过调整“阈值”和“屏蔽度”的参数，可以调整被叠加图像的透明度和边缘精细程度，如图7-258和图7-259所示。

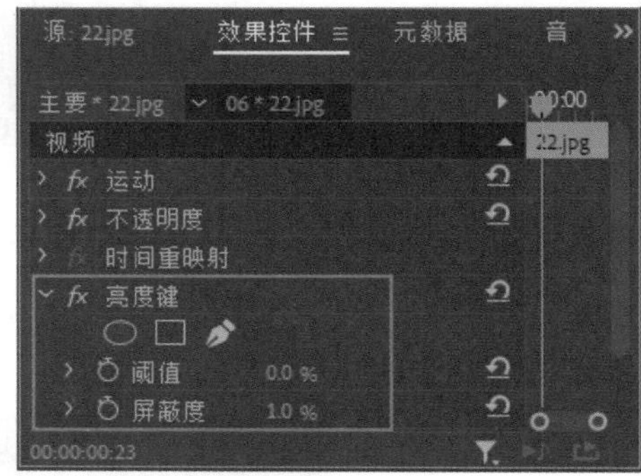

图7-258

图7-259

图像遮罩键

该效果可以根据充当遮罩的静止图像的Alpha通道或亮度值来确定透明区域，如图7-260和图7-261所示。

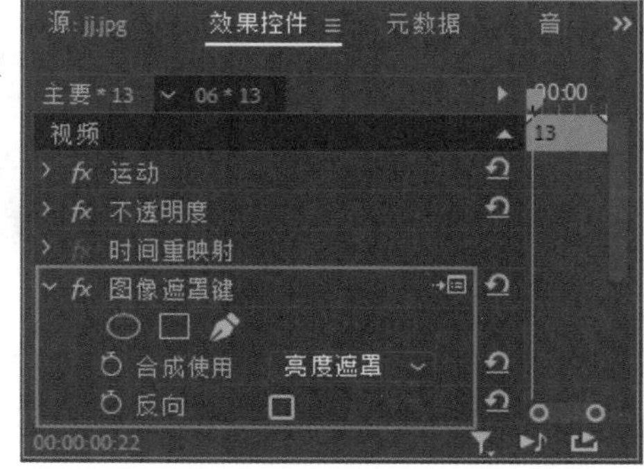

图7-260

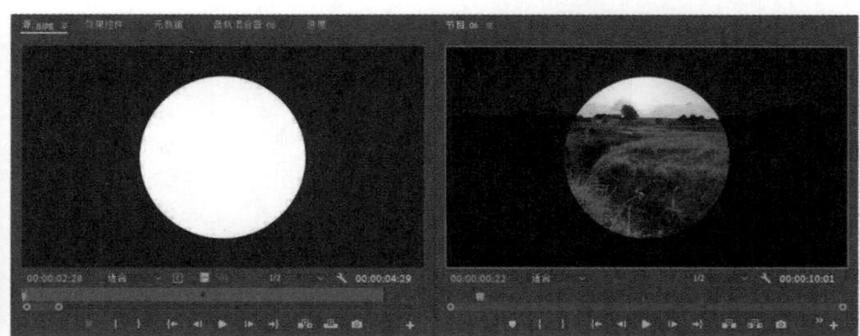

图7-261

技巧与提示

用作遮罩的静止图像需要从“效果控件”面板中打开，如图7-262所示。并且图像遮罩的素材必须是英文文件夹中的英文名字的素材，否则效果是黑色的。

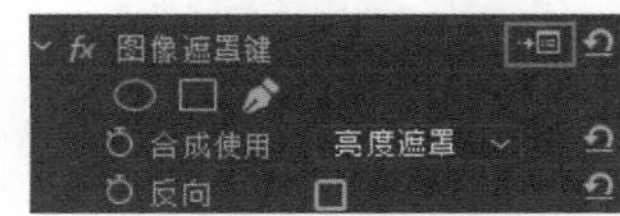

图7-262

差值遮罩

该效果会对源素材和差值素材进行比较，然后在源素材中抠出与差值素材中位置和颜色有差异的像素，而将无差异的像素设置为透明的，如图7-263和图7-264所示。

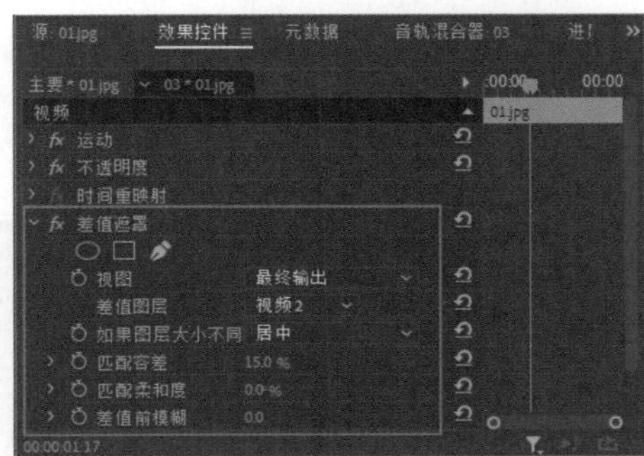

图7-263

图7-264

技巧与提示

此效果适合在固定机位拍摄的素材保留主体，更换背景时使用，一般要隐藏作为“差值图层”的图像所在的轨道，如图7-265所示。

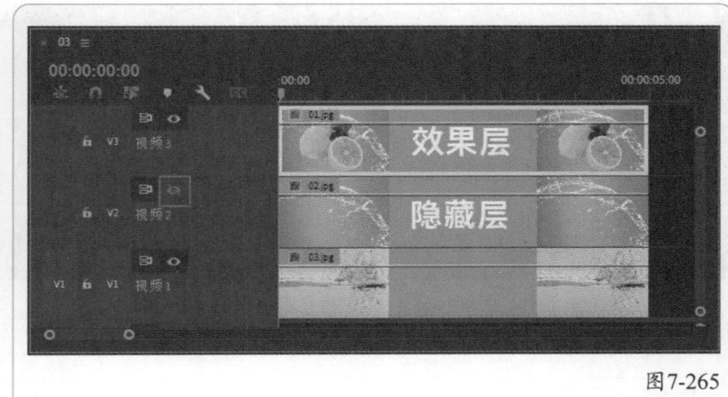

图7-265

移除遮罩

该效果可以扩大或缩小遮罩区域，如果导入具有预乘Alpha通道的素材，或使用Premiere键控效果创建的Alpha通道，则可能需要扩大或缩小遮罩区域，在“遮罩类型”中选择“白色”，则减少边缘过渡，选择“黑色”，则增加边缘过渡，如图7-266和图7-267所示。

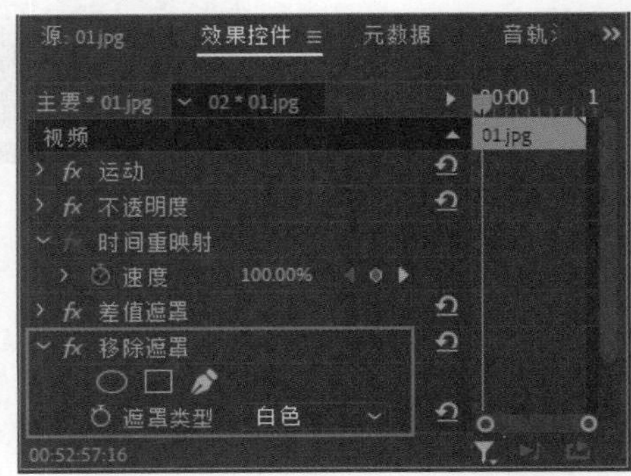

图7-266

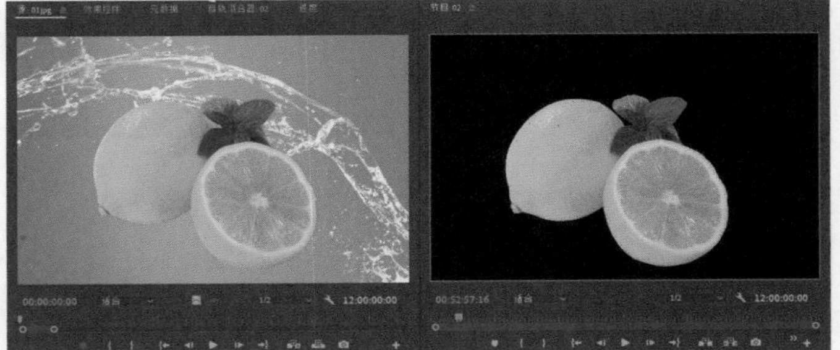

图7-267

超级键

该效果可以将指定颜色的像素设置为透明的，是影视合成常用的效果之一，如图7-268所示。

图7-268

知识窗

对素材应用“超级键”效果之后，打开“效果控件”面板，选项如图7-269所示。

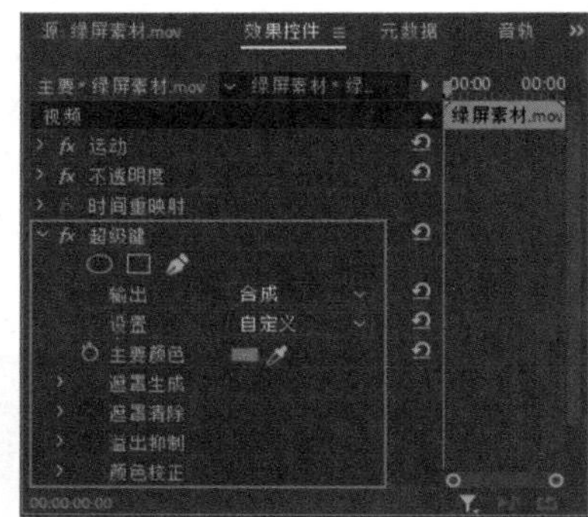

图7-269

①输出：抠像结果的视图模式，包括合成、Alpha通道和颜色通道。

②设置：可尝试选择默认、强效、弱效等模式，不同模式下，遮罩生成、遮罩清除、溢出抑制等控件有不同的设置。

③主要颜色：指定要抠像的颜色，使用“吸管工具”时，建议在画面上多处单击，以确定最佳的抠像颜色，如果按住Ctrl键，则可对5像素×5像素进行平均采样，而不是默认的仅对单个像素进行采样。

④遮罩生成：主要用于控制主要颜色的解释方式，从而控制遮罩的生成，如图7-270所示。

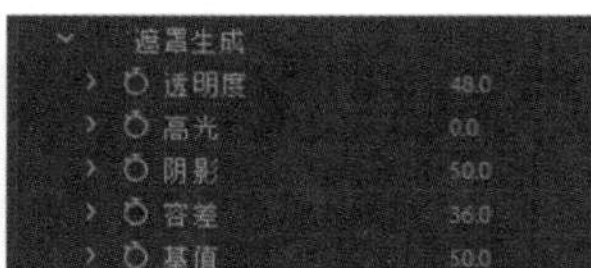

图7-270

a.透明度：控制主要颜色的透明度。值的范围为0到100，100表示完全透明，0表示不透明，默认值为45，可尝试适当降低。

b.高光：值越低，高光区域的主要颜色越透明。

c.阴影：值越低，阴影区域的主要颜色越透明。

d.容差：增大偏离主要颜色的容差，可用来移除由于色偏产生的伪像，也可以用来控制肤色和暗区上的溢出。

e.基值：与主要颜色的范围有关，用于滤出通常由粒状或低光素材所产生的杂色，源剪辑的质量越高，基值可以设置得越低。

⑤遮罩清除：用于调整生成的遮罩，如图7-271所示。

图7-271

a.抑制：收缩遮罩，不要收缩得太多，否则易造成边缘细节的丢失。

b.柔化：对遮罩应用模糊。

c.对比度：调整遮罩的对比度，使用较高的对比度，可以获得更干净的抠像结果。

d.中间点：调节中间点的参数，可以改变对比度的调节范围，从而获得更加精细的画面效果。

⑥溢出抑制：用于消除背景色反射到主体对象上的颜色，一般是通过补色原理自动抑制，如图7-272所示。

图7-272

a.降低饱和度：降低接近透明的颜色的饱和度。

b.范围：控制校正的溢出量。

c.溢出：调整溢出补偿的量。

d.亮度：可用于恢复源剪辑的原始明亮度。

⑦颜色校正：用于调整源剪辑的颜色，以与新背景更好地融合，包括饱和度、色相及明亮度，如图7-273所示。

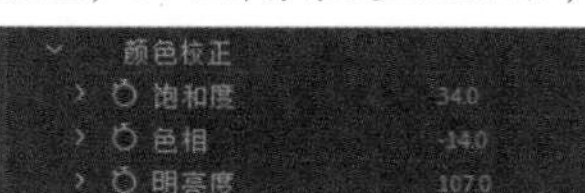

图7-273

轨道遮罩键

该效果可以使用一个轨道上素材的亮度信息或Alpha通道作为遮罩，遮罩素材中的白色区域将完全显示被遮罩素材对应的区域，黑色区域隐藏被遮罩素材对应的区域，而灰色区域是部分透明的，如图7-274和图7-275所示。

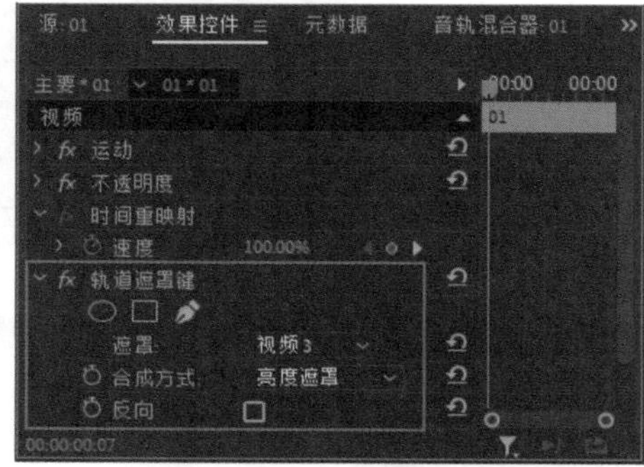

图7-274

图7-275

技巧与提示

完成该效果需要3个素材，分别放置在不同的轨道上，其中作为遮罩的素材要放在最上面的轨道上，然后为中间轨道上的素材添加“轨道遮罩键”效果，如图7-276所示。

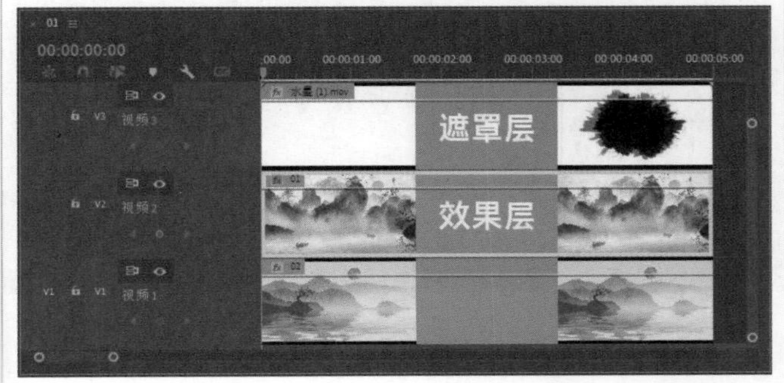

图7-276

非红色键

该效果可以用来抠除绿屏或蓝屏，通常在需要控制混合或使用“颜色键”效果无法产生理想结果时使用，如图7-277和图7-278所示。

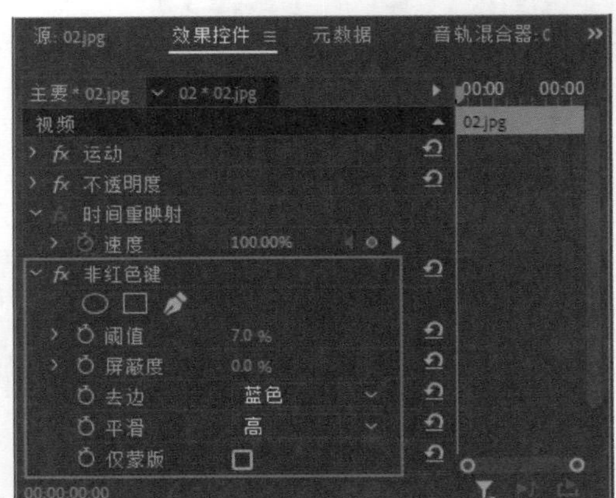

图7-277

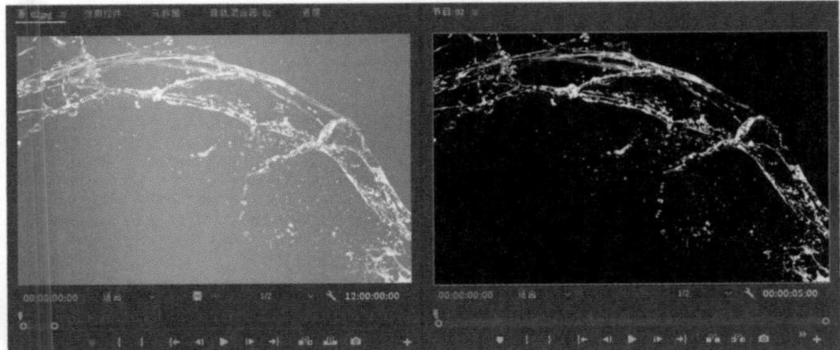

图7-278

颜色键

该效果用于抠出所有类似于“主要颜色”色彩的图像像素，如图7-279和图7-280所示。

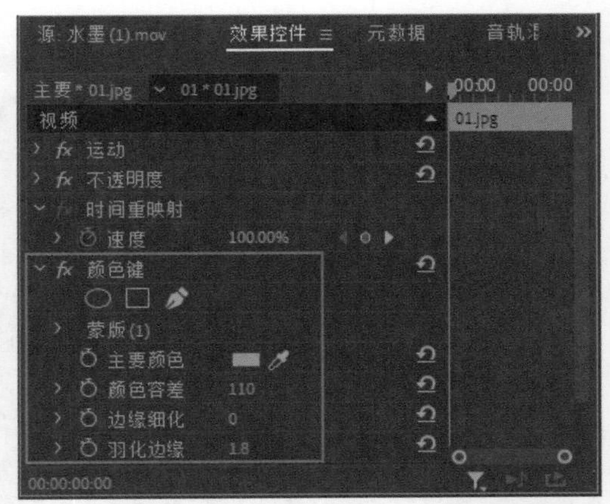

图7-279

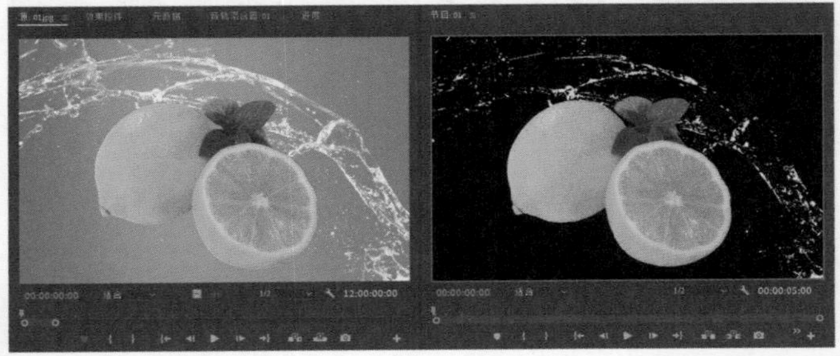

图7-280

高手进阶　《无名之辈》同款片头

素材位置	素材文件\第 7 章\《无名之辈》同款片头
实例位置	实例文件\第 7 章\高手进阶：《无名之辈》同款片头 .prproj
视频名称	《无名之辈》同款片头 .mp4
技术掌握	应用“轨道遮罩键”视频效果的方法

扫码看视频

本案例仿照电影《无名之辈》的片头制作同款片头，讲解应用“轨道遮罩键”的方法，案例效果如图7-281所示。

图7-281

01 打开Premiere Pro 2021应用程序，选择“文件→新建→项目”命令，在Premiere中新建一个项目，如图7-282所示。

02 在“项目”面板的空白处双击，打开“导入”对话框，找到素材位置，选中需要导入的素材，单击“打开”按钮 打开(O)，如图7-283所示，将素材导入“项目”面板中，如图7-284所示。

图7-282

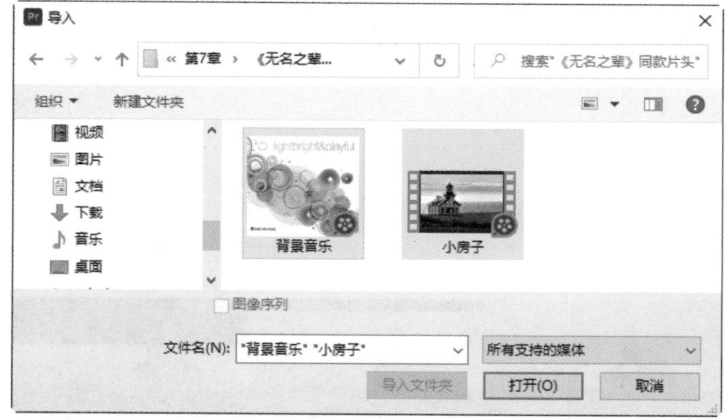

图7-283

图7-284

03 选中“项目”面板中的“小房子.mp4”素材，将其拖曳到“时间轴”面板中，会自动创建一个以素材名称命名的序列，如图7-285所示。

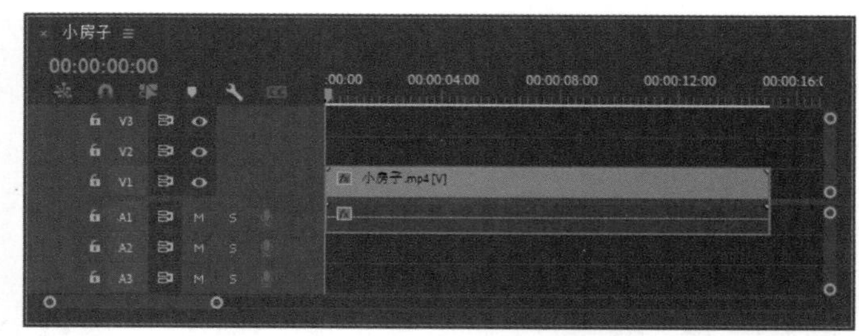

图7-285

04 在“时间轴”面板中的“小房子.mp4”素材上单击鼠标右键，在弹出的菜单中选择“取消链接”命令，取消素材的音视频链接，如图7-286所示。选中音频素材，按Delete键将其删除，如图7-287所示。

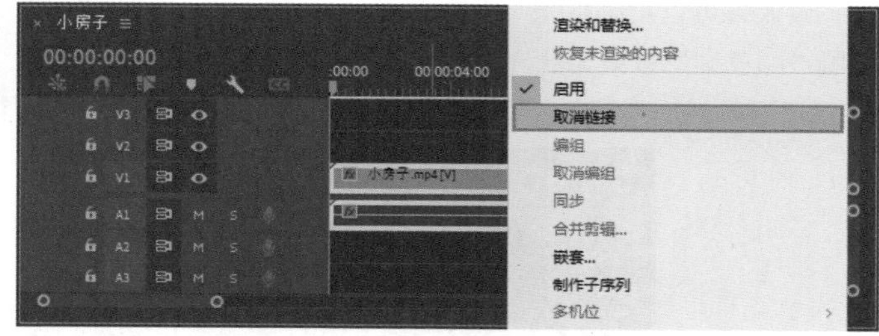

图7-286

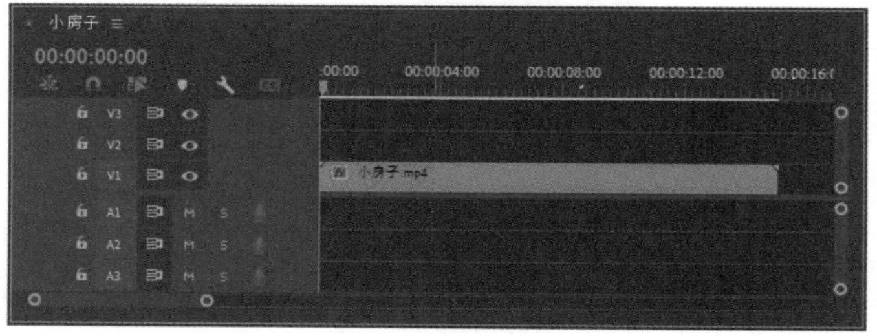

图7-287

05 在“效果”面板的搜索框中输入“裁剪”，选中搜索出的“裁剪”效果，如图7-288所示。将其拖曳到“时间轴”面板中的“小房子.mp4”素材上，如图7-289所示。

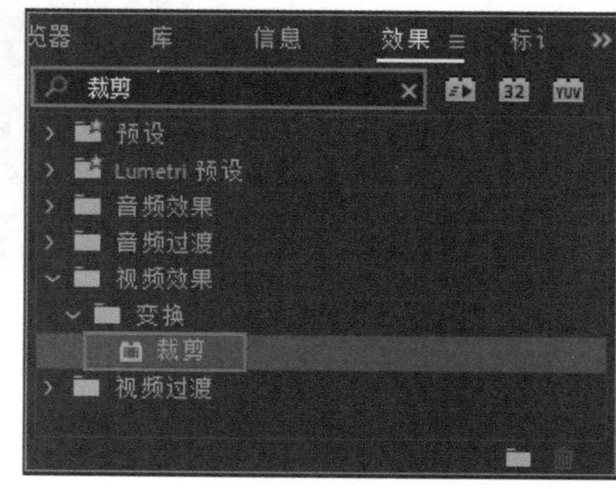

图7-288

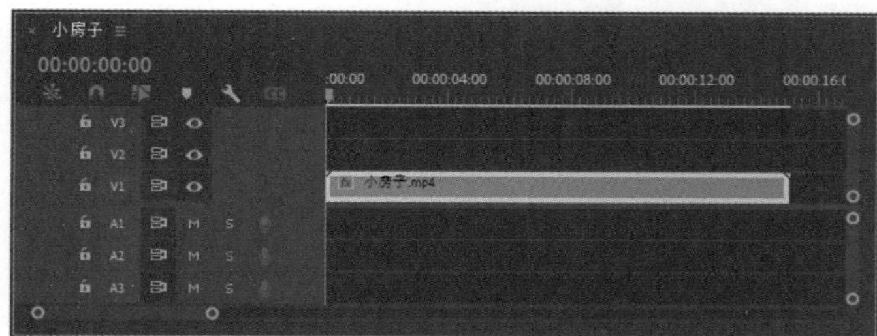

图7-289

06 在“时间轴”面板中，将时间指示器移动到00:00:00:00的位置，选中“小房子.mp4”素材，打开“效果控件”面板，展开“裁剪”选项组，单击“顶部”和“底部”选项前面的“切换动画”按钮，为该位置添加关键帧，如图7-290所示。将时间指示器移动到00:00:08:25的位置，单击“顶部”和“底部”选项后面的“添加/移除关键帧”按钮，为该位置添加关键帧，将“顶部”参数设为39%，“底部”参数设为27%，如图7-291所示。

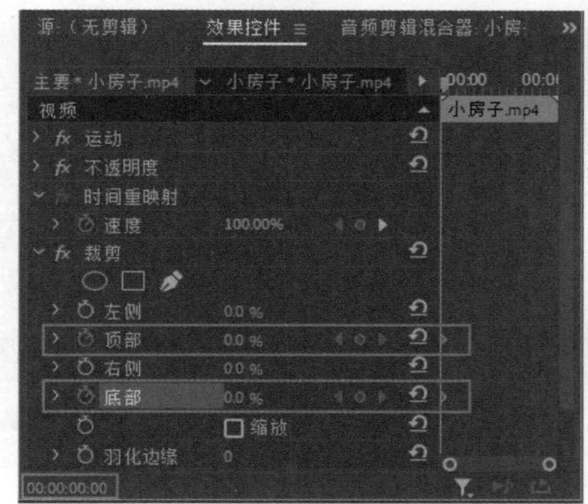

图7-290

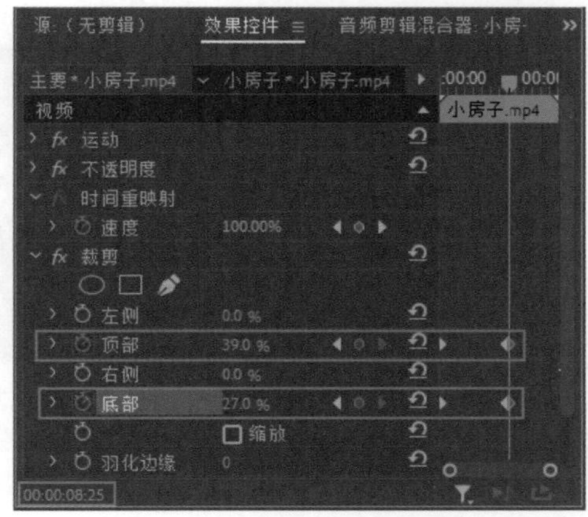

图7-291

07 在“节目”监视器面板中单击“播放-停止切换”按钮，预览为素材添加的“裁剪”效果，如图7-292所示。

图7-292

08 在“工具”面板中选择“文字工具”，在“节目”监视器画面上单击，当出现红色文本框时，即可输入文字，如图7-293所示。

图7-293

09 在文本框中输入“聆听海之声”文字，打开“效果控件”面板，设置文字的字体、大小、位置，如图7-294所示。设置后的文字如图7-295所示。

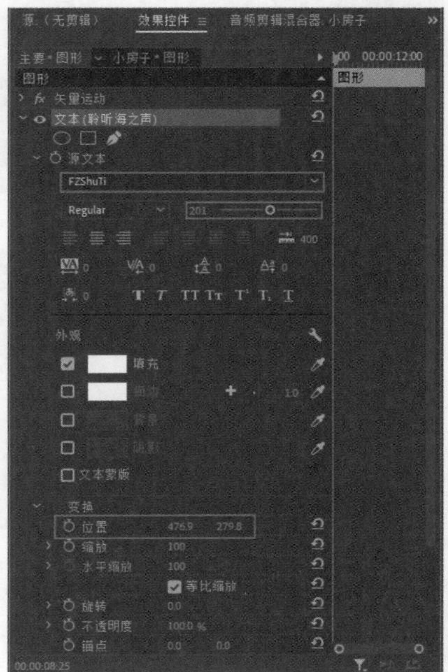

图7-294

图7-295

10 新建的字幕会被自动添加到“时间轴”面板的V2轨道中，如图7-296所示。选中该字幕，将其拖曳到V3轨道中，并将其向右拖曳至出点与V1轨道素材对齐，如图7-297所示。选中V1轨道的素材，按住Alt键，将其拖曳复制到V2轨道中，如图7-298所示。

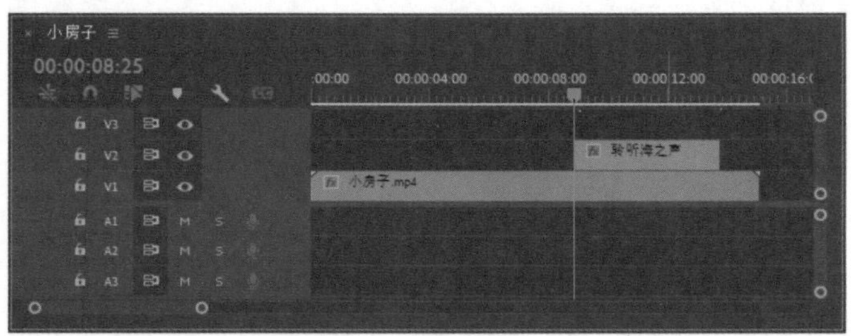
图7-296

图7-297

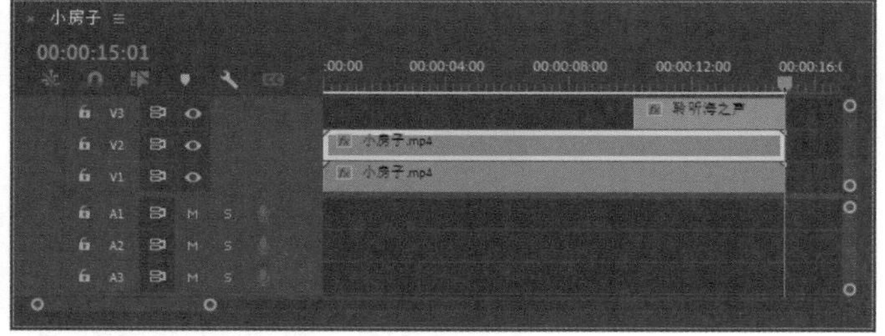
图7-298

11 在“时间轴”面板的V2轨道中的素材上单击鼠标右键，在弹出的菜单中选择“删除属性”命令，如图7-299所示。在弹出的“删除属性”对话框中单击“确定”按钮，如图7-300所示。

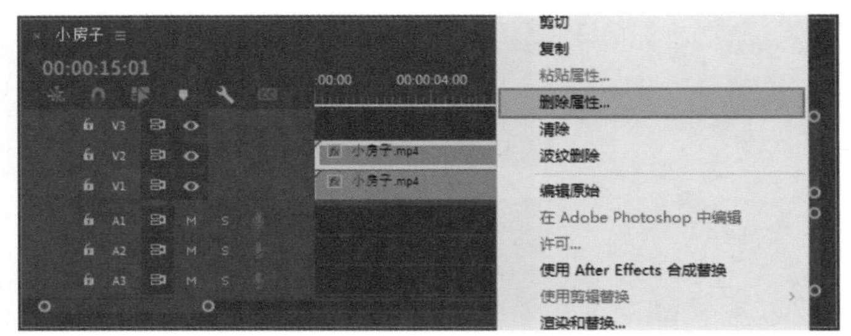

图7-299

图7-300

12 将“时间轴”面板的V2轨道中的素材入点拖曳至与V3轨道中的素材的入点对齐，如图7-301所示。

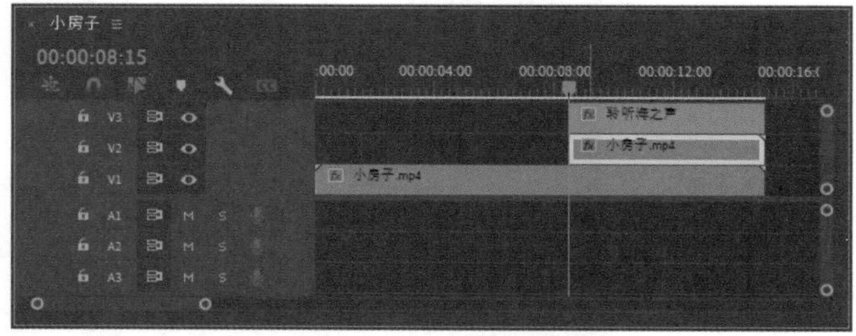
图7-301

13 在“效果”面板的搜索框中输入“轨道遮罩键”，选中搜索出的“轨道遮罩键”效果，将其拖曳到“时间轴”面板V2轨道中的“小房子.mp4”素材上，如图7-302所示。

14 选中“时间轴”面板V2轨道中的“小房子.mp4”素材，打开“效果控件”面板，展开“轨道遮罩键”选项组，设置“遮罩”为“视频3”，“合成方式”为“亮度遮罩”，如图7-303所示。

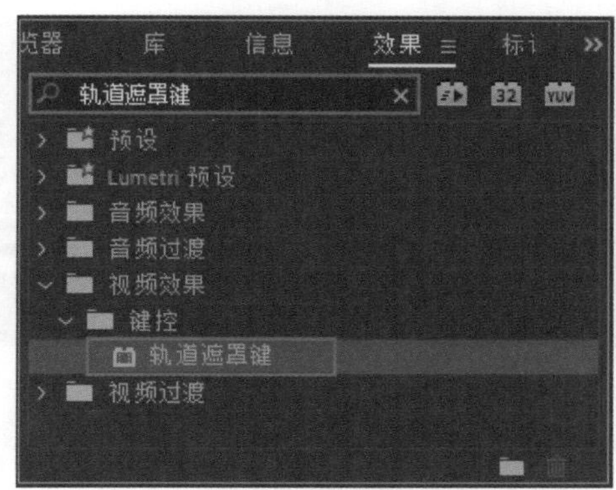

图7-302

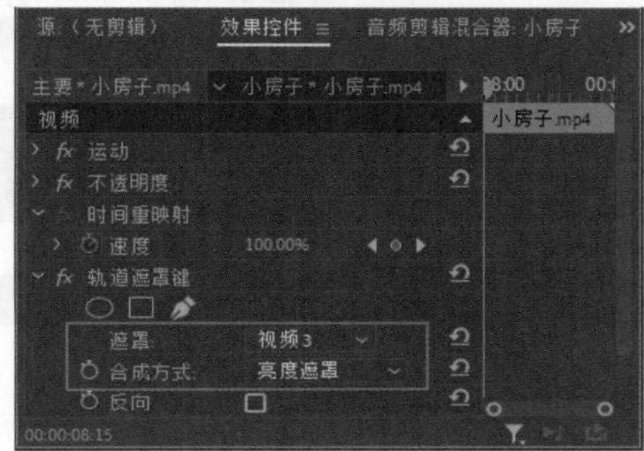

图7-303

15 在“节目”监视器面板中单击“播放-停止切换”按钮▶，预览为素材添加的“轨道遮罩键”效果，如图7-304所示。

图7-304

16 选中“时间轴”面板V2轨道和V3轨道中的素材，单击鼠标右键，在弹出的菜单中选择“嵌套”命令，如图7-305所示。在弹出的“嵌套序列名称”对话框中可输入嵌套名称，单击“确定”按钮 确定 ，如图7-306所示。设置嵌套序列后的“时间轴”面板如图7-307所示。

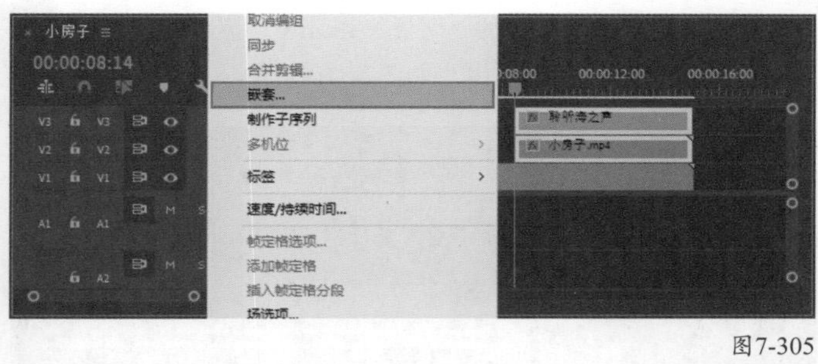

图7-305

嵌套序列名称

名称: 嵌套序列 01

确定　取消

图7-306

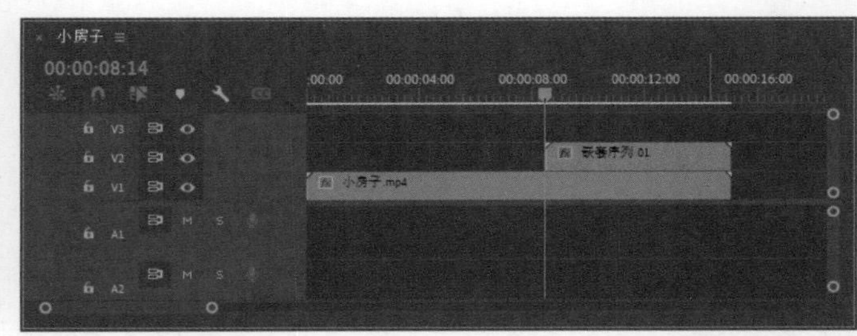

图7-307

17 在“效果”面板的搜索框中输入“交叉溶解”，选中搜索出的“交叉溶解”效果，如图7-308所示。分别将其拖曳到“时间轴”面板V2轨道“嵌套序列01”素材的入点和出点位置，如图7-309所示。

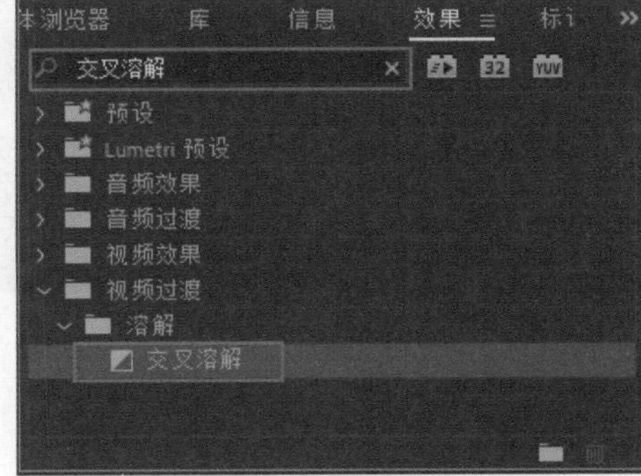

图7-308

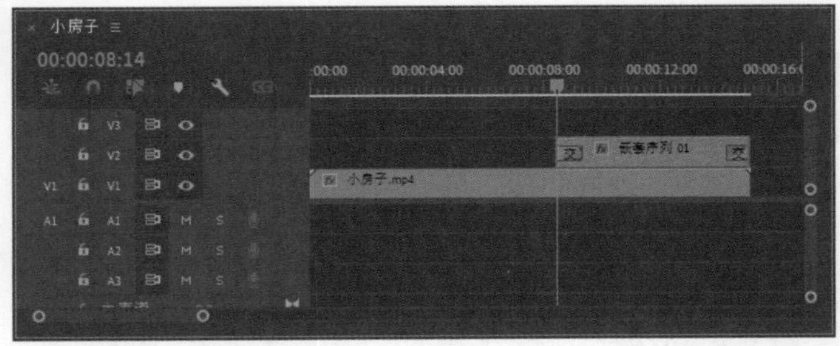

图7-309

18 选中“项目”面板中的“背景音乐.mp3”素材，将其拖曳到“时间轴”面板的A1轨道中，如图7-310所示。

图7-310

19 将时间指示器移动到V1轨道中的素材的出点位置，选择“剃刀工具”，对“背景音乐.mp3”素材进行剪裁，如图7-311所示。选中后半段音频素材，按Delete键将其删除，如图7-312所示。

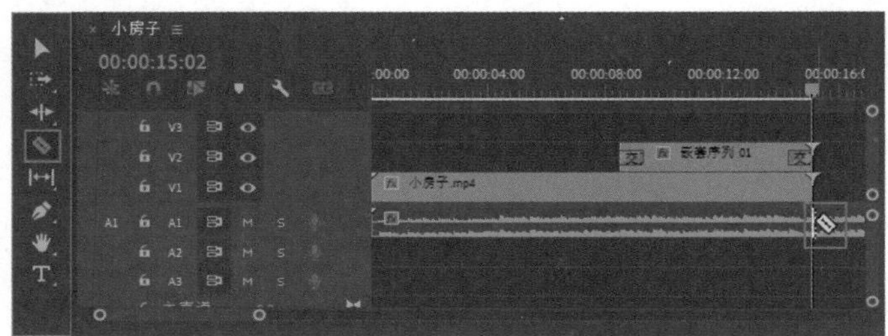

图7-311

图7-312

20 展开音频轨道，选择“钢笔工具”，在音频素材中间的白线的00:00:14:08和00:00:14:29位置单击，添加关键帧，如图7-313所示。将后面的关键帧向下拖曳至底部，制作声音淡出效果，如图7-314所示。

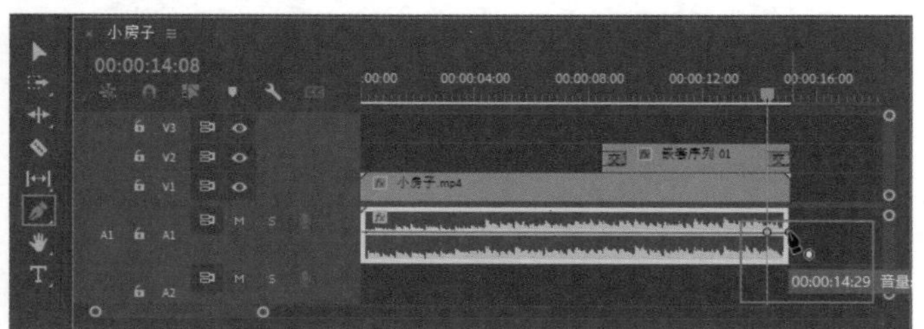

图7-313

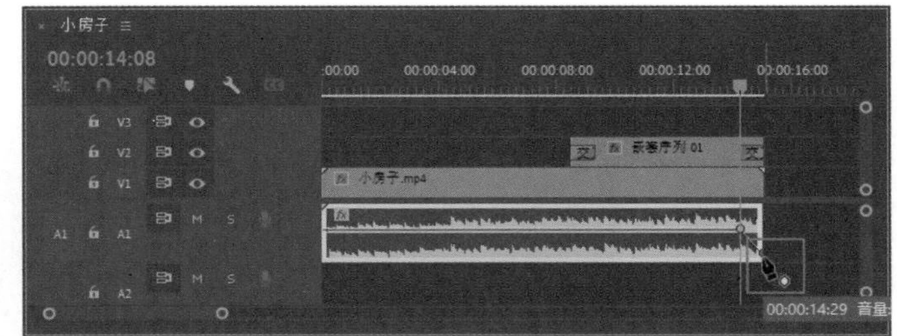

图7-314

21 在“节目”监视器面板中单击“播放-停止切换”按钮，预览案例最终效果，如图7-315所示。

图7-315

7.2.17 颜色校正类视频效果

“颜色校正”类的视频效果主要用来校色和调色，其中包括“ASC CDL”“Lumetri颜色”“亮度与对比度”等12种视频效果，如图7-316所示。

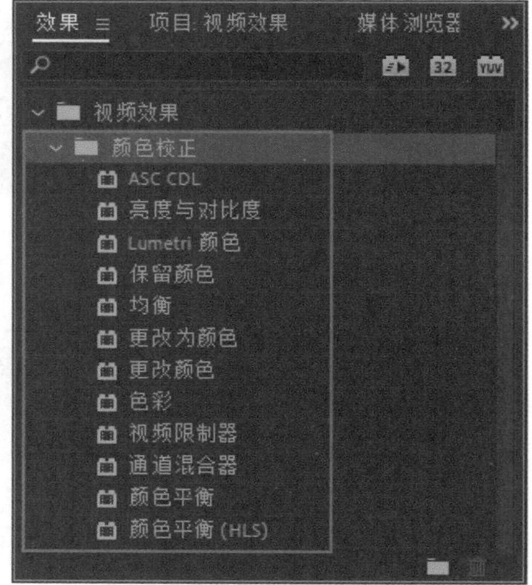

图7-316

 ASC CDL

该效果中的CDL（Color Decision List）是美国电影摄影师协会（ASC）创建的用于基本颜色校正数据交换的规范，其中包含简单的色彩校正和饱和度调整，如图7-317和图7-318所示。

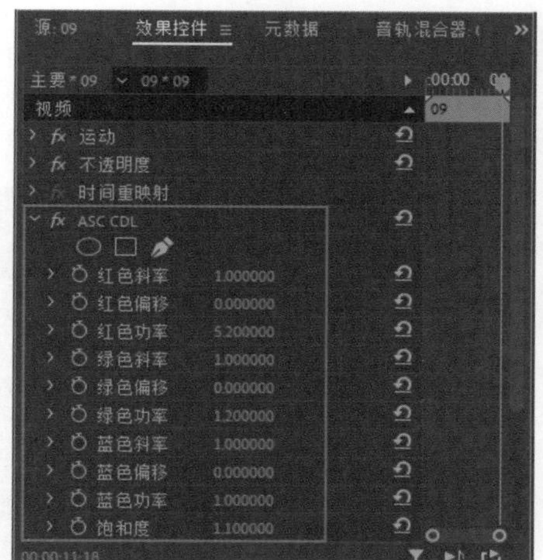

图7-317

图7-318

亮度与对比度

该效果用于调整素材的亮度和对比度，同时调节所有像素的亮部、暗部和中间调，如图7-319和图7-320所示。

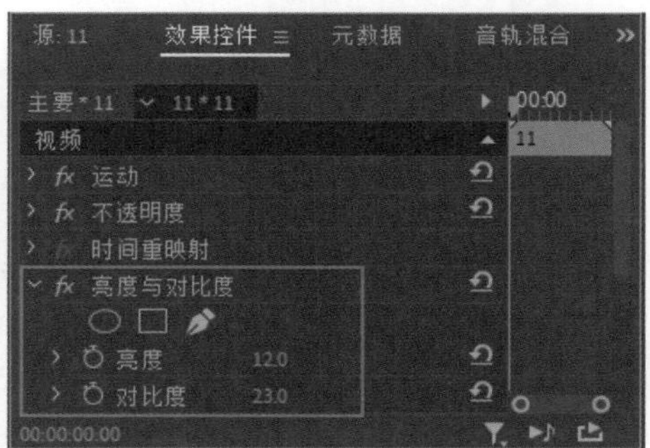
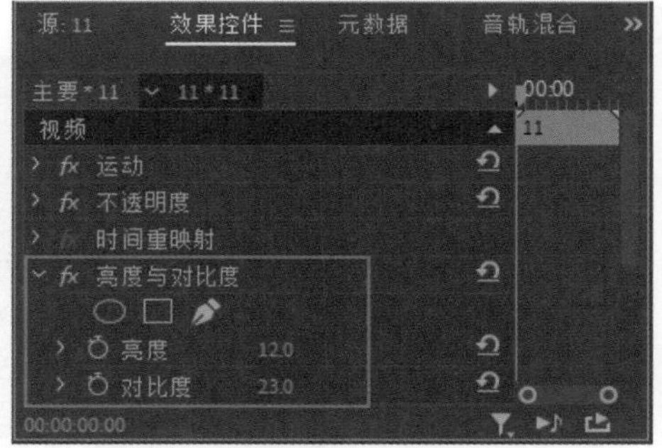

图7-319

图7-320

Lumetri颜色

该效果是Premiere目前主推的功能强大的调色控件，包含“基本校正”“创意”“曲线”“色轮和匹配”“HSL辅助”“晕影”选项，可以满足大部分调色需求，如图7-321和图7-322所示。

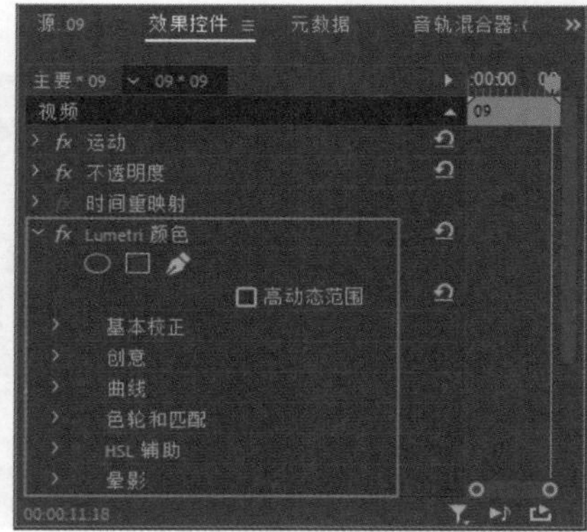

图7-321

图7-322

保留颜色

该效果可以保留指定颜色，而将画面上的其他颜色转换为黑白，如图7-323和图7-324所示。

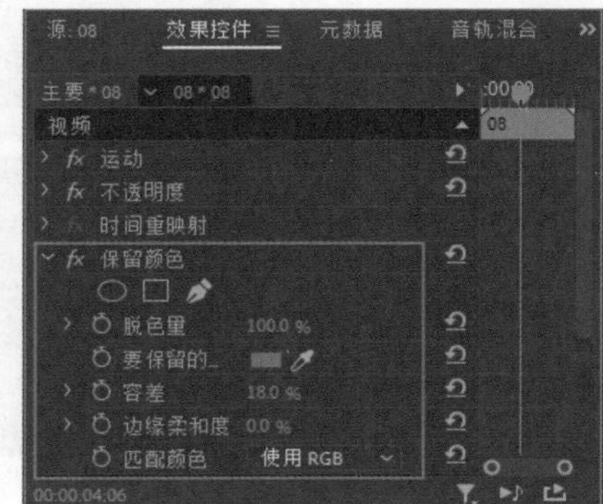

图7-323

图7-324

均衡

该效果可以重新分布像素的亮度，以呈现所有范围的亮度级别，如图7-325和图7-326所示。

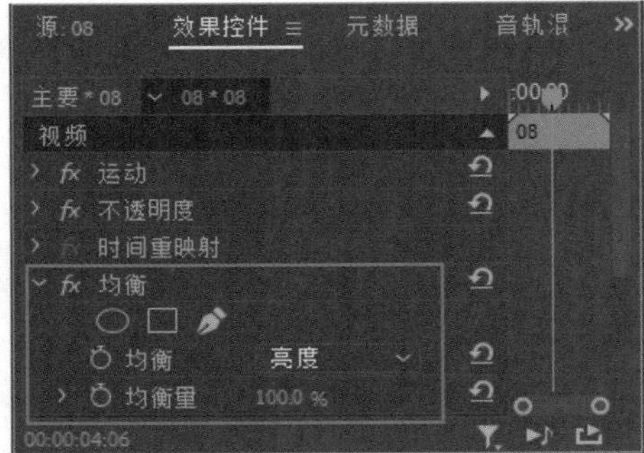

图7-325

图7-326

更改为颜色

该效果可以用另一种颜色替换指定的颜色，如图7-327和图7-328所示。

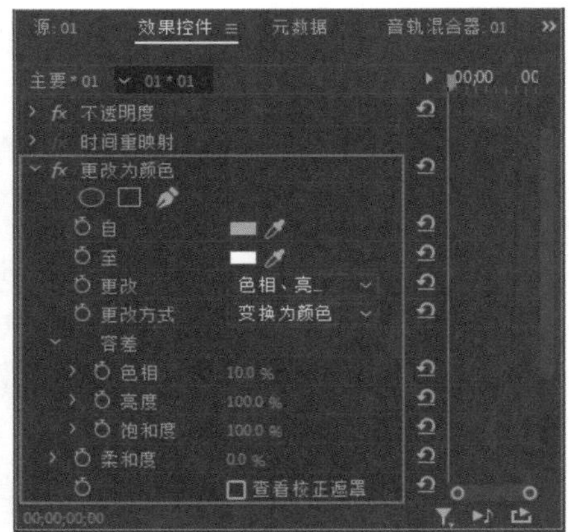

图7-327

图7-328

更改颜色

该效果可以通过调整色相、饱和度或亮度来更改指定的颜色，如图7-329和图7-330所示。

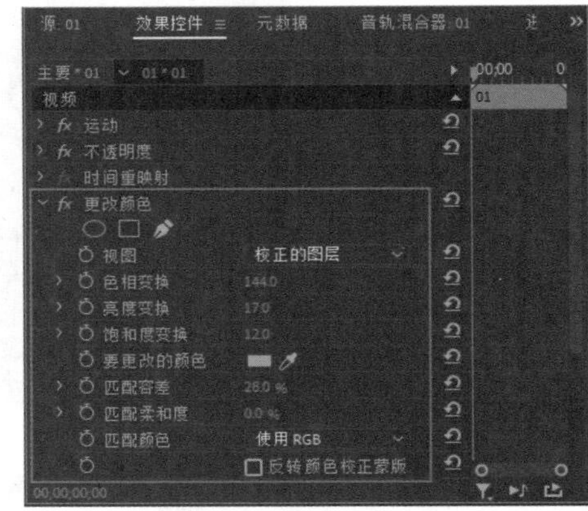

图7-329

图7-330

色彩

该效果可以用于实现画面色彩的渐变映射效果，如图7-331和图7-332所示。

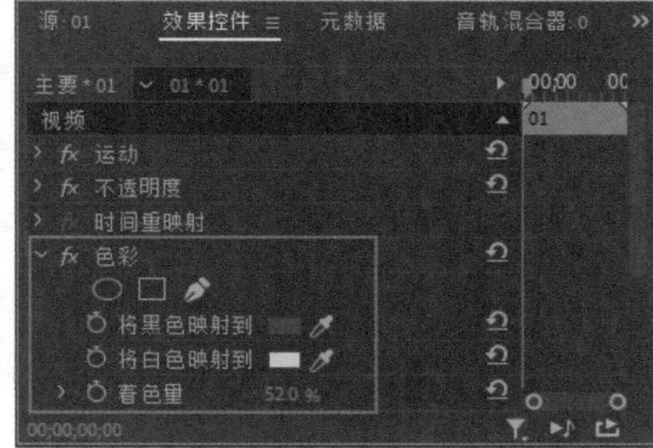

图7-331

图7-332

视频限制器

该效果可以限制剪辑中的亮度和颜色，使其满足广播级标准的范围，并且可以显示色域警告，如图7-333和图7-334所示。

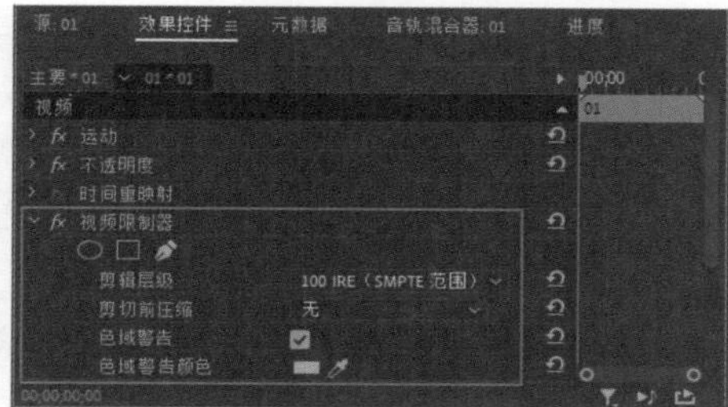

图7-333

图7-334

通道混合器

该效果可以调整素材的RGB通道色彩偏向，如图7-335和图7-336所示。

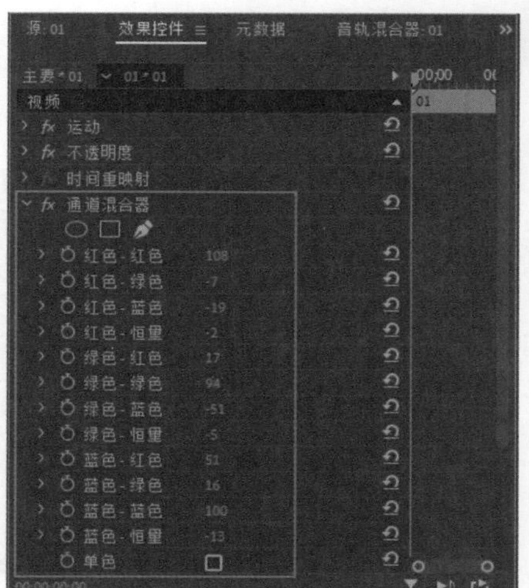

图7-335

图7-336

颜色平衡

该效果主要通过阴影颜色平衡、中间调颜色平衡和高光颜色平衡参数调整素材的色彩，如图7-337和图7-338所示。

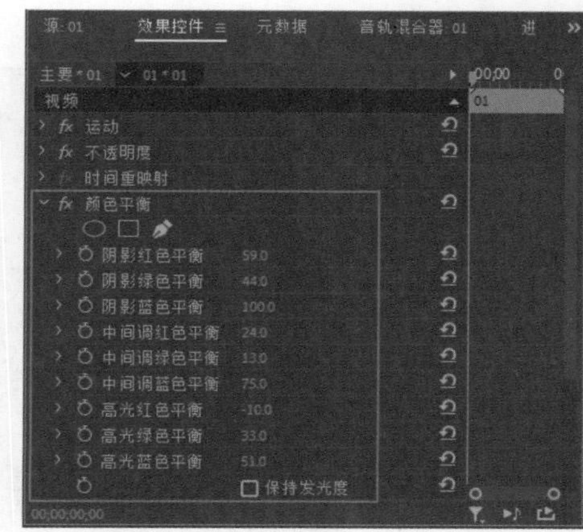

图7-337

图7-338

颜色平衡（HLS）

该效果可以调整画面的色相、亮度、饱和度等色彩三要素，如图7-339和图7-340所示。

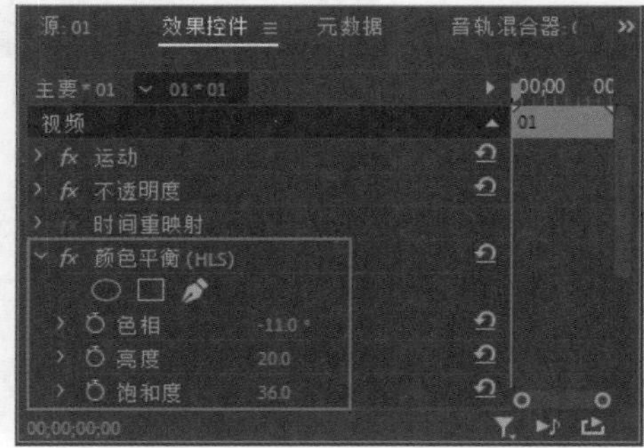

图7-339

图7-340

7.2.18 风格化类视频效果

“风格化”类的视频效果主要用于在剪辑上制作辉光、浮雕、马赛克、纹理等特殊效果，其中包括“Alpha发光”“复制”“彩色浮雕”等13种视频效果，如图7-341所示。

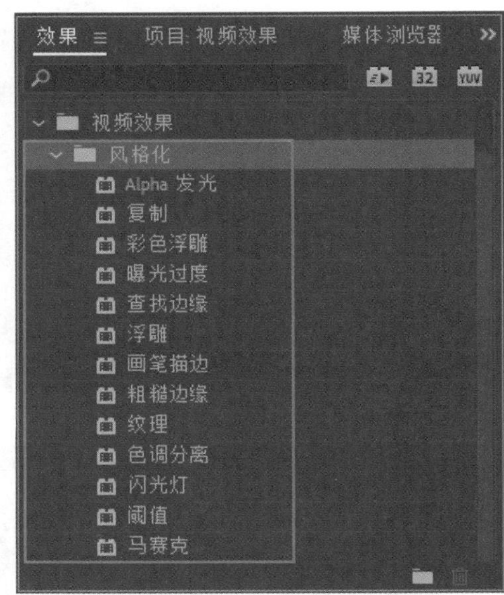

图7-341

Alpha发光

该效果可以在带有Alpha通道的剪辑的图像边缘产生辉光效果，如图7-342和图7-343所示。

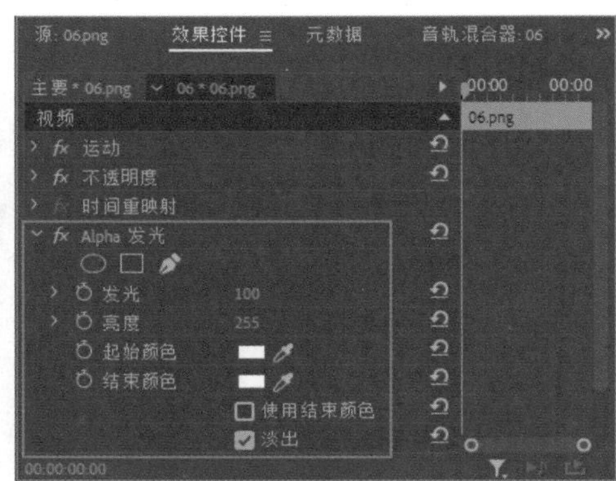

图7-342

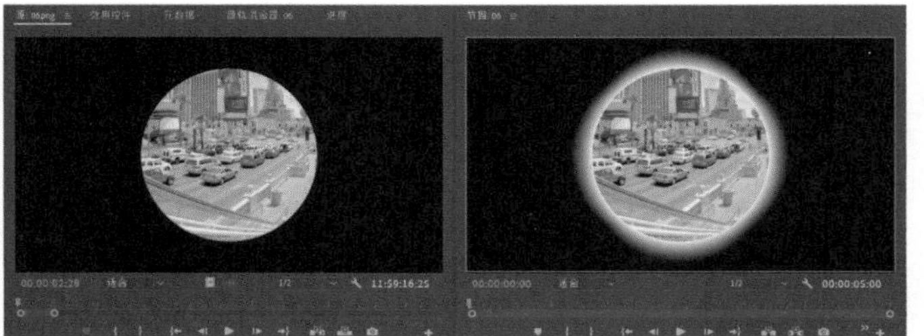

图7-343

复制

该效果可以将整个画面复制成若干区域画面，每个区域都将显示完整的画面效果，如图7-344和图7-345所示。

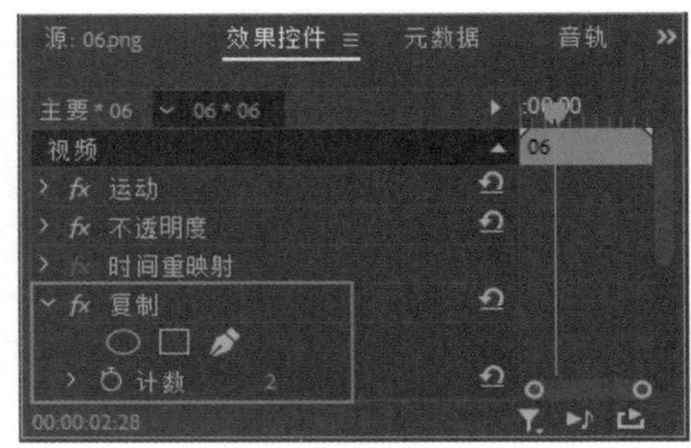

图7-344

图7-345

彩色浮雕

该效果可以将画面变成浮雕的样子，同时不影响画面的初始色彩，产生的效果和浮雕效果类似，如图7-346和图7-347所示。

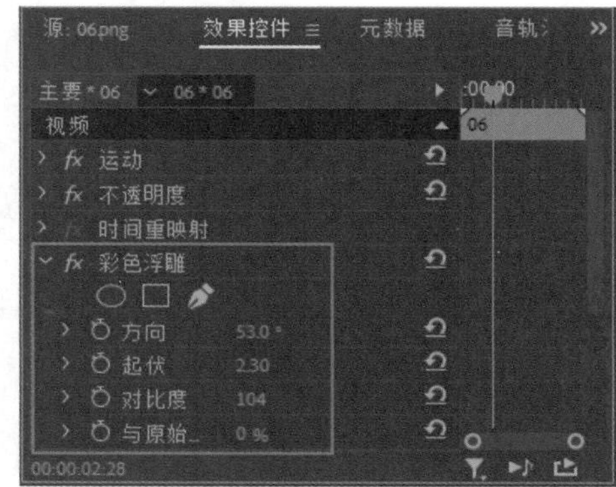

图7-346

图7-347

曝光过度

该效果可以在画面中模拟曝光过度效果，参数中的“阈值”选项用于调整曝光度，如图7-348和图7-349所示。

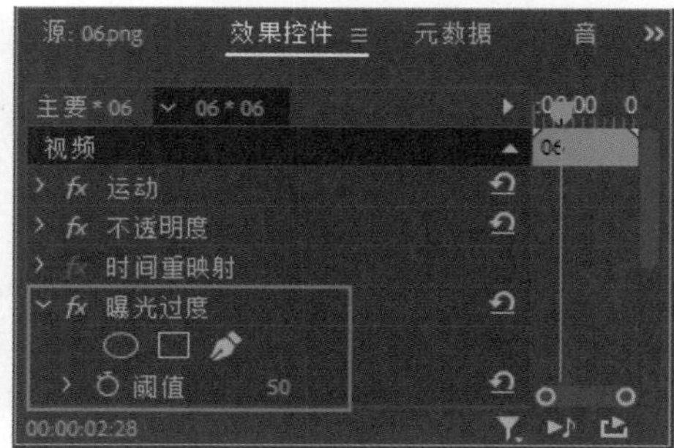

图7-348

图7-349

查找边缘

该效果可以对图像的边缘进行勾勒，并用线条表示，如图7-350和图7-351所示。

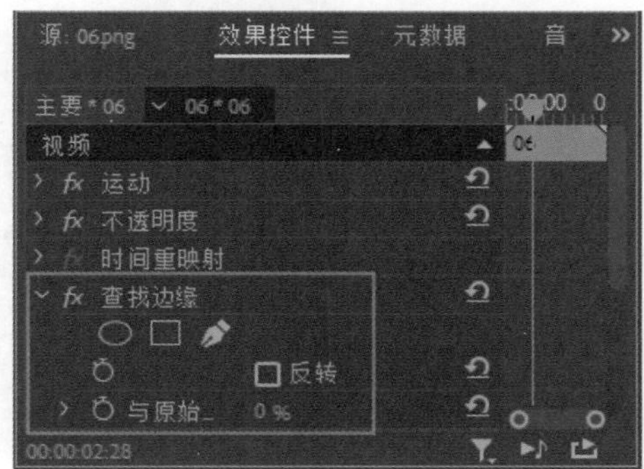

图7-350

图7-351

浮雕

该效果可以在画面上产生浮雕效果，同时摒弃原图的颜色，如图7-352和图7-353所示。

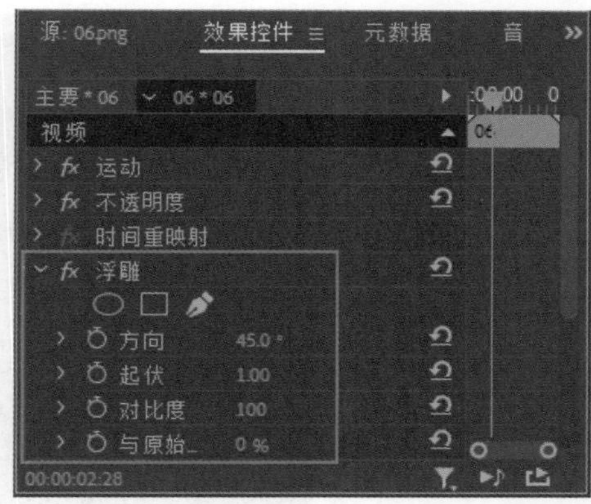

图7-352

图7-353

画笔描边

该效果可以对图像应用粗糙的绘画外观，如图7-354和图7-355所示。

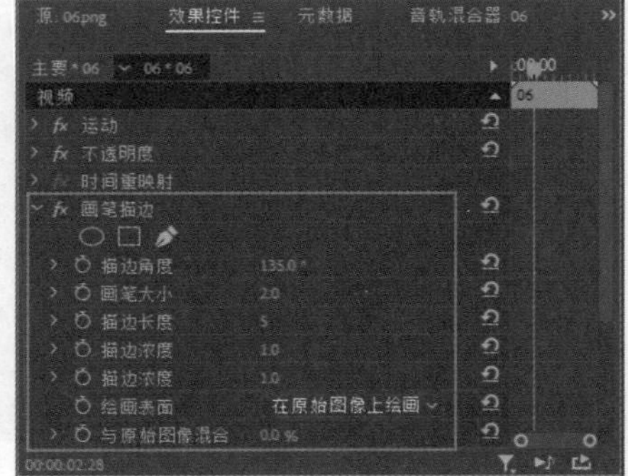

图7-354

图7-355

粗糙边缘

该效果可以使图像边框产生类似腐蚀、溶解、锈迹等粗糙化效果，如图7-356和图7-357所示。

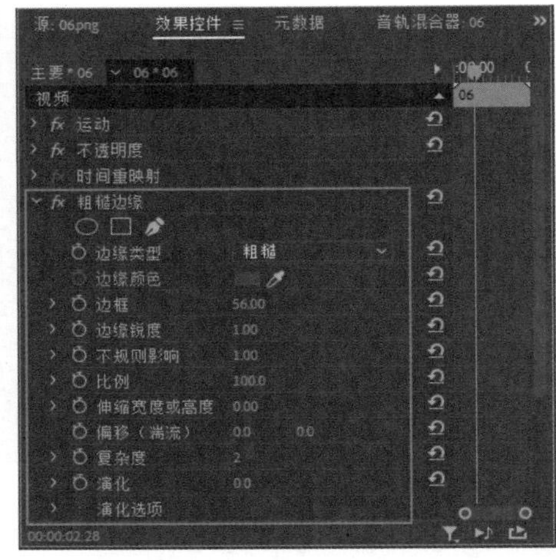

图7-356

图7-357

纹理

该效果可以改变素材的材质效果，在参数中可以控制材质的厚度和光源，如图7-358和图7-359所示。

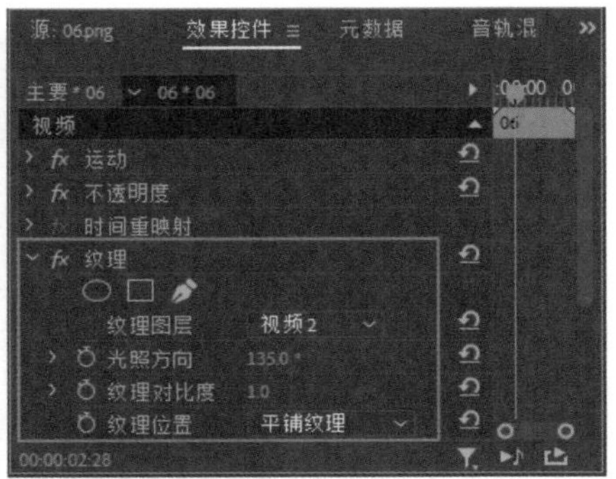

图7-358

图7-359

色调分离

该效果可以通过调整色阶，产生海报效果的画面，如图7-360和图7-361所示。

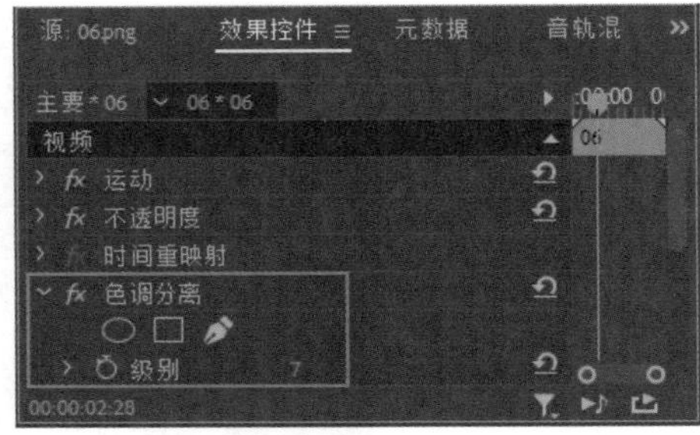

图7-360

图7-361

闪光灯

该效果可以模拟闪光效果，改变“随机闪光机率”，可实现随机频闪效果，如图7-362和图7-363所示。

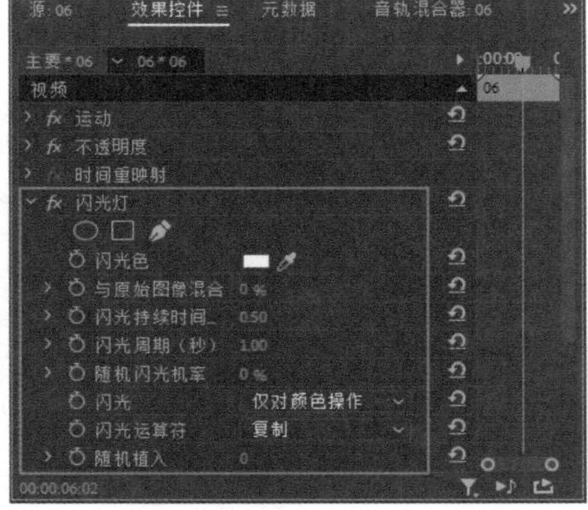

图7-362

图7-363

 阈值

该效果可以产生非黑即白的图像效果，如图7-364和图7-365所示。

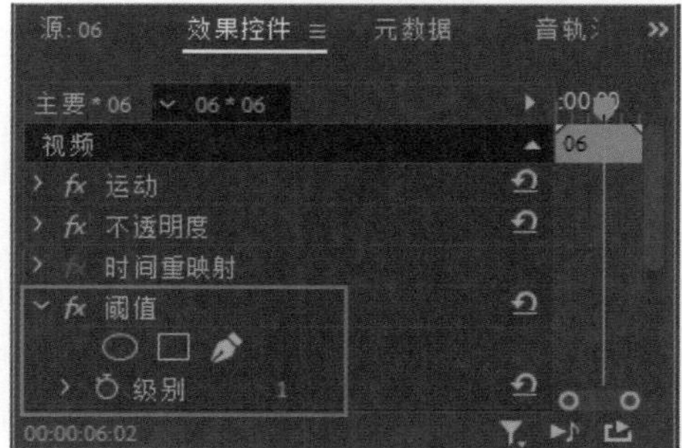

图7-364

图7-365

 马赛克

该效果可以在画面上产生马赛克效果，将画面分成若干网格，每一格都用本格内所有颜色的平均色进行填充，如图7-366和图7-367所示。

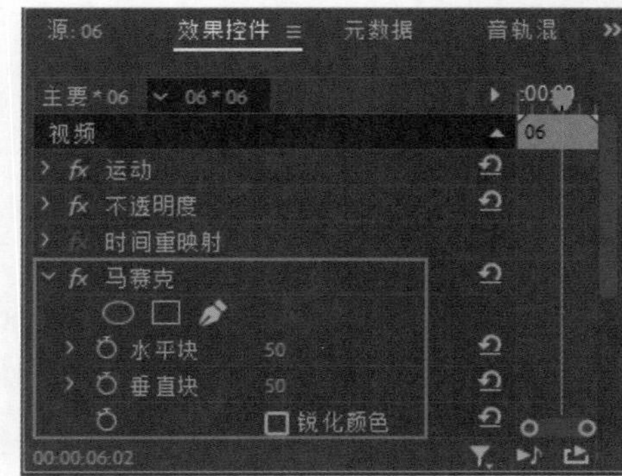

图7-366

图7-367

第8章

制作运动效果

“运动”效果几乎能为所有演示带来生趣、增添活力。在Premiere中，可以通过使字幕或标识在屏幕上旋转或者使素材在移动到画幅区域边缘时反弹回来等效果来活跃演示。可以让带有Alpha通道的图形动起来，或者将一个移动对象叠加到另一个上面。还可以使用移动蒙版创建特殊视频效果。移动蒙版效果使某个形状内的图像能够在屏幕上的另一个图像上方来回移动。要制作这些“运动”效果，可以使用Premiere“效果控件”面板上的“运动”效果。本章不仅介绍如何创建移动蒙版，还介绍如何在运动中设置字幕和图形，包括如何使它们在屏幕上弯曲和旋转。

学习要点

8.1 认识“运动”效果

Premiere的“运动”效果控件用于缩放、旋转和移动素材。通过“运动”效果制作动画，使用关键帧设置随时变化的运动，可以使原本枯燥乏味的图像活灵活现起来。可以使素材移动或微微晃动，让静态帧在屏幕上滑动。当选中“时间轴”面板上的一个素材时，“效果控件”面板上就会显示运动效果。

单击“运动”选项组旁边的展开按钮▶，展开“运动”效果组，其中包含了位置、缩放、缩放宽度、旋转和锚点等控件，如图8-1所示。单击各选项前的展开按钮▶，将出现一个滑块，拖曳该滑块即可进行参数的设置。在每个控件对应的参数值上单击，可以输入新的数值进行修改，也可以在参数值上拖曳来修改参数。

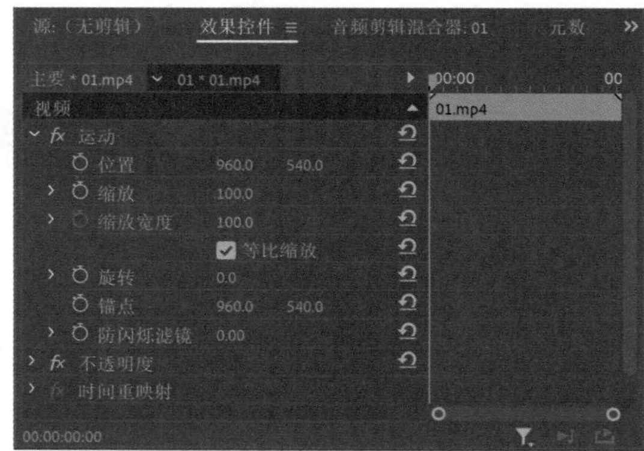

图8-1

位置：素材相对于整个屏幕所在的坐标。

缩放：素材的尺寸百分比，当其下方的“等比缩放”复选框未被勾选时，“缩放”用于调整素材的高度，同时其下方的“缩放宽度”选项呈可选状态，此时可以只改变对象的高度或者宽度，当“等比缩放”复选框被勾选时，对象只能按照比例进行缩放变化。

旋转：调整“旋转”参数，可以使素材围绕素材中心旋转，拖曳“旋转”度数值，或单击数值，在输入框中直接输入数值即可，输入“360”为旋转一周，输入正数，素材按顺时针旋转，输入负数，素材按逆时针旋转。

锚点：素材的中心点所在的坐标。

8.2 使用“运动”效果调整素材

要使用Premiere的运动控制，必须创建一个项目，其中“时间轴”面板上要有一个视频素材被选中，然后可以使用“运动”效果调整素材，并创建运动效果。

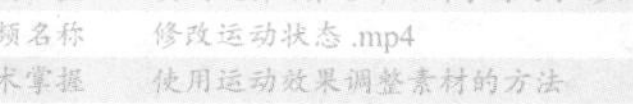

新手练习 修改运动状态

扫码看视频

素材位置　素材文件\第8章\修改运动状态
实例位置　实例文件\第8章\新手练习：修改运动状态.prproj
视频名称　修改运动状态.mp4
技术掌握　使用运动效果调整素材的方法

本案例讲解使用运动效果调整素材的方法，本例效果如图8-2所示。

图8-2

01 启动Premiere Pro 2021应用程序，选择“文件→新建→项目”命令，在弹出的“新建项目”对话框中设置项目名称和存储位置，单击“确定”按钮，新建一个项目，如图8-3所示。

图8-3

02 在“项目”面板的空白处双击，打开“导入”对话框，找到素材位置，选择要导入的素材，单击“打开”按钮，如图8-4所示。导入PSD文件时会打开“导入分层文件”对话框，单击“确定”按钮，如图8-5所示，将素材以一个图层的形式导入“项目”面板，如图8-6所示。

图8-4

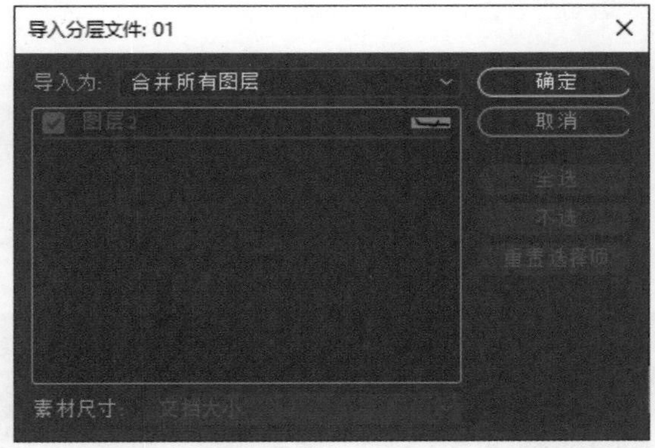

图8-5

图8-6

03 在“项目”面板中选中“01.mp4”素材，将其拖曳至“时间轴”面板中，会自动创建一个以素材名称命名的序列，如图8-7所示。将“01.psd”素材添加到“时间轴”面板的V2轨道中，并拖曳其出点至其和V1轨道中的素材等长，如图8-8所示。

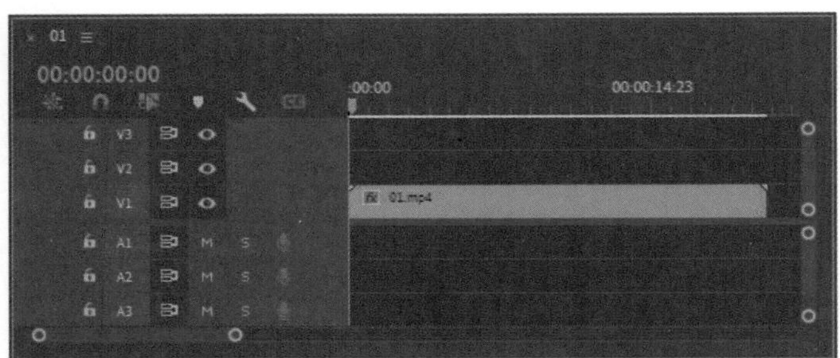

图8-7

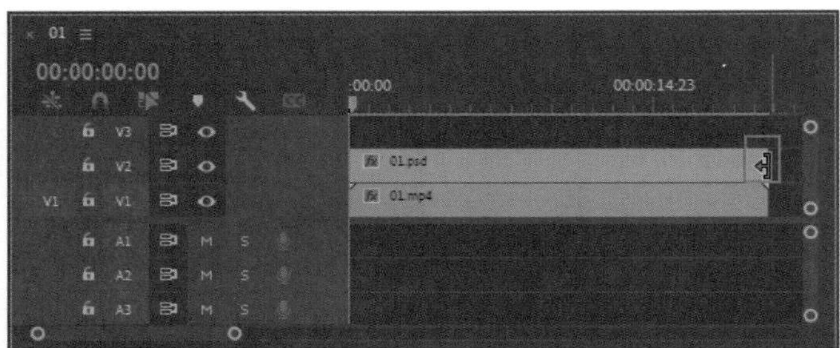

图8-8

04 选中V2轨道上的素材后，在“效果控件”面板中单击“运动”左边的展开按钮，展开“运动”选项组，如图8-9所示。

图8-9

05 将“缩放”设为200，放大飞机素材，如图8-10所示。将“旋转”设为 - 10°，将飞机素材逆时针旋转10°，如图8-11所示。

图8-10

图8-11

06 要移动素材，可以拖曳“位置”参数的数值，参照“节目”监视器面板中的素材位置，修改素材的x坐标和y坐标数值，如图8-12所示。

图8-12

07 如果要在“节目”监视器面板中手动调整素材的运动属性，只需要在“效果控件”面板中单击“运动”二字，在“节目”监视器面板中就会出现素材的操控点，如图8-13所示。

图8-13

08 在“节目”监视器面板中的素材边框内部拖曳，可以移动素材，在移动素材的时候，“效果控件”面板中的位置值会随着改变，如图8-14所示。

09 要缩放素材，可以拖曳“节目”监视器面板中素材边框的控制点，如图8-15所示。

10 要手动旋转素材，将鼠标指针移动至稍微偏离4个角的控制点，然后向要旋转的方向拖曳，如图8-16所示。

图8-14

图8-15

图8-16

8.3 通过“运动”效果创建动画

如果想要使素材在不同的时间有不同的运动效果变化，则需要添加关键帧。使用关键帧，可以在指定的时间位置使素材产生不同的运动效果，让运动效果更加灵活自然。当单击“效果控件”面板上某个选项前面的“切换动画”按钮 时，就会为该选项开启动画功能并创建关键帧，将时间指示器移动到不同的位置，设置不同的参数值，即可创建动画。

高手进阶 创建文字运动的效果

扫 码 看 视 频

素材位置　素材文件 \ 第 8 章 \ 创建文字运动的效果

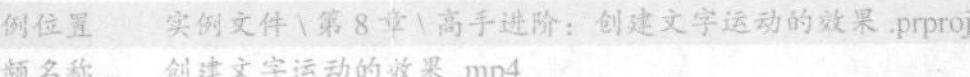

实例位置　实例文件 \ 第 8 章 \ 高手进阶：创建文字运动的效果 .prproj

视频名称　创建文字运动的效果 .mp4

技术掌握　使用关键帧添加运动效果的方法

本例将介绍如何为运动路径添加关键帧，创建文字的运动效果，案例效果如图8-17所示。

图8-17

01 启动Premiere Pro 2021应用程序，选择“文件→新建→项目”命令，在弹出的“新建项目”对话框中设置项目名称和存储位置，单击“确定”按钮，新建一个项目，如图8-18所示。

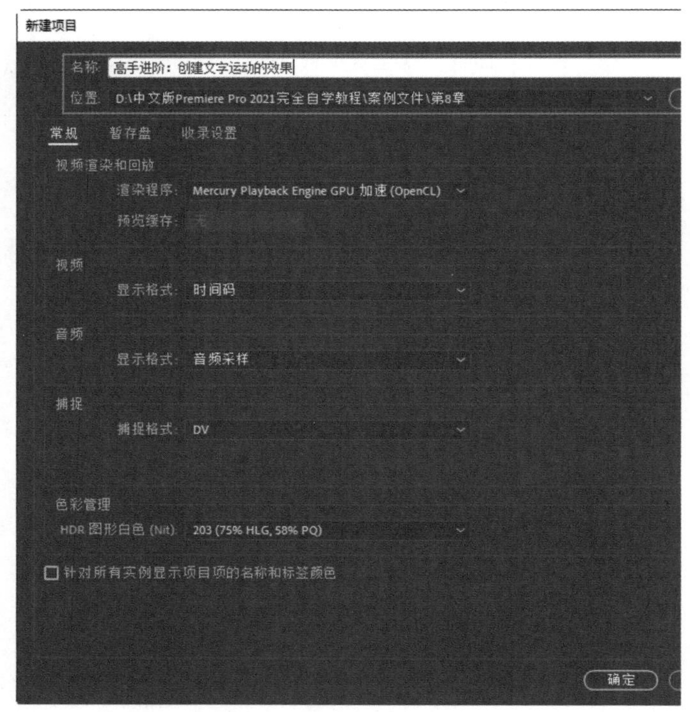

图8-18

02 在“项目”面板的空白处双击，打开“导入”对话框，找到素材位置，选择要导入的素材，单击“打开”按钮，如图8-19所示，将素材导入“项目”面板，如图8-20所示。

03 在“项目”面板中选中“02.mp4”素材，将其拖曳至“时间轴”面板中，会自动创建一个以素材名称命名的序列，如图8-21所示。

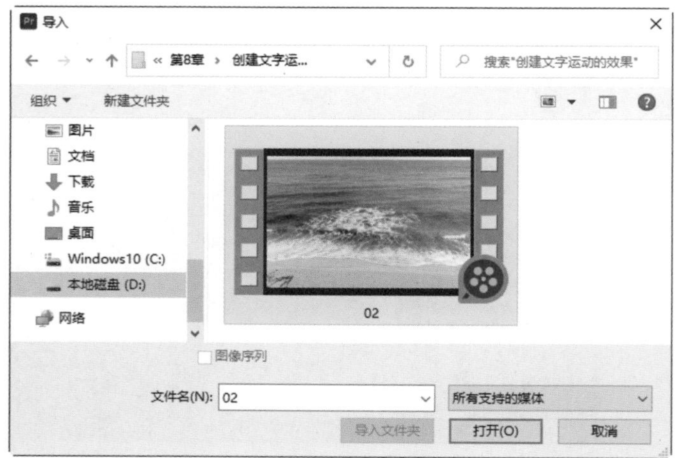

图8-19

图8-20

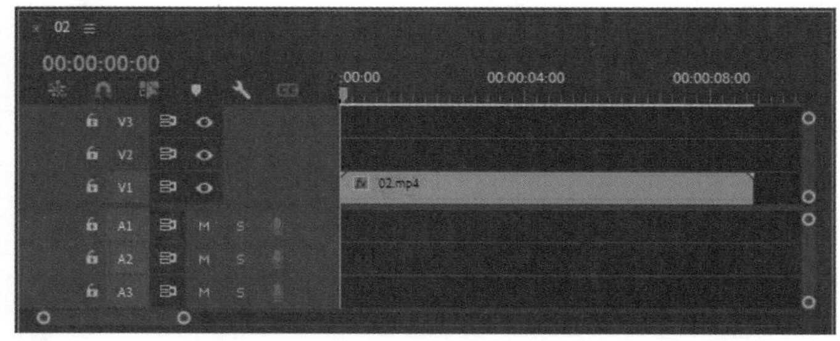

图8-21

04 选择“文件→新建→旧版标题”命令，如图8-22所示。在“新建字幕”对话框中设置名称为“字幕”，单击“确定”按钮，如图8-23所示。

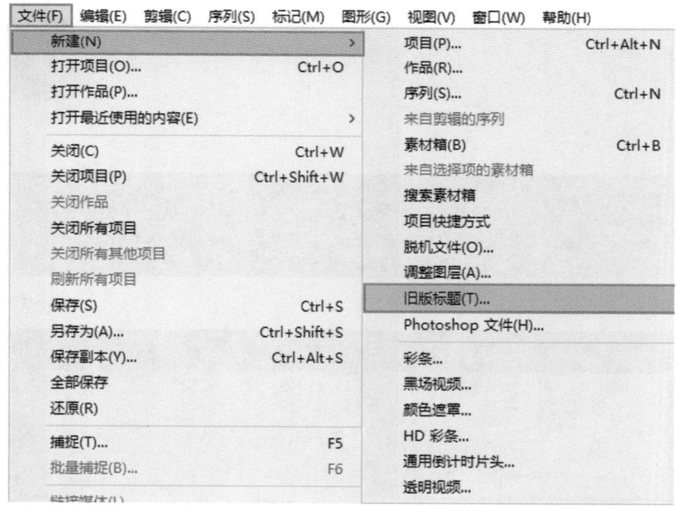

图8-22

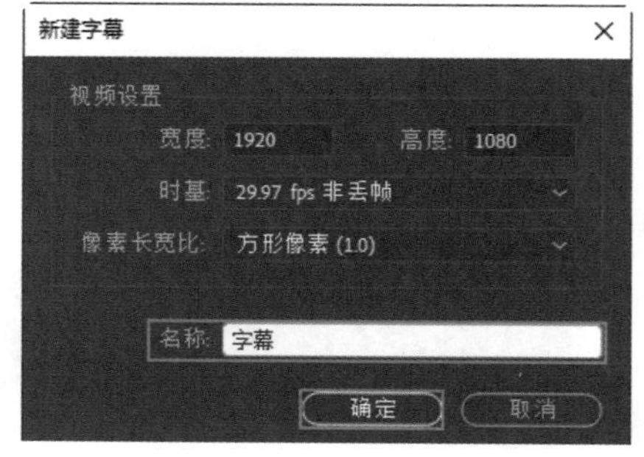

图8-23

05 在“旧版标题”面板中选择“文字工具”，在绘制区单击并输入文字，在未选择字体样式时，输入中文会出现方块，如图8-24所示。

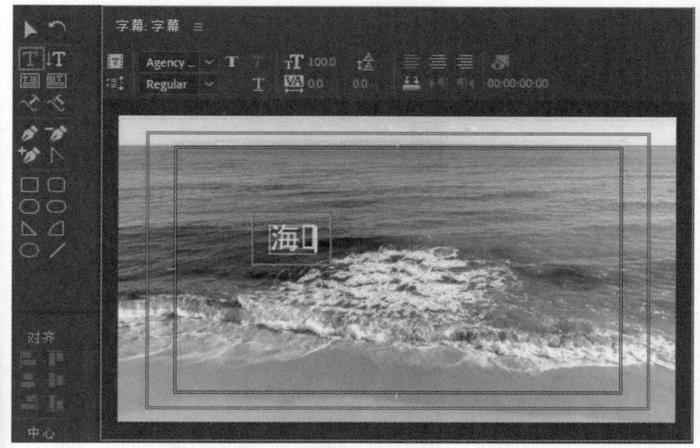

图8-24

06 选中文字，设置一个喜欢的字体样式，并适当调整文字的位置和大小，然后单击关闭按钮，如图8-25所示。

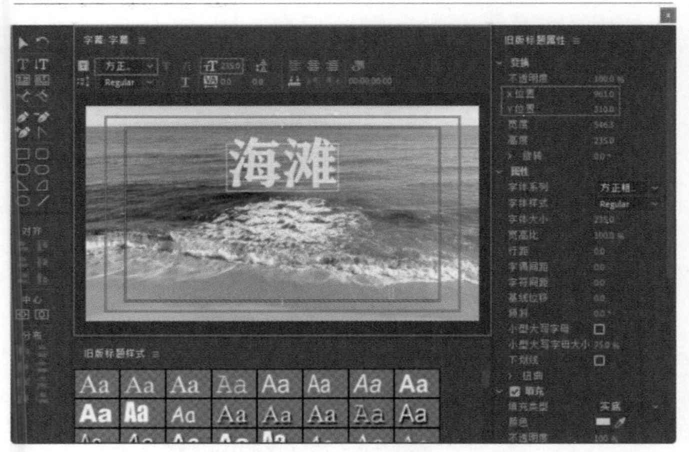

图8-25

07 新建的字幕素材会被放置在“项目”面板中，如图8-26所示。将字幕素材拖曳到“时间轴”面板的V2轨道上，并拖曳其出点至其和V1轨道上的素材等长，如图8-27所示。

图8-26

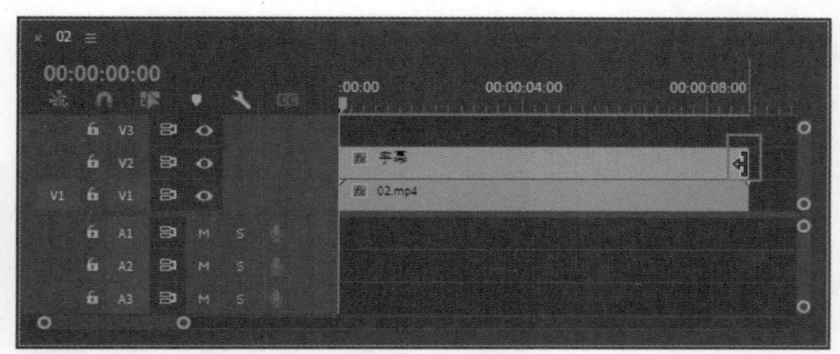

图8-27

08 选中V2轨道上的素材，并将时间指示器移动到00:00:00:00的位置，打开“效果控件”面板，单击“位置”选项前面的“切换动画”按钮，创建一个关键帧，如图8-28所示。将时间指示器移动到00:00:03:00的位置，将 y 轴坐标设置为128，如图8-29所示。

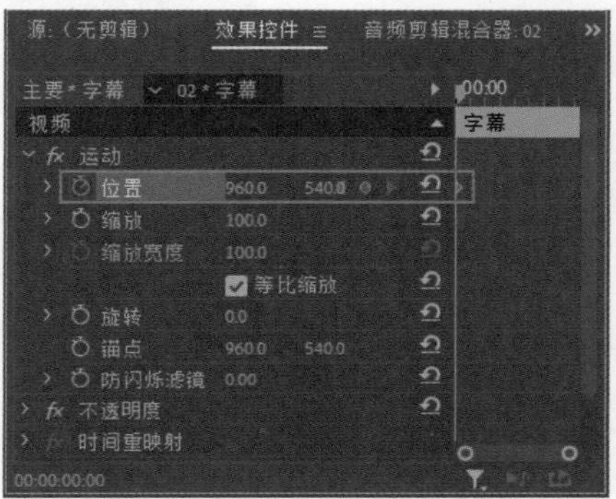

图8-28

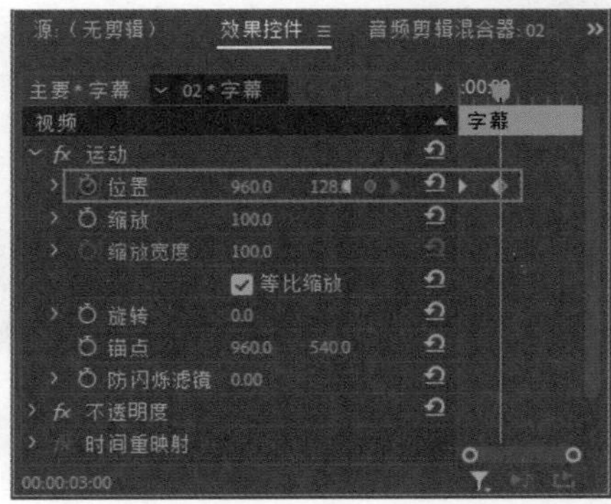

图8-29

09 展开“不透明度”选项，将时间指示器移动到00:00:00:00的位置，单击“不透明度”选项前面的“切换动画”按钮，创建一个关键帧，如图8-30所示。将时间指示器移动到00:00:03:00的位置，将“不透明度”参数设为0%，如图8-31所示。

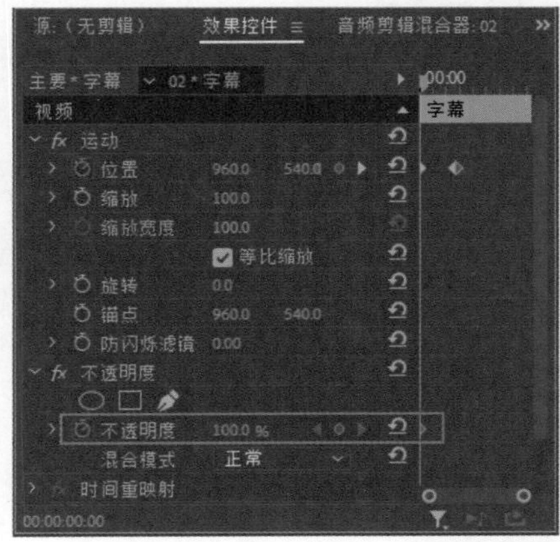

图8-30

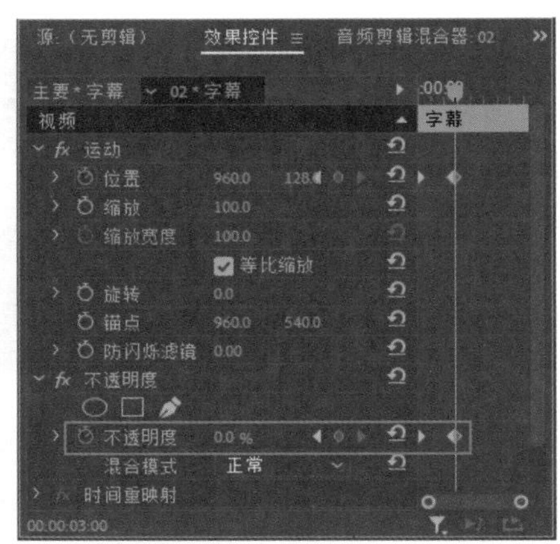

图8-31

10 单击“节目”监视器面板上的“播放-停止切换”按钮▶，预览案例效果，如图8-32所示。

图8-32

8.4 编辑“运动”效果

在“效果控件”面板中设置好运动关键帧之后，还可以对关键帧进行移动、复制、删除等操作，并且Premiere还提供了关键帧插值功能，可以设置运动效果的运动速率等内容。

8.4.1 移动关键帧

在添加完关键帧以后，用户可以重新调整关键帧的位置来控制运动效果的节奏，关键帧之间隔得越近，运动速度越快，相反则越慢。可以移动一个关键帧或同时移动多个关键帧，原理都相同。

在“效果控件”面板中选中已经设置了参数的关键帧，左右拖曳即可移动关键帧，如图8-33和图8-34所示。

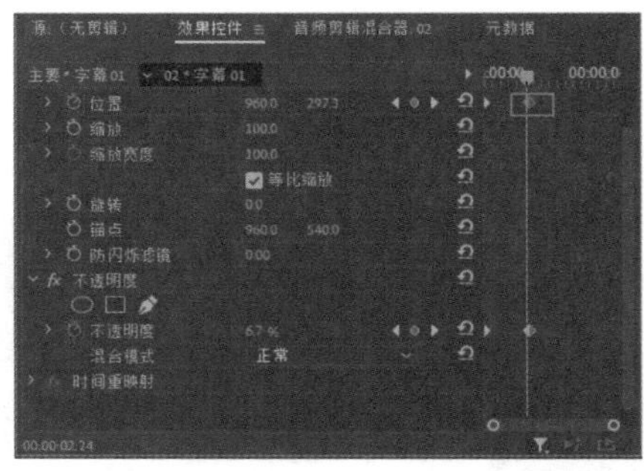

图8-33

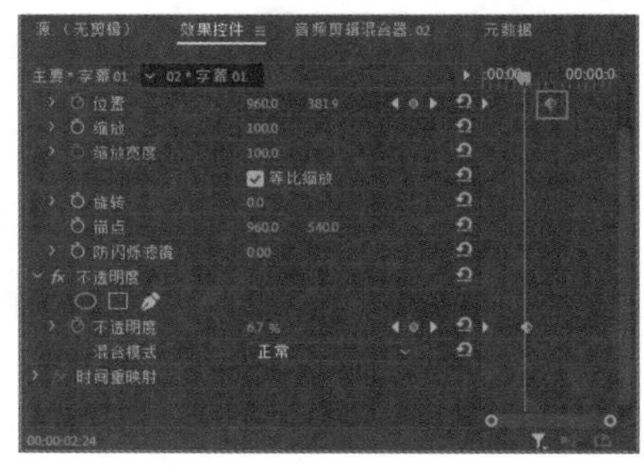

图8-34

8.4.2 复制关键帧

在编辑关键帧的过程中，可以将一个关键帧复制到另一个时间位置，复制出的关键帧的运动属性与原关键帧相同。选中要复制的关键帧，单击鼠标右键，在弹出的菜单中选择“复制”命令，如图8-35所示。将时间指示器移动到新位置，单击鼠标右键，在弹出的菜单中选择“粘贴”命令，即可将复制的关键帧粘贴到时间指示器位置，如图8-36所示。

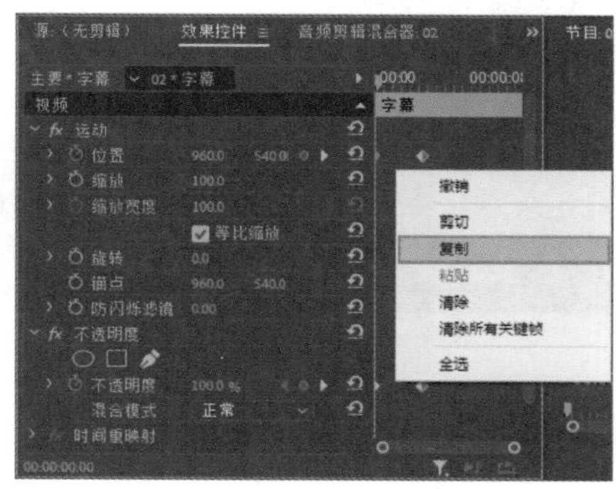

图8-35

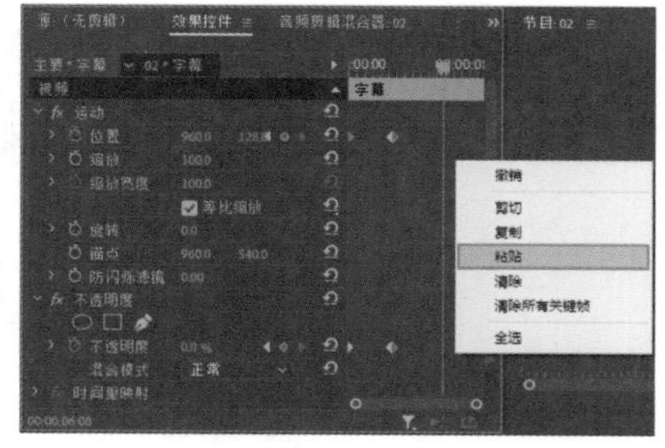

图8-36

8.4.3 删除关键帧

在编辑过程中，可能会需要删除某些不需要的关键帧。为此，只需简单地选中该关键帧并按Delete键即可。如果要删除运动效果选项的所有关键帧，可以在“效果控件”面板中单击“切换动画”按钮，此时会弹出“警告”对话框，如图8-37所示。如果确实要删除，单击“确定”按钮即可。

图8-37

8.4.4 关键帧插值

Premiere能在两个关键帧之间自动添加数据，使用关键帧插值对关键帧的速度变化有着显著影响。修改插值方法，可以更改速度、平滑度和运动路径的形状。关键帧插值有“临时插值”和“空间插值”两种。通常情况下，系统默认选择线性插值，如果要选用其他类型的插值，需要选中关键帧，单击鼠标右键，在弹出的菜单中选择对应的类型，如图8-38所示。

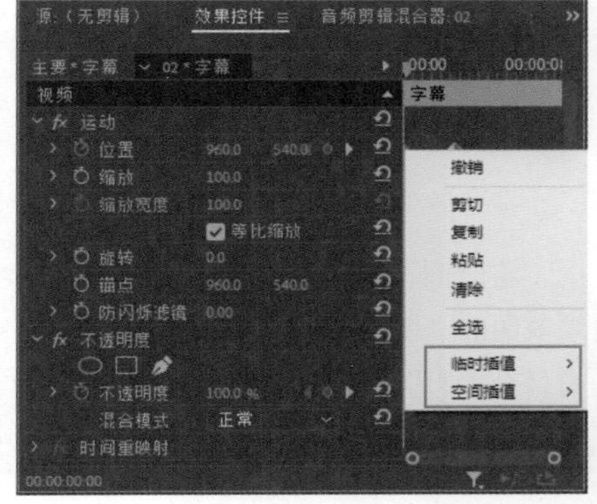

图8-38

线性

在创建关键帧时，系统默认选择线性插值的方式，两个关键帧之间的运动是以匀速变化的。在“效果控件”面板中选中一个关键帧，单击鼠标右键，在弹出的菜单中选择“临时插值→线性”命令即可，如图8-39所示。

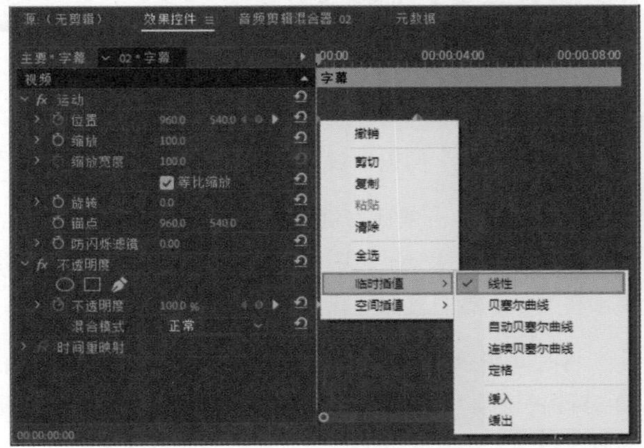

图8-39

贝塞尔曲线

在“临时插值”选项中选择“贝塞尔曲线”时，关键帧的样式会变为，在“节目”监视器中能看到曲线控制手柄，拖曳控制手柄能改变运动变化的速度，如图8-40所示。

图8-40

自动贝塞尔曲线

自动贝塞尔曲线可以调整关键帧之间的变化速率，使之更加平滑。在“临时插值”选项中选择“自动贝塞尔曲线”时关键帧的样式会变为，在“节目”监视器中可以拖曳控制点，将自动曲线转化为弯曲的贝塞尔曲线，如图8-41所示。

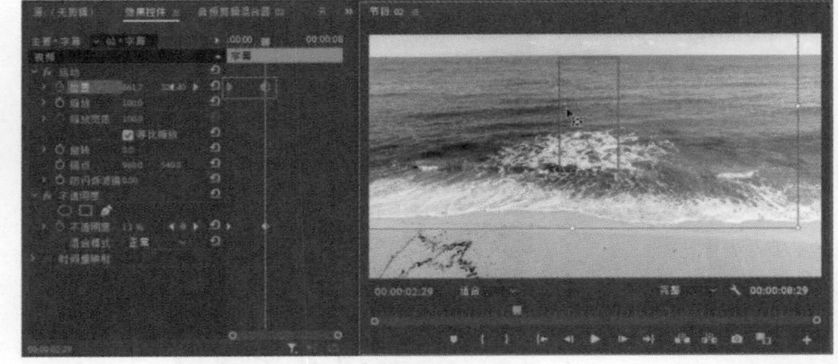

图8-41

连续贝塞尔曲线

使用连续贝塞尔曲线时，可以调整关键帧的平滑变化速率，在“临时插值”选项中选择“连续贝塞尔曲线”时关键帧的样式会变为，在“节目”监视器中可以拖曳控制点来改变动画效果，如图8-42所示。

图8-42

定格

使用定格时，可以更改属性大小，不产生渐变过程，两个速率曲线节点将根据节点的运动状态自动调节速率曲线的弯曲程度。在“临时插值”选项中选择“定格”时关键帧的样式会变为◧，在“节目”监视器中可以拖曳控制点来改变动画效果，如图8-43所示。

图8-43

缓入

在“临时插值”选项中选择“缓入”时，关键帧的样式会变为⧗，此时关键帧运动会变为加速，速度越来越快，如图8-44所示。

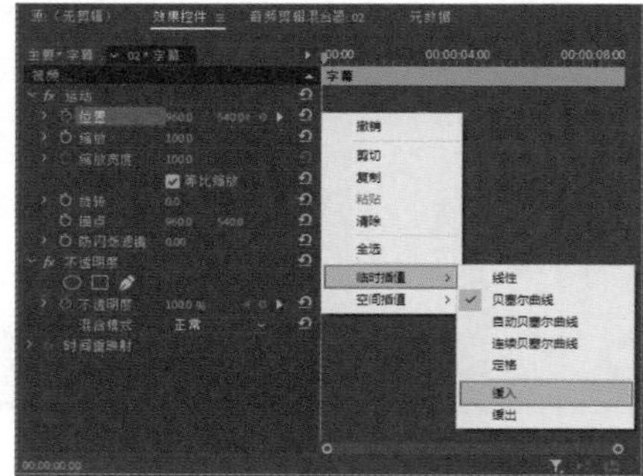

图8-44

缓出

在“临时插值”选项中选择“缓出”时，关键帧的样式会变为⧗，此时关键帧运动会变为减速，速度越来越慢，如图8-45所示。

图8-45

8.5 为动态素材添加效果

为素材制作动画后，可能会希望对其应用一些其他的效果，如修改运动对象的不透明度，使它成为透明的。如果想对运动对象进行色彩校正，也可以应用相应的视频效果。

8.5.1 修改动态素材的不透明度

“效果控件”面板的默认效果包括“运动”“不透明度”。减小素材的不透明度可以使素材变得更透明。要改变整个持续时间内素材的不透明度，可以向左拖曳不透明度百分比值。也可以单击不透明度百分比字段，输入数值，然后按Enter键来修改百分比值。另外，可以单击“不透明度”左侧的展开按钮来展开不透明度控件，然后拖曳“不透明度”滑块进行修改。

在效果控件面板中设置不透明度

在“效果控件”面板中设置不透明度及关键帧的方法如下。

将时间指示器移动到素材的起点处，单击“不透明度”选项前面的“切换动画”按钮◙，设置第一个关键帧，设置此处的素材不透明度为100%，然后再将时间指示器移动到第2个关键帧处，将“不透明度”百分比值修改为50%，即可创建第二个关键帧，如图8-46所示。

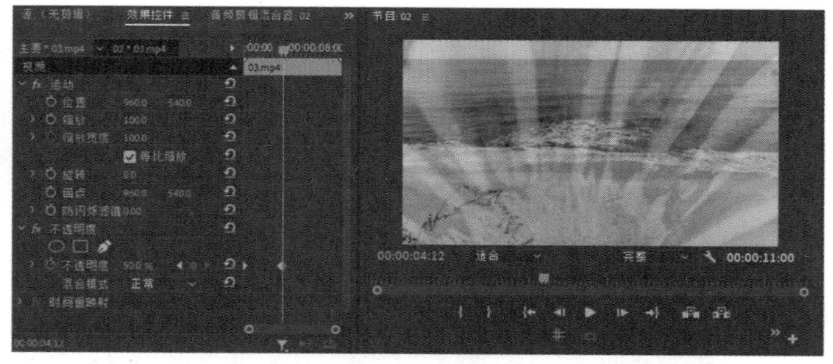

图8-46

在时间轴面板中设置不透明度

在“时间轴”面板中设置不透明度关键帧的方法如下。

在素材上单击鼠标右键，在弹出的菜单中选择“显示剪辑关键帧→不透明度→不透明度”命令，如图8-47所示。此时在轨道上将显示不透明度图形线。

将时间指示器移动到要添加关键帧的位置，然后单击“添加-移除关键帧”按钮◙，即可添加或移除关键帧。选择“选择工具”▶，上下拖曳“时间轴”面板中的不透明度关键帧，可以调整素材的不透明度。如图8-48所示。

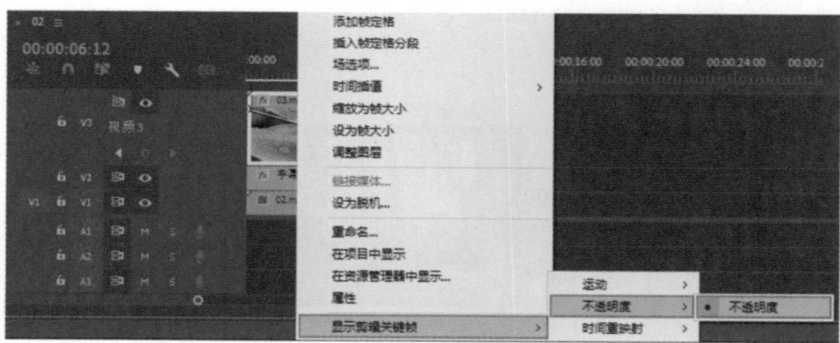

图8-47

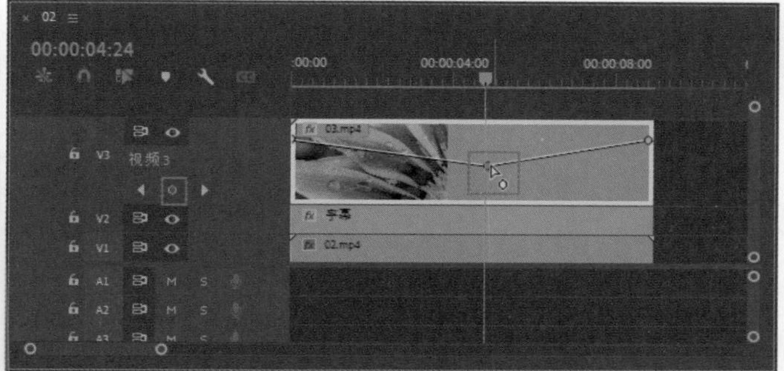

图8-48

8.5.2 重置素材随时间变化的速度

"时间重映射"选项允许使用关键帧调节素材随时间变化的速度。使用"时间重映射"时可以通过设置关键帧使素材在不同时间间隔中加速或减速，也可以使素材静止不动或倒退。可以在"效果控件"面板或"时间轴"面板中设置"时间重映射"。

在效果控件面板中设置时间重映射

要在"效果控件"面板中设置"时间重映射"，首先要单击"时间轴"面板中的视频素材，接着在"效果控件"面板中单击"时间重映射"选项左侧的展开按钮，显示"速度"选项，如图8-49所示。

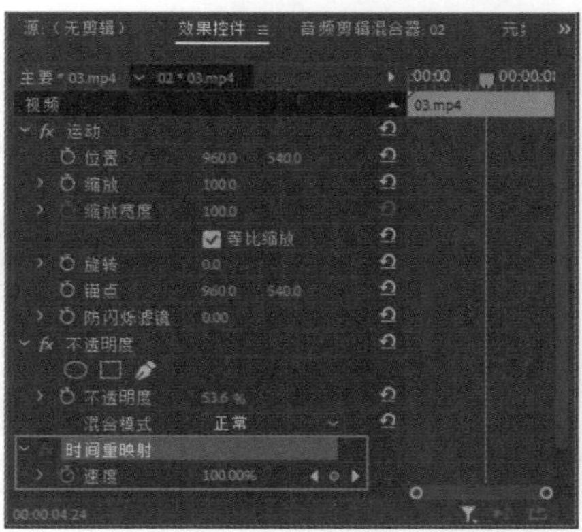

图8-49

在时间轴面板中设置时间重映射

要在"时间轴"面板中设置"时间重映射"，首先要右键单击视频素材，然后选择"显示剪辑关键帧→时间重映射→速度"，如图8-50所示。

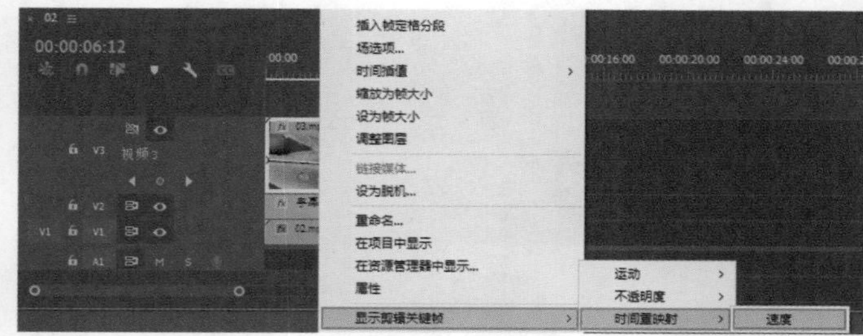

图8-50

选择"选择工具"，上下拖曳速度线，即可调整素材随时间变化的速度。在拖曳速度线时，在光标处会显示调整后的速度百分比值，如图8-51所示。向上拖曳速度线，可增大速度值；向下拖曳速度线，可减小速度值。

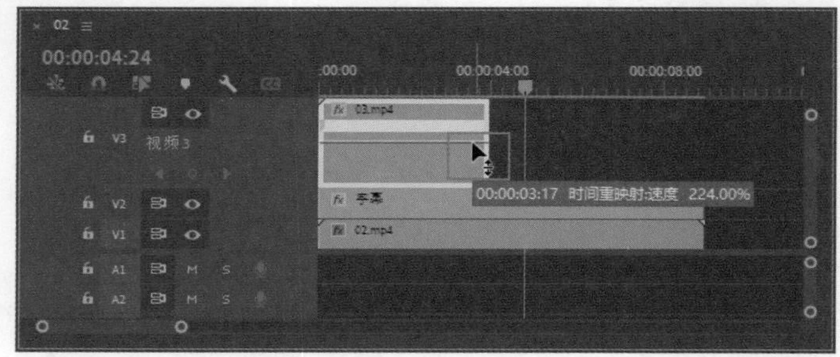

图8-51

新手练习 制作视频变速效果

扫 码 看 视 频

素材位置	素材文件 \ 第 8 章 \ 制作视频变速效果
实例位置	实例文件 \ 第 8 章 \ 新手练习：制作视频变速效果 .prproj
视频名称	制作视频变速效果 .mp4
技术掌握	使用时间重映射制作视频变速效果的方法

本例将介绍如何使用时间重映射，案例效果如图8-52所示。

图8-52

图8-52（续）

01 启动Premiere Pro 2021应用程序，选择“文件→新建→项目”命令，在弹出的“新建项目”对话框中设置项目名称和存储位置，单击“确定”按钮 确定 ，新建一个项目，如图8-53所示。

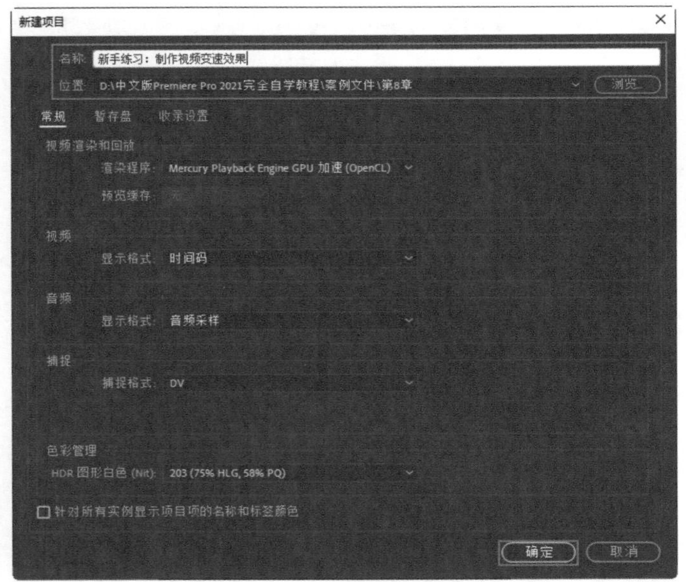

图8-53

02 在“项目”面板的空白处双击，打开“导入”对话框，找到素材位置，选择要导入的素材，单击“打开”按钮 打开(O) ，如图8-54所示，将素材导入“项目”面板，如图8-55所示。

图8-54

图8-55

03 在“项目”面板中选中“04.mp4”素材，将其拖曳至“时间轴”面板中，会自动创建一个以素材名称命名的序列，如图8-56所示。

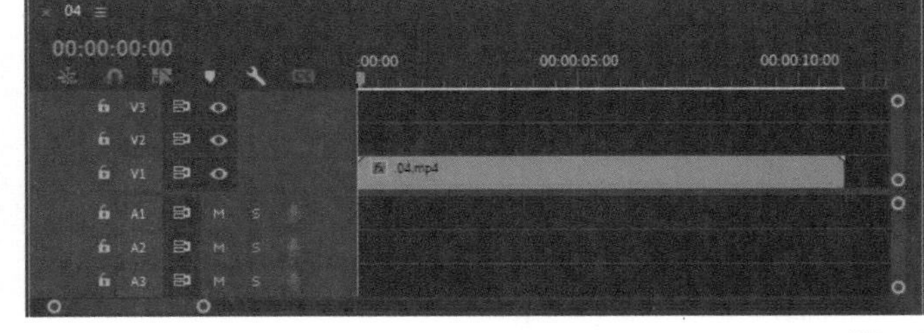

图8-56

04 在“时间轴”面板V1轨道控件后面的空白处双击，将V1轨道展开，选中“04.mp4”素材，单击鼠标右键，在弹出的菜单中选择“显示剪辑关键帧→时间重映射→速度”命令，如图8-57所示。能够看到在视频上出现了速度的关键帧控制线，如图8-58所示。

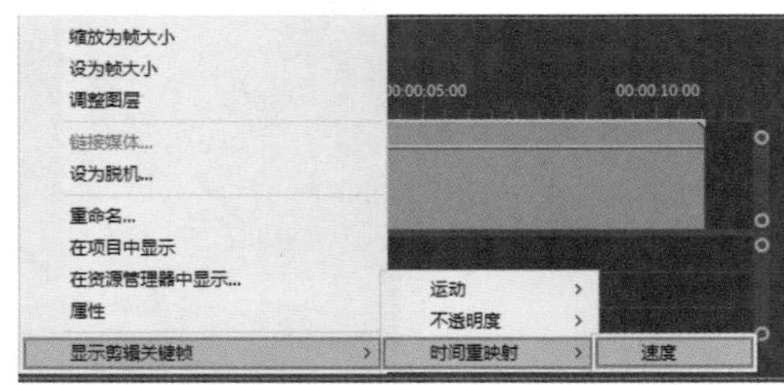

图8-57

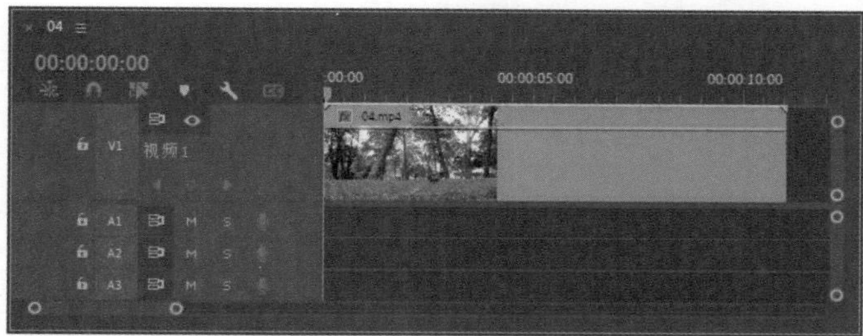

图8-58

05 选择“选择工具”，将鼠标指针靠近控制线，当鼠标指针变为图标时，向上拖曳速度线，即可使素材的播放速度变快，同时持续时间变短，如图8-59和图8-60所示。

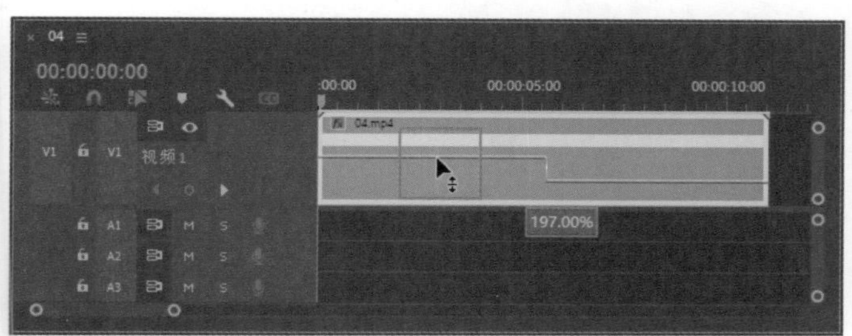

图8-59

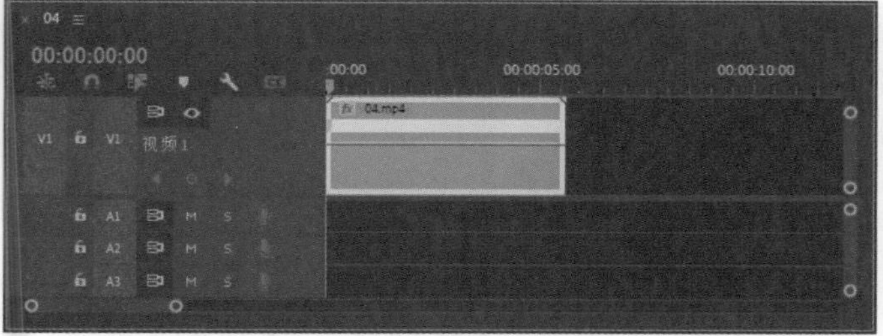

图8-60

06 选中素材，打开“效果控件”面板，展开“时间重映射”选项组，再展开“速度”选项，可以看到速度百分比变为197%，并可以看到速度线，如图8-61所示。选择“选择工具”，将鼠标指针靠近速度线，当鼠标指针变为图标时，拖曳速度线，也可改变素材的速度与持续时间，如图8-62所示。

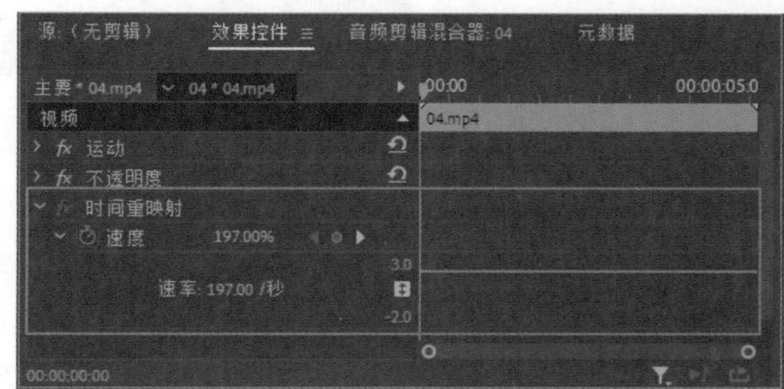

图8-61

07 使用这两种方法时可以通过单击“添加/移除关键帧”或“添加-移除关键帧”按钮添加关键帧，然后调节两个关键帧之间的速度和持续时间，如图8-63和图8-64所示。

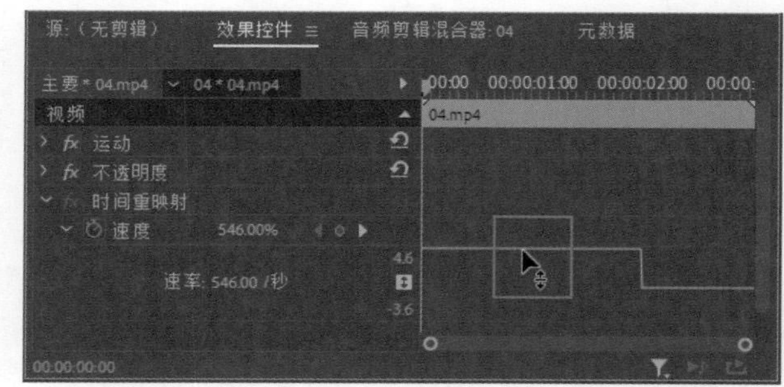

图8-62

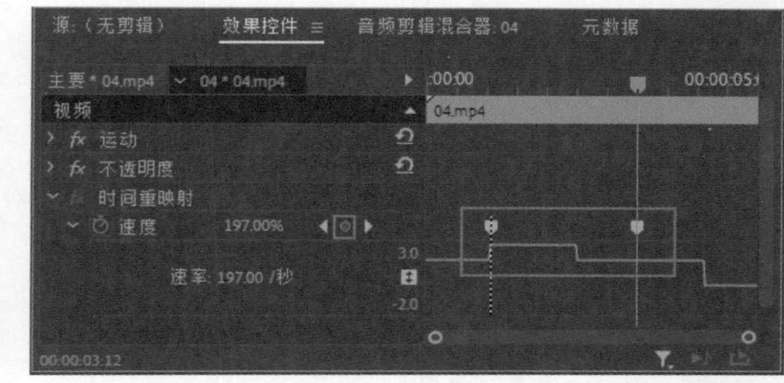

图8-63

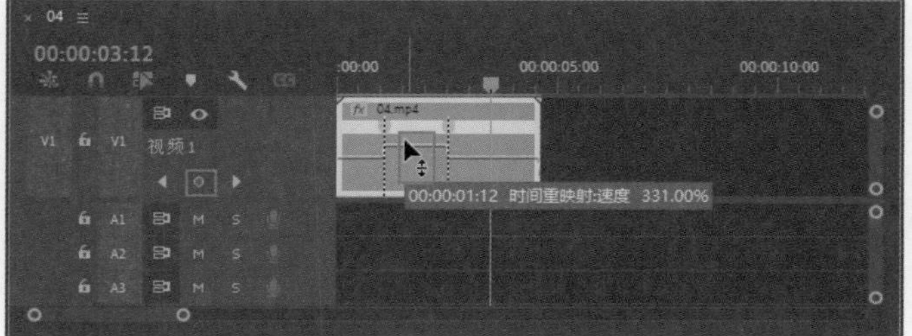

图8-64

08 单击“节目”监视器面板中的“播放-停止切换”按钮，预览修改速度后的效果，如图8-65所示。

图8-65

第9章

创建字幕和图形

在视频作品的开头部分使用文字标题字幕可以起到制造悬念、引入主题、设立基调的作用。在整个视频中，字幕可以提供片段之间的过渡，也可以用来介绍人物和场景。字幕与图形一起使用可以更好地传达统计信息、地域信息及其他技术性信息。在视频的结尾部分，还可以使用字幕向制作成员致谢。Premiere拥有“文字工具”和“旧版标题”面板，可以满足制作视频作品字幕的所有需求。使用“旧版标题”面板，用户不仅能够创建文字和图形，还可以通过游动或滚动文字来制作阴影和动画效果。本章将介绍使用Premiere创建字幕和图形的内容。

学习要点

9.1 使用“文字工具”创建简单字幕

从Premiere Pro CC 2017开始，菜单栏中的“字幕”变为了“图形”，同时在工具箱中新增了“文字工具”，直接选择此工具，在“节目”监视器面板的画面上单击并输入文字，即可完成字幕的创建，相比通过“旧版标题”面板创建字幕的方式更加快捷简单。

9.1.1 使用“文字工具”创建文字

要在序列素材上创建字幕，只需选择“工具”面板中的“文字工具”，在“节目”监视器面板的画面上直接单击并输入文字即可，输入完成之后，可切换“选择工具”，在“效果控件”面板中对新创建的文本进行设置。

9.1.2 认识“效果控件”面板中的文本效果

用“文字工具”创建好字幕后，切换到“选择工具”，使文本变为可设置状态，打开“效果控件”面板，会显示“文本”选项组，展开“文本”选项组，如图9-1所示。

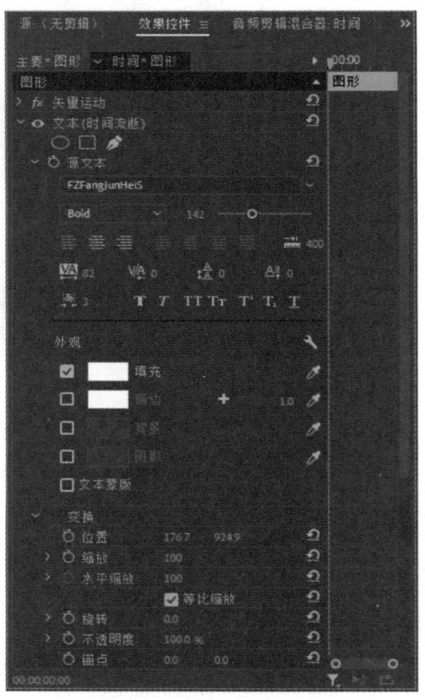

图9-1

“文本”选项组中有“源文本”和“变换”两个选项组。在“源文本”选项组中，可以设置字幕的字体、字型、字号、对齐方式、字间距、颜色和蒙版等内容。在“变换”选项组中，可以设置字幕的位置、缩放、旋转、不透明度和锚点等内容。

新手练习 创建简单字幕素材

素材位置	素材文件\第9章\创建简单字幕素材
实例位置	实例文件\第9章\新手练习：创建简单字幕素材.prproj
视频名称	创建简单字幕素材.mp4
技术掌握	创建一个简单字幕素材并将它保存的方法

扫码看视频

本例将介绍如何创建一个简单字幕素材，案例效果如图9-2所示。

图9-2

01 启动Premiere Pro 2021应用程序，选择“文件→新建→项目”命令，在弹出的“新建项目”对话框中设置项目名称和存储位置，单击“确定”按钮确定，新建一个项目，如图9-3所示。

图9-3

02 在“项目”面板的空白处双击，打开“导入”对话框，找到素材位置，选择要导入的素材，单击“打开”按钮打开(O)，如图9-4所示，将素材导入“项目”面板，如图9-5所示。

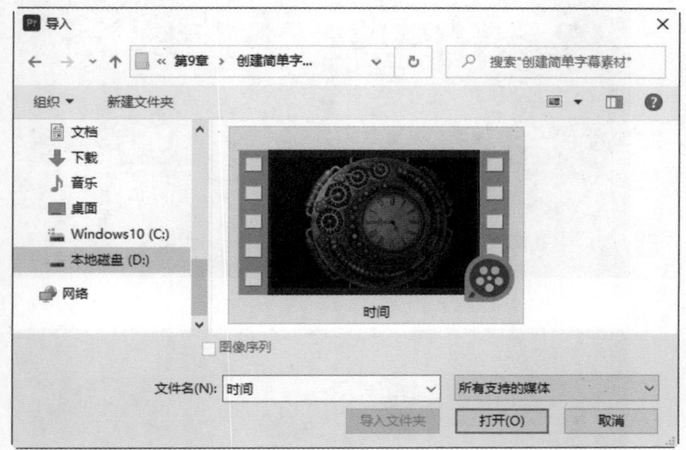

图9-4

图9-5

03 在“项目”面板中选中该素材，将其拖曳至“时间轴”面板中，会自动创建一个以素材名称命名的序列，如图9-6所示。

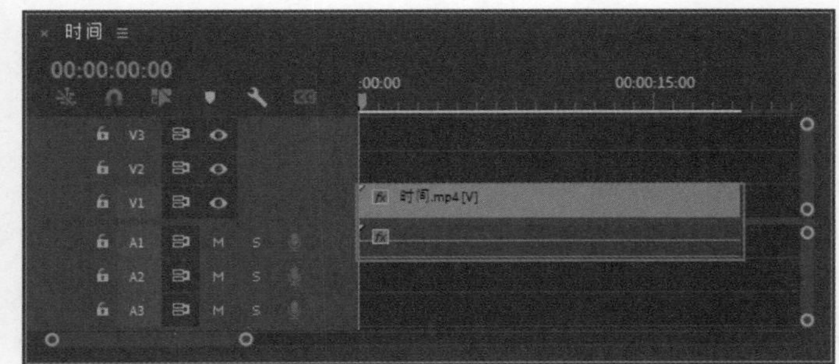

图9-6

04 在“工具”面板中选择“文字工具”T，在“节目”监视器面板的画面中单击，此时会出现一个红色的文本框，如图9-7所示。直接在文本框中输入文字，如图9-8所示。

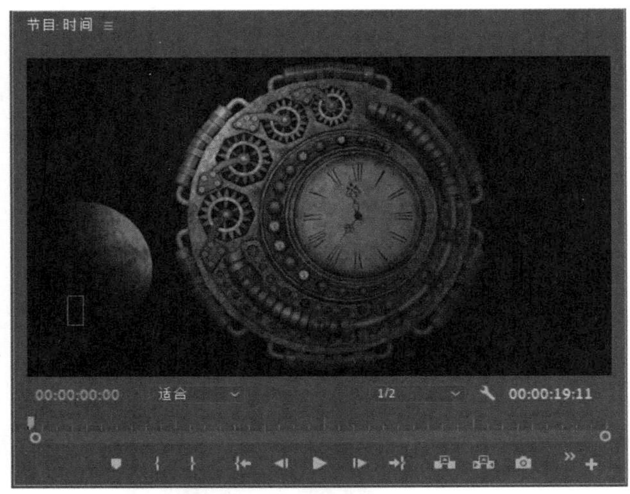

图9-7

图9-8

05 在“工具”面板中选择“选择工具”，此时文本框会变成蓝色，为可调整状态，如图9-9所示。

图9-9

06 打开“效果控件”面板，在“图形”效果区域会显示刚刚创建的文本，如图9-10所示。

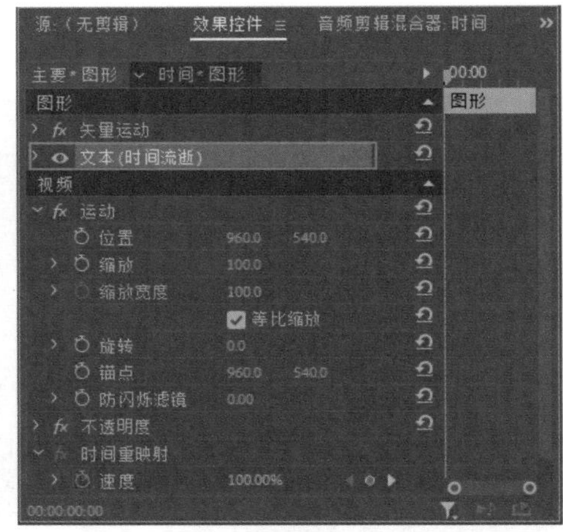

图9-10

07 单击文本前面的展开按钮，将“文本”效果组展开，在“源文本”选项组中设置文字的字体、字型、大小、间距等内容，在“变换”选项组中设置文字在画面中的位置，如图9-11所示。

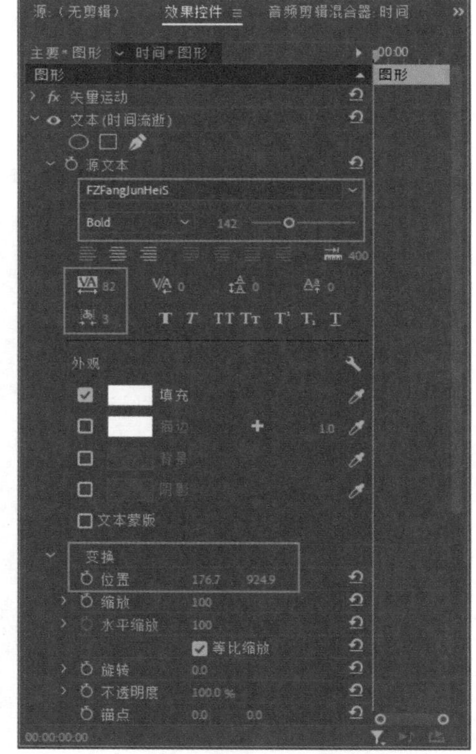

图9-11

08 在调整参数的过程中，可在“节目”监视器面板中实时查看效果变化，设置好的字幕效果如图9-12所示。新创建的字幕素材会被自动放置在“时间轴”面板的V2轨道上，如图9-13所示。

图9-12

图9-13

9.2 用“旧版标题”面板创建字幕和图形

“旧版标题”面板为在Premiere项目中创建用于视频字幕的文字和图形提供了一种简单有效的方法。要显示“旧版标题”面板，首先要启动Premiere，然后创建一个新项目或者打开一个项目。在创建新项目时，一定要根据需要选择字幕绘制区域的大小，使字幕绘制区域与项目的大小相一致。如果字幕尺寸和输出尺寸一致，那么在最终产品中，字幕就会精确地显示在用户希望它们出现的位置。

9.2.1 认识“旧版标题”面板

新建Premiere项目之后，选择“文件→新建→旧版标题”命令，如图9-14所示。在弹出的“新建字幕”对话框中设置好视频参数和名称，单击“确定”按钮，如图9-15所示，即可打开“旧版标题”面板，如图9-16所示。

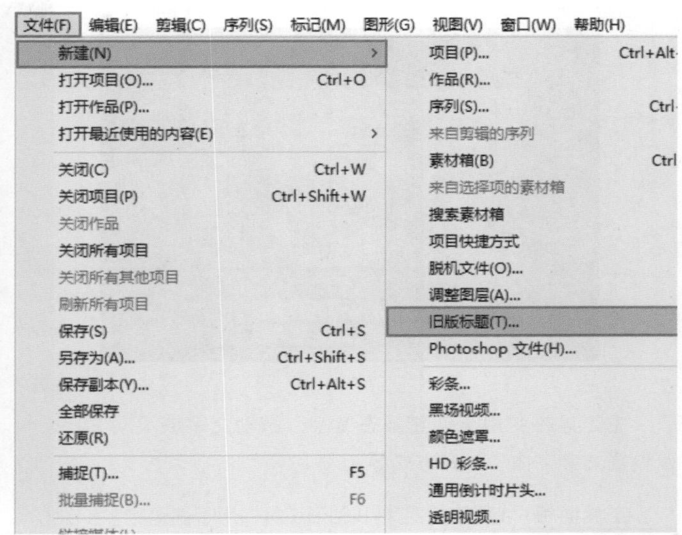

图9-14

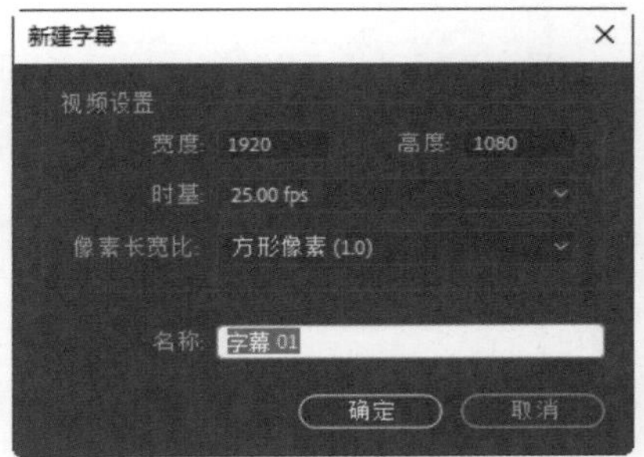

图9-15

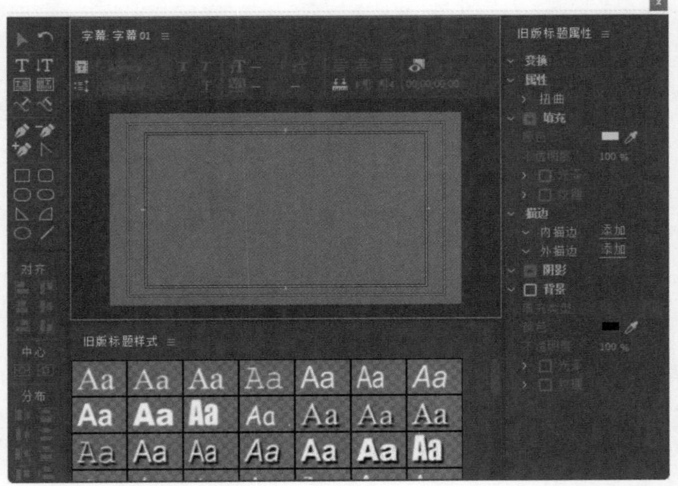

图9-16

旧版标题面板

在Premiere的“旧版标题”面板中可以进行文字与图形的创建和编辑操作，如图9-17所示。

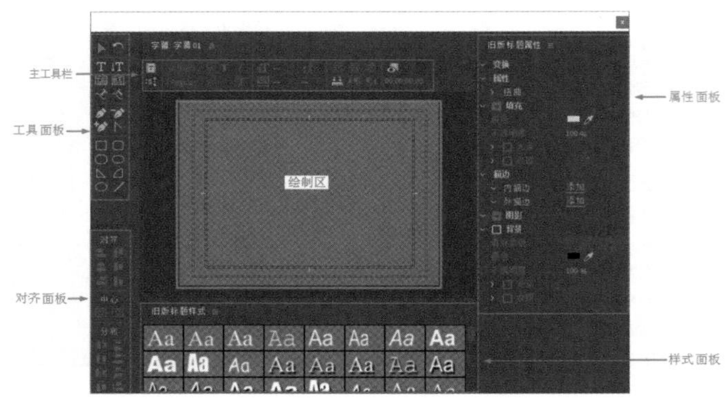

图9-17

主工具栏：用于创建静态文字、游动文字或滚动文字，以及设置文字字体和对齐方式等。

工具面板：包括文字工具和图形工具，用于创建文字和图形。

对齐面板：用于对齐或分布文字或图形。

样式面板：用于对文字和图形应用预设样式。

属性面板：用于编辑文字或图形的详细参数。

绘制区：用于编辑文字内容或创建图形。

工具面板

使用“旧版标题”面板中相应的字幕工具，可以创建横排文字、竖排文字、区域文字、路径文字和图形等，“旧版标题”面板中的“工具”面板如图9-18所示。

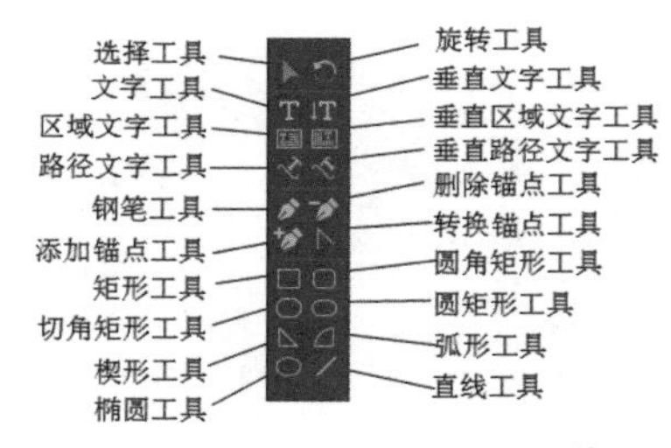

图9-18

选择工具：用于选择文字。

旋转工具：用于旋转文字。

文字工具：沿水平方向创建文字。

垂直文字工具：沿竖直方向创建文字。

区域文字工具：沿水平方向创建换行文字。

垂直区域文字工具：沿竖直方向创建换行文字。

路径文字工具：创建沿横向路径排列的文字。

垂直路径文字工具：创建沿竖直路径排列的文字。

钢笔工具：使用贝塞尔曲线创建曲线形状。

删除锚点工具：从路径上删除锚点。

添加锚点工具：将锚点添加到路径上。

转换锚点工具：将曲线点转换成拐点，或将拐点转换成曲线点。

矩形工具：创建矩形。

切角矩形工具：创建切角矩形。

圆角矩形工具：创建圆角矩形。

圆矩形工具：创建圆矩形。

楔形工具：创建三角形。

弧形工具：创建弧形。

椭圆工具：创建椭圆。

直线工具：创建直线。

主工具栏

使用“旧版标题”面板主工具栏中的工具，可以设置文字的字体、大小、对齐方式、字距等，“旧版标题”面板中的主工具栏如图9-19所示。

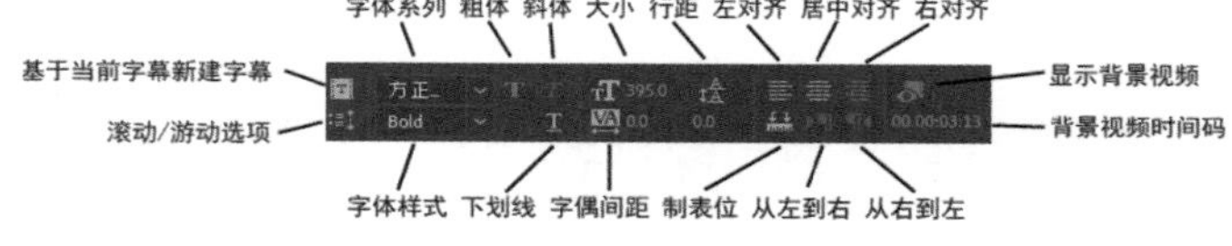

图9-19

对齐面板

使用“旧版标题”面板中的对齐面板，可以在绘制区有多个字幕或图形对象的时候，设置对象的对齐和分布方式，“旧版标题”面板中的“对齐”面板如图9-20所示。

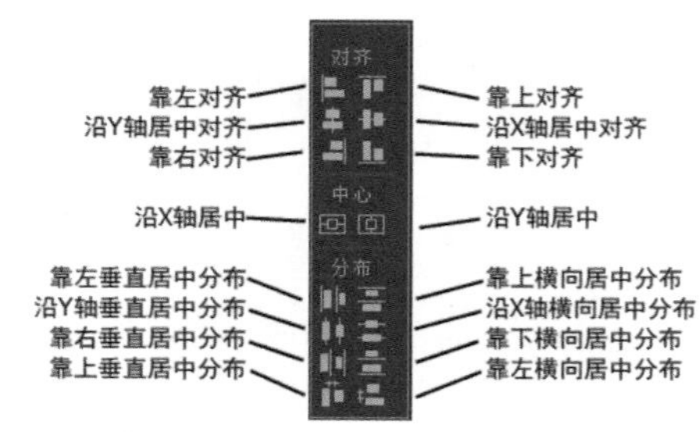

图9-20

样式面板

“旧版标题”面板中的“旧版标题样式”面板为文字和

图形提供保存样式和载入预置样式的功能。因此，不用在每次创建字幕时都选择字体、大小和颜色，只需为文字选择一个样式，就可以立即应用所有的属性。在整个项目中使用一两种样式有助于保持效果的一致性。如果不想自己创建样式，可以使用“旧版标题样式”面板中的预置样式，如图9-21所示。

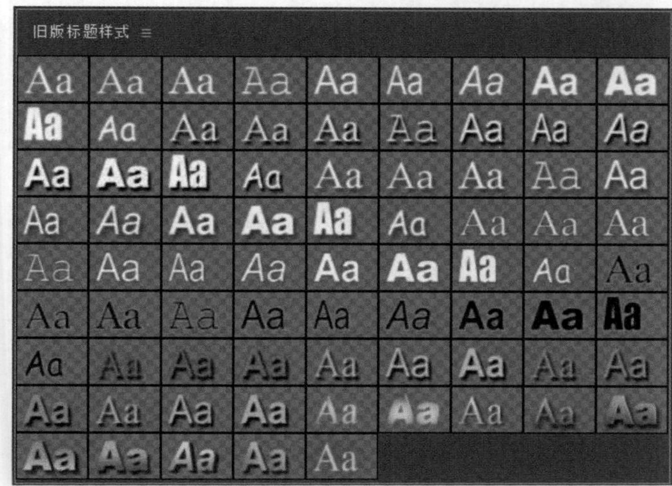

图9-21

单击“旧版标题样式”面板标题旁的☰按钮，在弹出的菜单中可以选择新建样式、应用样式、复制样式、保存样式库和替换样式库等命令，如图9-22所示。

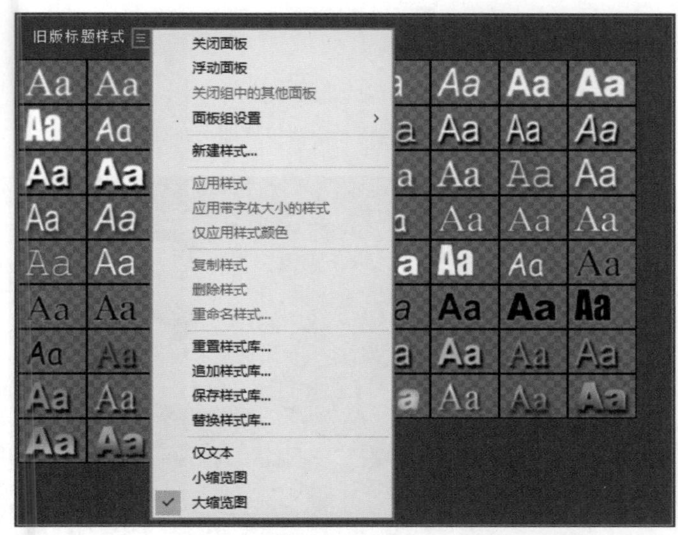

图9-22

9.2.2 用“旧版标题”面板创建字幕

认识“旧版标题”面板和工具之后，选择“文字工具”T，直接在绘制区单击并输入文字，即可创建简单的字幕素材，如图9-23所示。

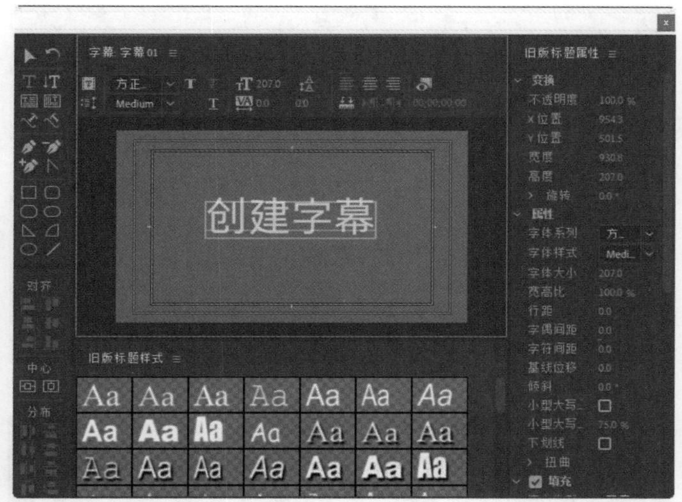

图9-23

创建的字幕会被放置在“项目”面板中，如图9-24所示。如需使用字幕，则需要将其选中，拖曳至“时间轴”面板中，如图9-25所示。

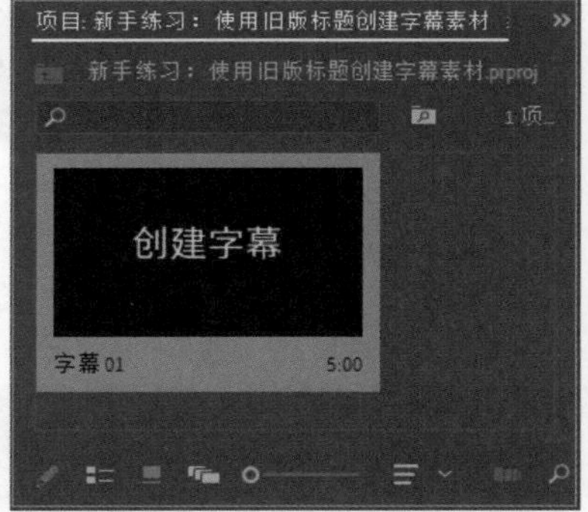

图9-24

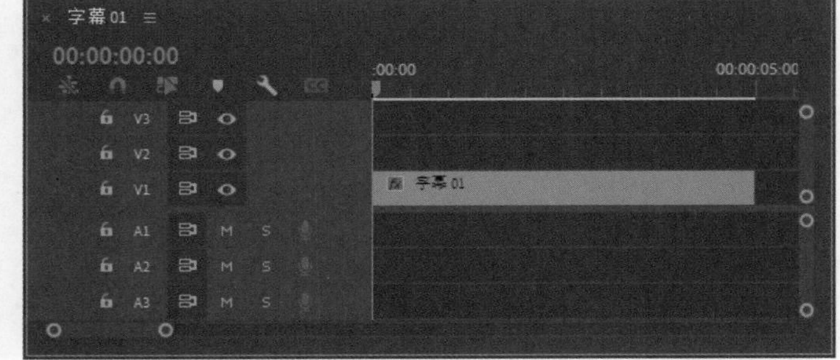

图9-25

用文字工具创建文字

使用Premiere的文字工具，可以在“旧版标题”面板的绘制区的任意位置创建文字。

使用“工具”面板中的“文字工具”T可以创建横排文字，如图9-26所示。使用工具面板中的“垂直文字工具”IT可以创建竖排文字，如图9-27所示。

图9-26

图9-27

技巧与提示

要在“旧版标题”面板上显示背景素材，需要单击主工具栏的“显示背景视频”按钮，开启背景显示，如图9-28所示。

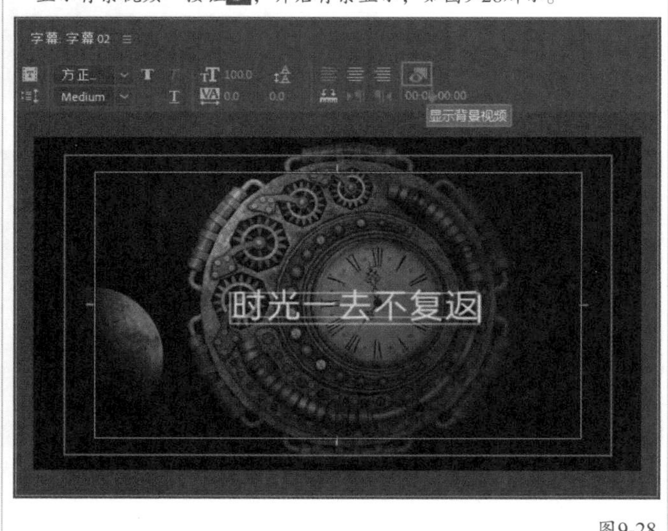

图9-28

使用“工具”面板中的“区域文字工具”可以创建横排区域文字，如图9-29所示。使用工具面板中的“垂直区域文字工具”可以创建竖排区域文字，如图9-30所示。这两种工具可以根据文本框的大小使文字自动换行。

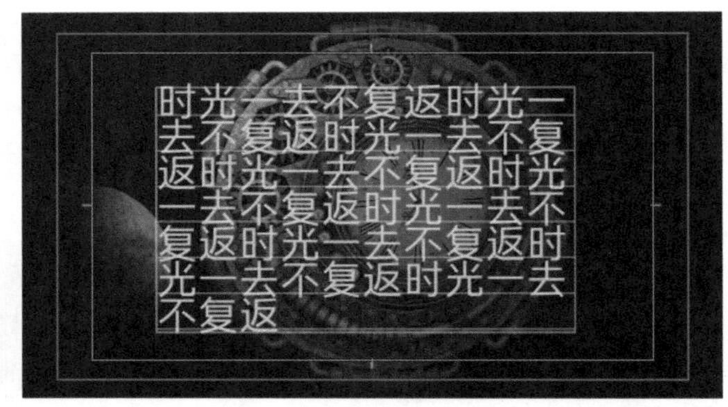

图9-29

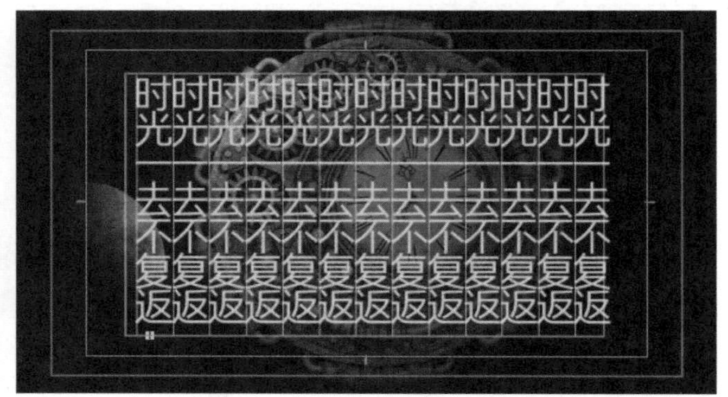
图9-30

用选择工具变换文字

使用“选择工具”可以快速移动文字、调整文字和文本框的大小，还可以旋转文字。

移动文字：在“旧版标题”面板的绘制区中，使用“选择工具”选中文字，将文字拖曳到一个新位置即可，如图9-31所示。

图9-31

调整区域文字的文本框大小：选择“选择工具”▶，将鼠标指针移动到文本框的一个控制点上，鼠标指针会变成↘图标，拖曳可调整文本框的大小，如图9-32所示。

图9-32

调整非区域文字的大小：选择“选择工具”▶，将鼠标指针移动到非区域文字文本框的一个控制点上，当鼠标指针变成↘图标时，拖曳可调整文字的大小，如图9-33所示。

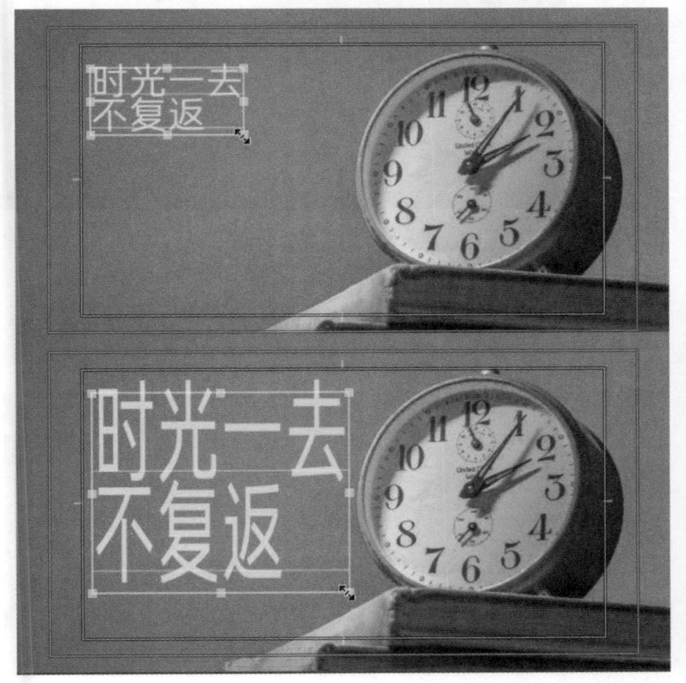

图9-33

旋转文字：选择“选择工具”▶，将鼠标指针移动到区域文字的文本框或非区域文字的文本框的一个控制点外侧附近，当鼠标指针变成↻图标时，单击并拖曳即可旋转文字，如图9-34所示。

图9-34

技巧与提示

要旋转文字，还可以使用“工具”面板中的“旋转工具”↶。选择“旋转工具”↶将鼠标指针移动到文字处，然后按住鼠标左键并沿着希望文字旋转的方向拖曳，即可旋转文字。

新手练习 使用“旧版标题”面板创建字幕

素材位置	素材文件\第 9 章\使用“旧版标题”面板创建字幕
实例位置	实例文件\第 9 章\新手练习：使用“旧版标题”面板创建字幕.prproj
视频名称	使用“旧版标题”面板创建字幕.mp4
技术掌握	使用“旧版标题”面板创建字幕的方法

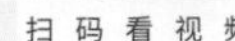

扫码看视频

本例将介绍使用“旧版标题”面板创建字幕的方法，案例效果如图9-35所示。

图9-35

01 选择“文件→新建→项目”命令，在“新建项目”对话框中设置项目的存储位置和文件名，然后单击“确定”按钮，如图9-36所示。

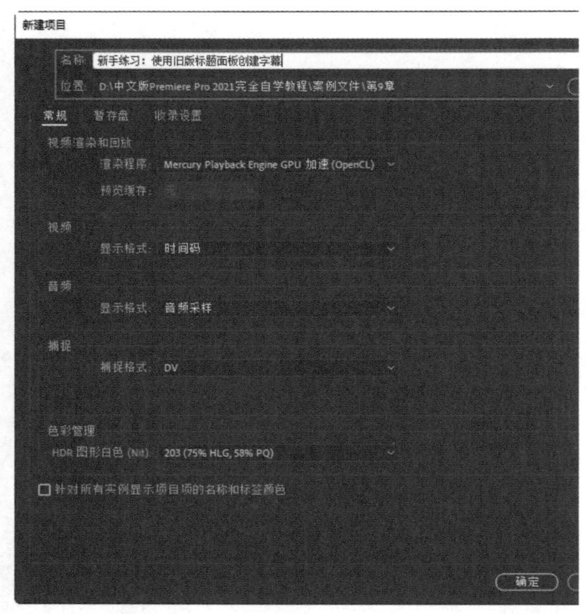

图9-36

02 选择“文件→导入”命令，打开“导入”对话框，选择“绿色背景.jpg”素材，单击“打开”按钮，如图9-37所示，将素材导入“项目”面板中，如图9-38所示。

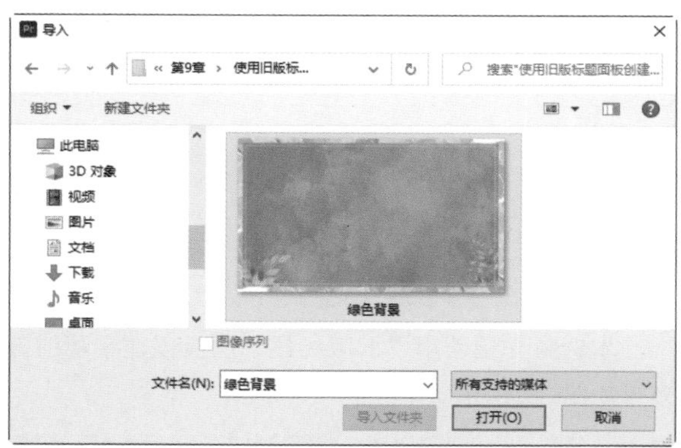

图9-37

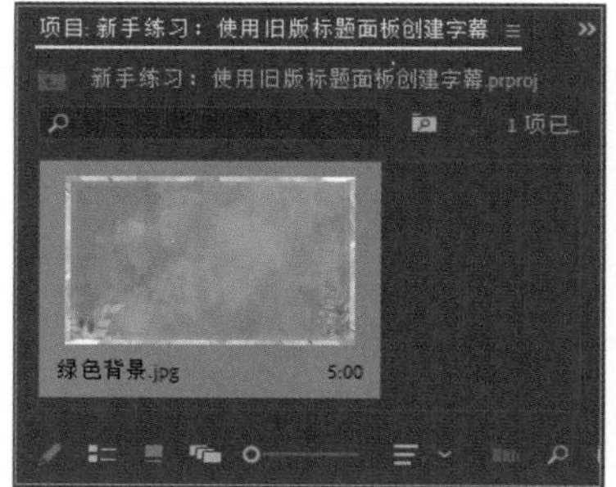

图9-38

03 单击“项目”面板下方的“新建项”按钮，在弹出的菜单中选择“序列”命令，如图9-39所示。

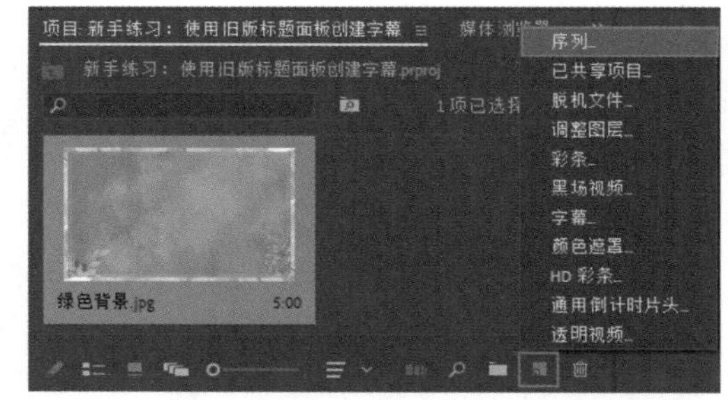

图9-39

04 在打开的“新建序列”对话框中选择“设置”选项卡，将“编辑模式”设为“自定义”，将“帧大小”设为“水平”为1 920，“垂直”为1 080，将“像素长宽比”设为“方形像素（1.0）”，将“场”设为“无场（逐行扫描）”，单击“确定”按钮，新建一个序列，如图9-40所示。

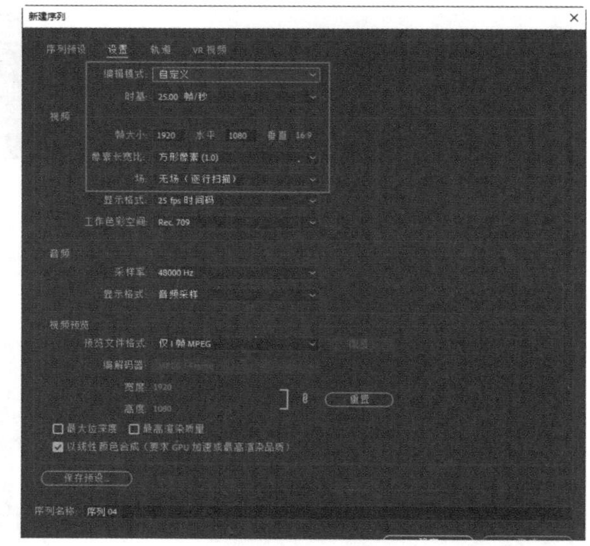

图9-40

05 将“绿色背景.jpg”素材拖曳至“时间轴”面板的“序列01”中，如图9-41所示。“节目”监视器面板效果如图9-42所示。

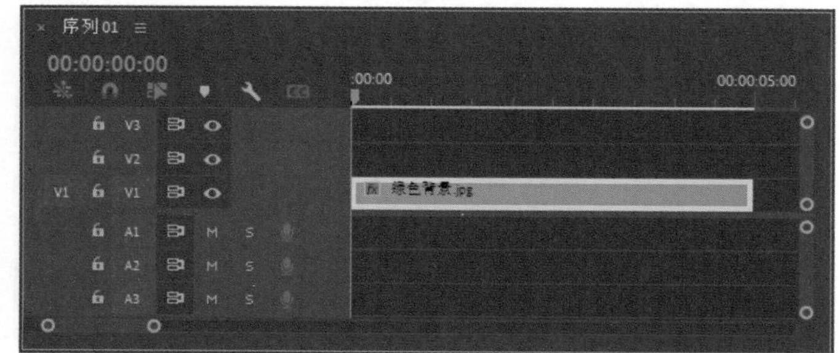

图9-41

图9-42

06 由于图片素材较大，需要缩放至合适尺寸，因此选中“时间轴”面板中的素材，打开“效果控件”面板，取消勾选“等比缩放”复选框，设置“缩放高度”为39，“缩放宽度”为41，如图9-43所示。

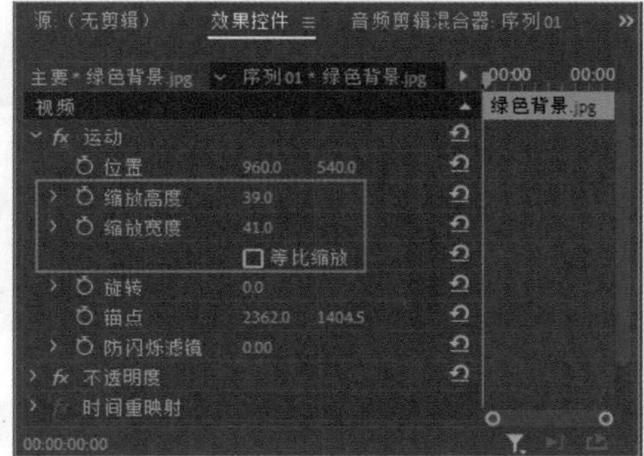

图9-43

07 选择“文件→新建→旧版标题”命令，如图9-44所示。在打开的“新建字幕”对话框中为字幕命名，然后单击“确定”按钮 确定 ，如图9-45所示。

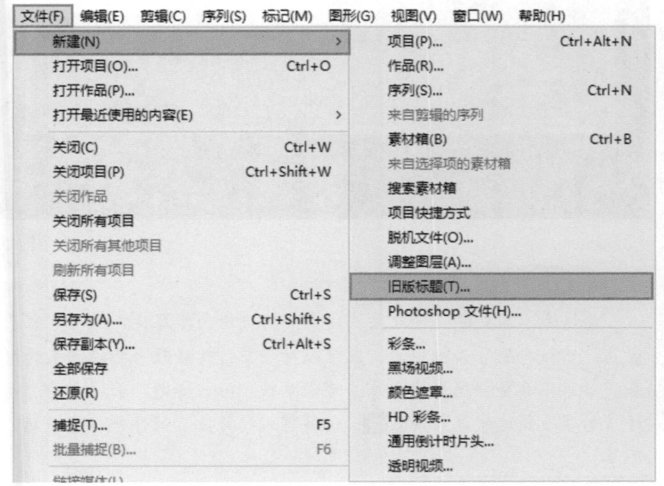

图9-44

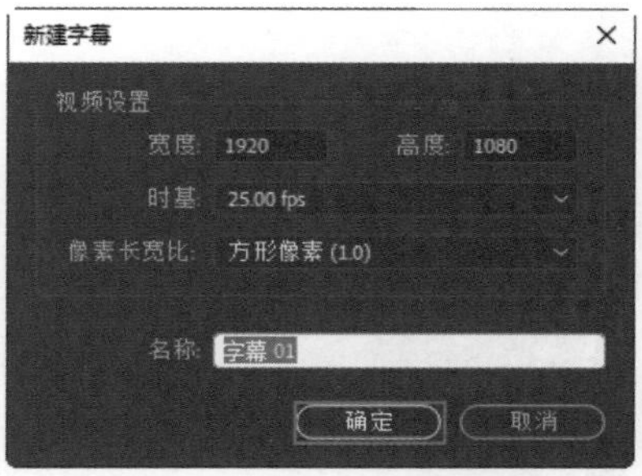

图9-45

08 打开“旧版标题”面板，单击“显示背景视频”按钮，以在“旧版标题”面板的绘制区中显示视频素材。Premiere会将当前时间指示器所在的画面作为背景，如图9-46所示。

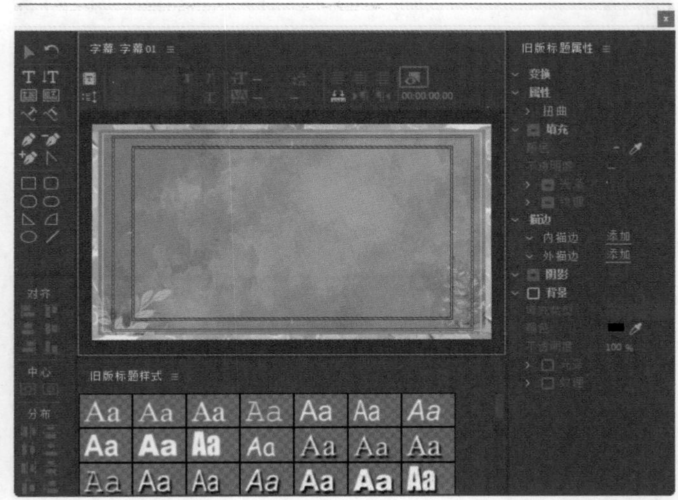

图9-46

09 选择“文字工具”T，将鼠标指针移动到绘制区，单击，然后输入需要的文字，如图9-47所示。此处输入的文字是“青春岁月”，由于没有更改字体，所以会出现方块。

图9-47

10 用“文字工具”T全选文字，在“字体系列”下拉菜单中选择“方正舒体”，设置“大小”为183，“字偶间距”为10，如图9-48所示。

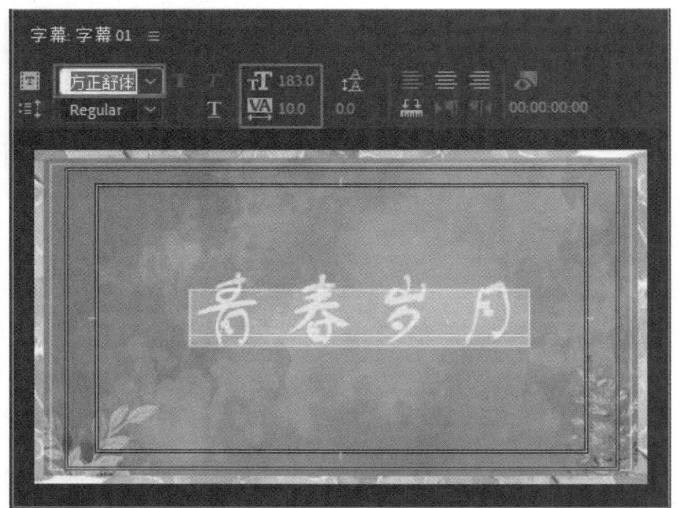

图9-48

11 用“选择工具”选中文字，依次单击“中心”的两个按钮，让字幕居于画面正中央，如图9-49所示。

图9-49

12 选中字幕，勾选“旧版标题属性”面板中的“阴影”选项，在展开的“阴影”选项组中设置“颜色”为黑色，“不透明度”为97%，“角度”为 - 216°，“距离”为13，“大小”为5，“扩展”为19，如图9-50所示。

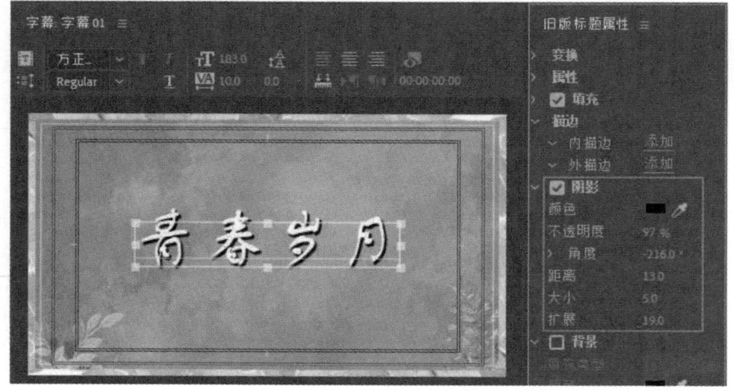

图9-50

13 创建好字幕之后，单击“旧版标题”面板中的“关闭”按钮，创建好的字幕会被自动放置在“项目”面板中，如图9-51所示。

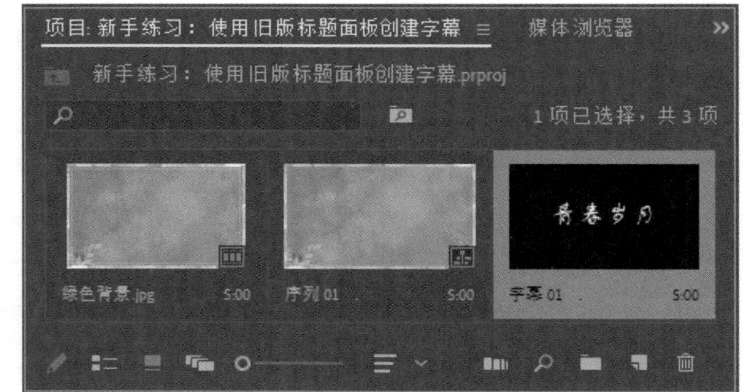

图9-51

14 将字幕素材拖曳至“时间轴”面板的V2轨道中，如图9-52所示。字幕素材在“节目”监视器面板中的显示效果如图9-53所示。

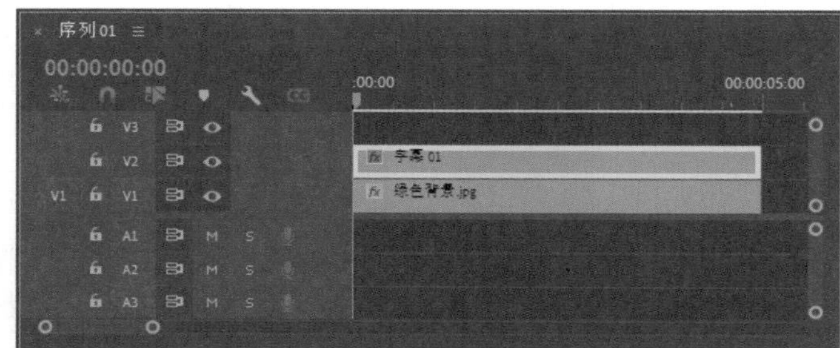

图9-52

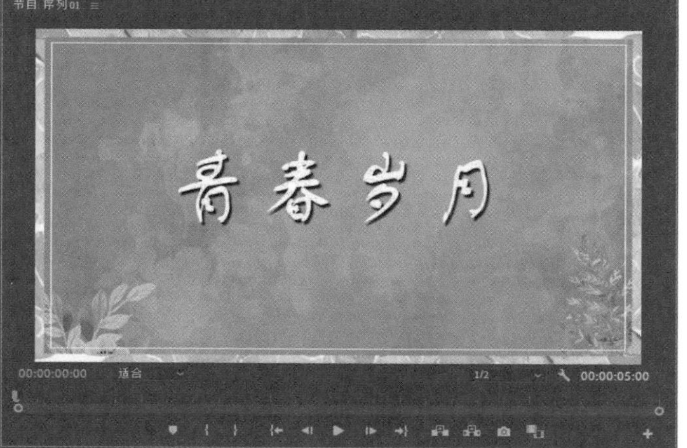

图9-53

技巧与提示

要编辑字幕文件，可双击“项目”面板中的字幕文件，当字幕出现在“旧版标题”面板中时，就可以对字幕进行修改来替换原来的字幕。如果不希望替换当前字幕，可以单击“旧版标题”面板中的“基于当前字幕新建字幕”按钮，这样可以将修改后的字幕保存为新的字幕。

要复制当前字幕，可以单击“旧版标题”面板中的“基于当前字幕新建字幕”按钮，并在“新建字幕”对话框中修改字幕的名称，然后单击“确定”按钮即可。

9.2.3 创建路径文字

使用“路径文字工具”或“垂直路径文字工具”可以在路径上创建水平或竖直方向的路径文字。为了创建路径文字，首先需要创建一条路经，然后就可以沿着路径输入文字。

在“旧版标题”中，选择“工具”面板中的“路径文字工具”。按照使用“钢笔工具”创建路径的方法，使用“路径文字工具”创建一条路径，如图9-54所示。

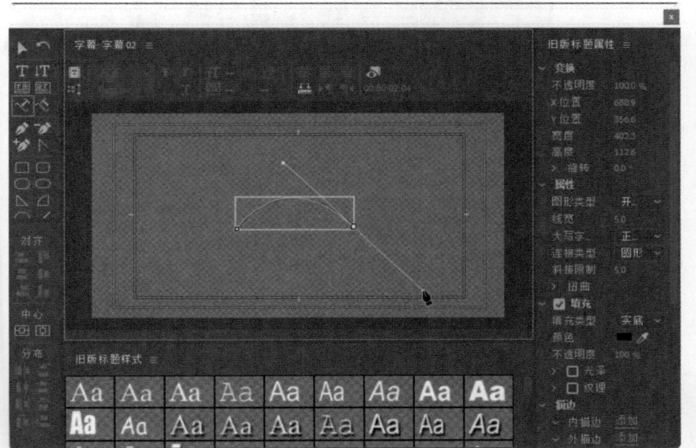

图9-54

创建好路径之后，再次选择“路径文字工具”，然后在路径上单击并输入文字，如图9-55和图9-56所示。

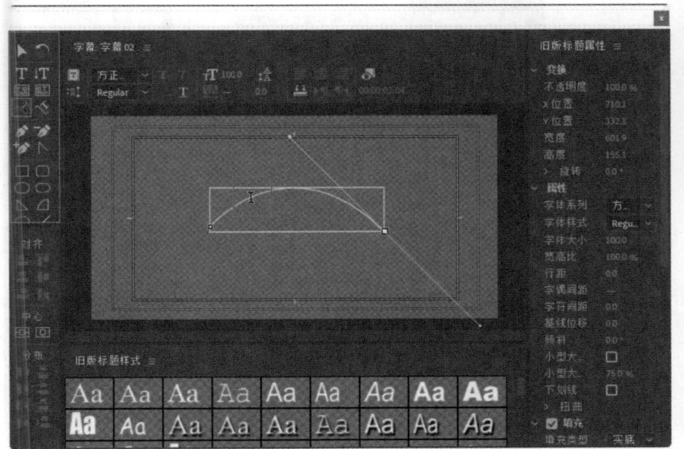

图9-55

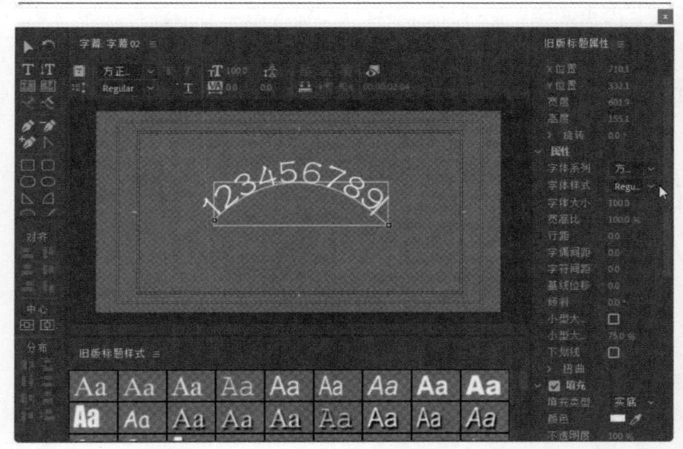

图9-56

9.2.4 创建滚动字幕与游动字幕

用户在创建视频的致谢部分或者长篇幅的文字时，很可能希望文字能够活动起来，可以在屏幕上上下滚动或左右游动。Premiere的旧版标题能够满足这一需求。使用旧版标题可以创建平滑的引人注目的字幕，这些字幕如流水般穿过屏幕。

要创建动态字幕，可以在绘制区先创建好文字，然后选中文字，单击“旧版标题”面板中的“滚动/游动选项”按钮，如图9-57所示。在弹出的“滚动/游动选项”对话框中，可以选择字幕的运动方式，如图9-58所示。

图9-57

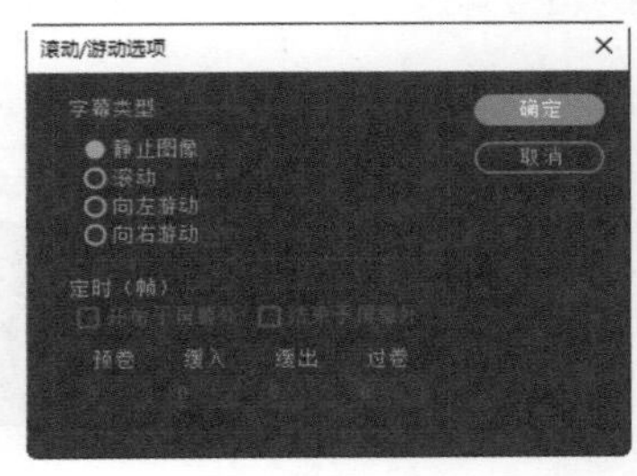

图9-58

静止图像：选择此选项可以创建静态字幕或图形。

滚动：选择此选项可以创建上下滚动的字幕或图形。

向左游动：选择此选项可以创建向左游动的字幕或图形。

向右游动：选择此选项可以创建向右游动的字幕或图形。

开始于屏幕外：勾选此选项可以使滚动或游动效果从屏幕外开始。

结束于屏幕外：勾选此选项可以使滚动或游动效果到屏幕外结束。

预卷：如果希望文字在动作开始之前静止不动，那么在这个输入框中输入静止状态的帧数目。

缓入：如果希望字幕滚动或游动的速度逐渐增大到正常播放速度，那么输入加速过程的帧数目。

缓出：如果希望字幕滚动或游动的速度逐渐变小直到静止不动，那么输入减速过程的帧数目。

过卷：如果希望文字在动作结束之后静止不动，那么在这个输入框中输入静止状态的帧数目。

9.2.5 使用字幕样式

虽然设置文字属性非常简单，但是有时会发现将字体、大小、样式、字距和行距合适地组合在一起非常耗时。在花时间调整好一个文本框里的文字属性后，可能会希望对旧版标题里的其他文字或先前保存过的其他文字应用同样的属性，这时可以使用样式将属性和颜色保存下来。

新建样式

要新建字幕样式，可以按照以下操作步骤进行。

首先使用文字工具输入文字，然后在“旧版标题属性”面板中为文字设置必要的属性。这里以前面创建的文字“青春岁月”为例。选择“旧版标题样式”面板菜单中的“新建样式”命令，在弹出的“新建样式”对话框中为新样式命名，单击“确定”按钮确定，即可保存为新样式，如图9-59所示。在“旧版标题样式”面板中会看到新样式的样本和样式名，如图9-60所示。

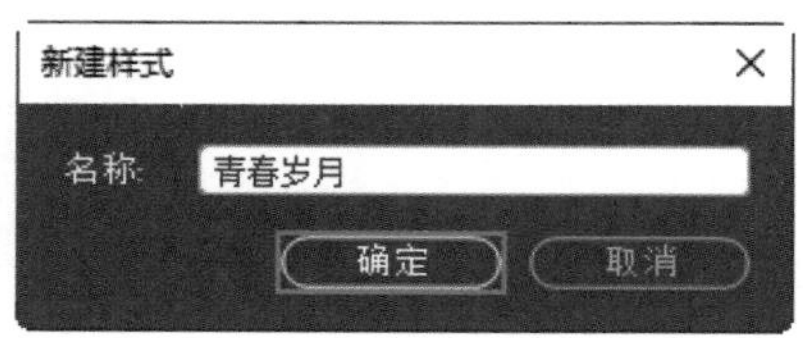

图9-59

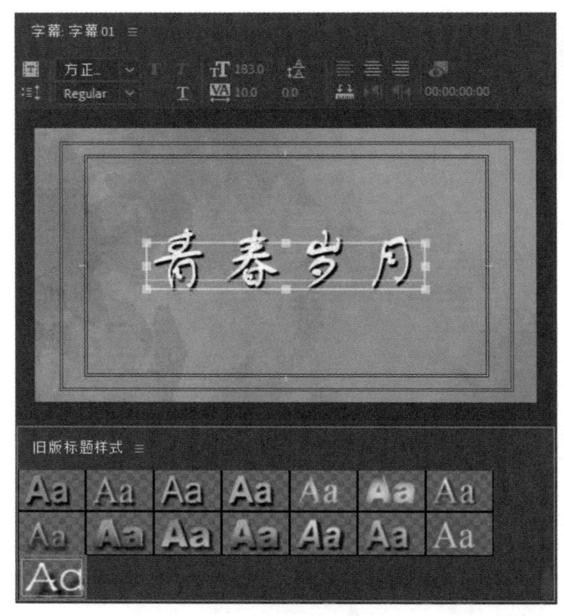

图9-60

保存样式

新建样式后，新样式只保留在当前Premiere项目会话中，如果想再次使用该样式，必须将它保存为一个样式文件，按照下述操作可以保存样式文件。

在“旧版标题样式”面板中选中该样式的缩览图，从“旧版标题样式”面板菜单中选择“保存样式库”命令，如图9-61所示。在弹出的“保存样式库”对话框中为样式输入名称，并指定保存的磁盘路径，单击“保存”按钮保存(S)即可，如图9-62所示。Premiere会使用“.prsl”为扩展名保存样式文件。

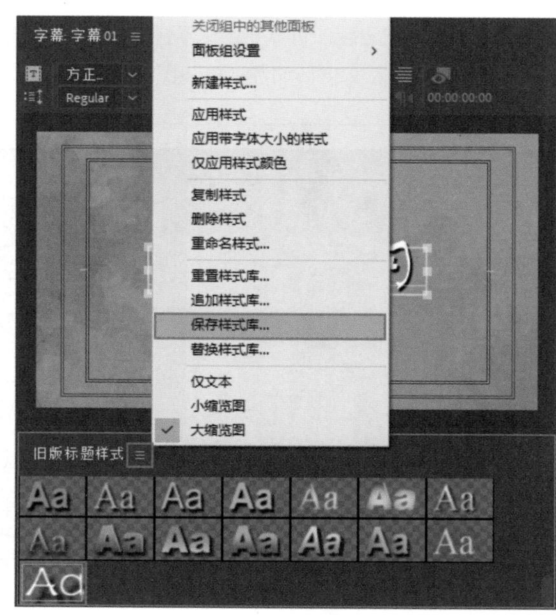

图9-61

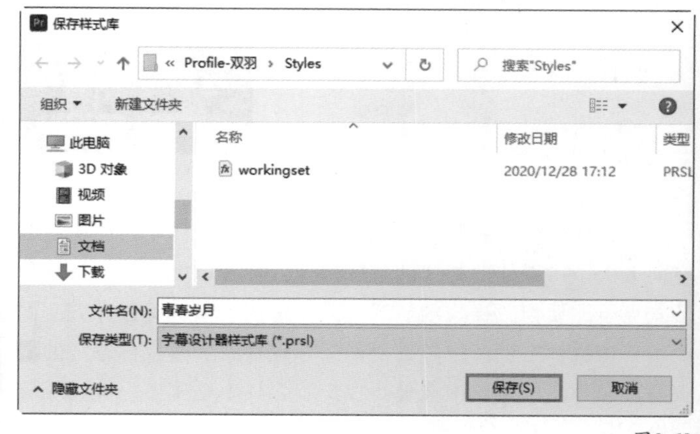

图9-62

技巧与提示

要更改样式名，可以在"旧版标题样式"面板菜单中选择"重命名样式"命令。要创建样式副本，可以选择"复制样式"命令。

载入样式

如果想载入磁盘上的样式以在Premiere的新会话中应用，必须先载入样式库。按照以下操作可以载入磁盘上的样式。

首先，在"旧版标题样式"面板菜单中选择"追加样式库"命令，弹出"打开样式库"对话框。在该对话框中选择需要载入并应用的样式，单击"打开"按钮 打开(O) 即可，如图9-63所示。

图9-63

载入样式后，只需选择文字或对象，然后在"旧版标题样式"面板中单击想要应用的样式缩览图，就可以应用该样式了，如图9-64所示。

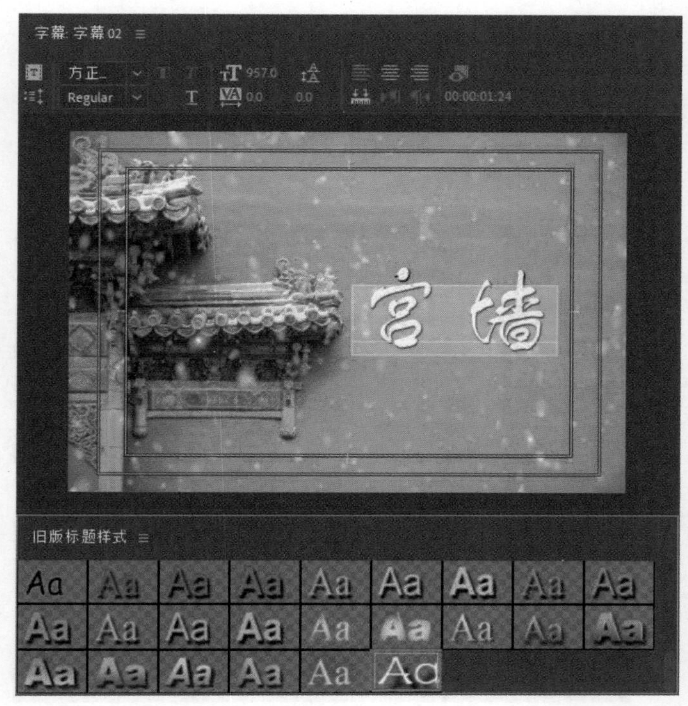

图9-64

管理样式

用户可以复制和重命名样式，可以删除现存的以后不再使用的样式，还可以修改样式样本在"旧版标题样式"面板中的显示形式。复制、重命名、删除样式和修改样式样本的显示形式的操作方法如下。

复制样式：选中一个样式，单击鼠标右键，或单击"旧版标题样式"面板标题旁的按钮，在弹出的菜单中选择"复制样式"命令，如图9-65所示。

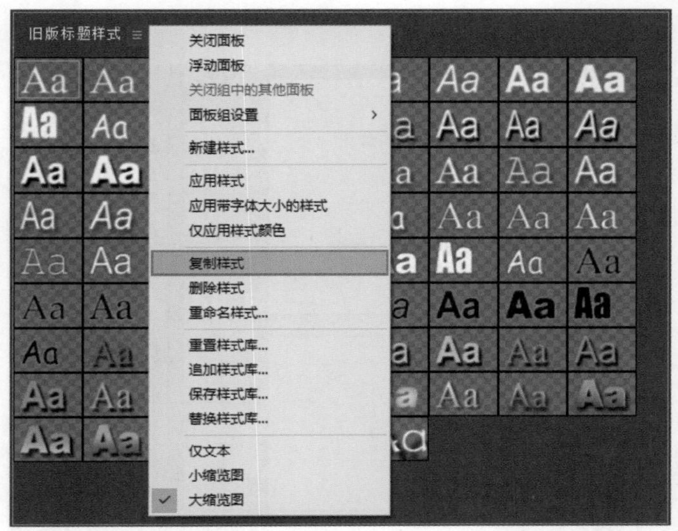

图9-65

重命名样式：选中一个样式，单击鼠标右键，或单击“旧版标题样式”面板标题旁的按钮，在弹出的菜单中选择“重命名样式”命令，如图9-66所示。在出现的“重命名样式”对话框中输入新的样式名，然后单击“确定”按钮即可，如图9-67所示。

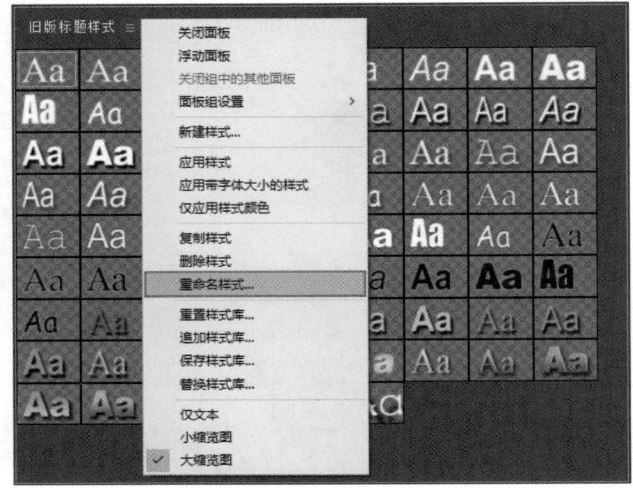

图9-66

图9-67

删除样式：选中一个样式，单击鼠标右键，或单击“旧版标题样式”面板标题旁的按钮，在弹出的菜单中选择“删除样式”命令，如图9-68所示。在出现的“Adobe旧版标题设计器”对话框中单击“确定”按钮，即可删除选中的样式，如图9-69所示。

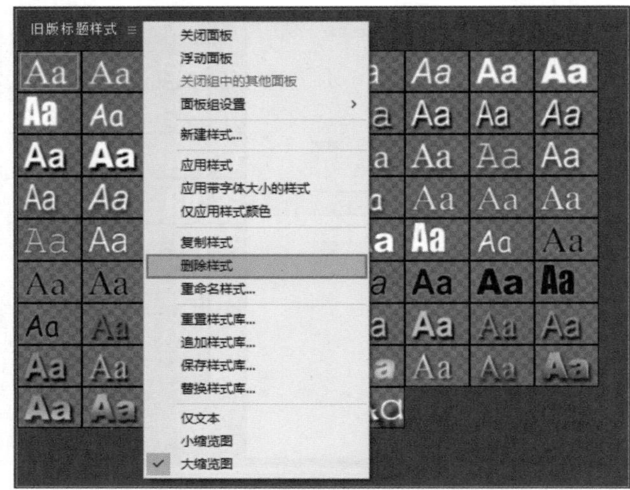

图9-68

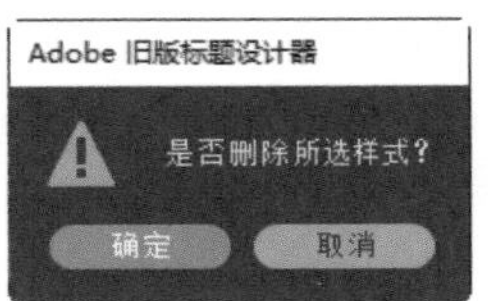

图9-69

修改样式样本的显示形式：如果觉得样式样本占用的屏幕空间太大，可以修改样式的显示形式，使其以文字或小图标的形式显示。要修改样式的显示形式，需在“旧版标题样式”面板中单击鼠标右键，或单击“旧版标题样式”面板标题旁的按钮，在弹出的菜单中选择“仅文本”“小缩览图”“大缩览图”命令，如图9-70所示。

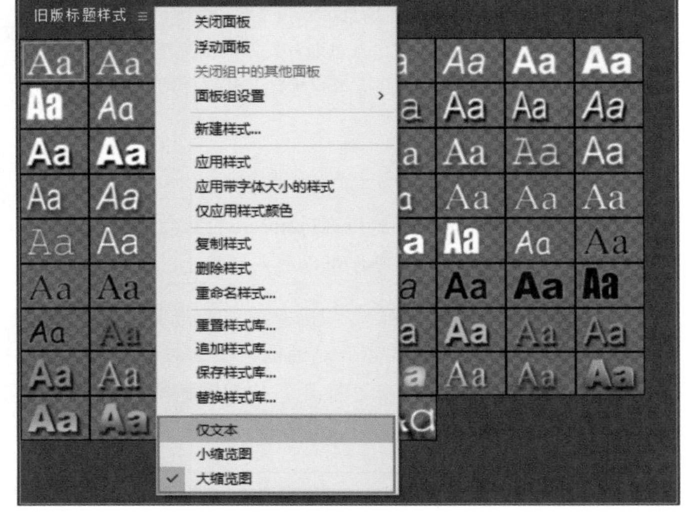

图9-70

9.2.6 用“旧版标题”面板创建图形

Premiere的绘图工具可以用于创建简单的对象和形状，如线、正方形、椭圆形、矩形和多边形等。在“工具”面板上可以找到这些基本绘图工具，它们是“矩形工具”、“圆角矩形工具”、“切角矩形工具”、“圆矩形工具”、“楔形工具”、“弧形工具”、“椭圆工具”和“直线工具”。

绘制基本图形的操作非常简单，用户可以按照以下步骤创建矩形、圆角矩形、椭圆形或直线。

以“圆角矩形工具”为例，在“工具”面板中选择“圆角矩形工具”，将鼠标指针移动到绘制区中，在屏幕上拖曳来创建形状，如图9-71所示。

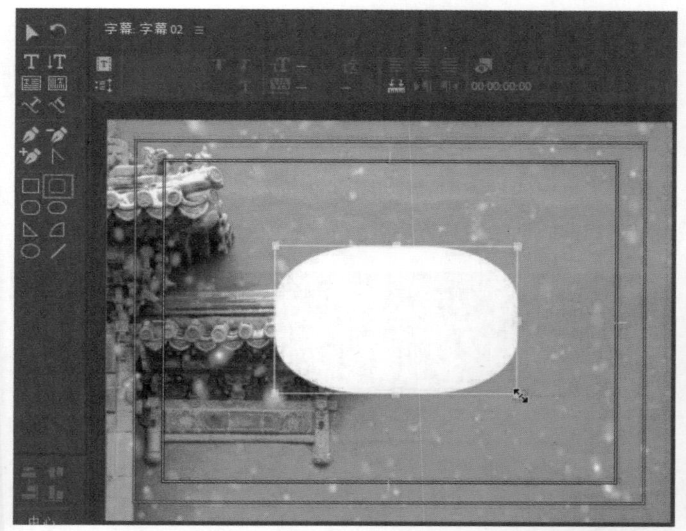

图9-71

要想创建正方形、圆角正方形或圆形，可以在拖曳的同时按住Shift键。按住Alt键可以按从中心向外的方式创建图形。要想创建一条倾斜度为45度的斜线，可以选择“直线工具”，在拖曳的同时按住Shift键。

要想将一个形状变成另一种形状，首先需选择上一步绘制的形状，然后展开“旧版标题属性”面板“属性”选项组中的“图形类型”下拉列表，并从中选择一个选项，如图9-72所示。

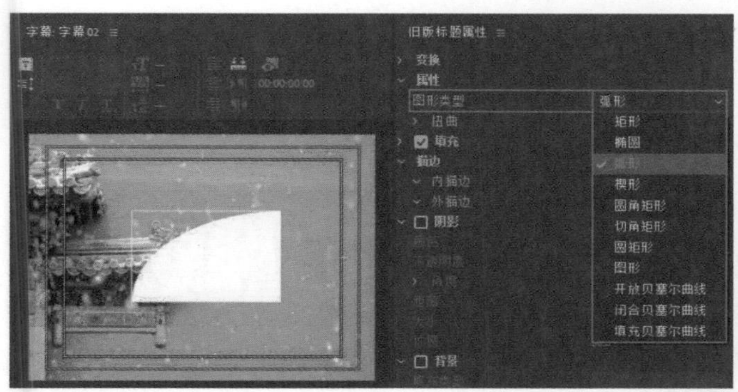

图9-72

9.2.7 用“钢笔工具”绘制图形

Premiere提供了一个“钢笔工具”，该工具是一种绘制曲线的工具。使用该工具可以创建带有任意弧度和拐角的任意形状，这些任意多边形通过锚点、直线和曲线创建而成。

使用“选择工具”可以移动锚点，使用“添加锚点工具”或“删除锚点工具”可以添加或删除锚点，从而对这些贝塞尔曲线多边形进行编辑。另外，使用“转换锚点工具”可以使多边形的尖角变成圆角，圆角变成尖角。

绘制直线

在“工具”面板中选择“钢笔工具”，可以通过建立锚点绘制直线段。在绘制直线段时，如果创建了多余的锚点，可以用“删除锚点工具”将其删除。

在“工具”面板中选择“钢笔工具”，然后将鼠标指针移动到工作区，单击即可建立一个锚点，如图9-73所示。

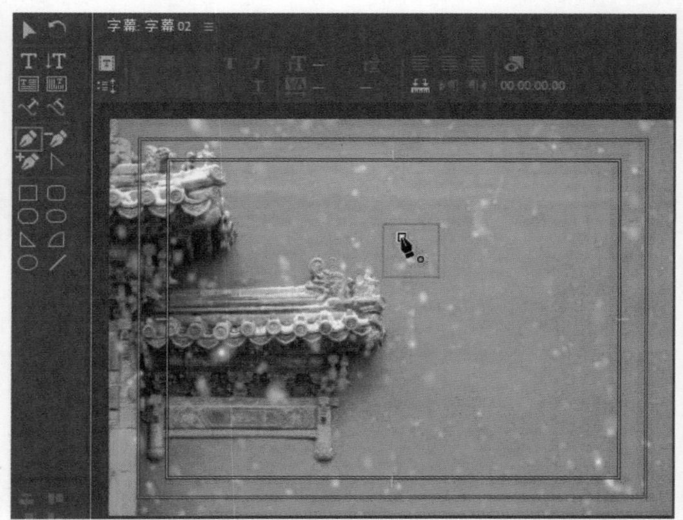

图9-73

在绘制区移动鼠标指针并单击，即可创建连接两个锚点的直线，若将鼠标指针放在起始锚点上并单击，可闭合图形，如图9-74所示。

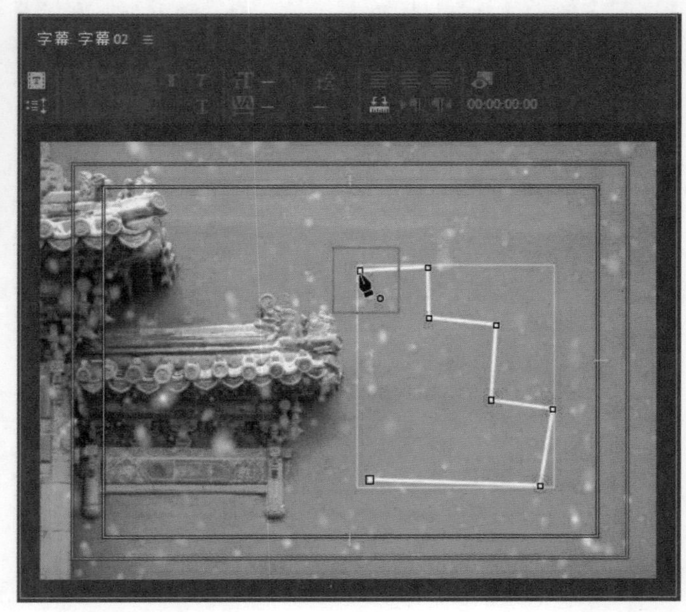

图9-74

技巧与提示

在使用“钢笔工具”绘制直线时按住Shift键，可以绘制出水平或竖直的直线段。

将尖角转换成圆角

在“工具”面板中选择“转换锚点工具”，可以通过在锚点上拖曳，将尖角转换成圆角，如图9-75和图9-76所示。

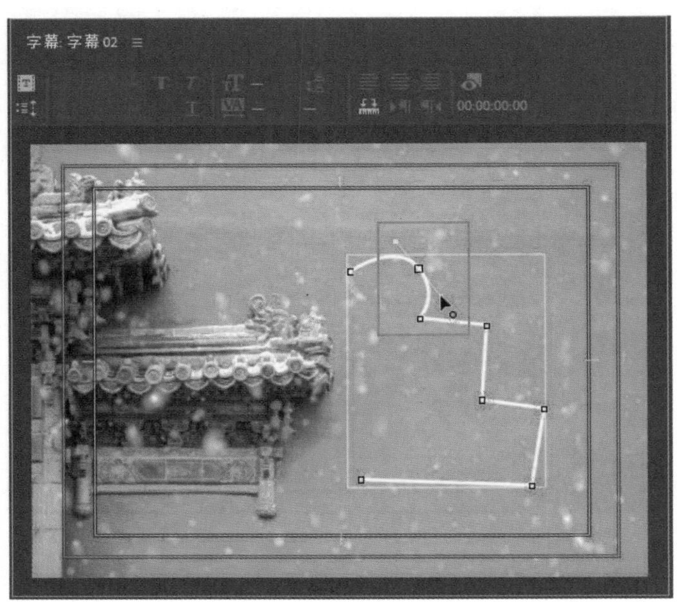

图9-75

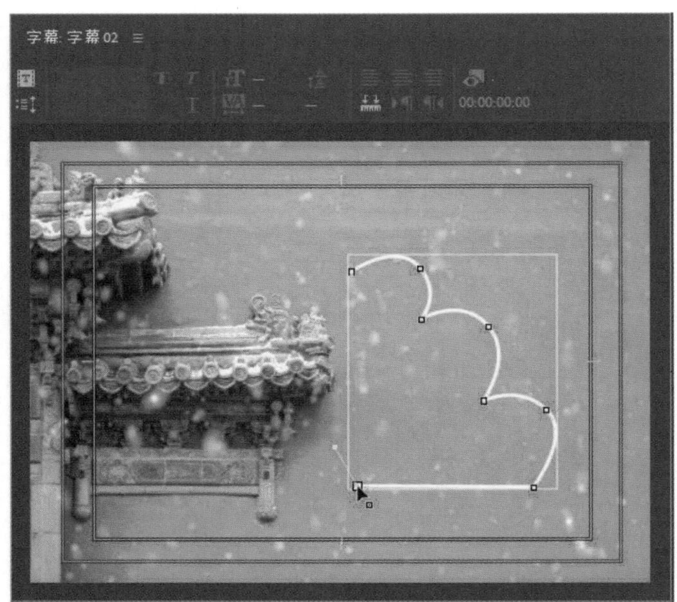

图9-76

绘制曲线

在“工具”面板中选择“钢笔工具”，将鼠标指针移动到绘制区，单击建立一个锚点，不要释放鼠标左键，向正下方拖曳一定的距离，然后释放鼠标左键，此时出现在锚点上下两边的线称为方向线，如图9-77所示。方向线的角度和方向决定着将要创建的曲线的角度和方向。

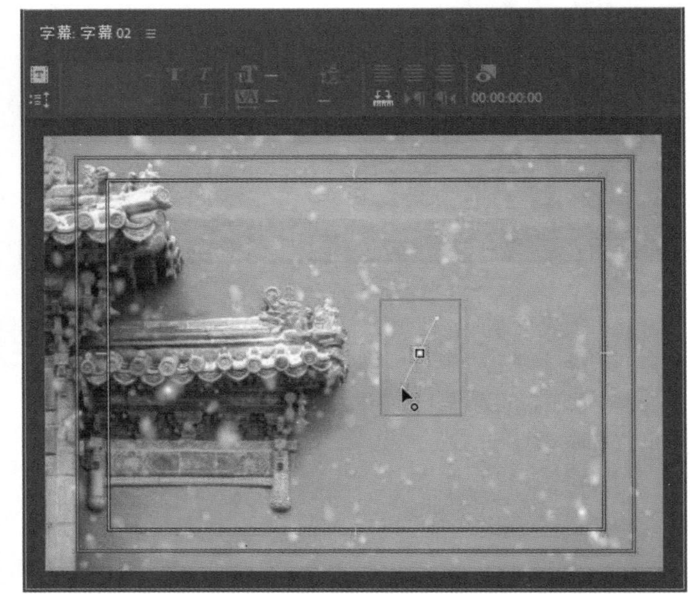

图9-77

将鼠标指针移到第2个锚点的位置，向下方拖曳。注意在向下拖曳的过程中会出现一条新的方向线。释放鼠标左键，就创建了一条曲线，如图9-78所示。

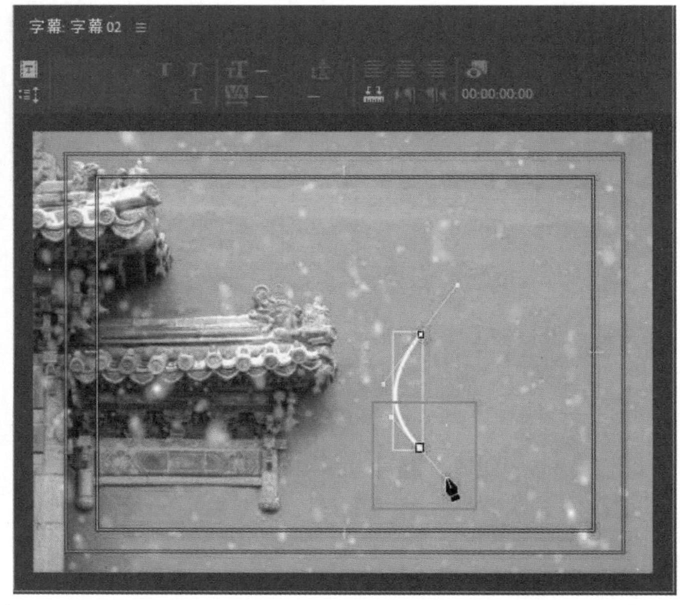

图9-78

用相同的方法继续绘制曲线，最后在起始锚点位置拖曳，即可闭合图形，如图9-79所示。

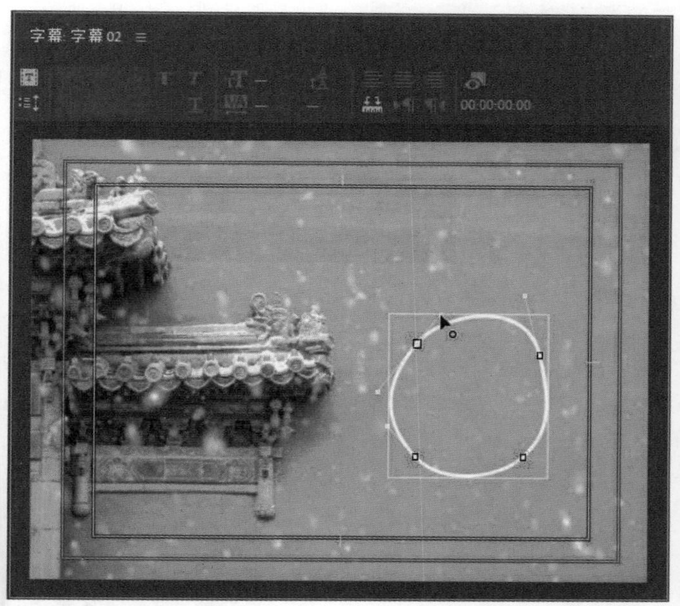

图9-79

创建相连的直线和曲线

用“钢笔工具”创建一条曲线，然后将鼠标指针移动到第2个锚点上方，按住Alt键，当鼠标指针变为图标时，单击这个锚点创建一个拐点，如图9-80所示。

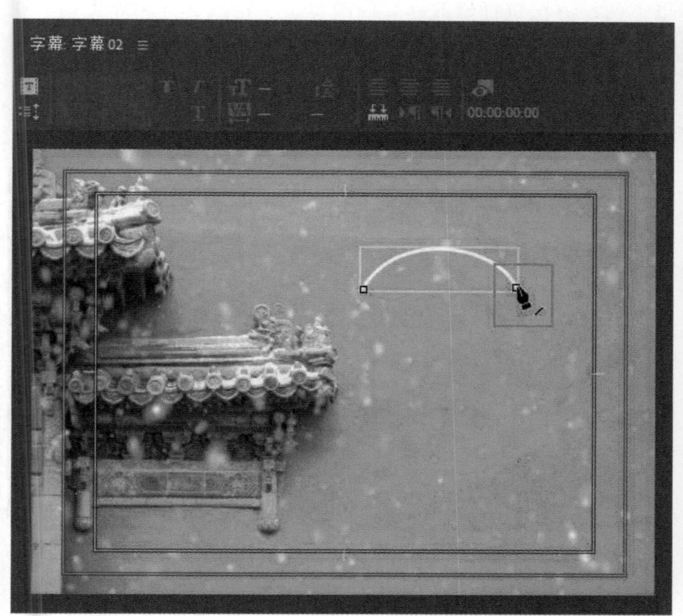

图9-80

将该锚点转换成拐点后，曲线的形状可能会有所改变。移动拐点上方的方向线来调整曲线，之后将鼠标指针向下移动一定的距离，然后单击即可创建直线段，如图9-81所示。

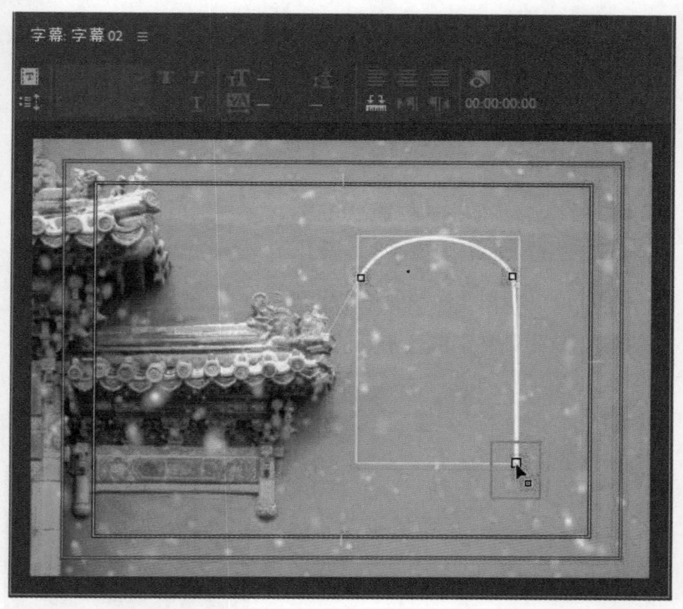

图9-81

用相同的方法继续绘制曲线和创建拐点，最后在起始锚点位置单击，即可闭合图形，如图9-82所示。如果创建的图形不理想，可以拖曳方向线进行调整。

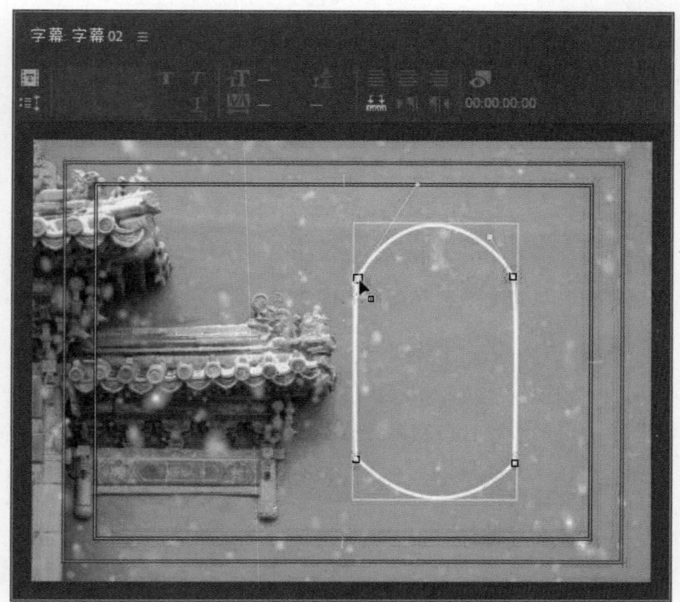

图9-82

9.3 使用“旧版标题属性”面板

Premiere的“旧版标题属性”面板提供了创建明了生动的文字所需要的各种功能，不仅可以修改字幕的大小、字体和色彩，还可以创建阴影和浮雕效果。

9.3.1 变换对象

要变换文字或图形的位置、角度、文本框大小和不透明度等参数，可以使用“旧版标题属性”面板中的“变换”选项组来完成。

用户可以使用位于“旧版标题属性”面板“变换”选项组中的各类参数对文字或图形进行移动、调整大小及旋转操作，如图9-83所示。在进行这些操作之前，必须先选择“文字工具”T或“选择工具”▶，在文字上单击将其选中，然后通过下述方法来变换文字。

图9-83

修改文字的不透明度：在“不透明度”参数值上左右拖曳，即可进行修改，该值大于0%且小于100%时，文本框中的内容会呈现半透明状态。

移动文字：在“X位置”和“Y位置”参数值上左右拖曳，即可移动文字，要以10为增量来移动文字，需在拖曳“X位置”和“Y位置”参数值的同时按住Shift键。

调整文字的大小：在“宽度”和“高度”参数值上左右拖曳，即可调整文字的大小，在拖曳的同时按住Shift键，将以10为增量来修改“宽度”和“高度”的值。

旋转文字：在“旋转”值上左右拖曳，即可旋转文字，向左拖曳“旋转”值，会沿逆时针方向旋转文字，向右拖曳“旋转”值，会沿顺时针方向旋转文字。

9.3.2 设置对象属性

在第一次使用文字工具输入文字时，Premiere会将放在屏幕上的文字设置成默认的字体和大小。可以通过修改文字的属性参数来修改文字的字体、字号、宽高比、字间距等。

设置文字的字体和大小

想要设置文字的字体和字号，可以在输入文字之前设置，也可以在输入文字之后再修改。

要在输入文字前修改字体和字号，需先选择“文字工具”T，在绘制区想要文字出现的位置单击，然后设置主工具栏的“字体系列”“字体样式”“大小”参数，如图9-84所示，或者在“旧版标题属性”面板中的“属性”选项组中设置文字的“字体系列”“字体样式”“字体大小”，如图9-85所示。这样输入的文字就会按照所设置的字体和大小呈现。

图9-84

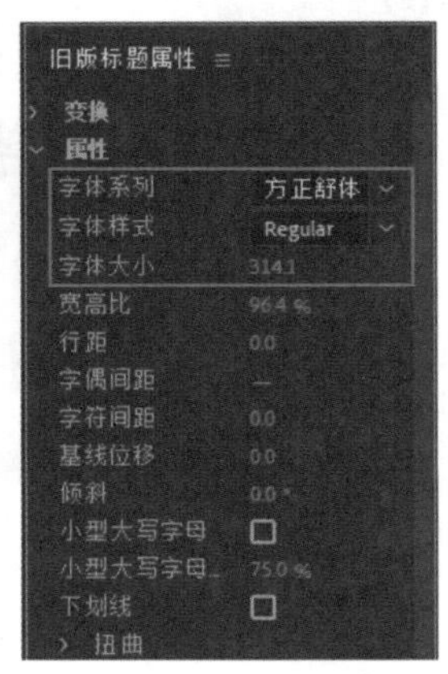

图9-85

若要在输入文字之后再对文字的字体、字号等进行修改，则需要用“文字工具”T或“选择工具”▶选中文本，然后通过以上两种方法进行修改。要修改单个字符或部分相连文字的属性，可以选择“文字工具”T，在需要选择的首个字符前单击并向右拖曳，选中指定的部分文字，然后再进行属性修改，如图9-86所示。

图9-86

设置文字间距

通常，字体的默认行距（行之间的间隔）和字距（两个字符间的间隔）保证了文字在屏幕上的可读性。但是，如果使用了大字体，那么行间距和字距可能会看起来不太协调。如果发生这种情况，可以使用Premiere的修改文字的行距和间距属性。

用“文字工具”T或“选择工具”▶选中文本，然后通过修改主工具栏的“行距”“字偶间距”参数，调整文字的字间距和行间距，如图9-87所示。

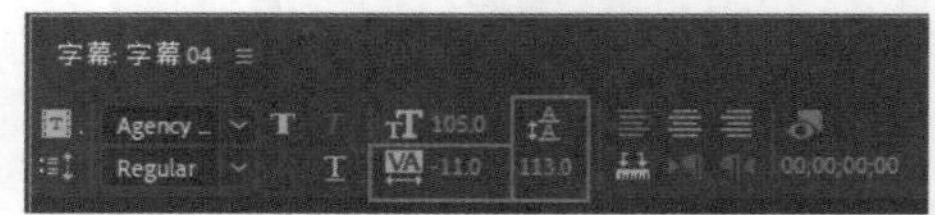

图9-87

也可以在“旧版标题属性”面板中的“属性”选项组中设置文字的“行距”“字偶间距”“字符间距”参数，如图9-88所示。

图9-88

调整文字行间距和字间距前后的效果对比如图9-89和图9-90所示。

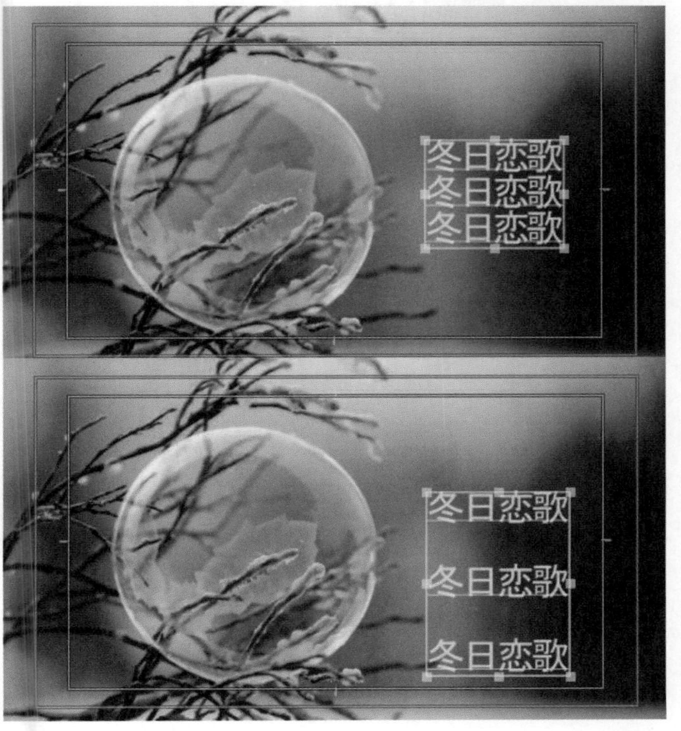

图9-89

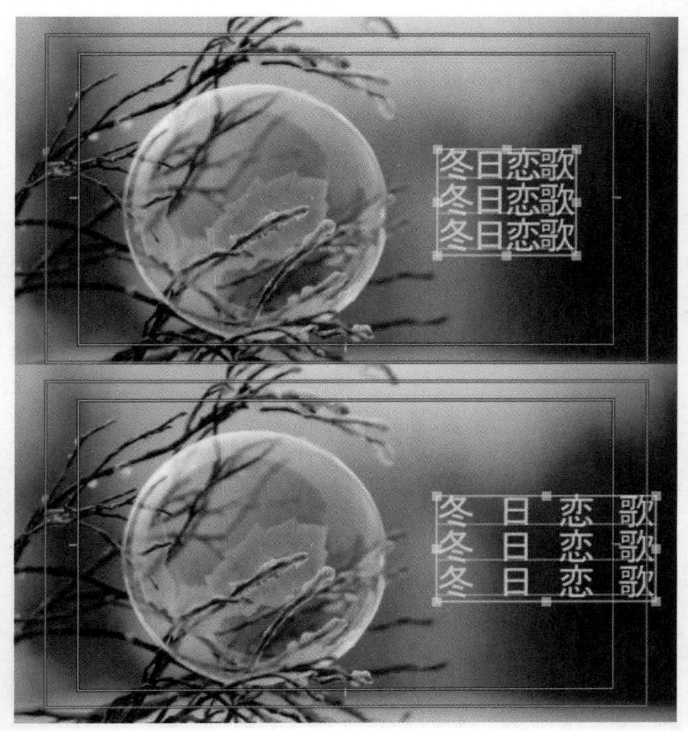

图9-90

设置文字基线

使用“基线位移”属性可以上下移动选中的字母、文字或句子的基线，制作特殊文字样式。增大基线位移值会使文字上移，减小基线位移值会使文字下移。

在绘制区创建文字，选择其中的部分文字，在“属性”选项组中的“基线位移”值上按住鼠标左键并左右拖曳，即可调整所选文字相对于基线的位置，如图9-91所示。

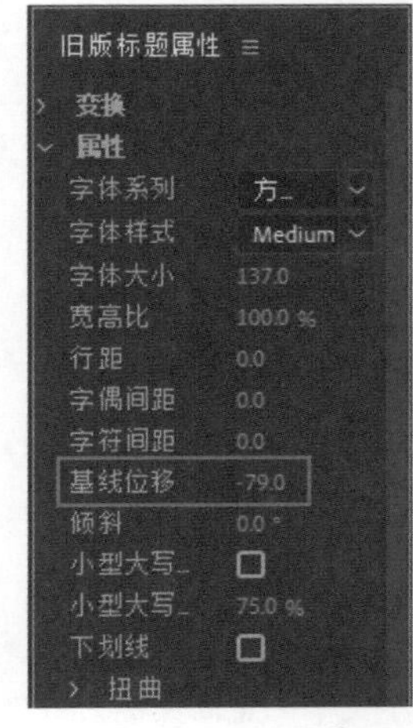

图9-91

调整“基线位移”前后的效果对比如图9-92所示。

图9-92

设置其他文字属性

其他一些文字属性可用来修改文字的外观，它们是宽高比、倾斜、小型大写字母、扭曲等属性，如图9-93所示。

旧版标题属性 ≡

> 变换

∨ 属性

字体系列	方正方...
字体样式	Medium
字体大小	137.0
宽高比	100.0 %
行距	0.0
字偶间距	0.0
字符间距	0.0
基线位移	-79.0
倾斜	0.0 °
小型大写字母	☐
小型大写字母大小	75.0 %
下划线	☐
∨ 扭曲	
X	0.0 %
Y	0.0 %

图9-93

选中文字，在“宽高比”值上向左或向右拖曳来增大或减小文字的宽高比例，效果对比如图9-94所示。

选中文字，在“倾斜”值上向右拖曳，可以使文字向右倾斜，在“倾斜”值上向左拖曳，可以使文字向左倾斜，效果对比如图9-95所示。

图9-94

图9-95

如果希望为文字添加下划线并将文字转换成小型大写字母，可以在“属性”选项组中勾选“下划线”“小型大写字母”复选框，并调整“小型大写字母大小”的数值，效果对比如图9-96所示。

图9-96

要扭曲文字，在“扭曲”选项组的“X”和“Y”值上拖曳即可，效果对比如图9-97所示。

图9-97

9.3.3 添加填充效果

为文字选择的色彩会给视频项目的基调和整体效果增色。使用Premiere的填充功能，可以填充颜色、渐变、斜面、光泽和纹理，还可以添加透明效果，使其可以透过文字和图形显示背景视频画面。

想要为文字填充颜色，首先需创建文字并将其选中，然后在“旧版标题属性”面板的“填充”选项组中进行填充设置，如图9-98所示。

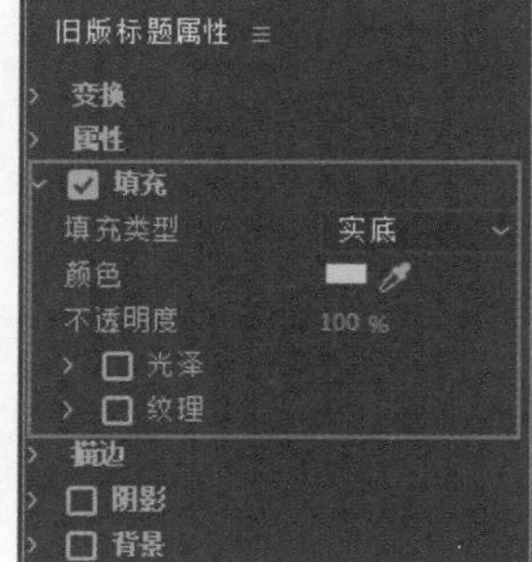

图9-98

在“填充”选项组的“填充类型”中，包含7种填充效果，如图9-99所示。

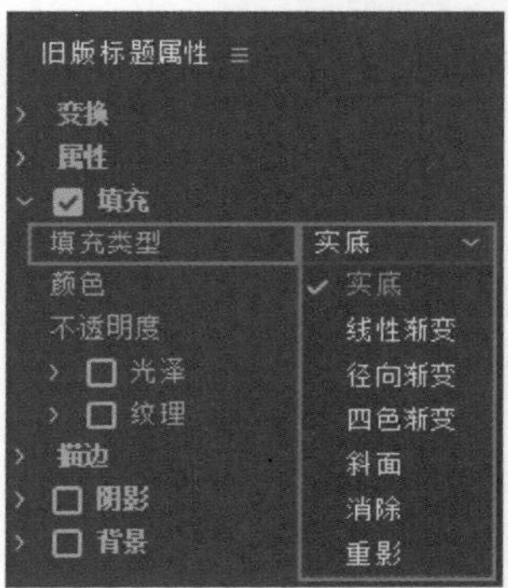

图9-99

实底填充

选择“实底”填充，可填充纯色，单击“颜色”旁边的小色块，即可打开“拾色器”面板，如图9-100所示。从中选择一个想要的颜色，单击“确定”按钮，即可为文字填充纯色，如图9-101所示。

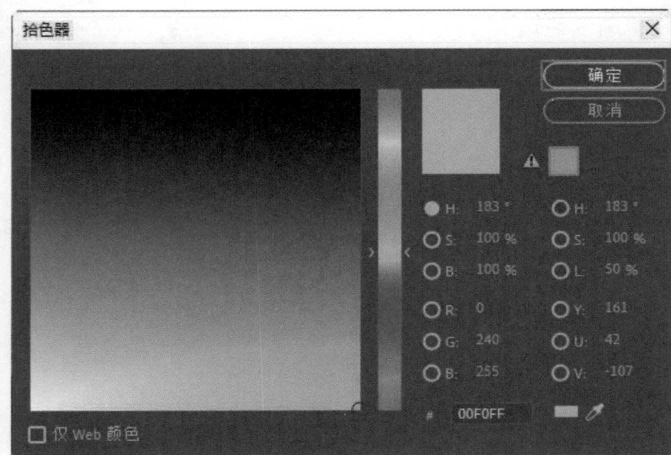

图9-100

图9-101

除了使用“拾色器”对话框，拾取颜色最有效的方法就是使用“吸管工具”。“吸管工具”会将用户单击的颜色自动复制到颜色样本中。这样，单击就可以重新创建颜色，而不必把时间浪费在试验“拾色器”对话框中的RGB值上。

使用“吸管工具”可以从以下途径吸取颜色。

- 从绘制区中的文字或图形对象上选择一种颜色。
- 从标记、样式或模板上选择一种颜色。
- 从“旧版标题”面板背景中的视频素材上选择一种颜色。

> **知识窗**
>
> 创建字幕时怎么知道选择哪种颜色好呢？最好的方法是使用可以从背景图片中突出的颜色。当观看电视节目时，特别观察一下字幕会发现，很多电视制作人只是简单地在暗色背景中使用白色文字，或者使用带阴影的亮色文字来避免使字幕看起来单调。如果正在制作一个包括很多字幕的作品，那么请保持整个作品中文字颜色一致，以避免分散观众的注意力。

渐变色填充

Premiere的颜色控件允许用户对旧版标题创建的文字应用渐变色。渐变是指从一种颜色向另一种颜色的逐渐过渡，它能够增添生趣和深度，否则颜色就会显得单调。如果应用得当，渐变还可以模拟图形中的光照效果。“填充类型”中包含3种渐变效果，分别是“线性渐变”“径向渐变”“四色渐变”。其中“线性渐变”“径向渐变”都是由2种颜色创建的，“四色渐变”则可以由4种颜色创建。

选择“线性渐变”填充类型，“颜色”后面的色块会变成一个渐变条，渐变条上的两个小滑块代表组成渐变的两种颜色，双击小滑块，即可打开“拾色器”面板选择色彩，如图9-102所示。

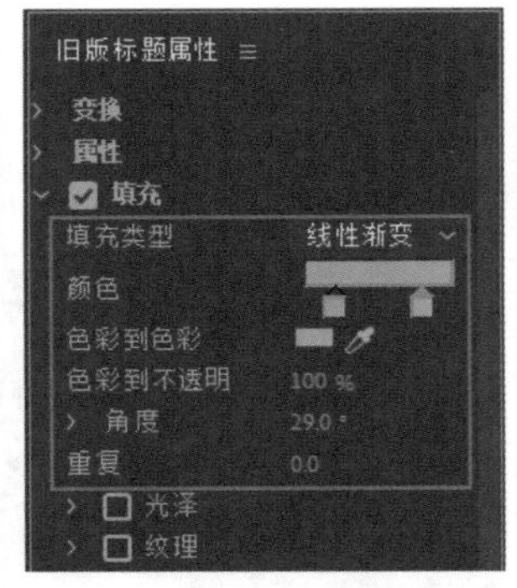

图9-102

颜色：可以设置渐变的开始颜色和终止颜色，移动滑块还可以改变渐变的颜色比例。

色彩到色彩：用于修改选定的颜色。

色彩到不透明：用于修改选定颜色的不透明度。

角度：用于设置线性渐变的角度。

重复：设置渐变中间的过渡，数值的大小代表产生多少条渐变。

对文字应用“线性渐变”后的效果如图9-103所示。

图9-103

“径向渐变”与“线性渐变”填充类型参数相同，区别在于“径向渐变”是由中心向四周渐变，如图9-104和图9-105所示。

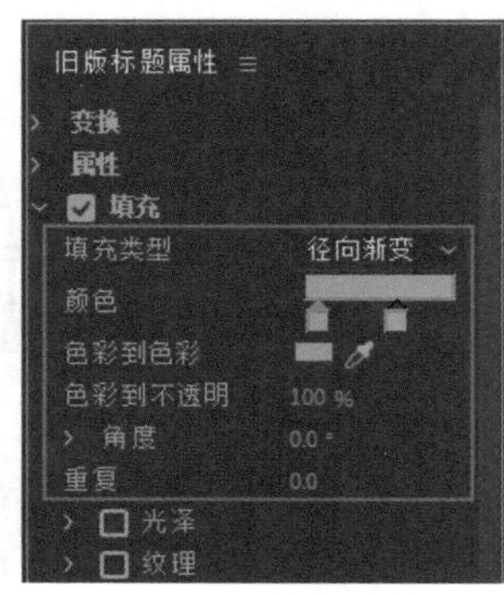

图9-104

图9-105

“四色渐变”填充类型有两个开始颜色和两个终止颜色，“颜色”上4个色彩滑块的位置与实际文字填充效果相对应，如图9-106和图9-107所示。

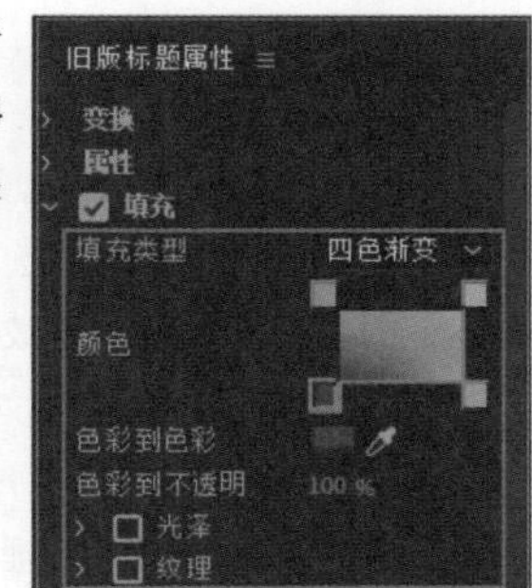

图9-106

图9-107

斜面填充

Premiere允许用户在旧版标题中创建一些真实有趣的斜面，斜面可以为文字和图形对象添加三维立体效果。选择“斜面”填充类型，如图9-108所示。

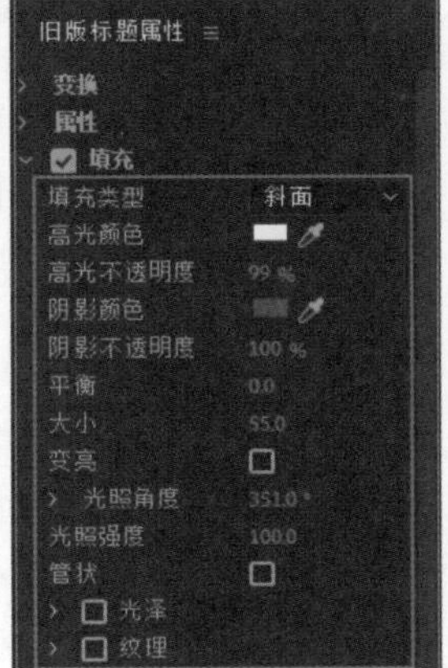

图9-108

高光颜色：用于设置高光的颜色。

高光不透明度：用于设置高光的不透明度。

阴影颜色：用于设置阴影的颜色。

阴影不透明度：用于设置阴影的不透明度。

平衡：用于增加或减少高亮颜色。

大小：用于增大或减小斜面尺寸。

变亮：用于增加斜角边效果，并使得物体看起来更具立体感。

光照角度：用于修改光线的角度。

光照强度：用于修改光线的强度。

管状：用于在高亮和阴影区域之间添加管状的修饰。

对文字应用“斜面”后的效果如图9-109所示。

图9-109

光泽和纹理效果

用户可以将光泽和纹理添加到文字或图形对象的填充内容和描边中。要添加光泽，需勾选“光泽”复选框，然后展开“光泽”选项组，显示所有“光泽”属性，如图9-110所示。

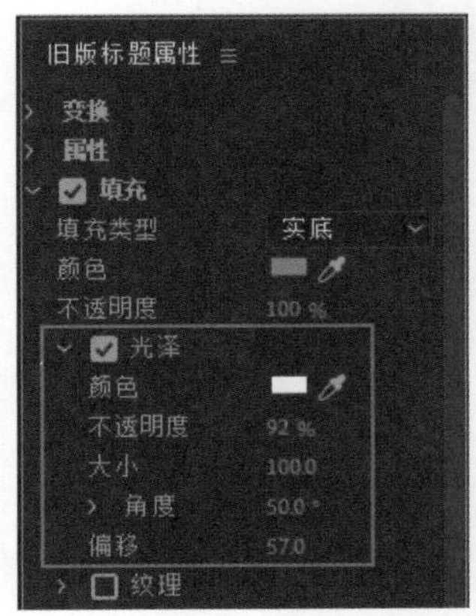

图9-110

颜色：用于设置光泽的颜色。

不透明度：用于设置光泽的不透明度。

大小：用于调整光泽范围。

角度：用于调整光泽的角度。

偏移：用于调整光泽的位置。

对文字应用“光泽”后的效果如图9-111所示。

图9-111

应用纹理会使文字和图形看起来更逼真，要添加纹理，需勾选“纹理”复选框，然后展开“纹理”选项组，显示所有“纹理”属性，如图9-112所示。

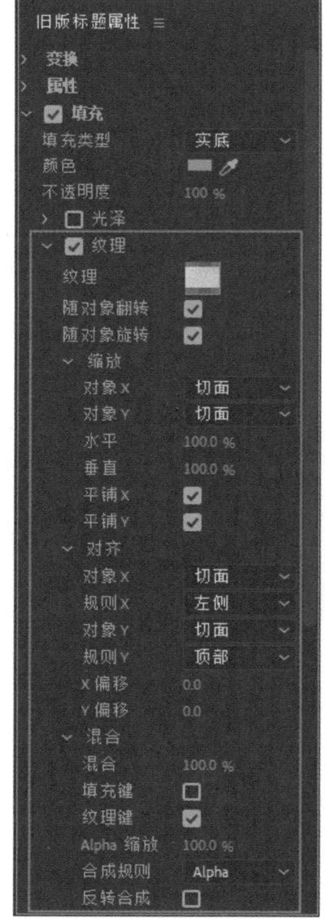

图9-112

纹理：用于在“选择纹理图像”对话框中从计算机文件夹中选择一个纹理图片。

随对象翻转：使纹理伴随文字做同步翻转运动。

随对象旋转：使纹理伴随文字做同步旋转运动。

缩放：缩放纹理。

对象X：用于设置沿x轴延伸的方式。

对象Y：用于设置沿y轴延伸的方式。

“对象X”“对象Y”下拉列表的4个选项分别是“纹理”“切面”“面”“扩展字符”，如图9-113所示。

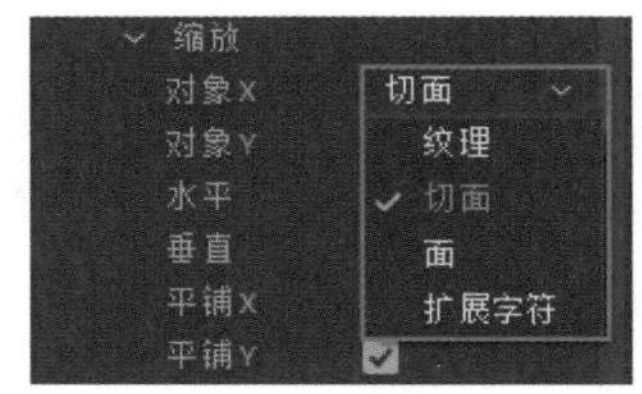

图9-113

水平：用于横向缩放纹理。

垂直：用于纵向缩放纹理。

平铺X：指定是否将纹理横向平铺到对象上。

平铺Y：指定是否将纹理纵向平铺到对象上。

对齐：设置纹理的对齐方式。

对象X：用于选择纹理的横向排列方式。

规则X：用于选择纹理横向的对齐方式。

对象Y：用于选择纹理的纵向排列方式。

规则Y：用于选择纹理纵向的对齐方式。

“对齐X”“对齐Y”下拉列表的4个选项分别是“滤色”“切面”“面”“扩展字符”，选择的选项将决定纹理的排列方式，如图9-114所示。“规则X”“规则Y”下拉列表中的“左侧”“中央”“右侧”选项可以决定纹理排列的方式，如图9-115所示。

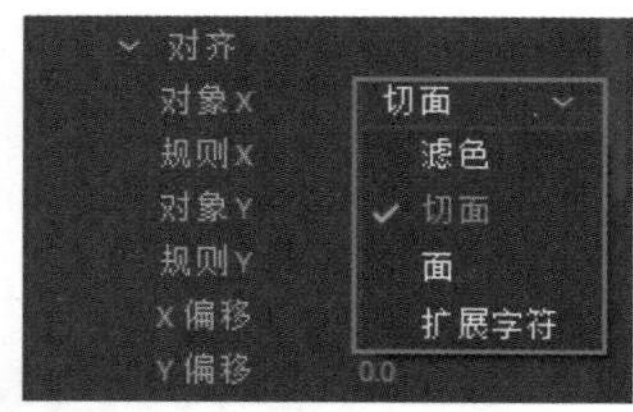

图9-114

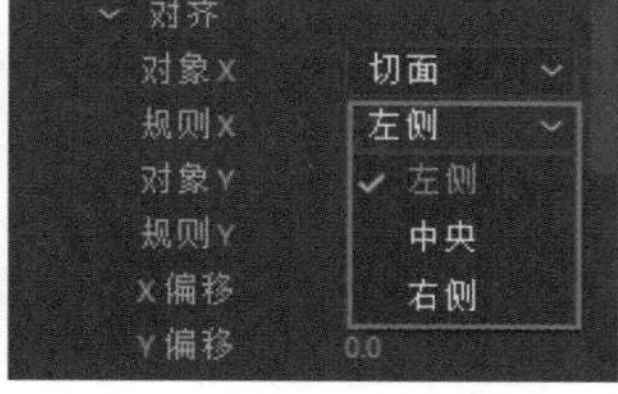

图9-115

X偏移：用于在对象中横向移动纹理。

Y偏移：用于在对象中纵向移动纹理。

混合：用于将填充颜色和纹理融合在一起，减小“混合”值可以增加填充颜色，同时减少纹理。

填充键：用于设置填充颜色的不透明度。

纹理键：用于设置纹理的不透明度。

Alpha缩放：用于使对象显得更透明。

合成规则：用于选择不透明度所要使用的通道。

反转合成：用于反转Alpha值。

对文字应用“纹理”后的效果如图9-116所示。

图9-116

9.3.4 添加描边效果

有时为了凸显字幕或图像的效果，会给对象添加描边效果，Premiere可以为物体添加内侧或外侧描边。

要添加描边，需展开“描边”选项组，单击“内描边”和“外描边”后面的“添加”，显示所有“描边”属性，如图9-117所示。

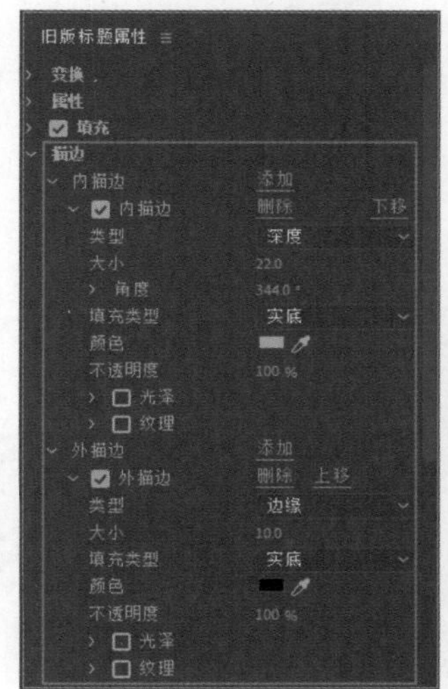

图9-117

内描边：用于给对象添加内侧描边。

外描边：用于给对象添加外侧描边。

添加：用于添加描边。

删除：用于删除描边。

下移：用于将当前描边下移一层，可添加多重描边。

上移：用于将当前描边上移一层，可添加多重描边。

类型：用于设置描边的类型，展开下拉列表，其中包括“深度”“边缘”“凹进”3种，如图9-118所示。

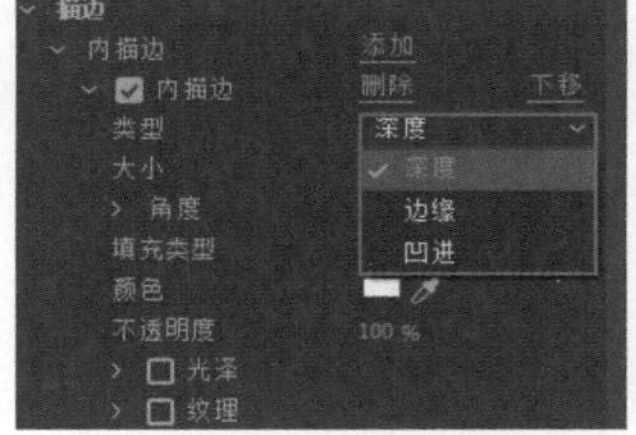

图9-118

大小：用于调整描边的大小。

角度：用于调整描边的角度。

填充类型：用于选择描边的填充类型，展开下拉列表，其中包括“实底”“线性渐变”“径向渐变”“四色渐变”“斜面”“消除”“重影”7种类型，如图9-119所示。

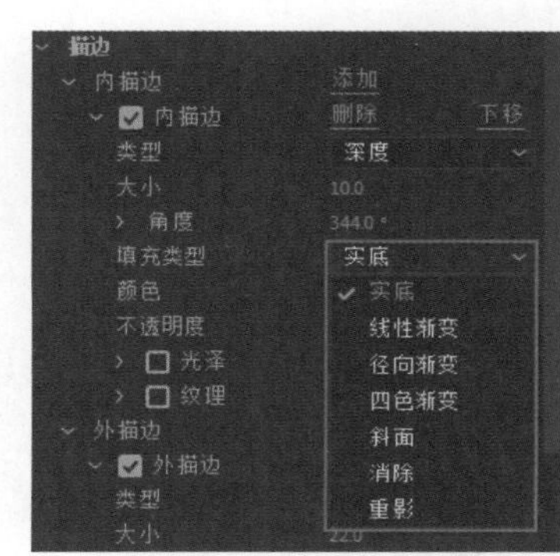

图9-119

颜色：用于设置描边的颜色。

不透明度：用于设置描边的不透明度。

光泽：用于为描边添加光泽效果。

纹理：用于为描边添加纹理效果。

为文字添加“描边”后的效果如图9-120所示。

图9-120

技巧与提示

如果希望为选中的物体添加描边，但不进行填充或为其添加阴影，可以将物体的“填充类型”设置成“消除”，这样便可将选中的物体作为边框使用。

9.3.5 添加阴影效果

有时为了凸显字幕或图像的效果，还会给对象添加阴影效果。

要添加阴影，需勾选“阴影”复选框，使“阴影”参数变为可编辑状态，如图9-121所示。

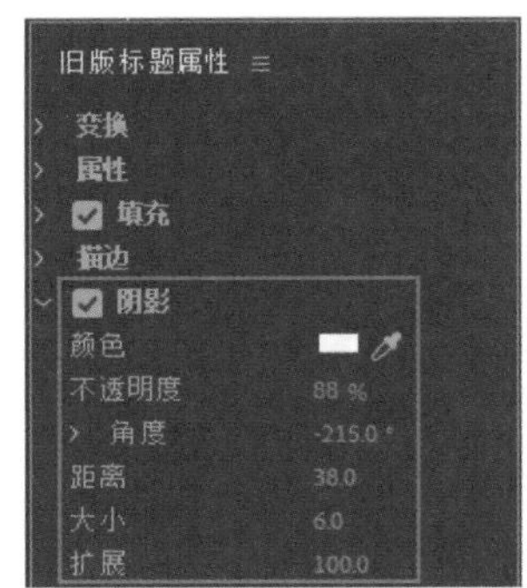

图9-121

颜色：用于设置阴影的颜色。

不透明度：用于设置阴影的不透明度。

角度：用于调整阴影的角度。

距离：用于调整阴影和对象之间的距离。

大小：用于设置阴影的范围。

扩展：用于设置阴影的虚化程度。

为文字添加“阴影”后的效果如图9-122所示。

图9-122

9.3.6 添加背景效果

为了凸显字幕或图像的效果，也可以给对象添加除视频背景以外的背景效果。

要添加背景，需勾选“背景”复选框，使“背景”参数变为可编辑状态，如图9-123所示。

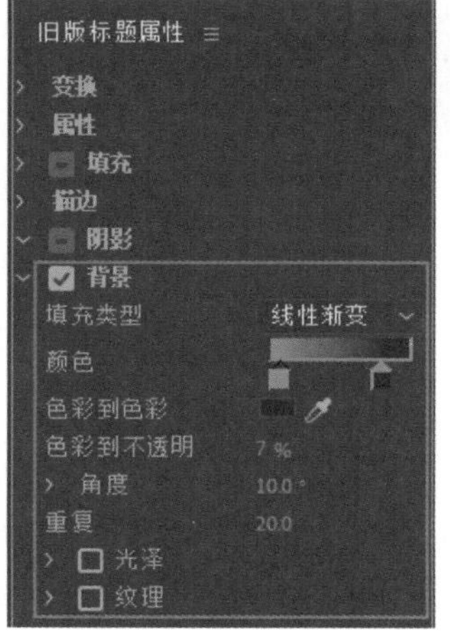

图9-123

填充类型：用于选择背景的填充类型，展开下拉列表，其中包括“实底”“线性渐变”“径向渐变”“四色渐变”“斜面”“消除”“重影”7种类型，如图9-124所示。

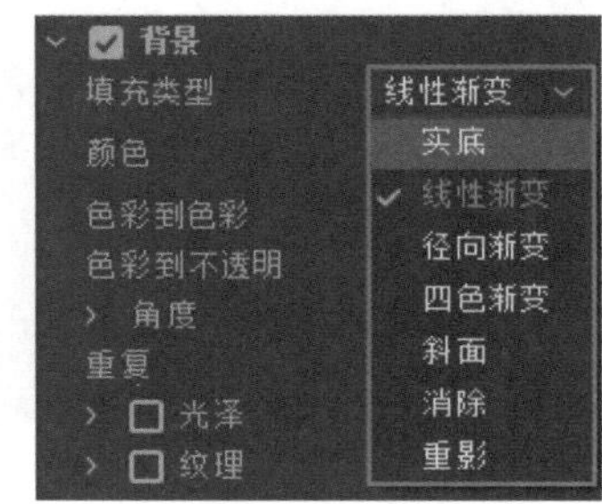

图9-124

颜色：用于设置背景的颜色，若选择渐变填充，则可以设置渐变的开始颜色和终止颜色，移动滑块还可以改变渐变的颜色比例。

色彩到色彩：用于修改选定的颜色。

色彩到不透明：用于修改选定颜色的不透明度。

角度：用于设置线性渐变的角度。

重复：设置渐变中间的过渡，数值的大小代表产生多少条渐变。

光泽：用于为背景添加光泽效果。

纹理：用于为背景添加纹理效果。

为文字添加“背景”后的效果如图9-125所示。

图9-125

高手进阶 创建按钮图标

素材位置	素材文件\第9章\创建按钮图标
实例位置	实例文件\第9章\高手进阶：创建按钮图标.prproj
视频名称	创建按钮图标.mp4
技术掌握	通过填充不同的渐变色来表现质感的方法

扫码看视频

本例将讲解创建按钮图标的方法，效果如图9-126所示。

图9-126

01 选择“文件→新建→项目”命令，在“新建项目”对话框中设置项目的存储位置和文件名，然后单击“确定”按钮 确定 ，如图9-127所示。

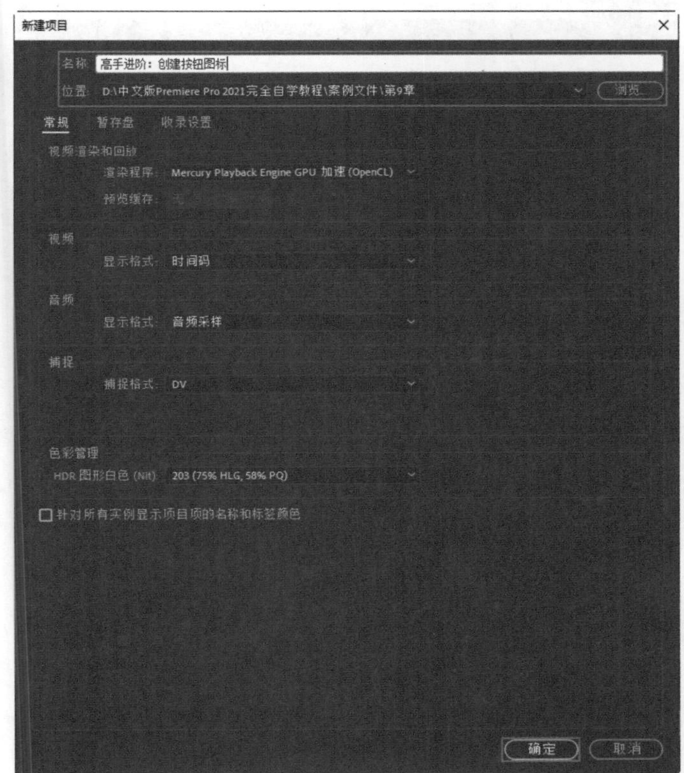

图9-127

02 选择“文件→导入”命令，打开“导入”对话框，选择“绿色背景.jpg”素材，单击“打开”按钮 打开(O) ，如图9-128所示，将素材导入“项目”面板中，如图9-129所示。

03 将“玉兰花.jpg”素材拖曳至“时间轴”面板中，Premiere会自动创建一个以素材名称命名的序列，如图9-130所示。“节目”监视器面板效果如图9-131所示。

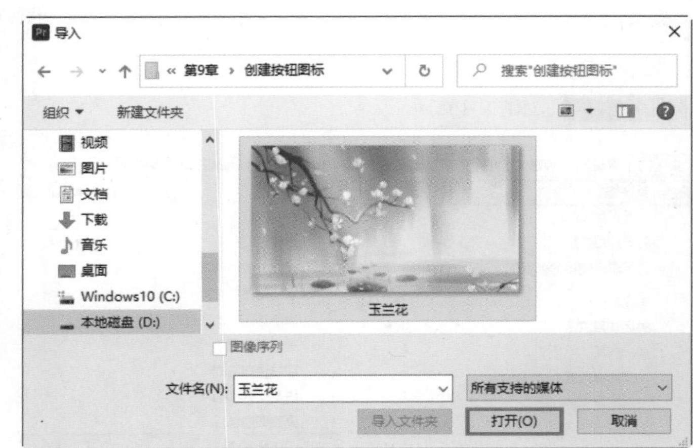

图9-128

图9-129

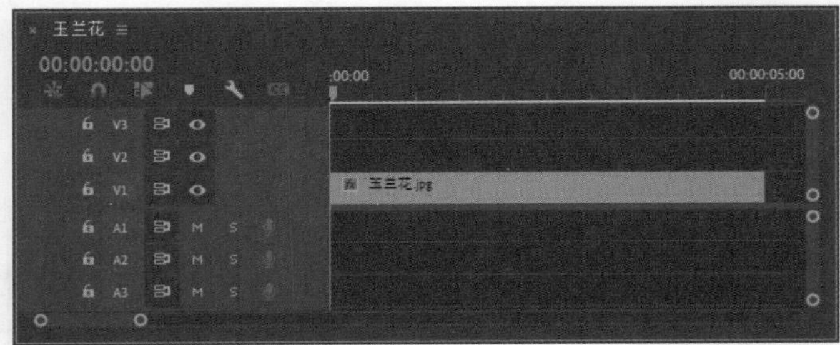

图9-130

图9-131

04 选择“文件→新建→旧版标题”命令，如图9-132所示。在打开的“新建字幕”对话框中为字幕命名，然后单击“确定”按钮，如图9-133所示。

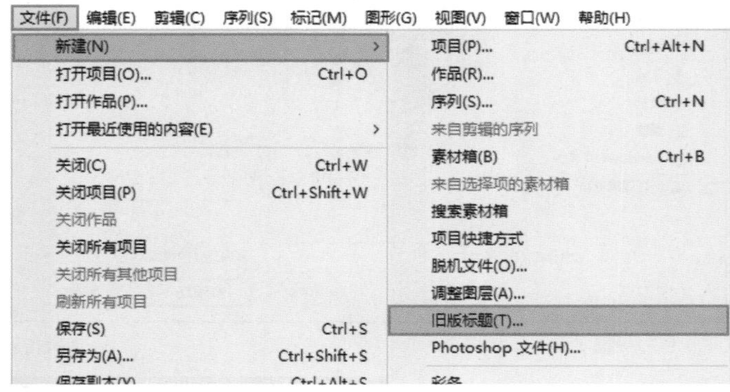

图9-132

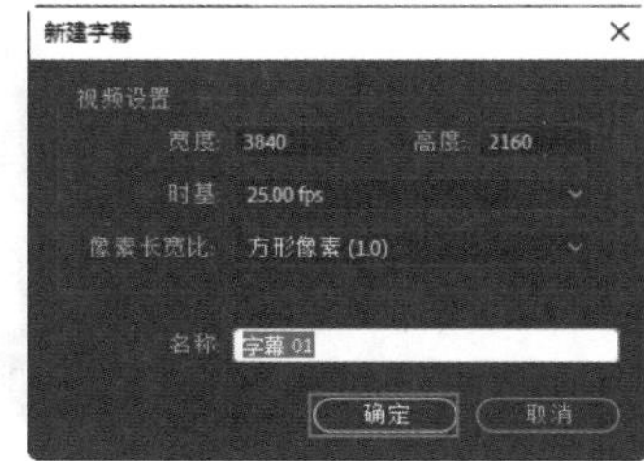

图9-133

05 打开“旧版标题”面板，单击“显示背景视频”按钮，以在“旧版标题”面板的绘制区中显示视频素材，如图9-134所示。

图9-134

06 选择“椭圆工具”，在绘制区中拖曳绘制一个椭圆形，如图9-135所示。

07 勾选“旧版标题属性”面板中的“填充”复选框，展开“填充”选项组，设置“填充类型”为“四色渐变”，4个颜色按从上到下、从左到右的顺序分别为白色、（R:231，G:244，B:238）、（R:187，G:203，B:208）和（R:118，G:137，B:149），如图9-136所示。

图9-135

图9-136

08 单击“旧版标题属性”面板“描边”选项组中“外描边”后面的“添加”，展开“外描边”选项组，设置“填充类型”为“线性渐变”，两个颜色从左到右分别为（R:248，G:232，B:169）、（R:224，G:188，B:115），设置“角度”为346°，如图9-137所示。

图9-137

09 用“选择工具”选中刚创建的椭圆形，按组合键Ctrl+C和Ctrl+V将其复制一个，选中复制出的椭圆，按住Alt键，将鼠标指针靠近图形的任意锚点，向图形中心拖曳，使其以其中心为中心缩小，如图9-138所示。

图9-138

10 选中缩小后的椭圆，在“旧版标题属性”面板中单击“外描边”后面的“删除”，如图9-139所示。

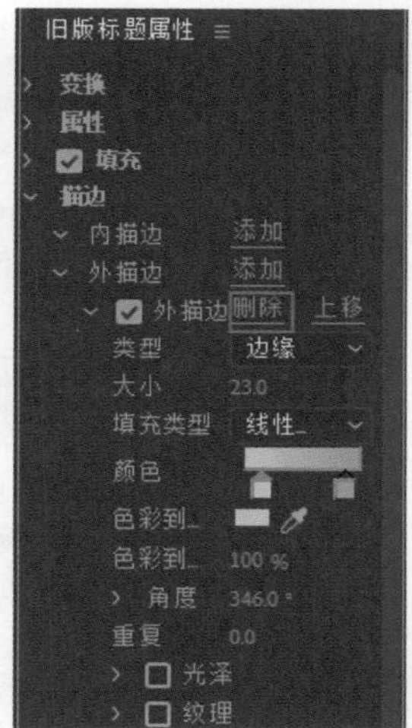

图9-139

11 展开“填充”选项组，设置“填充类型”为“四色渐变”，4个颜色按从上到下、从左到右的顺序分别为（R:118，G:137，B:149）、（R:187，G:203，B:208）、（R:231，G:244，B:238）和白色，如图9-140所示。

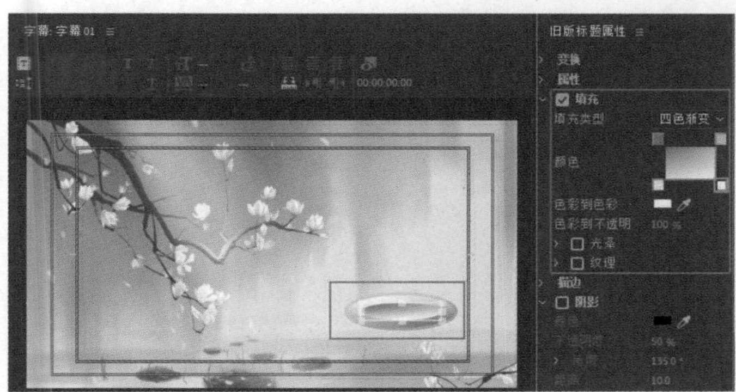

图9-140

12 设置好颜色后，再次选中复制出的椭圆，按住Alt键，将鼠标指针靠近图形的任意锚点，拖曳鼠标，将其调整到合适的大小，如图9-141所示。

图9-141

13 选择“文字工具”，在按钮上单击并输入“PLAY”文字，用“选择工具”选中文字，设置“字体系列”为“方正方俊黑简”，单击“粗体”按钮，设置“大小”为126，“字偶间距”为19，在“旧版标题属性”面板中设置“变换”选项组中的“X位置”为2944.5，“Y位置”为1563.6，将“填充”选项组的“填充类型”设为“实底”，“颜色”为黑色，如图9-142所示。

图9-142

14 选中文字，勾选“旧版标题属性”面板中的“阴影”复选框，展开“阴影”选项组，设置“颜色”为白色，“角度”为-246°，“距离”为13，“扩展”为1，如图9-143所示。

15 创建好按钮图标后，单击“旧版标题”面板中的“关闭”按钮，新创建的按钮图标素材会被放置在“项目”面板中，如图9-144所示。

图9-143

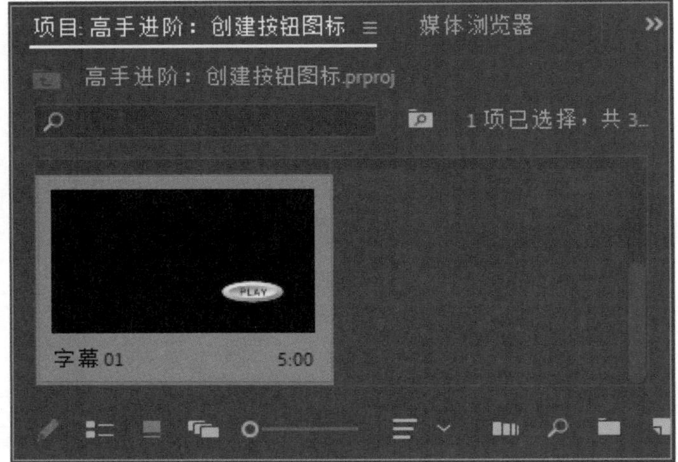

图9-144

16 将“字幕01”素材拖曳到“时间轴”面板的V2轨道中，在“节目”监视器面板中预览创建的按钮图标效果，如图9-145所示。

图9-145

9.4 使用“基本图形”面板创建字幕和图形

在“基本图形”面板中，用户可以直接调用预设的字幕和图形，从而提高影片的编辑效率。

选择“窗口→基本图形”命令，打开“基本图形”面板，如图9-146所示。在“基本图形”面板中将预设的字幕（如“影片标题”）拖曳到“时间轴”面板的视频轨道中，如图9-147所示。

选择“工具”面板中的“文字工具”T，再选择预设字幕中的文字，重新输入文字，可以对文字内容进行修改，如图9-148所示。也可以在“基本图形”面板中选择“编辑”选项卡，对字幕内容进行详细设置，如图9-149所示。

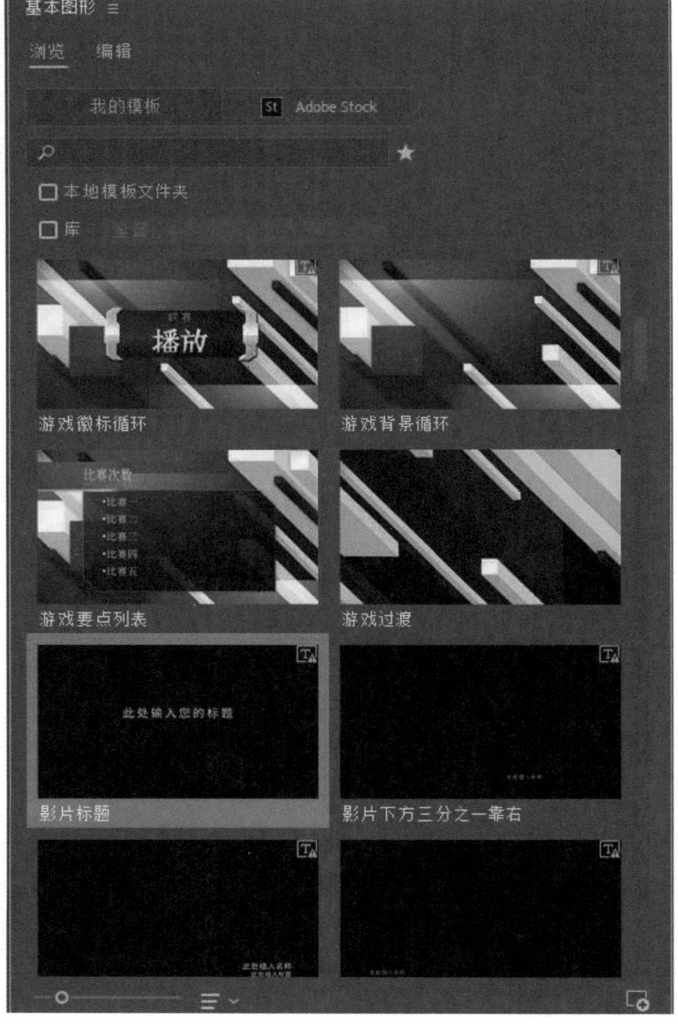

图9-146

图9-147

图9-148

图9-149

高手进阶 应用预设字幕

素材位置	素材文件\第 9 章\应用预设字幕
实例位置	实例文件\第 9 章\高手进阶：应用预设字幕 .prproj
视频名称	应用预设字幕 .mp4
技术掌握	应用基本图形面板预设字幕的方法

扫 码 看 视 频

本案例将通过创建“游戏播放界面”视频，讲解如何调用和修改预设的字幕和图形，本例效果如图9-150所示。

图9-150

01 选择“文件→新建→项目”命令，打开“新建项目”对话框，输入项目文件名称，新建一个项目文件，如图9-151所示。

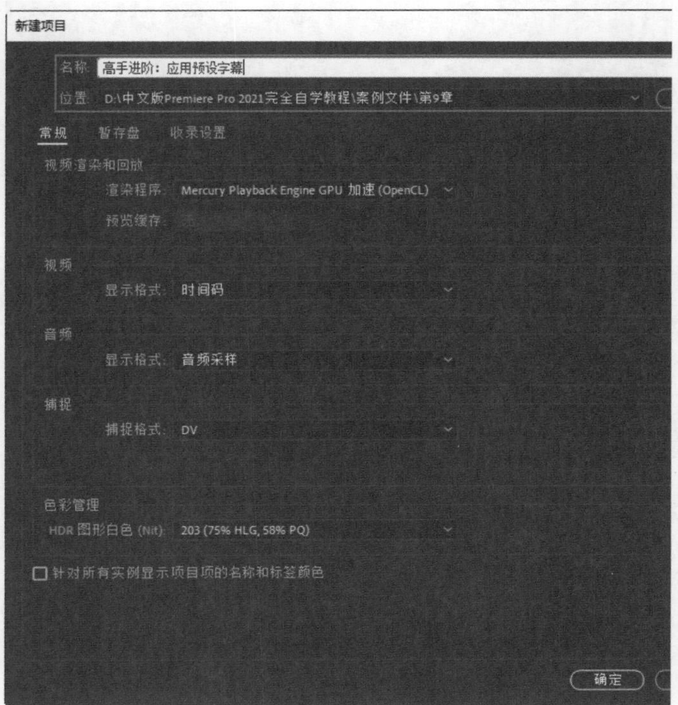

图9-151

02 选择“文件→新建→序列”命令，打开“新建序列”对话框，新建一个序列，如图9-152所示。

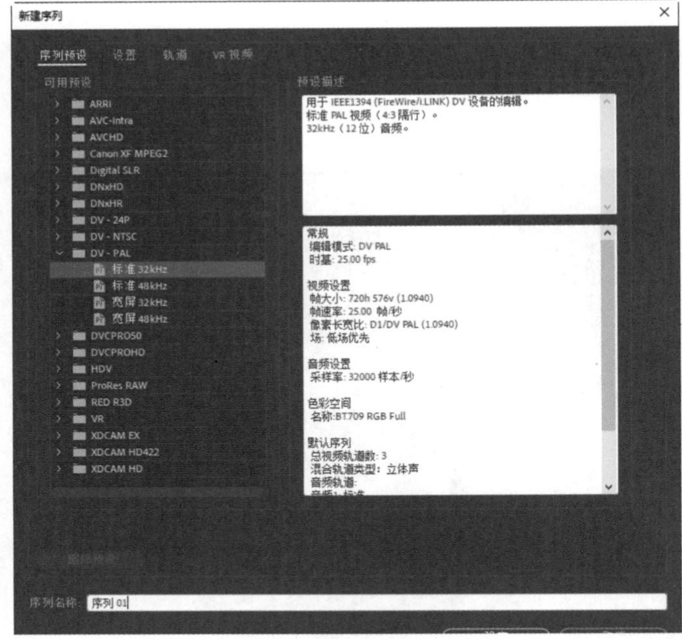

图9-152

03 将“围棋.jpg”素材导入“项目”面板中，将其添加到“时间轴”面板的V1轨道中，如图9-153所示。

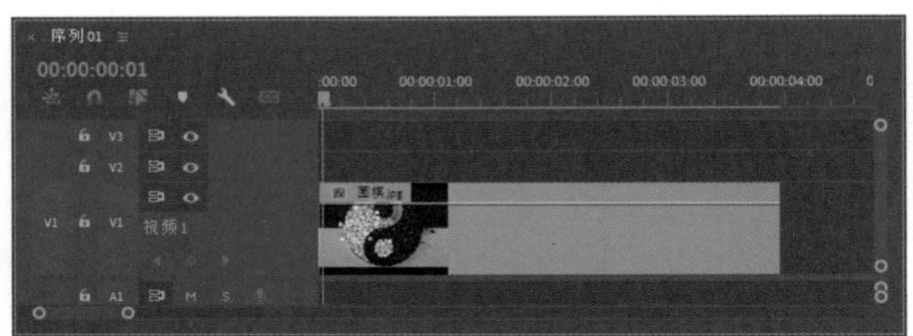

图9-153

04 选择“窗口→工作区→图形”命令，切换到“图形”工作区，如图9-154所示。

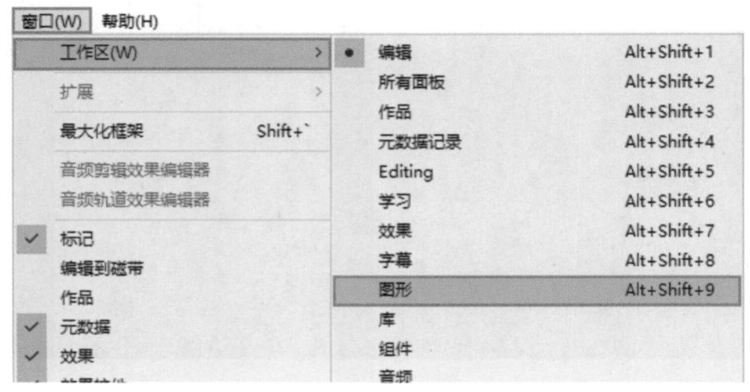

图9-154

05 在“基本图形”面板中选择“浏览”选项卡，选择“游戏下方三分之一靠右”预设图形，如图9-155所示。

图9-155

06 将“游戏下方三分之一靠右”预设图形拖曳到“时间轴”面板的V2轨道中，如图9-156所示。

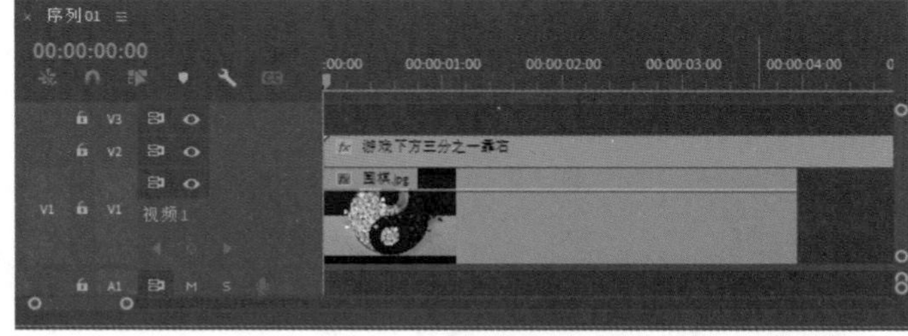

图9-156

07 在“时间轴”面板中向左拖曳预设图形的出点，使其与V1轨道中素材的出点对齐，如图9-157所示。

08 在“节目”监视器面板中对视频进行预览，效果如图9-158所示。

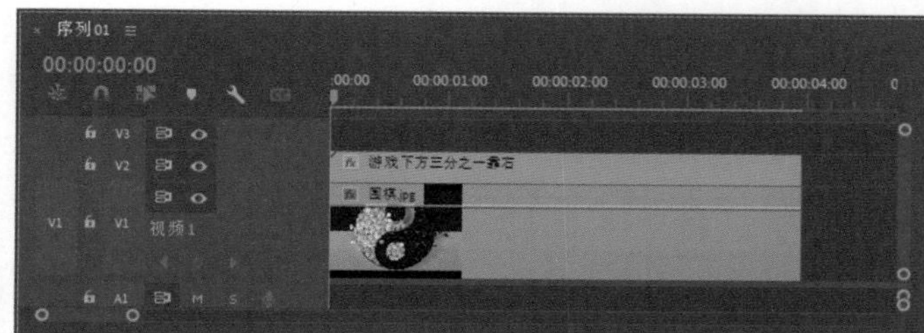
图9-157

图9-158

09 在“基本图形”面板中选择“编辑”选项卡，将字幕“玩家1是否准备好？”的字体修改为FZShuTi，如图9-159所示。

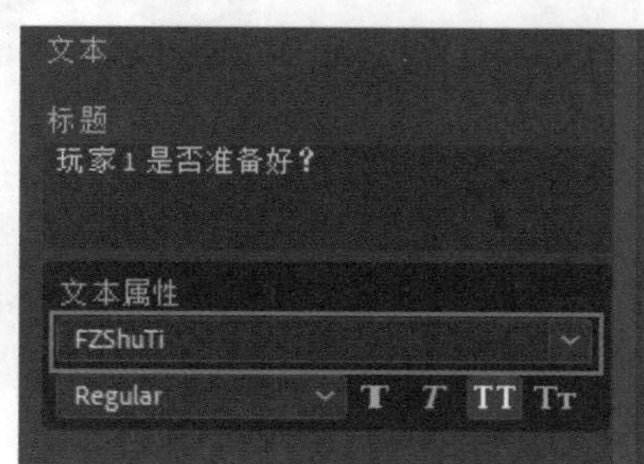

图9-159

10 将“各就各位，预备，开始！”字幕文本改为“倒计时10秒”，并设置字体为FZYaoTi，如图9-160所示。视频效果如图9-161所示。

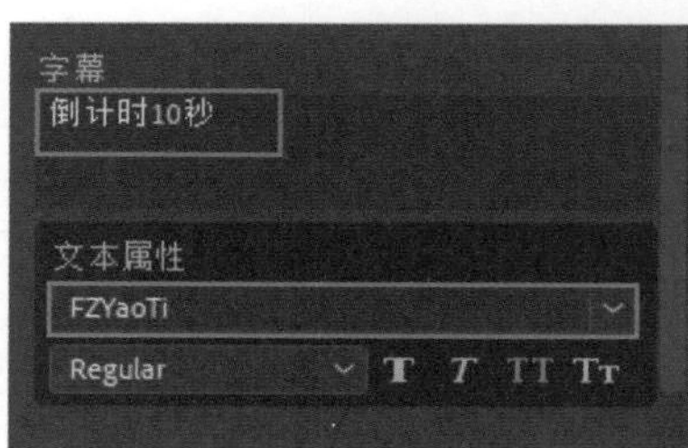

图9-160

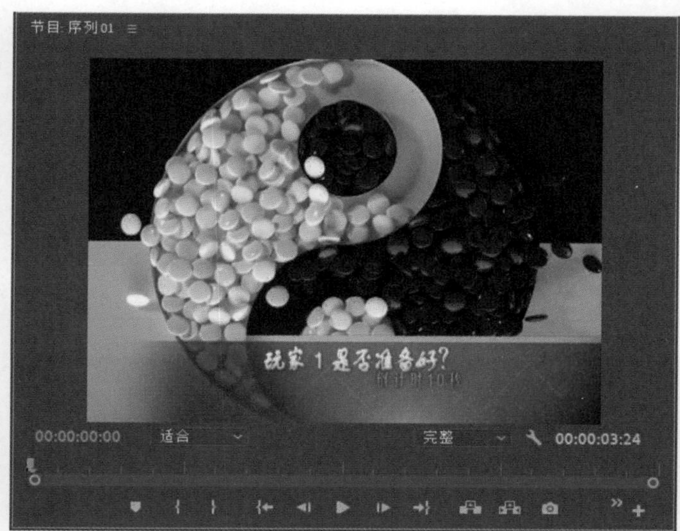

图9-161

11 在“设置样式”选项组中单击“主颜色”前面的色标，如图9-162所示。在打开的“拾色器”对话框中设置颜色为（R:164，G:169，B:173），如图9-163所示。

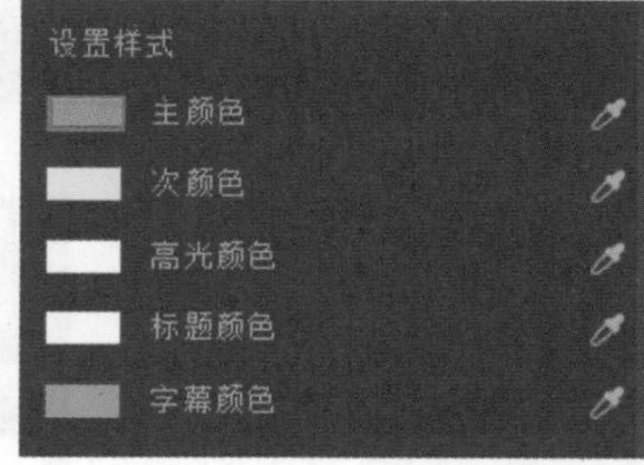

图9-162

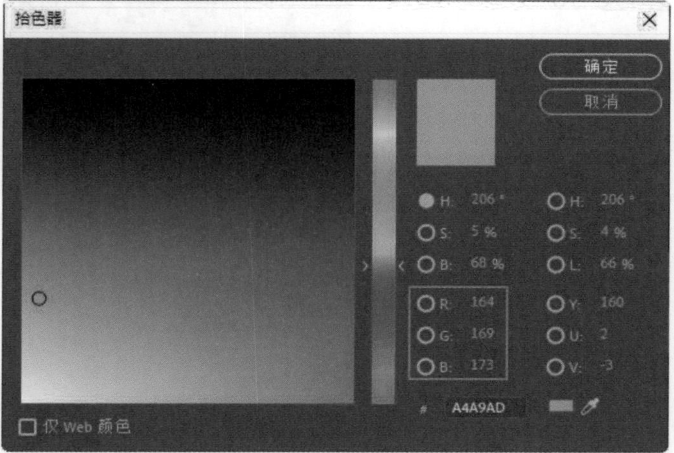

图9-163

12 在“设置样式”选项组中单击“高光颜色”前面的色标，如图9-164所示。在打开的“拾色器”对话框中设置颜色为纯白色，如图9-165所示。

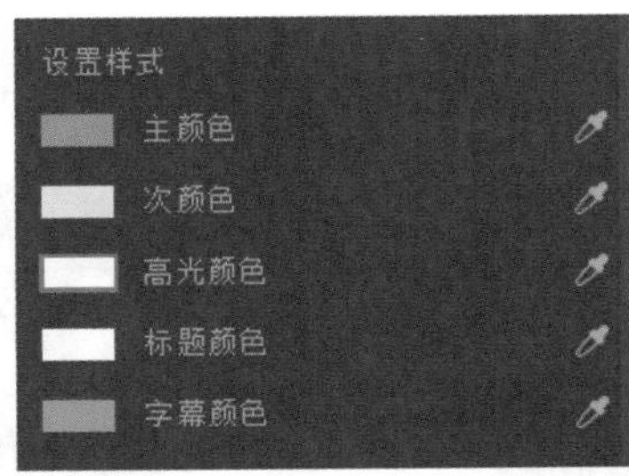

图9-164

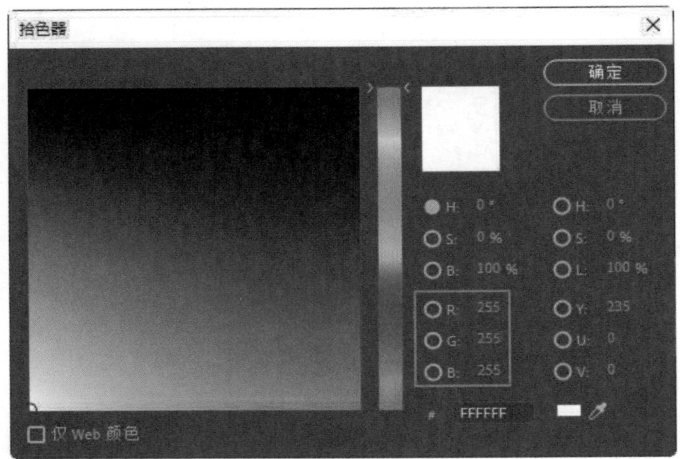

图9-165

13 在“设置样式”选项组中单击“标题颜色”前面的色标，如图9-166所示。在打开的“拾色器”对话框中设置颜色为（R:255，G:255，B:255），如图9-167所示。

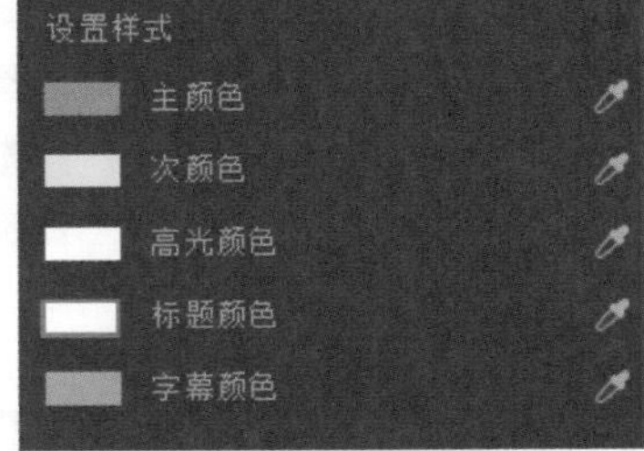

图9-166

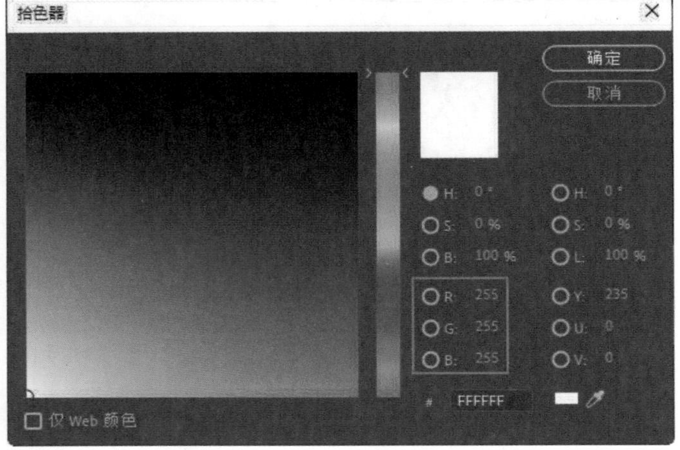

图9-167

14 在“设置样式”选项组中单击“字幕颜色”前面的色标，在打开的“拾色器”对话框中设置颜色为（R:92，G:199，B:255），如图9-168所示。调整颜色后的效果如图9-169所示。

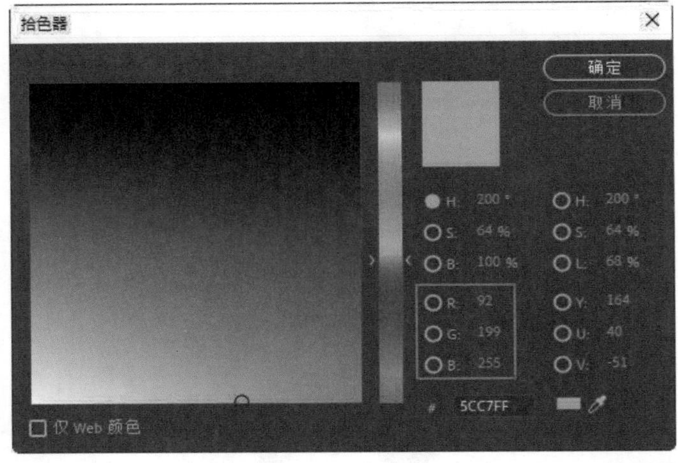

图9-168

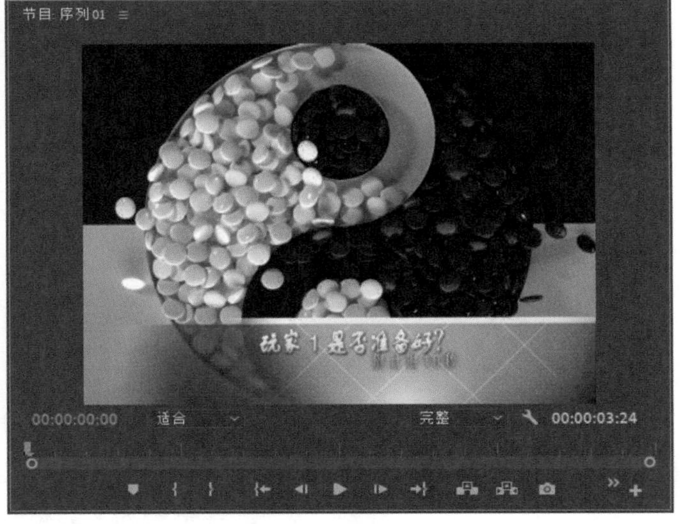

图9-169

15 打开“效果控件”面板，展开“运动”选项组，在“位置”选项中设置坐标为（458，337），如图9-170所示。本例最终效果如图9-171所示。

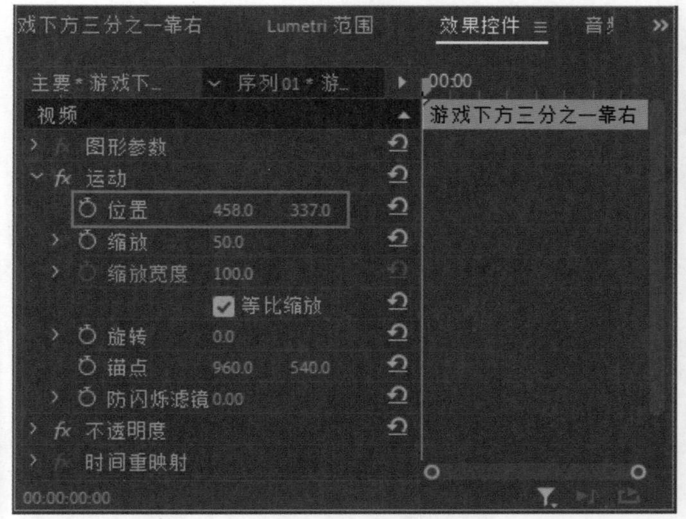
戏下方三分之一靠右
Lumetri 范围
效果控件
主要 * 游戏下...
序列 01 * 游...
00:00
视频
游戏下方三分之一靠右
图形参数
运动
位置 458.0 337.0
缩放 50.0
缩放宽度 100.0
等比缩放
旋转 0.0
锚点 960.0 540.0
防闪烁滤镜 0.00
不透明度
时间重映射
00:00:00:00

图9-170

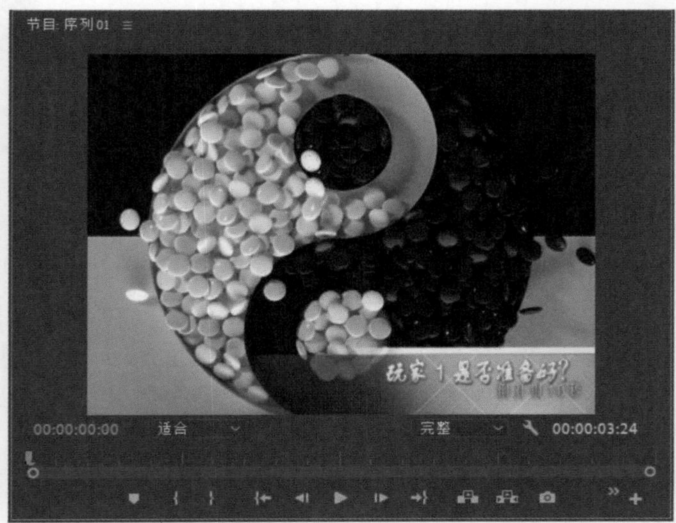
节目: 序列 01
00:00:00:00
适合
完整
00:00:03:24

图9-171

第10章

编辑音频素材

如果说一幅图画能够抵得上千言万语，那么声音也可以制造一种需要花费很多言语才能描述的感受。声音可以吸引听众的注意力，适当的背景音乐可以给人们带来诡异、喜悦或神秘的感觉。声音效果既能增强真实性，也能给呈现的视觉元素带来悬念。

Premiere提供了许多将声音集成到视频项目中的功能。在“时间轴”面板中放入视频素材后，Premiere会自动采集与视频素材一起提供的声音。如果要淡入或淡出背景音乐或旁白，Premiere的“音频剪辑混合器”面板提供了相应的工具。如果要添加增强音频素材效果的音频效果，或者想添加过渡效果，那么只需将它从“效果”面板中拖曳至素材中即可。

本章重点介绍音频轨道基础知识，还介绍了使音频效果增强、使用效果和Premiere音频轨道，以及在“时间轴”面板中创建效果的方法。另外，本章还包括Premiere许多音频效果的概述和如何导出音频的介绍。

学习要点

10.1 认识数字声音

在开始使用Premiere的音频功能之前，需要对什么是声音和描述声音使用的术语有一个基本了解，这有助于了解正在使用的声音类型是什么，以及声音的品质如何。声音的相关术语（比如44 100 Hz的采样率和16位）会出现在“序列设置”对话框、“导出设置”对话框和“项目”面板中，如图10-1所示。

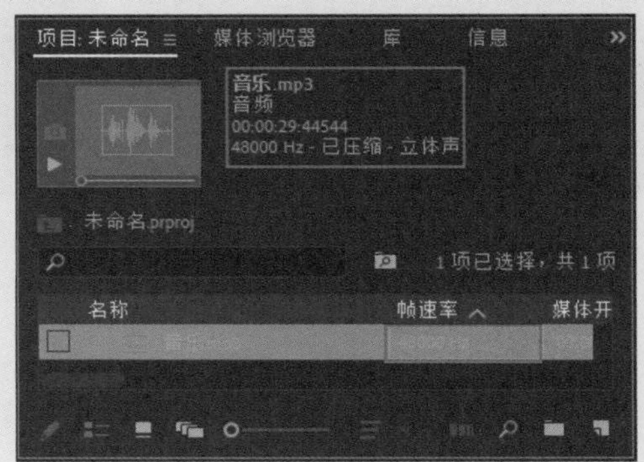

图10-1

为了理解数字声音，必须先从一个模拟世界开始，在那里，声音（比如某人在音乐大厅中敲鼓或演奏乐器）是通过声波传播给听众的。听众听到声音是因为声波的振动，振动频率就是声音的音调，所以高音调声音的振动频率要大于低音调声音的振动频率，这些振动声波的频率是通过每秒发生的循环次数确定的。音频（每秒的循环次数）以赫兹（Hz）为测量单位，人们通常可以听到从20 Hz到大约20 000 Hz范围内的声音。声波的幅度（或者说是其振幅）以分贝为单位进行测量。波形弯曲的幅度越大，振幅也就越大，声音也就越响亮。

10.1.1 声音位和采样

在数字化声音时，由数千个数字表示振幅或者波形的高度和深度。在这期间，需要对声音进行采样，以数字形式重新创建一系列的1和0或者位。如果使用Premiere的“音频剪辑混合器”面板对旁白进行录音，那么由麦克风处理录音的声波，然后通过声卡将其数字化。在播放旁白时，声卡将这些1和0转换回模拟声波。

高品质的数字录音使用的位也更多。CD品质立体声最少使用16位（较早的多媒体软件有时使用8位的声音速率，这会提供音质较差的声音，但生成的数字声音文件更小）。因此，可以将CD品质声音的样本数字化为一系列16位的1和0（如1011011011101010）。

如果比特率的概念让人迷惑，那么一些视觉艺术家可能会发现，将声音的比特率想象成类似于图像分辨率之类的东西会更容易理解一些，高比特率生成更流畅的声波，就像高图像分辨率能生成更平滑的图像一样。

在数字声音中，数字波形的频率由采样率决定。许多摄像机使用32 kHz的采样率录制声音，每秒录制32 000个样本。采样率越高，声音可以再现的频率范围也就越广。要再现特定频率，通常应该使用双倍于频率的采样率对声音进行采样。因此，要再现人们可以听到的最高频率，所需的采样率至少是每秒40 000个样本（CD是以44 100的采样率进行录音的）。

10.1.2 数字化声音文件的大小

声音的位深越大，它的采样率就越高，而声音文件也会越大。因为声音文件（如视频）可能会非常大，所以估算声音文件的大小很重要。可以通过位深乘以采样率来估算声音文件的大小。例如，采样率为44 100 Hz的16位单声道音轨一秒生成705 600（16×44 100）位（每秒88 200字节），即每分钟5 MB多。立体声素材的大小是此大小的两倍。

10.2 音频轨道设置

如果将音频素材放入“时间轴”面板的序列中，则可以拖曳它们，或者使用“剃刀工具”对音频进行裁切，还可以使用“选择工具”调整入点和出点。

用户还可以在“源”监视器面板中编辑音频素材的入点和出点，在“项目”面板中存储音频素材的子剪辑。将视频素材放入“时间轴”面板后，Premiere会自动将其音频放入相应的音频轨道。因此，如果将带有音频的视频素材放入V1轨道，那么音频会被自动放入A1轨道（除单声道和5.1声道的音频外），如图10-2所示。如果使用“剃刀工具”裁切视频素材，那么链接的音频也随之被裁切，如图10-3所示。

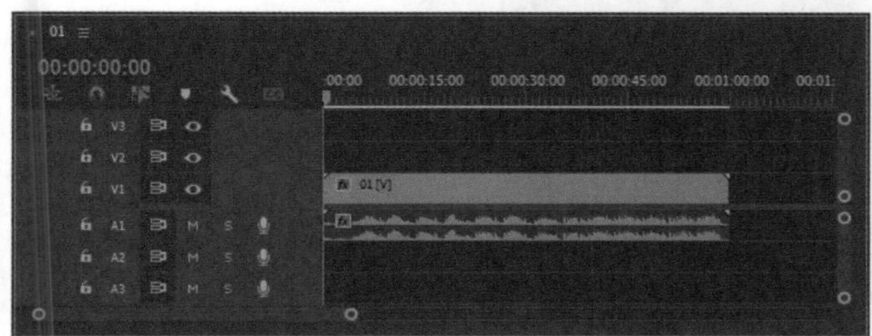

图10-2

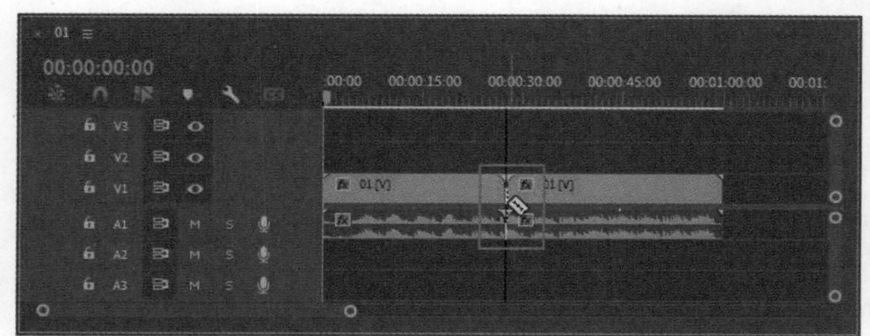

图10-3

10.3 播放声音素材

使用“文件→导入”命令将声音素材导入“项目”面板中，就可以在“项目”面板或监视器面板中播放该声音素材。单击“项目”面板中的“播放”按钮，在“项目”面板中可以播放素材，如图10-4所示。

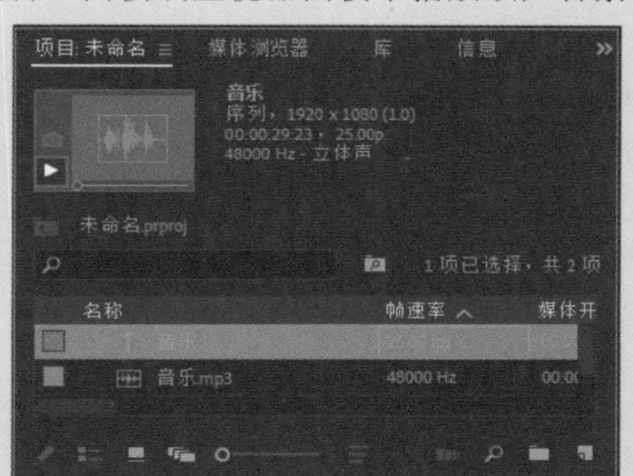

图10-4

双击“项目”面板中的声音素材，素材会被在“源”监视器面板中打开。如果已经在“源”监视器面板中打开素材，就可以在“源”监视器面板中看到音频波形，单击“源”监视器面板中的“播放-停止切换”按钮，也可以播放素材，如图10-5所示。

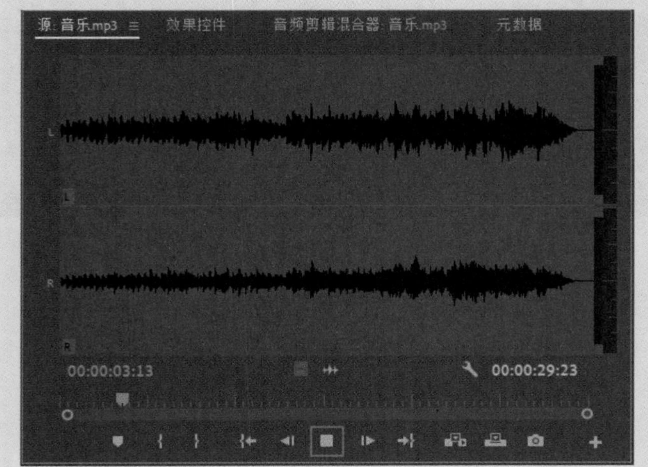

图10-5

10.4 编辑和设置音频

根据需要，可以在Premiere中使用几种方法来编辑音频。用户可以像编辑视频那样使用“剃刀工具”在“时间轴”面板中裁切音频，也可以选择“选择工具”并拖曳素材或素材边缘。如果需要单独处理视频的音频，则可以解除音频与视频的链接。如果需要编辑旁白或声音效果，可以在“源”监视器面板中为音频素材设置入点和出点。Premiere还允许从视频中提取音频，这样该音频就可以作为单独的音频素材存放在“项目”面板中。用户如果要增强或者创建切换效果和音频效果，可以使用Premiere“效果”面板提供的音频效果。

10.4.1 在时间轴面板中编辑音频

Premiere不是一个专业处理音频的软件，但可以在“时间轴”面板中执行一些简单编辑。用户可以解除音频与视频的链接并移动音频，并通过“时间轴”面板缩放音频素材波形，还可以使用“剃刀工具”裁切音频，使用“钢笔工具”给音频添加锚点来调整音量等。

设置时间轴面板

要使“时间轴”面板更好地适用于音频编辑，可按照以下操作设置“时间轴”面板。

双击“画外音录制”按钮后面的空白区域，可以展开音频轨道。

拖曳“时间轴”面板缩放滑块可以缩放音频素材，如图10-6所示。

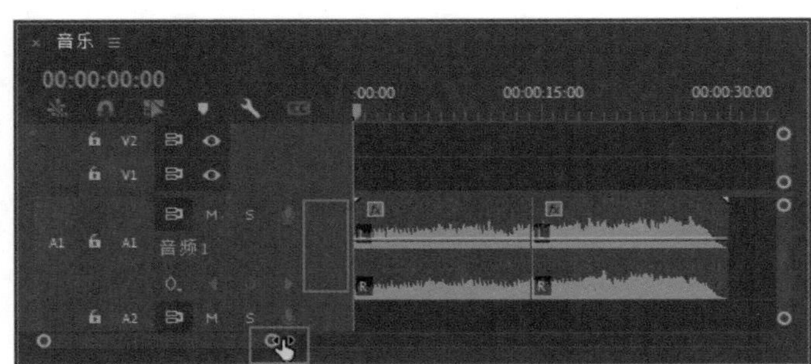

图10-6

解除音频和视频的链接

如果将带音频的素材放入“时间轴”面板，可以解除音频和视频的链接，单独编辑音频。

将带音频的视频素材导入“项目”面板中，并将其拖曳到“时间轴”面板轨道上，然后在“时间轴”面板中选择该素材，将同时选中视频和音频对象，如图10-7所示。

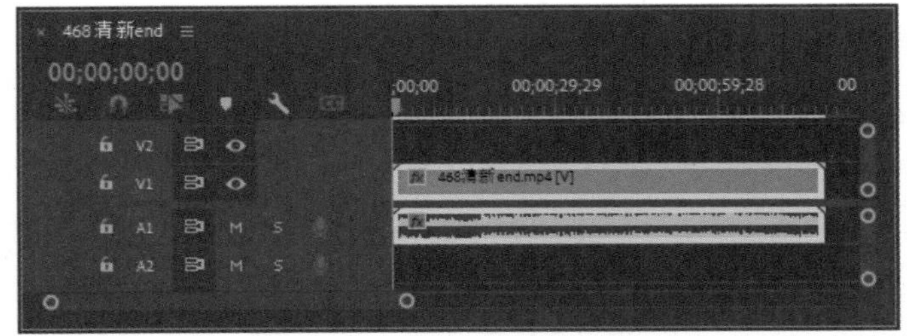

图10-7

选择“剪辑→取消链接”命令，如图10-8所示，或者在“时间轴”面板中的素材上单击鼠标右键，在弹出的菜单中选择“取消链接”命令，如图10-9所示。两种方法都可解除音频和视频的链接，解除链接后就可以单独选择音频或视频来进行编辑。

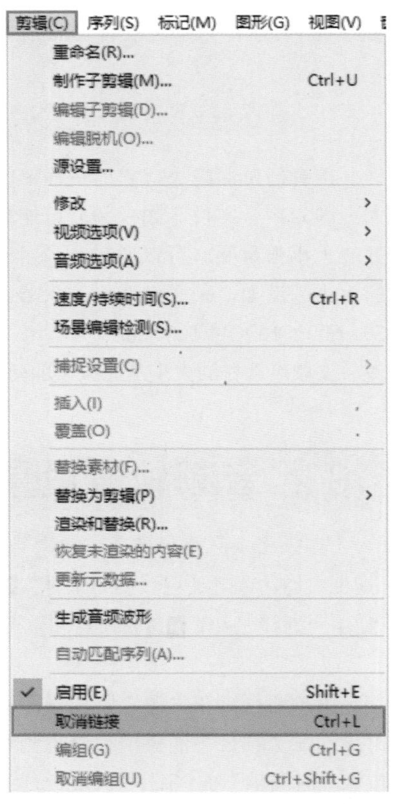

图10-8

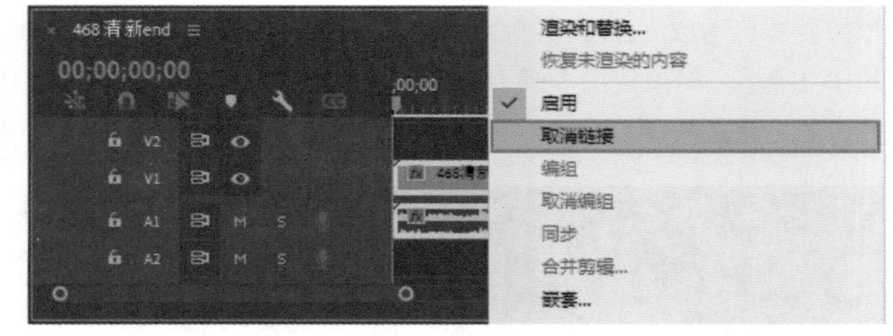

图10-9

解除音频链接和重新同步音频

Premiere提供了一个暂时解除音频与视频的链接的方法，用户可以按住Alt键，然后拖曳素材的音频或视频部分，通过这种方式暂时解除音频与视频的链接。在释放鼠标左键之前，系统仍然认为素材处于链接状态，但是不同步。在使用此暂时解除链接的方法时，Premiere会在“时间轴”面板上显示不同步的帧在素材入点上的差异，如图10-10所示。

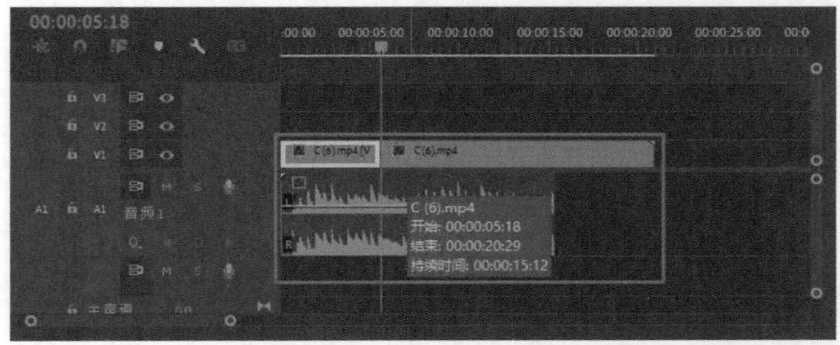

图10-10

10.4.2 使用源监视器面板编辑源素材

虽然在“时间轴”面板中编辑音频已经能够满足用户大部分需求，但还可以在“源”监视器面板中编辑音频素材的入点和出点。此外，可以使用“源”监视器面板创建长音频素材的子剪辑，然后在“源”监视器面板或“时间轴”面板中单独编辑子剪辑。

在编辑带有音频和视频的素材时，可能只想使用音频而不使用视频。如果在“源”监视器面板中选择获取音频选项，那么视频图像就会被音频波形取代。

将需要编辑的视频素材拖曳至“源”监视器面板中，或者在“项目”面板中双击该素材，并将其添加到“时间轴”面板中。在“源”监视器面板中单击鼠标右键，在弹出的菜单中选择“显示模式→音频波形”命令，如图10-11所示，素材的音频波形将出现在“源”监视器面板中，如图10-12所示。

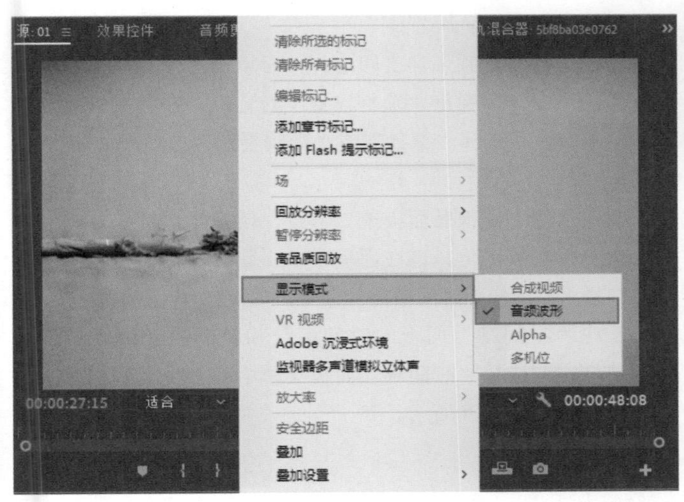

图10-11

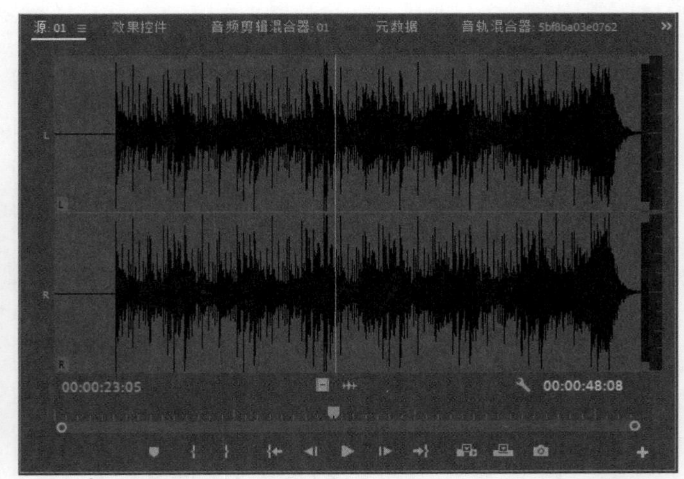

图10-12

可采用在“源”监视器面板中为视频素材设置入点和出点的方法，为音频设置入点和出点。将当前时间指示器移动到需要设置为入点的位置，然后单击“标记入点”按钮。将当前时间指示器移动到想要设为出点的位置，然后单击“标记出点”按钮，如图10-13所示。

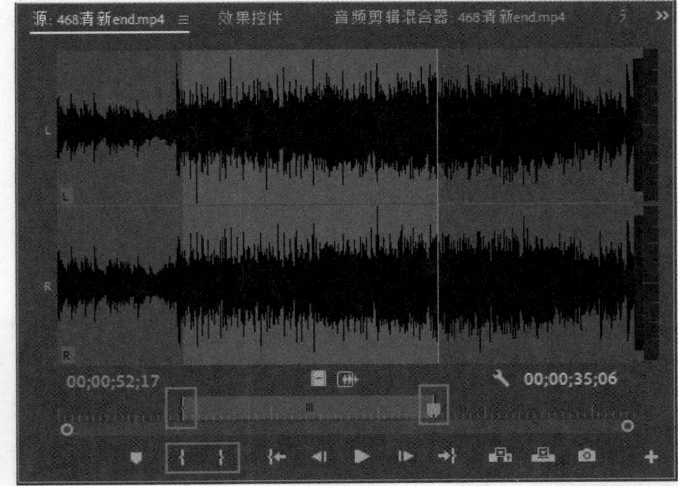

图10-13

若在“源”监视器面板中编辑的是音视频，要将已设置好入点和出点的音频插入“时间轴”面板中，需先将时间指示器移动到想要插入音频的位置，拖曳“仅拖动音频”按钮，将音频拖曳到“时间轴”面板中，如图10-14和图10-15所示。

若在“源”监视器面板中编辑的是纯音频，要将设置好入点和出点的音频放在目标轨道中，可以先选中目标轨道，将“时间轴”面板中的时间指示器拖曳到想要放置音频的位置，然后单击“源”监视器面板中的“插入”按钮或“覆盖”按钮，即可将音频插入目标轨道或覆盖到目标轨道上，如图

10-16和图10-17所示。

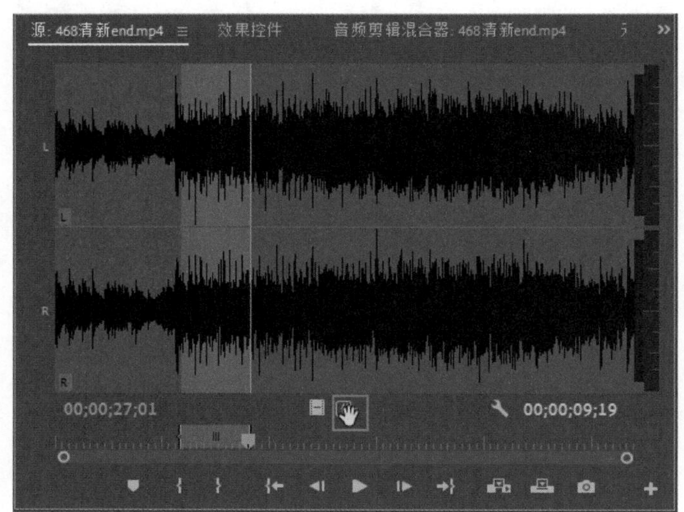

图10-14

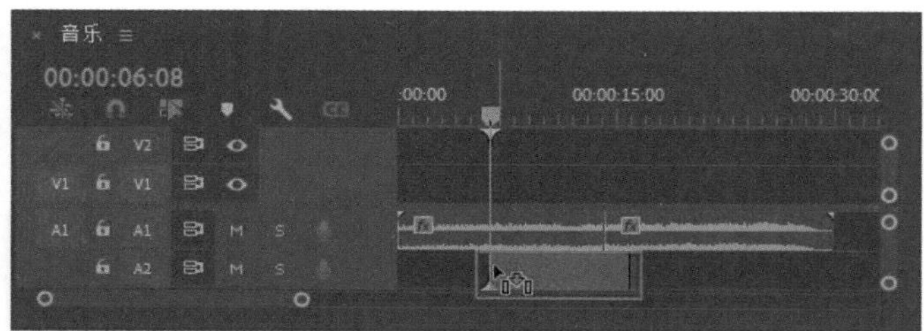

图10-15

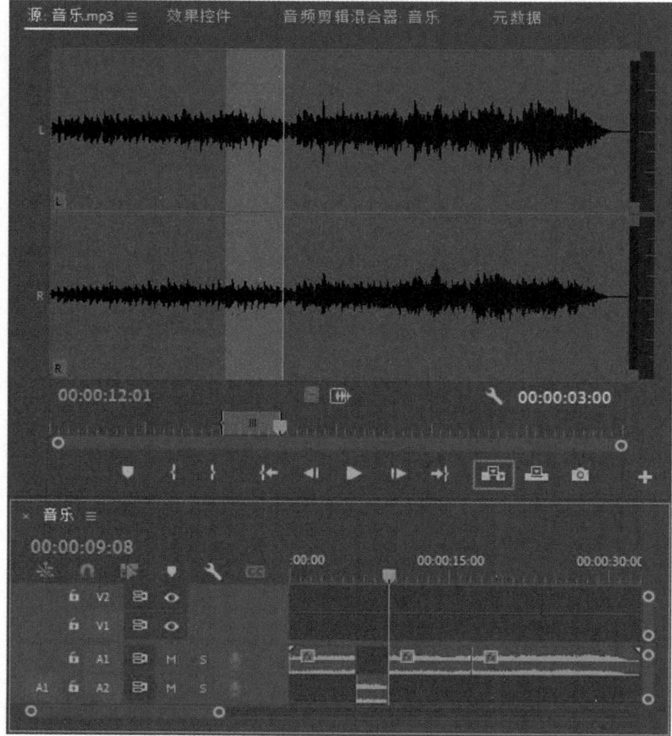

图10-16

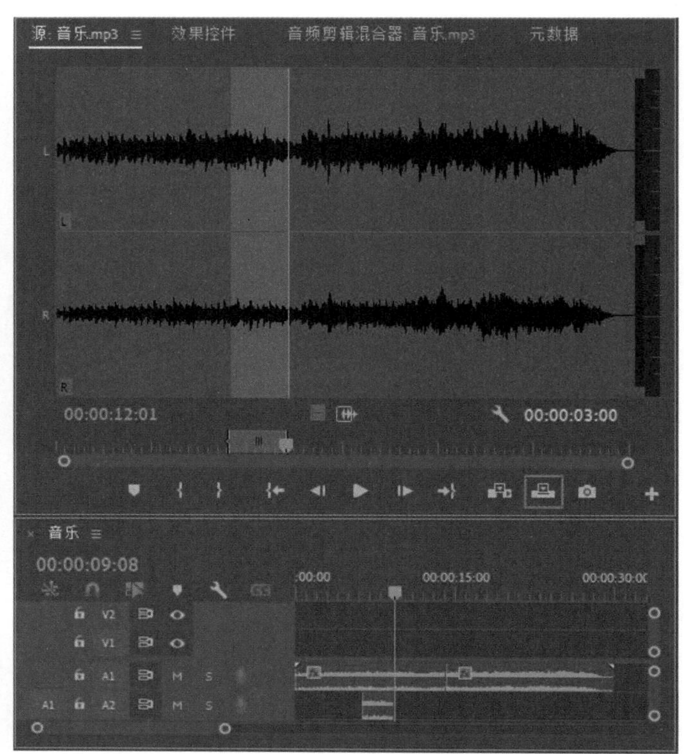

图10-17

10.4.3 设置音频单位

在监视器面板中进行编辑时，标准测量单位是视频帧。对于可以逐帧精确设置入点和出点的视频编辑而言，这种测量单位已经很完美。但是，对于音频，可能需要更为精确。例如，如果想编辑出一段长度小于一帧的无关声音，Premiere就可以使用与帧对应的音频单位显示音频时间。用户可以用毫秒或音频采样来作为音频单位。

要在毫秒与音频采样之间选择，可以选择“文件→项目设置→常规”命令，弹出“项目设置”对话框，在音频“显示格式”下拉列表中选择“毫秒”或“音频采样”选项，如图10-18所示。

要在“源”监视器面板或“节目”监视器面板的时间显示区域中查看音频单位，请在面板中单击鼠标右键，在弹出的菜单中选择“显示音频时间单位”命令，如图10-19所示。

要在“时间轴”面板的时间标尺和时间显示区域中查看音频单位，请选择“时间轴”面板菜单中的“显示音频时间单位”命令，如图10-20所示。

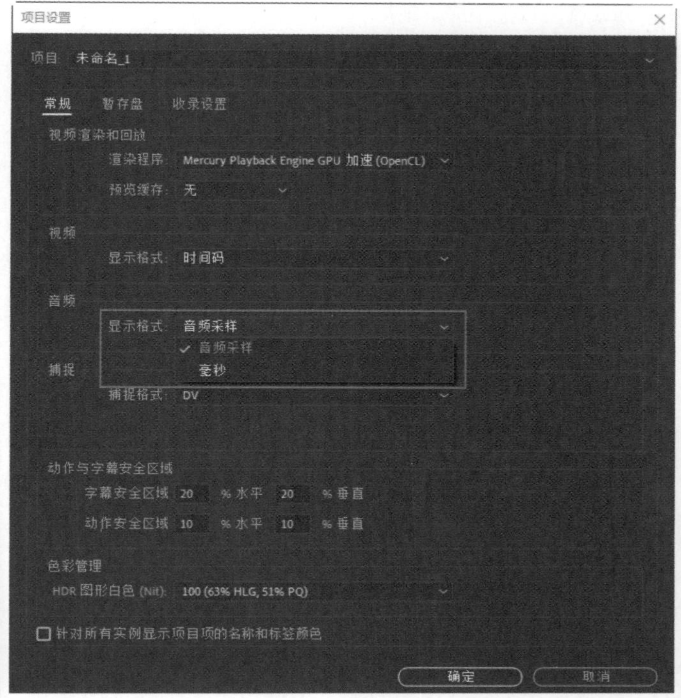

图10-18

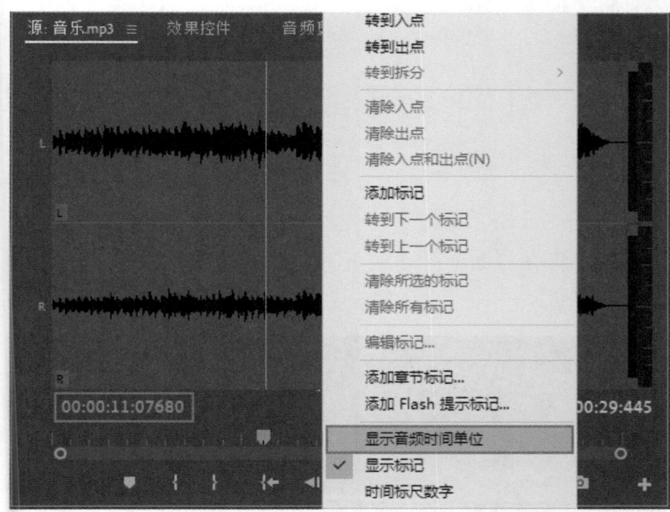

图10-19

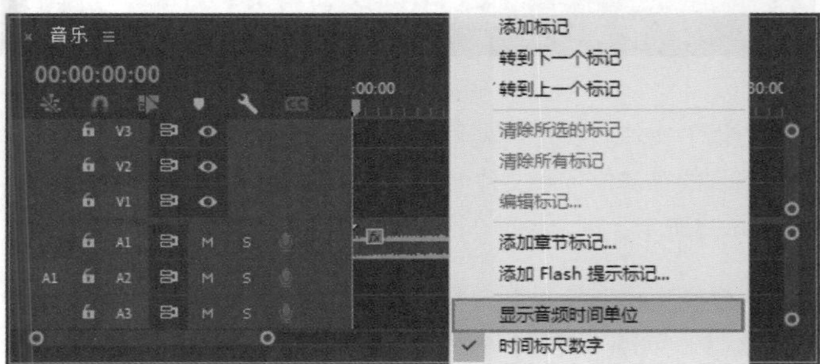

图10-20

10.4.4 设置音频声道

在处理音频时，可能想禁用立体声轨道中的一个声道，或者选择某个单声道音频素材，将它转换成立体声素材。在Premiere中修改音频声道的操作方法如下。

在“项目”面板中选中音频素材，单击鼠标右键，在弹出的菜单中选择“修改→音频声道”命令，打开“修改剪辑”对话框，在“音频声道”选项卡的“剪辑声道格式”下拉列表中可以选择声道的格式，包括“单声道”“立体声”“5.1”和“自定义”选项，如图10-21所示。

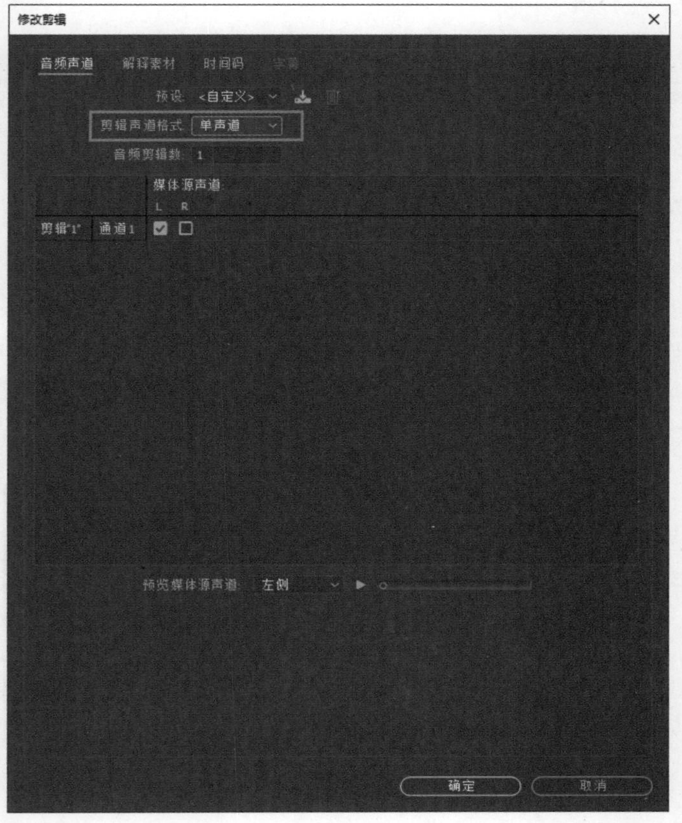

图10-21

10.5 编辑音频的音量

最常见的声音效果之一是慢慢地在素材的开始处淡入音频并在结束处淡出。在Premiere中很容易做到这一点，方法是在音频中间的白色分隔线上设置关键帧，双击音频轨道控件后面的空白处，即可将音频轨道展开，显示音频中间的白色分隔线。

用户还可以改变立体声声道中声音的均衡。调整均衡时，即在重新分配声音，即从某个声道中移除一定百分比的声音信息，将它添加到另一个声道中。Premiere还允许使用声像调节创建似乎来自同一房间不同区域的声音。要进行声像调节，需要在输出到多声道主音轨中或混合轨道时更改单声道轨道。

除此以外，还可以使用Premiere的“音频增益”命令更改声音素材的整个音量。下面介绍如何调整音频增益、音频淡入和淡出，以及如何均衡立体声声道的方法。

10.5.1 使用音频增益调整音量级别

增益命令用于通过提高或降低音频增益（以分贝为单位）来更改整个素材的音量级别。在音频录制中，工程师通常会提高或降低增益。如果音量级别突然降低，工程师就会提高增益；如果级别太高，就降低增益。

Premiere的增益命令还用于通过单击一个按钮来标准化音频，这会将素材的音量级别提高到不失真情况下的最高级别。标准化通常是确保音频音量级别在整个制作过程中保持不变的有效方法。

要使用Premiere的增益命令调整素材的统一音量，需先选中音频素材，然后选择“剪辑→音频选项→音频增益”命令，如图10-22所示，打开“音频增益”对话框，如图10-23所示。

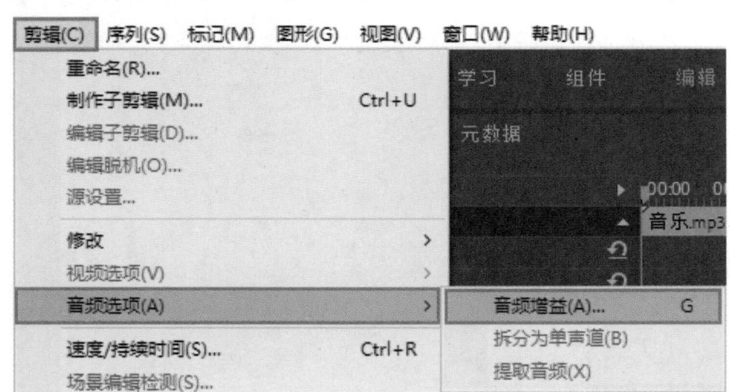

图10-22

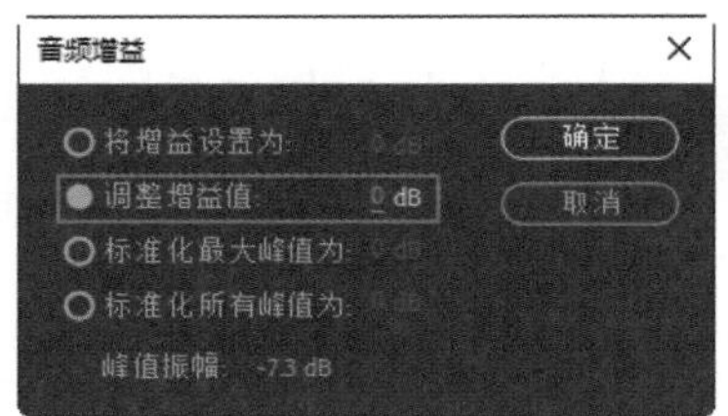

图10-23

选中“调整增益值”选项，然后键入一个值。0.0 dB是原始素材音量（以分贝为单位），大于0的数字表示提高素材的音量，小于0的数字表示降低音量。如果选中“标准化最大峰值为”或“标准化所有峰值为”选项，并为其键入一个值，Premiere就会设置不失真情况下的最大可能增益。但是在音频信号太强时，可能会发生失真。完成设置后，单击“确定”按钮确定即可。

> **技巧与提示**
>
> 也可以通过拖曳“音频增益”对话框中的数值提高或降低音频增益。向右拖曳可提高音量级别，向左拖曳可降低音量级别。

10.5.2 制作音频淡入或淡出效果

Premiere提供了用于淡入或淡出素材的各种选项，用户可以淡入或淡出素材，并使用“效果”面板中的音频效果更改其音量，或者在素材的开始和结尾处应用交叉淡化音频过渡效果，以此淡入或淡出素材。

还可以使用“钢笔工具”或“选择工具”在“时间轴”面板中创建关键帧。在设置关键帧后，就可以拖曳音频中间的白色分隔线来调整音量了。

在淡化声音时，可以选择淡化轨道的声音或素材的声音。注意，即使将音量关键帧应用到某个轨道（而不是素材）中并删除该轨道中的音频，关键帧仍然保留在轨道中。如果将关键帧用于某个素材并删除该素材，那么关键帧也将被删除。

新手练习 制作淡入淡出的声音效果

素材位置	素材文件\第10章\制作淡入淡出的声音效果
实例位置	实例文件\第10章\新手练习：制作淡入淡出的声音效果.prproj
视频名称	制作淡入淡出的声音效果.mp4
技术掌握	制作淡入淡出声音效果的方法

扫码看视频

本例将介绍如何制作淡入淡出声音效果，案例效果如图10-24所示。

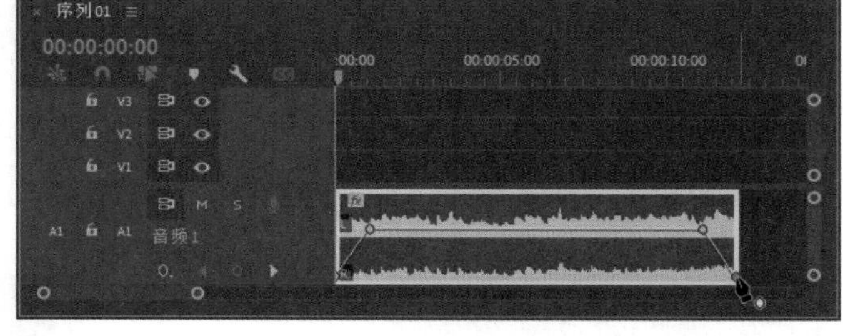

图10-24

01 选择“文件→新建→项目”命令，在“新建项目”对话框中设置项目的存储位置和文件名，然后单击“确定”按钮确定，如图10-25所示。

02 选择“文件→导入”命令，打开“导入”对话框，选择要导入的素材，单击“打开”按钮打开(O)，如图10-26所示，将素材导入“项目”面板，如图10-27所示。

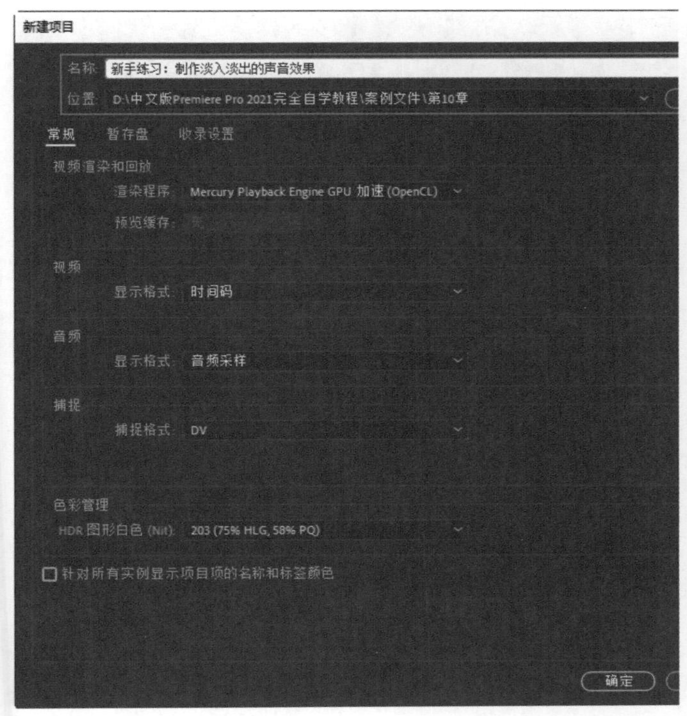

图10-25

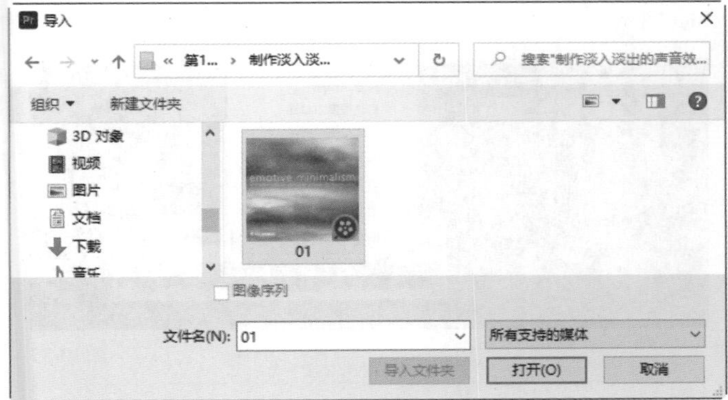

图10-26

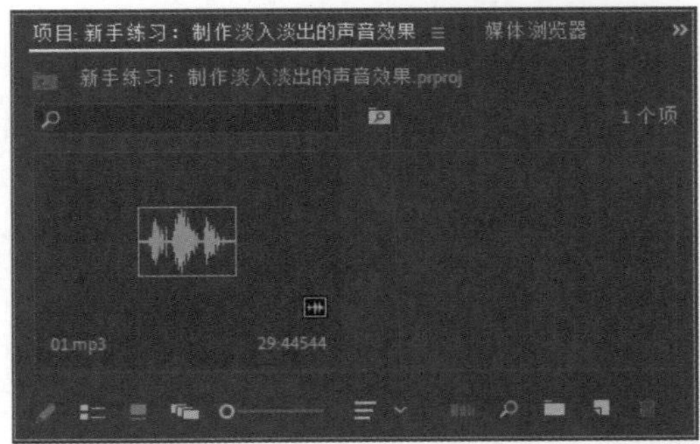

图10-27

03 选择“文件→新建→序列”命令，在打开的“新建序列”对话框中选择一个预设或创建一个自定义设置，再单击“确定”按钮 确定 创建一个新项目，如图10-28所示。

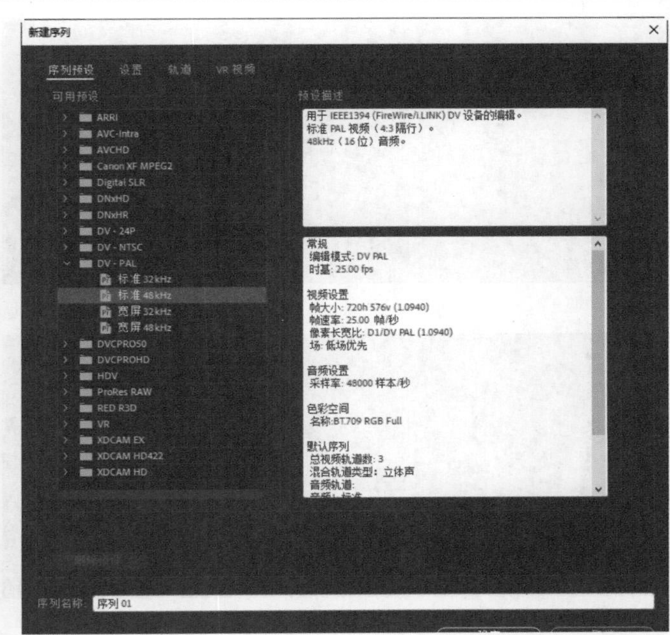

图10-28

04 将音频素材从“项目”面板中拖曳至“时间轴”面板的A1轨道中，如图10-29所示。

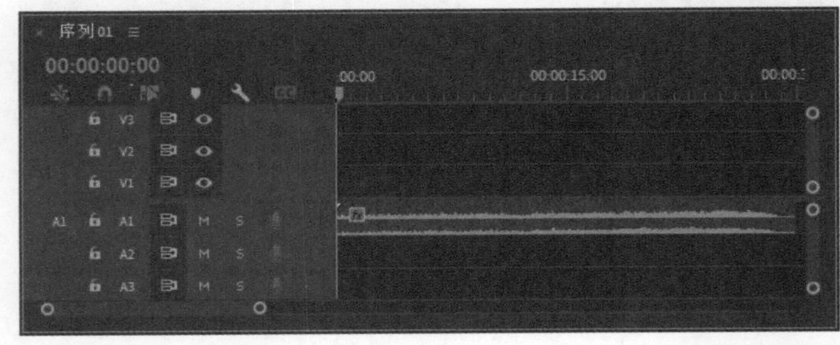

图10-29

05 在“时间轴”面板中，用“剃刀工具”将音频素材裁切为3段，如图10-30所示。用“选择工具”选择首尾两段素材，按Delete键删除，如图10-31所示。

06 在A1轨道音频素材的前面空白处单击鼠标右键，选择弹出的“波纹删除”命令，如图10-32所示。删除波纹后的“时间轴”面板如图10-33所示。

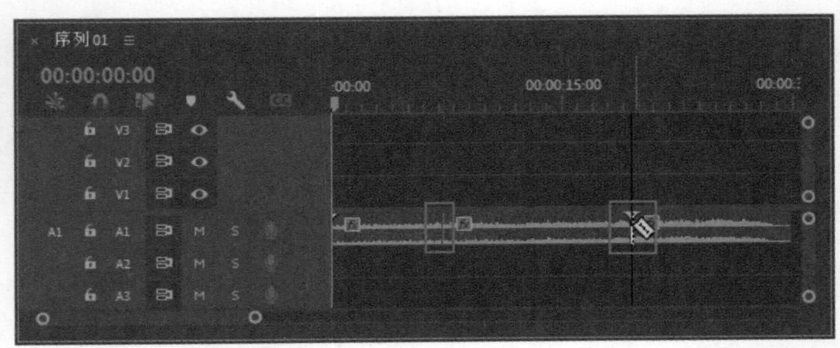

图10-30

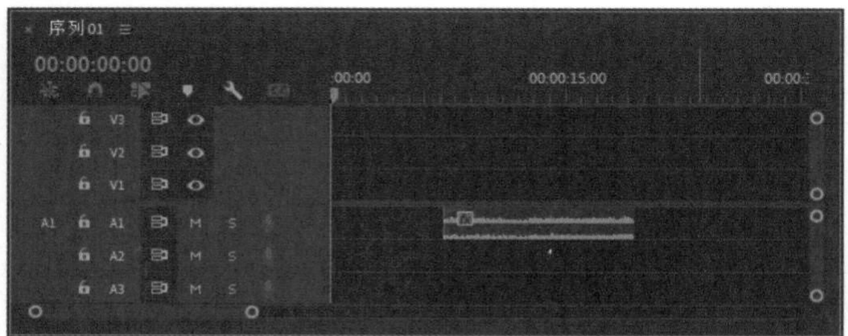

图10-31

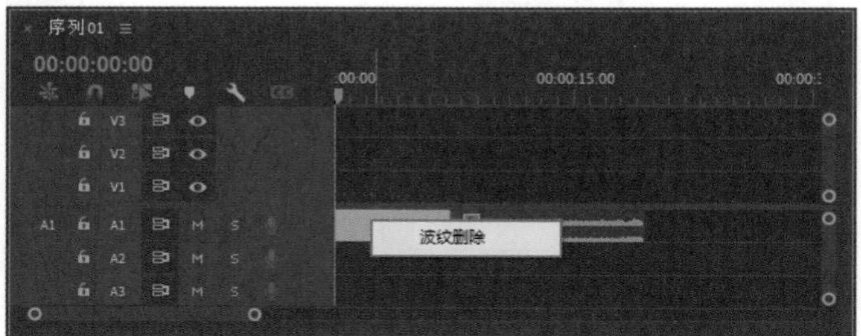

图10-32

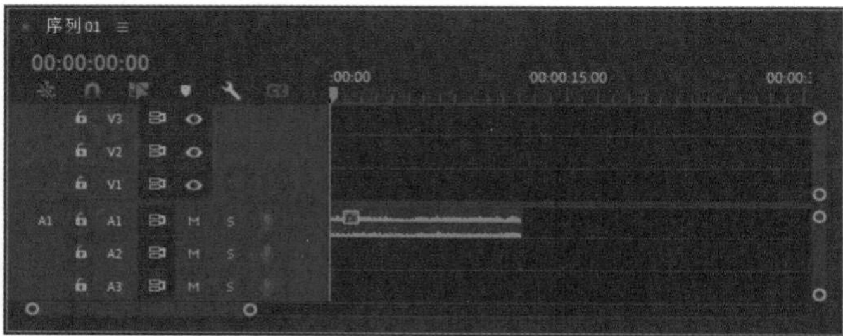

图10-33

07 双击A1轨道控件后面的空白处，将音频轨道展开，并调整时间线的时间间隔，如图10-34所示。

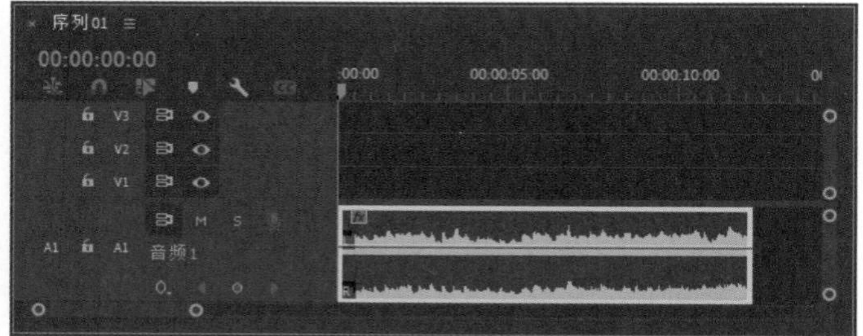

图10-34

08 选择“钢笔工具”，在“时间轴”面板音频素材中间的白色分隔线上单击创建4个关键帧，如图10-35所示。

09 将创建的开始处和结束处的关键帧向下拖曳，即可创建淡入淡出的音频效果，如图10-36所示。可在“节目”监视器中单击“播放-停止切换”按钮试听音频的淡入淡出效果。

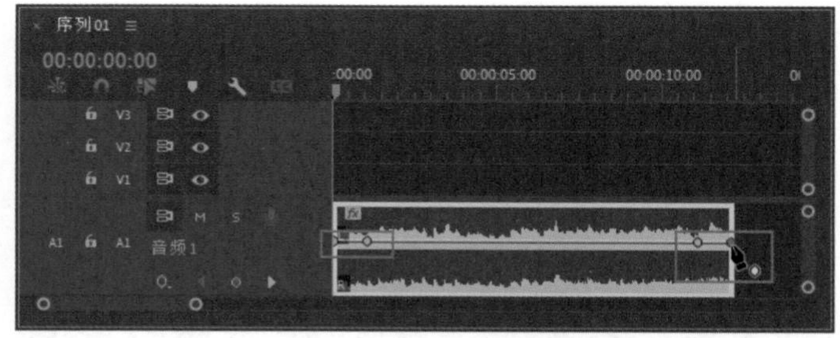

图10-35

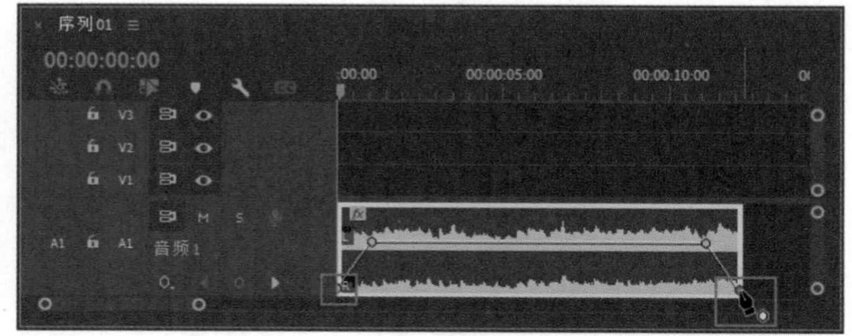

图10-36

技巧与提示

要移除关键帧，可以单击关键帧，按Delete键将其删除。也可以在关键帧上单击鼠标右键，在弹出的菜单中选择“删除”命令，如图10-37所示。

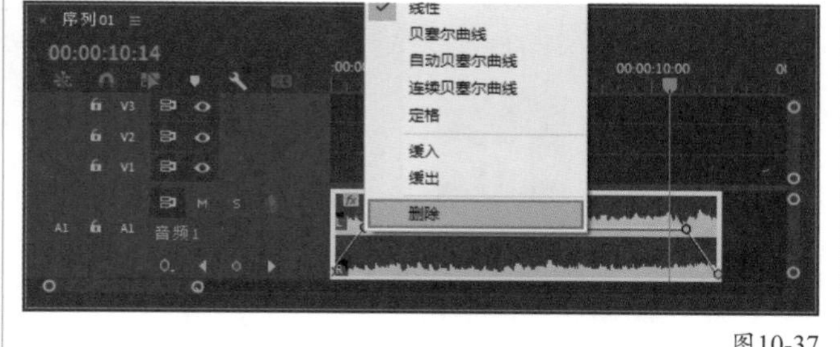

图10-37

10.5.3 声像器平衡

Premiere允许调整立体声轨道中的立体声声道均衡。在调整立体声声道均衡时，可以将声音从一个轨道中重新分配到另一个轨道中。在调整均衡时，因为提高了一个轨道的音量，所以要降低另一个轨道的音量。用户可按照以下操作调整立体声声道均衡。

选中“时间轴”面板中的音频素材，单击鼠标右键，在弹出的菜单中选择“显示剪辑关键帧→声像器→平衡”命令，如图10-38所示。要调整立体声音量级别，可以选择“选择工具”或“钢笔工具”，然后在轨道音频中间的白色分隔线上拖曳。

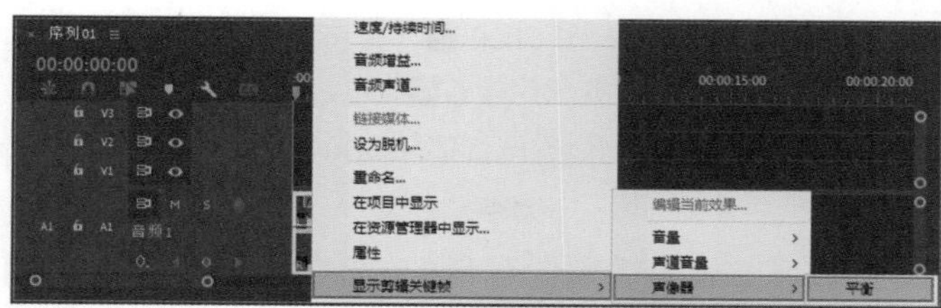

图10-38

10.6 应用音频过渡和音频效果

在Premiere中可以为音频添加系统自带的音频过渡效果和音频效果，从而使音频产生特殊效果。

10.6.1 音频过渡效果

在Premiere的“效果”面板中预存了很多音频过渡效果和音频效果。“音频过渡”中提供了3个“交叉淡化”过渡效果，如图10-39所示。在使用音频过渡效果时，只需要将其拖曳到音频素材的入点或出点位置，然后在“效果控件”面板中进行具体设置即可。

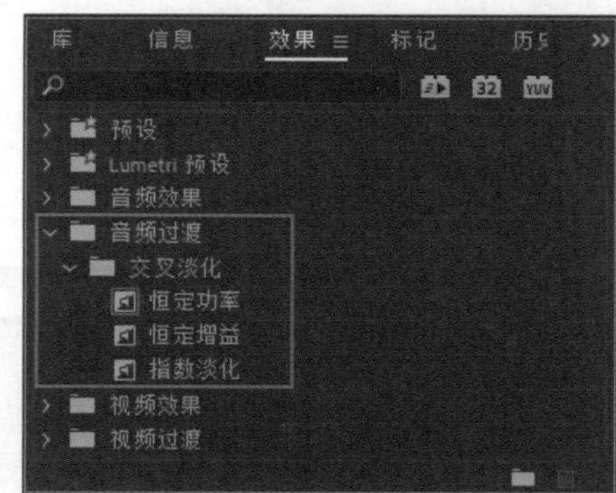

图10-39

恒定功率：默认的音频过渡效果，它产生一种听起来像是逐渐淡入和淡出人们耳朵的声音效果。

恒定增益：可以创造精确的淡入和淡出效果。

指数淡化：可以创建弯曲淡化效果，它通过创建不对称的指数型曲线来创建声音的淡入淡出效果。

技巧与提示

通常，“交叉淡化”用于创建两个音频素材之间的流畅切换效果。但是，在使用Premiere时，可以将“交叉淡化”效果放在音频素材的前面创建淡入效果，或者放在音频素材的末尾创造淡出效果。

10.6.2 音频效果

“音频效果”素材箱中存放着40多种音频效果，如图10-40所示。将这些效果直接拖曳到“时间轴”面板中的音频素材上，即可对该音频素材应用相应的音频效果。

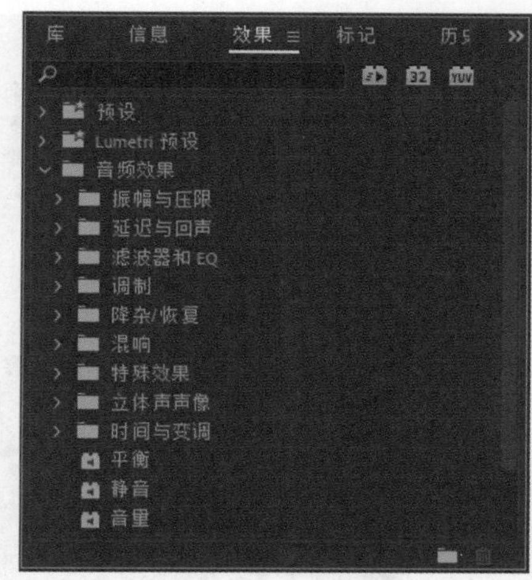

图10-40

常用音频效果的作用如下。

多功能延迟：一种多重延迟效果，可以为素材中的原始音频添加多达4次的回声效果。

多频段压缩器：可以分波段控制的三波段压缩器。

低音：允许增大或减小较低频率（等于或低于200 Hz）的声音的音量。

平衡：允许控制左右声道的相对音量，正值增大右声道的音量，负值增大左声道的音量。

声道音量：允许单独控制素材或轨道的立体声或5.1声道中每一个声道的音量，每一个声道的电平单位为分贝。

室内混响：通过模拟室内音频播放的声音，为音频素材添加气氛和温馨感。

消除嗡嗡声：一种滤波效果，可以删除超出指定范围或波段的频率。

反转：将所有声道的相位颠倒。

高通：删除低于指定频率界限的频率。

低通：删除高于指定频率界限的频率。

延迟：可以添加音频素材的回声。

参数均衡器：可以增大或减小与指定中心频率接近的频率。

互换声道：可以交换左右声道信息的布置，只能应用于立体声素材。

高音：允许增大或减小高频（等于或高于4 000 Hz）声音的音量，“提升”选项指定调整的量，单位为分贝。

音量：可使用“音量”效果代替固定音量效果，其中正值表示增大音量，负值表示减小音量。

与应用视频效果一样，当给素材添加了音频效果之后，可以选中素材，打开“效果控件”面板调整效果的具体参数。例如给音频添加“多功能延迟”效果，打开“效果控件”面板，如图10-41所示。

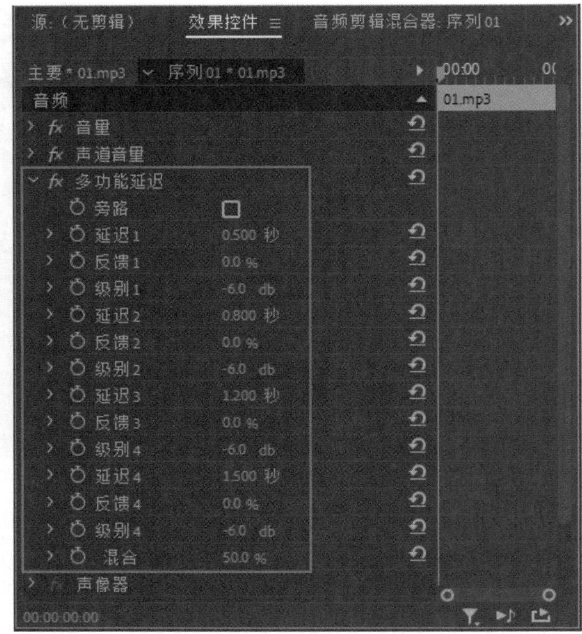

图10-41

在“效果控件”面板中可对音频效果做如下操作。

单击效果名称前面的展开按钮，可以展开效果选项，如图10-42所示。

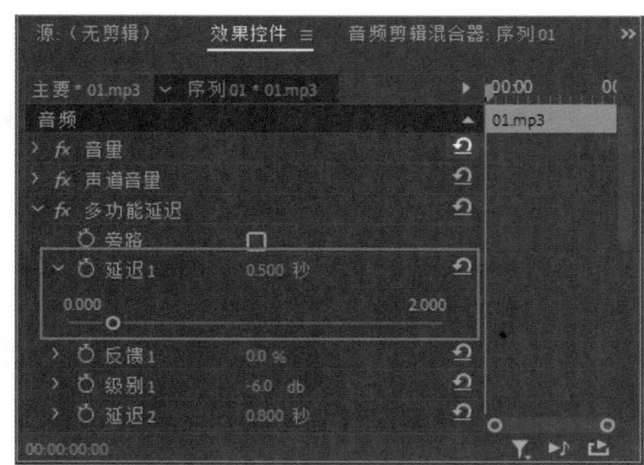

图10-42

拖曳“效果控件”面板中的滑块，或者在控件的字段中输入一个值，可以调整“效果”面板中的效果。

单击“效果控件”面板底部中的“仅播放该剪辑的音频”按钮，可播放声音。

在“效果控件”面板中的音频效果名称上单击鼠标右键，并从弹出菜单中选择“清除”命令，可以删除应用到素材上的音频效果（固定音量效果除外）。

要阻止播放应用到音频素材中的某一效果，可单击效果名称旁边的“切换效果开关”按钮，将该效果关闭，要打开该效果，单击“切换效果开关”按钮即可。

拖曳“效果控件”面板底部的缩放滑块，可以缩放该面板中的时间轴线显示比例。

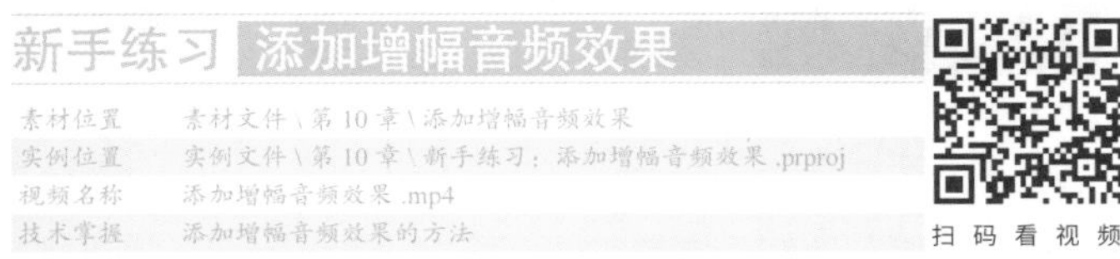

新手练习 添加增幅音频效果

素材位置　素材文件\第10章\添加增幅音频效果
实例位置　实例文件\第10章\新手练习：添加增幅音频效果.prproj
视频名称　添加增幅音频效果.mp4
技术掌握　添加增幅音频效果的方法

扫码看视频

本案例将通过添加增幅音频效果，讲解为音频添加音频效果的操作，案例如图10-43所示。

图10-43

01 选择“文件→新建→项目”命令，打开“新建项目”对话框，输入项目文件名称，新建一个项目文件，如图10-44所示。

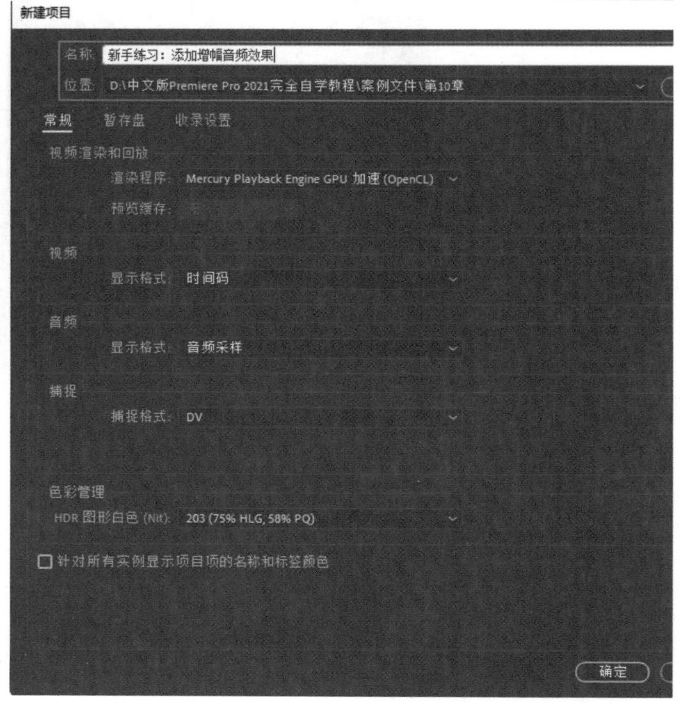

图10-44

02 选择“文件→导入”命令，打开“导入”对话框，如图10-45所示。将所需素材导入“项目”面板中，如图10-46所示。

图10-45

图10-46

03 将“项目”面板中的“车.mp4”素材拖曳到“时间轴”面板中，自动新建一个序列，其音频素材将被自动添加到A1轨道中，如图10-47所示。

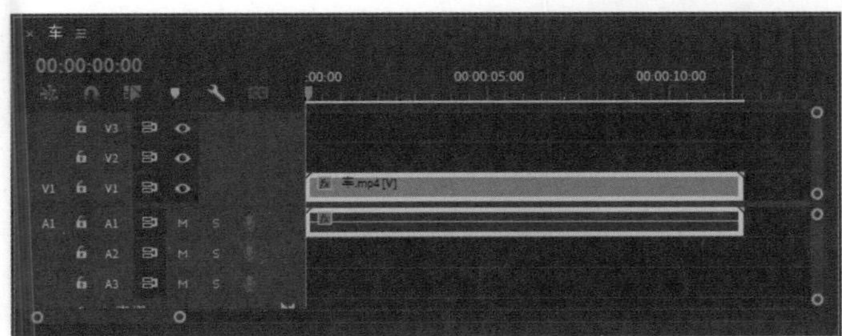

图10-47

04 选中“时间轴”面板中的素材，单击鼠标右键，在弹出的菜单中选择“取消链接”命令，如图10-48所示。

05 取消素材的音视频链接后，选择音频，按Delete键将其删除，如图10-49所示。

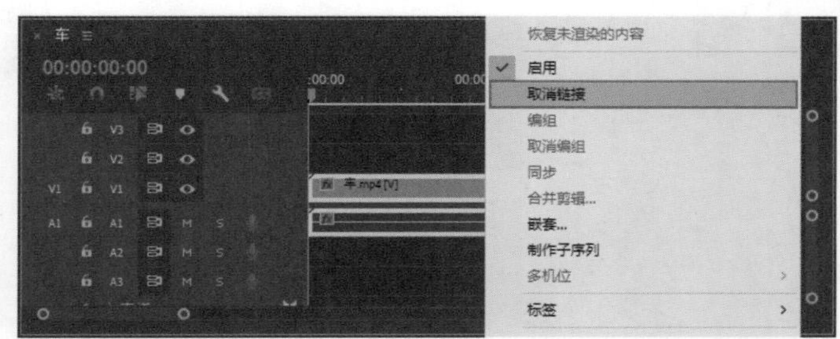

图10-48

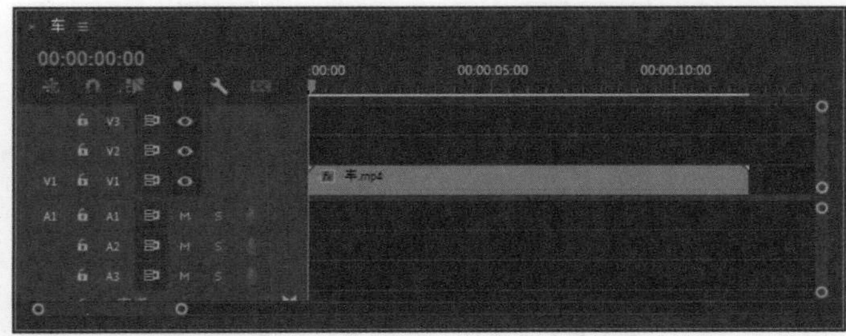

图10-49

06 将“项目”面板中的“音乐.wav”素材导入“时间轴”面板的A1轨道中，如图10-50所示。

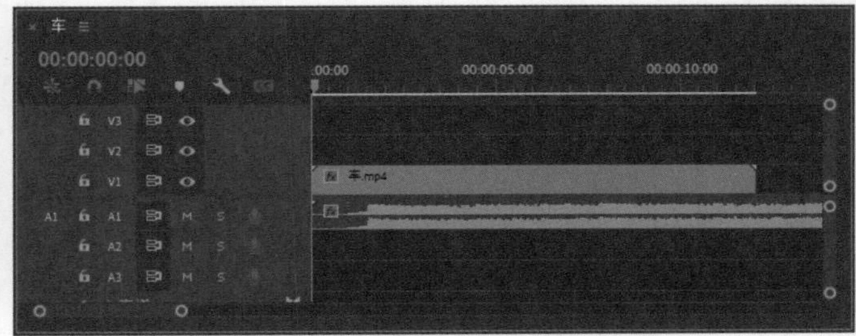

图10-50

07 将时间指示器移动到00:00:12:00的位置，用“剃刀工具”对音频素材进行裁切，如图10-51所示。选中后半部分音频，按Delete键将其删除，如图10-52所示。

08 打开“效果”面板，在搜索框中搜索“增幅”，如图10-53所示，将搜索到的“增幅”效果拖曳到A1轨道中的音频素材上。

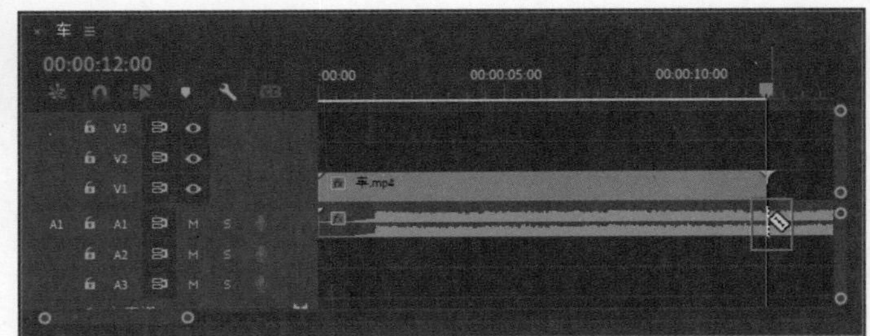

图10-51

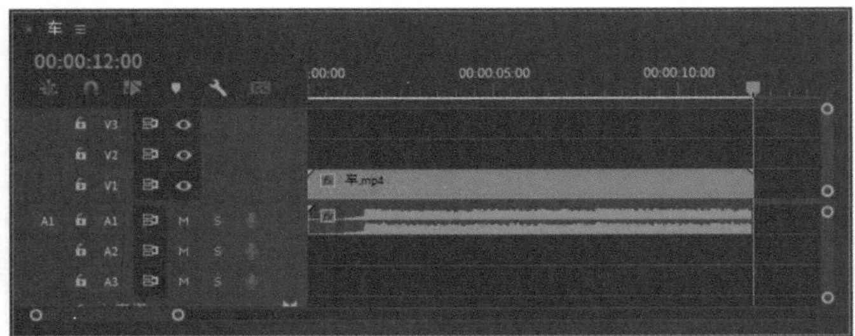

图10-52

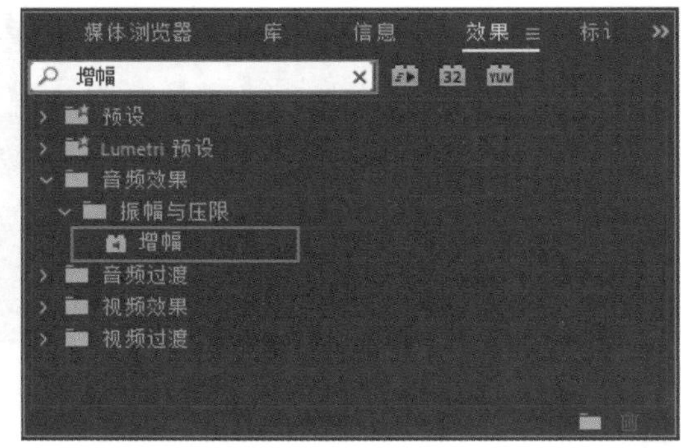

图10-53

09 选中“时间轴”面板中的音频素材，打开“效果控件”面板，展开“增幅 输入：L，R，输出：L，R”选项组，单击“编辑”按钮，如图10-54所示。

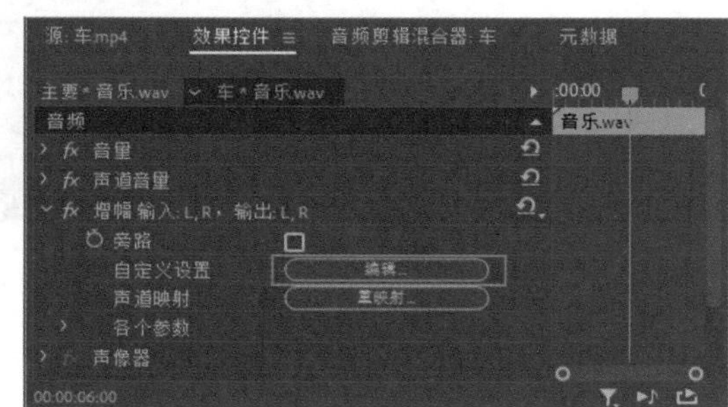

图10-54

10 在打开的“剪辑效果编辑器”窗口中设置“左侧”和“右侧”的增益值均为12 dB，完成音频效果的添加与编辑，如图10-55所示。

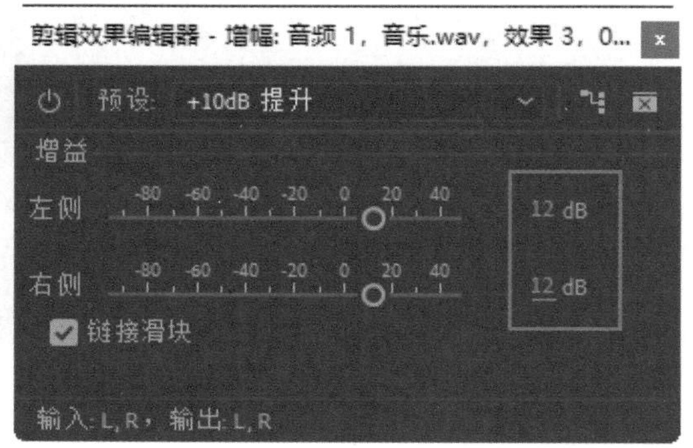

图10-55

11 在“节目”监视器面板中单击“播放-停止切换”按钮，对视频效果进行预览，完成本例的制作，效果如图10-56所示。

图10-56

10.7 音轨混合器

Premiere的音轨混合器是音频编辑中最强大的工具之一。运用音轨混合器可以对音轨素材的播放效果进行编辑和实时控制。

10.7.1 认识音轨混合器面板

选择“窗口→音轨混合器”命令（在有序列的情况下，会展开包含序列名称的子命令，选择相应的序列名称即可），打开“音轨混合器”面板，如图10-57所示。“音轨混合器”面板为每一条音轨都提供了一套控制方法，每条音轨也根据“时间轴”面板中的相应音频轨道进行编号。使用该面板，可以设置每条轨道的音量大小、静音等。

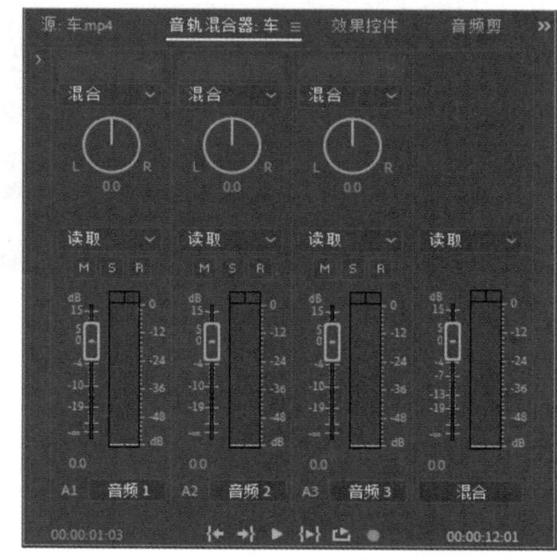

图10-57

左右声道平衡：将“左/右平衡”旋钮向左转用于控制左声道，向右转用于控制右声道，也可以单击旋钮下面的数值栏，输入数值控制左右声道，如图10-58所示。

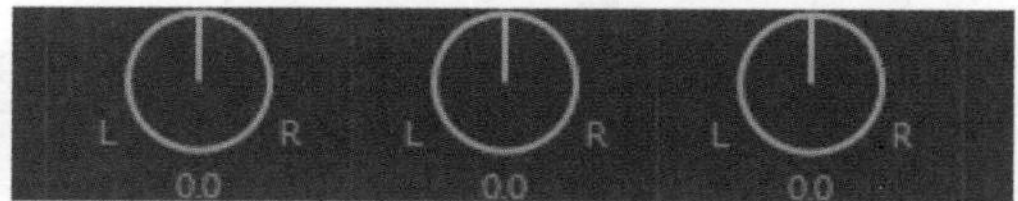

图10-58

静音、独奏、录音：M（静音轨道）按钮控制静音效果，S（独奏轨道）按钮可以使其他音轨上的片段呈静音效果，只播放该音轨声音，R（启用轨道以进行录制）按钮用于录音控制，如图10-59所示。

图10-59

音量控制：将滑块上下拖曳，可以调节音量的大小，旁边的刻度用来显示音量值，如图10-60所示。

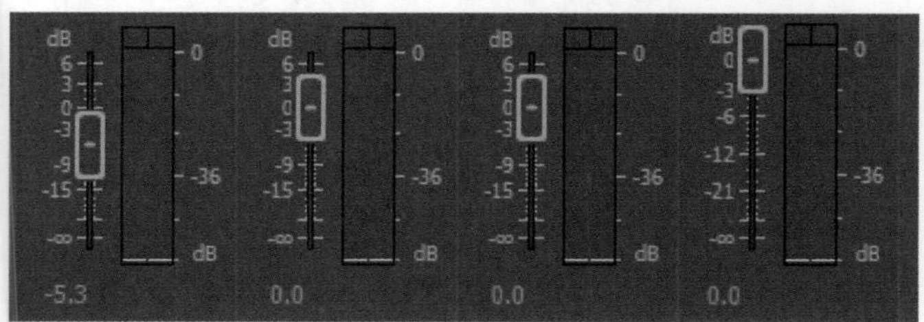

图10-60

音轨号：对应着“时间轴”面板中的各个音频轨道，如图10-61所示，如果在“时间轴”面板中增加了一条音频轨道，则在“音轨混合器”面板中也会显示出相应的音轨号。

图10-61

自动模式：在该下拉列表中可以选择一种音频控制模式，如图10-62所示。

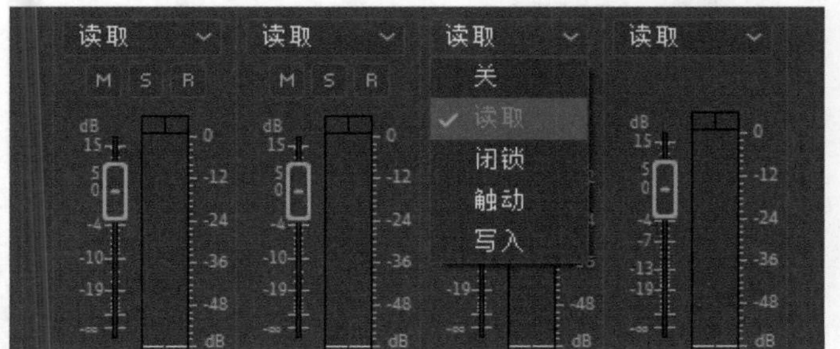

图10-62

播放控制：包括“转到入点”“转到出点”“播放-停止切换”“从入点到出点播放视频”“循环”“录制”按钮，如图10-63所示。

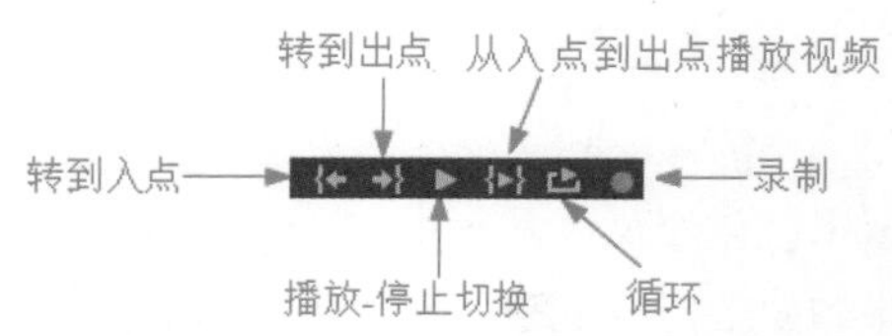

图10-63

10.7.2 声音调节和平衡控件

平衡用于重新分配立体声轨道和5.1轨道的输出。在输出到立体声轨道或5.1轨道中时，“左/右平衡”旋钮用于控制单声道轨道的音量级别。在一条声道中提高音量级别的同时，另一条声道的音量级别将降低，反之亦然。在使用声像调节或平衡时，可以拖曳“左/右平衡”旋钮上的指示器，或单击数字并输入一个数值来改变声音平衡，如图10-64和图10-65所示。

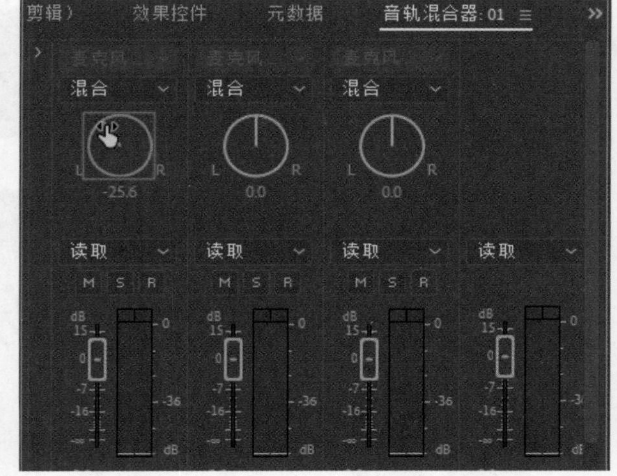

图10-64

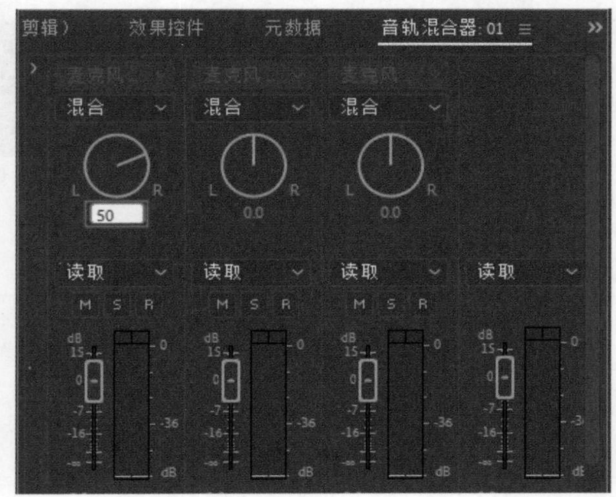

图10-65

10.7.3 添加效果

在进行音频编辑的操作中，可以将效果添加到音轨混合器中。先在“音轨混合器”面板的左上角单击“显示/隐藏效果和发送”按钮，展开效果区域，如图10-66所示。将效果加载到音轨混合器的效果区域，再调整效果的个别控件，如图10-67所示。

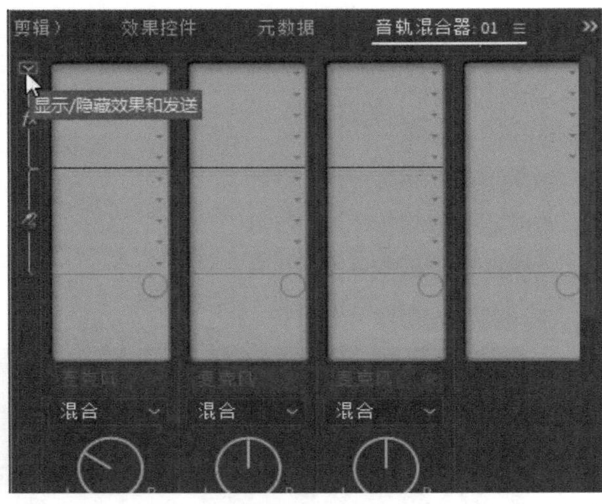

图10-66

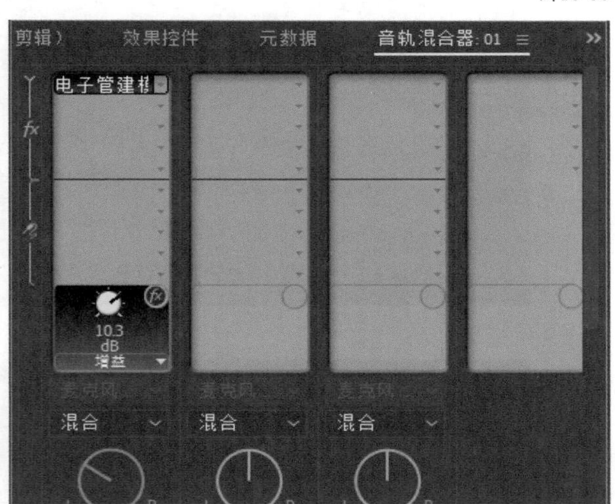

图10-67

技巧与提示

用户可以在“音轨混合器”面板中同时为一条音频轨道添加1到5种效果。

10.7.4 关闭效果

在“音轨混合器”面板中单击效果控件旋钮右边的旁路开关按钮，在该图标上会出现一条斜线（显示为），这样可以关闭相应的效果，如图10-68所示。如果要重新开启该效果，只需单击旁路开关按钮即可。

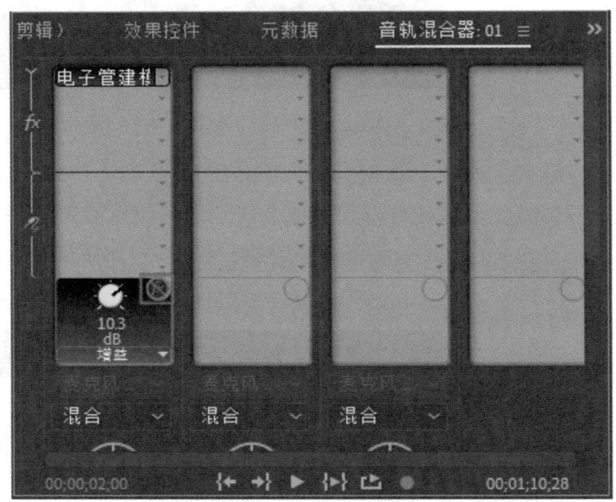

图10-68

10.7.5 移除效果

如果要移除“音轨混合器”面板中的音频效果，可以单击该效果名称右边的“效果选择”按钮，在弹出的菜单中选择“无”选项即可，如图10-69所示。

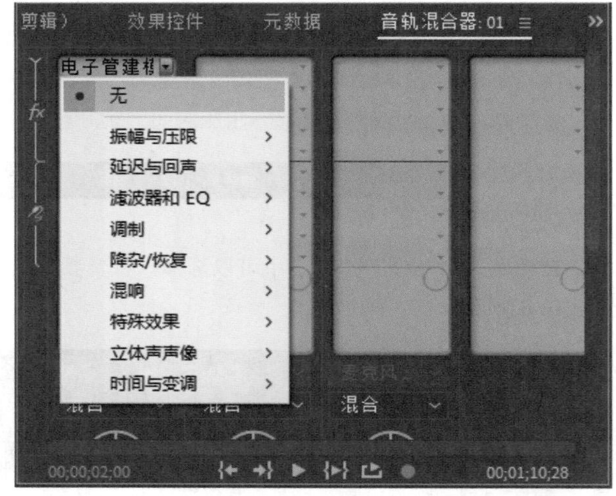

图10-69

高手进阶 用音轨混合器添加音频效果

扫码看视频

素材位置	素材文件\第10章\用音轨混合器添加音频效果
实例位置	实例文件\第10章\高手进阶：用音轨混合器添加音频效果.prproj
视频名称	用音轨混合器添加音频效果.mp4
技术掌握	使用音轨混合器编辑音频的操作

本案例将讲解使用音轨混合器编辑音频的操作，本例的最终效果如图10-70所示。

图10-70

01 选择“文件→新建→项目”命令，打开“新建项目”对话框，输入项目文件名称，新建一个项目文件，如图10-71所示。

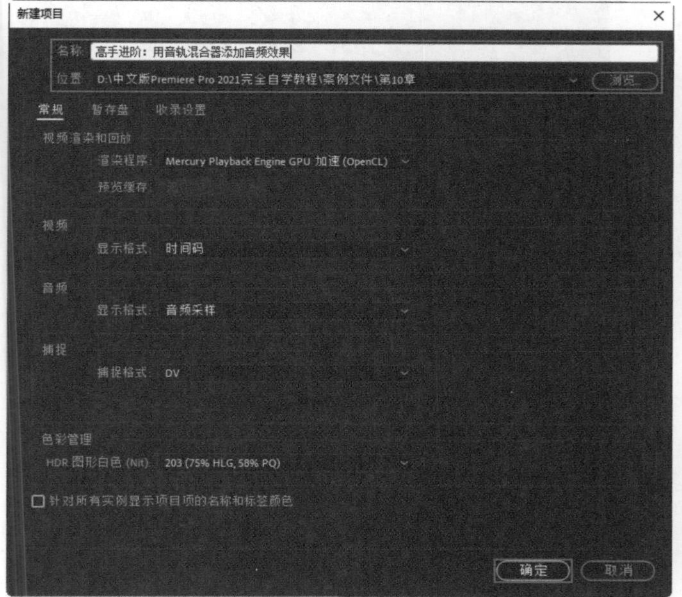

图10-71

02 选择“文件→导入”命令，打开“导入”对话框，如图10-72所示，将所需素材导入“项目”面板中，如图10-73所示。

图10-72

图10-73

03 新建一个序列，将“剪影.mp4”视频素材添加到“时间轴”面板的V1轨道中，如图10-74所示。在弹出的“剪辑不匹配警告”对话框中单击“更改序列设置”按钮 更改序列设置 ，如图10-75所示。

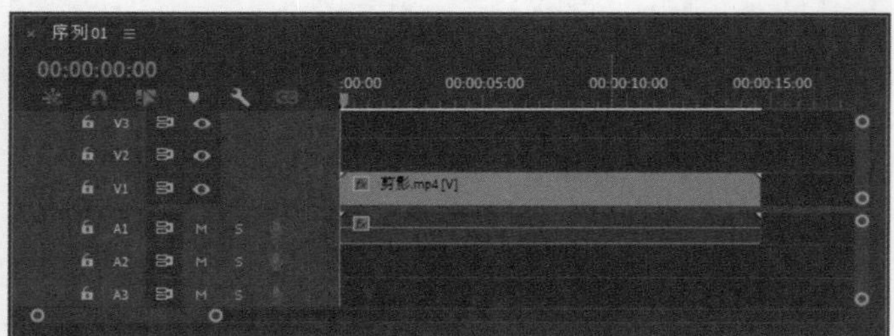

图10-74

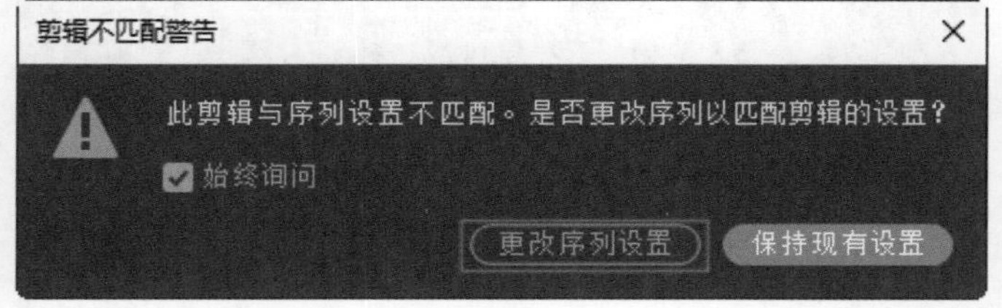

图10-75

04 解除素材的音视频链接，删掉音频素材，将“项目”面板中的“音乐.mp3”音频素材添加到“时间轴”面板的A1轨道中，如图10-76所示。

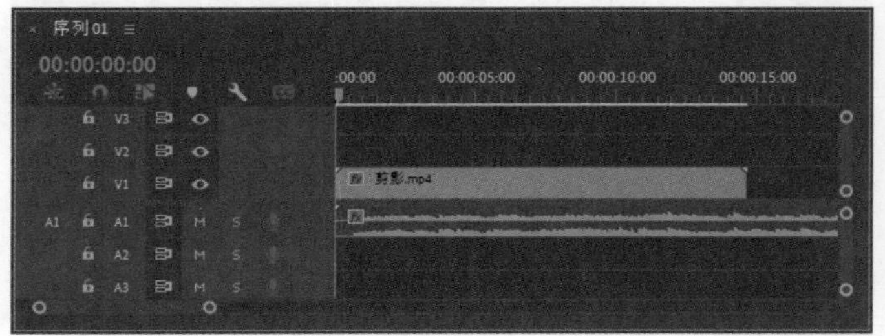

图10-76

05 将时间指示器移动到00:00:14:16处，用“剃刀工具”对音频素材进行裁切，如图10-77所示。选中后半段音频素材，按Delete键删除，如图10-78所示。

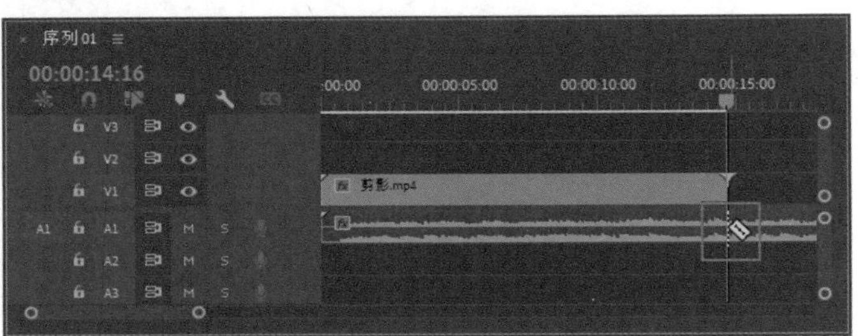

图10-77

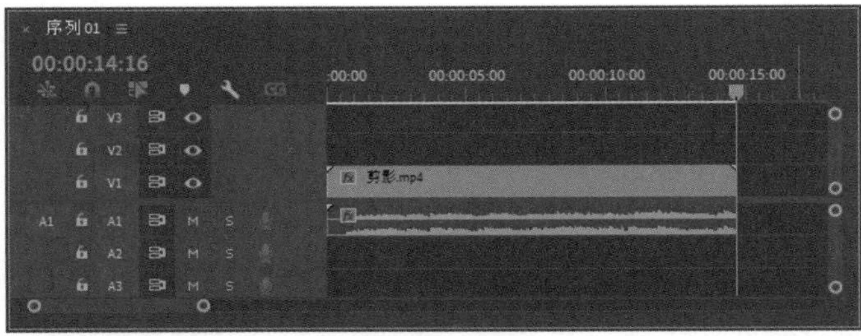

图10-78

06 双击A1轨道控件后面的空白处，展开A1轨道，选择“钢笔工具”，在00:00:13:08和音频出点的位置分别单击，为音频素材添加两个关键帧，如图10-79所示。

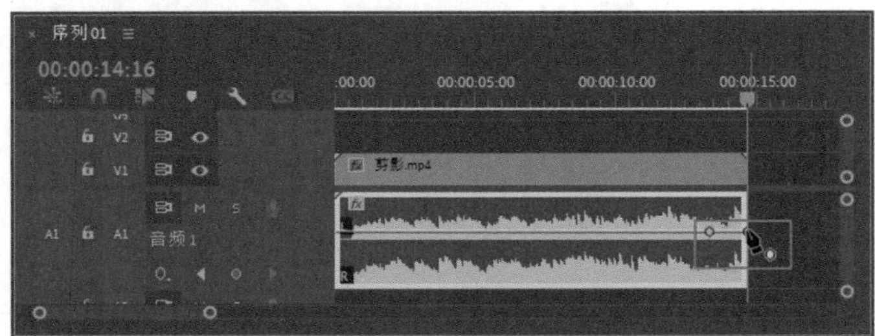

图10-79

07 将出点位置的关键帧向下拖曳到最下端，将其音量调整到最低，制作声音淡出效果，如图10-80所示。

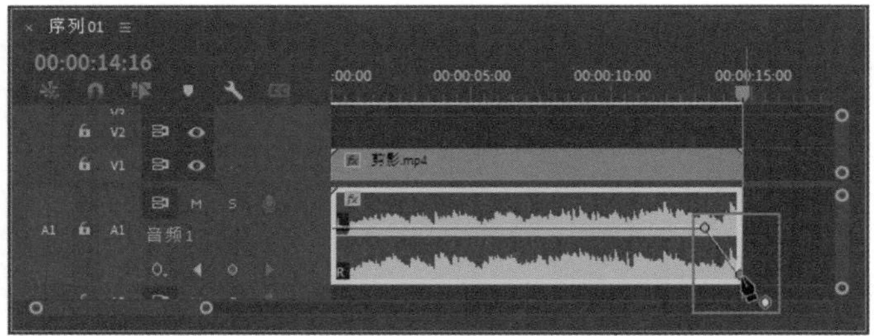

图10-80

08 选择“窗口→音轨混合器→序列01”命令，打开“音轨混合器”面板，如图10-81所示。

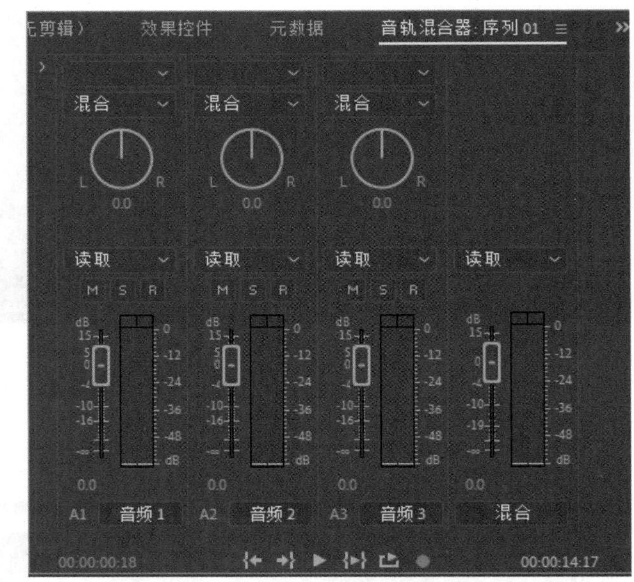

图10-81

09 单击“显示/隐藏效果和发送”按钮，显示效果和发送控件，如图10-82所示。

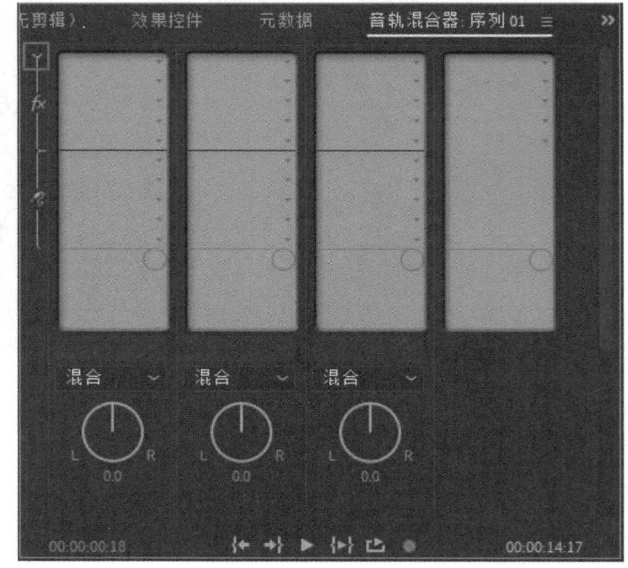

图10-82

10 单击“效果选择”按钮，如图10-83所示，在弹出的效果列表中选择“特殊效果→吉他套件”音频效果，完成音频效果的添加，如图10-84所示。

11 在“节目”监视器面板中单击“播放-停止切换”按钮，对视频效果进行预览，本例最终效果如图10-85所示。

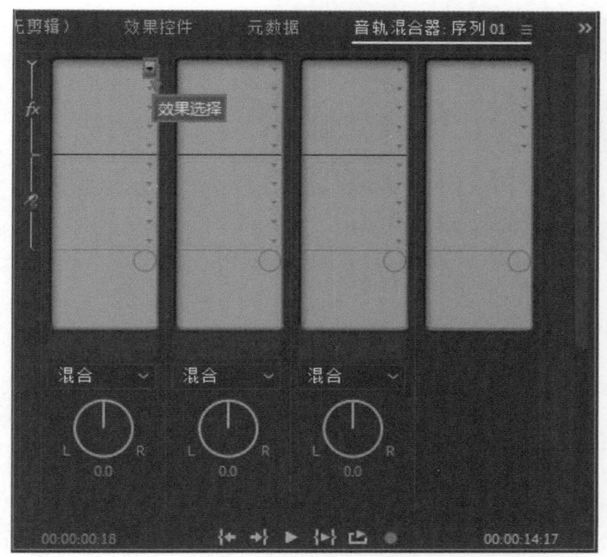

图10-83

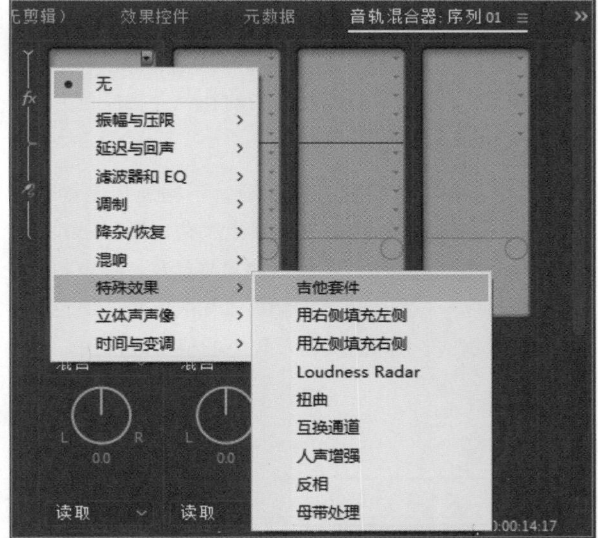

图10-84

图10-85

第11章

用Premiere调色

进行视频拍摄时，有时无法控制现场或光线条件，这就会导致视频素材太暗或太亮，或者笼罩着某种色泽。Premiere的“效果”面板中有许多视频效果，专门用于使作品色彩丰富起来。使用Premiere的色彩效果，可以调整图像的亮度、对比度和颜色。在“效果控件”面板上进行调整时，可以通过“节目”监视器面板或“参考”监视器面板预览屏幕上的所有效果。虽然无法取代在良好光线条件下的高质量视频拍摄，但是Premiere的视频效果可以提高作品的整体色调和颜色质量。

本章将讨论用于增强颜色效果的Premiere视频效果。首先概述色彩的基础知识和颜色工作区，然后讨论“效果”面板中的色彩校正类效果。

学习要点

11.1 色彩的基础知识

在开始使用Premiere校正颜色、亮度和对比度之前，先学习一些关于计算机颜色理论的重要概念。正如即将看到的那样，大多数Premiere的图像增强效果不是基于视频世界的颜色机制。相反，它们基于计算机创建颜色的原理。

11.1.1 了解RGB颜色

当观看计算机显示器上的图像时，颜色是通过红色、绿色和蓝色光线的不同组合而创建的。当需要选择或编辑颜色时，大多数计算机程序允许选择256种红、256种绿和256种蓝。这样就可以生成超过1 670万（256×256×256）种的颜色。在Premiere和Photoshop中，一个图像的红色、绿色和蓝色成分都称为通道。

如果想要使用Premiere校正颜色，那么对红色、绿色和蓝色通道如何相互作用来创建红色、绿色和蓝色及它们的补色（相反色）——青色、洋红色和黄色有一个基本了解大有裨益。

表11-1列出的各种颜色组合有助于理解不同通道是如何创建颜色的。注意数值越小颜色越暗，数值越大颜色越亮。红色为0，绿色为0，蓝色也为0的组合创建黑色，没有亮度。如果将红色、绿色和蓝色值都设置成255，就生成白色——亮度最高的颜色。如果红色、绿色和蓝色都为相同的数值，就生成深浅不同的灰色，较小的值形成深灰，较大的值形成浅灰。

表11-1颜色的RGB值

颜色	R（红色）值	G（绿色）值	B（蓝色）值
黑色	0	0	0
红色	255	0	0
绿色	0	255	0
蓝色	0	0	255
青色	0	255	255
洋红色	255	0	255
黄色	255	255	0
白色	255	255	255

技巧与提示

RGB颜色中的两个颜色值为255，另一个颜色值为0时会生成青色、洋红色或黄色。它们是红色、绿色、蓝色的补色。可以看出绿色和蓝色值越大，生成的颜色越偏青；红色和蓝色值越大，生成的颜色就会越偏洋红；红色和绿色值越大，生成的颜色就会越偏黄。

11.1.2 通过拾色器修改颜色

Premiere的“拾色器”面板就是一个说明红色、绿色和蓝色通道如何创建颜色的工具。使用拾色器，可以通过指定红色、绿色和蓝色值选择颜色。要打开“拾色器”面板，可以单击任意的“填充”或“颜色”旁边的小色块，如图11-1所示。“拾色器”对话框如图11-2所示。

图11-1

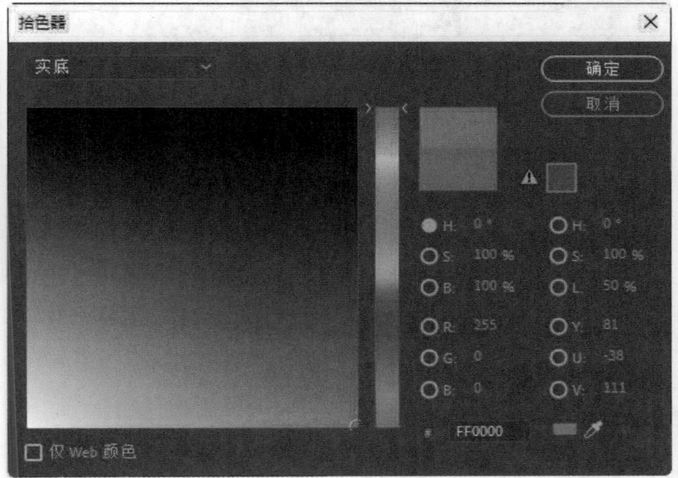

图11-2

在“拾色器”对话框中，可以单击对话框的主要色彩区，或者输入特定的RGB值，为文字和图形选择颜色。在使用“拾色器”对话框时，可以在对话框右上角颜色样本的上半部分中预览到设置的颜色。颜色样本的下半部分显示为初始颜色。如果希望恢复成初始颜色，只需单击下半部分颜色样本即可。

如果选择的颜色不在NTSC（全国电视系统委员会）制式视频色域之内，Premiere会显示范围警告信号，这个信号看起来类似黄色三角中加一个惊叹号，如图11-3所示。要使颜色改变成最接近NTSC制式的颜色，只需单击范围警告信号即可。

如果希望使用专门用于Web的颜色，可以勾选拾色器对话框左下角的“仅Web颜色”复选框，如图11-4所示。

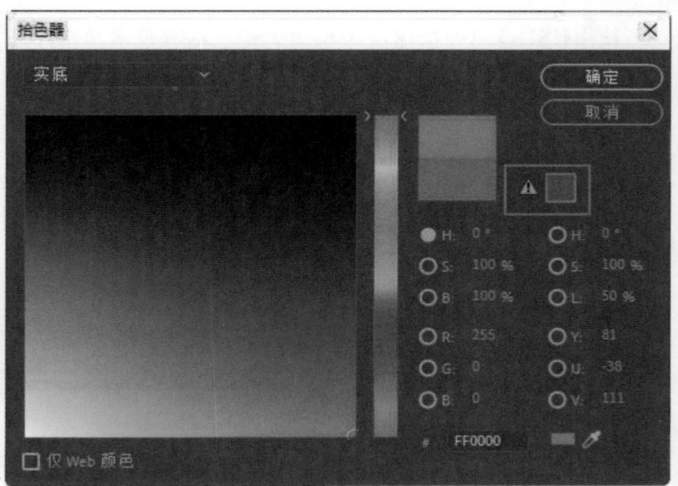

图11-3

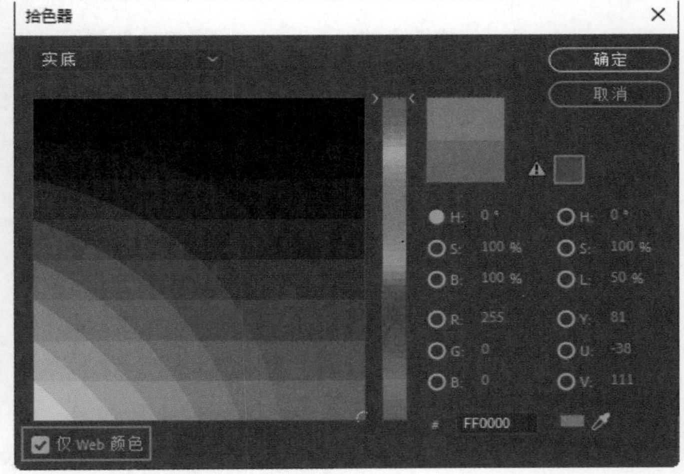

图11-4

技巧与提示

PAL（逐行倒相）和SECAM（顺序传送彩色与存储）制式视频使用的色域比NTSC制式要宽。如果采用的不是NTSC制式，可以忽略范围警告。

11.1.3 了解HSL颜色模式

很多Premiere的图像增强效果使用颜色通道的控件，这时，就会用到HSL颜色模式。如果刚刚接触色彩校正，可能会不理解为什么使用HSL，而不使用RGB。RGB是计算机固有的颜色创建方法，而许多艺术家发现使用HSL创建和调整颜色比使用RGB更直观。在HSL颜色模式中，颜色的创建方式与颜色的感知方式非常相似。色相指颜色，亮度指颜色的明暗，饱和度指颜色的强度。

使用HSL，能够快速启动校正工作。这一技术通常比通过增减红、绿、蓝颜色值来微调颜色节省时间，如图11-5所示。

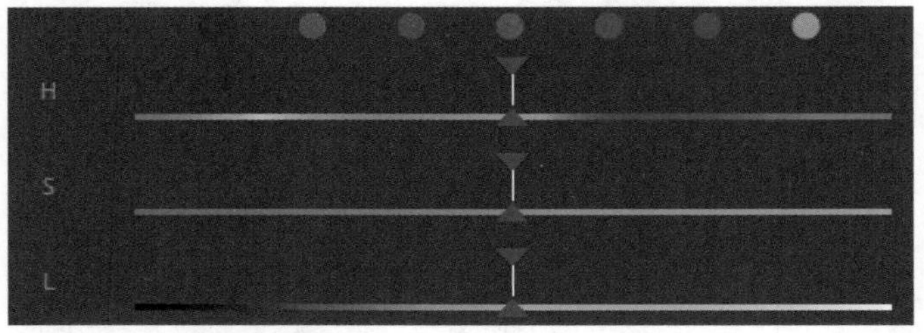

图11-5

11.1.4 了解YUV颜色系统

如果正在向视频录像带中导出视频，要牢记计算机屏幕能够显示的色域（组成图像的颜色范围）比电视屏幕的色域范围大。计算机监视器面板使用红、绿、蓝色磷光质涂层创建颜色。美国广播电视使用YCbCr标准（通常简称为YCC），YCbCr使用一个亮度通道和两个色度通道。

YCbCr基于YUV颜色系统（虽然经常用作YUV的同义词）。YUV是Premiere和PAL模拟信号电视系统使用的颜色模式。YUV系统由一个亮度通道（Y）和两个色度通道（U和V）组成。亮度通道以黑白电视的亮度值为基础。由于沿用这个值，所以适配颜色后，黑白电视的观众还能够看到彩色电视信号。

> **技巧与提示**
>
> "亮度"指图像的明亮度。如果查看图像的亮度值，会以灰度形式显示图像。"色度"通常指"色相"和"饱和度"的结合，或者减去亮度后的颜色。

与RGB和HSL一样，YUV颜色值也显示在"拾色器"对话框中。YUV颜色可以通过RGB颜色值计算得到。例如，Y（亮度）分量可以由红、绿、蓝颜色的比例计算。U分量等于从RGB中的蓝色值中减去亮度值后乘以一个常量。V分量等于从RGB中的红色值中减去亮度值后乘以另一个常量。这就是为什么色度一词实际上是指基于减去亮度值后的颜色的信号。

如果打算制作高清项目，可以选择"序列→序列设置"命令打开"序列设置"对话框，勾选"最大位深度"复选框，这个选项可以使颜色深度达到32位，这取决于序列预置的"压缩"设置，如图11-6所示。勾选"最大位深度"选项，能够提高视频效果的质量，但是会给计算机系统带来负担。

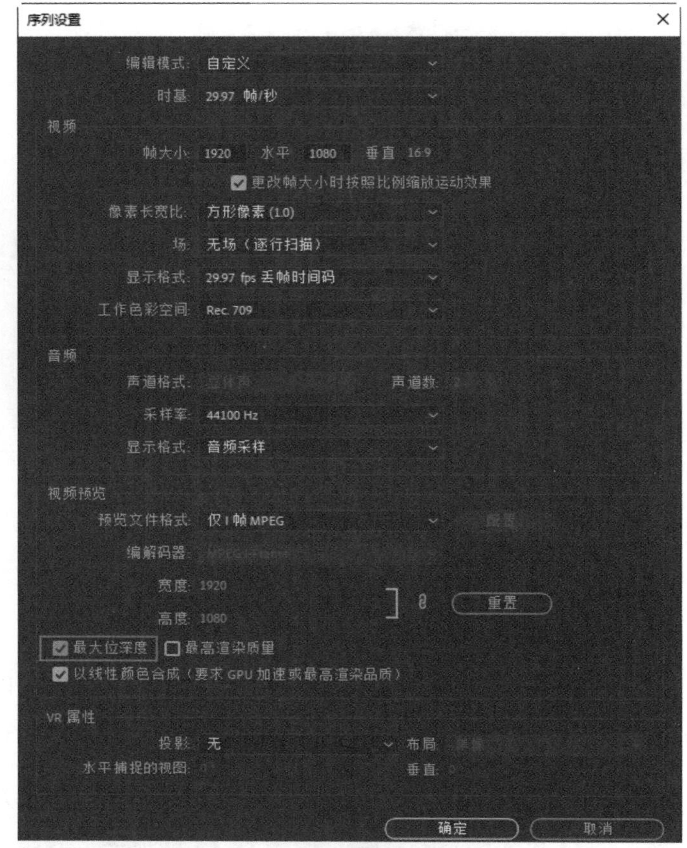

图11-6

> **技巧与提示**
>
> 使用高清预设时，视频渲染中会出现一个YUV 4：2：2选项。4：2：2比率是从模拟信号到数字信号转换的颜色向下取样比率。其中4表示Y（亮度），2：2指色度值按亮度的1/2取样。这个过程称为色度二次抽样。对颜色进行二次抽样可能是由于人眼对颜色变化的敏感度不如对亮度变化的敏感度强。

11.1.5 色彩校正基础知识

在对素材进行色彩校正之前，首先要确定是否需要对素材的阴影、中间调和高光进行全面的调整，或者素材的颜色是否需要增强或修改。确定素材需要进行哪些调整的最好的方法就是查看素材的颜色和亮度分布。可以通过"Lumetri范围"面板来进行查看，如图11-7所示。

想要用Premiere进行色彩校正，可以使用"过时"素材箱中的"自动颜色""自动对比度"和"自动色阶"效果，如图11-8所示。如果需要细微调节，可以使用"颜色校正"素材箱中的“亮度与对比度”效果，如图11-9所示。也可以使用“模糊与锐化”素材箱中的“锐化”效果，如图11-10所示。

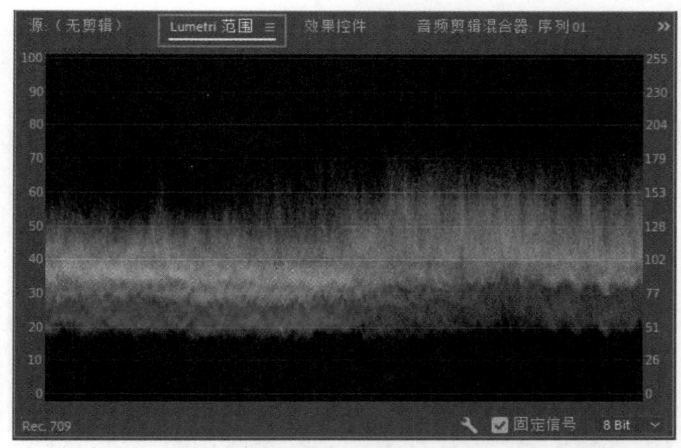

图11-7

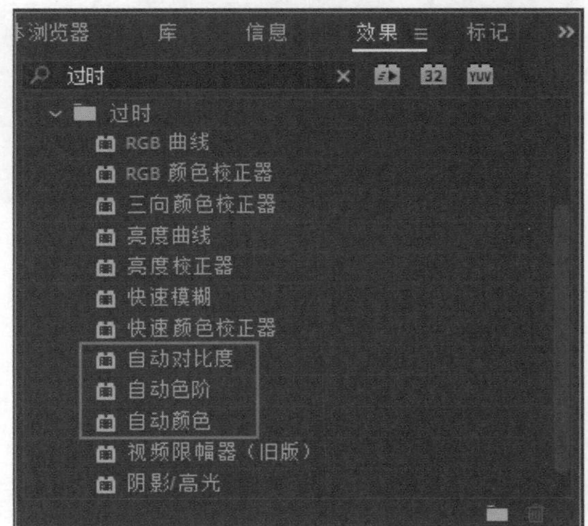

图11-8

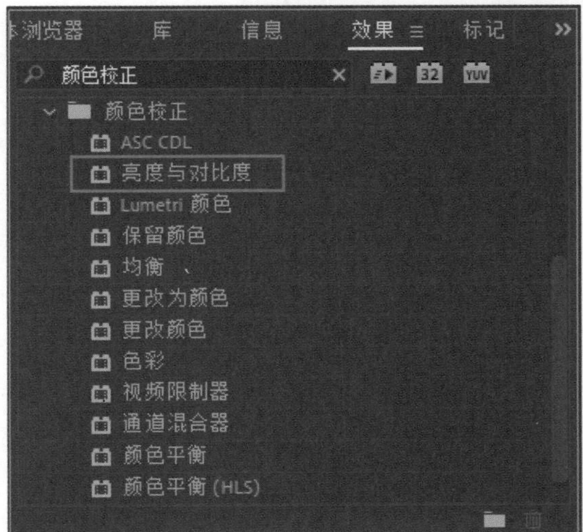

图11-9

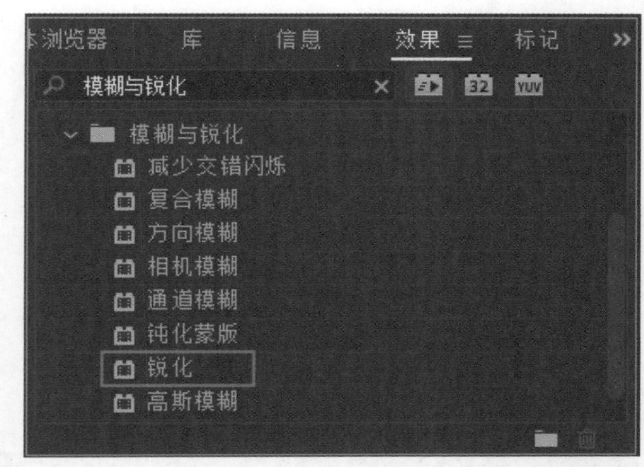

图11-10

11.2 设置颜色工作区

在开始校正视频之前，可以进行一些工作区变动来改进效果。可以选择“窗口→工作区→颜色”命令，将工作区设置为Premiere的“颜色”工作区，如图11-11所示。

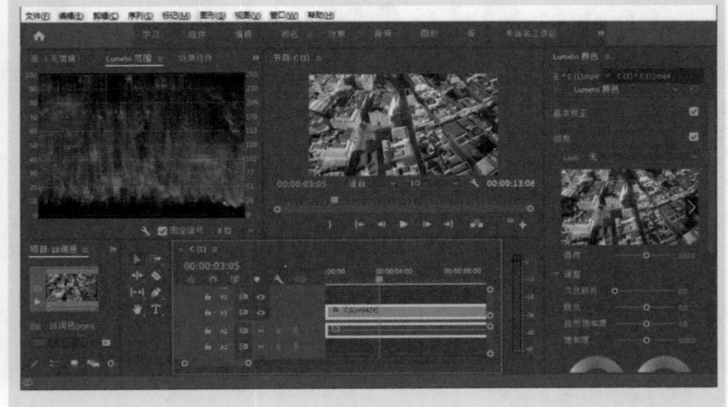

图11-11

11.2.1 认识参考面板

使用“参考”监视器面板就像使用屏幕上的另一个“节目”监视器面板一样。因此能够同时查看同一个视频序列的两种不同的场景：一个在“参考”监视器面板中，一个在“节目”监视器面板中。还可以通过“参考”监视器面板查看Premiere的视频波形，同时在“节目”监视器面板中查看该波形表示的实际视频。

如果选择使用“颜色”工作区，“参考”监视器面板会自动打开。如果“参考”监视器面板没有打开，那么可以选择“窗口→参考监视器”命令来显示“参考”监视器面板。默认情况下，“参考”监视器面板与“节目”监视器面板嵌套在一起，进行同步播放。如果没有同步播放，可以单击“参考”监视器面板上的“绑定到节目监视器”按钮，如图11-12所示，即可设置同步播放。

可以改变Premiere的“源”监视器面板、“节目”监视器面板和“参考”监视器面板的输出品质。在进行色彩调整时，可能会想要查看最高品质的输出效果，以便精确地判断色彩。要将监视器面板设置为最高品质，可以右键单击监视器面板，选择“回放分辨率”或“暂停分辨率”中的“完整”命令，如图11-13所示。

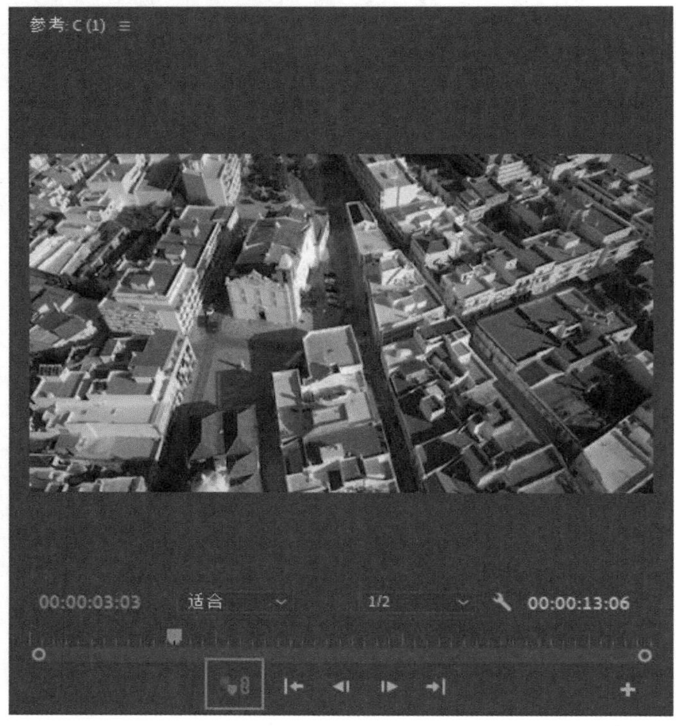

图11-12

图11-13

11.2.2 认识视频波形

Premiere的视频波形提供对色彩信息的图形表示。它们模拟专业广播中使用的视频波形，而且对于想要输出NTSC或PAL视频的Premiere用户来说尤其重要。其中一些波形输出的图形表示视频信号的色度（颜色和强度）与亮度（亮度值，尤其是黑色、白色和灰色值）。

要查看素材的波形，需先选中素材，然后单击“Lumetri范围”面板中的“设置”按钮，选择查看的波形类型，如图11-14和图11-15所示。

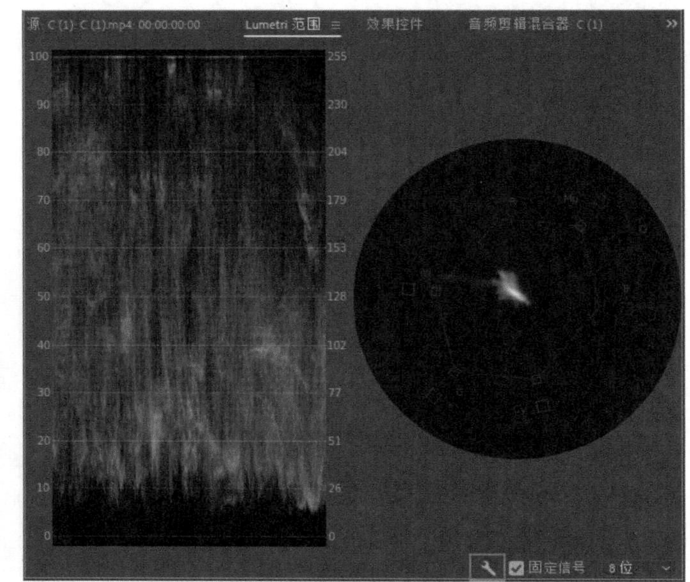

图11-14

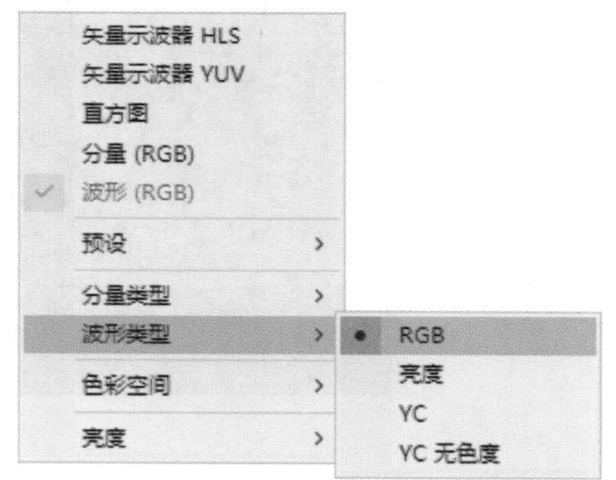

图11-15

矢量示波器

矢量示波器显示的图形表示与色相相关的素材色度。矢量示波器显示色相，以及一个带有红色、洋红色、蓝色、青色、绿色和黄色（R、Mg、B、Cy、G和Yl）标记的颜色轮盘，如图11-16所示。因此，读数的角度表示色相属性。矢量图中接近外边缘的读数代表高饱和度的颜色。中等饱和度的颜色显示在圆圈的中心和外边缘之间。视频的黑色和白色部分显示在中心。

矢量示波器中的小目标靶表示饱和度的上界色阶。NTSC视频色阶不能超过这些目标靶。图形顶部显示的控件用于修改矢量示波器显示的强度。可以单击不同的强度或者拖曳来改变“强度”百分比。这些强度选项不会改变视频中的色度级别，它们只改变波形的显示。矢量示波器上的75%选项会改变显示效果以接近模拟色度，100%选项显示数字视频色度。

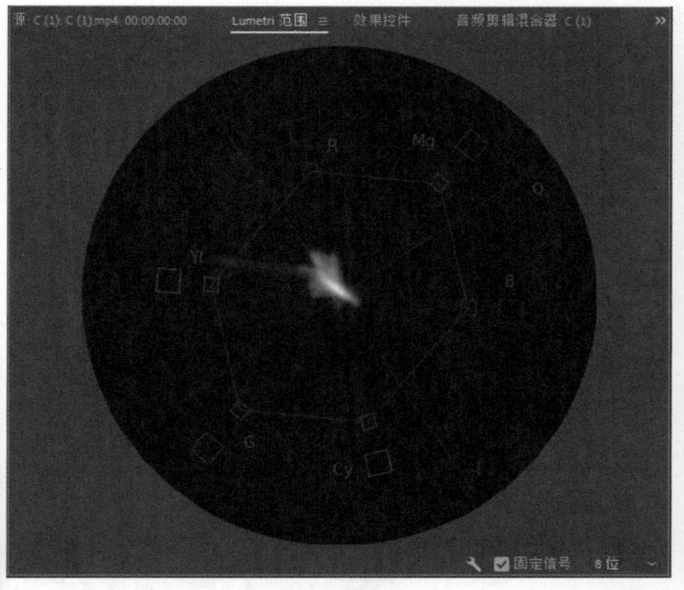

图11-16

RGB检视

RGB检视图显示视频素材中红色、绿色和蓝色级别的波形。RGB检视波形有助于确定素材中的色彩分布方式。在这个图形中，红色是第一个波形，绿色是第二个，蓝色是最后一个。RGB检视图右侧的竖直条表示每种RGB信号的范围，如图11-17所示。

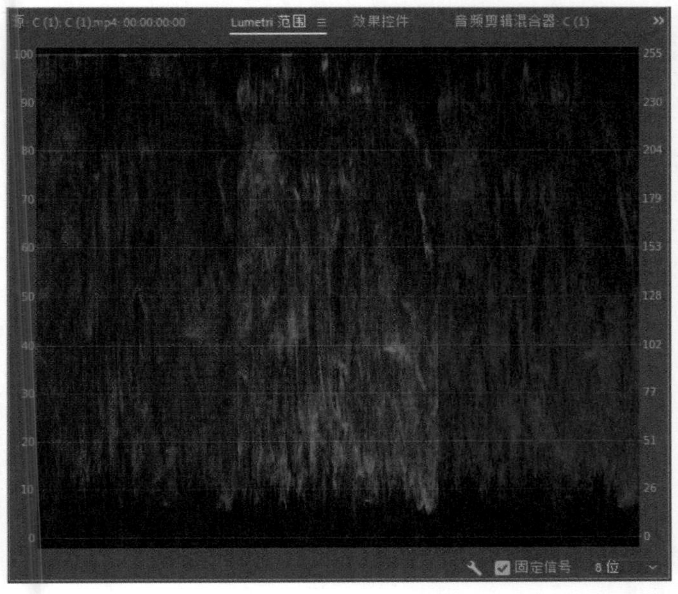

图11-17

YC波形

YC波形图提供一个表示视频信号强度的波形（Y代表亮度，C代表色度）。在YC波形中，横轴表示实际的视频素材，纵轴表示以IRE（Institute of Radio Engineers，无线电工程师协会）为度量单位的信号强度，如图11-18所示。

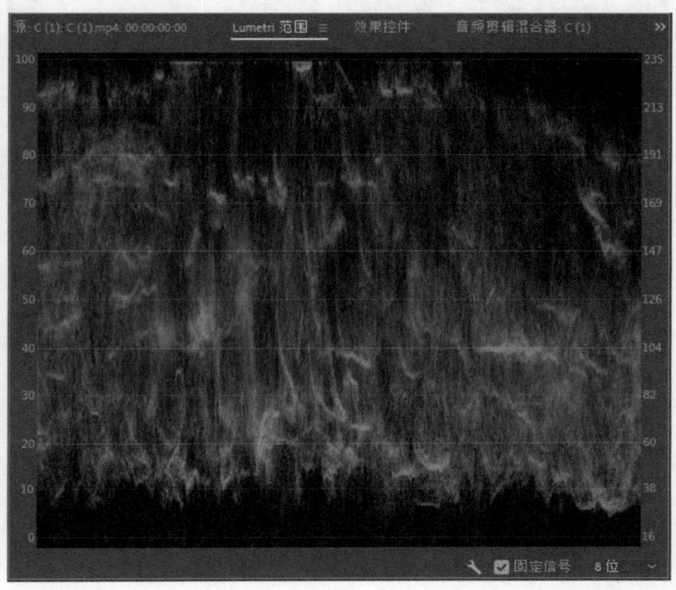

图11-18

波形中的绿色波形图案表示视频亮度。视频越亮，波形在图中的显示位置越靠上；视频越暗，波形在图中的显示位置越靠下。色度由蓝色波形表示。通常，亮度和色度会重叠在一起，而它们的IRE值也基本相等。

在美国，NTSC视频的可接受亮度级别范围为7.5 IRE（黑色级别，称为基础级别）到100 IRE（白色级别）；在日本，取值范围为0 IRE到100 IRE。为帮助理解这个波形，可以单击“色度”复选框来开或关掉色度显示。与矢量示波器一样，可以拖曳“强度”百分比来改变波形显示的强度。默认情况下，YC波形按输出模拟视频时的形式来显示波形。

分量YUV

分量YUV提供一个“检视”波形，表示视频信号中的亮度和色彩差异，如图11-19所示。可以拖曳“强度”读数来控制显示的强度。

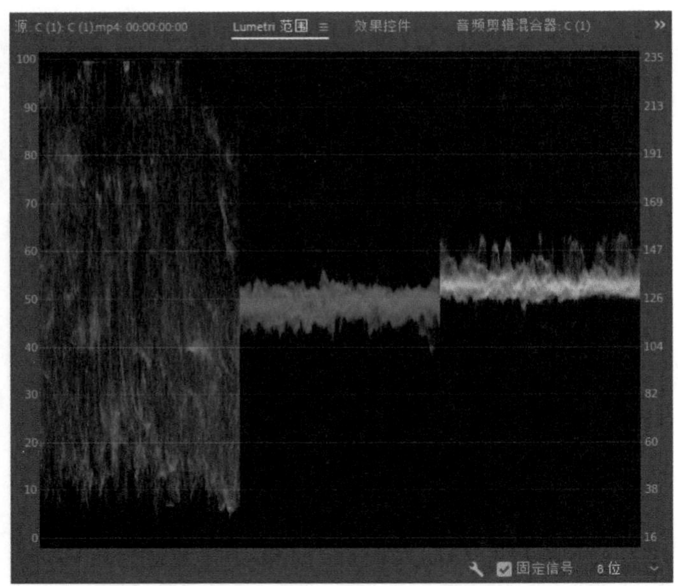

图11-19

11.3 调整和校正素材的色彩

Premiere视频效果中的色彩增强工具分散在“颜色校正”“过时”素材箱中，“颜色校正”素材箱中的效果提供校正色彩所需的最精确最快捷的选项。

应用色彩校正效果的方法与应用其他视频效果的方法相同。要应用一个效果，将其拖曳到“时间轴”面板上的一个视频素材上即可。应用完效果后，可以使用“效果控件”面板调节参数，如图11-20所示。

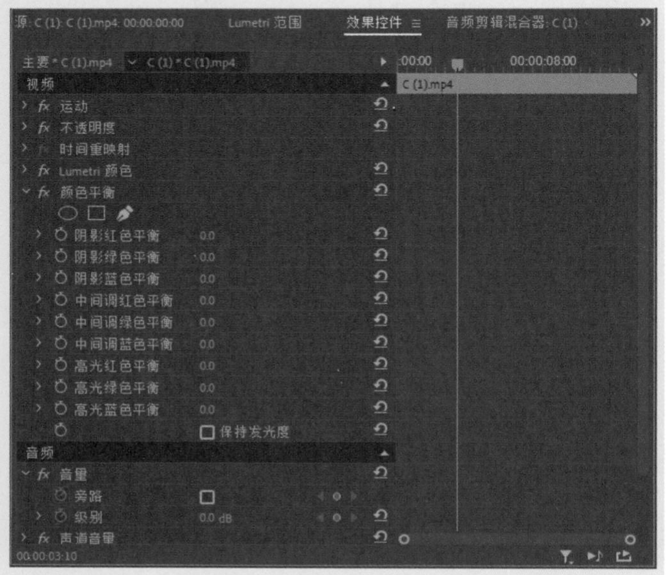

图11-20

同处理其他视频效果一样，要创建关键帧，可以单击“切换动画”按钮，然后移动时间指示器进行调节。还可以单击“重置参数”按钮取消效果设置。

11.3.1 使用颜色校正工具

Premiere最强大的色彩校正工具位于“效果”面板上的“颜色校正”素材箱中，如图11-21所示。可以使用这些效果来微调视频中的颜色和亮度。在进行调节时，可以对比查看“节目”监视器面板中的画面、视频波形或“参考”监视器面板中的画面。还有一些效果是放在“过时”素材箱中的，如图11-22所示。

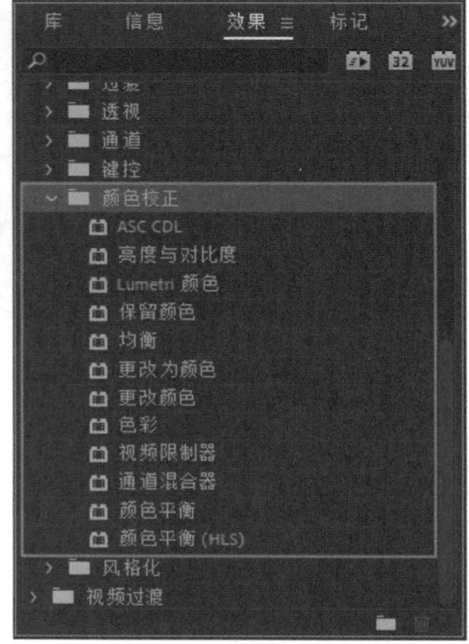

图11-21

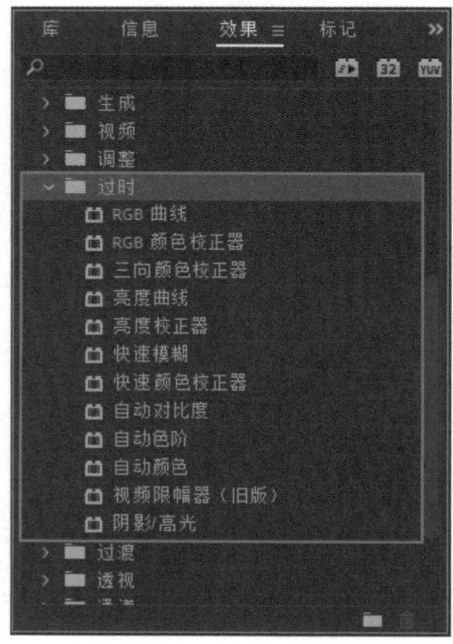

图11-22

使用色彩校正效果时，可能会注意到许多效果都比较相似，如“快速颜色校正器”和“三向颜色校正器”效果，如图11-23和图11-24所示。

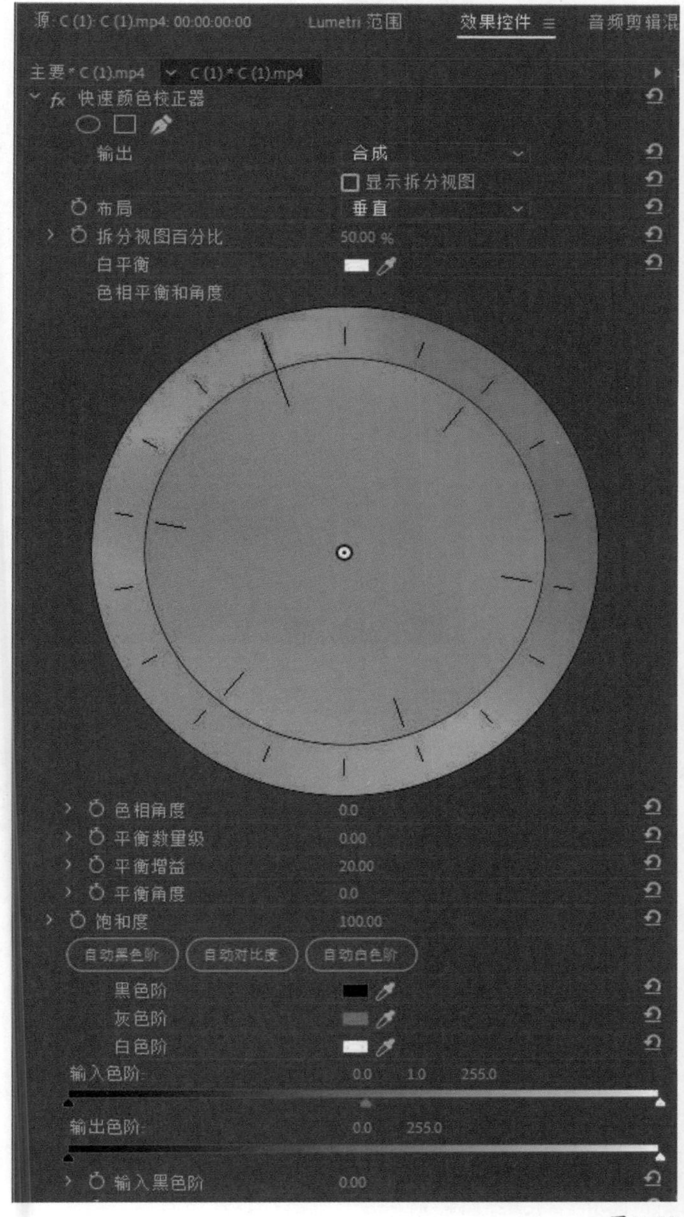

图11-23

输出：“输出”下拉菜单控制“节目”监视器面板或“参考”监视器面板输出的内容，菜单中包括“合成”和“亮度”选项，选择“合成”选项后，就像在“节目”监视器面板或“参考”监视器面板中正常显示的那样显示合成图像，选择“亮度”选项，显示亮度值。

显示拆分视图：这个选项将屏幕分割开来，使得可以对原始（未校正的）视频和经过调整的视频进行对比。

布局：选择竖直分割视图或者水平分割视图，这个选项决定以竖直分割屏幕还是水平分割屏幕的方式查看校正前后的区域。

拆分视图百分比：选择要在分割屏幕视图上显示的校正视频的百分比。

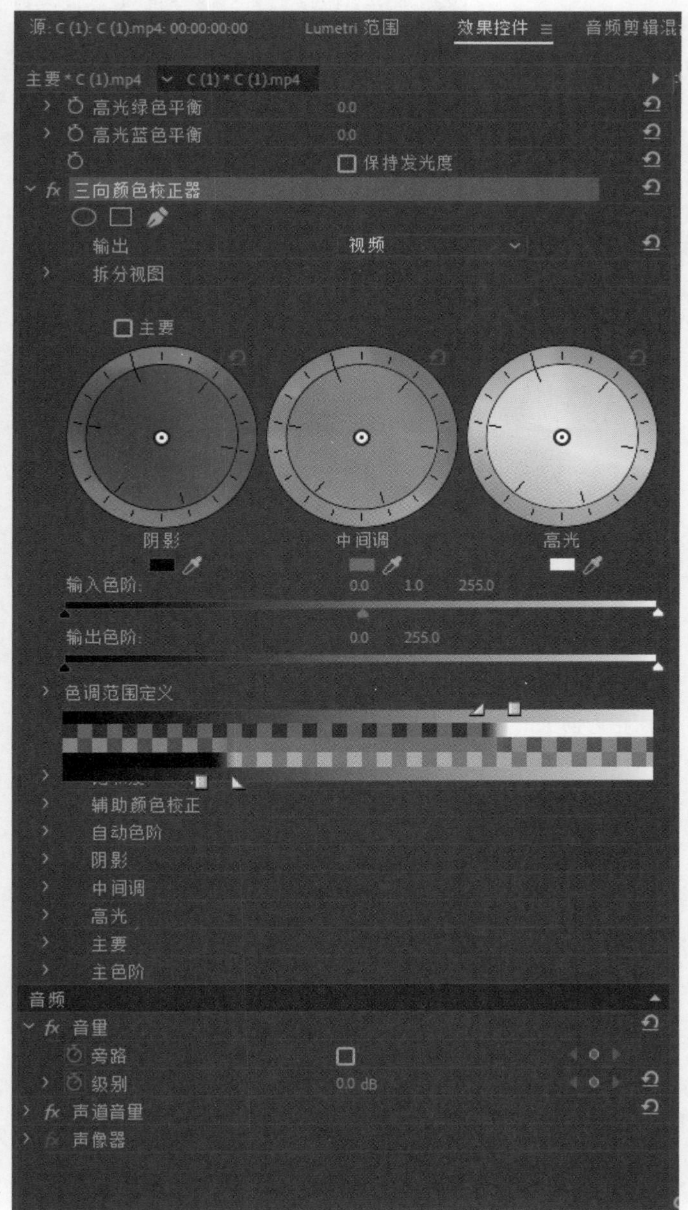

图11-24

11.3.2 使用快速颜色校正器

“快速颜色校正器”效果能够快速调节素材的色彩和亮度。使用“快速颜色校正器”的“白平衡”控件还能够去除白色区域中的彩色光泽。使用“快速颜色校正器”时，需先设置

“输出”选项，然后使用“色相平衡和角度”色轮校正色彩，如图11-25所示。

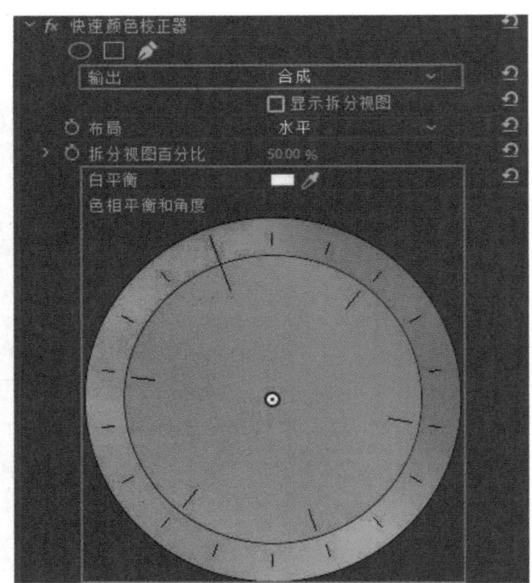

图11-25

白平衡：使用“白平衡”控件可以清除色泽，选择“吸管工具”，并单击图像上应该为白色的区域，即可调节整个图像的色彩。

色相平衡和角度：使用“色相平衡和角度”色轮可以快速选择色相位，并调节色相位强度，拖曳色轮外圈来改变色相位，然后拖曳轮盘中央的圆圈来控制色彩强度，修改角度会改变所指方向上的色彩，拖曳中央的条或控件可以进行微调。

对于其中大部分调整，都可以通过在色轮内拖曳，或者拖曳色轮下面的滑块来显示隐藏的参数，如图11-26所示。

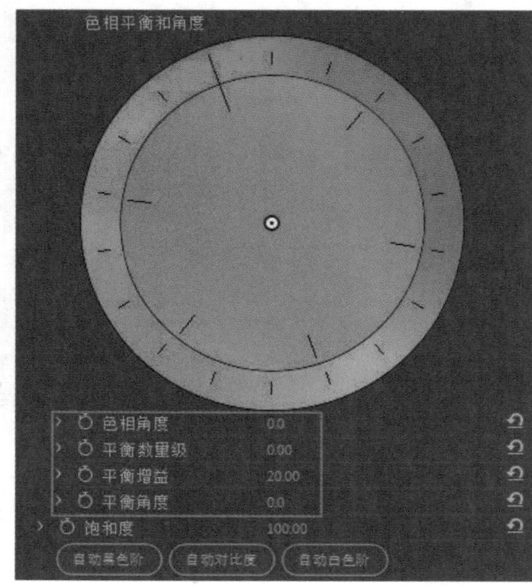

图11-26

色相角度：拖曳色轮外圈可以调节色相位，向左拖曳色轮外圈会旋转到绿颜色，而向右拖曳会旋转到红颜色，在拖曳时，色相角度的读数表示色轮上的度数。

平衡数量级：拖曳色轮中心朝向某一色相位的圆圈可以控制色彩强度，向外拖曳时，色彩会变得更强烈。

平衡增益：使用此控件可以调节“平衡数量级”和“平衡角度”的相对精细度。保持此控件的垂直手柄靠近色轮中心会使调整效果非常精细，向外环移动手柄会使调整效果非常粗糙。

平衡角度：拖曳平衡角度会改变控件所指方向上的颜色。

要校正饱和度、亮度和对比度，可以调整饱和度参数和下面的色阶滑块，如图11-27所示。

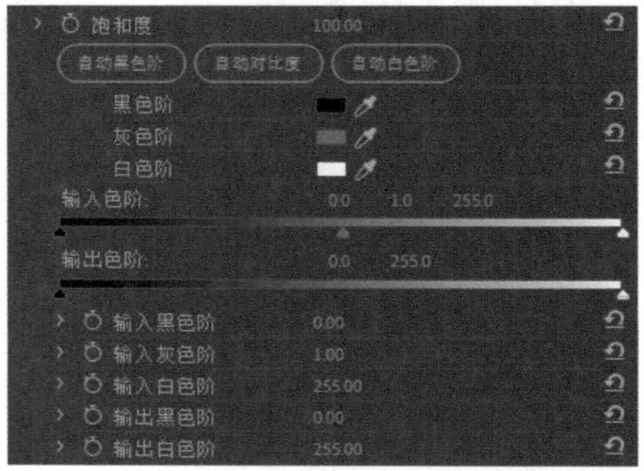

图11-27

饱和度：拖曳饱和度滑块可以调节色彩强度，向左拖曳滑块到0.0处，将会清除颜色或降低饱和度，向右拖曳会提高饱和度。

自动黑色阶：单击此按钮，将黑色阶增大到7.6 IRE以上，这将会有效地剪辑或切除较暗的色阶并按比例重新分布像素值，通常会使阴影区域变亮。

自动对比度：单击此按钮的效果与同时应用自动黑色阶和自动白色阶的效果相同，阴影区域会变亮，而高光区域会变暗，这对提高素材的对比度很有用。

自动白色阶：单击此按钮会降低白色阶，使高光区域不超过100 IRE，这将会有效地剪辑或切除白色阶，像素值按比例重新分布后，通常会使高光区域变暗。

黑色阶/白色阶/灰色阶：这些控件提供与自动对比度、自动白色阶和自动黑色阶相似的调节功能，只是需要单击图像或样本，通过“拾色器”面板选择颜色来选择色阶，通过设置黑场和白场，可以指定哪些区域应该最亮，哪些区域应该最暗，因此可以扩大图像的中间调范围，设置黑场或白场时，应该单击图像中想要保留的最亮或最暗的区域，单击后，Premiere基于新的白场调节图像的色调范围。

输入/输出色阶：可以使用各种色阶控件调节对比度和亮度，“输入色阶”与“输出色阶”滑动条上的外部标记表示黑场和白场，输入滑块指定与输出色阶相关的白场和黑场，输入和输出色阶范围为0（黑色）到255（白色），可以同时使用两个滑块一起来提高或降低图像中的对比度，但是，如果将白色输出滑块向左拖曳到230处，将会重新映射图像，使230成为图像中的最亮值。

技巧与提示

拖曳黑色的输入和输出滑块会反转白色输入和输出滑块产生的效果。向右拖曳黑色输入滑块会使图像变暗。如果向右拖曳黑色输出滑块，会使图像变亮。如果要改变中间调，而不影响高光和阴影，可以拖曳“输入灰色阶”滑块。向右拖曳滑块会使中间调变亮，向左拖曳会使中间调变暗。

新手练习 校正偏暗的素材

素材位置 素材文件\第 11 章\校正偏暗的素材
实例位置 实例文件\第 11 章\新手练习：校正偏暗的素材.prproj
视频名称 校正偏暗的素材.mp4
技术掌握 使用“快速颜色校正器”效果校正偏暗素材的方法

扫码看视频

本例介绍使用“快速颜色校正器”效果校正偏暗素材的操作，案例效果对比如图11-28所示。

图11-28

01 启动Premiere Pro 2021应用程序，选择“文件→新建→项目”命令，在弹出的“新建项目”对话框中设置项目名称和存储位置，单击“确定”按钮，新建一个项目，如图11-29所示。

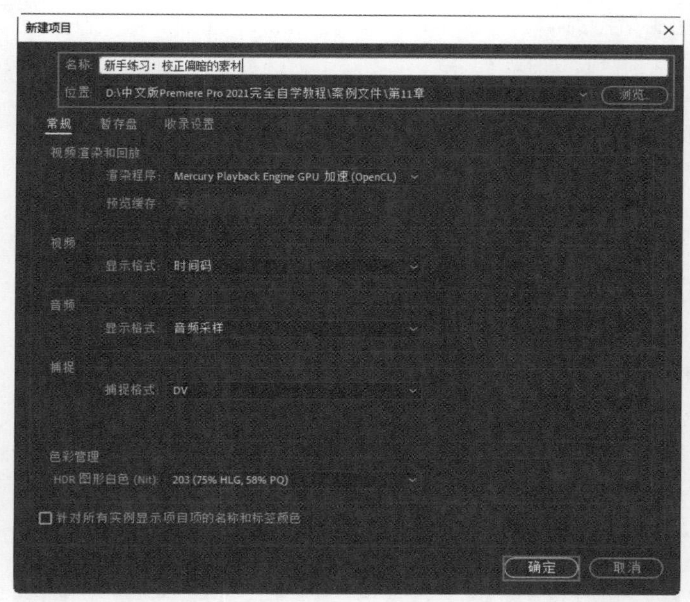

图11-29

02 在“项目”面板的空白处双击，打开“导入”对话框，找到素材位置，选择要导入的素材，单击“打开”按钮，如图11-30所示，将素材导入“项目”面板，如图11-31所示。

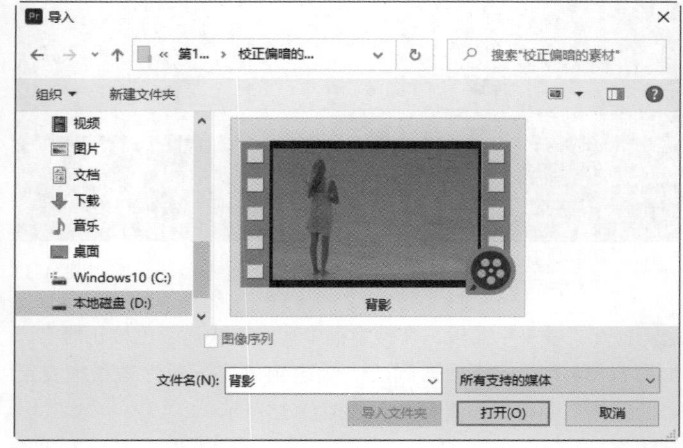

图11-30

图11-31

03 在“项目”面板中选中“背影.mov”素材，将其拖曳至“时间轴”面板中，会自动创建一个以素材名称命名的序列，如图11-32所示。此时“节目”监视器面板中将显示该素材，如图11-33所示。

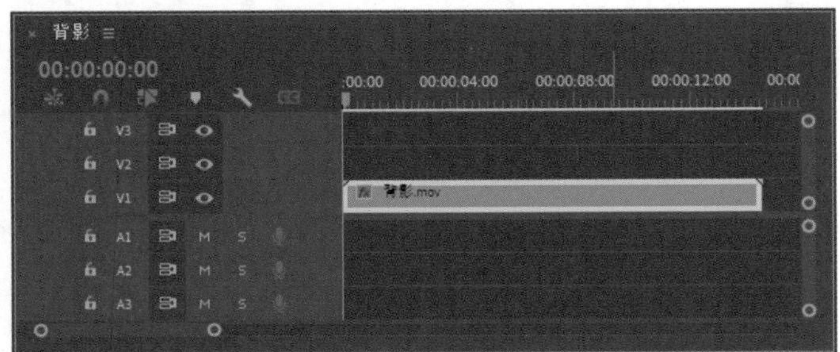

图11-32

图11-33

04 打开“效果”面板，在搜索框中搜索“快速颜色校正器”，如图11-34所示。将搜索到的“快速颜色校正器”效果拖曳至“时间轴”面板中的素材上，如图11-35所示。

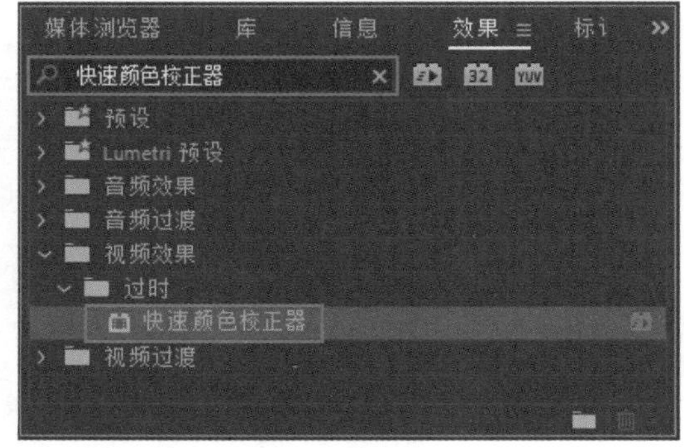

图11-34

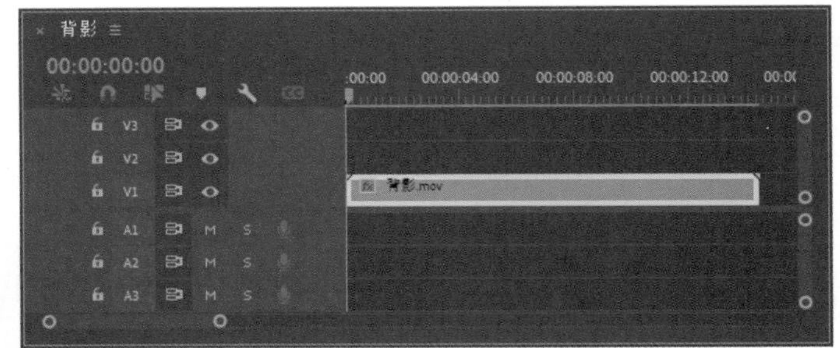

图11-35

05 首先校正素材的色调。在“输入色阶”控件上，向左拖曳白场滑块到合适位置，即可有效解决素材色调偏暗的问题，如图11-36和图11-37所示。

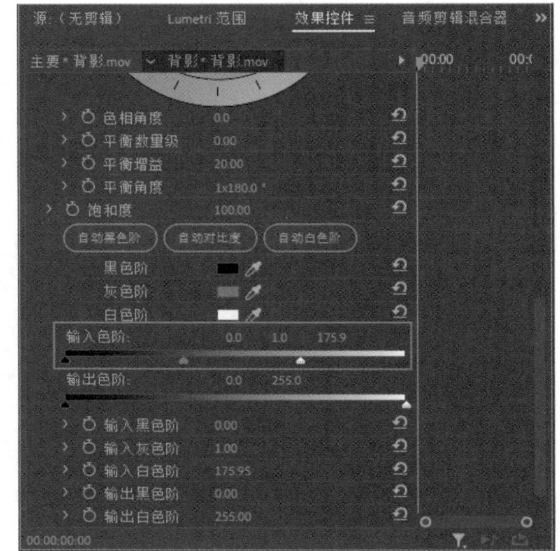

图11-36

图11-37

06 下面提高素材色彩的饱和度，使色彩更加鲜艳。在“饱和度”控件上，向右拖曳“饱和度”参数值，到合适位置即可，如图11-38和图11-39所示。

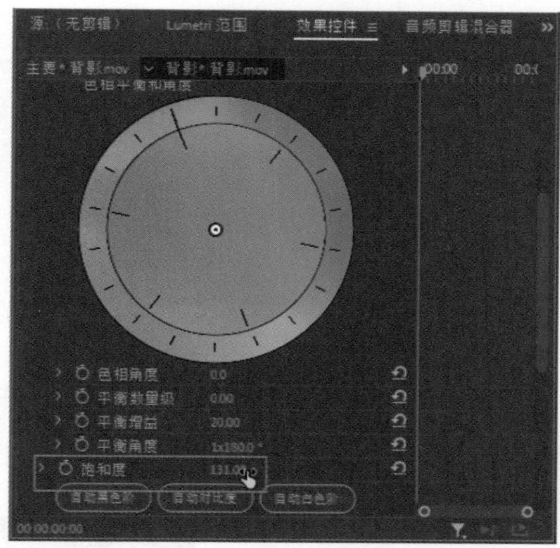

图11-38

图11-39

07 为了使画面色调更漂亮，可以适当拖曳“色相平衡和角度”色轮的中心点，完成对该素材的色彩校正操作，如图11-40和图11-41所示。

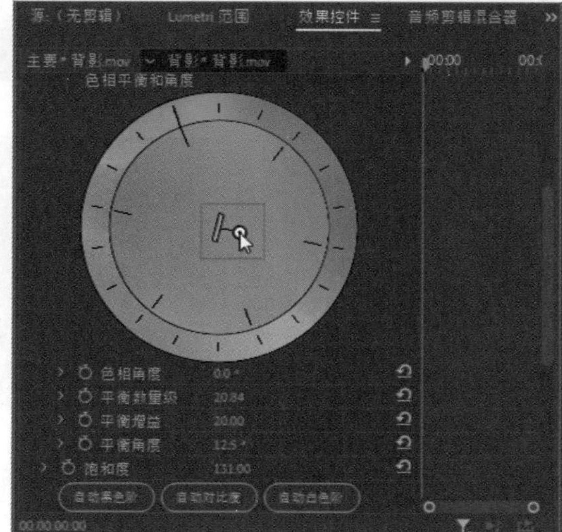

图11-40

图11-41

11.3.3 使用Lumetri颜色效果

“Lumetri颜色”视频效果是Premiere目前主推的功能强大的调色控件，包含“基本校正”“创意”“曲线”“色轮和匹配”“HSL辅助”“晕影”选项，可以实现大部分调色需求，如图11-42所示。

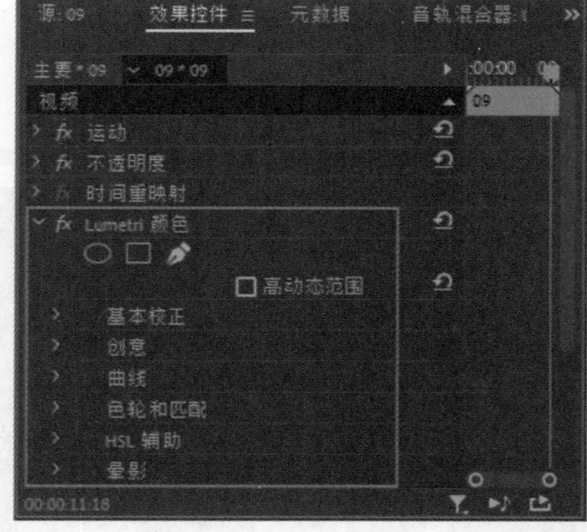

图11-42

高手进阶 制作局部换色效果

素材位置	素材文件\第 11 章\制作局部换色效果
实例位置	实例文件\第 11 章\高手进阶：制作局部换色效果.prproj
视频名称	制作局部换色效果.mp4
技术掌握	使用“Lumetri 颜色”效果制作局部换色效果的方法

扫码看视频

本例介绍使用“Lumetri颜色”效果制作局部换色效果的操作，案例效果对比如图11-43所示。

图11-43

01 启动Premiere Pro 2021应用程序，选择“文件→新建→项目”命令，在弹出的“新建项目”对话框中设置项目名称和存储位置，单击“确定”按钮，新建一个项目，如图11-44所示。

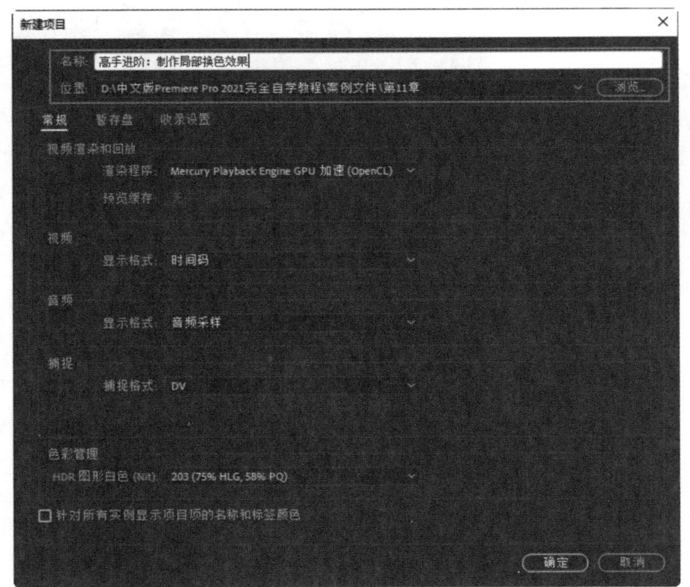

图11-44

02 在“项目”面板的空白处双击，打开“导入”对话框，找到素材位置，选择要导入的素材，单击“打开”按钮，如图11-45所示，将素材导入“项目”面板，如图11-46所示。

图11-45

图11-46

03 在“项目”面板中选中“吹泡泡.mov”素材，将其拖曳至“时间轴”面板，会自动创建一个以素材名称命名的序列，如图11-47所示。此时“节目”监视器面板中将显示该素材，如图11-48所示。

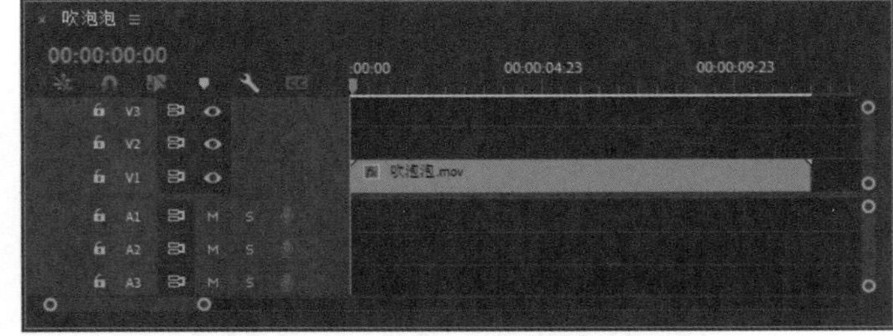

图11-47

图11-48

04 在“时间轴”面板中将时间指示器移动到00:00:10:09的位置，选择“剃刀工具”，对视频素材进行裁切，如图11-49所示。用“选择工具”选择裁切出的后半段素材，按Delete键将其删除，如图11-50所示。

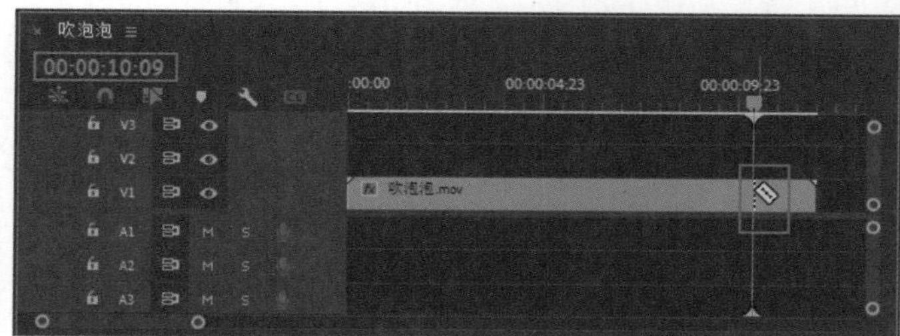

图11-49

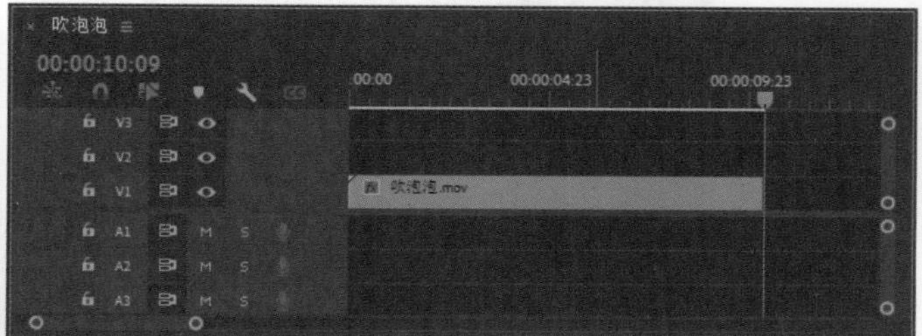

图11-50

05 在“效果”面板的搜索框中输入“Lumetri颜色”，如图11-51所示。将搜索到的“Lumetri颜色”效果拖曳至“时间轴”面板中的视频素材上，如图11-52所示。

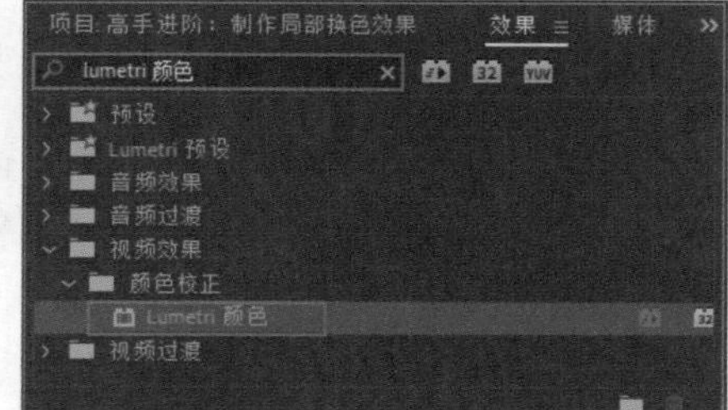

图11-51

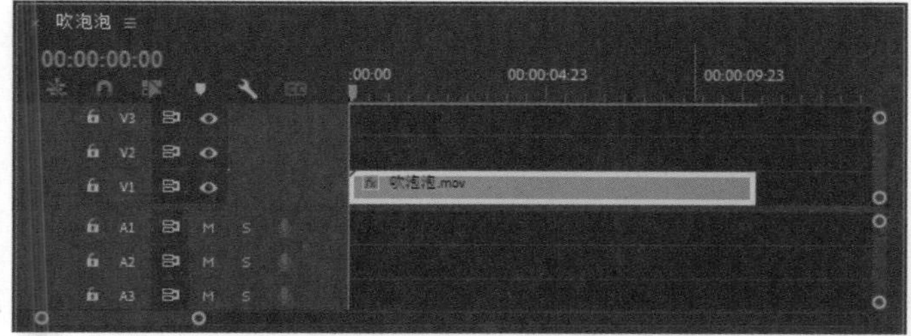

图11-52

06 选中“时间轴”面板中的视频素材，打开“效果控件”面板，展开“Lumetri颜色”效果组，选择“自由绘制贝塞尔曲线”工具，如图11-53所示。在“节目”监视器面板的画面上绘制一个蒙版范围，如图11-54所示。

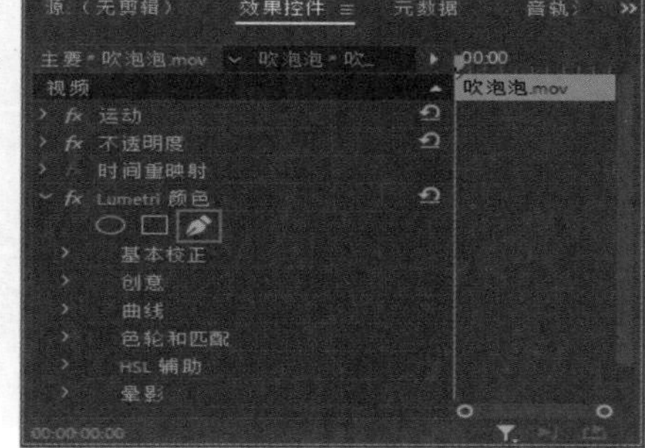

图11-53

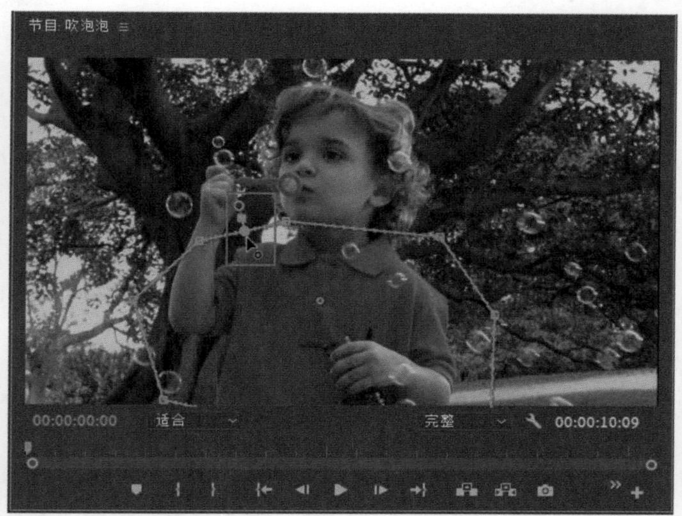

图11-54

07 绘制好蒙版之后，展开“效果控件”面板“Lumetri颜色”效果组的“HSL辅助”选项，如图11-55所示。选择“设置颜色”后面的“吸管工具”，在“节目”监视器面板画面的衣服亮部颜色上单击，如图11-56所示。

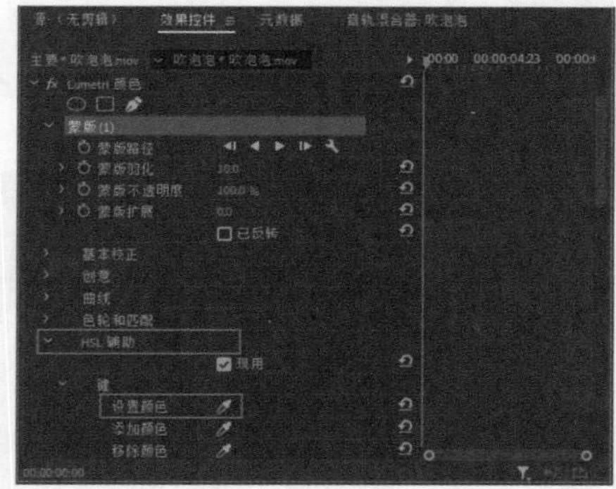

图11-55

图11-56

08 再选择“效果控件”面板的“添加颜色”后面的“吸管工具”，如图11-57所示。在“节目”监视器面板画面的衣服暗部颜色上单击，如图11-58所示。

09 勾选H、S、L滑块下方的“显示蒙版”复选框，如图11-59所示。此时“节目”监视器面板画面如图11-60所示。

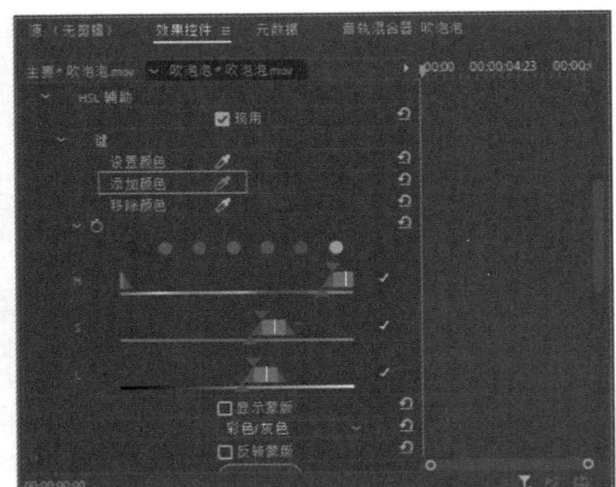
图11-57

图11-58

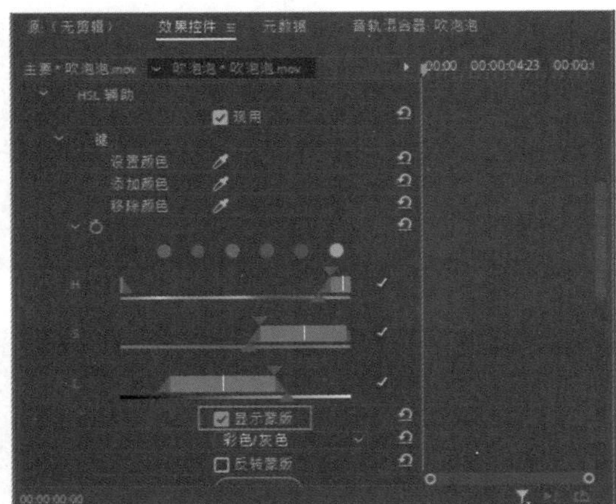
图11-59

图11-60

10 在“效果控件”面板拖曳H、S、L上方的滑块，并设置“降噪”为100，如图11-61所示。在拖曳滑块的过程中要实时查看“节目”监视器面板画面的效果，直到蒙版中衣服的颜色完全显示出来，如图11-62所示。

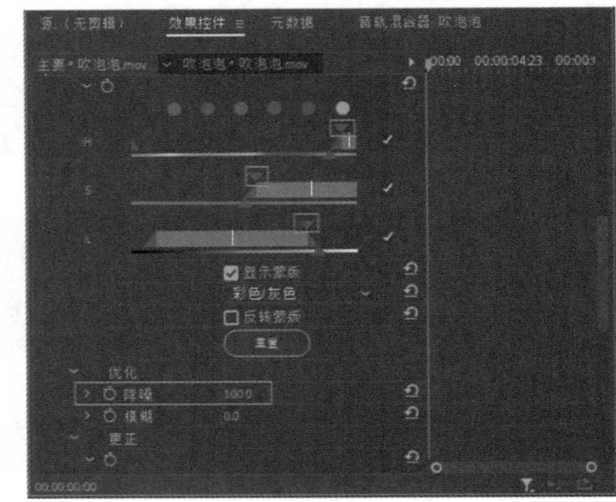
图11-61

图11-62

11 取消勾选H、S、L滑块下方的“显示蒙版”复选框，如图11-63所示。在“更正”选项的色轮上，拖曳色彩倾向到蓝色，如图11-64所示。此时“节目”监视器面板画面如图11-65所示。

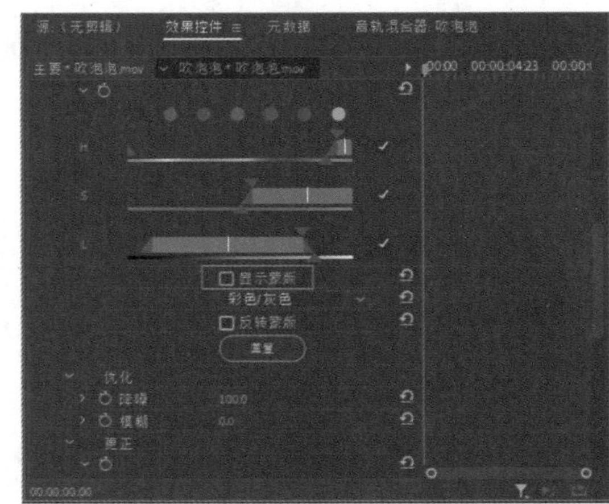
图11-63

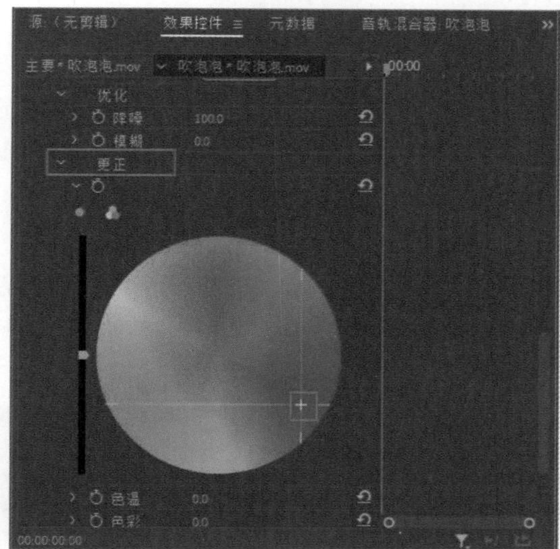

图11-64

图11-65

12 将色轮切换至三色色轮，将“阴影”色轮偏向暖色，将“高光”色轮偏向冷色，如图11-66所示。此时“节目”监视器面板画面如图11-67所示。

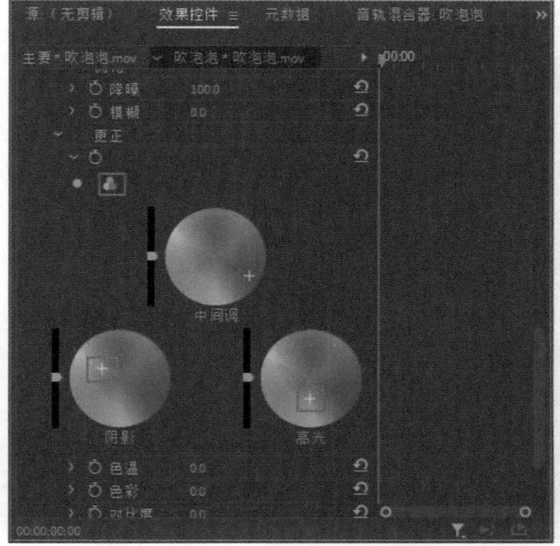

图11-66

图11-67

13 接下来设置详细的色彩参数，将“色温”设为31，“色彩”设为27，“对比度”设为37，“饱和度”设为88，如图11-68所示。

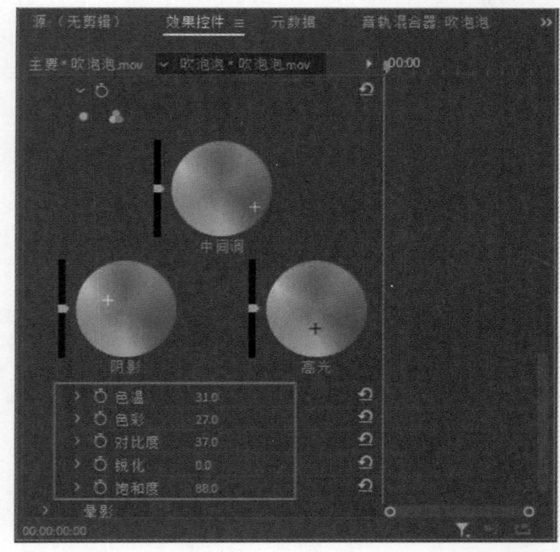

图11-68

14 设置完成后，在“节目”监视器面板中单击“播放-停止切换”按钮▶，浏览换色后的效果，如图11-69所示。

图11-69

第12章

导出影片

在完成Premiere项目的最后润色后，即可将其作为数字文件导出以便在其他设备上观赏。以QuickTime或AVI格式保存的影片可以集成到其他多媒体程序，如Adobe After Effects、Adobe Media Encoder等中。MPEG文件可以用于在Web上观看。在DVD中看到的影片在刻录至DVD中之前的编码格式为MPEG2。本章介绍如何将Premiere项目导出为MPEG、Quick Time和AVI格式。首先介绍一些导出过程中的简单操作步骤，然后重点讲解导出设置，如选择压缩器、关键帧和比特率。

学习要点

12.1 导出视频的方法

当视频编辑完成后，选择“文件→导出→媒体”命令，如图12-1所示，打开“导出设置”对话框，在“格式”下拉菜单中选择一种格式，这里以MPEG4格式为例，如图12-2所示。当选择好格式后，“导出设置”对话框中的参数也会随格式发生变化，如图12-3所示。

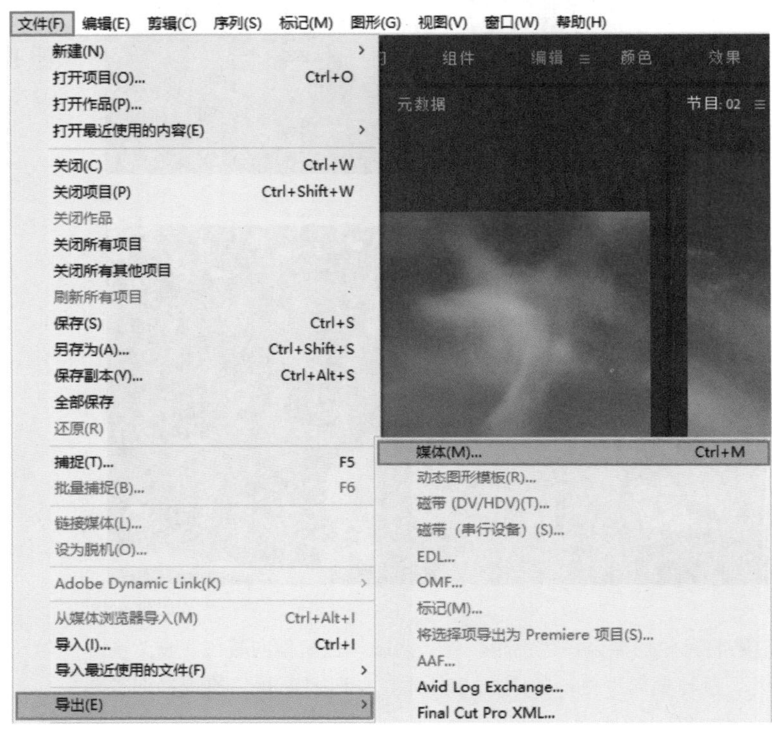

图12-1

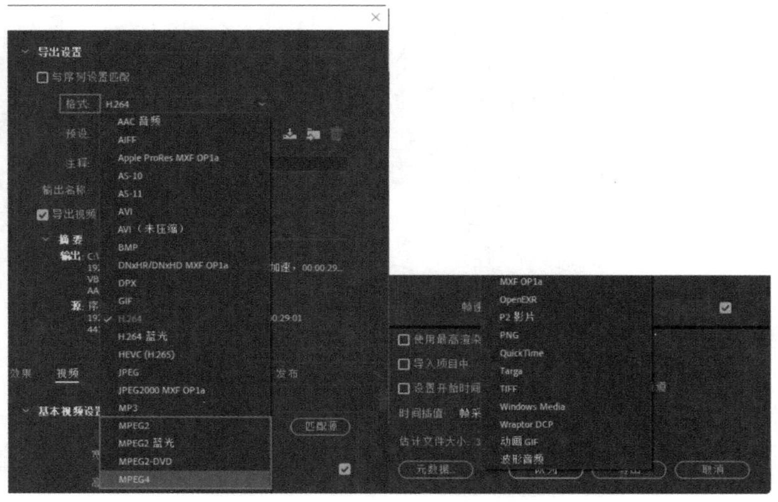

图12-2

图12-3

12.1.1 导出MPEG格式

如果想将Premiere项目导出为DVD，可以将其导出到Encore中来进行编辑或刻录。如果要在Encore中编辑，Premiere会将MPEG2文件导出为音频和视频，并将音频和视频MPEG文件布置到Encore项目面板中，同时在Encore中为项目创建一个包含MPEG文件的时间线。如果将文件导出到Encore中只是为了刻录，那么Encore就创建一个自动播放的DVD，该DVD在没有菜单的情况下自动播放。

导出时，可以从几种不同的DVD格式类型中进行选择。例如，可以导出为单面4.7 GB磁盘格式，或者能存储更多数据的双面DVD磁盘格式。也可以导出为两种蓝光单面磁盘格式之一：MPEG2或H.264。如果DVD刻录机与Encore不兼容，可以使用Encore的刻录选项之一保存到磁盘文件夹中，然后使用DVD刻录机的软件来刻录DVD。

> **知识窗**
>
> 蓝光（Blu-ray）是一种高清DVD磁盘格式，该格式由Blu-ray Disc联盟开发，该联盟由索尼、松下、先锋、三星、夏普、TDK、胜利、苹果和戴尔等公司组成。该格式提供了标准的4.7 GB单层DVD的5倍以上的存储容量（双面蓝光可以存储50 GB，这可以提供高达9小时的高清晰度内容或23小时的标准清晰度内容）。这种格式之所以被称为蓝光，是因为它使用蓝紫激光而不是传统的红色激光来读写数据。蓝光支持高清晰度的增强MPEG-2、MPEG-4和H.264。它还支持所有传统DVD的音频编码及Dolby TrueHD。
>
> DVD+R和DVD-R是DVD刻录格式的竞争对手。DVD+RW和DVD-RW是可重写DVD格式的竞争对手。

Premiere的章节标记简化了制作交互式DVD的过程。Premiere的章节标记在Encore中作为章节标记出现，并且可以用作导航链接目的地。因此，Premiere的Encore章节标记可以帮助用户在开发DVD项目时管理它。

创建Encore章节标记

可以在Premiere中沿着项目的时间线设置Encore章节标记。为了避免总是重设Encore章节标记，最好在完成作品后再创建Encore章节标记。当创建标记时，可以简单地对它们进行编辑，并且Encore允许在刻录DVD之前预览作品。

在“时间轴”面板中，将当前时间指示器移到想创建Encore章节标记的地方，然后选择“标记→添加章节标记”命令，如图12-4所示。

标记(M) 图形(G) 视图(V) 窗口(W) 帮助(H)
标记入点(M) I
标记出点(M) O
标记剪辑(C) X
标记选择项(S) /
标记拆分(P)
转到入点(G) Shift+I
转到出点(G) Shift+O
转到拆分(O)
清除入点(L) Ctrl+Shift+I
清除出点(L) Ctrl+Shift+O
清除入点和出点(N) Ctrl+Shift+X
添加标记 M
转到下一标记(N) Shift+M
转到上一标记(P) Ctrl+Shift+M
清除所选标记(K) Ctrl+Alt+M
清除所有标记(A) Ctrl+Alt+Shift+M
编辑标记(I)...
添加章节标记...
添加 Flash 提示标记(F)...
波纹序列标记
复制粘贴包括序列标记

图12-4

打开“标记”对话框，为标记命名或输入一段描述性的文字，然后单击“确定”按钮[确定]，即可创建一个Encore章节标记，如图12-5所示。创建的Encore章节标记显示在“时间轴”面板中，如图12-6所示。

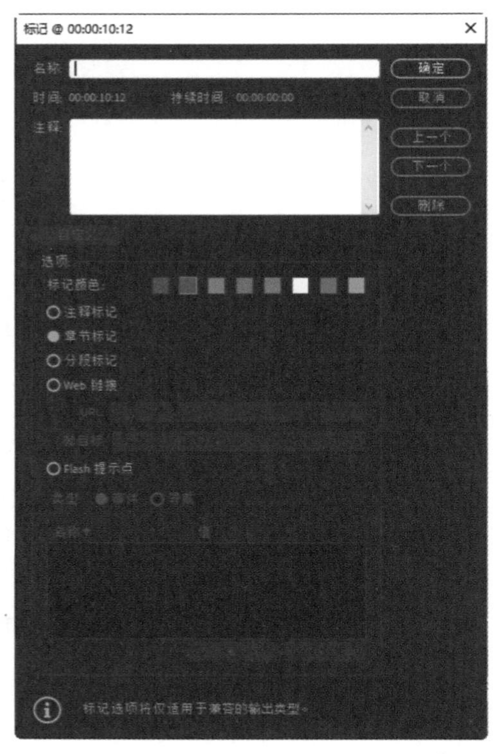

图12-5

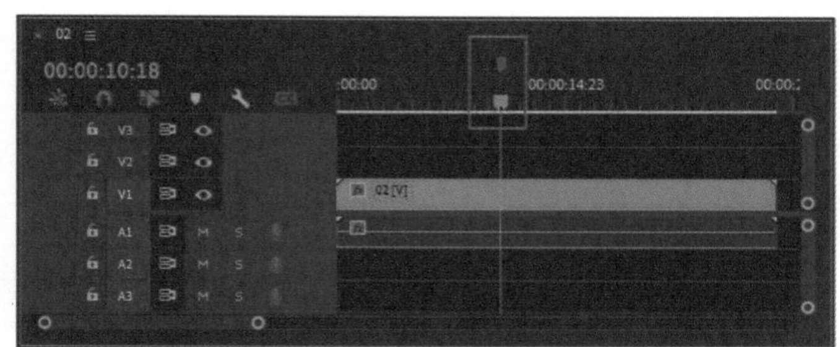

图12-6

技巧与提示

在“时间轴”面板的时间线上单击鼠标右键，从弹出的菜单中选择“添加章节标记”命令，也可快速创建一个章节标记，如图12-7所示。

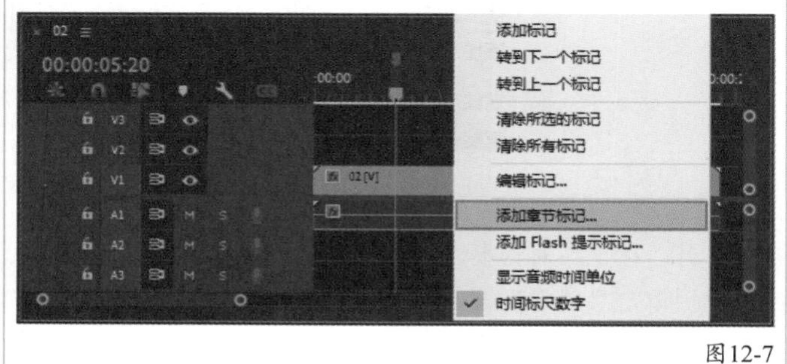

图12-7

操作Encore章节标记

在创建Encore章节标记后，可以对Encore章节标记进行移动、编辑和删除操作，具体操作方法如下。

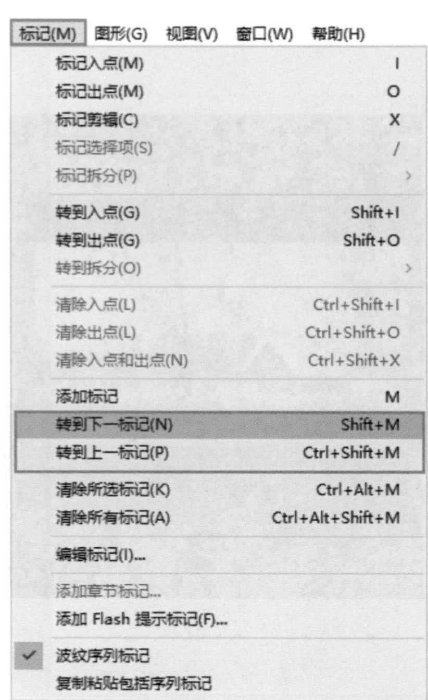

图12-8

如果想移动Encore章节标记，只需将其拖曳到时间线上要显示它的地方即可。要快速移动到Encore章节标记处，可以选择“标记→转到下一标记”或“标记→转到上一标记”命令，如图12-8所示。也可以在时间线上单击鼠标右键，从弹出的菜单中选择“转到上一个标记”或“转到下一个标记”命令，如图12-9所示。

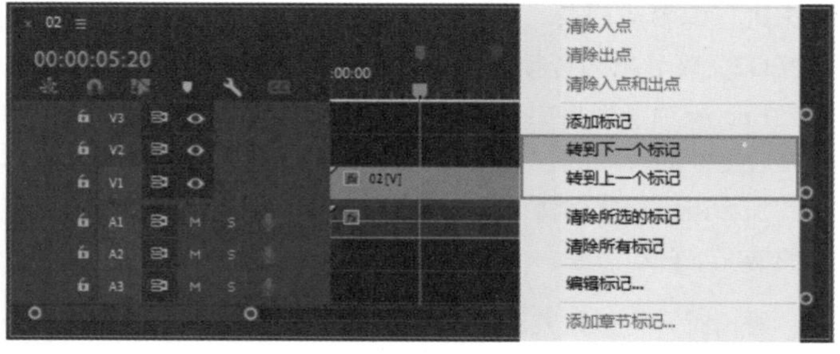

图12-9

如果想编辑Encore章节标记，在时间线上双击需要编辑的标记，打开“标记”对话框，在其中进行修改编辑即可。

要删除“时间轴”面板中的所有Encore章节标记，可以在时间线上单击鼠标右键，从弹出的菜单中选择“清除所有标记”命令，如图12-10所示。要删除其中一个标记，可以选择需要删除的标记，在时间线上单击鼠标右键，从弹出的菜单中选择“清除所选的标记”命令，如图12-11所示。

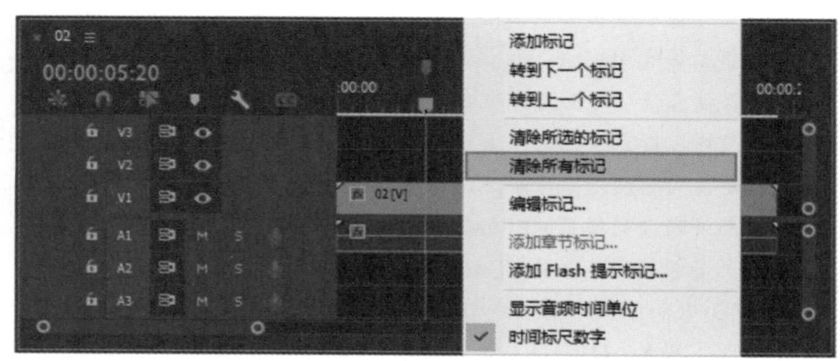

图12-10

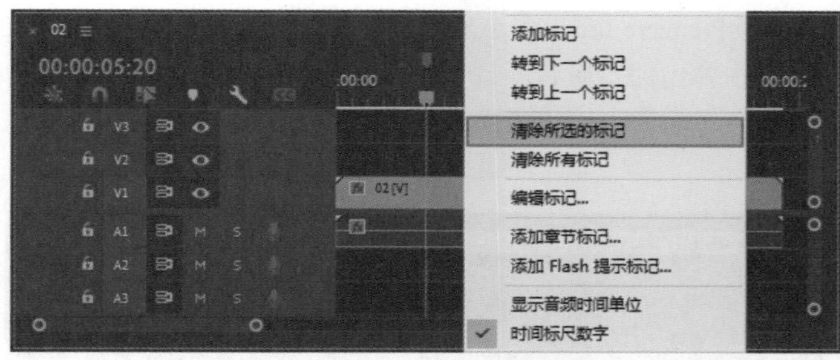

图12-11

12.1.2 导出AVI和QuickTime格式

如果没有选择将影片作为DVD或以MPEG格式导出，那么可以导出为AVI或QuickTime格式。如果以AVI格式导出一个影片，影片就可以在运行Microsoft Windows的系统上观看。Mac用户也可以查看AVI影片，方法是将它们导入Apple的最新版本的QuickTime Movie播放器。

在编辑工作结束并预览作品后，选择想在“时间轴”面板中导出的序列，并选择“文件→导出→媒体”命令，打开“导出设置”对话框。在“导出设置”对话框的“格式”下拉列表中，选择AVI或QuickTime影片格式，如图12-12所示。

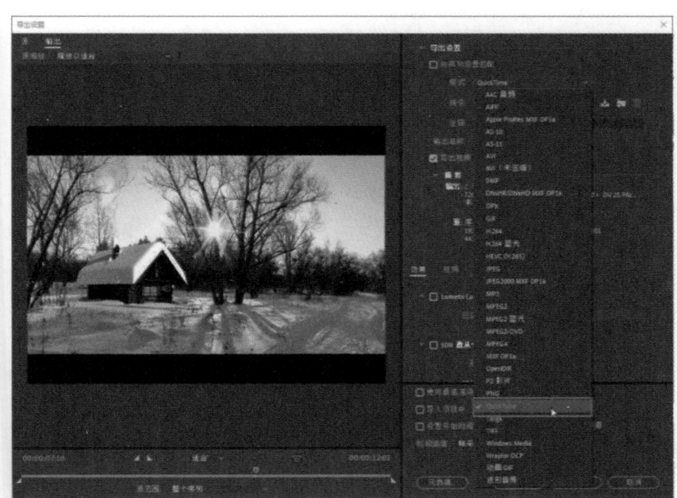

图12-12

在该对话框的底部，会显示当前视频和音频设置。如果想使用这些设置导出，只需命名文件并为文件设置存储路径，然后单击“导出”按钮即可。Premiere用于渲染最终影片的时间长短取决于作品的大小、帧速率、画幅和压缩率。

创建一个项目、捕捉一个视频或导出Premiere项目时，最重要的决定之一是选择合适的压缩设置。压缩器或编解码器可以准确地确定计算机重构或删除数据的方式，以使数字视频文件更小。尽管大多数压缩设置是用于压缩文件的，但不是所有这些设置都适用于所有类型的项目。技巧是为Premiere项目选择最佳的编解码器，以获得最佳的品质和最小的文件大小。一些编解码器可能适合用于Web数字视频，而另一些编解码器则可能更适合处理包含动画的项目。

QuickTime的视频编解码器

设置导出影片的格式为QuickTime后，在“视频编解码器”下拉列表中可以选择视频编解码器，如图12-13所示。

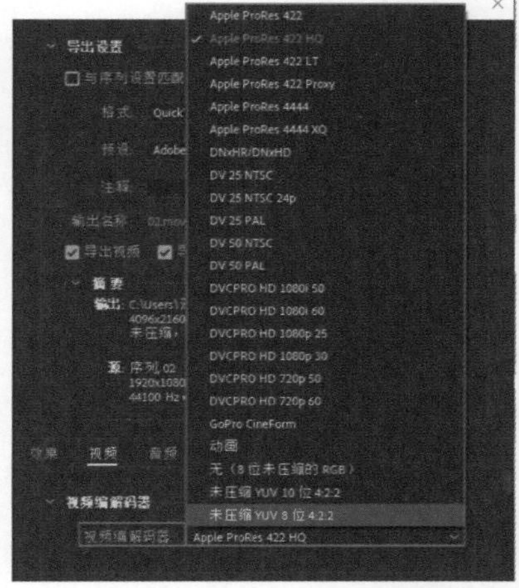

图12-13

技巧与提示

QuickTime编解码器列表可能包含计算机或主板厂商提供的特定于硬件的编解码器。例如，Sony VAIO计算机所有者在QuickTime编解码器列表中能看到Sony DV选项。当选择这些编解码器之一时，需要遵守由捕捉板或计算机提供的说明。

AVI的视频编解码器

如果导出为AVI格式，视频编解码器选项将不同于QuickTime格式的选项，AVI格式的视频编解码器如图12-14所示。

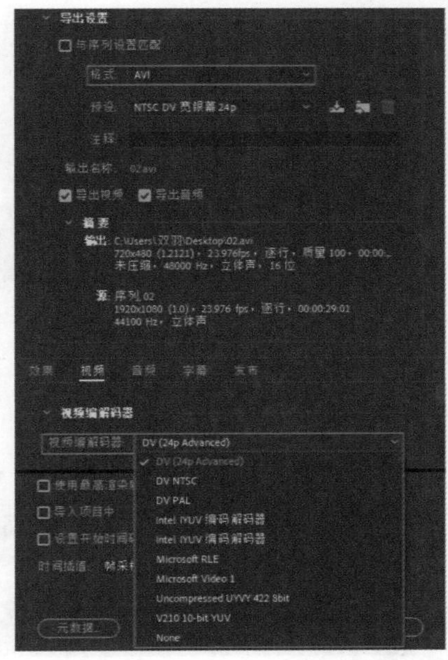

图12-14

Intel IYUV编码解码器：此编解码器由Intel（Pentium计算机芯片的生产商）出品，能提供较好的图像品质，通常用于捕捉原始数据，效果类似于使用Cincepak编解码器生成的桌面视频。

Microsoft RLE：此编解码器的位深限制为256种颜色，使它仅适合于以256色的绘图程序创建的动画或已经减少到256色的图像，当“品质”滑块被设置为“高”时，这个编解码器将生成无损压缩。

新手练习 导出H.264格式

素材位置　素材文件\第12章\导出H.264格式
实例位置　实例文件\第12章\新手练习：导出H.264格式.prproj
视频名称　导出H.264格式.mp4
技术掌握　导出H.264格式的方法

扫码看视频

本案例将介绍导出H.264格式的方法，本案例效果如图12-15所示。

图12-15

01 启动Premiere Pro 2021应用程序，选择“文件→新建→项目”命令，在弹出的“新建项目”对话框中设置项目名称和存储位置，单击“确定”按钮，新建一个项目，如图12-16所示。

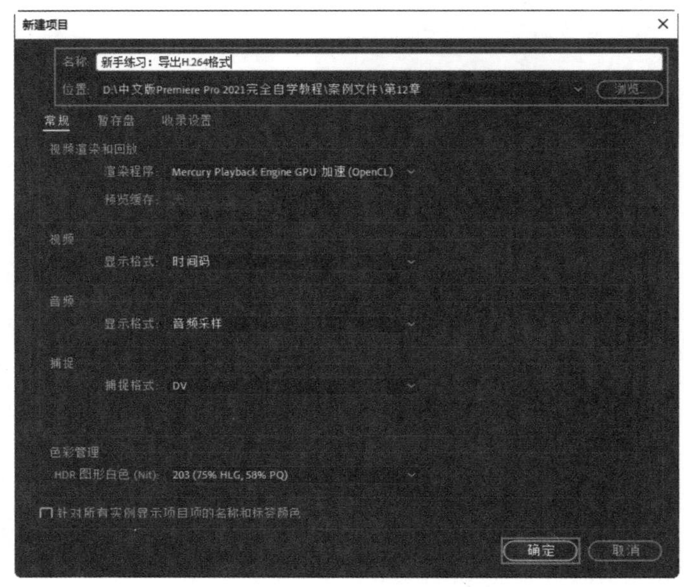

图12-16

02 在“项目”面板的空白处双击，打开“导入”对话框，找到素材位置，选择要导入的素材，单击“打开”按钮，如图12-17所示，将素材导入“项目”面板，如图12-18所示。

图12-17

图12-18

03 在“项目”面板选中该素材，将其拖曳至“时间轴”面板中，会自动创建一个以素材名称命名的序列，如图12-19所示。此时“节目”监视器面板中会显示该素材，如图12-20所示。

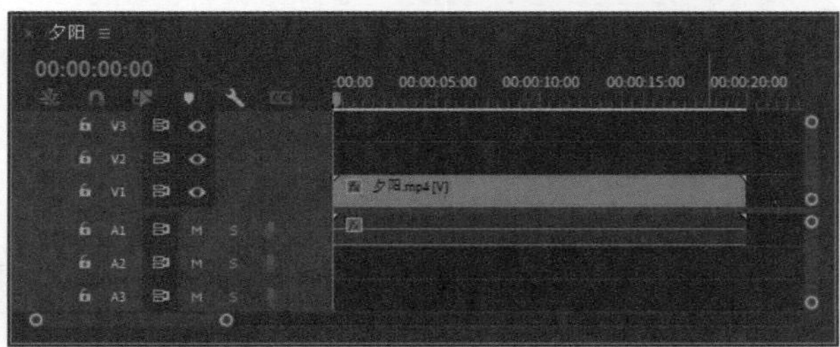

图12-19

图12-20

04 在“时间轴”面板中的素材上单击鼠标右键，在弹出的菜单中选择“速度/持续时间”命令，如图12-21所示。打开“剪辑速度/持续时间”对话框，设置“速度”为300%，单击“确定”按钮确定，如图12-22所示。

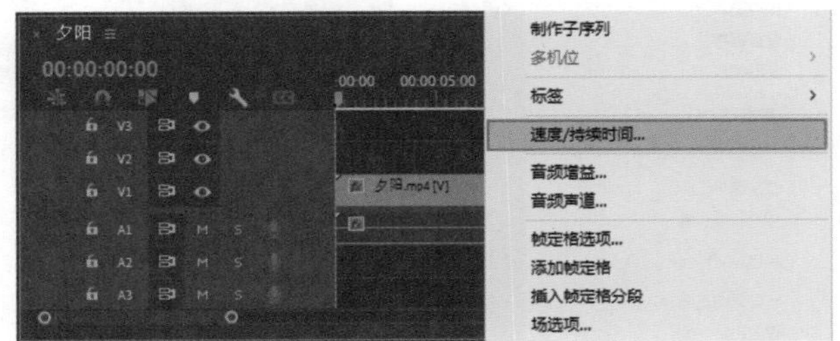

图12-21

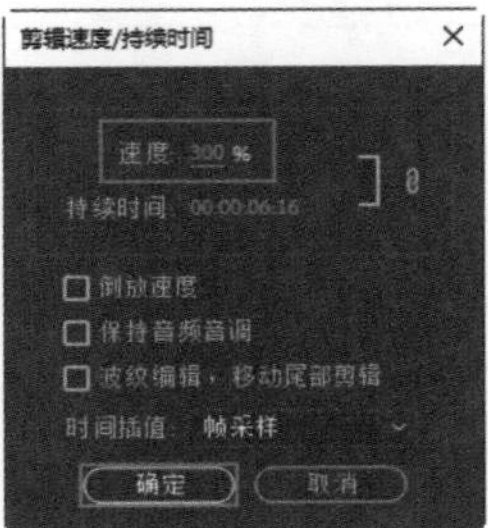

图12-22

05 打开“效果”面板，在搜索框中搜索“RGB曲线”，如图12-23所示。将搜索到的“RGB曲线”拖曳至“时间轴”面板中的素材上，如图12-24所示。

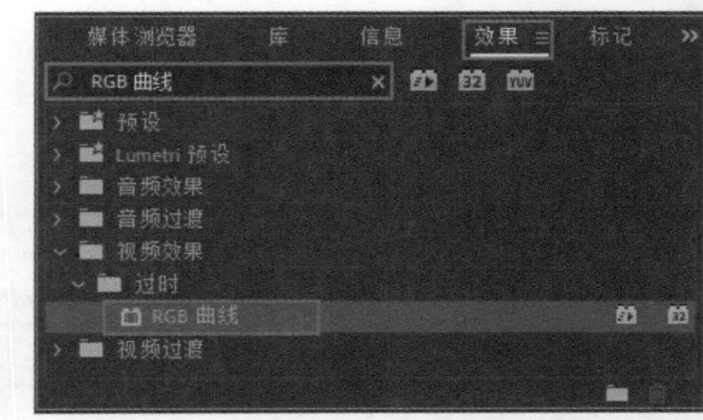

图12-23

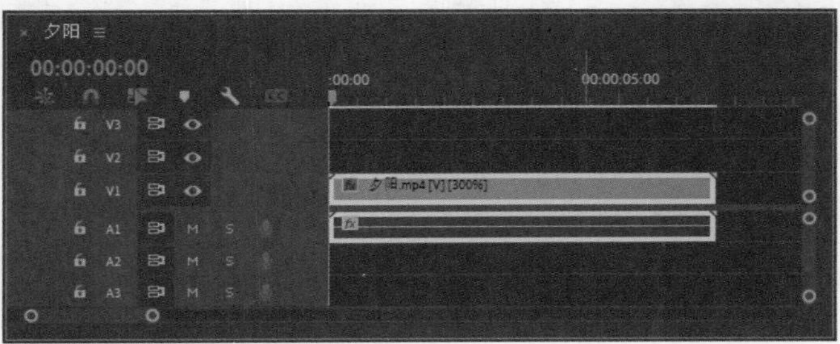

图12-24

06 选中“时间轴”面板中的素材，打开“效果控件”面板，勾选“显示拆分视图”复选框，将“布局”设为“垂直”，然后参照“节目”监视器面板拖曳4条曲线，对视频进行调色，如图12-25和图12-26所示。

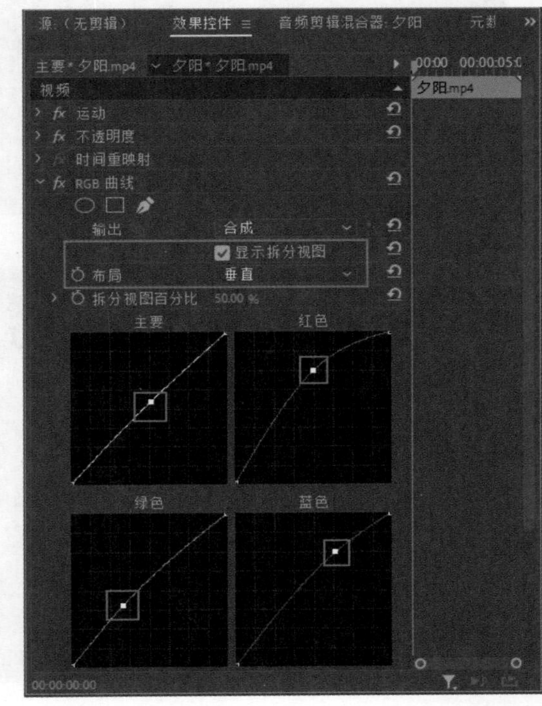

图12-25

图12-26

07 在“效果控件”面板右边的时间线区域将时间指示器移动到00:00:00:00的位置，单击“拆分视图百分比”前面的“切换动画”按钮，开启动画功能，设置百分比为0%，如图12-27所示。将时间指示器移动到00:00:06:16的位置，设置百分比为100%，如图12-28所示。

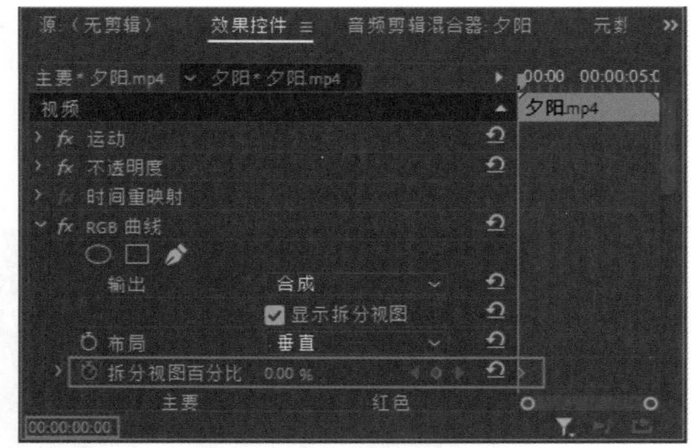

图12-27

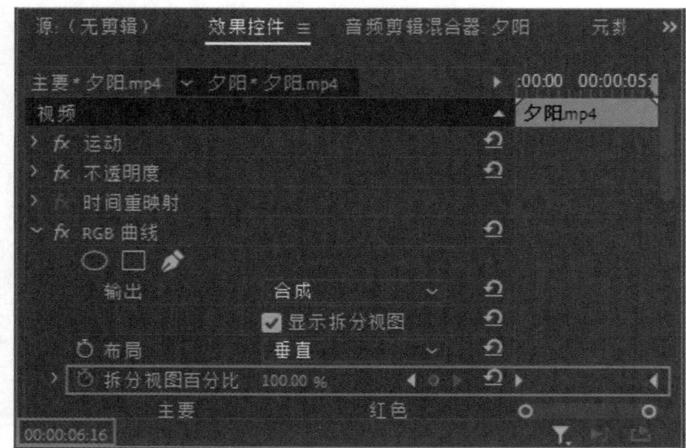

图12-28

08 在“节目”监视器面板中单击“播放-停止切换”按钮，预览添加的效果，如图12-29所示。

图12-29

09 选中该序列，选择“文件→导出→媒体”命令，如图12-30所示，打开“导出设置”对话框，如图12-31所示。

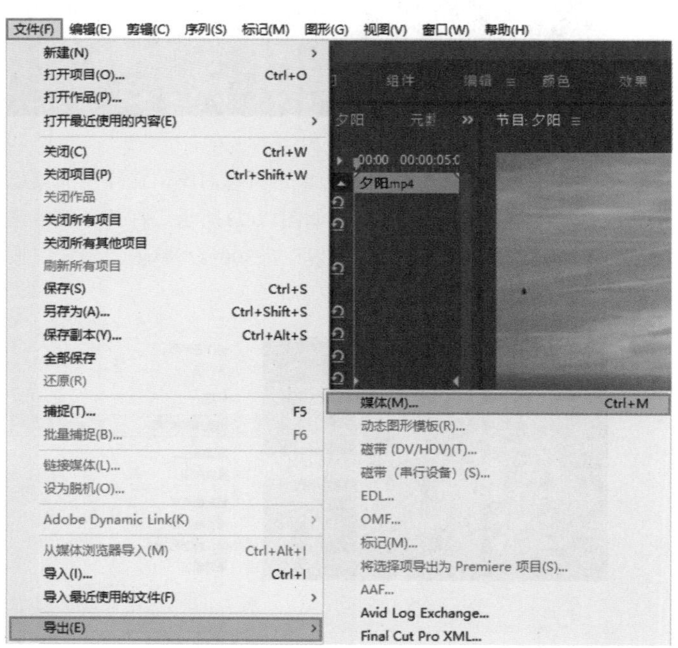

图12-30

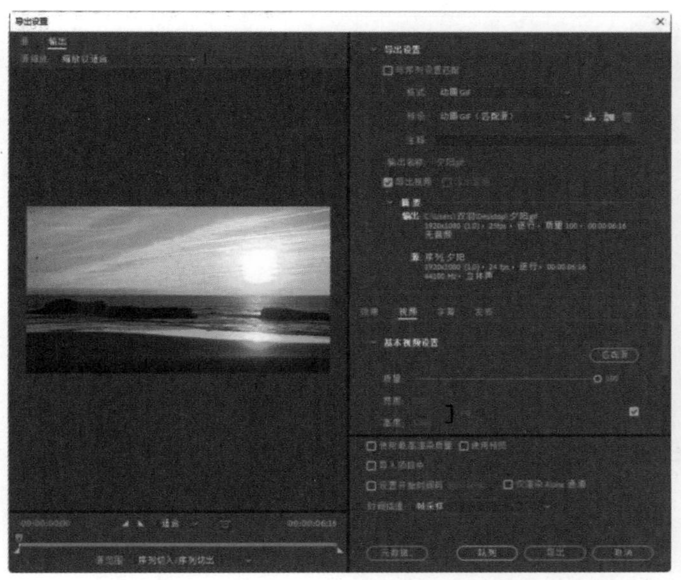

图12-31

10 在右侧“导出设置”选项组中展开“格式”的下拉列表，选择H.264选项，如图12-32所示。

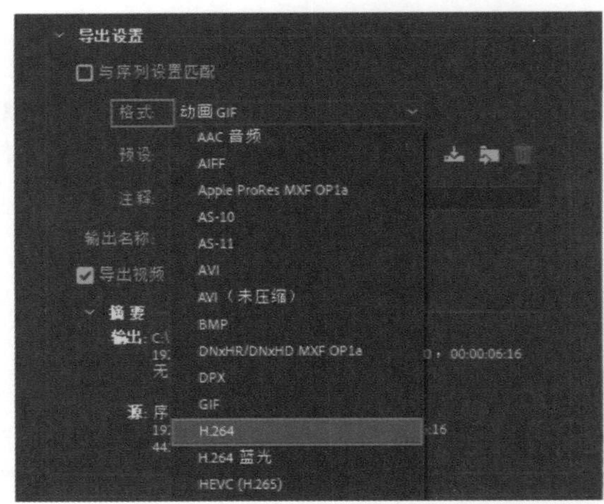

图12-32

11 单击“输出名称”后面的蓝色文件名，可以打开“另存为”对话框，设置存储位置和名称，单击“保存”按钮，如图12-33所示。设置完成后单击“导出”按钮，如图12-34所示。

图12-33

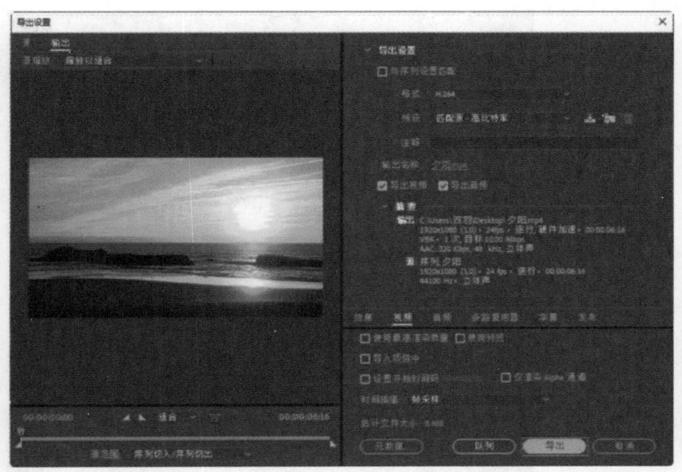

图12-34

12 等待弹出的“编码”对话框中的进度条走完，即可完成导出，如图12-35所示。找到文件存储位置，用播放器即可浏览影片效果，如图12-36所示。

图12-35

图12-36

12.2 导出格式介绍

展开“导出设置”面板中的“格式”下拉列表，会显示Premiere所有的导出格式，如图12-37所示。

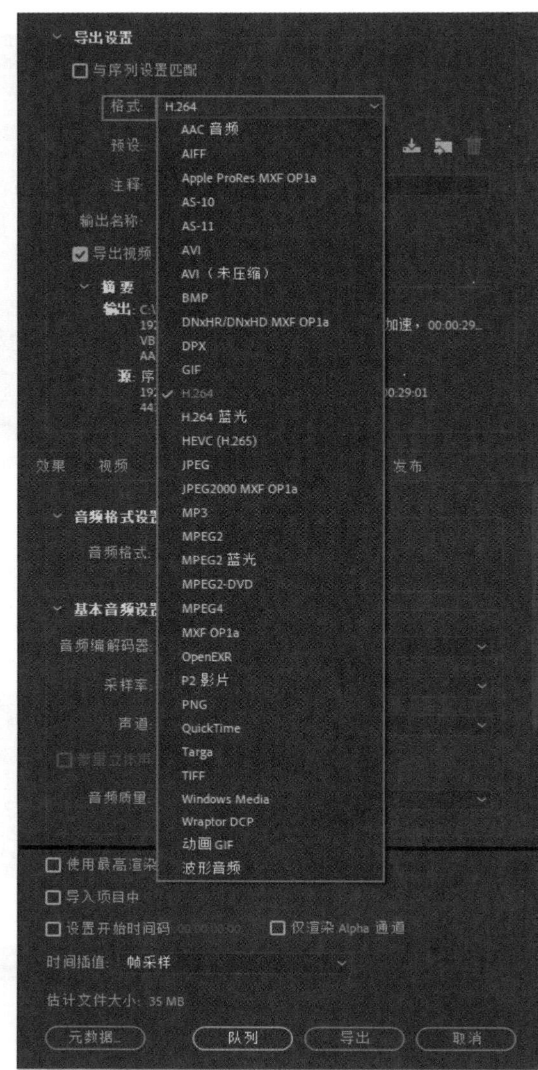

图12-37

12.2.1 视频格式

数字视频会根据播放媒介的不同而采用不同的视频压缩技术，不同的视频压缩技术导出的视频格式也不同，常见的视频格式有以下几种。

Apple ProRes MXF OP1a

Apple ProRes是苹果公司开发的一种编解码器，适用于macOS系统。ProRes编解码器提供独一无二的多码流实时编辑性能、卓越的图像质量和降低的存储率组合。Apple ProRes编解码器充分利用多核处理，并具有快速、降低分辨率的解码模式。所有Apple ProRes编解码器都支持全分辨率的所有帧尺寸（包括SD、HD、2K、4K和5K）。

AS-10/AS-11

AS-10和AS-11是MXF规范下胶片标准的文件格式，法国电影公司Studio Canal制定的标准。AS-10采用AS-10胶片标准压缩，使用索尼的XDCAM HD编码压缩。AS-11采用AS-11胶片标准压缩，使用索尼的IMX编码（MPEG-2）压缩SD文件，使用AVC-Intra编码压缩HD文件。

AVI

AVI格式是一种专门为微软Windows环境设计的数字视频文件格式，这种视频格式的好处是兼容性好、调用方便、图像质量好，缺点是占用空间大。AVI支持256色和RLE压缩，AVI信息主要应用在多媒体光盘上，用来保存电视、电影等各种影像信息。

DNxHR/DNxHD MXF OP1a

DNx是Avid 推出的一种解码，采用MFX封装格式，常用于PC。现在用的基本上都是DNxHR，它比DNxHD有更大范围的分辨率，支持4K。

DPX

DPX是一种主要用于电影制作的格式，将胶片扫描成数码位图的时候设备可以直接生成这种对数空间的位图格式，用于保留阴影部分的动态范围，加入输入输出设备的属性，提供给软件进行转换与处理。

H.264

H.264是MPEG-4标准所定义的格式，同时也是技术含量最高、代表最新技术水平的视频编码格式之一。MPEG-4不仅是一种编码方法，更是一种媒体标准，目前它的标准有27个部分，而第10部分，即“高级视频编码AVC（Advanced Video Coding）”定义了更高级的视频编解码器。该部分采用了国际电联（ITU）的技术建议H.264，故业界亦称该部分为H.264。

HEVC（H.265）

HEVC是针对4K市场而产生的编码方案，压缩率是H.264的一半左右。

MPEG

MPEG格式包括MPEG-1、MPEG-2、MPEG-4。MPEG-1被广泛应用于VCD的制作和网络视频的制作；MPEG-2则应用在DVD的制作方面，同时在一些HDTV（高清晰度电视）和一些高要求视频的编辑和处理上也有一定的应用空间；MPEG-4是一种新的压缩算法，压缩的文件主要用于网络播放。

MXF OP1a

MXF是SMPTE（美国电影与电视工程师协会）定义的一

种专业音视频媒体文件格式。MXF主要应用于影视行业媒体制作、编辑、发行和存储等环节。SMPTE为其定义的标准包括SMPTE-377M、SMPTE-EG41、SMPTE-EG42等，并不断进行更新和完善。

OpenEXR

OpenEXR一般用于从Maya等三维软件中导出到Nuke等合成软件中进行合成时使用的文件格式。可以很好地保留Nuke合成所需要的几乎所有的细节和通道信息。

P2影片

P2影片是松下出的影片格式标准，采用MXF格式封装，配用同是松下开发的广播级压缩方案DVCPRO和AVC-Intra。

QuickTime

QuickTime（MOV）格式是苹果公司创立的一种视频格式，在图像质量和文件尺寸的处理上具有很好的平衡性。它是苹果系统的原生编码格式，默认采用MPEG-4压缩。

Windows Media

Windows Media由Microsoft制定的PC标准视频格式，文件扩展名为“.wmv”。

Wraptor DCP

Wraptor DCP是电影放映机播放的格式。

12.2.2 音频格式

音频是指一个用来表示声音强弱的数据序列，由模拟声音经采样、量化和编码后得到。不同数字音频设备一般对应不同的音频格式文件。

AIFF

AIFF是苹果电脑上面的标准音频格式，属于QuickTime技术的一部分。这一格式的特点就是格式本身与数据的意义无关，因此受到了Microsoft的青睐。

AAC音频

Advanced Audio Coding，一种专为声音数据设计的文件压缩格式，与MP3类似。利用AAC格式，可使声音文件明显减小，而不会让人感觉声音质量有所降低。

MP3

MP3格式是现在很流行的声音文件格式，在网络通信等方面应用广泛。

波形音频

波形音频的扩展名为“.wav”，该格式记录声音的波形，因此只要采样率高、采样字节长、机器速度快，利用该格式记录的声音文件就能够和原声基本一致，质量非常高，相应的文件也很大。

12.2.3 图像格式

无论是什么设备，它总是按一定的图像文件格式来提供信息，比较常用的有BMP、JPEG、GIF等格式，所以在导出图像格式以前，首先要对图像格式有清晰的认识，在此基础上才可以进行合适的选择。

BMP

BMP是静帧图像的Windows兼容图形格式。BMP是英文Bitmap（位图）的简写，它是Windows操作系统中的标准图像文件格式，能够被多种Windows应用程序所支持。这种格式所包含的图像信息较丰富，几乎不进行压缩，因此文件很大。

GIF/动画GIF

GIF格式不能存储超过256色的图像，GIF格式的特点是压缩比高，占用的磁盘空间较小，下载速度快，所以这种图像格式迅速得到了广泛的应用。最初的GIF只是简单地用来存储单幅静止图像，后来随着技术发展，可以同时存储若干幅静止图像，形成连续的动画。

如果想用Premiere导出GIF动画图像，需在“格式”中选择“动画GIF”格式，如果选择GIF格式，则导出的是动画的序列帧。

JPEG

JPEG格式的压缩技术十分先进，它用有损压缩方式去除冗余的图像和彩色数据，在获得极高的压缩率的同时能展现十分丰富生动的图像。

JPEG 2000

JPEG 2000同样是由JPEG组织负责制定的，它有一个正式名称叫作“ISO 15444”，与JPEG相比，它是具备更高压缩率和更多新功能的新一代静态影像压缩技术。

PNG

PNG（Portable Network Graphics）是一种新兴的网络图像格式，它汲取了GIF和JPEG二者的优点，存储形式丰富，兼有GIF和JPEG的色彩模式，可以保留Alpha通道，利于网络传输，速度快。

TARGA

TARGA格式的结构比较简单，属于一种图形、图像数据的通用格式，在多媒体领域有着很大影响，是计算机生成的图像向电视转换的一种首选格式。

TIFF

TIFF（Tagged Image File Format）格式是Mac中广泛使用的图像格式，它的特点是图像格式复杂、存储的信息多。正因为它存储的图像细微层次的信息非常多，图像的质量也得以提高，所以非常有利于原稿的复制。

12.3 导出设置

尽管用于制作Premiere项目的视频和音频设置非常适用于编辑，但它们不可能为特定的观看环境带来最佳的质量。例如，画幅较大而帧速率较高的数字影片在多媒体程序或Web上播放时可能会不流畅。因此，在以AVI或QuickTime影片格式导出Premiere项目到磁盘中前，可能需要更改几个设置。

12.3.1 导出设置面板

以下是对导出为影片格式时，“导出设置”对话框中可用选项的描述。

格式：如果想切换文件格式，可以使用这个选项，除了选择QuickTime或AVI格式外，还可以选择将数字影片作为一系列静态帧以不同的文件格式（如GIF、TIFF或Windows Media）进行保存。

源范围：可以选择导出整个序列或指定工作区。

导出视频：如果不想输出视频，则取消勾选该选项。

导出音频：如果不想输出音频，则取消勾选该选项。

预览

“导出设置”对话框提供了源文件的预览及最终输出的视频的预览。下面列出了用于预览源和输出的视频的选项。

要预览源文件，单击“源”选项卡。

要在“导出设置”对话框中预览基于设置的视频，单击“输出”选项卡。

要在“源”或“输出”选项卡中浏览视频，则拖曳预览区底部的时间标尺。

在“导出设置”对话框中单击“源范围”下拉按钮，打开下拉列表，可以选择Premiere项目要导出的内容，如“时间轴”面板的工作区或整个序列，如图12-38所示。

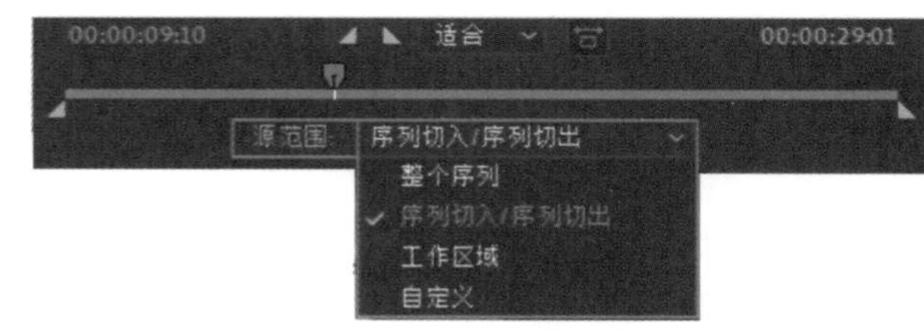

图12-38

剪裁和缩放

在导出文件前，可以裁剪源视频。裁剪的区域以黑色出现在最终视频中。单击“源”选项卡，打开视频的“源”视图，然后选择“剪裁输出视频”工具进行剪裁，如图12-39所示。要使用像素维度精确地进行裁切，可在“左侧”“顶部”“右侧”“底部”参数值上左右拖曳改变数值。拖曳时，剪裁区域显示在屏幕上。另外，可以在想保留的视频区域4个角的控制点上拖曳。拖曳时，会显示一个读数，表示以像素为单位的帧大小。

图12-39

如果想将裁切的长宽比更改到4：3或16：9，可单击“裁剪比例”下拉按钮，打开下拉列表，然后选择剪裁长宽比，如图12-40所示。

图12-40

要预览裁切的视频，可以单击“输出”选项卡。如果想缩放视频的帧大小以适合裁切边框，可以在“源缩放”下拉列表中选择“缩放以适合”选项，如图12-41所示。

图12-41

保存元数据

如果正在创建MPEG文件，在“导出设置”对话框中单击下方的“元数据”按钮，将打开如图12-42所示的“元数据导出”对话框，在其中可以输入版权信息及有关文件的描述性信息。完成后单击“确定”按钮，即可将元数据嵌入该文件。

图12-42

只导出视频/音频

如果不想导出视频或音频，就取消勾选“导出视频”或“导出音频”复选框，如图12-43所示。

图12-43

12.3.2 预设设置

在导出影片时，“导出设置”对话框允许创建自定义预设，并允许裁切、预览视频和取消视频的交错。

保存预设

如果对预设进行更改，可以将自定义预设保存到磁盘中，以便以后使用它。在保存预设后，可以导入或删除它们。下面是相关的预设选项。

保存预设：要保存一个编辑过的预设以备将来使用，或以之作为比较导出效果的样本，可以单击“保存预设”按钮，如图12-44所示，在打开的“选择名称”对话框中输入名称，如果想保存“效果”选项卡的设置，就勾选“保存效果设置”复选框，要保存“发布”选项卡的设置，则勾选“保存发布设置”复选框，完成后单击“确定”按钮即可，如图12-45所示。

图12-44

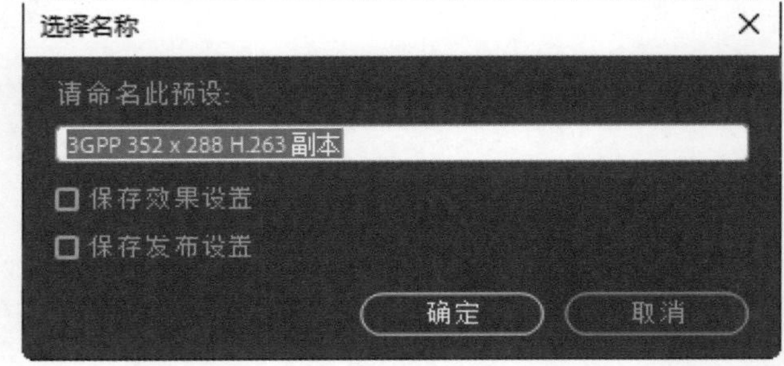

图12-45

导入预设

导入预设：导入自定义预设最简单的方法是单击“预设”下拉按钮，打开下拉列表，如图12-46所示，并从列表中选择它，另外可以单击“导入预设”按钮，然后从磁盘中加载预设，预设文件的扩展名为“.vpr”。

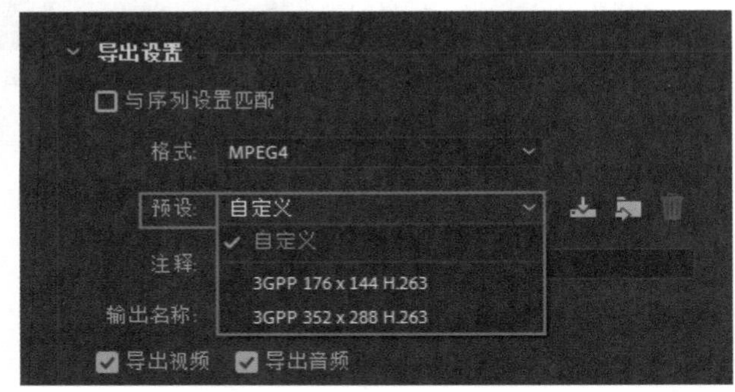

图12-46

删除预设

删除预设：要删除预设，首先加载预设，然后单击“删除预设”按钮，此时会出现一条警告，警告此删除过程不可撤销。

12.3.3 设置视频选项卡

在“导出设置”对话框中选择“视频”选项卡，可以查看和更改视频设置。视频设置反映了当前使用的项目设置。在进行设置时，必须了解所做的选择可能会影响质量。例如，如果输出到Web上，就要缩小DV项目的画幅，并从非方形像素更改为方形像素。在导出到Web上或多媒体应用程序中时应考虑下面的内容。

选择“视频”选项卡，在其中可更改视频设置，如视频的高度和宽度、帧速率、长宽比和电视标准等，如图12-47所示。

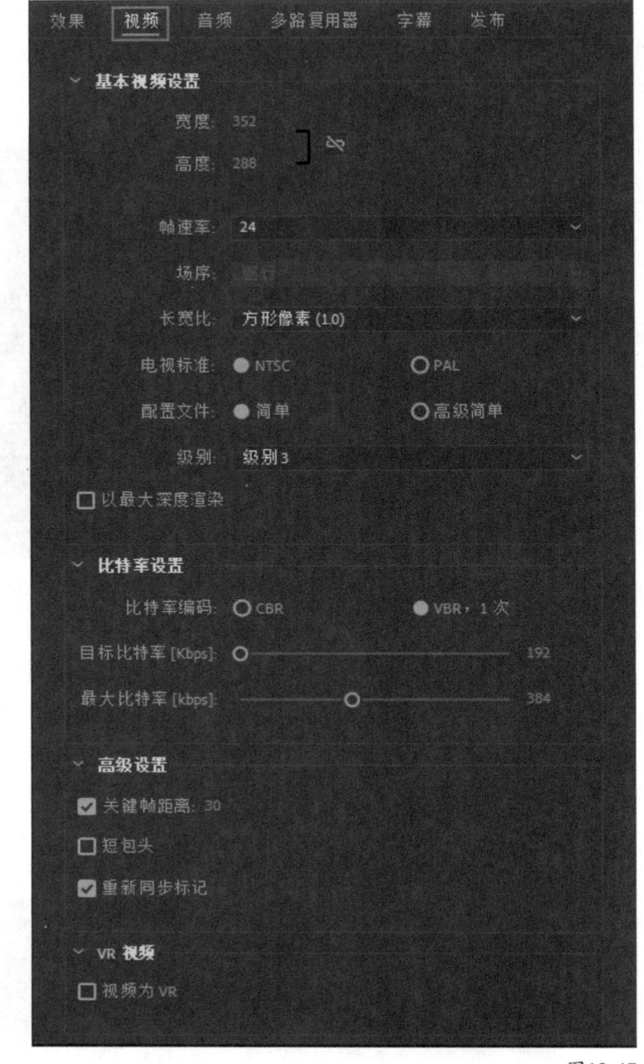

图12-47

如果要更改画幅，请确保画面的长宽比匹配项目的长宽比。例如，可以将DV图像从720像素×480像素更改到320像素×240像素或160像素×120像素，将像素的长宽比从4∶3更改到3∶2。将像素长宽比更改到方形像素后，导出后才能维持4∶3的图像长宽比。

减小Web和多媒体输出的帧速率可使播放更流畅。如果导出的帧速率是原始帧速率的整数倍，一些编码器能提供更好的品质。因此，在导出以每秒30帧拍摄的影片时，可将其设置为每秒15帧。

指定关键帧

可以控制导出文件大小的另一个视频导出选项是“视频”选项卡中的“高级设置”选项组的“关键帧间隔”，如图12-48所示。

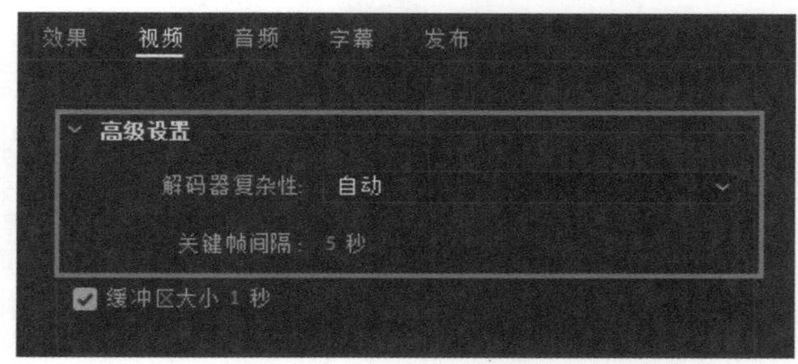

图12-48

当选择具有临时压缩功能的编解码器时，可以更改关键帧设置。关键帧设置指定将完整的视频帧保存多少次。通常，创建的关键帧越多，视频品质越好，但同时产生的文件也越大。如果编解码器的关键帧设置以帧为单位指定，60的设置将以每秒30个帧的速度每两秒创建一个帧。当编解码器压缩时，它比较每个后续帧，并且只保存每个帧中更改的信息。这样，有效地使用关键帧可以大大减小视频文件。

在创建关键帧之前，应该重新搜索选定的编解码器。当试验时，应尝试保存尽可能少的关键帧。但是，注意动作较多的画面相比动作较少的画面需要更多的关键帧。

选择比特率

许多编解码器允许指定输出比特率，如图12-49所示。比特率是在导出视频文件的播放期间每秒必须处理的数据量。比特率的改变取决于播放作品的系统。例如，低速计算机上的CD播放比特率远小于硬盘的比特率。如果视频文件的比特率太高，系统就无法处理播放。如果是这种情形，播放可能会由于缺帧而出错。

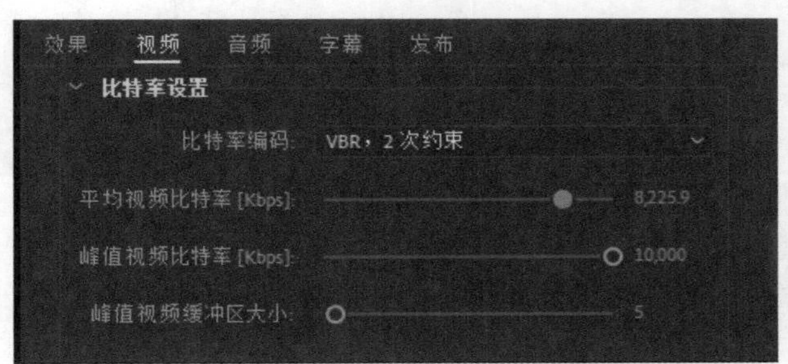

图12-49

12.3.4 设置音频选项卡

导出最终项目时，可能需要更改音频设置。要访问音频选项，可以在“导出设置”对话框中切换到“音频”选项卡，如图12-50所示。

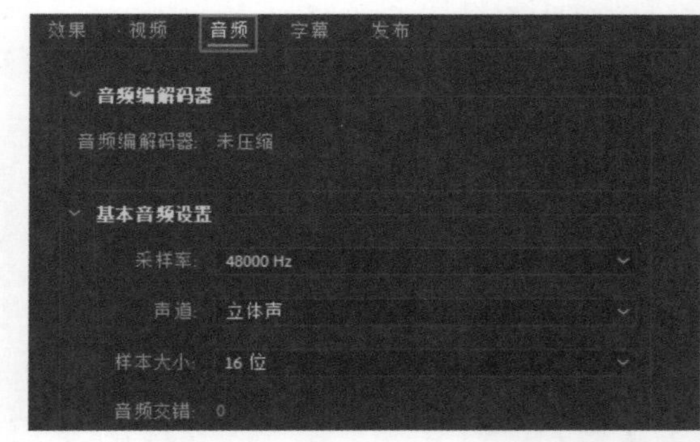

图12-50

音频编解码器：在“音频编解码器”下拉列表中可以选择一种压缩方式，当导出为AVI等格式时，音频编码会采用无压缩方式，如图12-51所示，导出H.264格式时，音频编解码器选项如图12-52所示。

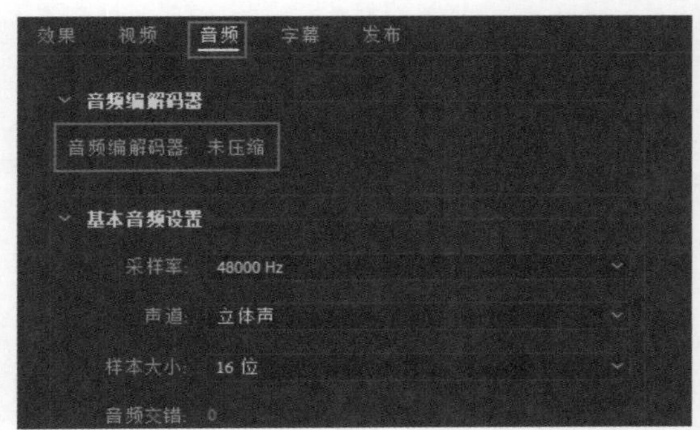

图12-51

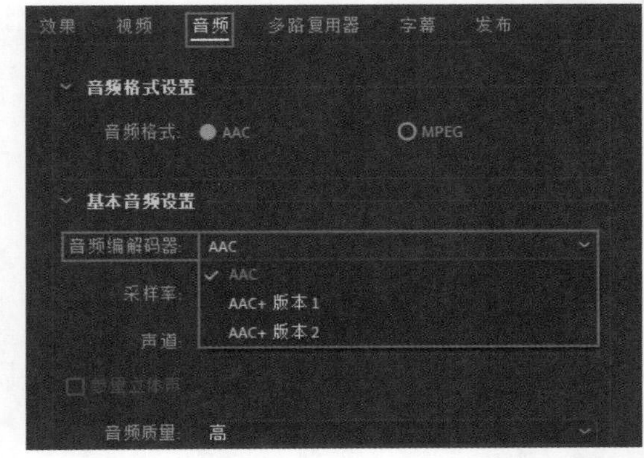

图12-52

采样率：降低采样率设置可以减小文件大小，并加速最终产品的渲染，采样率越高，质量越好，但处理时间也越长，例如，CD品质是44 kHz。

声道：可以选择立体声（两个通道）或单声道（一个通道）。

样本大小：立体32位是最高设置，8位单声是最低设置，位深度越低，生成的文件越小，并能缩短渲染时间。

第13章

制作分屏效果

在制作视频的时候，常常会添加一些效果来让视频更具观赏性，本章将学习制作视频分屏的效果，也就是在同一个镜头画面中同时存在多个不一样的画面内容，能够丰富视觉效果。

学习要点

13.1 案例效果

素材位置　素材文件\第13章\制作分屏效果
实例位置　实例文件\第13章\制作分屏效果.prproj
视频名称　制作分屏效果.mp4
技术掌握　制作分屏效果的方法

扫码看视频

本案例将讲解制作分屏效果的操作，案例效果如图13-1所示。

图13-1

图13-1（续）

13.2 案例分析

本实例的制作过程为：首先在“项目”面板中导入视频素材，并在“时间轴”面板中安排好素材的顺序位置，然后为“时间轴”面板中的视频素材添加视频效果并设置关键帧动画，最后为视频添加字幕和音乐并导出成影片。

本案例制作分屏效果的流程如图13-2所示。

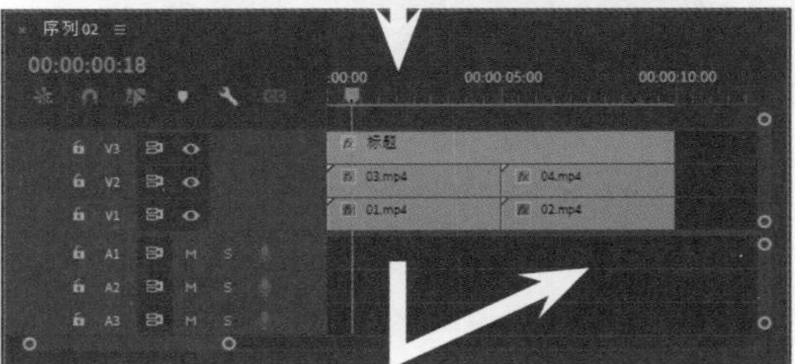

图13-2

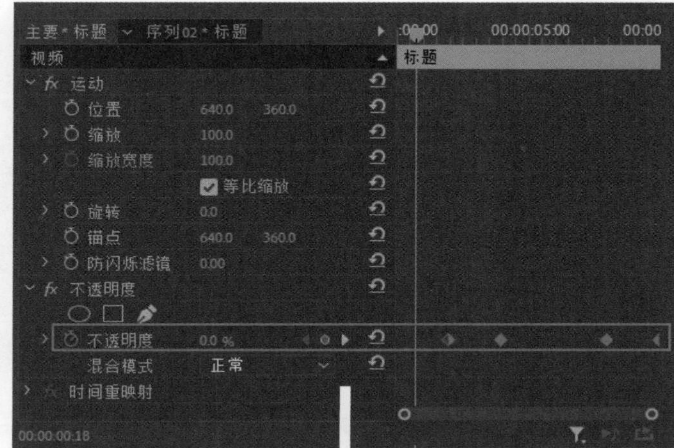

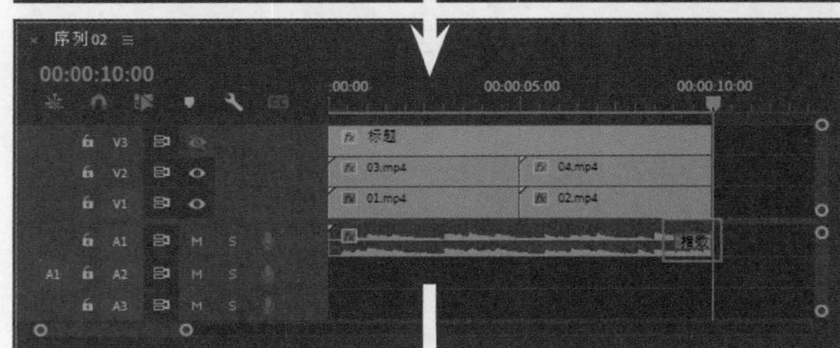

图13-2（续）

13.3 案例制作

下面请一起来学习视频分屏效果的制作方法。

13.3.1 导入素材

01 启动Premiere Pro 2021应用程序，在出现的“主页”窗口中单击“新建项目”按钮，在“新建项目”对话框中设置文件的名称和路径，单击“确定”按钮，新建一个项目，如图13-3所示。

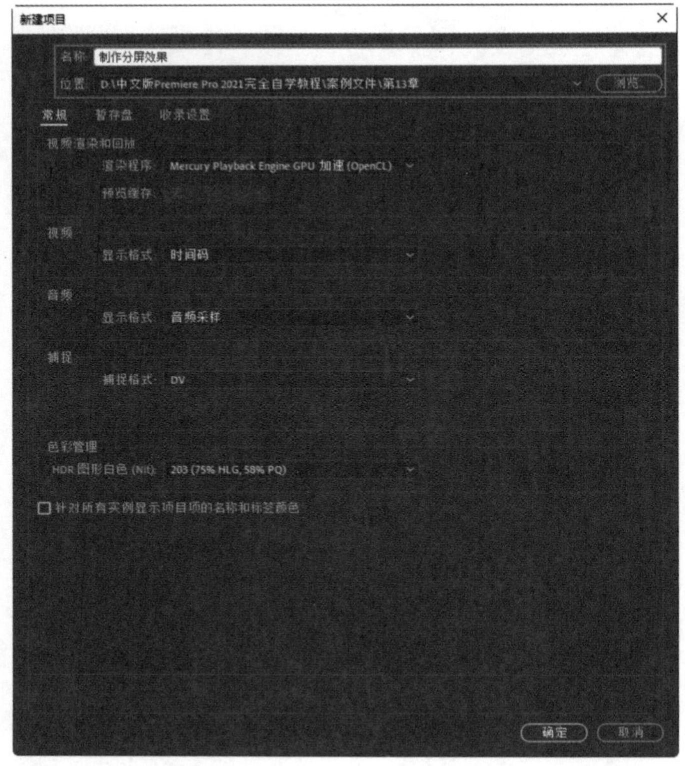

图13-3

02 进入Premiere Pro 2021的工作区，选择“文件→新建→序列”命令，如图13-4所示。

文件(F)	编辑(E)	剪辑(C)	序列(S)	标记(M)	图形(G)	视图(V)	窗口(W)	帮助(H)

文件菜单	快捷键	新建子菜单	快捷键
新建(N)	›	项目(P)...	Ctrl+Alt+N
打开项目(O)...	Ctrl+O	作品(R)...	
打开作品(P)...		序列(S)...	Ctrl+N
打开最近使用的内容(E)	›	来自剪辑的序列	
关闭(C)	Ctrl+W	素材箱(B)	Ctrl+B
关闭项目(P)	Ctrl+Shift+W	来自选择项的素材箱	
关闭作品		搜索素材箱	
关闭所有项目		项目快捷方式	
关闭所有其他项目		脱机文件(O)...	
刷新所有项目		调整图层(A)...	
保存(S)	Ctrl+S	旧版标题(T)...	
另存为(A)...	Ctrl+Shift+S	Photoshop 文件(H)...	
保存副本(Y)...	Ctrl+Alt+S	彩条...	
全部保存		黑场视频...	
还原(R)		颜色遮罩...	
捕捉(T)...	F5	HD 彩条...	
批量捕捉(B)...	F6	通用倒计时片头...	
		透明视频...	

图13-4

03 在“新建序列”对话框中单击“设置”选项卡，设置“编辑模式”为“自定义”，“帧大小”的“水平”为1 920，“垂直”为1 080，“像素长宽比”为“方形像素（1.0）”，“场”为“无场（逐行扫描）”，其余选项为默认设置，单击“确定”按钮，如图13-5所示。

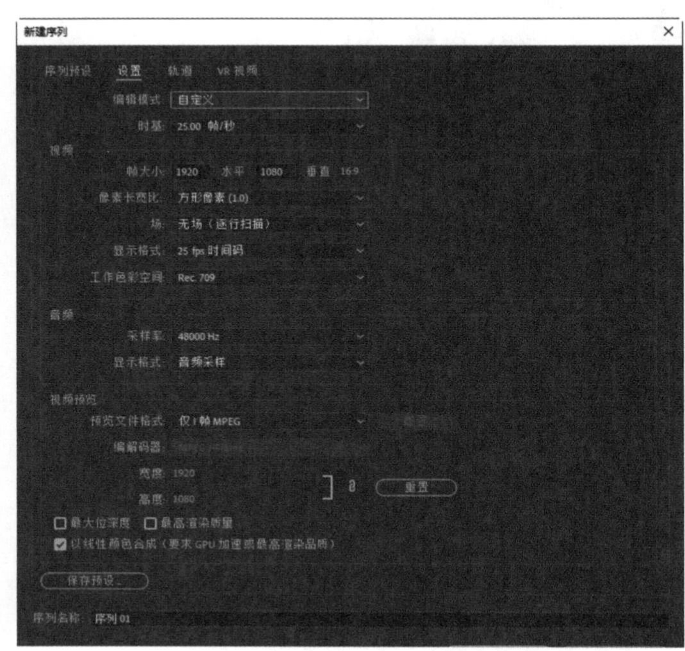

图13-5

04 选择“文件→导入”命令，打开“导入”对话框，选择本实例所需要的素材，如图13-6所示。将选择的素材导入“项目”面板，如图13-7所示。

图13-6

图13-7

13.3.2 编辑视频素材

01 在“项目”面板中将素材“01.mp4”拖曳到“时间轴”面板中的V1轨道上，并将素材的持续时间设置为5秒，如图13-8所示。

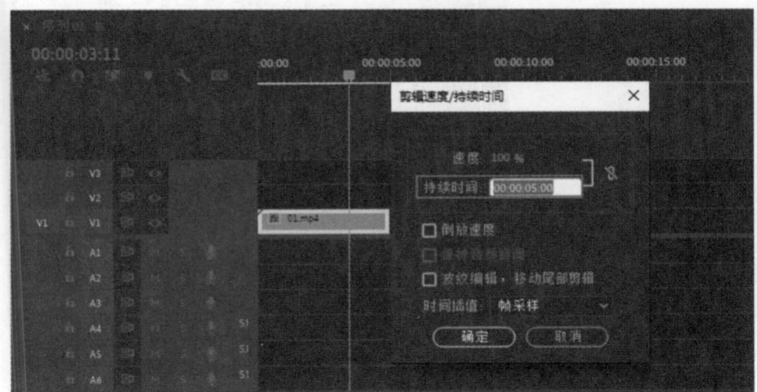

图13-8

02 使用同样的方法，将“项目”面板中的素材“02.mp4”素材添加到V1轨道上，并将其持续时间设置为5秒，如图13-9所示。将“项目”面板中的素材“03.mp4”“04.mp4”素材添加到V2轨道上，并将它们的持续时间都设置为5秒，如图13-10所示。

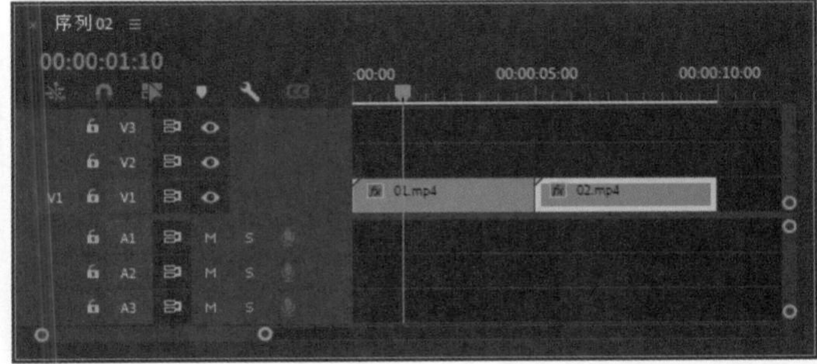

图13-9

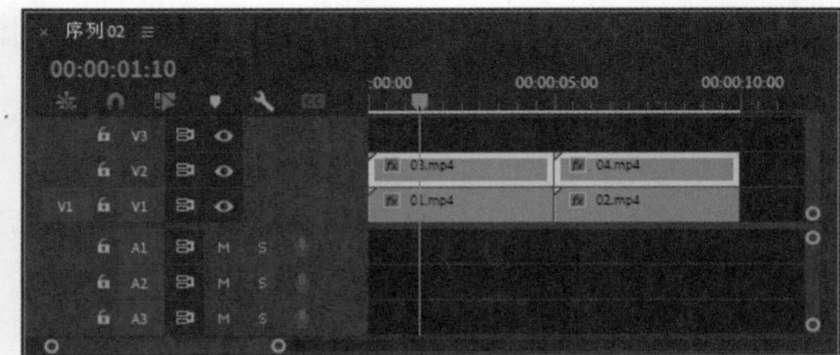

图13-10

13.3.3 添加视频效果

01 在“效果”面板的搜索框中搜索“线性擦除”，将搜索到的“线性擦除”效果拖曳到V2轨道上的“03.mp4”素材上，如图13-11和图13-12所示。

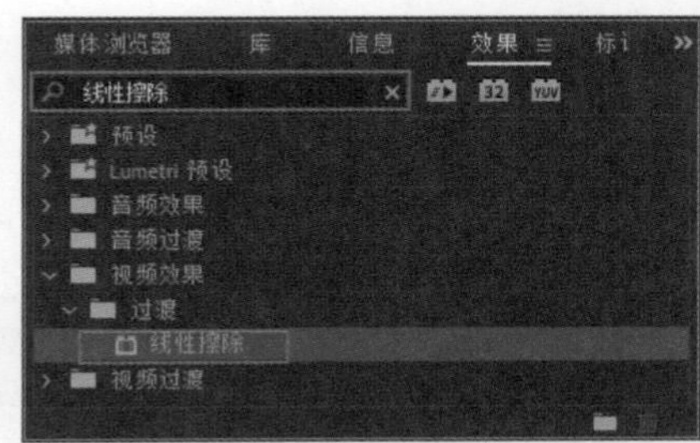

图13-11

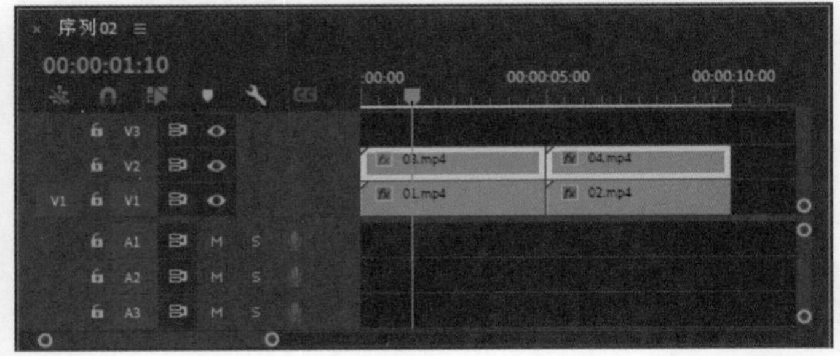

图13-12

02 选中“03.mp4”素材，打开“效果控件”面板，单击“线性擦除”效果组前面的展开按钮 ，设置“过渡完成”为50%，“擦除角度”为130°，如图13-13所示。“节目”监视器面板中会显示添加效果后的画面，如图13-14所示。

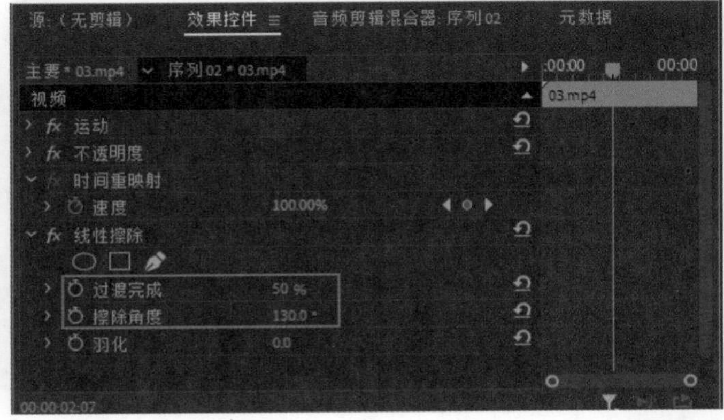

图13-13

图13-14

03 使用同样的方法，为“04.mp4”素材添加“线性擦除”效果，并在“效果控件”面板中设置为相同的参数值，如图13-15和图13-16所示。

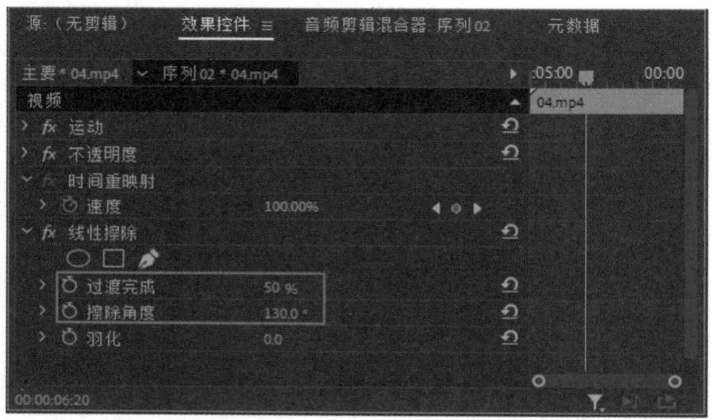

图13-15

图13-16

13.3.4 添加字幕

01 选择“文件→新建→旧版标题”命令，如图13-17所示。在弹出的“新建字幕”对话框中设置名称为“标题”，单击“确定”按钮，如图13-18所示。

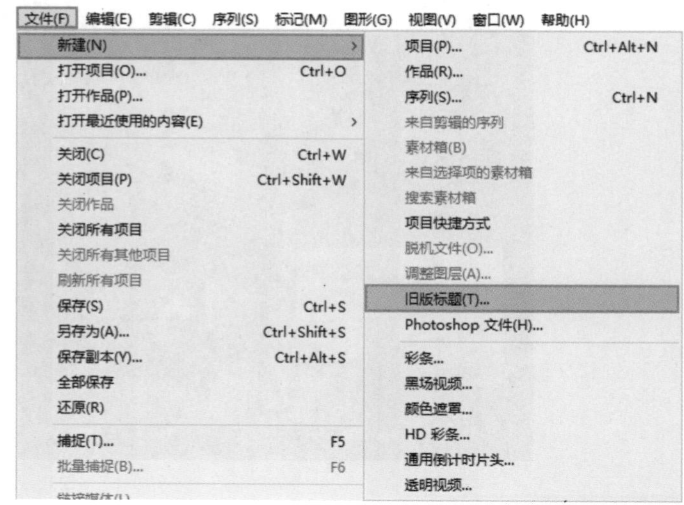

图13-17

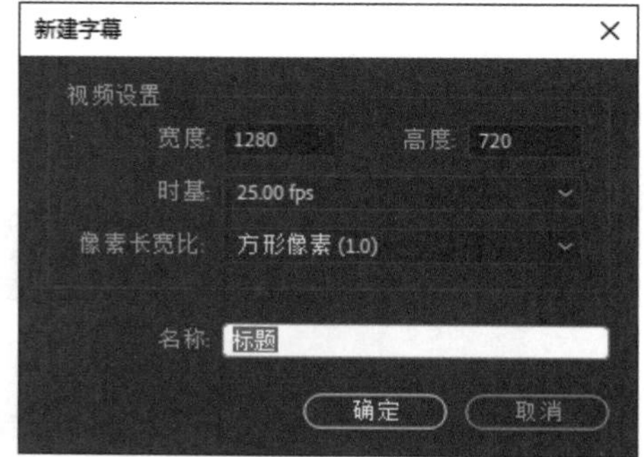

图13-18

02 选择“文字工具”T，在“旧版标题”面板的绘制区单击并输入文字“ANIMAL”，设置合适的字体样式和文字大小，颜色选择白色，如图13-19所示。

图13-19

03 设置完成后关闭“旧版标题”面板，将“标题”字幕素材从“项目”面板中拖曳到“时间轴”面板的V3轨道上，并拖曳字幕素材的出点至其和V1、V2轨道上的素材等长，如图13-20所示。此时“节目”监视器面板画面效果如图13-21所示。

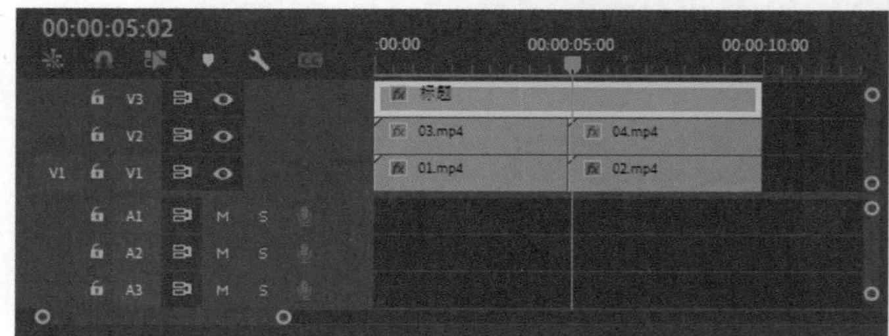

图13-20

图13-21

04 接下来为文字添加不透明度变化的动画。将时间指示器移动到00:00:02:00的位置，选中V3轨道上的字幕素材，打开“效果控件”面板，展开“不透明度”选项组，单击“不透明度”选项前面的“切换动画”按钮，添加一个关键帧，并设置“不透明度”参数为0%，如图13-22所示。再将时间指示器移动到00:00:04:00的位置，设置“不透明度”参数为100%，如图13-23所示。

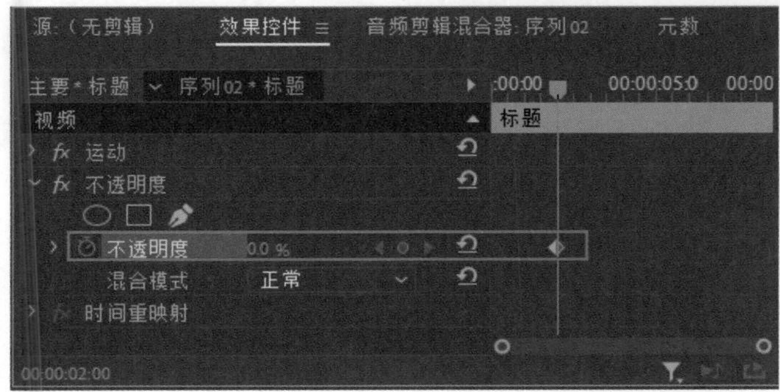

图13-22

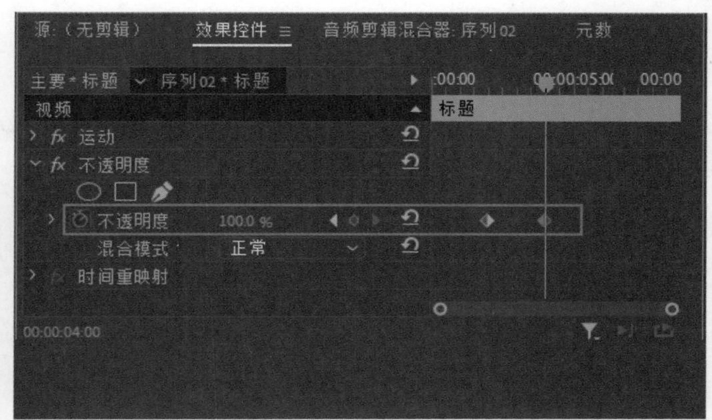

图13-23

05 将时间指示器移动到00:00:08:00的位置，单击“添加/移除关键帧”按钮，在此位置添加一个关键帧，如图13-24所示。将时间指示器移动到00:00:10:00的位置，设置“不透明度”参数为0%，如图13-25所示。

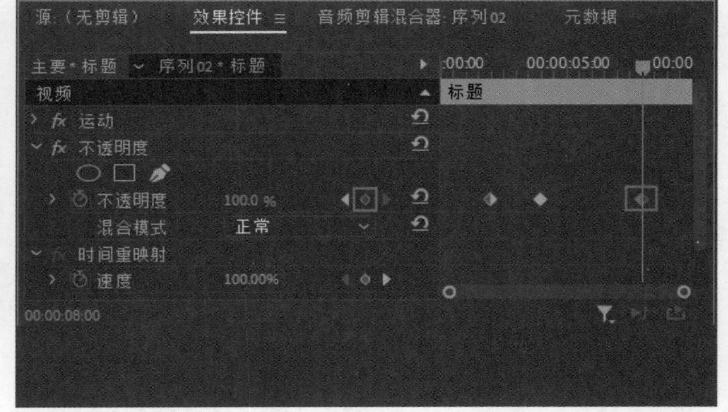

图13-24

图13-25

06 单击“节目”监视器面板中的“播放-停止切换”按钮，预览添加的不透明度效果，如图13-26所示。

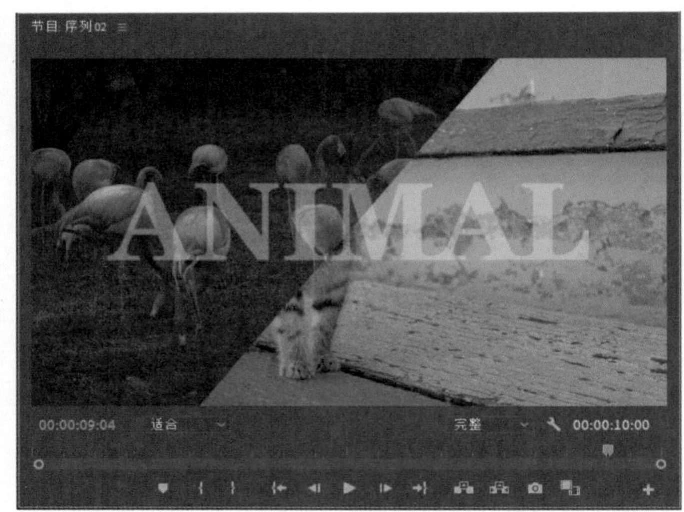

图13-26

13.3.5 编辑音频素材

01 将时间指示器移动到00:00:00:00的位置，在“项目”面板中选中“音乐.mp3”素材，将其拖曳到“时间轴”面板的A1轨道上，如图13-27所示。

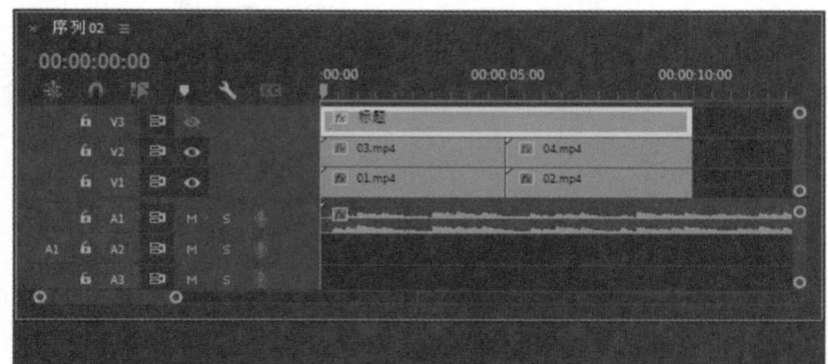

图13-27

02 将时间指示器移动到00:00:10:00的位置，选择“剃刀工具”，对A1轨道的音频素材进行裁切，如图13-28所示。选择“选择工具”，选中裁切出的后半段音频素材，按Delete键将其删除，如图13-29所示。

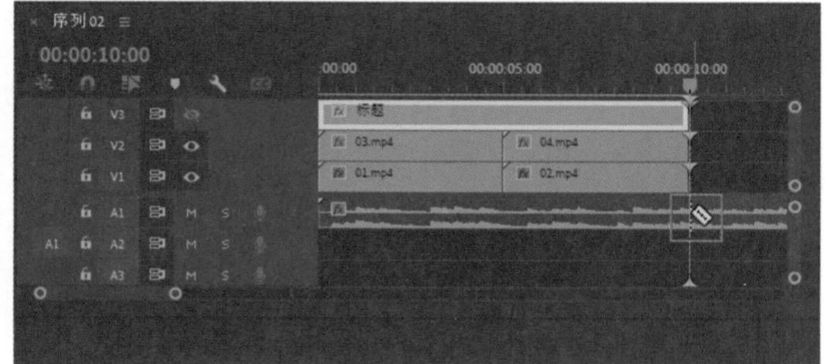

图13-28

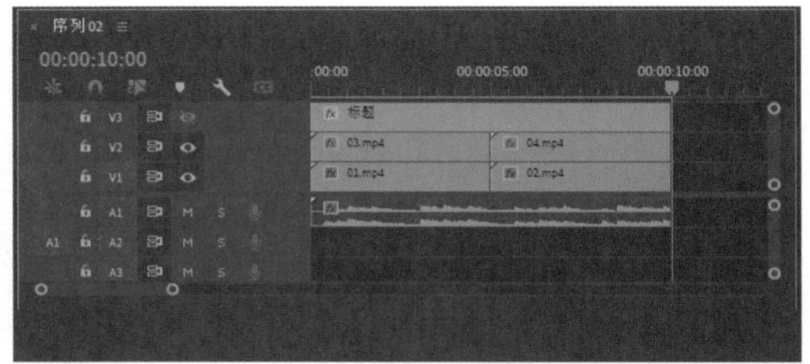

图13-29

03 在“效果”面板中展开“音频过渡”素材箱，选择“指数淡化”效果，将其拖曳至“时间轴”面板A1轨道上的素材的末端，如图13-30和图13-31所示。

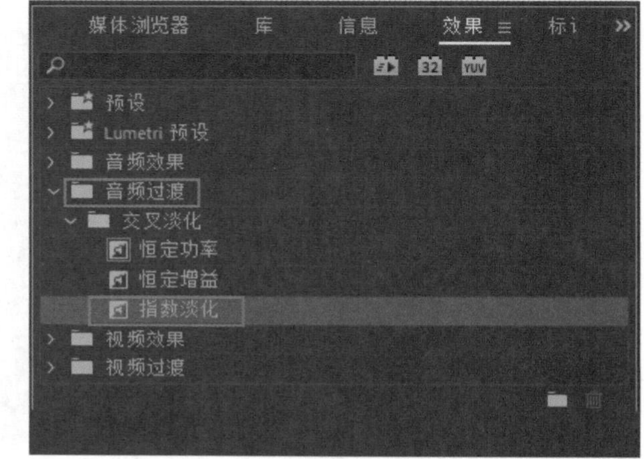

图13-30

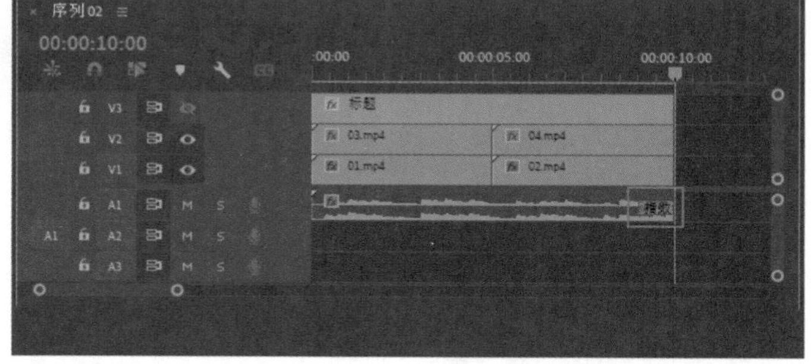

图13-31

13.3.6 输出影片

01 选择“文件→导出→媒体”命令，如图13-32所示。打开“导出设置”对话框，在“格式”下拉列表中选择H.264格式，单击“输出名称”选项后面的蓝色字，设置影片的存储名称和路径后，单击“导出”按钮，如图13-33所示。

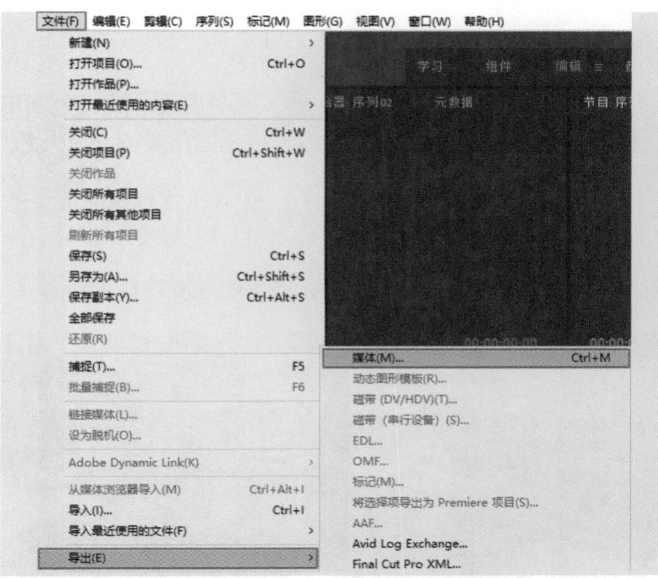

图13-32

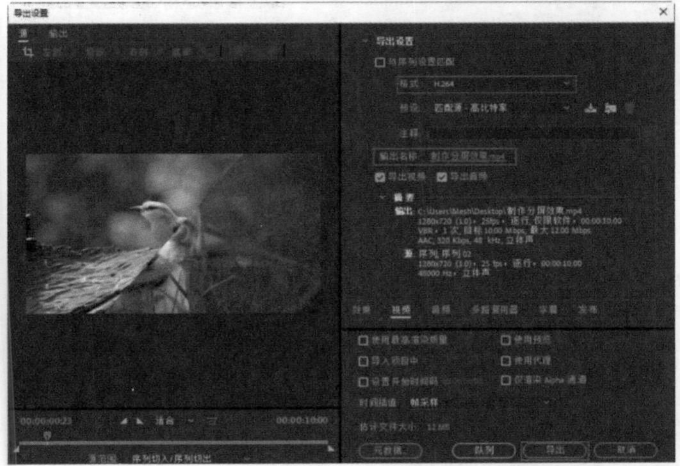

图13-33

02 将项目文件导出为影片文件后，可以在相应的位置找到导出的文件，并且可以使用媒体播放器对该文件进行播放，如图13-34所示。

图13-34

第14章

制作相册展示动画

生活中常见的电子相册有婚纱电子相册、儿童电子相册、风景电子相册等，自制电子相册非常有纪念意义，本章将学习如何制作电子相册。

学习要点

14.1 案例效果

素材位置	素材文件 \ 第 14 章 \ 制作相册展示动画
实例位置	实例文件 \ 第 14 章 \ 制作相册展示动画 .prproj
视频名称	制作相册展示动画 .mp4
技术掌握	制作相册展示动画的方法

扫 码 看 视 频

本案例将讲解制作相册展示动画的方法，案例效果如图14-1所示。

图14-1

图14-1（续）

14.2 案例分析

本实例的制作过程为：首先要在“项目”面板中导入图片素材、音频素材和视频素材，并在“时间轴”面板中安排好素材的顺序位置，然后为“时间轴”面板中的图片素材添加相应的效果，制作出动态的图像显示效果。

本案例中相册展示动画的制作流程如图14-2所示。

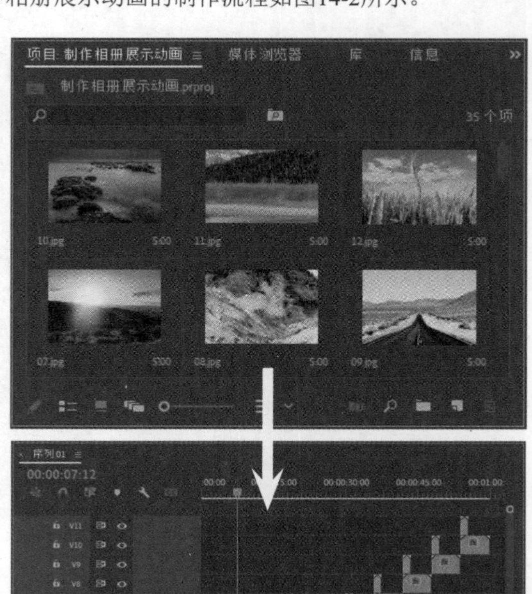

图14-2

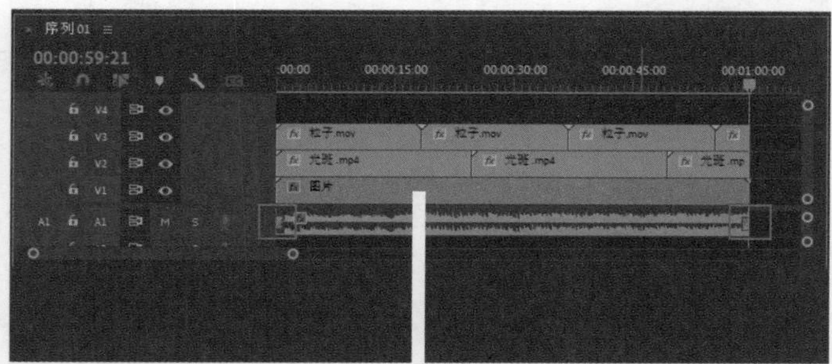

图14-2（续）

14.3 案例制作

下面请一起来学习相册展示动画的制作方法。

14.3.1 导入素材

01 启动Premiere Pro 2021应用程序，在出现的“主页”窗口中单击“新建项目”按钮[新建项目...]，在“新建项目”对话框中设置文件的名称和路径，单击“确定”按钮[确定]，新建一个项目，如图14-3所示。

02 选择“文件→导入”命令，打开“导入”对话框，选择本实例所需的素材，如图14-4所示。将选择的素材导入“项目”面板中，如图14-5所示。

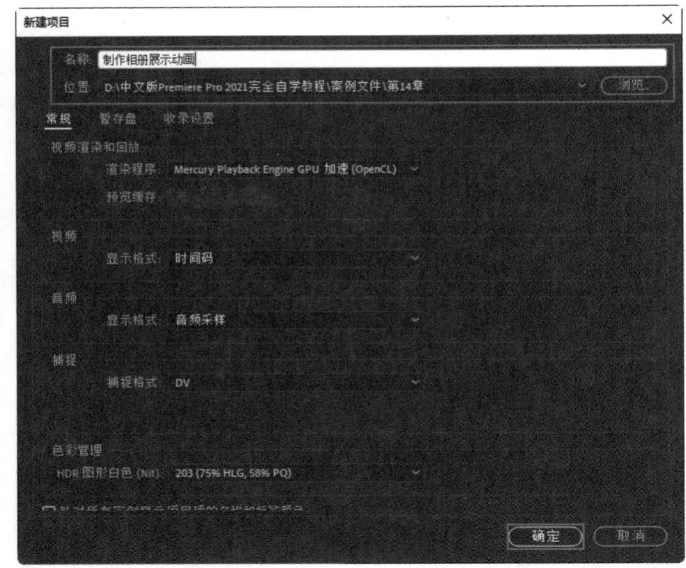

图14-3

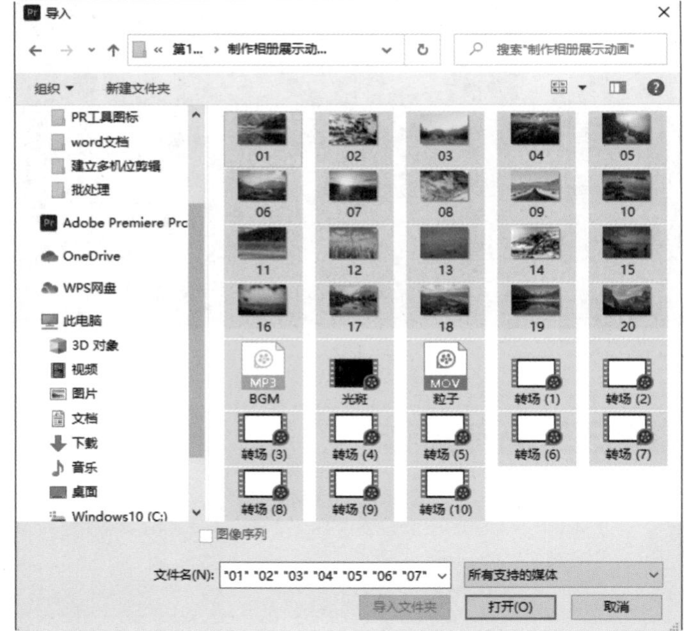

图14-4

图14-5

03 进入Premiere Pro 2021的工作区，选择“文件→新建→序列”命令，如图14-6所示。

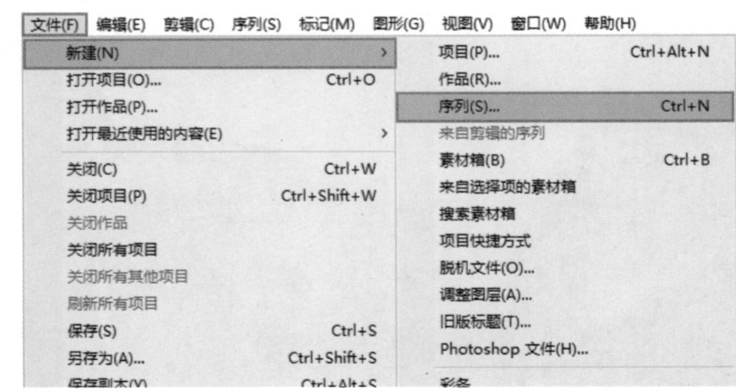

图14-6

04 在“新建序列”对话框中单击“设置”选项卡，设置“编辑模式”为“自定义”，“帧大小”的“水平”为1 920，“垂直”为1 080，“像素长宽比”为“方形像素（1.0）”，“场”为“无场（逐行扫描）”，其余选项为默认设置，单击“确定”按钮（确定），如图14-7所示。

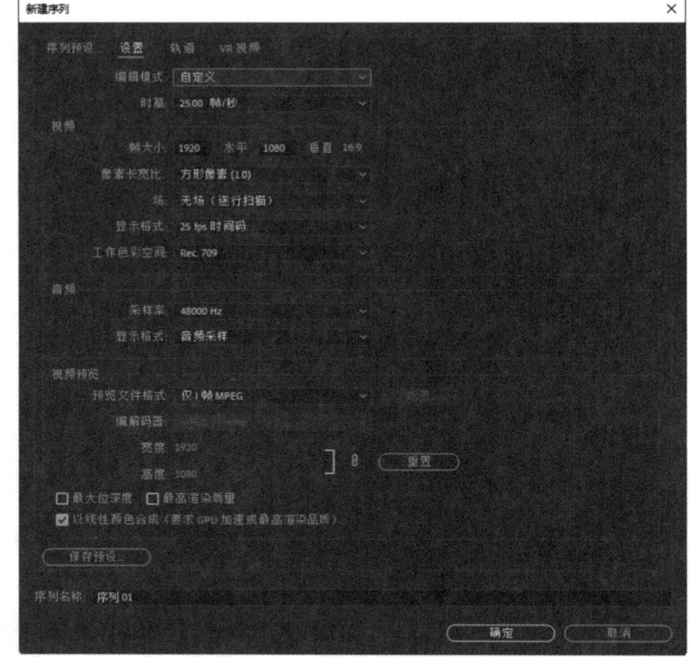

图14-7

14.3.2 编辑视频素材

01 在“项目”面板选中“01.jpg”素材，将其拖曳至“时间轴”面板的V1轨道上，如图14-8所示。将时间指示器移动到00:00:03:00的位置，在“项目”面板选中“02.jpg”素材，将其拖曳至“时间轴”面板中的V2轨道时间指示器的位置，如图14-9所示。

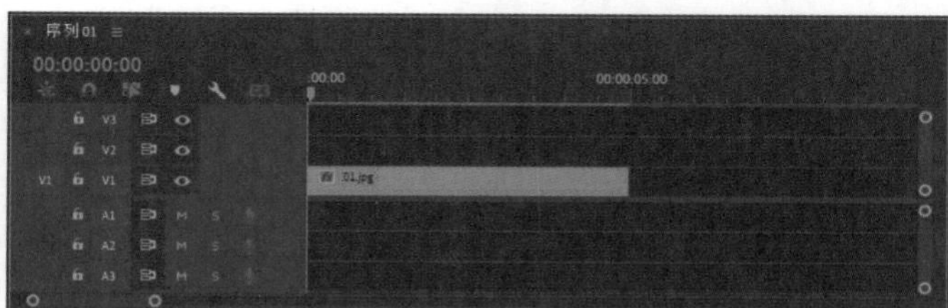

图14-8

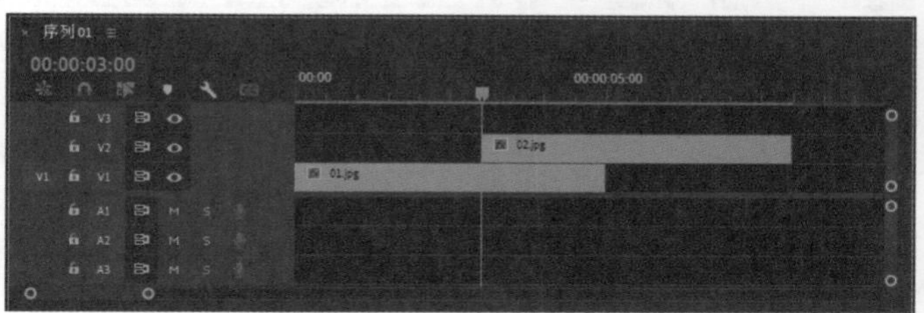

图14-9

02 在“时间轴”面板中选择“01.jpg”素材，打开“效果控件”面板，展开“运动”选项组，设置“缩放”的值为38，如图14-10所示。在“时间轴”面板中选择“02.jpg”素材，在“效果控件”面板中设置“运动”选项组的“缩放”的值为110，如图14-11所示，让图片素材铺满画面，避免出现画面空缺的地方。

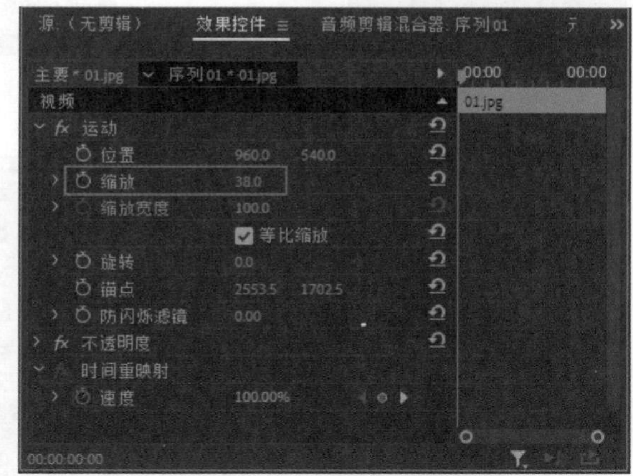

图14-10

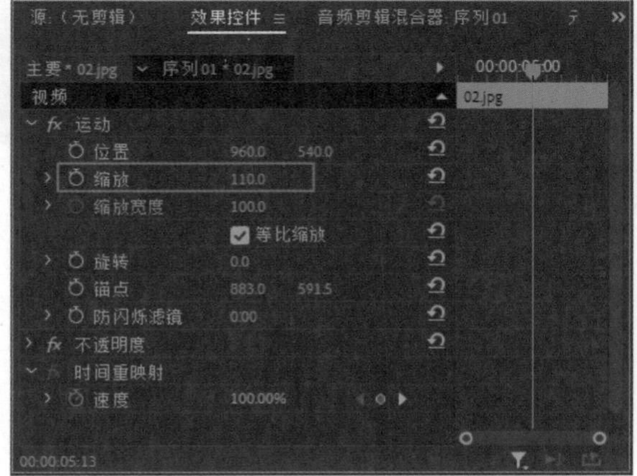

图14-11

03 在“时间轴”面板中将时间指示器移动至00:00:06:00位置，使用“剃刀工具”对“02.jpg”素材进行裁切，如图14-12所示。用“选择工具”选中裁切出的后半段素材，按Delete键将其删除，如图14-13所示。

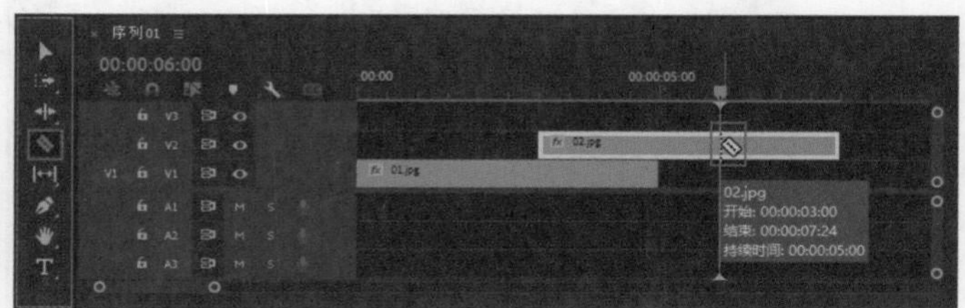

图14-12

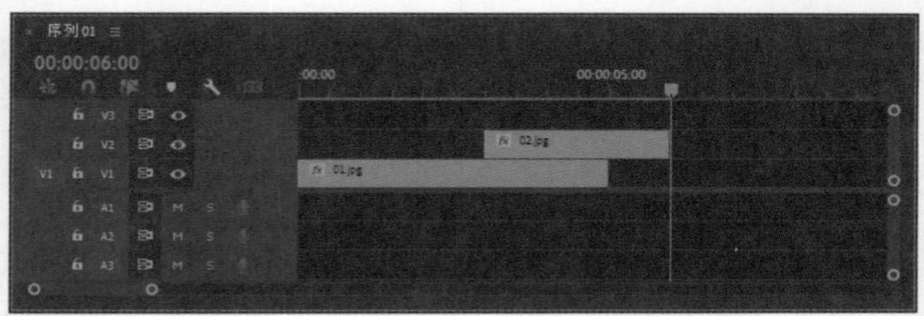

图14-13

04 在“效果”面板的搜索框中搜索“交叉溶解”，将搜索到的“交叉溶解”效果选中，拖曳至“时间轴”面板中的“02.jpg”素材的开头，如图14-14和图14-15所示。

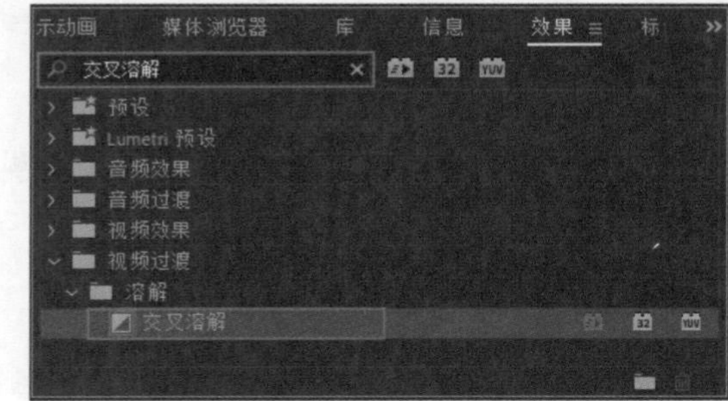

图14-14

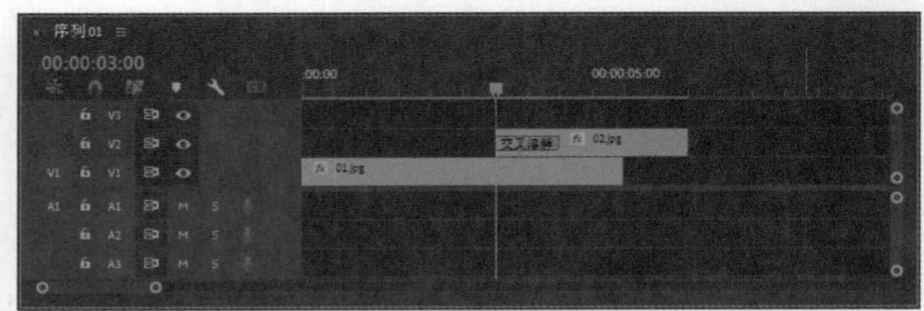

图14-15

05 接下来为素材添加缩放动画。将时间指示器移动到00:00:03:00的位置，选中V1轨道上的素材，打开“效果控件”面板，展开“运动”选项组，单击“缩放”选项前面的“切换动画”按钮，添加一个关键帧，如图14-16所示。再将时间指示器移动到00:00:00:00的位置，设置“缩放”参数为100%，如图14-17所示。

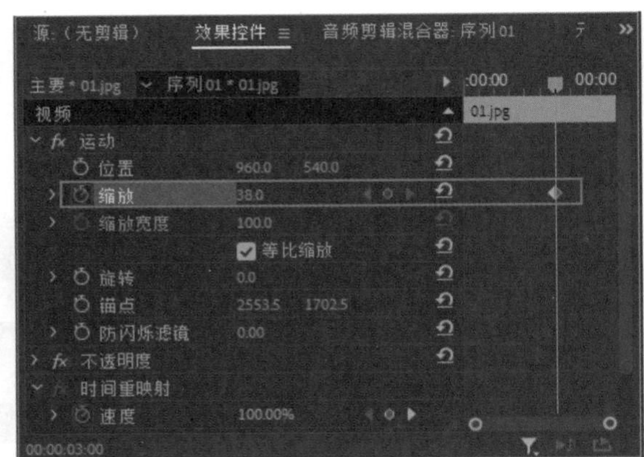

图14-16

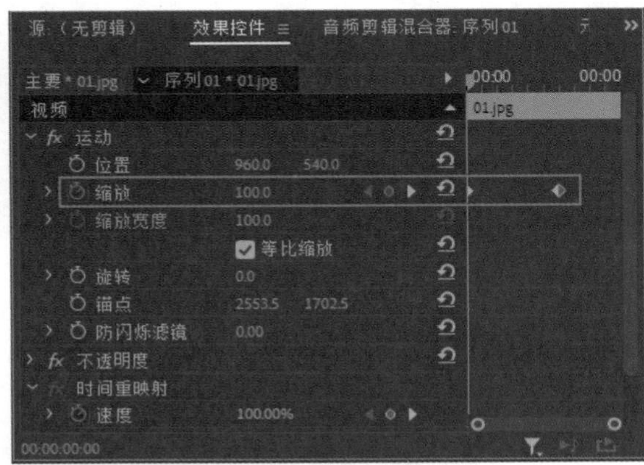

图14-17

06 将V1、V2轨道上的素材选中，单击鼠标右键，在弹出的菜单中选择“嵌套”命令，如图14-18所示。在弹出的“嵌套序列名称”对话框中设置嵌套序列名称为“场景1”，单击“确定”按钮，如图14-19所示。嵌套后的“时间轴”面板如图14-20所示。

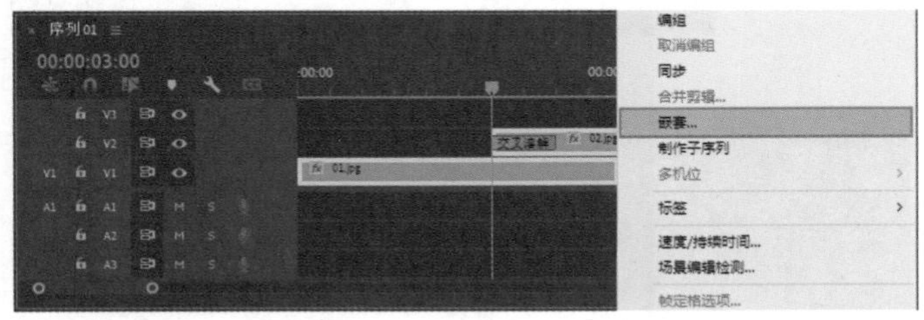

图14-18

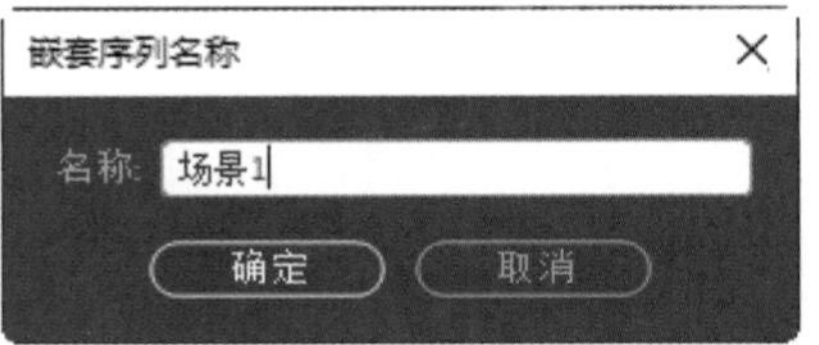

图14-19

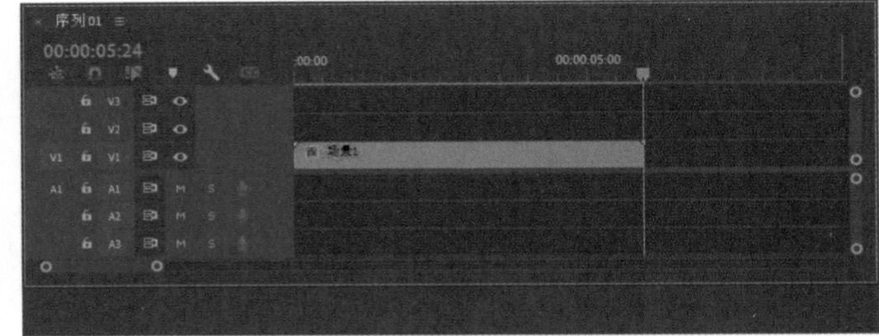

图14-20

07 在“时间轴”面板轨道控件的空白处单击鼠标右键，在弹出的菜单中选择“添加轨道”命令，如图14-21所示。在弹出的“添加轨道”对话框中设置添加7条视频轨道，单击“确定”按钮，如图14-22所示，确保“时间轴”面板有10条视频轨道。

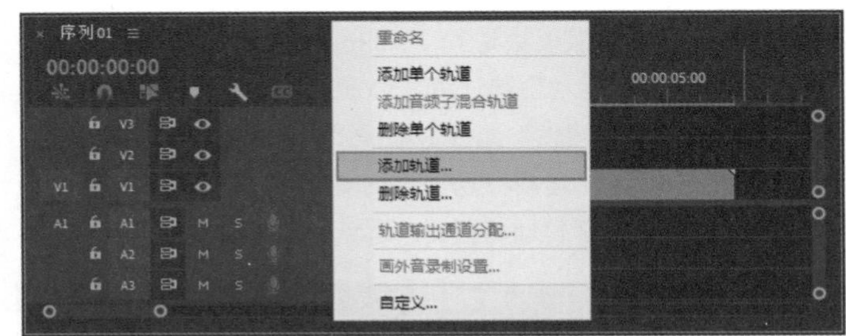

图14-21

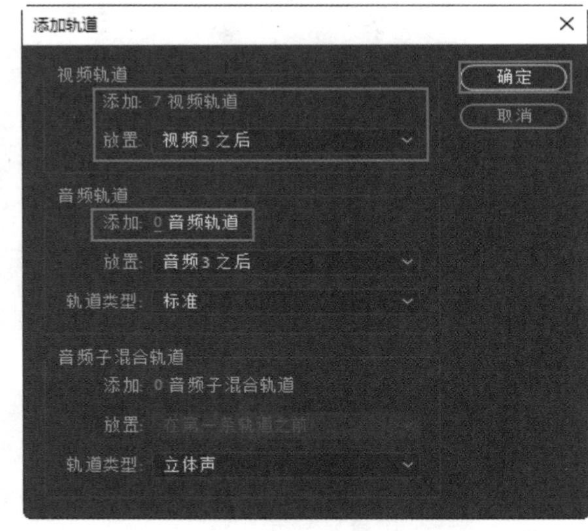

图14-22

08 重复步骤01~05，使用同样的方法将剩下的“03.jpg”~“20.jpg”素材按照对编号相邻的两个素材进行组合的方式，制作9个嵌套序列，并按顺序分别命名为“场景2”~“场景10”，将这10个嵌套序列按照编号从小到大的顺序依次放于不同的轨道上面，每条轨道只放一个，如图14-23所示。

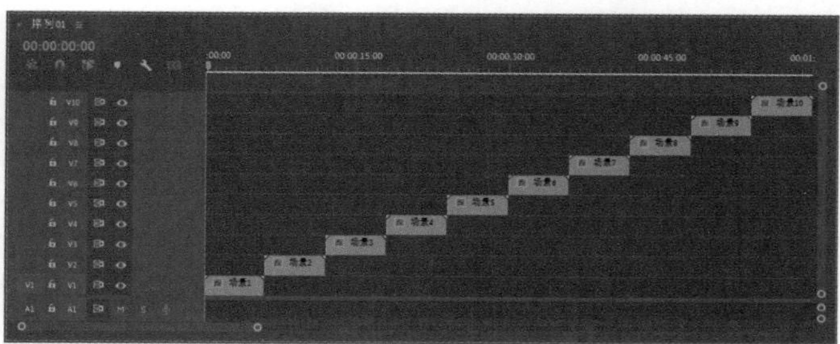

图14-23

09 在“节目”监视器面板中单击“播放-停止切换”按钮▶，预览嵌套序列效果，如图14-24所示。

图14-24

14.3.3 添加转场效果

01 在“项目”面板中选中“转场（1）.mp4”素材，将其拖曳到“时间轴”面板“场景1”嵌套序列素材的上一层轨道上，入点与“场景1”入点对齐，如图14-25所示。

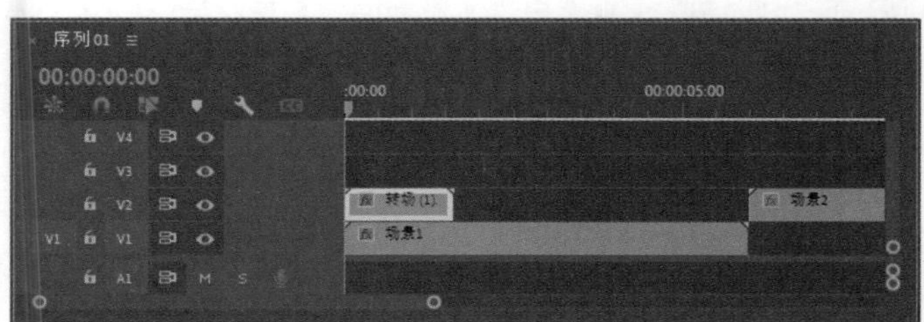

图14-25

02 选中“转场（1）.mp4”素材，打开“效果控件”面板，展开“不透明度”选项组，设置“混合模式”为“滤色”模式，如图14-26所示。

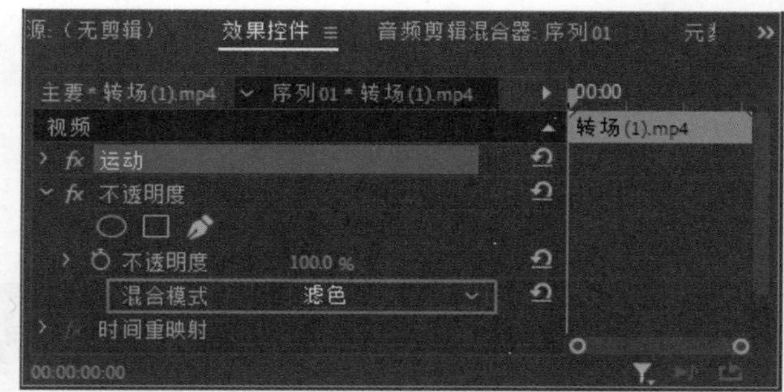

图14-26

03 在“节目”监视器面板中单击“播放-停止切换”按钮▶，预览给视频添加转场效果后的效果，如图14-27所示。

图14-27

04 在“时间轴”面板轨道控件的空白处单击鼠标右键，在弹出的菜单中选择“添加轨道”命令，在弹出的“添加轨道”对话框中设置添加1条视频轨道，单击“确定”按钮，如图14-28所示，确保“时间轴”面板有11条视频轨道。

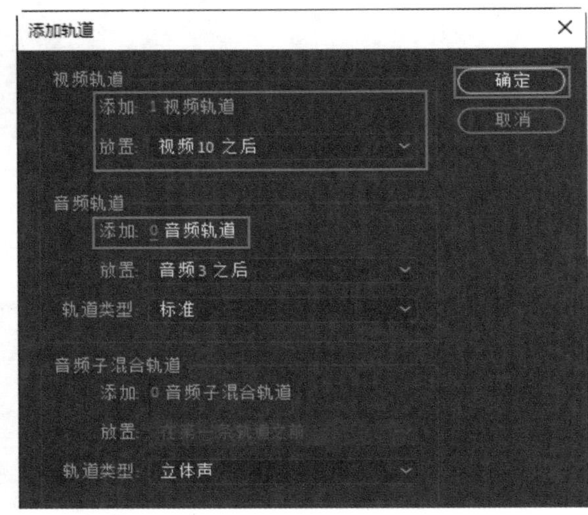

图14-28

05 重复步骤01~03，使用同样的方法将剩下的“转场（2）.mp4”~“转场（10）.mp4”素材按照编号从小到大的顺序依次放于“场景2”~“场景10”的轨道上面，使它们的入点对齐，并将每一个转场视频素材的“混合模式”都设为“滤色”，如图14-29所示。

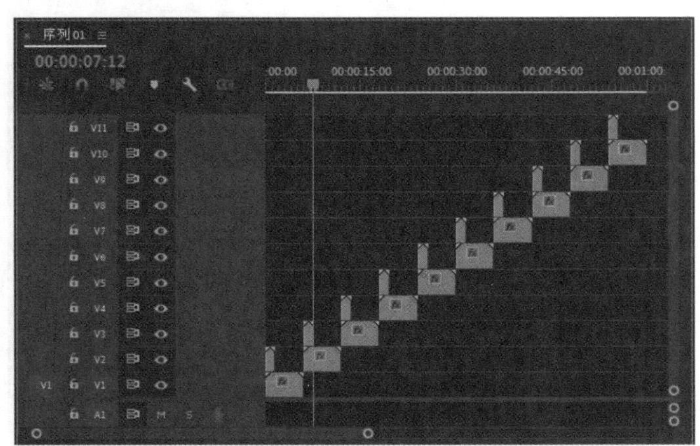

图14-29

06 选择所有轨道上的素材，单击鼠标右键，在弹出的菜单中选择“嵌套”命令，在弹出的“嵌套序列名称”对话框中设置嵌套名称为“图片”，单击“确定”按钮，如图14-30所示。嵌套后的“时间轴”面板如图14-31所示。

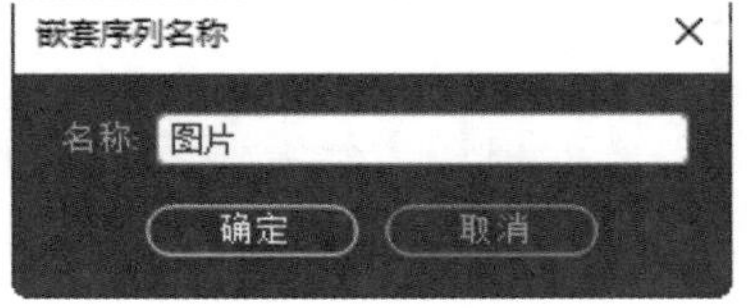

图14-30

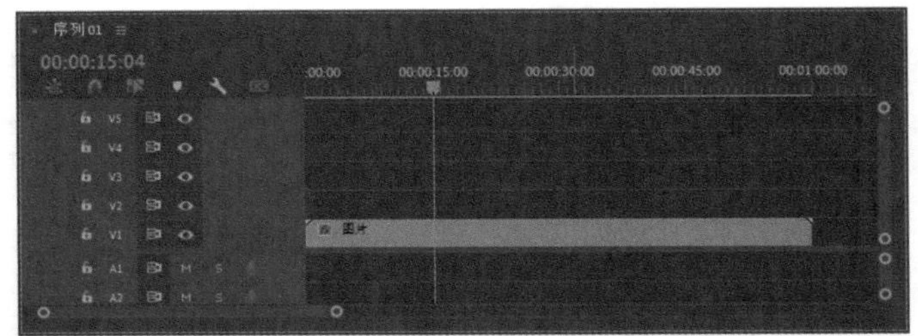

图14-31

07 将“项目”面板中的“光斑.mp4”素材添加到V2轨道上，如图14-32所示。

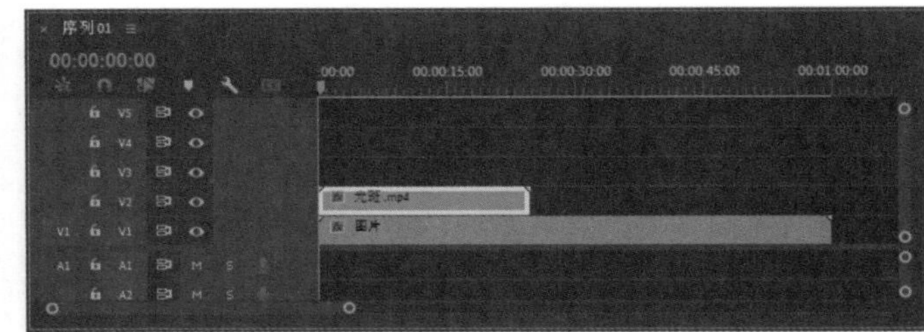

图14-32

08 选中“光斑.mp4”素材，打开“效果控件”面板，展开“不透明度”选项组，设置“混合模式”为“滤色”模式，如图14-33所示。

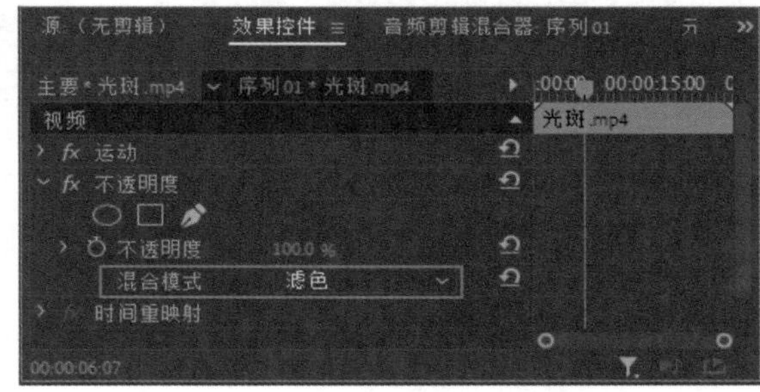

图14-33

09 在“时间轴”面板选中“光斑.mp4”素材，按住Alt键向右拖曳复制两个，如图14-34所示。选择“剃刀工具”，将时间指示器移动到V1轨道上的素材的出点位置，对V2轨道上的最后一个“光斑.mp4”素材进行裁切，如图14-35所示。用“选择工具”选中裁切出的后半段素材，按Delete键将其删除，如图14-36所示。

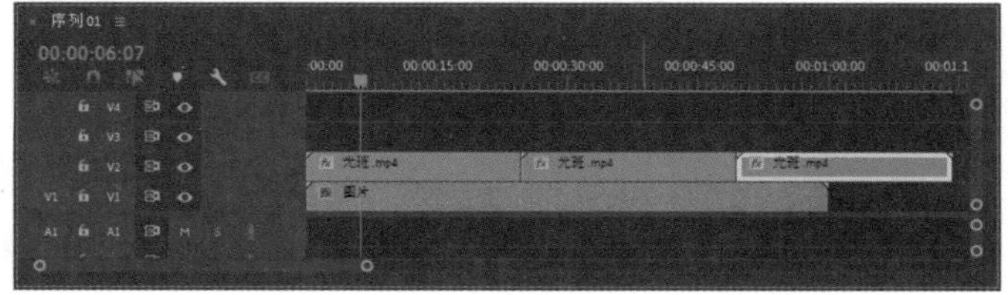

图14-34

图14-35

图14-36

10 将“项目”面板中的“粒子.mov”素材添加到V3轨道上，如图14-37所示。

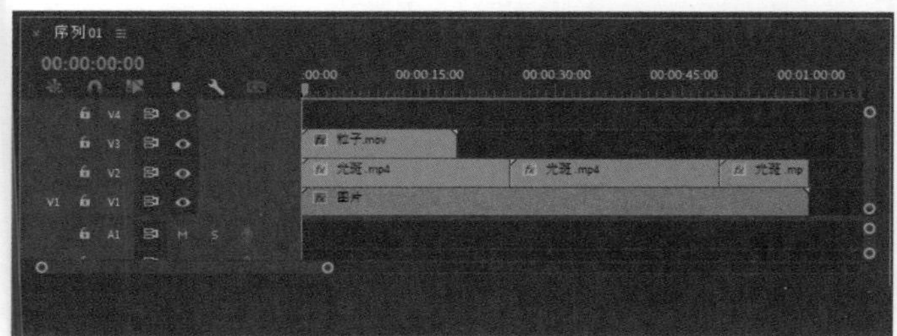

图14-37

11 选中“粒子.mov”素材，打开“效果控件”面板，展开“不透明度”选项组，设置“混合模式”为“滤色”模式，如图14-38所示。

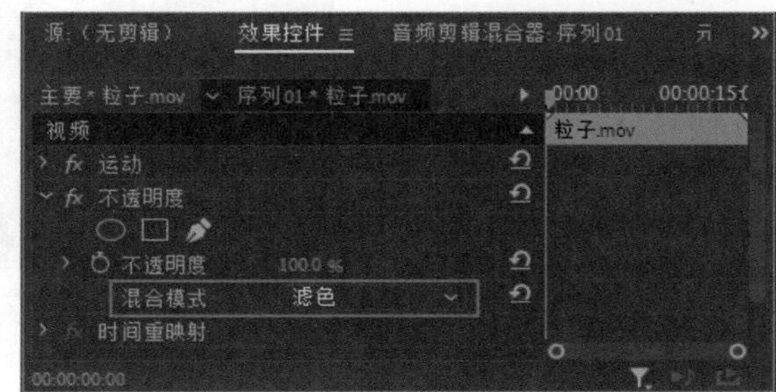

图14-38

12 在“时间轴”面板中选中“粒子.mov”素材，按住Alt键向右拖曳复制3个，如图14-39所示。选择“剃刀工具”，将时间指示器移动到V1、V2轨道上的素材的出点位置，对V3轨道上的最后一个“粒子.mov”素材进行裁切，如图14-40所示。用“选择工具”选中裁切出的后半段素材，按Delete键将其删除，如图14-41所示。

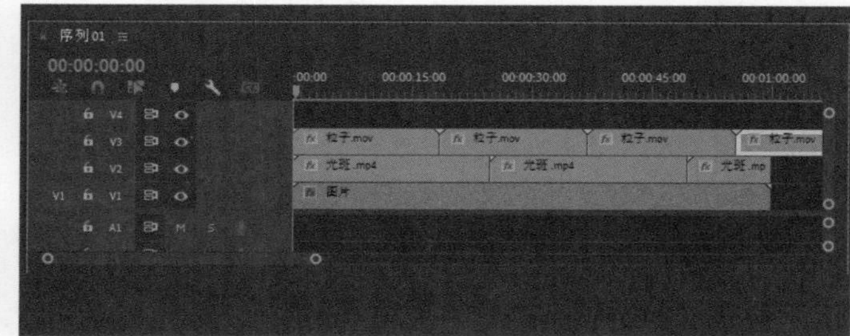

图14-39

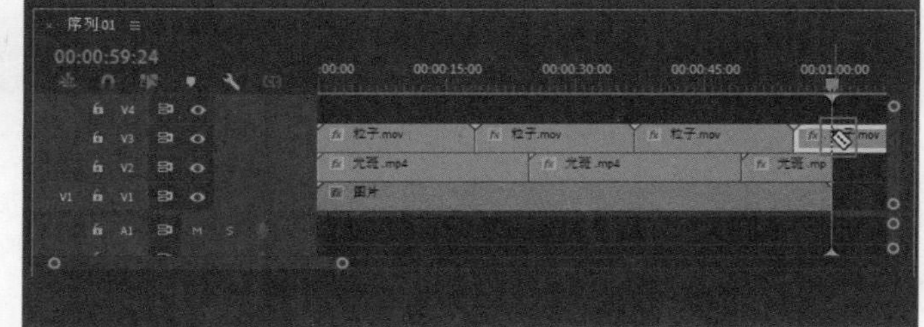

图14-40

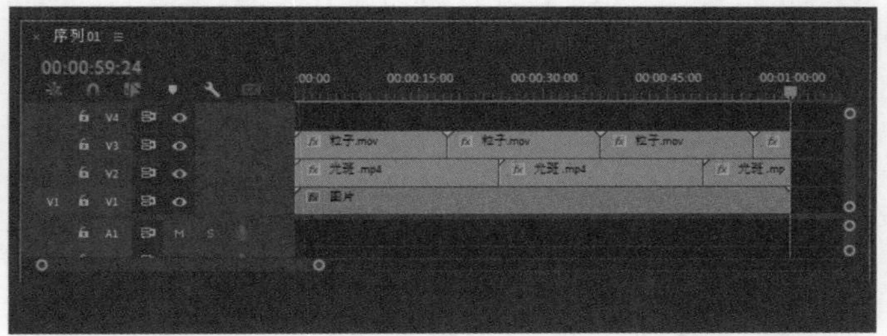

图14-41

13 在“节目”监视器面板中单击“播放-停止切换”按钮，预览添加转场和素材后的效果，如图14-42所示。

图14-42

14.3.4 编辑音频素材

01 将时间指示器移动到00:00:00:00的位置，在“项目”面板中选中“BGM.mp3”素材，将其拖曳到“时间轴”面板的A1轨道上，如图14-43所示。

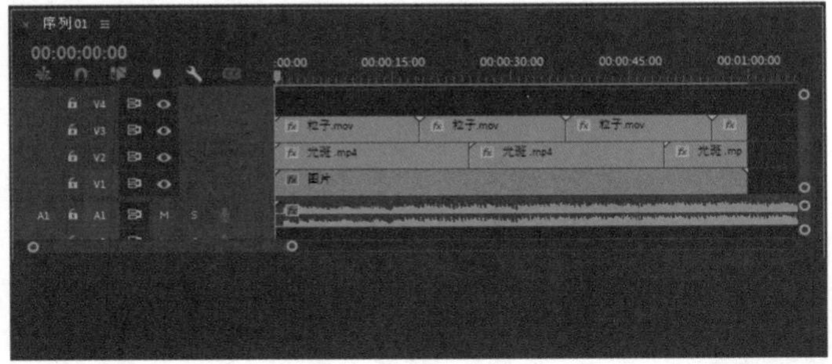

图14-43

02 将时间指示器移动到00:01:00:00的位置，选择“剃刀工具”，对A1轨道的音频素材进行裁切，如图14-44所示。选择“选择工具”，选中裁切出的后半段音频素材，按Delete键将其删除，如图14-45所示。

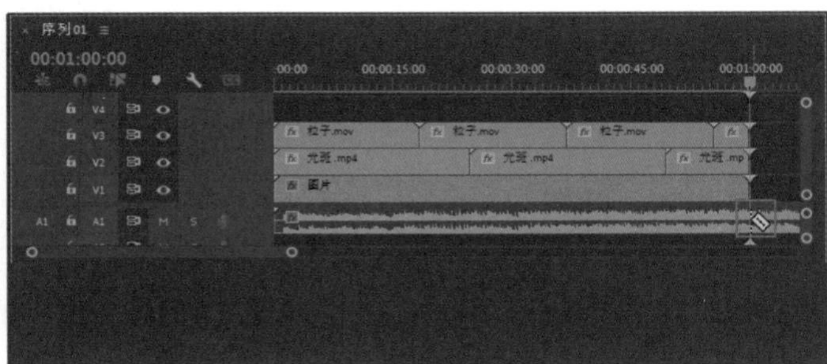

图14-44

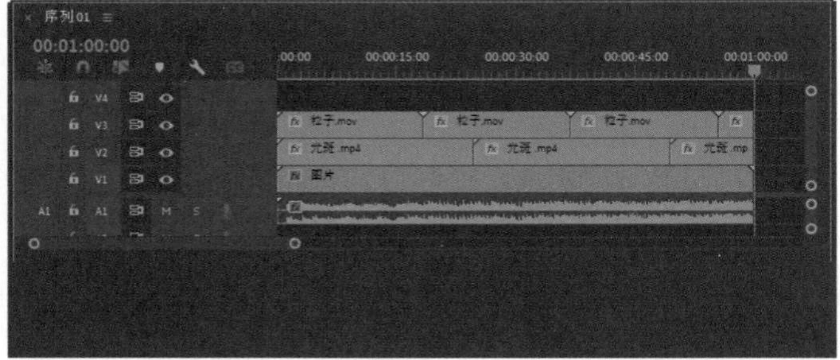

图14-45

03 在“效果”面板中展开“音频过渡”效果，选择“指数淡化”效果，将其拖曳至“时间轴”面板A1轨道上的素材的首尾两端，如图14-46和图14-47所示。

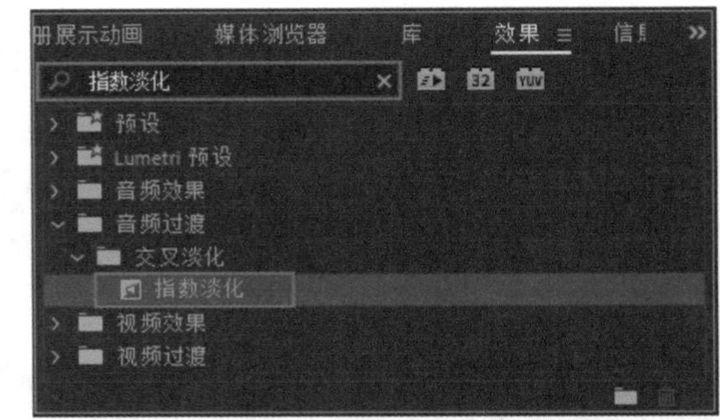

图14-46

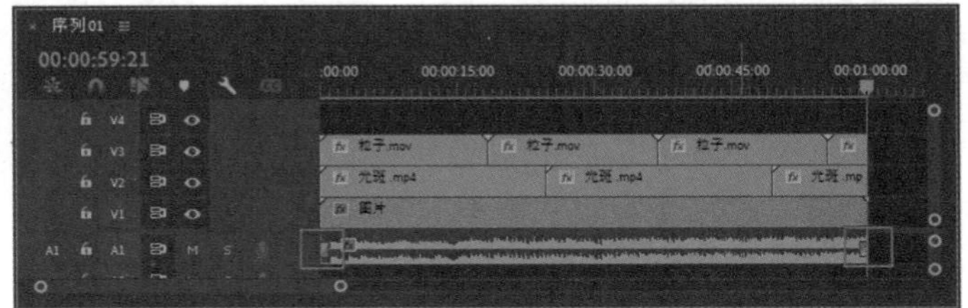

图14-47

14.3.5 输出影片

01 选择“文件→导出→媒体”命令，如图14-48所示，打开“导出设置”对话框，在“格式”下拉列表中选择H.264格式，单击“输出名称”选项后面的蓝色字，设置影片的存储名称和路径后，单击“导出”按钮，如图14-49所示。

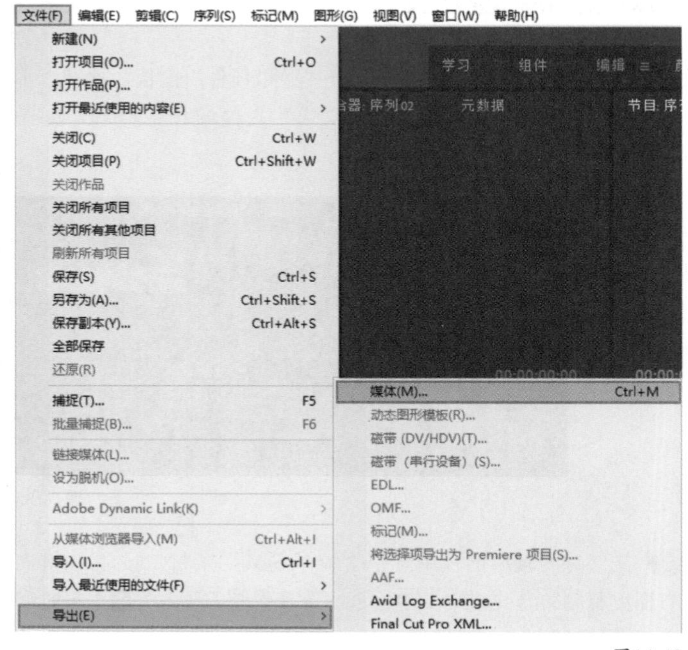

图14-48

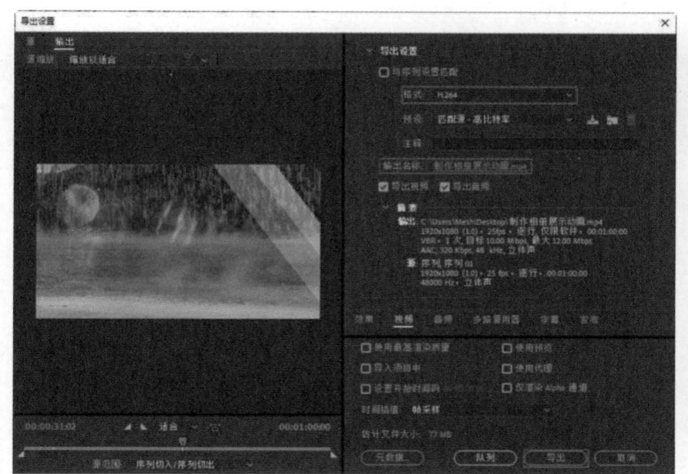

图14-49

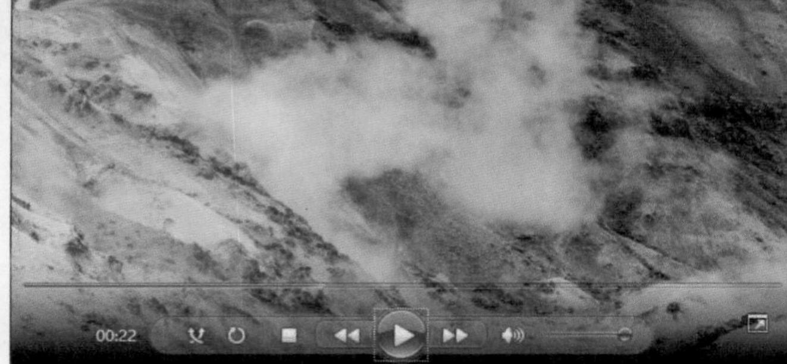

图14-50

02 将项目文件导出为影片文件后，可以在相应的位置找到导出的文件，并且可以使用媒体播放器对该文件进行播放，如图14-50所示。

第15章

制作中国风水墨片头

说到中国风，它是建立在中国传统文化的基础上，蕴含大量中国元素并适应流行趋势的艺术表现形式，它被广泛应用于流行文化领域，如音乐、服饰、电影、广告等。使用Premiere可制作中国风水墨效果，本章将介绍如何制作中国风水墨片头。

学习要点

15.1 案例效果

扫 码 看 视 频

素材位置	素材文件\第15章\制作中国风水墨片头
实例位置	实例文件\第15章\制作中国风水墨片头.prproj
视频名称	制作中国风水墨片头.mp4
技术掌握	制作中国风水墨片头的方法

本案例将讲解制作中国风水墨片头的操作，案例效果如图15-1所示。

图15-1

15.2 案例分析

本实例的制作过程为：首先在“项目”面板中导入图片素材，并在“时间轴”面板中安排好素材的顺序位置。然后为“时间轴”面板中的图片素材设置关键帧动画，制作出动态的图像显示效果。最后为视频添加音频，以及视频过渡效果。

本案例中国风水墨片头的制作流程如图15-2所示。

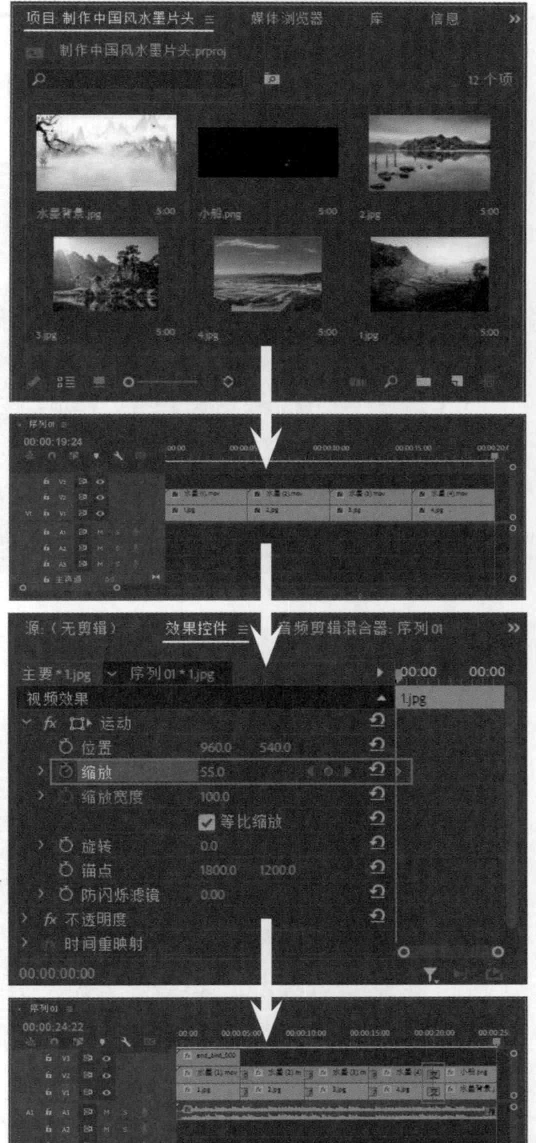

图15-2

15.3 案例制作

下面请一起来学习中国风水墨片头的制作方法。

15.3.1 导入素材

01 启动Premiere Pro 2021应用程序，在出现的“主页”窗口中单击“新建项目”按钮新建项目，在“新建项目”对话框中设置文件的名称和路径，单击“确定”按钮确定，新建一个项目，如图15-3所示。

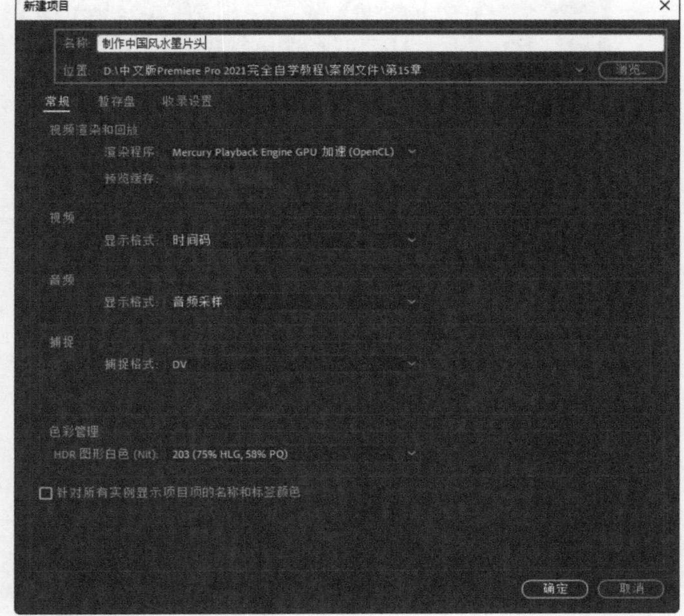

图15-3

02 进入Premiere Pro 2021的工作区，选择“文件→新建→序列”菜单命令，如图15-4所示。

文件(F) 编辑(E) 剪辑(C) 序列(S) 标记(M) 图形(G) 视图(V) 窗口(W) 帮助(H)

新建(N)
打开项目(O)... Ctrl+O
打开作品(P)...
打开最近使用的内容(E)
关闭(C) Ctrl+W
关闭项目(P) Ctrl+Shift+W
关闭作品
关闭所有项目
关闭所有其他项目
刷新所有项目
保存(S) Ctrl+S
另存为(A)... Ctrl+Shift+S
保存副本(Y)... Ctrl+Alt+S

项目(P)... Ctrl+Alt+N
作品(R)...
序列(S)... Ctrl+N
来自剪辑的序列
素材箱(B) Ctrl+B
来自选择项的素材箱
搜索素材箱
项目快捷方式
脱机文件(O)...
调整图层(A)...
旧版标题(T)...
Photoshop 文件(H)...
彩条...

图15-4

03 在“新建序列”对话框中单击“设置”选项卡，然后将“编辑模式”设为“自定义”，“帧大小”设置为1 920×1 080，“像素长宽比”设为“方形像素（1.0）”，“场”设为“无场（逐行扫描）”，其余选项为默认设置，单击“确定”按钮确定，新建一个序列，如图15-5所示。

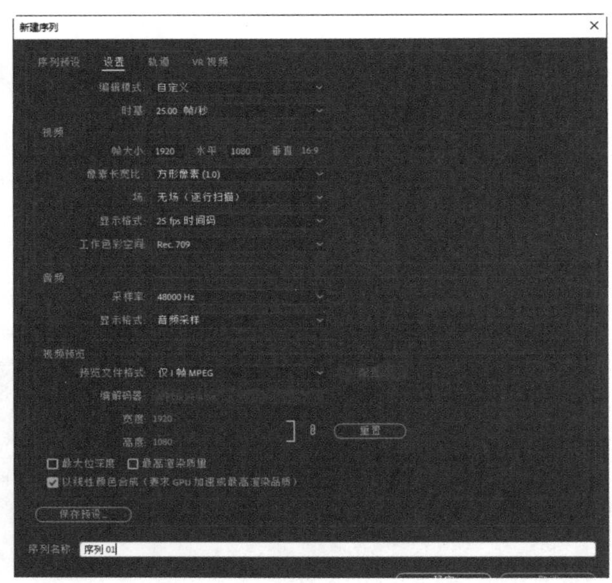

图15-5

04 选择“文件→导入”菜单命令，打开“导入”对话框，选择本实例所需要的素材，单击“打开”按钮打开(O)，如图15-6所示。将选择的素材导入“项目”面板中，如图15-7所示。

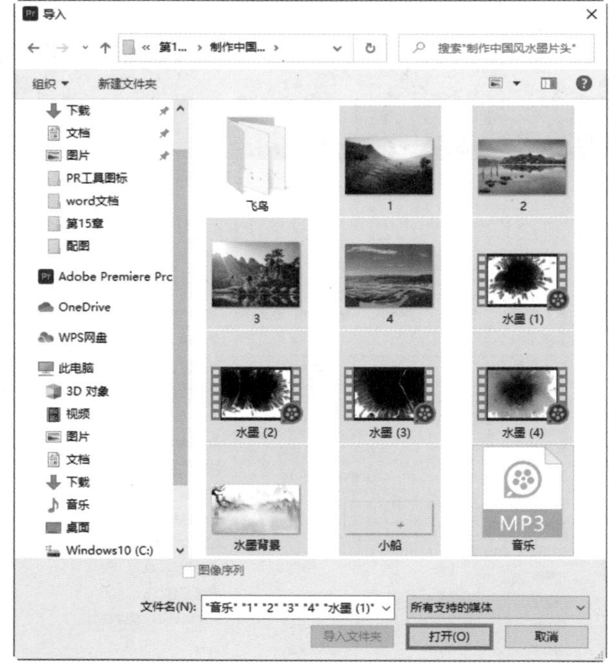

图15-6

图15-7

05 在“项目”面板中单击“新建素材箱”按钮，创建一个新素材箱，将其命名为“水墨”，如图15-8所示。

图15-8

06 在“项目”面板中选择所有的水墨视频素材，然后将这些素材拖曳到“水墨”素材箱中，如图15-9所示。

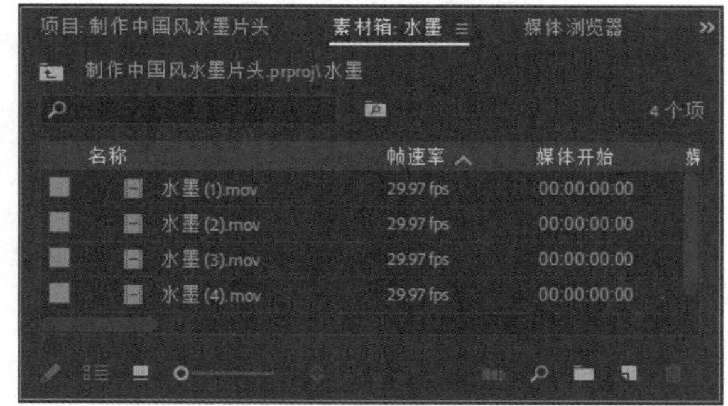

图15-9

07 选择“文件→导入”菜单命令，打开“导入”对话框，然后选择“飞鸟”文件夹中的第一张图片，并勾选“图像序列”复选框，单击“打开”按钮打开(O)，如图15-10所示，将“飞鸟”素材序列导入“项目”面板中，如图15-11所示。

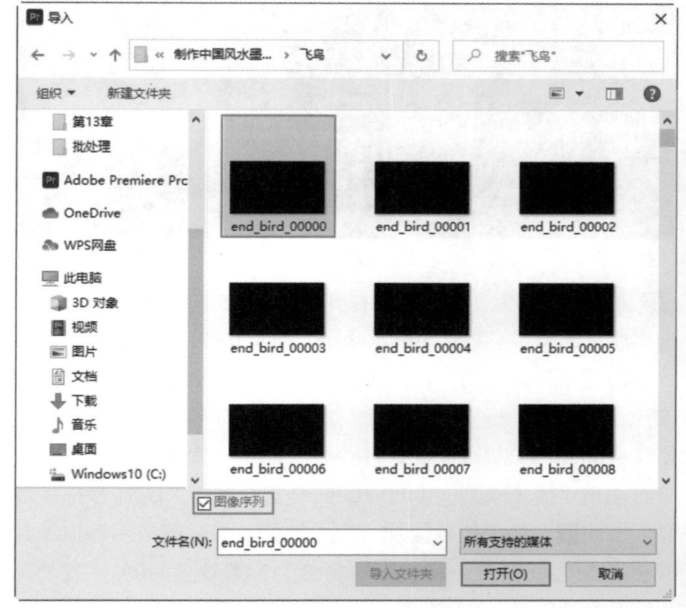

图15-10

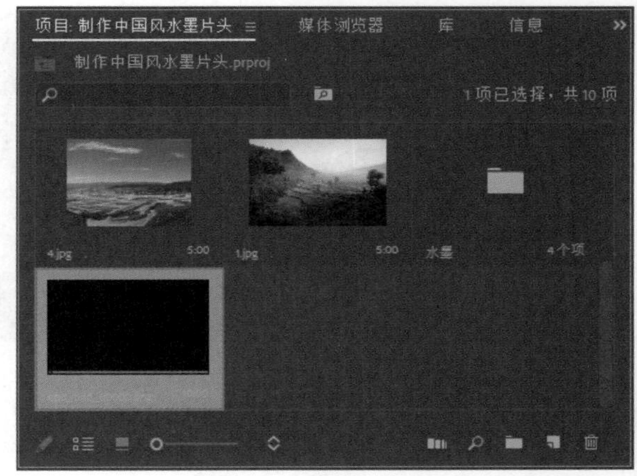

图15-11

15.3.2 编辑素材

01 将“1.jpg”~“4.jpg”图片素材全部添加到“时间轴”面板的V1轨道上，将第一张图片的入点放在00:00:00:00的位置，其余图片依次连接，如图15-12所示。

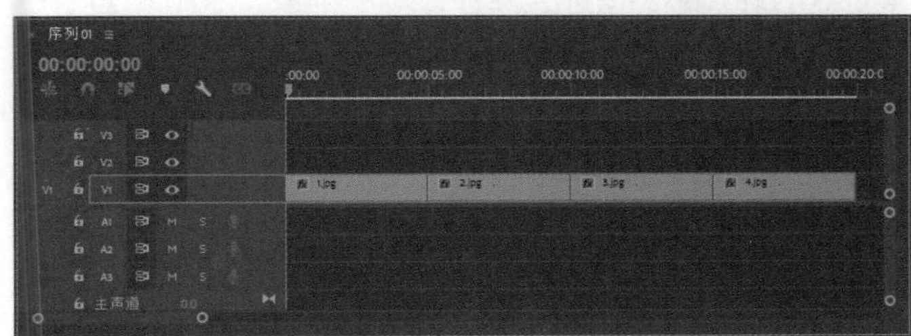

图15-12

02 将“水墨”素材箱中的“水墨（1）.mov”素材添加到“时间轴”面板的V2轨道上，将其入点放在00:00:00:00的位置，如图15-13所示。

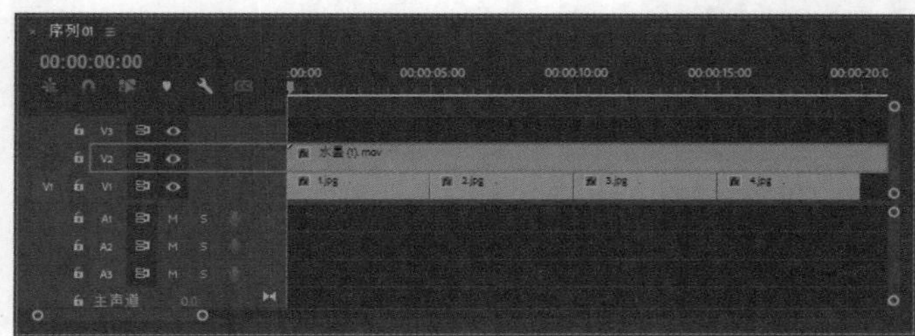

图15-13

03 在“时间轴”面板中将时间指示器移动到00:00:04:24的位置，如图15-14所示。

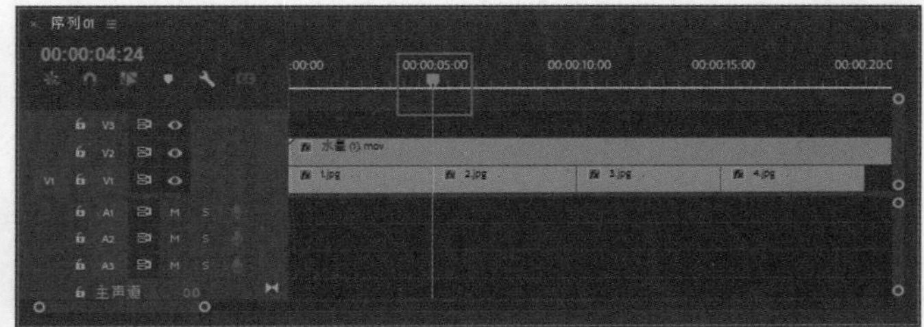

图15-14

04 选中“水墨（1）.mov”素材，在工具栏中选择“剃刀工具”，对“水墨（1）.mov”素材进行裁切，如图15-15所示。

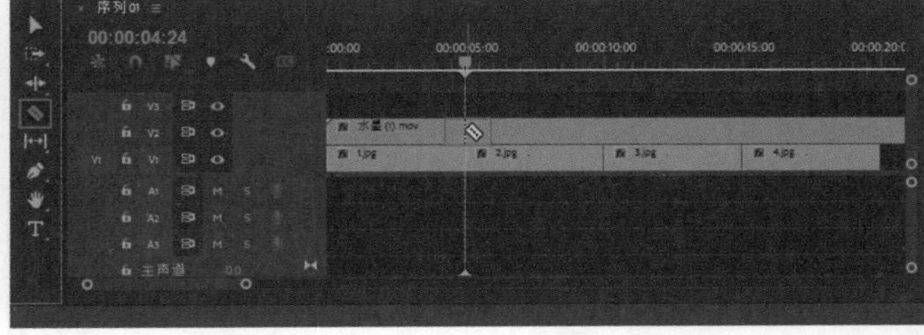

图15-15

05 使用“选择工具”选中后半部分视频素材，按Delete键将其删除，如图15-16所示。

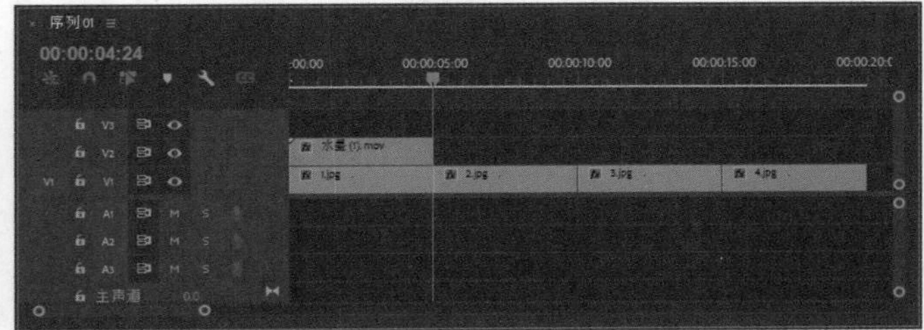

图15-16

06 重复第02~05步的操作，为另外几段素材添加水墨素材，如图15-17所示。

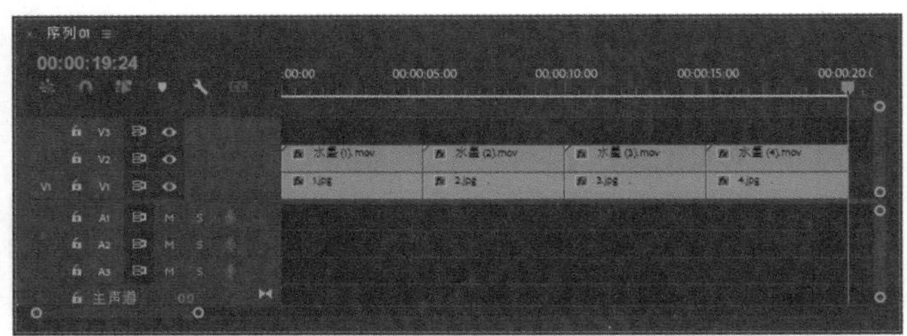

图15-17

15.3.3 制作水墨效果

01 单击V2轨道上的“水墨（1）.mov”素材，在“效果控件”面板中展开“不透明度”选项组，将“混合模式”设为“滤色”，如图15-18所示。

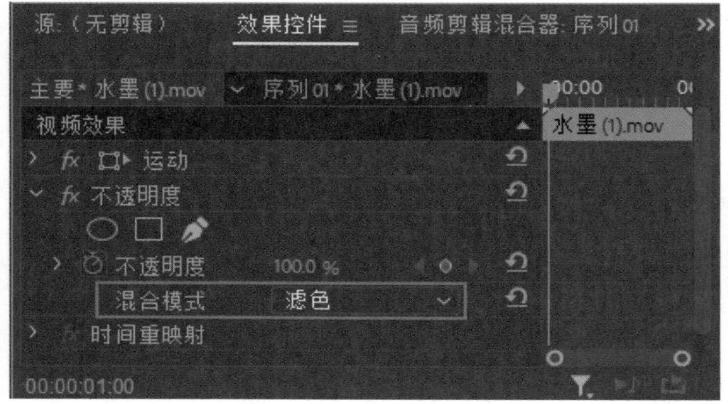

图15-18

02 使用同样的方法将其余的水墨素材的“混合模式”都改为“滤色”，此时“节目”监视器面板中的视频效果如图15-19所示。

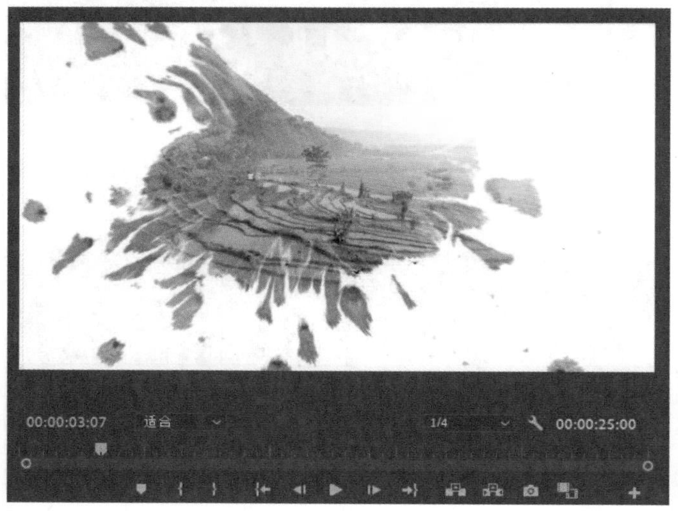

图15-19

03 将“飞鸟”的图像序列添加到V3轨道上，并调整其持续时间为5秒，入点放在00:00:00:00的位置，如图15-20所示。

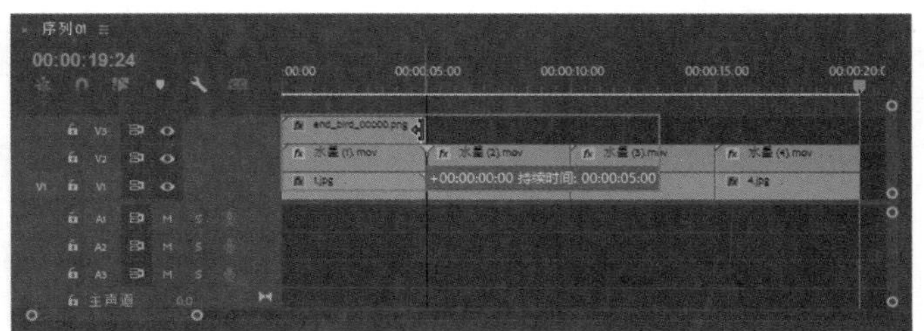

图15-20

04 选中“飞鸟”图像序列，打开“效果控件”面板，展开“不透明度”选项组，将时间指示器拖曳到00:00:01:00的位置，单击“不透明度”后面的“添加/移除关键帧”按钮，在该位置添加一个关键帧，将“不透明度”参数设置为0%。将时间指示器拖曳到00:00:02:00的位置，将“不透明度”参数设置为100%。将时间指示器拖曳到00:00:04:00的位置，单击“添加/移除关键帧”按钮，在该位置添加一个关键帧。将时间指示器拖曳到00:00:05:00的位置，将“不透明度”参数设置为0%，为“飞鸟”素材设置淡入淡出的效果，如图15-21所示。

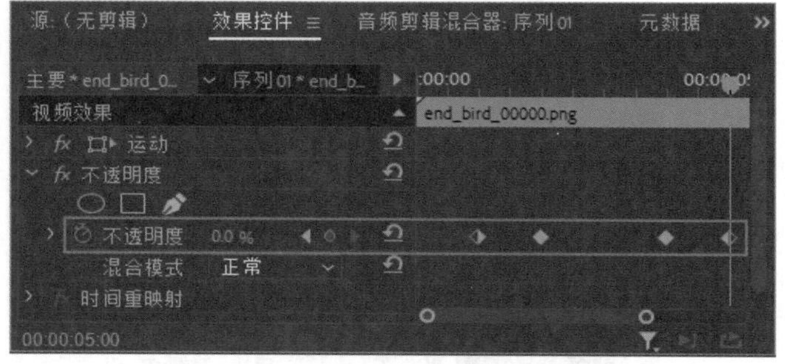

图15-21

05 在“时间轴”面板中选中V1轨道中的“1.jpg”素材，将时间指示器移动到00:00:00:00的位置，打开“效果控件”面板，展开“运动”选项组，单击“缩放”前面的“切换动画”按钮，在该位置添加一个关键帧，将“缩放”参数设为55，将时间指示器移动到00:00:05:00的位置，将“缩放”参数设为65，如图15-22所示。

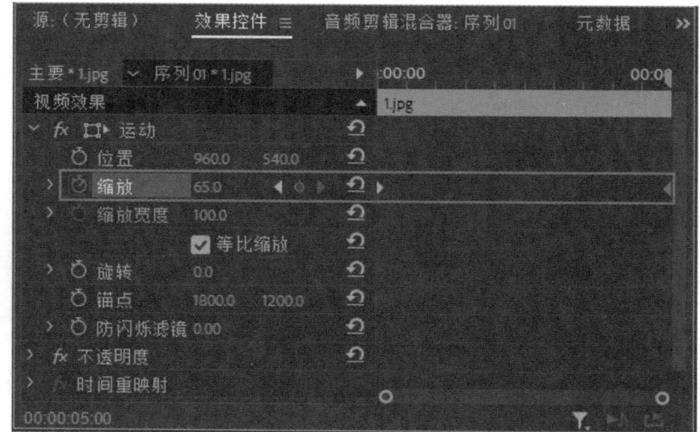

图15-22

06 在“节目”监视器面板中单击“播放-停止切换”按钮▶，查看为素材添加关键帧动画的效果，如图15-23所示。

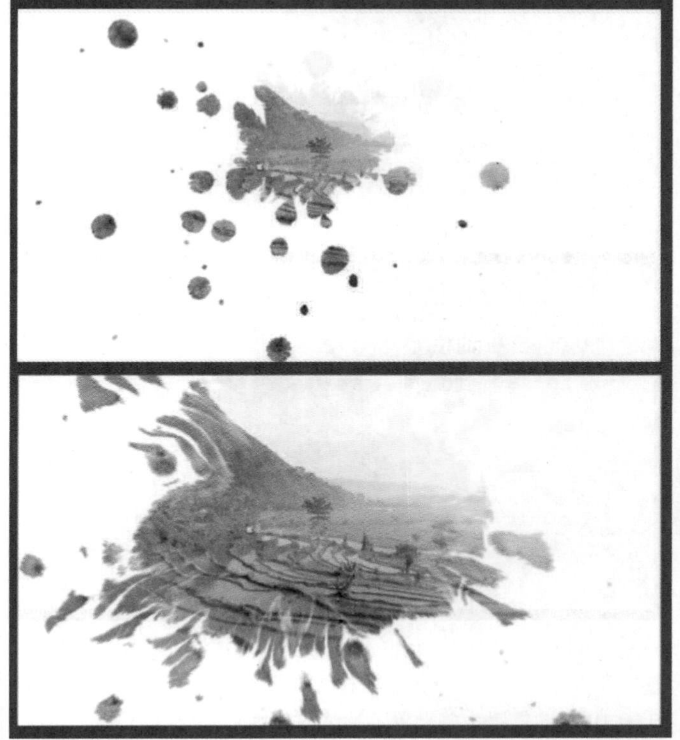

图15-23

07 在“时间轴”面板中选中V1轨道中的“2.jpg”素材，将时间指示器移动到00:00:05:00的位置，打开“效果控件”面板，展开“运动”选项组，单击“缩放”前面的“切换动画”按钮，在该位置添加一个关键帧，将“缩放”参数设为40，将时间指示器移动到00:00:10:00的位置，将“缩放”参数设为50，如图15-24所示。

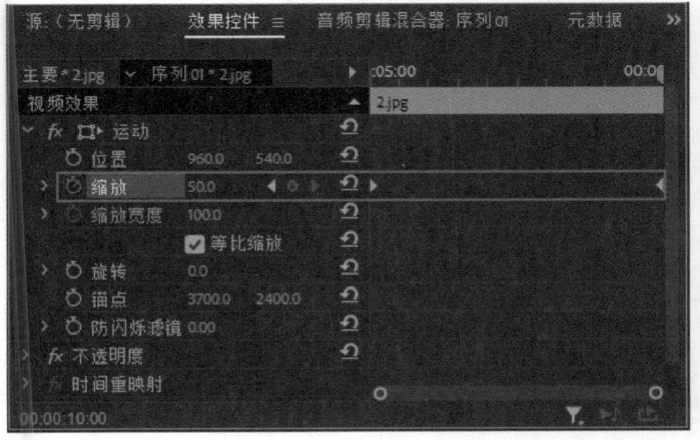

图15-24

08 在“节目”监视器面板中单击“播放-停止切换”按钮▶，查看为素材添加关键帧动画的效果，如图15-25所示。

图15-25

09 在“时间轴”面板中选中V1轨道中的“3.jpg”素材，将时间指示器移动到00:00:10:00的位置，打开“效果控件”面板，展开“运动”选项组，单击“缩放”前面的“切换动画”按钮，在该位置添加一个关键帧，将“缩放”参数设为65，将时间指示器移动到00:00:15:00的位置，将“缩放”参数设为75，如图15-26所示。

图15-26

10 在“节目”监视器面板中单击“播放-停止切换”按钮▶，查看为素材添加关键帧动画的效果，如图15-27所示。

图15-27

11 在“时间轴”面板中选中V1轨道中的“4.jpg”素材，将时间指示器移动到00:00:15:00的位置，打开“效果控件”面板，展开“运动”选项组，单击“缩放”前面的“切换动画”按钮⏱，在该位置添加一个关键帧，将“缩放”参数设为50，将时间指示器移动到00:00:20:00的位置，将“缩放”参数设为60，如图15-28所示。

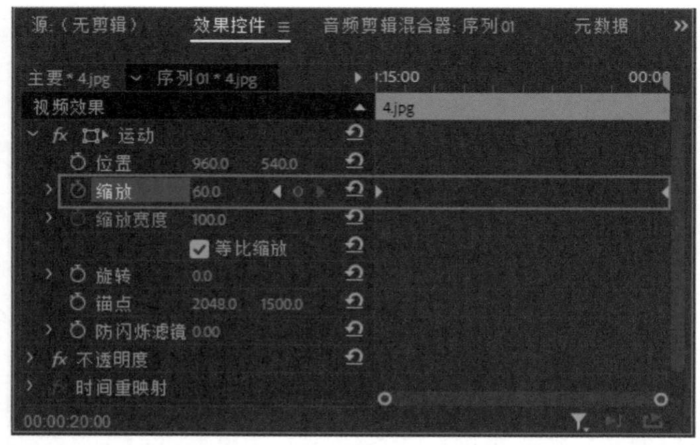

图15-28

12 在“节目”监视器面板中单击“播放-停止切换”按钮▶，查看为素材添加关键帧动画的效果，如图15-29所示。

图15-29

13 将“水墨背景.jpg”素材添加到V1轨道上，入点放在00:00:19:23的位置，并设置其持续时间为5秒，如图15-30所示。

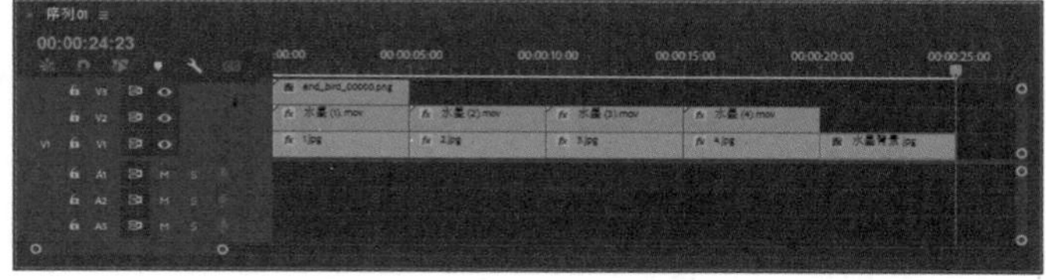

图15-30

14 将“小船.png”素材添加到V2轨道上，入点放在00:00:19:23的位置，并设置其持续时间为5秒，如图15-31所示。

图15-31

15 在“时间轴”面板中选中V1轨道中的“水墨背景.jpg”素材，将时间指示器移动到00:00:20:00的位置，打开“效果控件”面板，展开“运动”选项组，单击“缩放”前面的“切换动画”按钮⏱，在该位置添加一个关键帧，将“缩放”参数设为110，将时间指示器移动到00:00:25:00的位置，将“缩放”参数设为100，如图15-32所示。

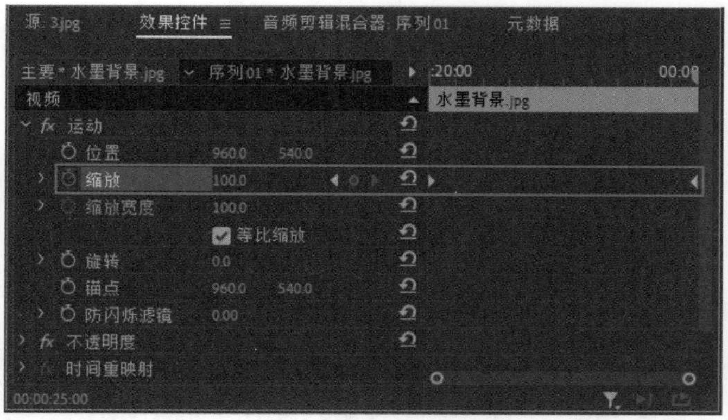

图15-32

16 在“时间轴”面板中选中V2轨道中的“小船.png”素材，将时间指示器移动到00:00:20:00的位置，打开“效果控件”面板，展开“运动”选项组，单击“位置”前面的“切换动画”按钮 ，在该位置添加一个关键帧，将“位置”参数设为（650，540），将时间指示器移动到00:00:25:00的位置，将“位置”参数设为（960，540），如图15-33所示。

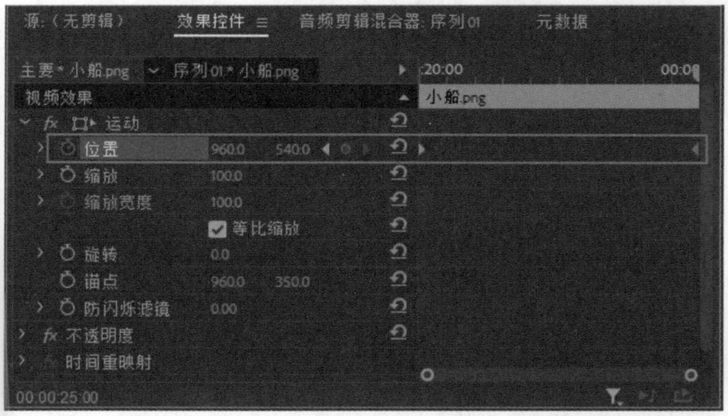

图15-33

17 在“节目”监视器面板中单击“播放-停止切换”按钮 ，查看为素材添加关键帧动画的效果，如图15-34所示。

图15-34

图15-34（续）

15.3.4 添加音频效果

01 在“时间轴”面板中将时间指示器移动到00:00:00:00的位置，然后将“项目”面板中的“音乐.mp3”素材添加到“时间轴”面板的A1轨道上，如图15-35所示。

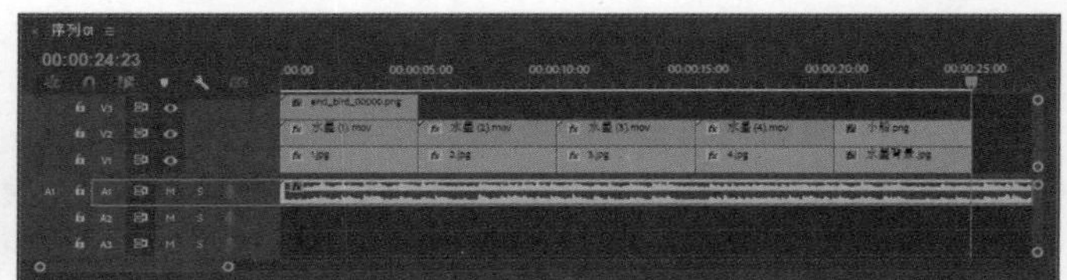

图15-35

02 将时间指示器移动到00:00:24:23的位置，选择“剃刀工具” ，在时间指示器位置单击，对音频素材进行剪切，如图15-36所示。

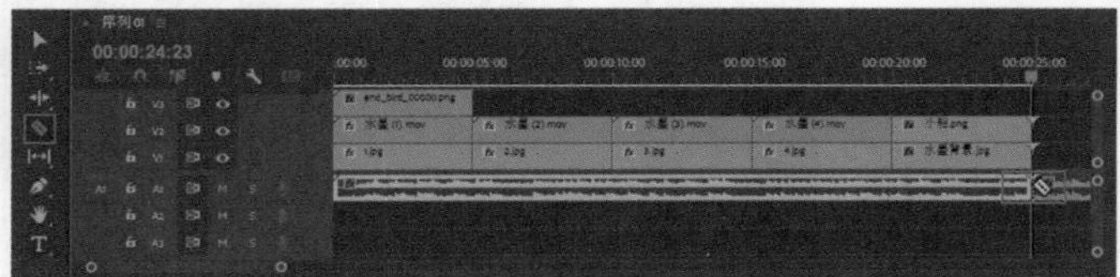

图15-36

03 选择“选择工具” ，选中后半部分音频素材，按Delete键将其删除，如图15-37所示。

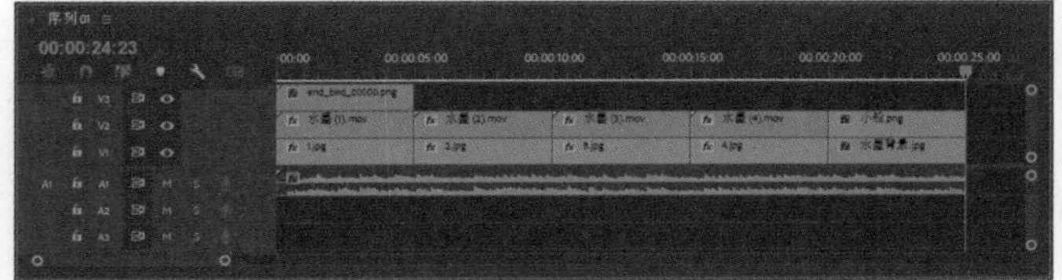

图15-37

04 在“效果”面板中搜索“指数淡化”，选中搜索到的“指数淡化”，如图15-38所示。将其拖曳到“时间轴”面板A1轨道的音频末端，出现 图标后松开鼠标左键，为音频添加淡出的效果，如图15-39所示。

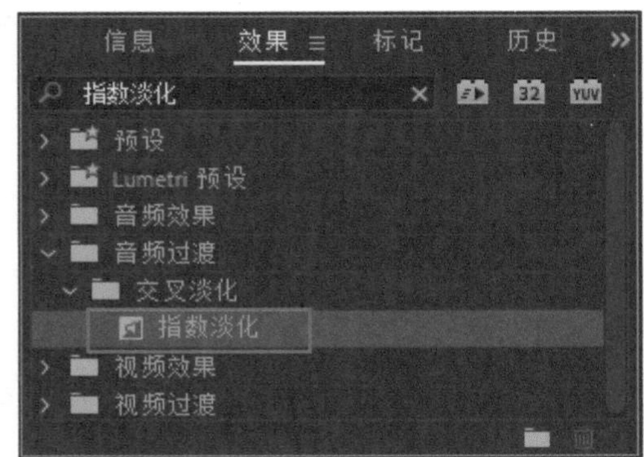

图15-38

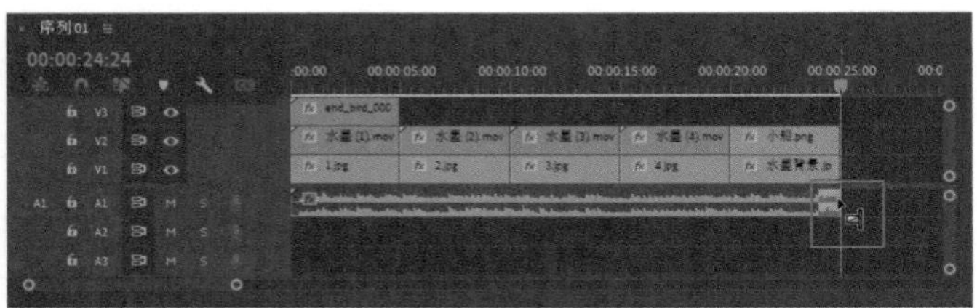

图15-39

15.3.5 添加视频过渡效果

01 在“效果”面板中搜索“内滑”，选中搜索到的“内滑”效果，如图15-40所示。将其拖曳至“时间轴”面板的V1轨道上的“1.jpg”“2.jpg”两个素材之间，如图15-41所示。

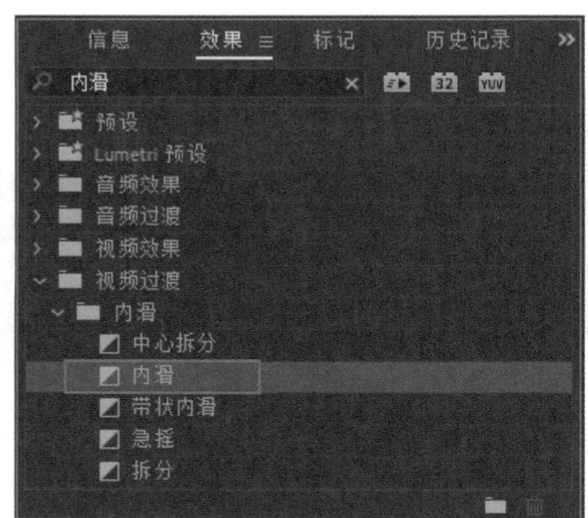

图15-40

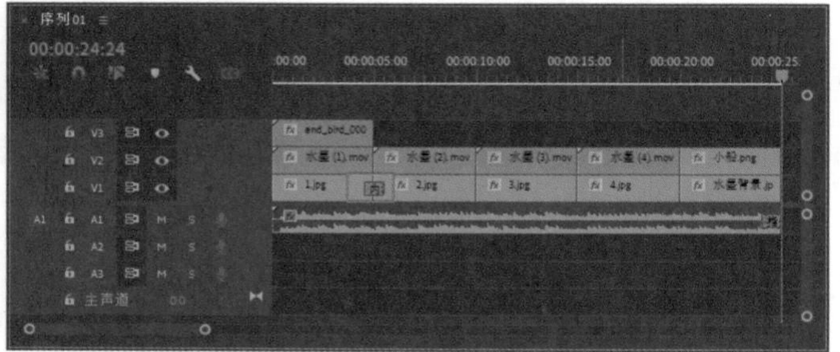

图15-41

02 选中刚刚添加的“内滑”效果，打开“效果控件”面板，设置“对齐”为“起点切入”，设置“持续时间”为00:00:00:15，如图15-42所示。

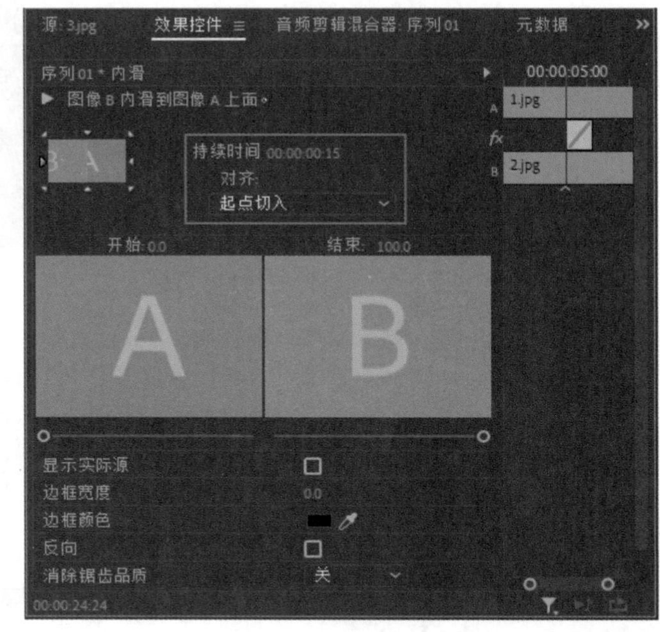

图15-42

03 重复01步和02步的操作，为V1轨道的“2.jpg”~“4.jpg”素材和V2轨道的“水墨（1）.mov”~“水墨（4）.mov”素材之间也添加“内滑”效果，并进行相同的效果设置，如图15-43所示。

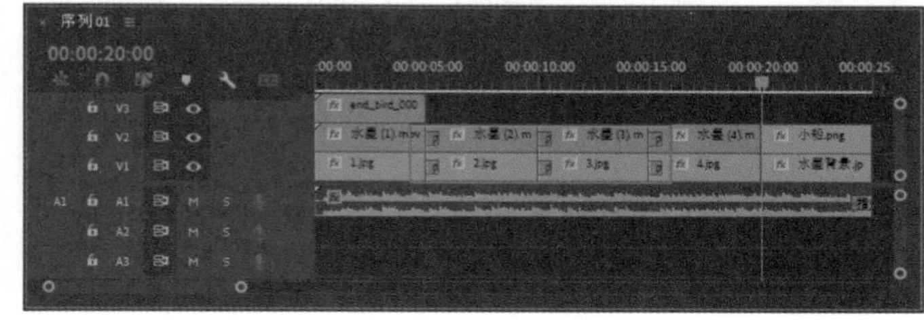

图15-43

04 在“节目”监视器面板中单击“播放-停止切换”按钮▶，查看为素材添加的“内滑”效果，如图15-44所示。

图15-44

图15-44（续）

05 在“效果”面板中搜索“交叉溶解”，选中搜索到的“交叉溶解”效果，如图15-45所示。将其拖曳至“时间轴”面板的V1轨道的“4.jpg”“水墨背景.jpg”和V2轨道的“水墨（4）.mov”“小船.png”素材之间，如图15-46所示。

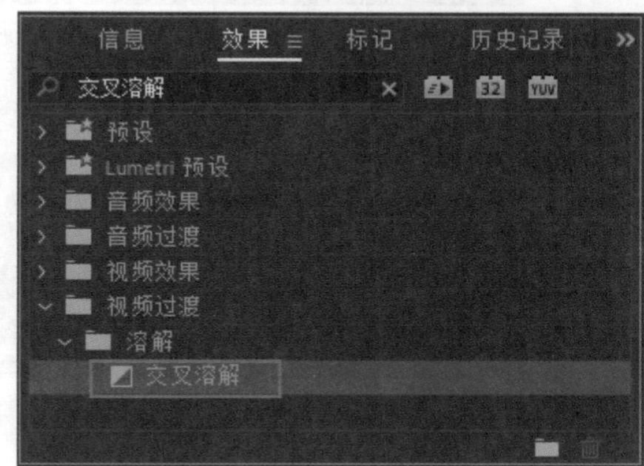

图15-45

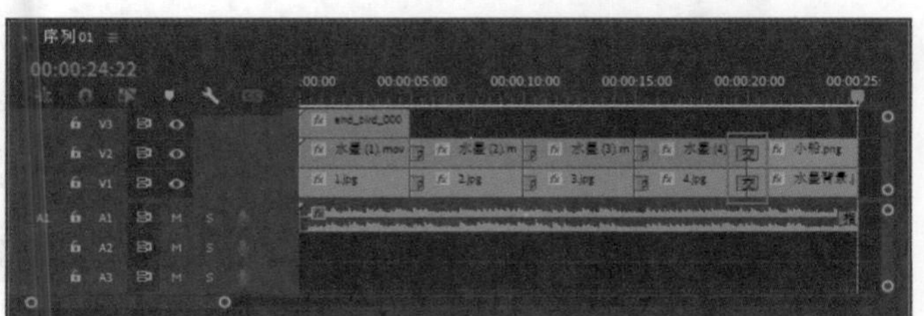

图15-46

15.3.6 输出影片

01 选择“文件→导出→媒体”菜单命令，打开“导出设置”对话框，在“格式”下拉列表框中选择H.264影片格式，单击“输出名称”选项后面的蓝色字，设置存储文件的名称和路径后，单击“导出”按钮，如图15-47所示。

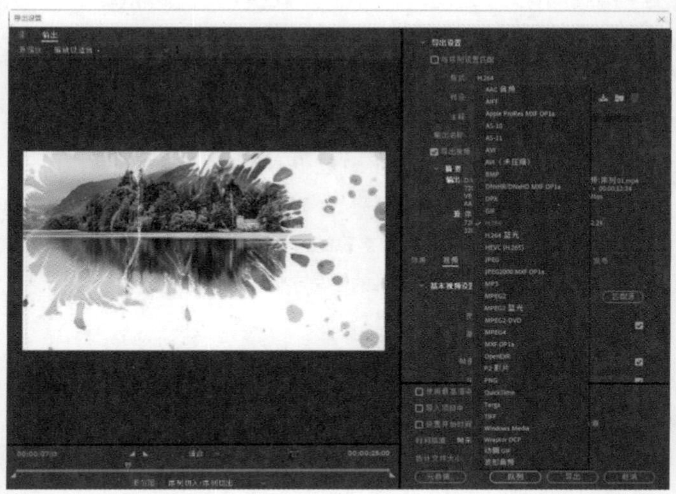

图15-47

02 将项目导出为影片文件后，可以在相应的位置找到导出的文件，并且可以使用媒体播放器对该文件进行播放，如图15-48所示。

图15-48

第16章

制作个性手写字幕

在创作视频的过程中，字幕的应用会使视频效果更出彩。但很多漂亮的艺术字体都有版权限制，在注重版权保护的当下，怎样才能避免字体侵权，是困扰创作者的难题。本章将讲解制作个性手写字幕的方法，学会这个方法，就可以为视频添加独一无二的手写字体了。

学习要点

16.1 案例效果

扫码看视频

素材位置　素材文件\第16章\制作个性手写字幕

实例位置　实例文件\第16章\制作个性手写字幕.prproj

视频名称　制作个性手写字幕.mp4

技术掌握　制作个性手写字幕的方法

本案例将讲解制作个性手写字幕的操作，案例效果如图16-1所示。

图16-1

16.2 案例分析

本实例的制作过程为：首先在白纸上手写文字，然后拍照，将照片放在素材文件夹中，打开程序新建项目之后，把需要的素材导入“项目”面板，然后在“时间轴”面板中编辑素材，通过“效果”面板和“效果控件”面板为手写的文字添加效果，最后为视频添加音频，以及视频过渡效果。

本案例中个性手写字幕的制作流程如图16-2所示。

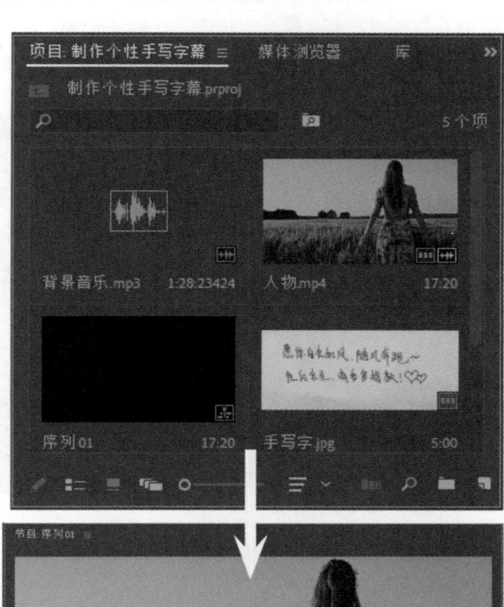

图16-2

图16-2（续）

16.3 案例制作

下面请一起来学习个性手写字幕的制作方法。

16.3.1 导入素材

01 启动Premiere Pro 2021应用程序，在出现的“主页”窗口中单击“新建项目”按钮[新建项目]，在“新建项目”对话框中设置文件的名称和路径，单击“确定”按钮[确定]，新建一个项目，如图16-3所示。

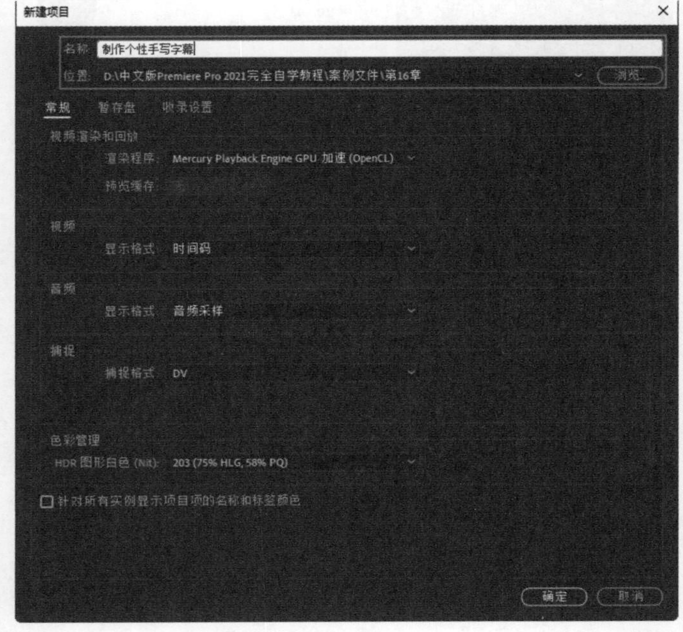

图16-3

02 进入Premiere Pro 2021的工作区，选择“文件→新建→序列”菜单命令，如图16-4所示。

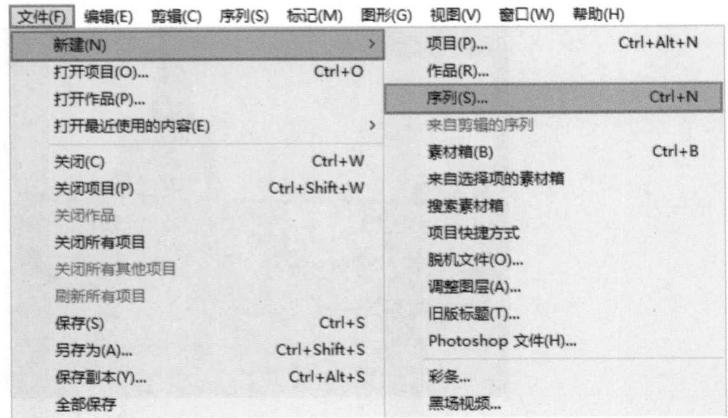

图16-4

03 在“新建序列”对话框中，选择默认设置，单击“确定”按钮，新建一个序列，如图16-5所示。

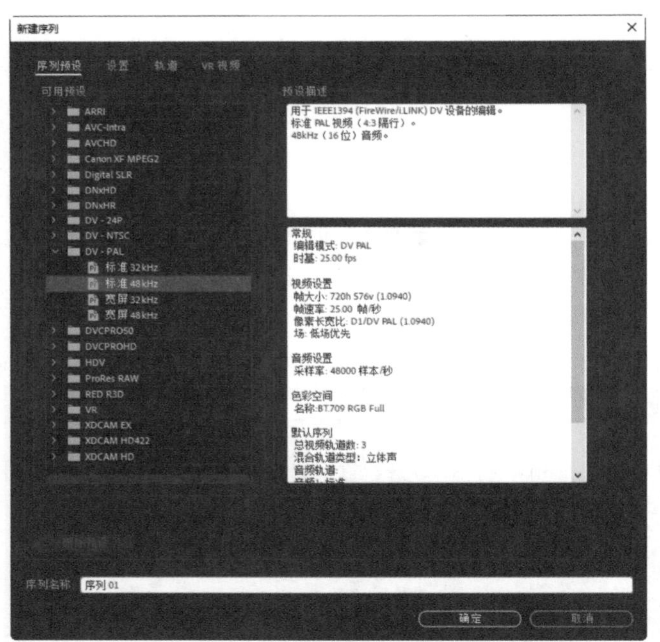

图16-5

04 在白纸上手写一句话，用相机拍下来，将照片导入素材文件夹中，如图16-6所示。

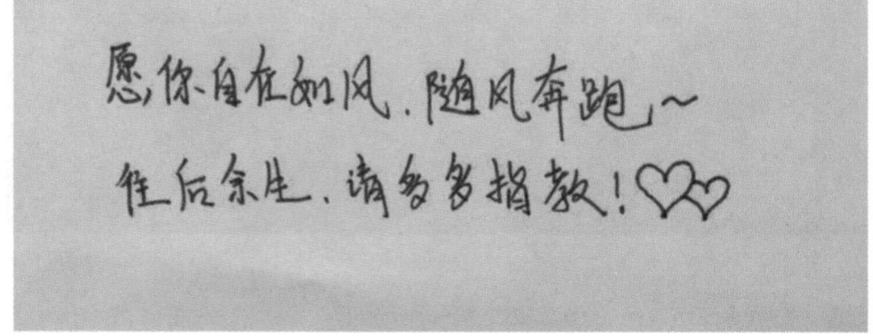

图16-6

05 选择“文件→导入”菜单命令，打开“导入”对话框，选择本实例所需的素材，如图16-7所示。将选择的素材导入“项目”面板中，如图16-8所示。

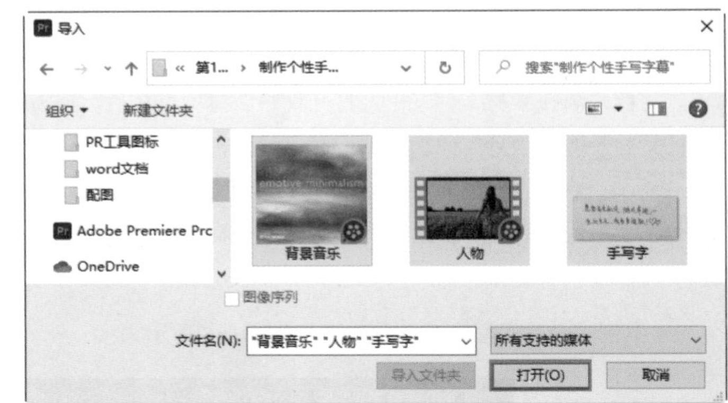

图16-7

图16-8

16.3.2 编辑素材

01 在“项目”面板中选中“人物.mp4”素材，将其拖曳到“时间轴”面板的V1轨道上，在弹出的“剪辑不匹配警告”对话框中单击“更改序列设置”按钮，如图16-9所示。将素材添加到“时间轴”面板中，如图16-10所示。

图16-9

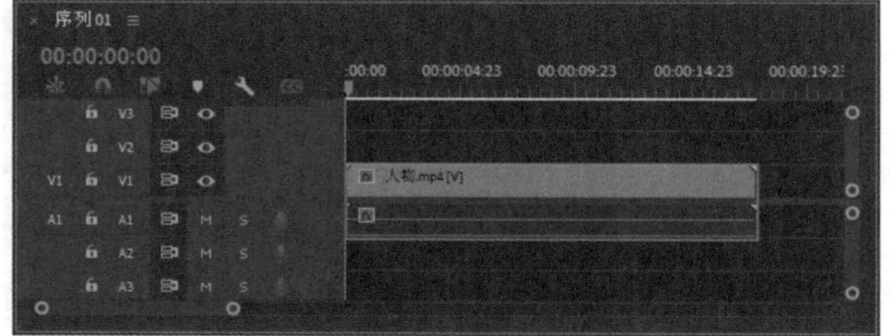

图16-10

02 在“时间轴”面板中的“人物.mp4”素材上单击鼠标右键，在弹出的菜单中选择“取消链接”命令，取消音视频链接，如图16-11所示。选中音频素材，按Delete键将其删除，如图16-12所示。

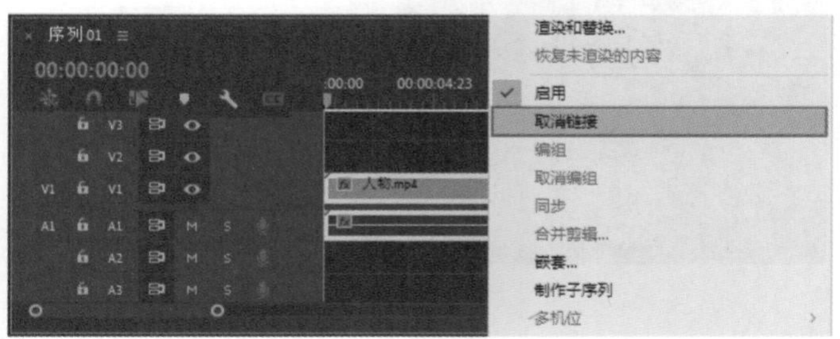

图16-11

图16-12

03 在“项目”面板中选中“手写字.jpg”素材，将其拖曳到“时间轴”面板的V2轨道上，如图16-13所示。

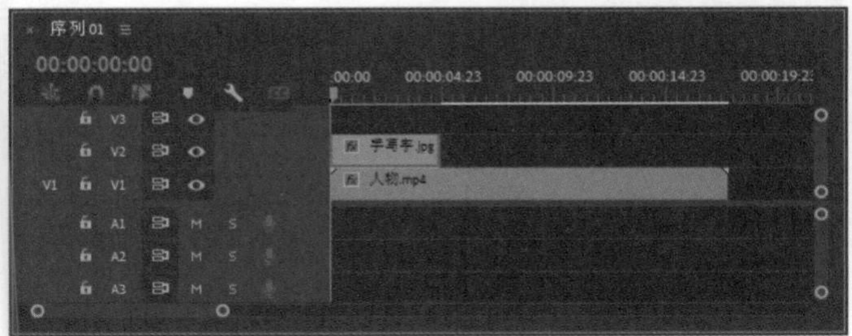

图16-13

04 将鼠标指针靠近“手写字.jpg”素材出点，当鼠标指针变为图标时，向右拖曳，使V2轨道上的素材与V1轨道上的素材等长，如图16-14所示。

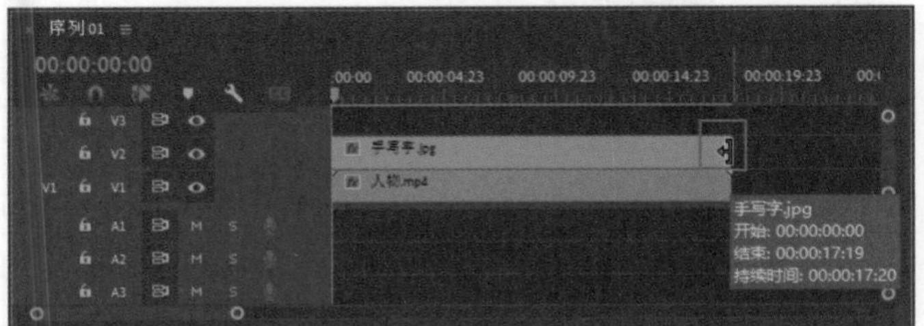

图16-14

05 选中“手写字.jpg”素材，打开“效果控件”面板，设置“位置”参数为（520，660），设置“缩放”参数为37，如图16-15所示。

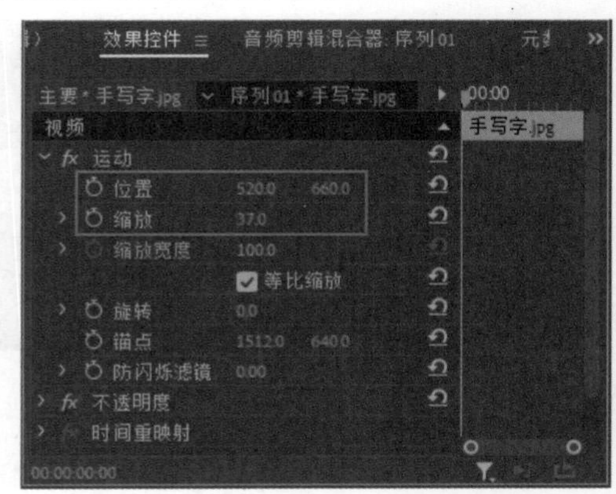

图16-15

06 在“节目”监视器面板中预览调整素材位置和大小后的效果，如图16-16所示。

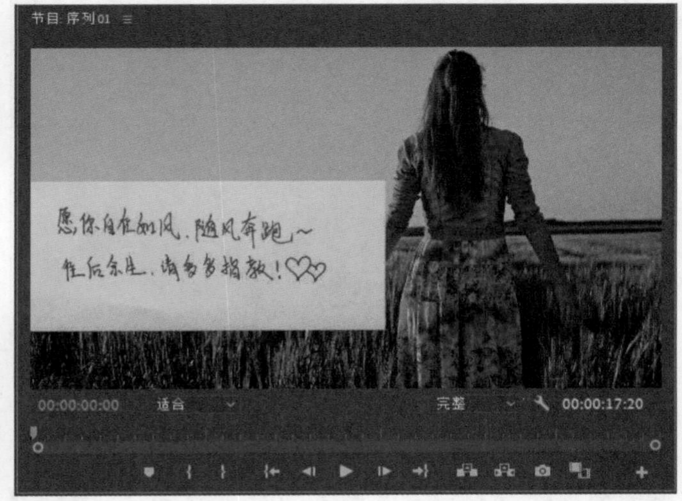

图16-16

16.3.3 制作字幕效果

01 打开“效果”面板，在搜索框中输入“裁剪”，选中搜索到的“裁剪”效果，如图16-17所示。将其拖曳至“时间轴”面板中的“手写字.jpg”素材上，如图16-18所示。

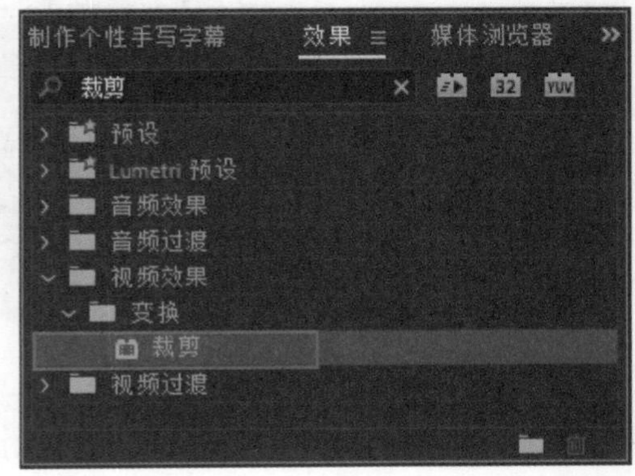

图16-17

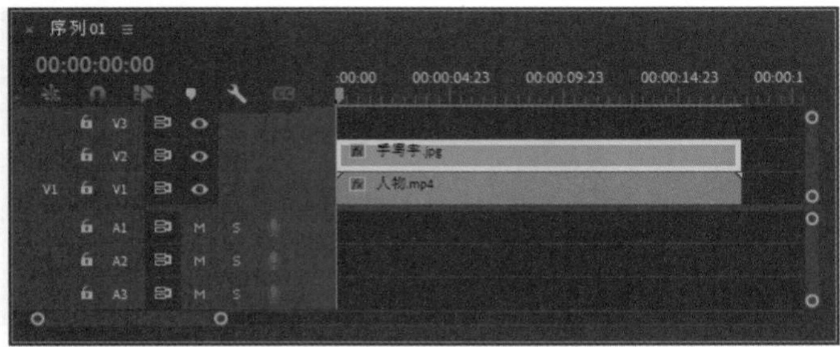

图16-18

02 选中“手写字.jpg”素材，打开“效果控件”面板，展开“裁剪”选项组，设置“左侧”参数为9%，“顶部”参数为13%，“右侧”参数为15%，“底部”参数为28%，如图16-19所示。

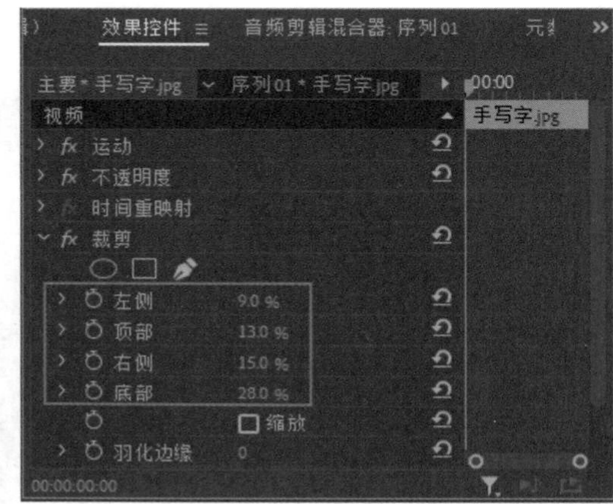

图16-19

03 在“节目”监视器面板中预览给素材添加的“裁剪”效果，如图16-20所示。

图16-20

04 在“时间轴”面板中的“手写字.jpg”素材上单击鼠标右键，在弹出的菜单中选择“嵌套”命令，如图16-21所示。在弹出的“嵌套序列名称”对话框中设置嵌套序列名称，单击“确定”按钮（确定），如图16-22所示。

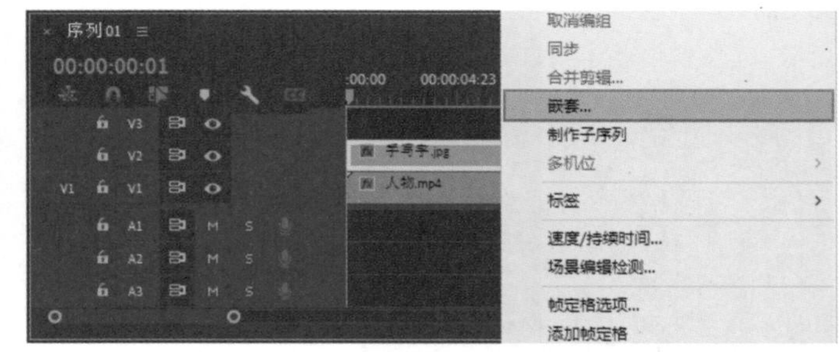

图16-21

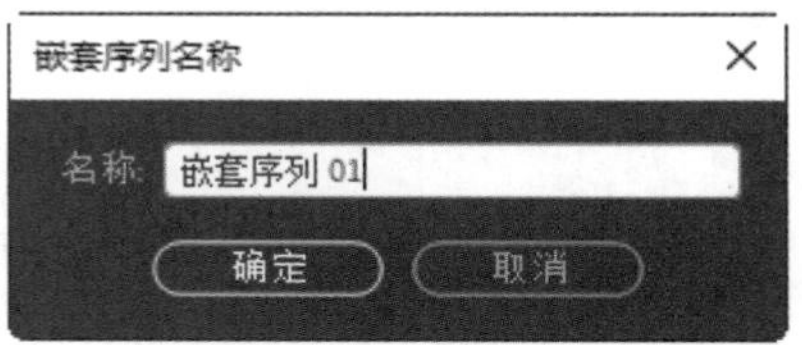

图16-22

05 将“手写字.jpg”图片素材转为嵌套序列素材，是为了在给素材添加多重效果时不出错，如图16-23所示。

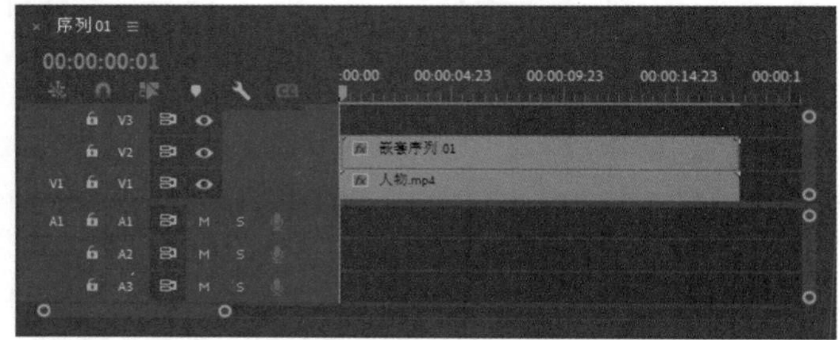

图16-23

06 选中“嵌套序列01”，打开“效果控件”面板，展开“不透明度”选项组，设置“混合模式”为“滤色”，如图16-24所示。

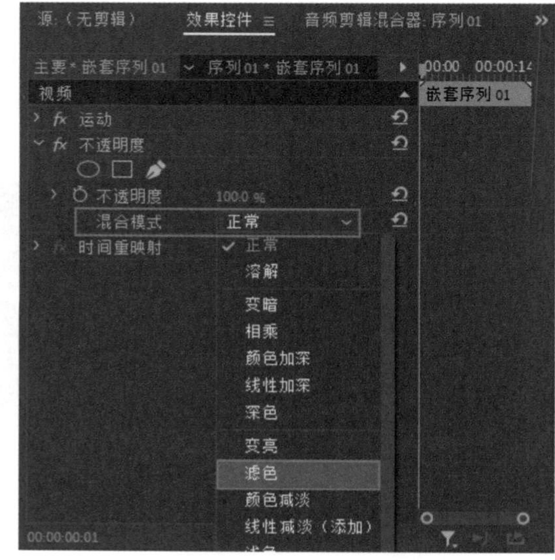

图16-24

07 在“节目”监视器面板中预览“滤色”混合模式效果，如图16-25所示。

图16-25

08 打开“效果”面板，在搜索框中输入“Lumetri颜色”，选中搜索到的“Lumetri颜色”效果，如图16-26所示。将其拖曳至“时间轴”面板的“嵌套序列01”上，如图16-27所示。

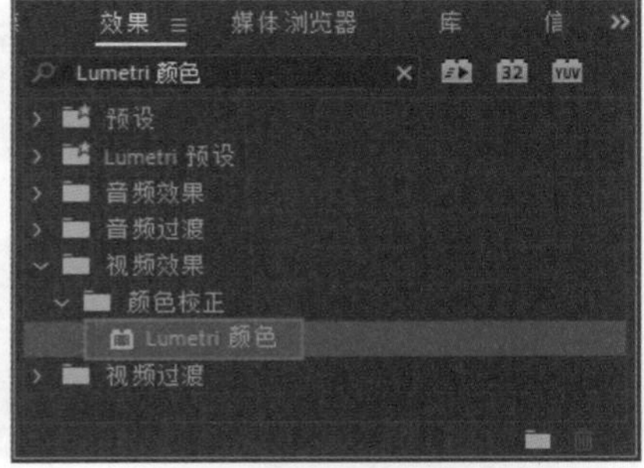

图16-26

图16-27

09 选中“嵌套序列01”，打开“效果控件”面板，展开“Lumetri颜色”选项组，如图16-28所示。

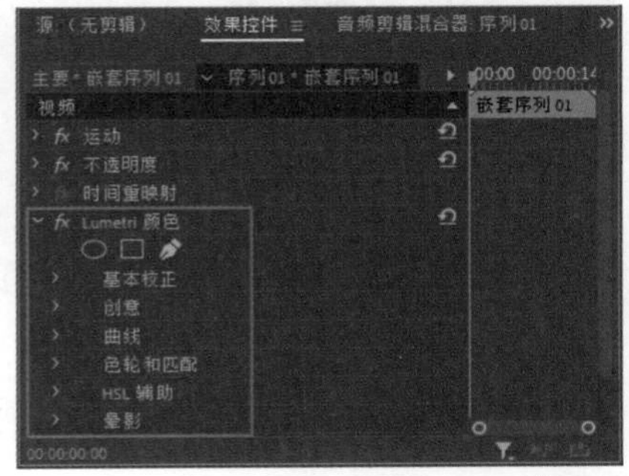

图16-28

10 展开“曲线”选项组，如图16-29所示。通过调节曲线，可以改变手写字幕的亮度和对比度，将背景纸的颜色去掉。

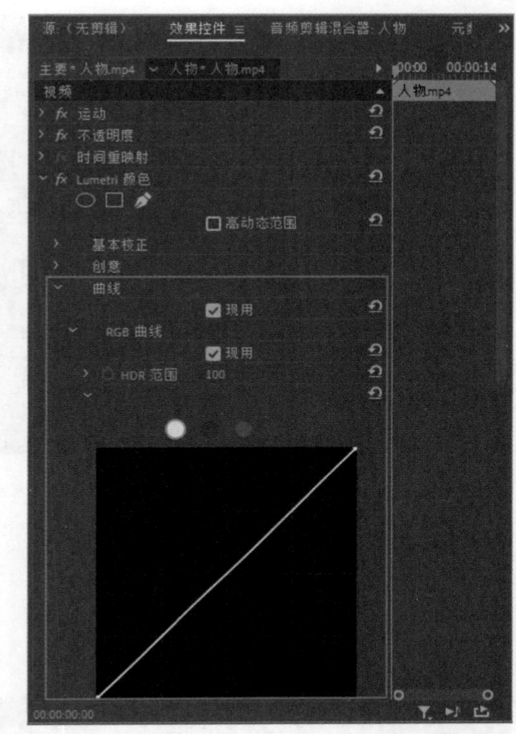

图16-29

11 将鼠标指针靠近曲线的端点，鼠标指针会变为图标，拖曳曲线端点，可调整曲线起点和终点的位置。将鼠标指针靠近曲线的线条，鼠标指针会变为图标，单击可在曲线上添加锚点，拖曳添加的锚点，可调整曲线弧度。边观察“节目”监视器面板边调整曲线，如图16-30所示。

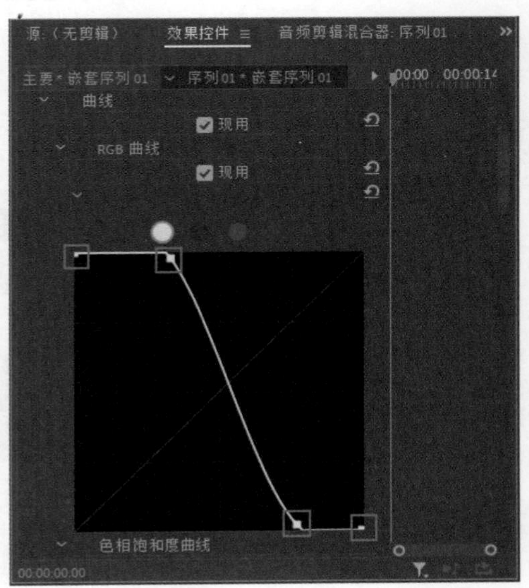

图16-30

12 在“节目”监视器面板中预览给素材调整曲线后的效果，如图16-31所示。

图16-31

16.3.4 添加音频效果

01 将“项目”面板中的“背景音乐.mp3”素材添加到“时间轴”面板的A1轨道上，如图16-32所示。

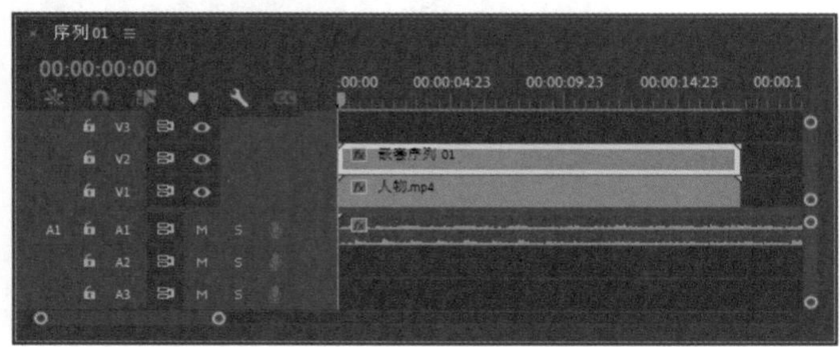

图16-32

02 将时间指示器移动到00:00:17:19的位置，选择“剃刀工具”，在时间指示器位置单击，对音频素材进行裁切，如图16-33所示。

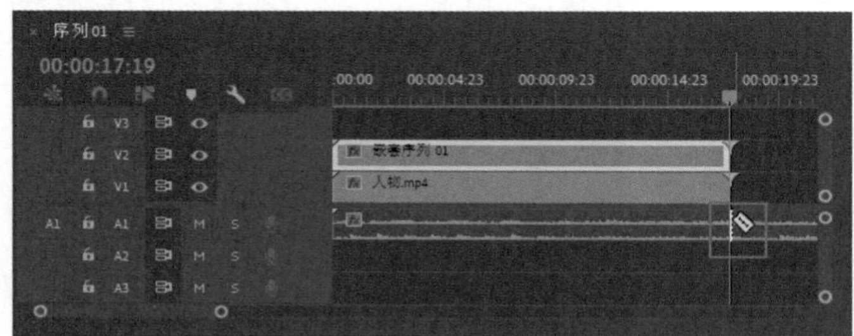

图16-33

03 用“选择工具”选中后半部分音频素材，按键盘上的Delete键将其删除，如图16-34所示。

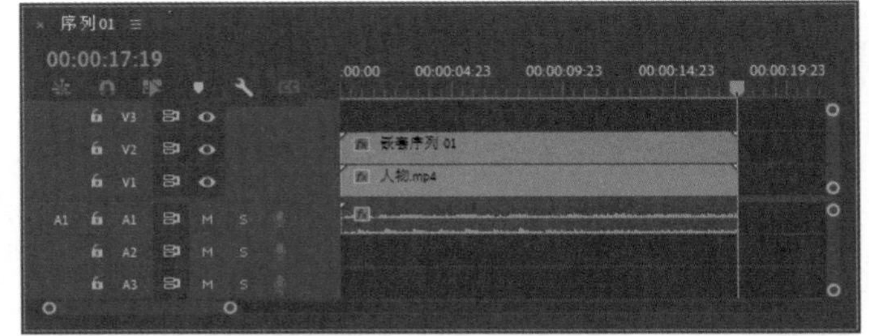

图16-34

04 在A1轨道控件后面的空白处双击，可将A1轨道展开，如图16-35所示。选择“钢笔工具”，分别在音频素材中间白色分隔线上的00:00:00:00位置、00:00:01:13位置、00:00:16:03位置和00:00:17:19位置单击，添加4个锚点，如图16-36所示。

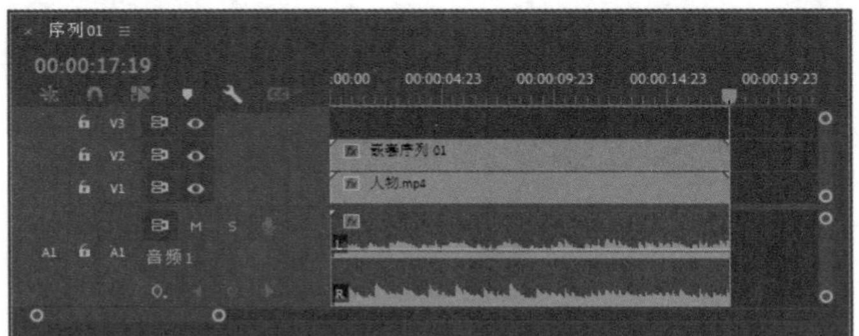

图16-35

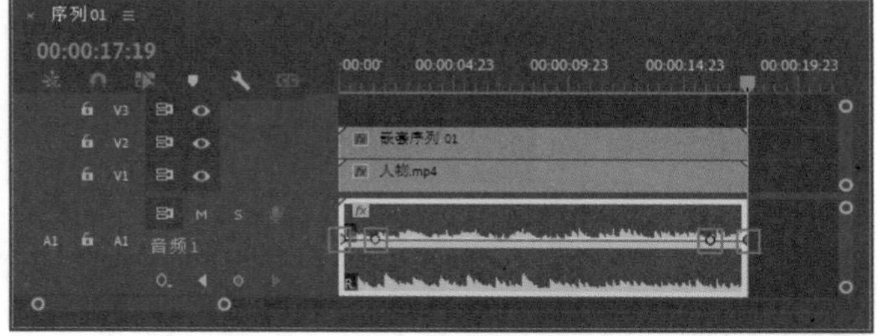

图16-36

05 将鼠标指针靠近锚点，鼠标指针会变为图标，拖曳可移动锚点。将00:00:00:00位置和00:00:17:19位置的锚点拖曳至底端，为音频制作淡入淡出的效果，如图16-37所示。

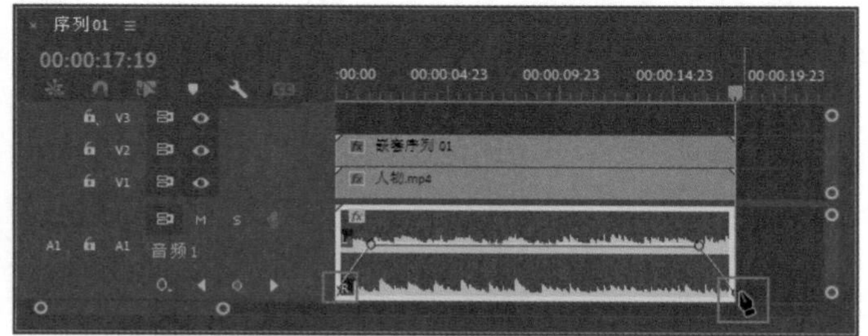

图16-37

16.3.5 添加视频过渡效果

01 打开“效果”面板，在搜索框中输入“交叉溶解”，选中搜索到的“交叉溶解”效果，单击鼠标右键，选择“将所选过渡设置为默认过渡”命令，如图16-38所示。

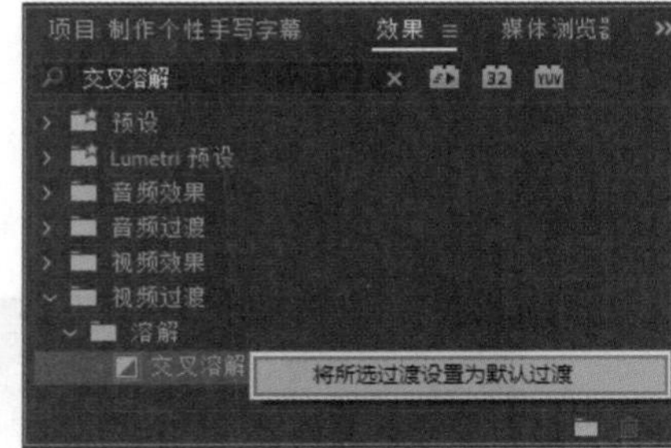

图16-38

02 选中“时间轴”面板V1、V2轨道的素材，如图16-39所示。按组合键Ctrl+D，将“交叉溶解”效果应用在V1、V2轨道上的素材的起点和终点处，制作视频淡入淡出效果，如图16-40所示。

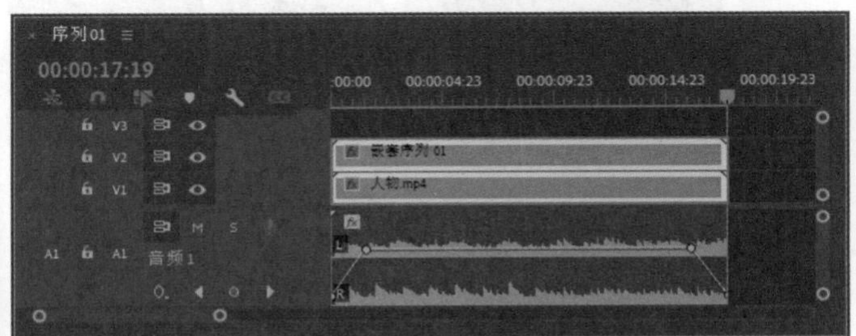

图16-39

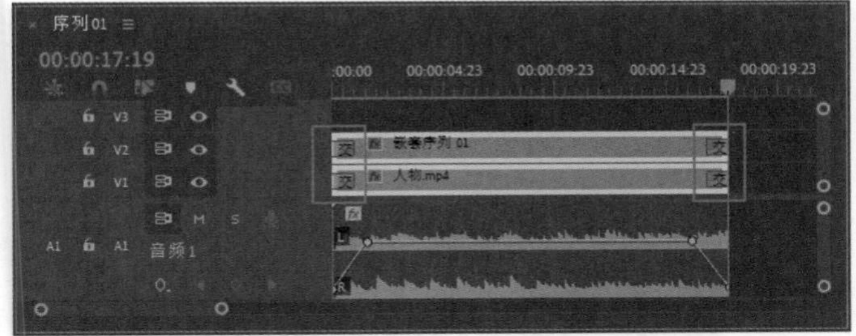

图16-40

16.3.6 输出影片

01 选择“文件→导出→媒体”菜单命令，如图16-41所示。打开“导出设置”对话框，在“格式”下拉菜单中选择H.264格式，单击“输出名称”选项后面的蓝色字，设置影片的存储名称和路径后，单击“导出”按钮 导出 ，如图16-42所示。

02 将项目文件导出为影片文件后，可以在相应的位置找到导出的文件，并且可以使用媒体播放器对该文件进行播放，如图16-43所示。

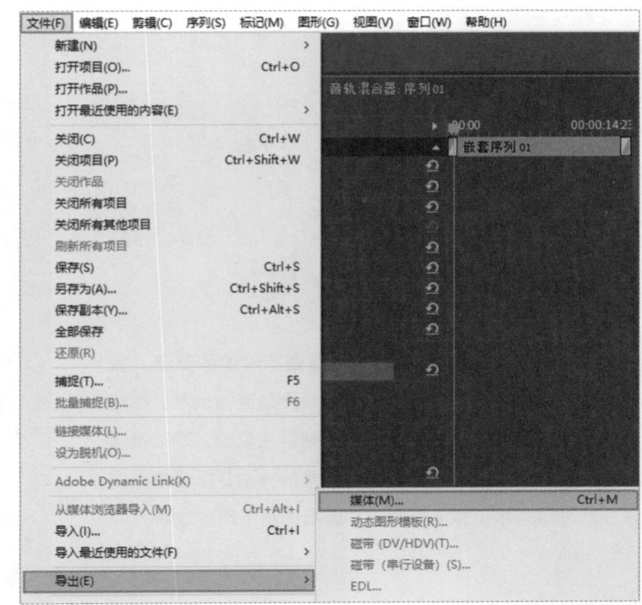

图16-41

图16-42

图16-43

第17章

制作水下声音效果

在创作视频的过程中，声音是必不可少的要素，音乐和音效配合画面使用，可以使视频更加流畅自然。在适当的节点搭配合适的音乐，可以起到烘托氛围，带动情绪的作用。本章讲解制作水下声音效果的方法，学会这个方法，就可以为水下镜头画面添加逼真的水下声音效果。

学习要点

17.1 案例效果

扫 码 看 视 频

素材位置　素材文件 \ 第 17 章 \ 制作水下声音效果
实例位置　实例文件 \ 第 17 章 \ 制作水下声音效果 .prproj
视频名称　制作水下声音效果 .mp4
技术掌握　制作水下声音效果的方法

本案例将讲解制作水下声音效果的方法，案例效果如图17-1所示。

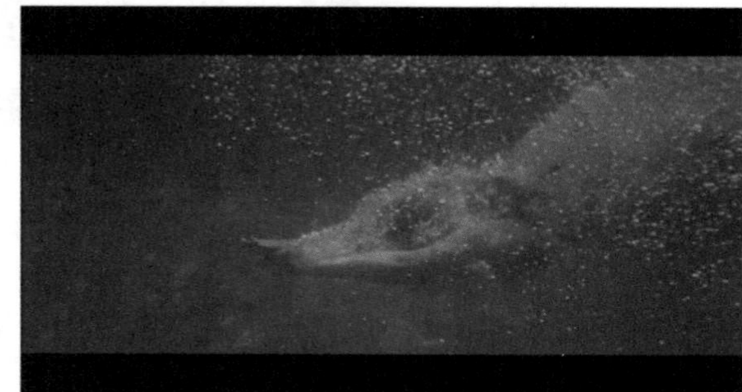
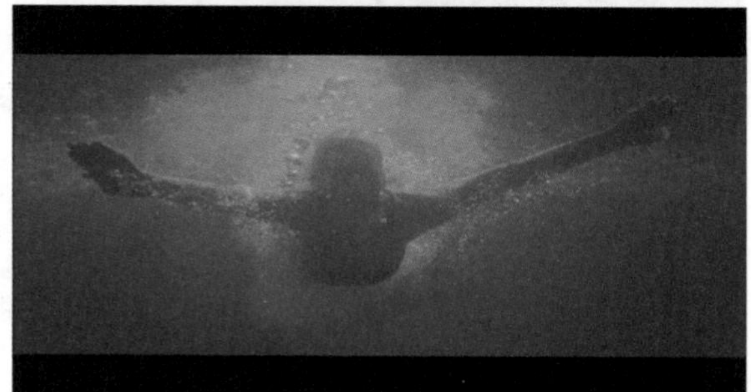

图17-1

17.2 案例分析

本实例的制作过程为：首先把素材导入“项目”面板，然后在“时间轴”面板中剪辑视频素材，安排声音素材，并通过“效果”面板和“效果控件”面板为声音素材添加效果，最后为视频添加视频过渡效果，导出影片。

本案例中水下声音效果的制作流程如图17-2所示。

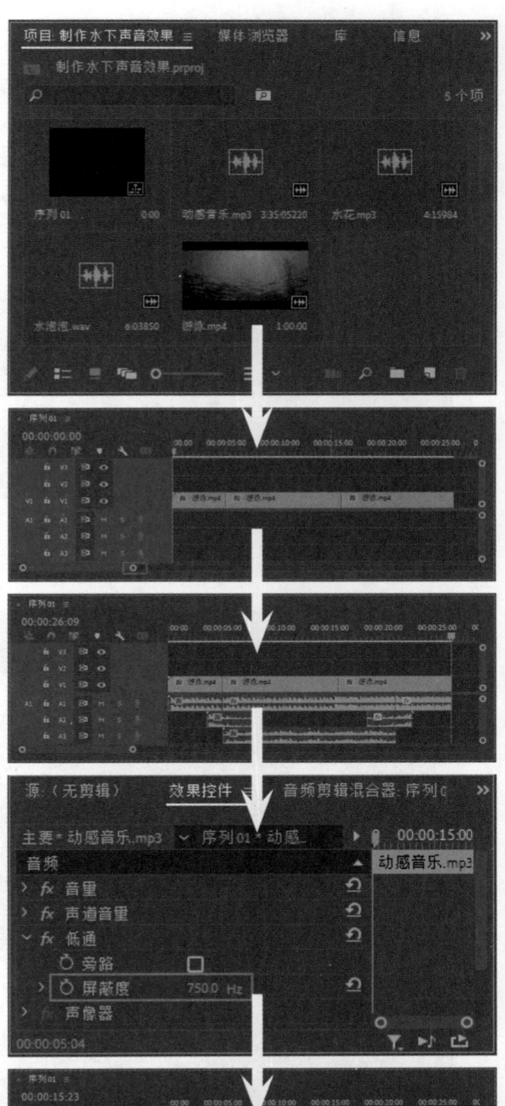

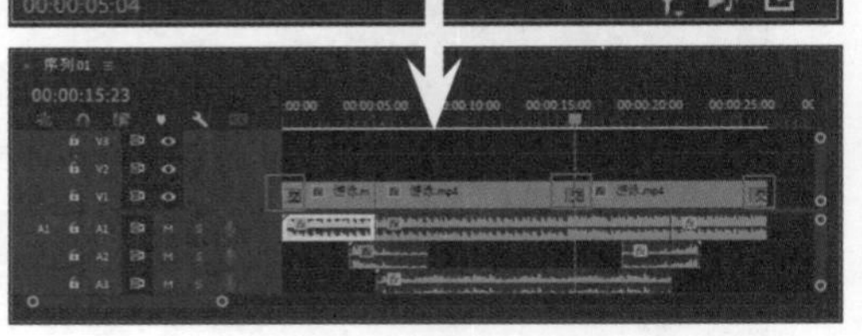

图17-2

17.3 案例制作

下面请一起来学习制作水下声音效果的方法。

17.3.1 导入素材

01 启动Premiere Pro 2021应用程序，在出现的“主页”窗口中单击“新建项目”按钮，在“新建项目”对话框中设置文件的名称和路径，单击“确定”按钮，新建一个项目，如图17-3所示。

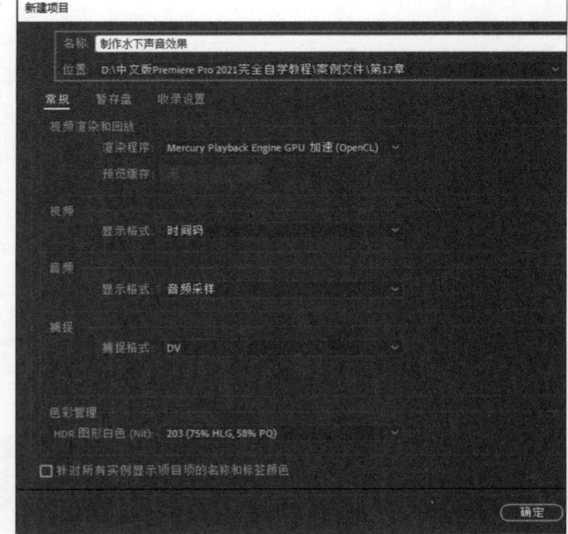

图17-3

02 进入Premiere Pro 2021的工作区，选择“文件→新建→序列”菜单命令，如图17-4所示。

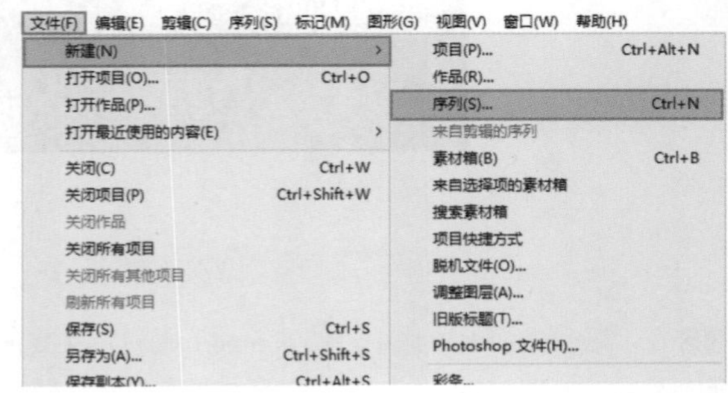

图17-4

03 在“新建序列”对话框中，选择默认设置，单击“确定”按钮，新建一个序列，如图17-5所示。

04 选择“文件→导入”菜单命令，打开“导入”对话框，选择本实例所需的素材，如图17-6所示。将选择的素材导入“项目”面板中，如图17-7所示。

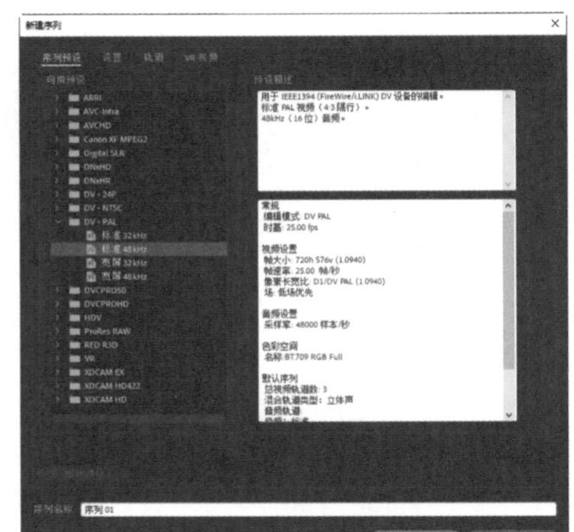
图17-5

图17-6

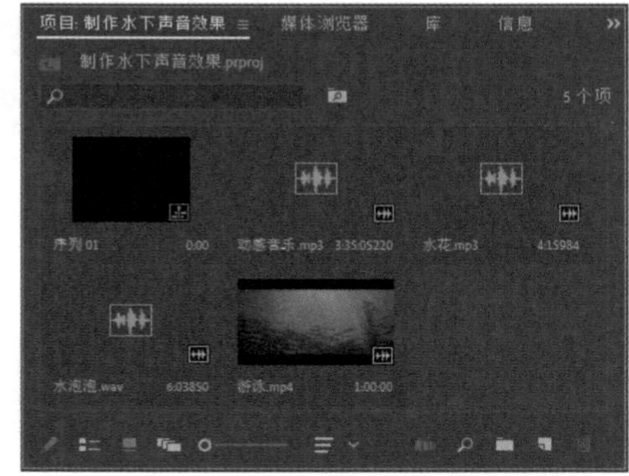
图17-7

17.3.2 编辑视频素材

01 在“项目”面板中选中“游泳.mp4”素材，将其拖曳到“时间轴”面板的V1轨道上，在弹出的“剪辑不匹配警告”对话框中单击“更改序列设置”按钮更改序列设置，如图17-8所示，将素材添加到“时间轴”面板中，如图17-9所示。

图17-8

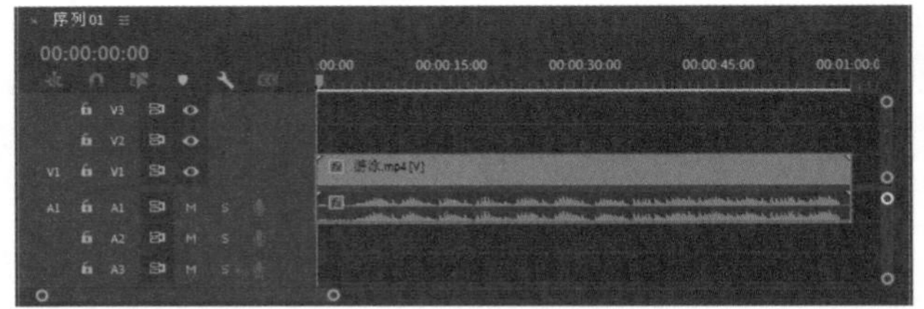
图17-9

02 在“时间轴”面板中的“游泳.mp4”素材上单击鼠标右键，在弹出的菜单中选择“取消链接”命令，取消音视频链接，如图17-10所示。选中音频素材，按Delete键将其删除，如图17-11所示。

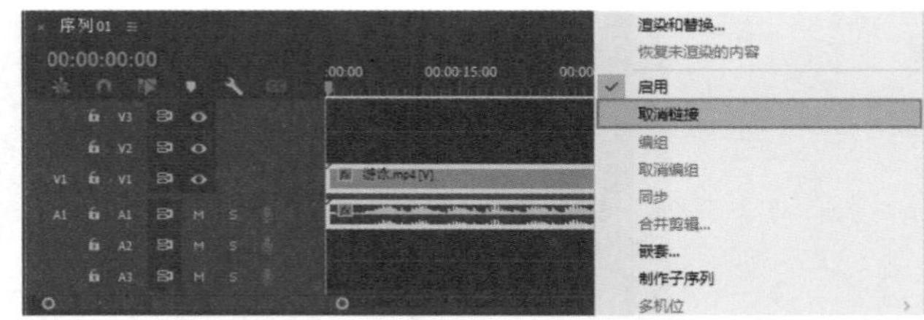
图17-10

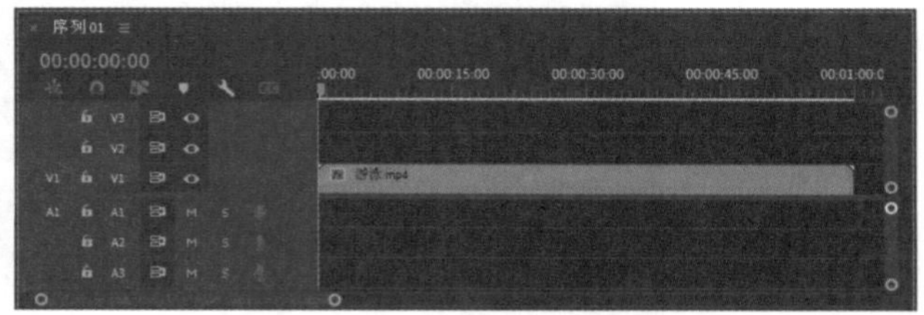
图17-11

03 在“节目”监视器面板中预览“游泳.mp4”素材，源素材较长，需要进行适当的剪裁。将时间指示器移动到00:00:05:03的位置，此帧为两个镜头的切换点，单击“节目”监视器面板中的“标记入点”按钮，设置一个入点，如图17-12和图17-13所示。

图17-12

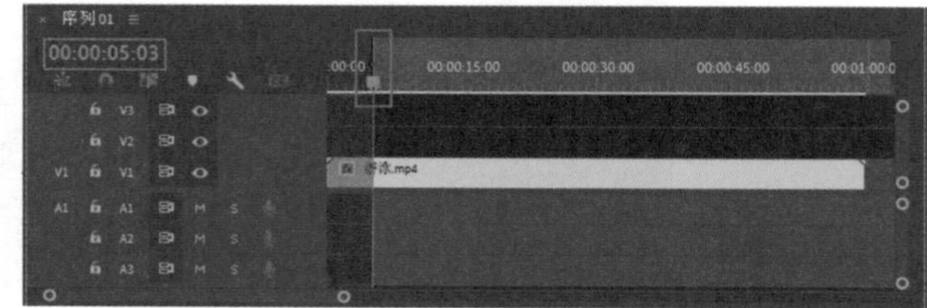
图17-13

04 将时间指示器移动到00:00:20:00的位置，此帧为两个镜头的切换点，单击“节目”监视器面板中的“标记出点”按钮，设置一个出点，如图17-14和图17-15所示。

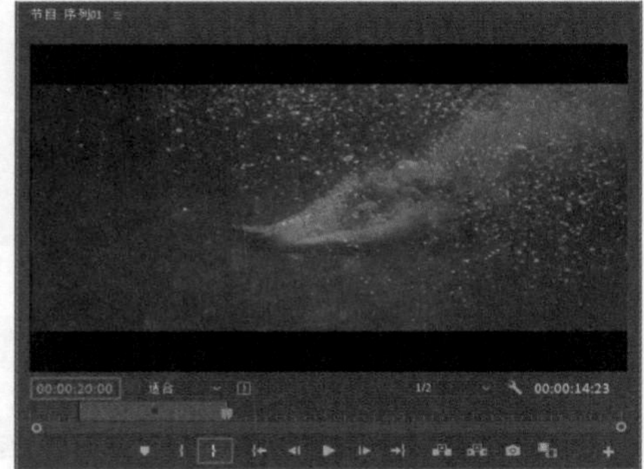

图17-14

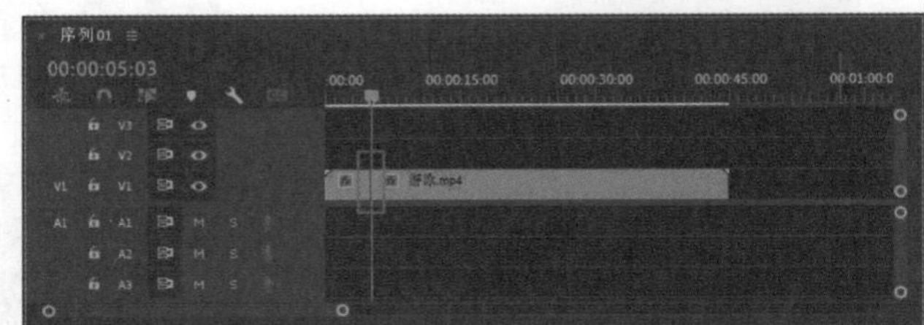

图17-15

05 为素材标记好入点和出点之后，单击“节目”监视器面板中的“提取”按钮，将入点到出点范围内的视频直接剪切掉，中间不留空隙，如图17-16所示。

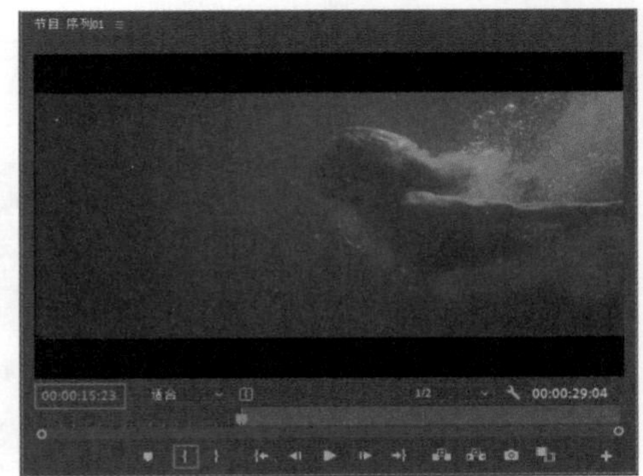

图17-16

06 接着在“节目”监视器面板中预览“游泳.mp4”素材，将时间指示器移动到00:00:15:23的位置，此帧为两个镜头的切换点，单击“节目”监视器面板中的“标记入点”按钮，设置一个入点，如图17-17和图17-18所示。

图17-17

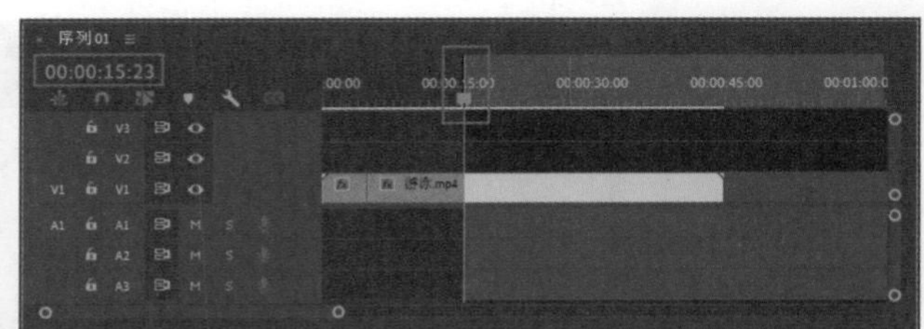

图17-18

07 将时间指示器移动到00:00:23:03的位置，此帧为两个镜头的切换点，单击“节目”监视器面板中的“标记出点”按钮，设置一个出点，如图17-19和图17-20所示。

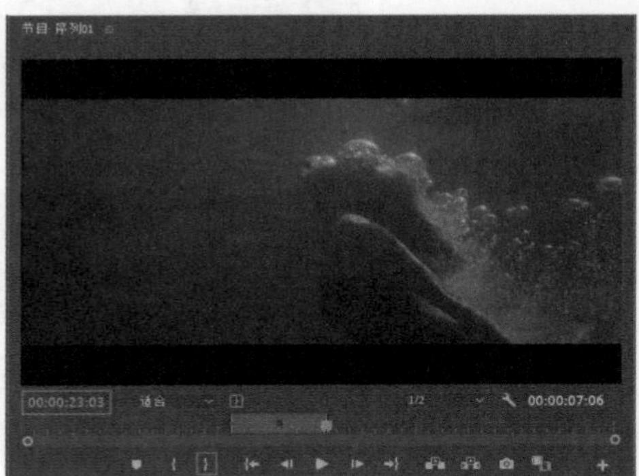

图17-19

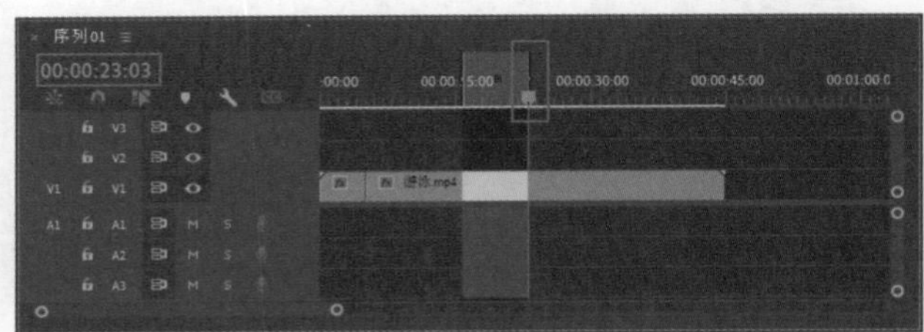

图17-20

08 为素材标记好入点和出点之后，单击“节目”监视器面板中的“提取”按钮，将入点到出点范围内的视频直接剪切掉，中间不留空隙，如图17-21所示。

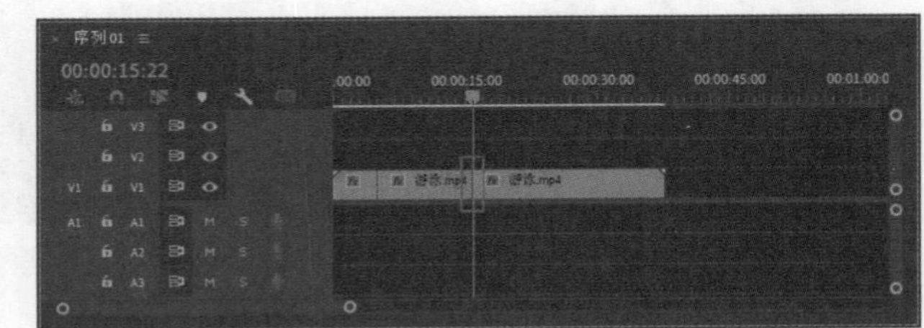

图17-21

09 接着在“节目”监视器面板预览“游泳.mp4”素材，将时间指示器移动到00:00:26:11的位置，此帧为两个镜头的切换点，如图17-22所示。

10 选择“剃刀工具”，在时间指示器位置单击，对素材进行剪切，如图17-23所示。选择“选择工具”，选中剪切出的后半段素材，按Delete键将其删除，如图17-24所示。

图17-22

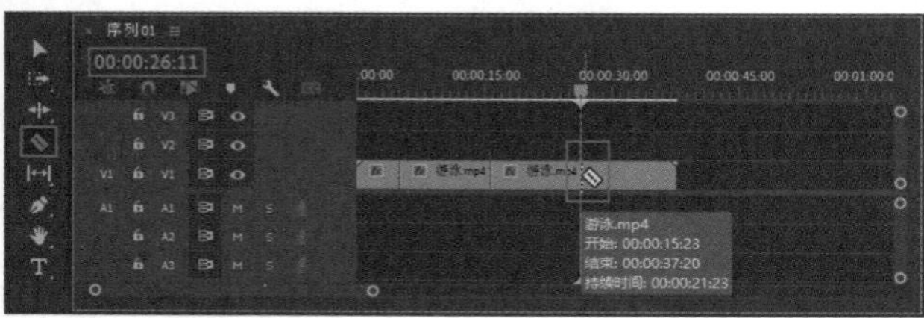

图17-23

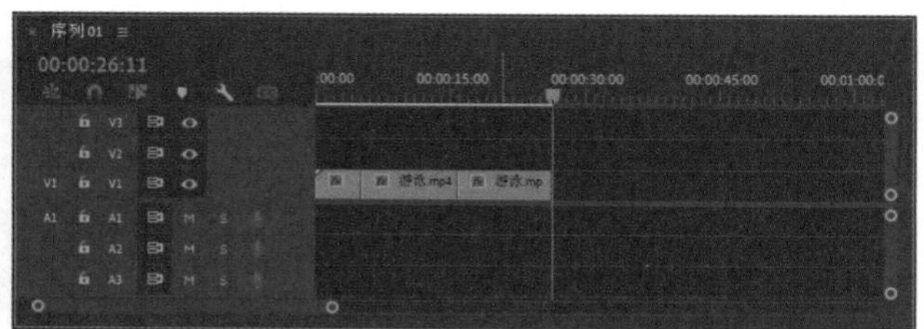

图17-24

11 通过调节“时间轴”面板下方的缩放滑块，将时间线时间间隔调整到适合观察的大小，如图17-25所示。并在“节目”监视器面板中单击“播放-停止切换”按钮▶，预览剪裁后的视频效果。

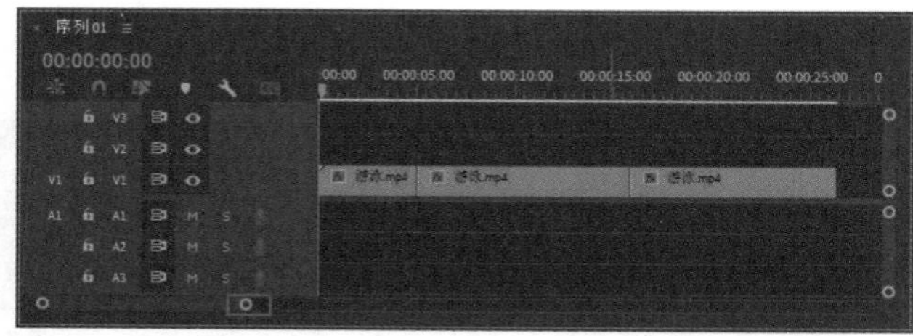

图17-25

17.3.3 制作水下声音效果

01 将时间指示器移动到00:00:03:16的位置，在“项目”面板中选中“水花.mp3”素材，将其拖曳到“时间轴”面板的A2轨道上时间指示器所在位置，如图17-26所示。

02 将时间指示器移动到00:00:18:13的位置，在“项目”面板中再次选中“水花.mp3”素材，将其拖曳到“时间轴”面板的A2轨道上时间指示器所在位置，如图17-27所示。

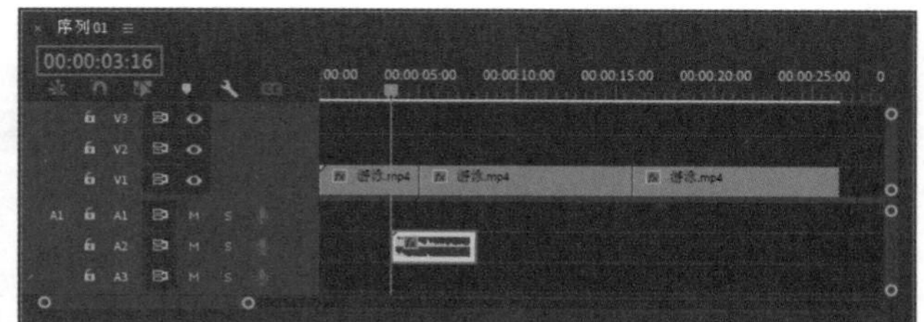

图17-26

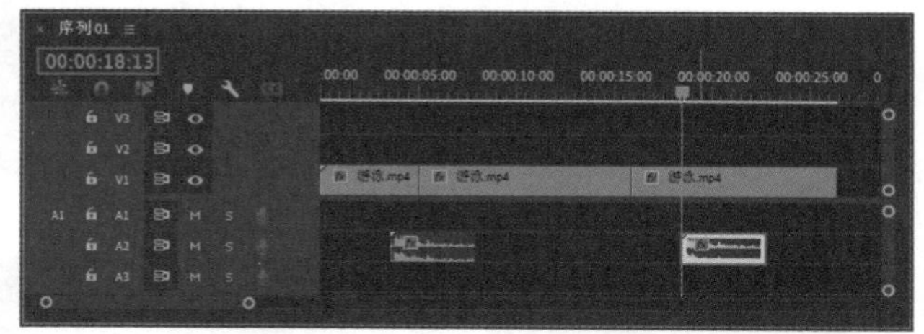

图17-27

03 在刚添加的第2个“水花.mp3”素材上单击鼠标右键，在弹出的菜单中选择“速度/持续时间”命令，如图17-28所示。

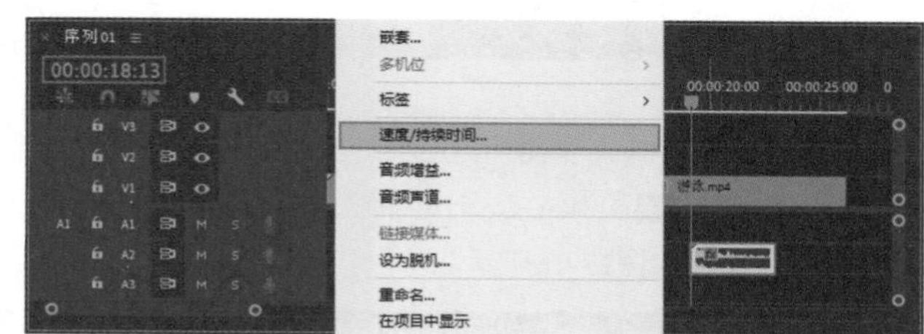

图17-28

04 在弹出的“剪辑速度/持续时间”对话框中，勾选“倒放速度”复选框，单击“确定”按钮确定，将音频倒放，如图17-29所示。

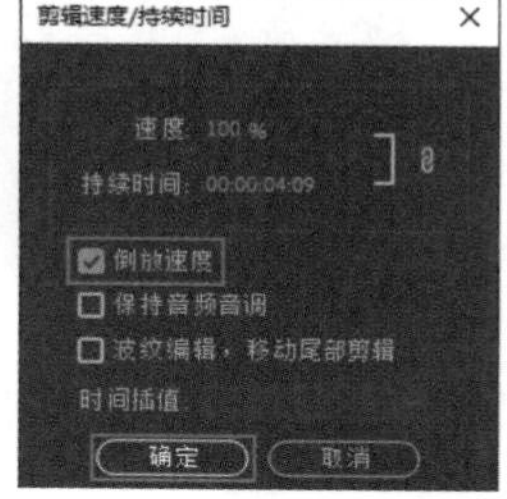

图17-29

05 在A2轨道控件后面的空白处双击，可将A2轨道展开，如图17-30所示。通过调节“时间轴”面板下方的缩放滑块，将时间线时间间隔调整到适合观察的大小，重点编辑第2个“水花.mp3”素材，如图17-31所示。

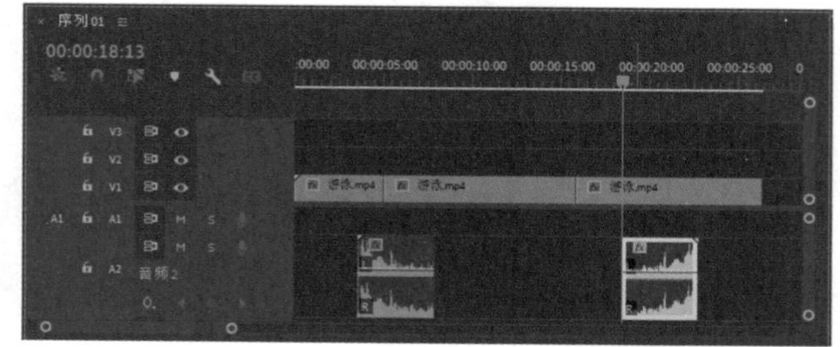

图17-30

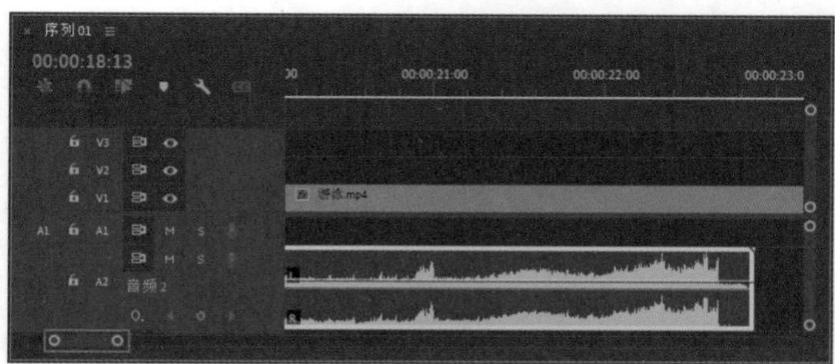

图17-31

06 选择“钢笔工具”，分别在音频素材中间白色分隔线上的00:00:20:19、00:00:22:22位置单击，添加2个锚点，如图17-32和图17-33所示。

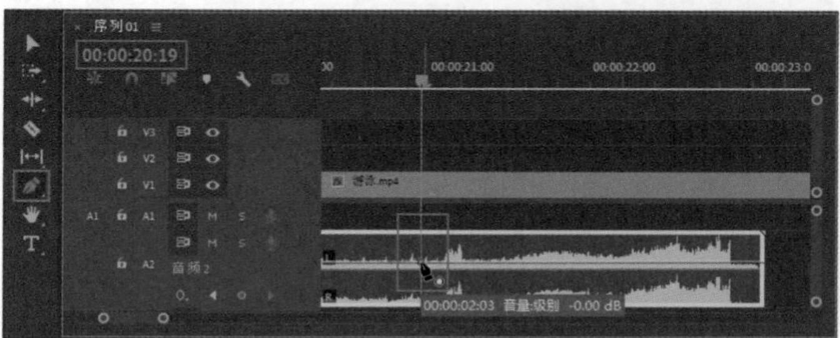

图17-32

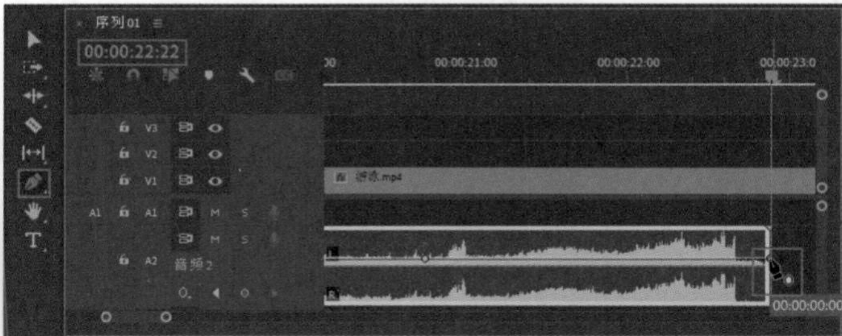

图17-33

07 将鼠标指针靠近锚点，鼠标指针会变为图标，拖曳可移动锚点。将00:00:22:22位置的锚点拖曳至底端，为音频制作淡出的效果，如图17-34所示。

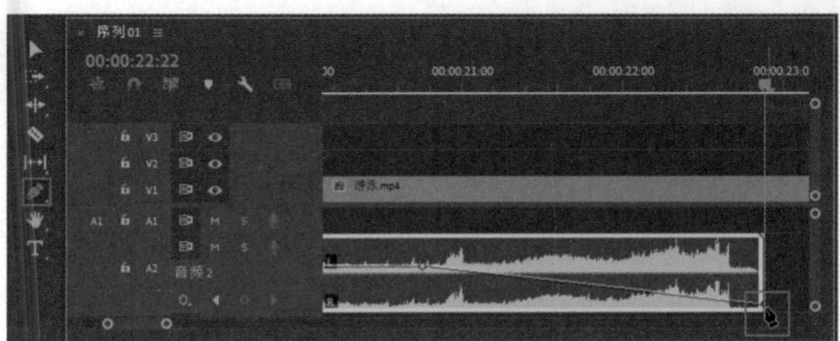

图17-34

08 通过调节“时间轴”面板下方的缩放滑块，将时间线时间间隔调整到适合观察的大小，如图17-35所示。

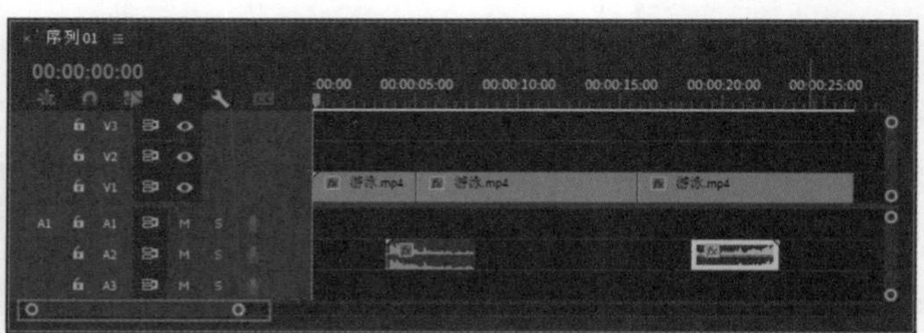

图17-35

09 将时间指示器移动到00:00:05:03的位置，在“项目”面板中将“水泡泡.mp3”素材拖曳到“时间轴”面板的A3轨道上时间指示器所在位置，如图17-36所示。

10 将时间指示器移动到00:00:21:08的位置，选择“剃刀工具”，在时间指示器位置单击，对素材进行剪切，如图17-37所示。选择“选择工具”，选中剪切出的后半段素材，按Delete键将其删除，如图17-38所示。

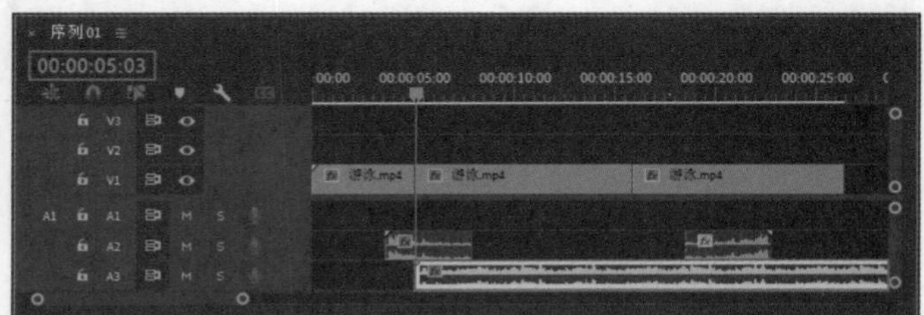

图17-36

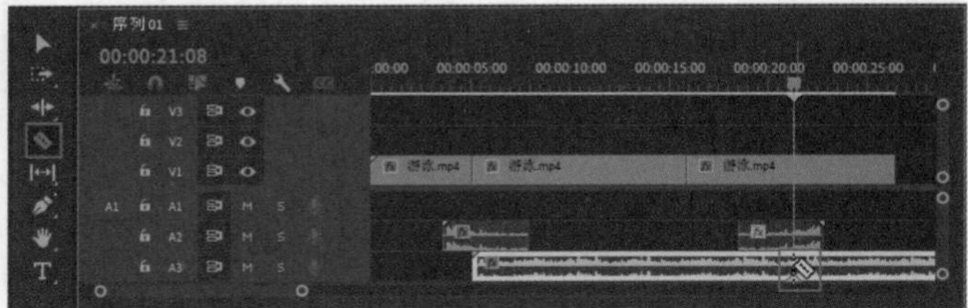

图17-37

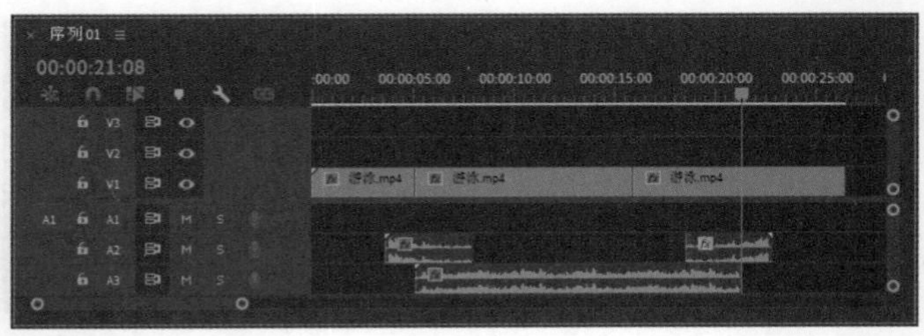

图17-38

11 将时间指示器移动到00:00:00:00的位置，在“项目”面板中将“动感音乐.mp3”素材拖曳到“时间轴”面板的A1轨道上时间指示器所在位置，如图17-39所示。

12 将时间指示器移动到00:00:26:11的位置，选择“剃刀工具”，在时间指示器位置单击，对素材进行剪切，如图17-40所示。选择“选择工具”▶，选中剪切出的后半段素材，按Delete键将其删除，如图17-41所示。

图17-39

图17-40

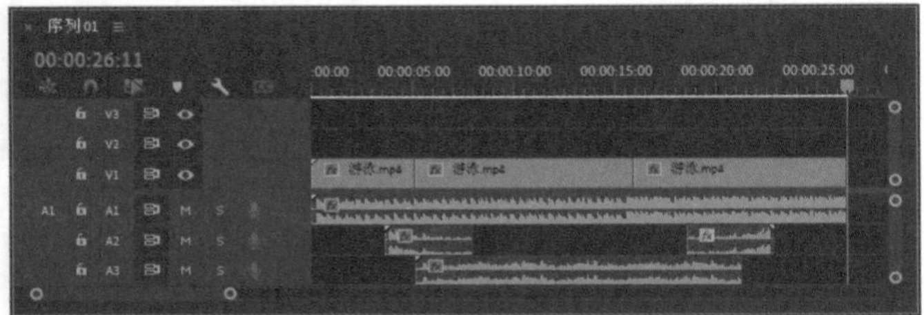
图17-41

13 将时间指示器移动到A3轨道素材的入点和出点位置，选择“剃刀工具”，对A1轨道的素材进行剪切，如图17-42和图17-43所示。

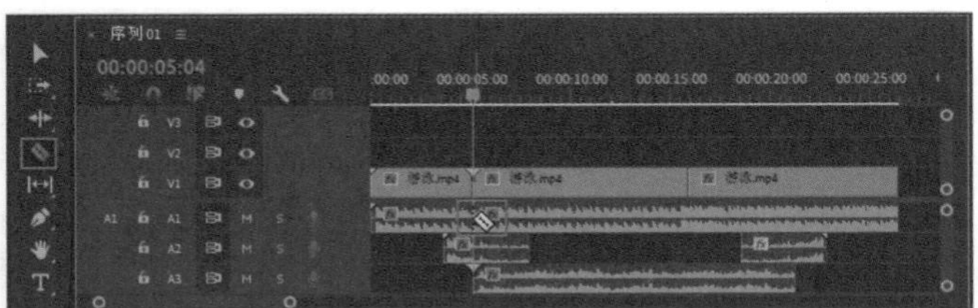
图17-42

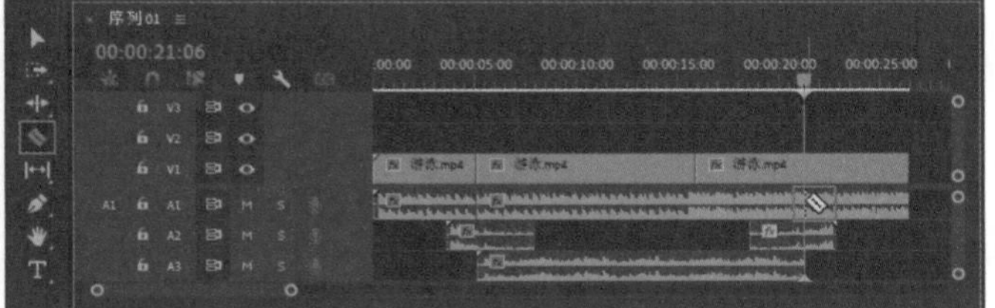
图17-43

14 打开“效果”面板，在搜索框中输入“低通”，选中搜索到的“低通”效果，如图17-44所示。将其拖曳至“时间轴”面板A1轨道的中间段素材上，如图17-45所示。

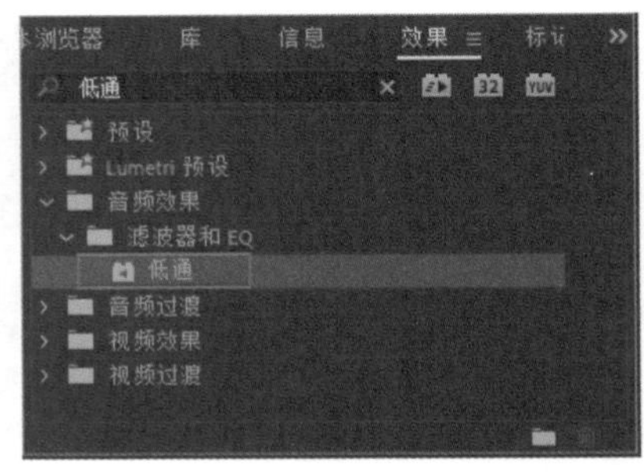

图17-44

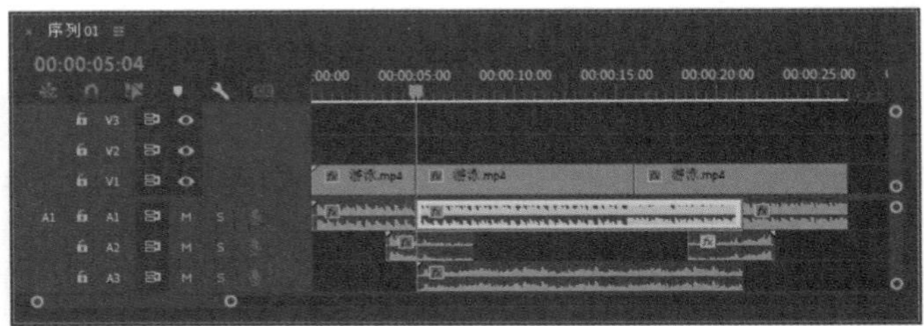
图17-45

15 选中A1轨道的中间段素材，打开“效果控件”面板，展开“低通”选项组，设置“屏蔽度”为1 000 Hz，如图17-46所示。

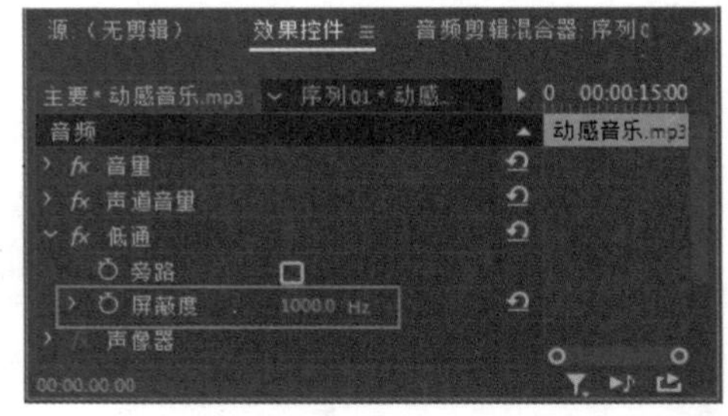

图17-46

16 在A1轨道控件后面的空白处双击，可将A1轨道展开，如图17-47所示。

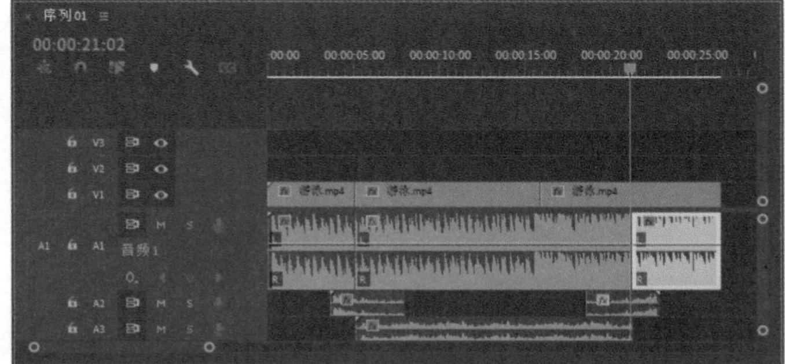
图17-47

17 选择“钢笔工具”，在A1轨道末段素材上单击，添加4个锚点，如图17-48所示。将鼠标指针靠近锚点，当鼠标指针变为图标时，拖曳刚刚添加的第1个、第3个和第4个锚点，进行位置调整，为音频制作淡入淡出的效果，如图17-49所示。

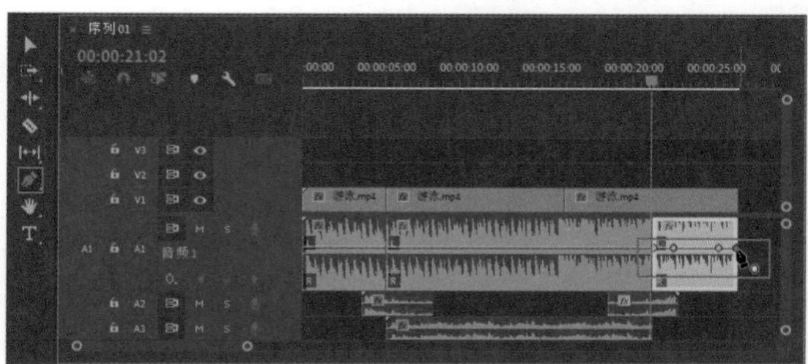

图17-48

图17-49

18 在A1轨道第一段素材开头，用“钢笔工具”添加2个锚点，如图17-50所示。将添加的第1个锚点拖曳至底端，为音频制作淡入效果，如图17-51所示。

图17-50

图17-51

19 在A1轨道控件后面的空白处双击，可将A1轨道恢复原状，如图17-52所示。在A3轨道控件后面的空白处双击，将A3轨道展开，如图17-53所示。

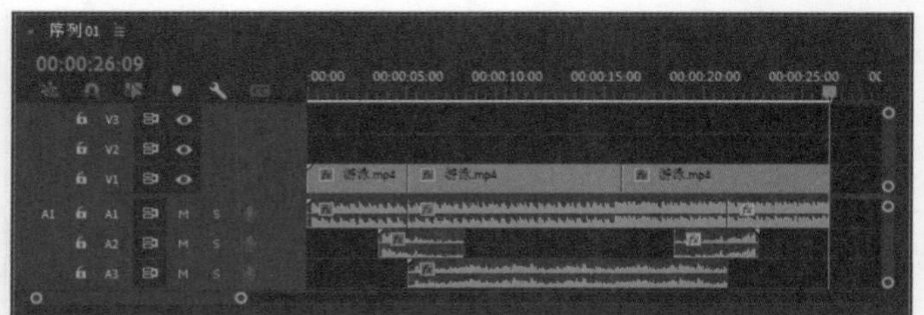

图17-52

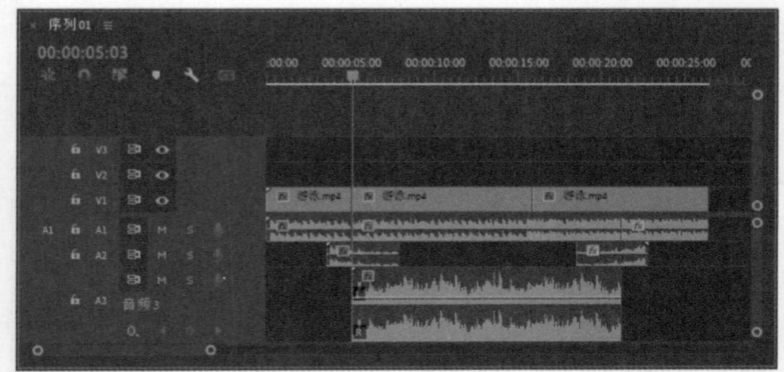

图17-53

20 将鼠标指针靠近A3轨道音频中间白色的分隔线，鼠标指针会变成图标，向上拖曳，将音频音量稍微调高一些，如图17-54所示。

图17-54

21 在A3轨道控件后面的空白处双击，可将A3轨道恢复原状，如图17-55所示。在“节目”监视器面板中单击“播放-停止切换”按钮，试听整体的音频效果。

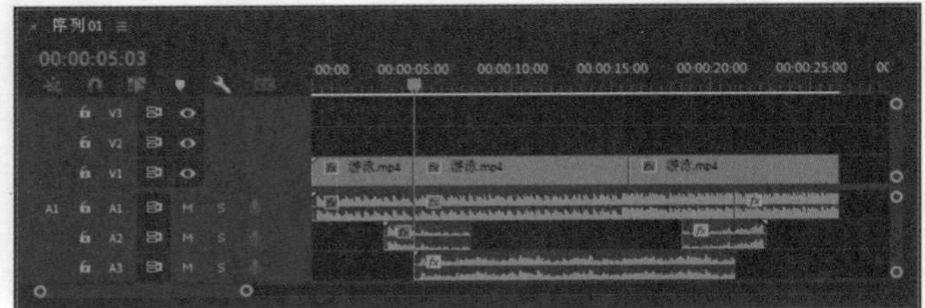

图17-55

17.3.4 添加视频过渡效果

01 打开“效果”面板，在搜索框中输入“交叉溶解”，选中搜索到的“交叉溶解”效果，如图17-56所示。

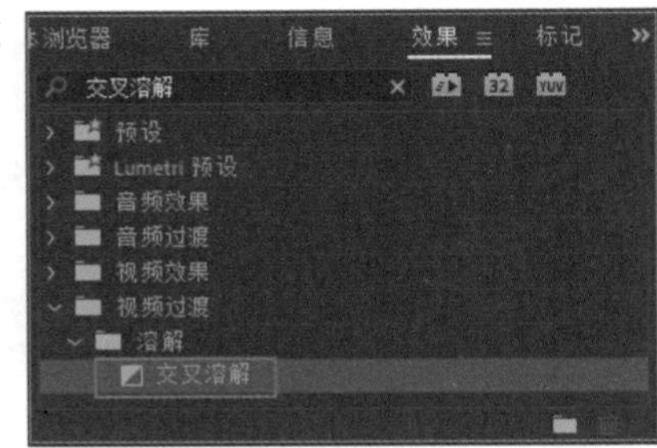

图17-56

02 将“交叉溶解”效果拖曳至“时间轴”面板V1轨道的开头、结尾和00:00:15:23的位置，如图17-57所示。

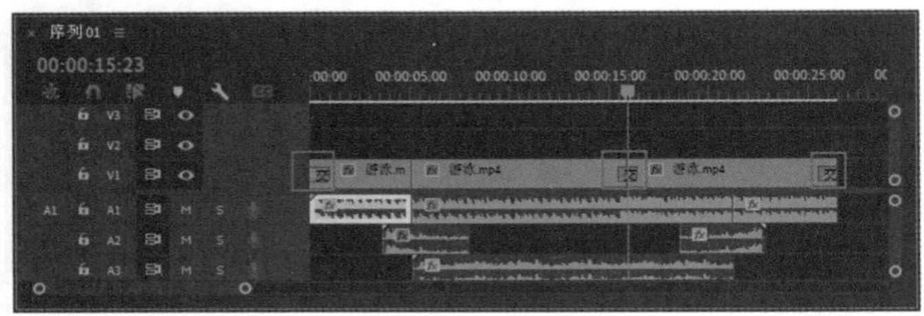

图17-57

03 在“节目”监视器面板中预览给素材添加的“交叉溶解”效果，如图17-58所示。

图17-58

17.3.5 输出影片

01 选择“文件→导出→媒体”菜单命令，如图17-59所示。打开“导出设置”对话框，在“格式”下拉列表中选择H.264格式，单击“输出名称”选项后面的蓝色字，设置影片的存储名称和路径后，单击“导出”按钮，如图17-60所示。

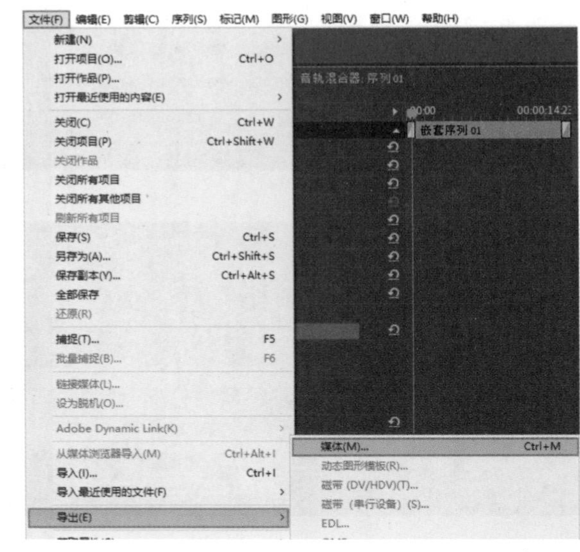

图17-59

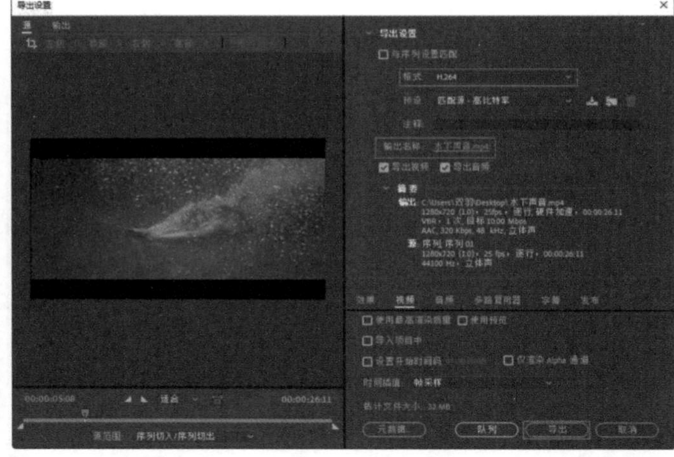

图17-60

02 将项目文件导出为影片文件后，可以在相应的位置找到导出的文件，并且可以使用媒体播放器对该文件进行播放，如图17-61所示。

图17-61